魏琏建筑结构论文选

（四）

魏　琏　著

中国建筑工业出版社

图书在版编目（CIP）数据

魏琏建筑结构论文选. 四 / 魏琏著. — 北京 ：中国建筑工业出版社，2021.8

ISBN 978-7-112-26410-0

Ⅰ. ①魏… Ⅱ. ①魏… Ⅲ. ①建筑结构—文集 Ⅳ. ①TU3—53

中国版本图书馆 CIP 数据核字(2021)第 146166 号

责任编辑：刘瑞霞
责任校对：王　烨

魏琏建筑结构论文选（四）
魏　琏　著
*
中国建筑工业出版社出版、发行（北京海淀三里河路 9 号）
各地新华书店、建筑书店经销
北京红光制版公司制版
北京盛通印刷股份有限公司印刷
*
开本：787 毫米×1092 毫米　1/16　印张：23¾　字数：587 千字
2021 年 9 月第一版　　2021 年 9 月第一次印刷
定价：**95.00** 元
ISBN 978-7-112-26410-0
(37952)

前　言

建筑与结构的创新是中国特色社会主义城市建设发展的必然要求。依托结构理论与软件的进步，吸取成功工程实践的经验与养分，结构创新定会绽放出灿烂的光芒。自改革开放以来深圳城市建设取得的巨大成就证明了这一点。广大结构工程师们通过持续的艰辛努力在这方面作出了积极的贡献。

近二十余年来，一大批造型新颖、功能优良、结构各具特色的超高层建筑在深圳这个改革开放的大地上拔地而起，从早期的地王大厦、深圳证券交易所广场、京基 100 大厦、新世界中心、荣超国际商业中心、绿景 NEO 办公大楼到近期的春笋华润总部大厦、平安国际金融中心大厦、华侨城大厦、国际艺术博览交易总部、高宽比达 11 的板式高楼恒裕后海金融中心、无梁空芯楼盖巨型结构的前海国际金融中心等，均以其特有之魅力闻名全国。所有这些建筑的出现无疑会给建筑结构的分析和设计带来众多的挑战，不少技术难题超越了现行规范的规定和内容。没有面对挑战的勇气、不下足克服困难的功夫、缺乏足够解决问题的智慧和能力，那将会一事无成。

本书收集的三十余篇论文及过往的相关论文涉及一些业界公认的结构难题，如超高层建筑风作用下规范层间位移角限值规定的突破、受力与非受力位移计算分解的理论、层抗侧刚度的正确计算方法、扭转位移比定义不合理部分的释义与解决途径、框架-核心筒结构外框梁缺失的许可与论证、外框柱剪力比限制的合理放松、剪力墙轴压比的限值应反映不同地震烈度的影响、型钢柱是否需全高设置、高层建筑上下层斜柱突出部位楼层在竖向和水平荷载下出现的巨大水平拉力对板梁和水平斜撑产生不利作用的计算方法和相应的抗放措施、特别复杂体型超高层建筑结构的结构组成及符合实际计算模型的建立、框剪及部分框支结构中框架部分倾覆力矩比不同计算方法争议的剖析与沟通、规范剪重比限值规定来源及不应以提高结构刚度满足剪重比要求的论证、偏置型钢异形截面巨柱设计方法等，书中介绍了作者、王森博士及一些同事在这些方面做过的一些工作，谨将它们提供给有兴趣共同探讨的设计工程师们参考与指正。

目　录

专题四 新 型 结 构 分 析

专题五 结 构 设 计 案 例

专题一
基本设计方法

1. 结构设计创新与规范发展

魏　琏，王　森

【摘　要】 介绍了6个具有不同类型结构设计难度的高层建筑结构案例，同时对结构设计中经常遇到的具有争议的问题进行了简要的分析阐述，提出结构设计中技术创新和遵循规范的关系。
【关键词】 结构设计；高层建筑

0 引言

近年来深圳涌现各类高层、超高层建筑，结构设计上遇到诸多难点和新问题，这些问题的解决有时会与现行规范的规定相冲突，或规范上还没有相关的规定，因此，在执行现行规范相关规定时需进行必要的创新、补充与发展。

1 若干高层建筑结构设计难点创新

以下介绍一些具有结构创新的典型工程案例，对其在结构设计中遇到的技术难题进行分析。

（1）超高层建筑无梁空芯大板结构——恒裕前海国际金融中心 T1 塔楼[1]

本工程塔楼地面以上 54 层，屋面高度 249.03m，屋面以上幕墙高度 11.7m，项目立面效果图见图 1。标准层平面沿建筑四周每边布置有 2 根巨柱，共 8 根巨柱，型钢混凝土巨柱沿竖向呈内“八”字形倾斜，柱轴线距离由底层 26.6m 减小至顶层约 22.6m，巨柱间不设小柱，边框梁跨度大，见图 2。在结构方案设计过程中经过多结构方案比较后选定

图 1　立面效果图（图中最高塔楼为 T1 塔楼）

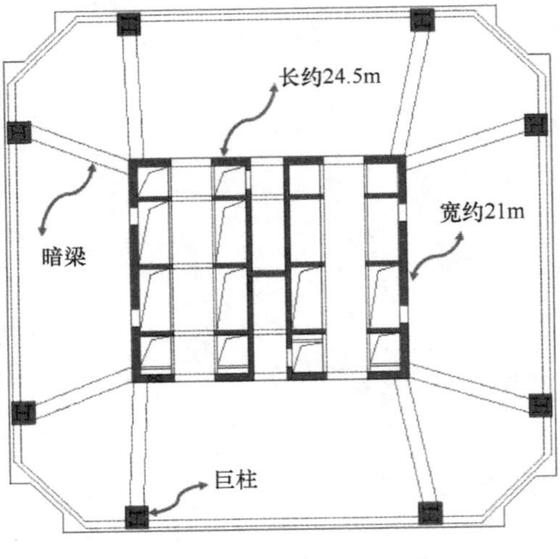

图 2　标准层布置示意图

标准层办公楼层采用混凝土无梁空芯楼板方案，现行规范对这种结构尚无相应的规定，需在设计中解决以下技术难点：

① 巨柱、大跨无梁空芯大板在 7 度区超高层建筑中的应用首例；

② 空芯板的实体有限元计算方法和配筋构造。

（2）复杂超限高层建筑结构——深圳华侨城大厦[2]

本工程塔楼地面以上 59 层，屋顶高度 277.4m，屋顶以上构架最高处高约 300m。地上功能主要为办公，底部及顶部设有部分商业，中部设有若干避难层。如图 3（b）和图 3（c）所示，东西侧建筑边缘倾斜并有转折，东侧由底层至 30 层向外倾斜约 13°，而 30 层至顶层向内倾斜约 13°。西侧与东侧类似，倾斜约 8°。如图 3（d）所示，建筑平面呈不规则的六边形。建筑平面东西向最宽处位于 30 层，约 90m，南北向最宽处约 53m。核心筒位于平面中部，也呈不规则的六边形，上下垂直，东西向约 42m，南北向最宽处为 27m。因建筑功能要求，在平面角部布置 6 根巨柱，东西侧 4 根巨柱随建筑边缘而倾斜，南北侧巨柱从下至上垂直。除巨柱外，沿建筑外立面布置周边柱，建筑要求周边柱截面尽量小。该建筑巨柱倾斜并有转折，平面不规则，两方向抗侧能力差别大。外框架中不同类型构件之间的传力复杂。总之，本工程属于结构体型复杂的超限高层建筑。

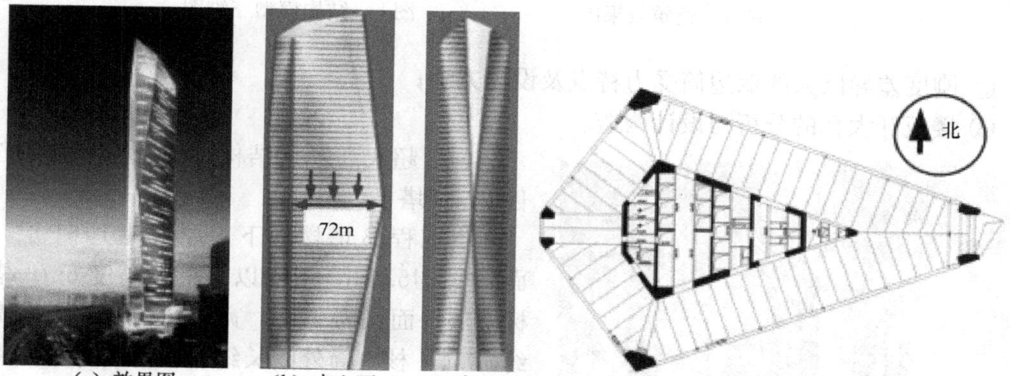

（a）效果图 （b）南立面 （c）东立面 （d）平面

图 3 建筑效果图

项目存在以下技术难点，在现行规范中提出设计计算方法：

① 竖向荷载下柱外凸楼层楼盖面内应力分析与设计方法；

② 异形截面斜巨柱分析和型钢配置方法；

③ 承担竖向荷载的大跨斜撑设计方法。

（3）框架核心筒结构塔楼偏置——安信金融大厦[3]

本工程地上 39 层，房屋高度 181.8m。总建筑面积 9.7 万 m^2。标准层平面形状为长矩形，外轮廓尺寸为 55.85m×40m。

建筑效果及结构三维模型见图 4、图 5。

本工程属于特别不规则建筑。综合建筑使用功能要求和结构承重及抗风、抗震特性，确定了“现浇钢筋混凝土框架（带柱转换）—两端边筒”的结构体系，其技术难点有：

① 边置筒体设计方法；

图 4　建筑效果图

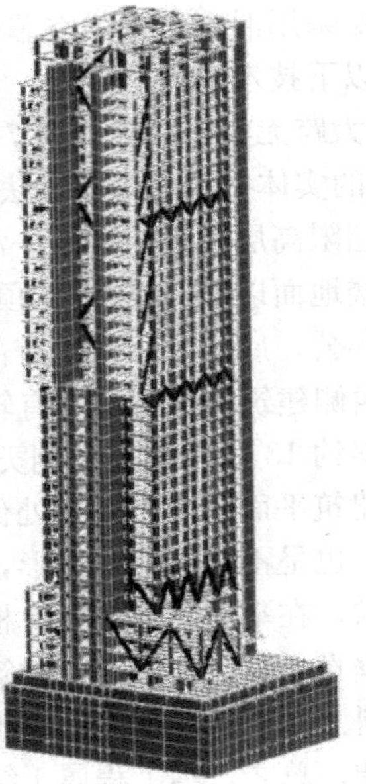

图 5　结构模型三维图

② 刚度差异巨大的双边筒受力特点及设计方法；

③ 楼板开大孔的分析与设计构造。

图 6　建筑效果图

（4）超大高宽比结构——恒裕金融中心项目B、C塔楼

本工程B塔楼地下5层，地上61层，屋面高度245.4m，屋面以上幕墙高度6m。塔楼标准层平面长为47m、宽为23m，最大高宽比约10.6，核心筒外围长约28.7m，高宽比8.5；宽约7.2m，高宽比35。本工程属于靠海区高宽比超大的超高层公寓建筑。建筑效果及标准层平面布置见图6、图7。以下技术难点需在现行规范规定基础上进一步研究解决：

① 减小结构水平荷载作用下位移的有效措施；

② 合理的位移计算方法及控制；

③ 解决风振舒适度，采用减振技术。

（5）框筒结构框架梁间断——深圳新世界中心

本工程塔楼地面以上53层，结构高219m（建筑效果及裙房结构平面布置见图8、图9），采用框架-核心筒结构体系。由于建筑师对建筑空间、美观等要求非常高，在梯形平面的东南角部大楼入口处有一高31.5m的无侧向约束的角柱。这一设计不符合现行规范中“框架-核心筒”结构的周边柱间必须设置框

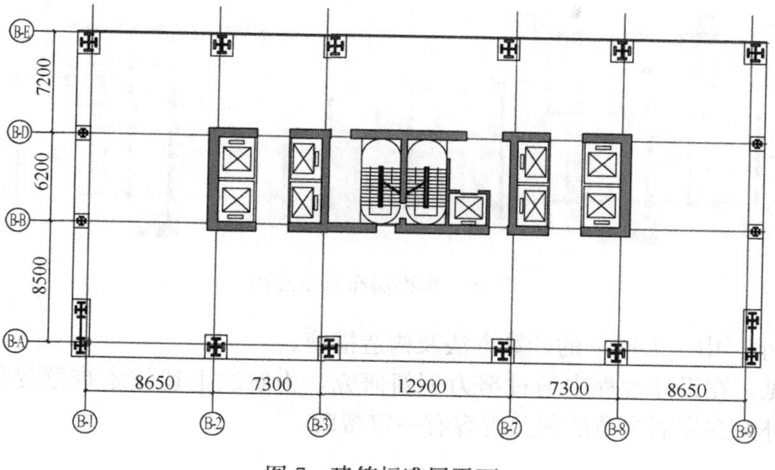

图 7　建筑标准层平面

架梁的规定，设计时必须进行充分的结构安全性论证，并在技术上解决以下难点：

① 解决梁间断后框架刚度的提高与调整；

② 解决角柱 5 层无梁板连接的稳定性与构造措施。

图 8　建筑效果图

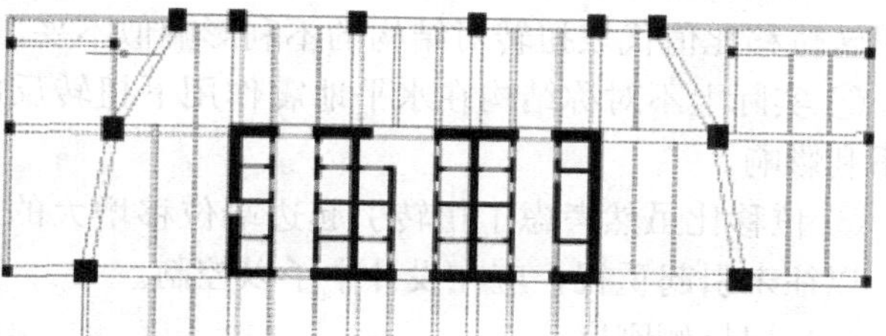

图 9　裙房结构布置图

（6）一向少墙剪力墙结构——华润银湖蓝山

本工程塔楼地面以上 44 层（顶部两层为构架层），总高度 144.3m，结构高宽比为 7.1，标准层结构平面布置图见图 10，这类结构是近年来建筑设计要求南北通透逐步形成的，造成一向剪力墙稀少，整个结构不再是剪力墙结构受力体系，需在设计中解决以下技术难点：

① 少墙结构体系的论证；

② 提出概念设计要点；

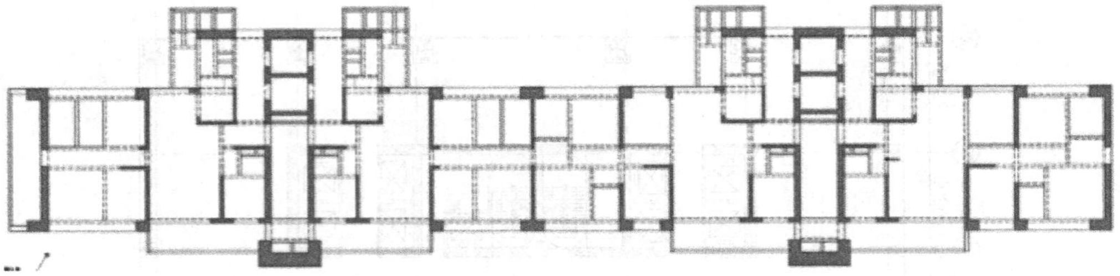

图 10　标准层布置示意图

③ 提出小、中、大震下的计算方法及构造措施。

由上可见，在设计过程中通过努力创新研究，为解决上述技术难题提供的方法与技术，对今后补充和发展规范的相关内容有一定帮助。

2　规范中若干存有争议的技术问题

以下建筑结构设计中经常遇到的技术问题有些已经基本解决，广大设计人员基本取得共识，而有些仍在困惑着设计人员。

（1）剪重比

对于结构地震作用下的剪重比问题现今已基本取得共识，即不通过增大结构刚度的方法来满足规范剪重比要求[4]。

（2）扭转位移比

关于结构扭转位移比有以下三个重要问题[5]。

① 从扭转位移比的计算公式可以看出，扭转位移比不能准确反映结构扭转角的不利影响，当扭转角较小时，扭转位移比的数值可能很大，但这并不代表扭转角的影响很大。用扭转位移比值代表扭转对结构的不利影响似不妥。

② 实际上不对称结构在水平地震作用下扭转反应的一个关键内容是楼层扭转角带来的不利影响。

③ 位移比虽然考虑了扭转引起边端位移增大的影响，但扭转角对竖向构件产生了扭矩，以往未引起重视，应在设计中予以控制。

（3）层抗侧刚度

结构的层抗侧刚度属于其自身固有的物理力学特性，即结构的内因，它不应与外荷载及外因有关，不同荷载下出现层侧刚不同的计算结果是不合理的。

层抗侧刚度应与组成该楼层的竖向构件和水平构件的刚度有关，且与相邻上部、下部楼层的刚度（含竖向构件的轴向刚度）有关。文献［6］给出了详细的层抗侧刚度计算方法。

（4）层抗剪承载力计算

现一般采用在水平地震作用方向上所有抗侧力构件（墙、柱、斜撑）的最大抗剪承载力之总和。此法不符合柱、剪力墙（或斜撑）在楼层处变形协调的原则，应予以修正。

（5）薄弱层

① 震害表明，薄弱层的位置与外因地震作用有关，薄弱层的含义实际上是“层抗剪

薄弱层[7]”；

② 建议采用文献［7］中的公式判别薄弱层位置，即各楼层的抗剪承载力与其承受剪力之比中最小的楼层就是薄弱层位置所在；

③ 应复核薄弱层抗剪承载力满足要求；

④ 层侧刚比、层抗剪承载力比不满足相关要求的楼层，并不代表就是薄弱层。

（6）框筒结构框架部分剪力比[8]

框筒结构楼层的柱、墙剪力比实质是该层框架部分层侧向刚度和筒体剪力墙层侧向刚度与该层层侧向刚度之比。

要提高楼层框架部分的剪力比，就需提高该层框架部分的层侧向刚度，因而提高此比值的空间是很有限的。而提高楼层框架剪力比对减少筒体剪力墙的剪力比有限，对帮助剪力墙抗侧能力有限。

一般不需强求提高框架剪力比。框架柱的主要作用在于和筒体剪力墙共同抵抗倾覆力矩。

（7）框筒框剪结构中框架部分倾覆力矩的合理算法

① 抗规法提供的计算结果是水平荷载传给割离出的框架底部和带框架梁剪力墙底部的外力矩，不是水平外荷载分给框架部分和剪力墙部分的倾覆力矩，其计算结果往往偏小较多，尤以框支结构为甚；

② 现轴力法的求矩点位置缺乏理论依据及明确的物理概念，不同矩点位置给出不同结果；

③ 两法对同一问题给出不同结果，使设计人员感到困惑，需在两法基础上研究新的合理的计算方法，供设计应用。

（8）层间位移角控制[9]

关于结构位移角限值问题，提出以下观点：

① 层间位移角不是受力位移角；

② 高层建筑中上部的受力位移角很小；

③ 控制层间位移角不是控制结构承载力的需要；

④ 根据研究成果，现行层间位移角的规定限值可以适当放松。

（9）超高层结构的刚重比

刚重比计算公式基于下列假定[10]：

① 结构为等截面均质悬臂杆；

② 结构的总体稳定性取为假定为悬臂等截面杆时在竖向均布荷载作用下的稳定性；

③ 倒三角形荷载侧向分布作用下，顶点位移与实际结构顶点位移相等；

④ 等截面悬臂杆位移计算未考虑剪切变形影响。

从上述规范对计算结构刚重比的几个假定可以看出其存在以下问题：

① 上述各假定与高层建筑的实际状况相差较远；

② 不同的假定荷载形式给出的刚重比结果不同。

现行规范对刚重比限值的规定为强制性条文，因此建议对结构刚重比问题宜慎重研究解决。

3 结论

现行规范是解决高层建筑设计的基本依据，是前人智慧的结晶，值得点赞，应尊重执行！

新型高层建筑的出现，带来了结构设计众多难点，需今人的不懈努力、与时俱进，为丰富和发展规范作出贡献！

参考文献

[1] 王森，魏琏，李彦峰．深圳前海国际金融中心空芯无梁大板超高层建筑结构设计[J]．深圳土木建筑，2018.01.

[2] 魏琏，刘维亚，王森，刘跃伟，关颖翩，唐海军．深圳华侨城大厦结构设计若干问题探讨[J]．建筑结构，2015.20.

[3] 孙仁范，吴忽保，王彦清，魏琏．安信金融大厦结构设计若干问题研究[J]．建筑结构，2017.3.

[4] 魏琏，韦承基，王森．高层建筑结构抗震设计中的剪重比问题[J]．建筑结构，2014.6.

[5] 魏琏，王森，韦承基．水平地震作用下不对称不规则结构抗扭设计方法研究[J]．建筑结构，2005.8.

[6] 魏琏，王森，孙仁范．高层建筑结构层抗侧刚度计算方法的研究[J]．建筑结构，2014.6.

[7] 魏琏，王森．建筑抗震设计的屈服判别法及其工程应用[J]．建筑结构，2006.6.

[8] 魏琏，孙仁范，王森，林旭新．高层框筒结构框架部分剪力比的研究[J]．深圳土木建筑，2014.3.

[9] 魏琏，王森．水平荷载作用下高层建筑受力与非受力层间位移的计算[J]．深圳土木建筑，2018.1.

[10] 高层建筑混凝土结构技术规程：JGJ 3-2010[S]．北京：中国建筑工业出版社，2010.

2. 高层建筑结构若干创新与研究

魏　琏，王　森

【摘　要】 对近年来深圳高层和超高层建筑结构出现的一些新结构形式和设计中遇到的难点问题进行介绍和讨论，如结构受力与非受力位移、结构层侧刚计算方法、局部外框梁缺失框筒结构、特大高宽比超高层结构、一向少墙剪力墙结构、多塔连体结构、带斜柱转折柱高层建筑、带环带桁架巨型结构、抗大震设计计算方法等，这些问题的出现和解决方法体现了高层建筑结构设计中创新来源和成功创新的基础保障。

【关键词】 结构设计；高层建筑；一向少墙剪力墙结构；多塔连体结构

0　前言

随着城市建设的发展，高层建筑中的结构创新对结构设计提出了新的要求，概括来说有以下几点：

（1）高层建筑、结构创新是社会主义新时代的要求。

（2）结构创新往往由建筑创新衍生而出。

（3）结构创新依托结构理论发展及相应软件的出现。

（4）结构创新依据新建筑材料、新设备、新施工工艺等技术成果的出现。

（5）结构创新需成功实践来验证。

1　高层建筑结构受力和非受力位移

建筑结构的层间位移由受力位移与非受力位移两部分组成，其中由竖向墙柱底端产生转角使结构上部产生的刚性位移为非受力位移。对于高层建筑最大层间位移一般出现在结构中上部，此时非受力层间位移占比重很大，受力层间位移很小；在结构底部嵌固端，首层的层间位移即为其受力位移，非受力层间位移为零。《高层建筑混凝土结构技术规程》JGJ 3－2002[1]（以下简称老高规）中最大层间位移角限值很小，深圳地区 50 年一遇的基本风压为 0.75kN/m^2，风荷载较大，使得结构的层间位移角计算值往往不满足规范要求。

深圳地王大厦高 368m，69 层，横向高宽比达 8.8，结构的计算第一周期为 6.19s（横向）、5.69s（纵向），结构横向在 100 年重现期风作用下的顶点位移为 1/373，最大层间位移角为 1/274（57 层），分析表明最大层间位移角所在楼层，即第 57 层的筒体剪力墙的受力层间位移仅为 1/28195，小于层间位移角的 1%[2]。加拿大 Western Ontano 大学风洞试验结果表明，10 年重现期顶点最大加速度为：X 向 23.5gal，Y 向 11.0gal，径向（扭）13.9gal，满足舒适度要求。工程实践可以得出结论：风作用下层间位移角即使较大，结构安全性也无问题。

图 1　深圳地王大厦

2　特大底层层高的层结构侧刚计算

《高层建筑混凝土结构技术规程》JGJ 3－2002[1]（以下简称老高规）、广东省《高层建筑混凝土结构技术规程》补充规定 DBJ/T 5－46－2005[3]（以下简称广东高规）、《高层建筑混凝土结构技术规程》JGJ 3－2010[4]（以下简称高规）关于结构层抗侧刚度的计算公式讨论如下。

老高规关于层刚度的定义为，$K_i=V_i/\Delta_i$，则层侧刚比为 $\frac{K_i}{K_{i+1}}=\frac{V_i}{V_{i+1}}\frac{\Delta_{i+1}}{\Delta_i}$，近似为 $\frac{K_i}{K_{i+1}}\approx\frac{\Delta_{i+1}}{\Delta_i}$（中下部楼层），底层侧刚比为 $\frac{K_1}{K_2}\approx\frac{\Delta_2}{\Delta_1}$，当底部楼层层高很大时，层侧刚比明显偏小。

假设层刚度 $K_i=V_i/\theta_i=V_ih_i/\Delta_i$，层侧刚比 $\frac{K_i}{K_{i+1}}=\frac{V_i}{V_{i+1}}\frac{\Delta_{i+1}}{\Delta_i}\frac{h_i}{h_{i+1}}\approx\frac{\Delta_{i+1}}{\Delta_i}\frac{h_i}{h_{i+1}}=\frac{\theta_{i+1}}{\theta_i}$（中下部楼层），底层侧刚比为 $\frac{K_1}{K_2}\approx\frac{\theta_2}{\theta_1}$，此式与广东高规中的公式一致。当底部楼层层高很大时，层侧刚比明显夸大。随底部层高增大，侧刚反而增大。

从以上讨论可以看出，老高规和广东高规的计算结论不一致，让使用者感到困惑。之后高规及 2013 版广东高规均采用了 2005 版广东高规的公式，但对结构底部嵌固层，首层与上层之比不宜小于 1.5，这是对 2005 版广东高规计算结果偏大的修正。

前海金融中心高度为249.03m，地上54层标准层高为4.50m，其中首层层高为19.50m，8层、19层、30层、41层层高为5.10m。图2为项目的平面图及主要抗侧构件立面图。分别采用老高规、广东高规及另一种新的改进方法[5]计算得到的结构抗侧刚度结果见图3。

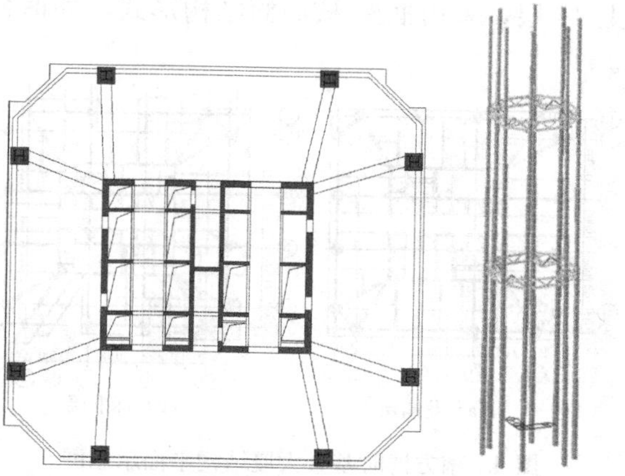

(a) 标准层平面图　(b) 抗侧构件立面图

图2　前海国际金融中心

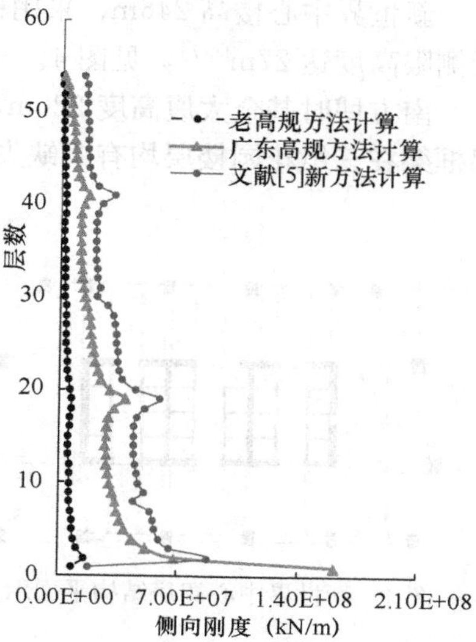

图3　三种方法计算侧刚结果对比

从图3可以看出：

① 高层建筑结构的楼层侧刚除底层（底部为嵌固端）外，呈现“上小下大”趋势。

② 设置环带桁架和伸臂桁架的19层、41层，该两层侧刚明显增大，文献［5］新方法计算的楼层侧刚能明显反应这一现象。老高规方法仅有微小反应，广东高规方法的计算结果也偏小。

③ 对于层高5.10m的8层、30层，该两层层高变大而导致楼层侧刚变小，文献［5］新方法计算的楼层侧刚能反映这一特点，而广东高规与老高规均未能很好地反映。

④ 对于首层层高19.50m的1层，老高规和文献［5］新方法计算结果均反应出首层侧刚变小的特点，而广东高规方法计算的楼层侧刚反而偏大甚多，显然是不够合理的。

3　框筒结构外框梁缺失

（1）高规强条

高规第9.2节“框架-核心筒结构”中第9.2.3条规定（强条）：“框架-核心筒结构的周边柱间必须设置框架梁。”

（2）问题的性质

① 梁缺失导致该榀框架侧刚减小；

② 核心筒与外框架剪力重分配；

③ 框架柱侧力出现重分布；

④ 仅一侧出现梁缺失时，结构会产生一定扭转；

⑤ 柱两端梁缺失出现跃层柱，高度很大时其稳定性应足够（含大震作用）。

以上问题在技术上都是不难解决的，框筒结构外框梁缺失应该是可行的。

新世界中心楼高 246m，采用框架-核心筒结构形式，塔楼东南角角柱无梁无板约束，无侧限高度达 27m[6,7]，见图 4。

南方博时基金大厦高度 220m，地面以上 44 层，采用框架-核心筒结构形式，外框各榀框架在三组花园楼层均有梁缺失，见图 5。

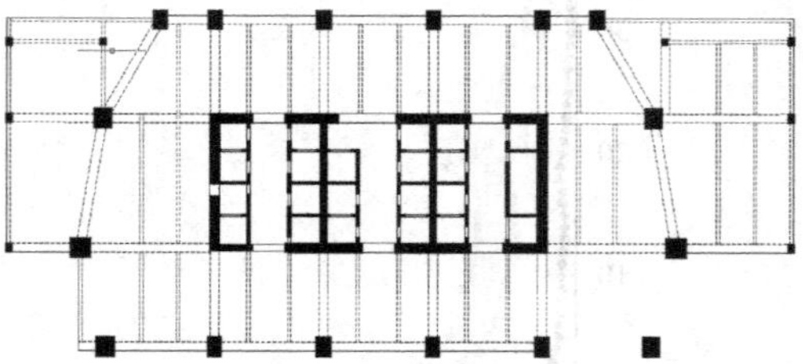

图 4　新世界中心裙房结构平面示意图

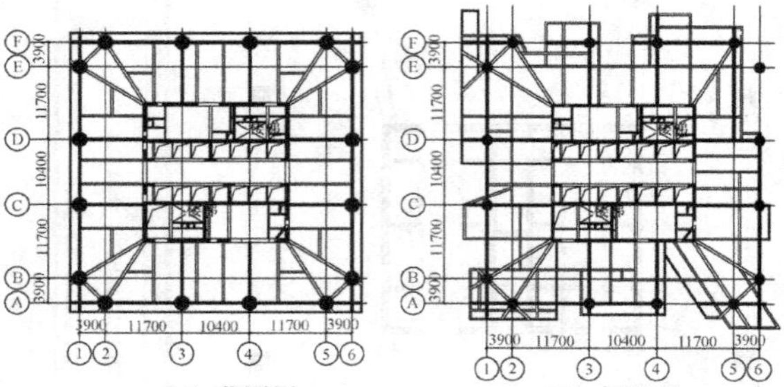

(a) 花园层　　(b) 标准层

图 5　南方博时基金大厦结构平面示意图

4　斜柱、外凸转折柱

斜柱底端对水平楼盖构件产生很大集中拉力，外凸转折柱的转折处楼层产生很大集中拉力，并波及上下相邻楼层的受力。设计时需要控制重力荷载及风、小震作用下，楼盖结构的混凝土主拉应力不超过强度标准值。解决竖向荷载下楼板较大拉应力的措施有抗、放或抗放结合等方式。

深圳华侨城大厦楼高 300m，60 层，采用“带斜撑巨柱框架核心筒”结构形式。楼层平面及核心筒平面形状不规则，有多个方向的抗侧力构件，见图 6。平面 Y 向最大宽度 53.31m，等效宽度约 24m，高宽比约 12。核心筒体横向最长约 33.8m，竖向最宽约 27m，见图 7，平面角部设巨柱（形状非矩形），且部分巨柱转折倾

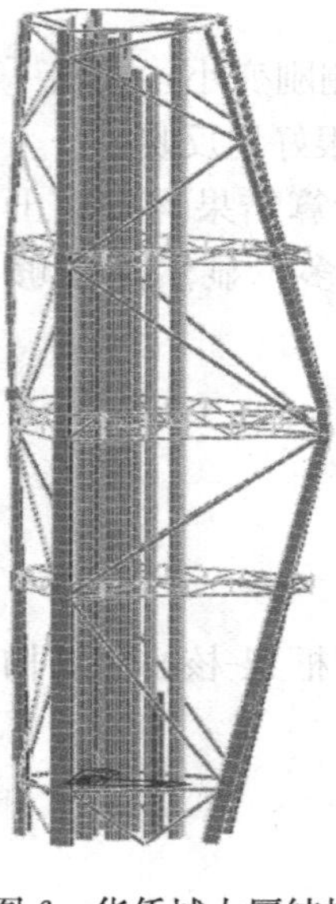

图 6　华侨城大厦结构主要抗侧构件示意图

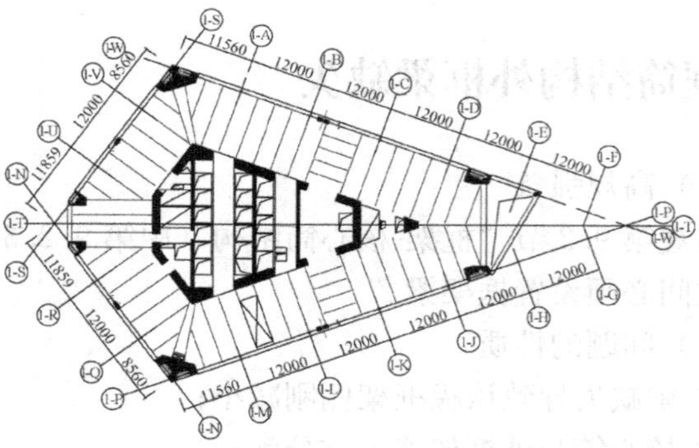

图 7　华侨城大厦结构结构标准层示意图

斜，受力复杂，立面设大斜撑，避难层设腰桁架[8]。

L28层平面右侧两根巨柱合并为一根，又在L31层再次分离为两根，巨柱形成较大的外凸转折，使这些楼层在竖向标准荷载作用下即产生较大的集中水平拉力，结构有一定水平变形。图8为L28层在竖向荷载作用下的楼盖主拉应力分布图。

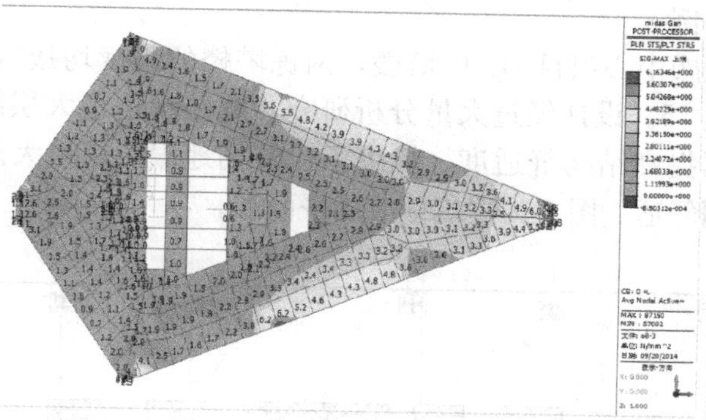

图8 L28层竖向荷载作用下楼盖主拉应力分布图

5 特大高宽比超高层结构

（1）高规有关结构高宽比的规定

高规第3.3.2条规定了钢筋混凝土高层建筑结构适用的最大高宽比，见表1。

钢筋混凝土高层建筑结构适用的最大高宽比 **表1**

结构体系	非抗震设计	抗震设计		
		6度、7度	8度	9度
框架	5	4	3	—
板柱-剪力墙	6	5	4	—
框架剪力墙、剪力墙	7	6	5	4
框架-核心筒	8	7	6	4
筒中筒	8	8	7	5

高规第11.1.3条规定了混合结构高层建筑适用的最大高宽比，见表2。

混合结构高层建筑结构适用的最大高宽比 **表2**

结构体系	非抗震设计	抗震设计		
		6度、7度	8度	9度
框架-核心筒	8	7	6	4
筒中筒	8	8	7	5

高规第9.2.1条规定："核心筒的宽度不宜小于筒体总高的1/12。"

美国已建成高宽比超过15的超高层结构，如纽约Central Park Tower地面以上98层，高472m，高宽比约15.5；纽约220 Central Park South地面以上65层，高290m，高宽比约18。深圳目前高宽比最大的结构，高250m，高宽比达11，核心筒高宽比达35，远超高规规定。

结构主要由结构刚度确定。实现特大高宽比超高层结构的措施为：①位移计算应计入地下室的影响，嵌固端宜改称名义嵌固端；②风作用下结构的最大层间位移限值宜适当放松；③采用黏滞阻尼器或 TMD 等措施满足结构风振舒适度的要求。

（2）国内工程案例

深圳恒裕后海金融中心项目 B、C 塔楼，两栋塔楼的高度均接近 250m，高宽比接近 11，核心筒高宽比达 35。设计经过大量分析研究，突破规范最大层间位移角限值，在避难层增设黏滞阻尼器提高结构舒适度。解决了建筑场地限制，最大限度满足建筑使用功能、结构安全与使用舒适。图 9 为建筑标准层平面图。

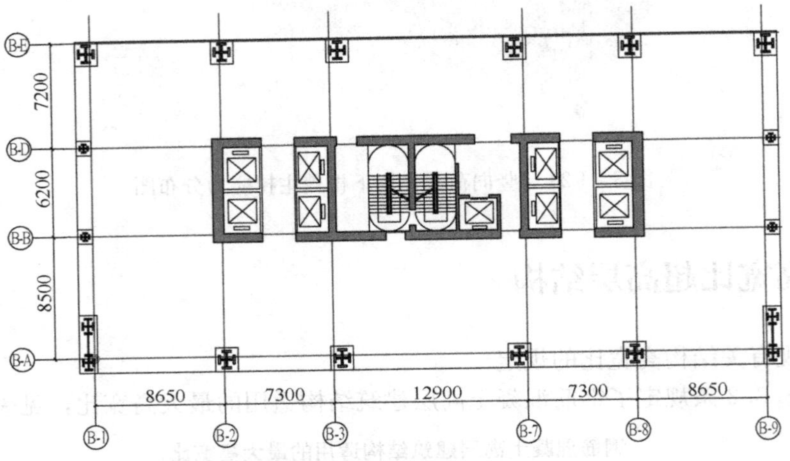

图 9　建筑标准层平面图

6　一向少墙高层剪力墙结构

建筑使用功能要求平面一个方向尽量少墙，追求采光、通风及景观的最大化。出现了规范中未包含的一种结构形式，一向少墙高层剪力墙结构。对于这种新结构形式，设计人员对其结构形式和受力有许多疑问，很显然少墙方向不是剪力墙结构，当少墙方向的梁与横墙端能形成框架体系时，可按框架-剪力墙结构处理，而横向剪力墙面外抗剪抗弯承载力也不能作为主要抗侧力构件，且现行软件均未具备计算墙面外承载力的功能。

对于一向少墙结构，设计时应遵循以下设计概念[9]：①少墙方向宜尽多设置剪力墙；②非少墙方向宜限制一字墙的设置，墙端部宜设置端柱或翼墙；③控制横向剪力墙的面外抗侧作用，减小扁柱楼板框架承担的剪力。

少墙结构的组成及结构体系判别方法如下：

少墙方向结构由剪力墙、梁柱框架、扁柱楼板框架三部分共同抗御水平荷载作用，即：①X 向仅能布置的少量剪力墙；②X 向梁和柱（含剪力墙端柱）组成的框架；③Y 向墙和楼板组成的扁柱楼板框架。少墙方向结构体系基本属于框架-剪力墙结构。

一般采用控制扁柱（横墙）楼板框架的剪力比的方法，将一向少墙高层剪力墙结构分为两种框架-剪力墙结构体系，具体如下：①当扁柱（剪力墙）楼板框架的底层剪力占比小于10%时，应按框架-剪力墙结构进行设计，剪力墙及梁柱框架承担全部水平地震作用；②当扁柱楼板框架的底层剪力占比不小于10%时，除按规范框架-剪力墙结构承担楼层全部地震作用进行设计外，尚应对扁柱框架的抗震承载力进行验算。

7 多塔连体结构

（1）高规的有关规定

高规第10.5节规定，“连体结构各独立部分宜有相同或相近的体型、平面布置和刚度；宜采用双轴对称的平面形式。7度、8度抗震设计时，层数和刚度相差悬殊的建筑不宜采用连体结构”，“连接体结构与主体结构宜采用刚性连接。刚性连接时，连接体结构的主要结构构件应至少伸入主体结构一跨并可靠连接……”。

（2）发展趋势

① 各单塔高度、刚度有显著差异。

② 塔楼与连体为斜向连接。

③ 塔楼由双塔发展为三塔或以上。

④ 塔楼伸出长悬臂支托连体。

⑤ 塔楼与连体连接方式采用全刚性连接、全柔性连接或刚性连接与柔性连接配合使用。刚性连接指塔楼与连体连接处不产生相对位移；柔性连接指连接处可产生相对位移。

（3）设计方法

① 各单塔宜各自能独立成立。

② 连体宜采用钢结构。

③ 刚性连接端连体主要水平受力构件应伸入塔楼1～2跨，当为斜向连接时，伸入塔楼部位应形成水平桁架传力体系，将力传至筒体或可靠部位。

④ 悬臂桁架支托连体时，桁架根部宜可靠伸入塔楼，控制悬臂端变形及舒适度。

⑤ 刚性连接端塔楼连体的连接部位，梁、柱、剪力墙等构件应适当加强。

⑥ 多塔全刚性连接会造成各塔受力相互制约干扰，可能造成某塔内力激增，构件承载力应满足性能目标要求。在一定情况下，强塔可起到帮助弱塔的作用。

⑦ 全柔性连接可释放连接处的剪力，使各塔能相对独立受力，设计应控制连接支座的位移量及复位能力。

⑧ 根据不同建筑功能、结构受力特点，采用刚性连接和柔性连接相配合的方法也是可行的。

（4）工程案例

① 金地中心地面以上有A、B两个塔楼，其中A塔楼建筑高度约200m，45层，B塔楼建筑高度约159m，36层，两个塔楼均采用框架-核心筒结构。项目在B塔楼顶部两层设连体，连体两端分别从A、B塔楼悬挑19.4m，悬挑端与另一端（塔楼柱）跨度约60m。该连体采用刚性连接。连体的二层楼面建筑平面见图10。

② 晟通国际二期面以上有A、B两个塔楼，其中A塔楼建筑高度约249m，56层，B塔楼建筑高度约200m，53层，两个塔楼均采用框架-核心筒结构。项目在建筑154.4～163.4m高度处设置跨度约28m的两层连体。连体的二层楼面建筑平面见图11。

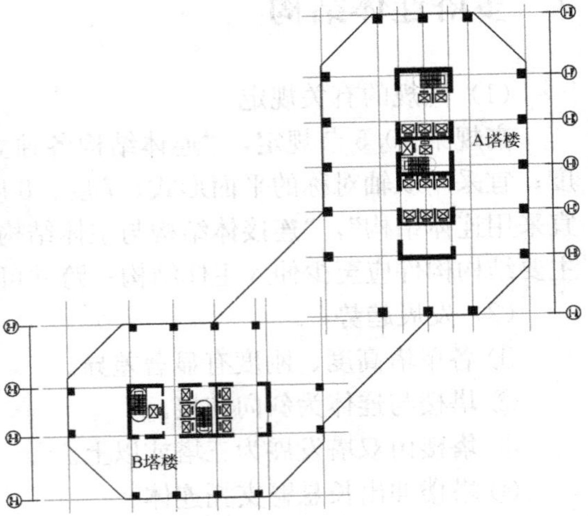

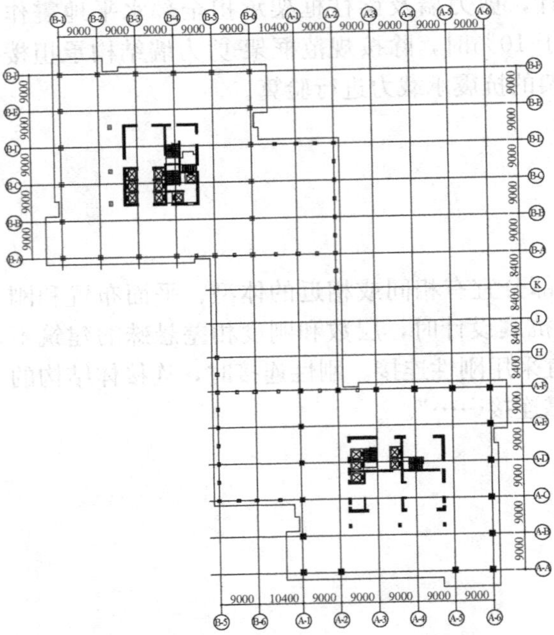

图 10　金地中心连体楼层平面图

图 11　晟通国际二期连体楼层平面图

③ 岁宝国展中心地面以上有 A、B、C 三个塔楼，其中 A 塔楼为建筑高度约 200m 的 54 层公寓，B 塔楼为建筑高度约 156m 的 42 层公寓，C 塔楼为建筑高度约 252m 的 52 层办公楼，三个塔楼均采用部分框支剪力墙结构体系。项目在 A 塔 41 层处设置跨度约 18m 的 2 层连体与 B 塔楼连接，在 C 塔 31 层处设置跨度为 18～28m 的 2 层连体与 B 塔楼连接。2 个连体的高度相同。连体平面示意图见图 12。

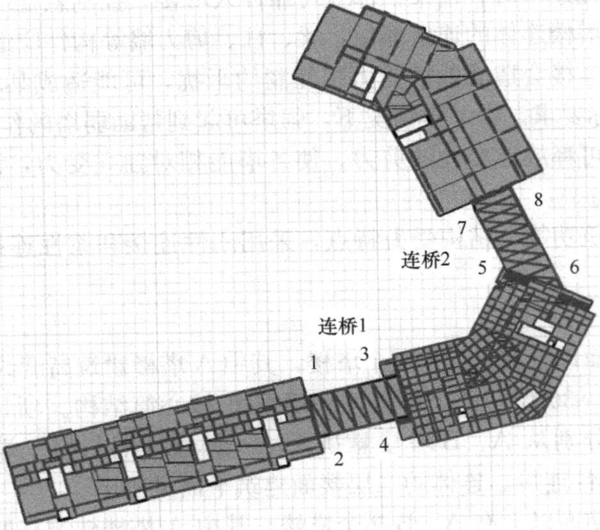

图 12　岁宝国展中心连体楼层平面图

8 凹凸不规则弱连接楼盖高层结构

为了建筑采光、通风及景观效果良好，出现了凹凸不规则弱连接楼层的高层结构。根据深圳近年来这类结构的设计经验和研究成果，总结出以下设计要点：

（1）平面凹凸不规则结构由中心区结构及沿不同方向伸出的单肢结构通过楼盖整体连接而成。

（2）单肢结构通过中心区结构连成整体共同抵御风和水平地震作用。

（3）中心区外周的围合剪力墙承担主要的抗侧作用。

（4）单肢部分多为单向剪力墙布置，宜按一向少墙的剪力墙结构进行结构体系论证和验算。

（5）应确保弱连接楼盖区域（含单肢的根部区）的梁板满足抗弯抗剪承载能力。

（6）宜控制伸出单肢的长宽比，满足楼盖平面角部的舒适度问题。

深圳某超高层住宅高 149m，45 层，4 层设置梁式转换层，采用部分框支剪力墙结构形式。标准层平面见图 13。

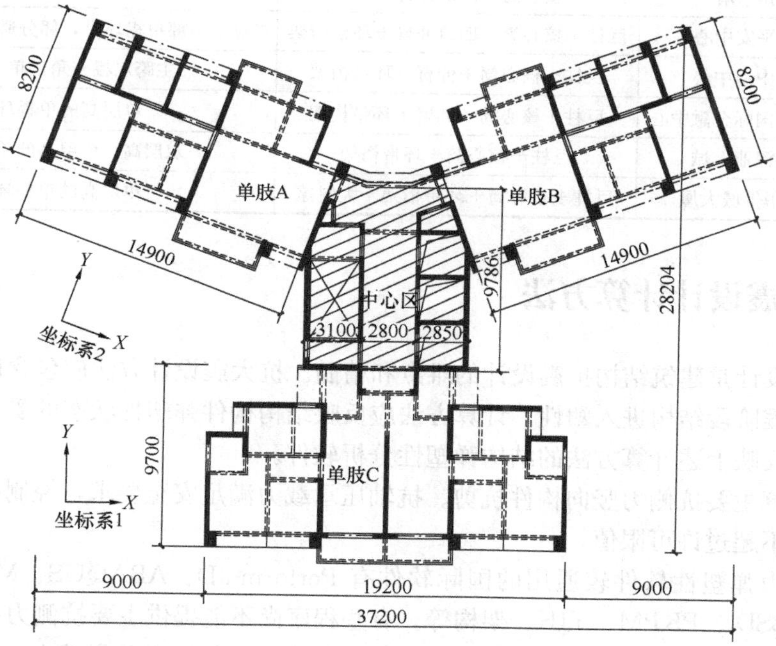

图 13　标准层结构布置图

主要计算结果如下：

（1）第 1、2 振型均为平扭耦联振型。

（2）单肢根部和中心区抗剪抗弯承载力满足要求。

（3）楼板应力在竖向荷载、风及小震作用下满足抗裂要求。

（4）大震下满足性能目标 C 的要求。

（5）北侧单肢端部的舒适度需进一步分析研究。

9 巨型结构环带桁架

主要抗侧力结构中的环带桁架＋伸臂加强层，一般设于避难层。环带桁架的主要作用为承受其上各楼层重力柱传来的竖向荷载，同时起到增大结构抗侧刚度，与核心筒分担楼层剪力的抗侧作用。实际工程中伸臂桁架与环带桁架视需要确定是否同层设置：可单独设置环带桁架；当必须设置伸臂桁架时，可同时设置环带桁架。设计中宜采取措施充分发挥环带桁架的抗侧作用，减少或避免采用伸臂桁架。环带桁架可采用单榀与双榀布置，采用单榀环带桁架需考虑桁架偏置对巨柱产生的不利影响；采用双榀环带桁架，宜掌握双榀各自的主要功能与受力特点，论证采用双榀环带桁架的必要性及有效性。表3列出了部分超高层建筑环带桁架设置案例。

部分超高层建筑环带桁架设置案例 表3

序号	项目名称	结构体系	环带布置方式
1	上海中心	巨柱＋核心筒＋六道伸臂＋环带桁架	双榀(不完全围合)
2	广州东塔	巨柱＋核心筒＋四道伸臂＋环带桁架	双榀
3	深圳平安中心	巨柱＋核心筒＋四道伸臂＋环带桁架	双榀＋角部单榀环带，部分避难层设单榀环带
4	苏州中南中心	巨柱＋核心筒＋伸臂＋环带桁架	主跨双榀＋角部单榀环带
5	深圳前海国际金融中心	巨柱＋核心筒＋伸臂＋环带桁架	单层高的单榀环带
6	深圳深业上城	巨柱＋核心筒＋环带桁架	双层高、单层高的单榀环带
7	深圳华侨城大厦	巨柱＋核心筒＋环带桁架＋大斜撑	单层高的单榀环带

10 抗大震设计计算方法

抗大震设计是建筑结构抗震设计的难点和精髓。抗大震设计方法应包含以下内容：

（1）大震阶段结构进入塑性，计算方法应反映结构构件弹塑性状态的受力与变形。

（2）能反映上述计算方法的结构弹塑性分析软件。

（3）验算主要抗侧力竖向构件抗剪、抗轴压承载力满足安全要求，控制结构耗能构件的塑性变形不超过许可限值。

目前动力弹塑性软件较通用的国际软件有 Perform-3D、ABAQUS、MIDAS 等，国内软件有 PBSD 、PKPM、YJK、架构等。有些程序尚不能提供主要抗侧力构件的抗剪承载力和抗轴压承载力的验算。不同软件的主要构件内力计算结果差异偏大。而当剪力墙出现全截面受拉时，目前的处理方法尚不完善。

采用大震等效弹性法可作为现行动力弹塑性分析方法的补充，但构件刚度应根据弹塑性分析的构件损伤状态进行调整，等效弹性分析法计算的基底剪力应与相应静力推覆或动力时程弹塑性分析的计算结果基本一致。

参考文献

[1] 高层混凝土结构技术规程：JGJ 3－2002［S］. 北京：中国建筑工业出版社，2002.

[2] 魏琏，等．地王大厦结构设计若干问题[J]．建筑结构，2006，30(6)：31-36.
[3] 高层建筑混凝土结构技术规程：DBJ 15－92－2013[S]．北京：中国建筑工业出版社，2013.
[4] 高层混凝土结构技术规程：JGJ 3－2010 [S]．北京：中国建筑工业出版社，2010.
[5] 王森，魏琏，李彦峰．深圳前海国际金融中心无梁空芯大板超高层建筑结构设计[J]．建筑结构，2020，50(21)：6-13.
[6] 魏琏，时刚，王森．深圳新世界中心结构设计(Ⅰ)[J]．建筑结构，2006，28(1)：66-71.
[7] 魏琏，时刚，王森．深圳新世界中心结构设计(Ⅱ)[J]．建筑结构，2006，28(2)：40-45.
[8] 魏琏，刘维亚，王森，刘跃伟，关颖翩，唐海军．深圳华侨城大厦结构设计若干问题探讨[J]．建筑结构，2015，45(20)：1-7.
[9] 魏琏，曾庆立，王森．一向少墙高层剪力墙结构抗震设计计算方法[J]．建筑结构，2020，50(7)：1-8.

3. 中国建筑结构抗震设计方法发展及若干问题分析

魏　琏，王　森

【摘　要】 回顾了我国建筑结构抗震各阶段的设计方法，对 89 抗震规范以来结构性能化设计方法的发展进行了梳理分析，同时对现有规范的性能化方法提出了建议。对当前工程设计中若干重要问题，如反应谱、地震波、剪重比、刚重比、扭转位移比、层抗侧刚度、层抗剪承载力、薄弱层等进行了分析说明，并结合当前工程设计现状提出一些建议。

【关键词】 抗震性能化设计；剪重比；刚重比；扭转位移比；层抗侧刚度；层抗剪承载力；薄弱层

Development of seismic design method of building structure in China and analysis of some problems

Wei Lian，Wang Sen

Abstract：The Chinese seismic design methods for building structures in different stages were reviewed. Analysis on development of performance-based design methods since seismic design code of 1989 version was made and suggestions were provided for performance-based design methods in current code. Analysis and illustration on some important problems in current engineering design were conducted，such as response spectrum，seismic wave，shear weight ratio，the ratio of stiffness to weight，torsional displacement ratio，story lateral stiffness，storey shear capacity，weak layer，etc. and some suggestions were provided for current engineering design conditions.

Keywords：performance-based seismic design；shear weight ratio；ratio of stiffness to weight；torsional displacement ratio；story lateral stiffness；story shear capacity；weak story

0　引言

建筑结构抗震设计方法的正确应用对保证结构的抗震安全和经济合理具有十分重要的意义，经过近百年来抗震设计方法的研究和进展，已从最早的静力侧力法逐步发展到考虑地震地面运动特征和结构自身动力特性的反应谱法，并进而发展到考虑小震、中震、大震作用下的结构受力、变形和损伤状况的抗震性能化设计方法，可根据不同要求和结构中不同构件对结构安全所起的作用区别对待，采取有针对性的计算和抗震措施，做到建筑结构抗震设计既安全又经济合理，其意义是十分重大的。

本文简述我国建筑结构抗震设计方法的进展历程和成就，以及在新的历史条件下抗震设计所需要面对和解决的重大技术问题。

1 74、78 抗震规范

我国建筑结构抗震设计方法的研究起步于20世纪60年代，当时工程界还采用静力侧力法进行设计，至1974年，国家建委颁布了试行的第一本《工业与民用建筑抗震设计方法》TJ 11-74[1]（简称74抗震规范）；1978年，总结了海城、唐山地震宏观经验，国家建委颁布了《工业与民用建筑抗震设计方法》TJ 11-78[2]（简称78抗震规范）。两本规范在总则第1条中，明确抗震设防目标为："为了贯彻执行地震工作要以预防为主的方针，保障人民生命财产的安全，使工业与民用建筑经抗震设防后，在遭遇的地震影响系数相当于设计烈度时，建筑物的损坏不致使人民生命和重要生产设备遭受危害，建筑物不需修理或经一般修理仍可继续使用，特制订本规范。"

两本规范均采用弹性反应谱理论为基础的抗震设计方法，给出了图1所示的设计反应谱，考虑了地震烈度、结构动力特性及场地类别的影响。图中地震影响系数最大值 α_{max} 见表1。

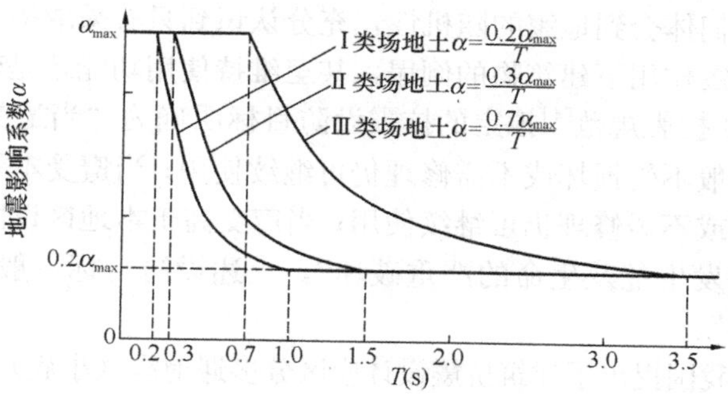

图1 74、78抗震规范中的反应谱曲线

地震影响系数最大值 α_{max} **表1**

设防烈度	7度	8度	9度
α_{max}	0. 23	0. 45	0. 90

单质点结构地震力计算公式为：

$$Q = C\alpha_T W$$

式中：Q 为基底剪力，即水平地震作用；C 为结构影响系数，是与结构延性有关的系数，结构延性越好，C 值越小，规范规定钢结构的延性最好，其 C 值为0. 25，钢筋混凝土结构 C 值为0.35；α_T 为地震影响系数，与地震烈度、场地、结构周期有关；W 为结构重量。

对于多自由度体系，常采用基底剪力法或振型分解法，但公式中均有结构系数 C，以反映结构进入塑性状态而对地震力的折减。此外规范也规定了不同烈度下相应的抗震构造措施。

74、78抗震规范中抗震设计方法的优点是采用了先进的反应谱振型组合的设计方法，比不考虑结构动力特性和场地类别影响的静力侧力法有较大进步，解决了当时的工程需要，但存在以下不足：

（1）折减后的地震作用其实质是一个对应于较小地震所引起的结构弹性地震作用，但地震发生时，在同一地区地震烈度相同，不同类型结构应该是一致的地震作用，而不是因结构类型不同会承受不同的小震作用。

（2）设计方法没有充分考虑到地震的随机性，不能考虑一旦发生高烈度地震时结构可能的受力、变形和损伤，从而会对结构带来致命的危害。

（3）反应谱仅考虑到周期延伸到 3.5s 的结构，对周期大于 3.5s 的较高、较柔建筑物不适用。

（4）未涉及结构在地震作用下的变形问题。

2 89 抗震规范

1976 年 7 月 26 日我国发生了震惊世界的唐山大地震，原来划分为 6 度区的唐山市中心竟发生了震中烈度达 10～11 度的强烈地震，整个唐山市瞬间化为一片瓦砾，伤亡人数达数十万人，财产损失无法估计，加上之后的辽宁海城地震、云南昭通地震等灾害积累的惨痛历史教训，使人们体会到地震的随机性，充分认识到只有采取措施增强建筑物的抗震能力，做到防止大地震作用下建筑物的倒塌，甚至维持使用功能才是建筑结构抗震设计的根本目的[3]。因此 89 抗震规范[4]拟定的抗震设防目标明确为“当遭受低于本地区设防烈度的小震影响时，一般不受损坏或不需修理仍可继续使用；当遭受本地区中震影响时，可能损坏，经一般修理或不需修理仍可继续使用；当遭受高于本地区设防烈度的预估的大震影响时，不致倒塌或发生危及生命的严重破坏”，上述设防目标一般简称为“小震不坏、中震可修、大震不倒”。

基于以上认识，我国提出了建筑抗震设计应区分多遇地震（小震）、设防烈度地震（中震）、罕遇地震（大震），分别进行设计的概念。图 2 为我国地震烈度的概率分布图（极值Ⅲ型），以 50 年为设计基准期，其中众值烈度定义为小震烈度，超越概率为 63.2%；设防烈度定义为中震烈度，超越概率为 10%；大震为小概率事件，超越概率为 2%～3%。不同烈度时地震影响系数的最大值参见《高层建筑混凝土结构技术规程》JGJ 3－2010[7]（简称高规）表 4.3.7-1。

小震时结构处于弹性状态，取消结构延性系数 C，不同类型结构承受相同的小震地震作用，结构内力可以线性组合，这是符合实际的。中震时不要求进行计算，根据中震时抗震设防目标要求认为结构近似处于弹性状态。大震时结构进入弹塑性状态，应进行弹塑性

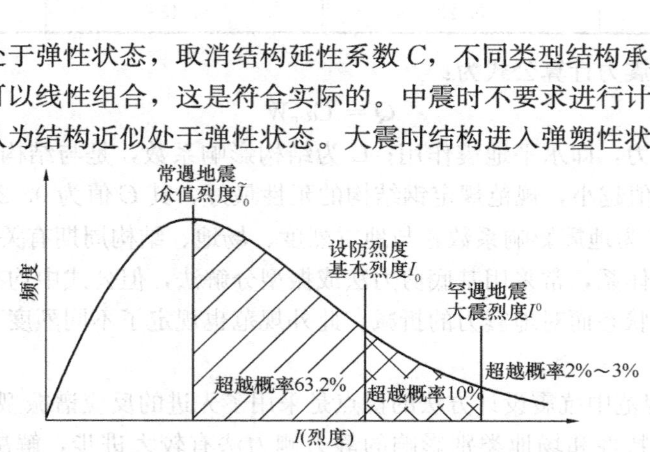

图 2　我国地震烈度的概率分布图（极值Ⅲ型）

分析和设计。89 抗震规范采用小震按弹性反应谱理论进行分析，见图 3，并补充了不对称结构考虑平动、扭转耦联及 CQC 组合的计算方法；中震时通过小震设计和抗震措施，做到可修；大震时通过弹塑性层间变形验算及抗震构造措施，达到防止结构倒塌的要求。

大震下结构的最大弹塑性层间位移应满足下式：

$$\Delta u_{\mathrm{p}} \leqslant [\theta_{\mathrm{p}}]h \tag{1}$$

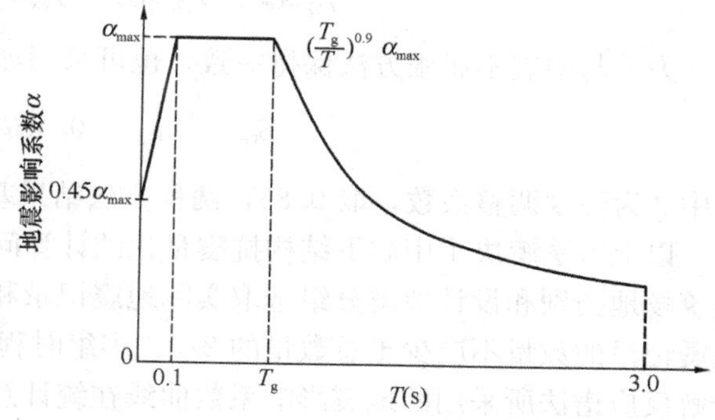

图 3　89 抗震规范中的反应谱曲线

该方法的主要优点是：1）在抗震设计史上，首次提出考虑地震随机性，分别按小震、中震、大震不同水准地震作用下量化的抗震设计方法，为提高结构抗震性能，实现中震可修、大震不倒的抗震设防目标，打下了坚实的基础；2）提出了不对称结构考虑水平地震作用下结构扭转不利影响的计算方法，弥补了以往规范的不足；3）提出了大震下结构薄弱层（部位）弹塑性变形的计算方法和规定。但同时也存在以下不足：1）规范反应谱的周期延伸仅到3s，对于周期大于3s的较高、较柔建筑不适用；2）中震可修的设防目标没有规定量化的计算方法；3）大震作用下仅规定了结构薄弱层（部位）的弹塑性变形验算，限于当时的科学技术发展水平，对结构进入塑性阶段的受力、屈服和破坏状态的分析也没有明确规定。

实践中，89 抗震规范的方法在抗震设计中得到了充分的应用，其基本原则一直沿用至今，得到国内外同行的广泛肯定与认可。

3　2001、2010 抗震规范

为了适应 20 世纪 90 年代以来高层建筑的迅猛发展和大量特殊体型建筑的出现，2001 年我国颁布的《建筑抗震设计规范》GB 50011 - 2001[5]（简称 2001 抗震规范）较 89 抗震规范有了不少新的改进，其规范反应谱周期从 3.5s 延伸至 6s。对不规则建筑抗震设计给出了一些新的规定，并提出了一定条件下进行弹性时程分析和弹塑性分析的规定，为完善建筑结构抗震设计方法做出了有益的贡献。

2008 年我国四川发生了 8.0 级的汶川大地震，在总结该次地震震害及有关科研、工程实践的基础上，并考虑到近年来大量出现的超限高层建筑，2010 年我国颁布了《建筑抗震设计规范》GB 50011 - 2010[6]（简称 2010 抗震规范）和高规，提出了结构抗震性能化设计方法，进一步完善了小震、中震、大震不同水准下量化的抗震设计方法，较好地解决了近十几年来涌现的超高层建筑和复杂体型高层建筑的抗震设计问题。抗震性能化设计方法明确了性能水准、性能目标和具体的计算方法，能较好地指导各类结构的抗震性能化设计。

小震下建筑结构按弹性反应谱理论进行计算；中震下按结构不屈服或弹性进行计算，不屈服计算时文献［8］提出了详细的计算屈服判别方法，方法如下：

$$S_{GE}+S_{Ehk}^{*}+0.4S_{Evk}^{*}\leqslant R_{k} \tag{2}$$

当需要适当提高中震下结构的抗震安全度时，可采用如下中震弹性计算：

$$\gamma_{G}S_{GE}+\gamma_{Eh}S_{Ehk}^{*}+\gamma_{Ev}S_{Evk}^{*}\leqslant R_{d}/\gamma_{RE} \tag{3}$$

为了与中震不屈服方法保持一致，也可采用如下计算方法：

$$S_{GE}+S_{Ehk}^{*}+0.4S_{Evk}^{*}\leqslant \zeta R_{k} \tag{4}$$

式中 ζ 为强度调整系数，取 0.85，两种方法结果基本相当，其他参数详见文献［8］。

以上方法解决了中震下结构抗震量化的计算问题。高规第 4.3.5 条第 1 款规定“应按建筑场地类别和设计地震分组选取实际地震记录和人工模拟的加速度时程曲线，其中实际地震记录的数量不应少于总数量的 2/3，多组时程曲线的平均地震影响系数曲线应与振型分解反应谱法所采用的地震影响系数曲线在统计意义上相符；弹性时程分析时，每条时程曲线计算所得的结构底部剪力不应小于振型分解反应谱法求得的 65%，多条时程曲线计算所得的结构底部剪力的平均值不应小于振型分解反应谱法求得的 80%。”第 4 款规定“当取 3 组时程曲线进行计算时，结构地震作用效应宜取时程法计算结果的包络值与振型分解反应谱法计算结果的较大值；当取 7 组及 7 组以上时程曲线进行计算时，结构地震作用效应可取时程法计算结果的平均值与振型分解反应谱法计算结果的较大值。”第 5.5.1 条第 6 款规定“进行动力弹塑性计算时，地面运动加速度时程的选取，预估大震作用时的峰值加速度以及计算结果的选用应符合本规程第 4.3.5 条的规定。”

大震下进行结构弹塑性分析，区别不同情况采用弹塑性静力推覆和弹塑性动力时程分析进行结构薄弱层验算，计算构件的受力、屈服和损伤状态，评估大震下结构的抗震性能，对发现的薄弱部位采取抗震加强措施，以满足抗震性能要求。

4　结构抗震性能化设计方法

高规第 3.11.1 条结构抗震性能目标分为 A～D 四个等级和 1～5 五个水准（见高规表 3.11.1），各性能目标均与一组在指定地震地面运动下的结构抗震性能水准相对应。高规表 3.11.2 给出各性能水准下结构的预期震后性能以对结构状况进行宏观判别。在执行过程中，发现现行抗震性能化设计方法尚存在以下几个问题有待完善[9]。

（1）性能化设计中的性能目标，缺少与 89 抗震规范及现行规范一致的设防目标。性能目标 C：小震、中震、大震分别对应性能水准 1、3、4，小震时的水准 1 与规范设防目标一致，中震时的水准 3（一般修理可继续使用）与规范中震设防目标一致，但大震时的水准 4（修复或加固后可继续使用）显然比规范大震不倒的设防目标高。性能目标 D：小震、中震、大震分别对应性能水准 1、4、5，小震目标与规范一致，中震性能水准 4（修复或加固后可继续使用）低于规范中震（一般修理继续使用）的设防目标，大震水准 5 基本与规范大震一致。目前许多业主和设计单位都认为 D 级性能目标偏低，而在 C 级与 D 级之间取一个合适的性能目标，即小、中、大震的性能水准分别是 1、3、5 进行抗震设计是合理的。

从上述分析可知，现行规范性能化设计中的性能目标，缺少与 89 抗震规范及现行规范中所对应的设防目标。为此建议增加一个性能目标 D* 或取代性能目标 D，其小震、中震、大震的性能水准分别为性能水准 1、3、5，这样可与 89 抗震规范及现行规范的设防目标一致，也与当前某些设计单位的实践做法一致。

（2）小震时性能水准 1 与中震时性能水准 1 是不同含义的，应加以区别。建议用性能水准 1* 表示小震，它除应满足弹性设计要求外，其验算公式含有与抗震等级有关的增大系数及其他内力增大系数，因此它比弹性设计有更高的安全度，用 1* 表示，以表示比弹性设计要求更高。在中震时，用性能水准 1 表示满足弹性设计要求，但相应验算公式不含有与抗震等级有关的增大系数及其他内力增大系数。

（3）对关键构件宜允许单独进行性能化设计。对于某些极其重要的关键构件，不必与整个结构的性能目标一致，可独立进行性能化设计。例如某高层建筑，建筑要求在角部仅用 1 根柱支承上部几十层建筑结构，该柱又有 6 层高，如果整个结构采用性能目标 C 进行设计，关键构件大震时性能状况应为轻度损坏。但在大震时，实际设计中该柱宜处于弹性状态以确保安全，因此该柱可独立进行性能化设计，而不受整个结构性能目标的限制。反之较次要构件，也允许采用比整个结构性能目标略低的性能目标进行设计。总之采用性能化设计时应灵活应用，随不同构件设计的需要采用相应的性能水准。

（4）建议补充不同结构类型的性能目标，以有利于不同设计单位在设计时统一标准，并给设计带来方便。同时建议列出各种不同类型结构在不同水准时构件的性能状态。

（5）抗震构造措施。抗震构造措施是针对大震作用下结构进入弹塑性状态，结构应有足够的延性，才能抵御大地震的袭击而采取的。在实际高层建筑设计中很少选用性能目标 A、B，当出现结构条件符合性能目标 A、B 时，因大震下主要受力构件仍处于或接近弹性阶段，因此应对抗震构造措施的作用进行研究，区别对待：1）对于 6、7 度烈度区，考虑到中长期预报尚未过关，原定烈度地区发生高于该烈度的大地震的案例很多，建议抗震构造措施不降低；2）对于 8 度及 8 度以上高烈度区，除特别重要和在地震时需要维持正常运行功能的建筑外，其他建筑的抗震构造措施建议降低 1 度；3）对特别重要和在地震时需要维持正常运行功能的建筑，除构造措施不降低外，并建议按特大震，即高一度大震，进行弹塑性性能复核。采用性能目标 C、D*、D 时，仍按照常规设计的有关规定采用，抗震构造措施不降低。

根据以上分析，建议如下：

（1）结构抗震性能目标分为 A、B、C、D*、D 五个等级，结构抗震性能分为 1*、1、2、3、4、5 六个水准（表 2），各性能目标均与一组在指定地震地面运动下的结构抗震性能水准相对应。

结构抗震性能目标 **表 2**

性能目标	A	B	C	D*	D
小震	1*	1*	1*	1*	1*
中震	1	2	3	3	4
预估的大震	2	3	4	5	5

注：性能水准 1* 的结构，应满足弹性设计要求，其承载力和变形应符合高规有关规定；性能水准 1，应满足弹性设计要求，其验算公式不含有抗震等级有关的增大系数及其他的内力增大系数。

（2）结构抗震性能水准可按表 3 进行宏观判别。

各性能水准结构预期的震后性能状况 表 3

结构抗震性能水准	宏观破坏程度	损破部位			继续使用的可能性
		关键构件	普通竖向构件	耗能构件	
1* 1(安全度较 1* 略低)	完好	无损坏	无损坏	无损坏	不需修理即可继续使用
2	基本完好	无损坏	无损坏	轻微损坏	稍加修理即可继续使用
3	轻度损坏	轻微损坏	轻微损坏	轻度损坏，部分中度损坏	一般修理后可继续使用
4	中度损坏	轻度损坏	部分中度损坏	中度损坏，部分比较严重损坏	修复或加固后可继续使用
5	比较严重损坏	中度损坏	部分比较严重损坏	比较严重损坏	需排险大修

注：关键构件是指该构件的失效可能引起结构的连续破坏或危及生命安全的严重破坏；普通竖向构件是指关键构件之外的竖向构件；耗能构件包括框架梁、剪力墙连梁及耗能支撑等。

（3）为使用方便，结构抗震性能目标可根据结构类型具体编制。

（4）地震作用下，结构楼盖系统主要起协调周围各连接竖向构件抗侧力的作用，在一般建筑平面规则楼板面无大的缺失开孔或凹凸变化的情况下，楼板面内仅产生较小的应力，此时的楼板可定义为普通构件，其抗震性能目标可相应定得较低，但有时楼板在地震作用下起着关键构件的作用，如常见的弱连接楼盖或某些关键传力的楼盖构件，此时如楼盖严重破坏将导致相连接竖向构件丧失承载能力，因此合理确定其抗震性能目标十分重要，表 4 为建议的楼盖抗震性能目标。

楼盖抗震性能目标 表 4

部位		小震（1 水准）	中震（3 水准）	大震（4 水准）	大震（5 水准）
关键构件	弱连接楼盖	弹性*	弹性，抗剪弹性	不屈服，抗剪不屈服	屈服，满足截面抗剪
	一般楼盖	弹性*	不屈服，抗剪弹性	部分屈服，抗剪不屈服	较多屈服，满足截面抗剪

注：不屈服指截面内钢筋应力低于屈服强度标准值。弹性* 含义详见高规。

（5）除对整体结构进行抗震性能化设计外，对个别关键构件或部位可单独进行性能化设计，其在各地震烈度下的抗震性能水准可按设计需要确定。

（6）当采用性能目标为 A、B 时，6、7 度烈度区的抗震构造措施不降低，8 度及 8 度以上高烈度区，除特别重要在地震时需要维持正常运行功能的建筑外，其他建筑的抗震构造措施建议降低 1 度。采用性能目标 C、D*、D 时，仍按照常规设计的有关规定采用，不再降低。

上述性能化设计方法，其主要内涵为抗震设计应充分考虑地震作用的随机性，分别采用不同的量化方法，按小震、中震、大震作用进行抗震分析。采取必要的构造措施，做到小震不坏，中震不需修理或稍加修理（性能目标 A、B），一般修理（性能目标 C、D* ）或修复加固后可继续使用（性能目标 D），大震稍加修理或一般修理（性能目标 A、B），修复加固后可继续使用（性能目标 C），不倒塌（性能目标 D、D* ）。还可根据构件位置、受力特性及在抗御地震中的重要性程度不同，采用不同的性能目标，该内容是总结了近百年来历次大地震的震害教训，吸取了地震作用、抗震分析方法等方面的大量科学研究成果的一个优越的抗震设计方法。今后随着不断的实践和研究，必将出现一些新的改进和补充。

5 若干问题的分析

随着近年来一大批超高层结构、复杂体型结构、多类型不同外框和内筒的框筒结构、沿高抗侧明显不均匀的结构等建筑纷纷涌现，给抗震设计带来了许多新的问题，需要结构工程师们去面对和研究解决。

5.1 规范反应谱

规范反应谱是建筑抗震设计的基本依据。图 4 为 2010 抗震规范的反应谱曲线，其周期延伸至 6s，地震影响系数与 89 抗震规范相同。大量超限高层建筑输入天然波进行时程分析的结果表明，规范反应谱值在短周期段略偏低，而在长周期段则略偏高。

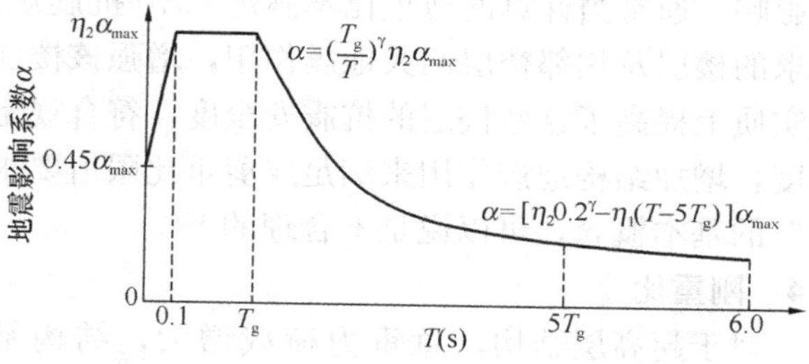

图 4　2010 版抗震规范中的反应谱曲线

现行规范反应谱在长周期段的谱值有适当的人工调整提高，因此由规范加速度反应谱求出的功率谱在长周期段存在与理论结果相悖的现象。此外，长周期段存在不同阻尼比的地震影响系数汇聚成一点后再分叉的现象。在图 5 中，从上至下分别给出最大影响系数取 0.08，阻尼比假设为 0.05、0.2、0.4 时的反应谱曲线，从图中可以看出，大阻尼比的地震影响系数衰减速度明显低于小阻尼比的地震影响系数的衰减，不符合不同阻尼比结构的震动衰减关系。近年来，我国一些已建或在建的高度超过 400m 的超高层建筑，如深圳的京基 100 和平安大厦、广州的西塔和东塔、上海的上海中心、天津的高银 117 大厦等，其基本自振周期均接近 8s 或 8s 以上，远超过规范反应谱周期 6s 的限值，设计时无法直接采用规范规定的地震作用，因此研究和修正提出适用于长周

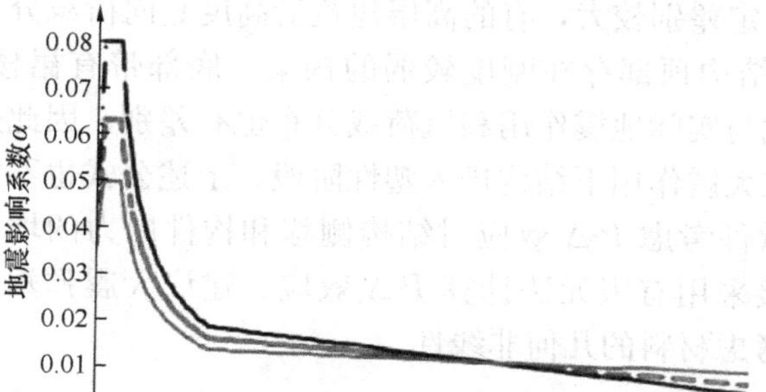

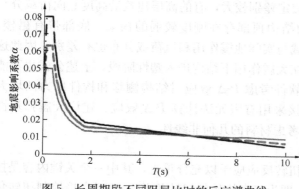

图 5　长周期段不同阻尼比时的反应谱曲线

期超高层建筑，符合地震动特性和场地类别的反应谱是迫在眉睫的任务。

5.2 输入地震波

结构抗震设计小震采用规范反应谱进行弹性计算，中震按规范反应谱近似进行弹性计算，大震时结构某些部位已进入塑性，叠加原理已不适用，只能采用静力推覆或弹塑性动力时程分析，前者可采用“核定层剪力法”作为推覆力[10]，其小震性能点对应的计算结果与规范反应谱 CQC 法计算结果基本一致，弹塑性动力时程分析输入地震波，现行规范规定 3 条波取包络值，7 条波取平均值的方法不符合确定性设计的原则[11]。因为两者的计算结果不一致，当改选其他地震波时，其计算结果又有变化，甚至是较大的变化。规范反应谱是将地震动作用的随机性和设计要求的确定性高度融合为一体的重大成果。小震时采用考虑了地震烈度、场地类别和阻尼衰减的规范反应谱进行计算设计是世界工程界的共识，因此，大震时程分析也应深入研究考虑不同场地类别影响，提出在规范反应谱基础上，挑选适合的规范设计地震波供工程设计应用，将地震作用的随机性和设计要求的确定性统一起来，才是一个可能获得工程界接受的较好的解决方法。必要时也可根据场地特征选用少量天然波输入计算作为复核。

5.3 剪重比

楼层最小地震剪力系数（剪重比）是由于对长周期结构地震反应研究不够，为保证结构安全所采取的措施。现有剪重比仅与地震影响系数的最大值有关，应补充考虑场地类别的影响。通常当计算的剪重比不满足 2010 抗震规范规定的限值时，可仅对不满足剪重比要求的楼层及相邻楼层调大地震作用，增强该楼层的抗震承载力，以满足规范要求。这样做实质上提高了这些楼层的抗震安全度，符合规定最小剪重比限值的初衷。通过增大结构刚度，增加结构地震作用来满足层剪重比限值要求，不符合结构抗震设计应符合“刚柔并济”的基本概念，可以说是不合理的[12]。

5.4 刚重比

对于超高层结构，总重力荷载增大，结构基本周期增长。现行方法为：当刚重比 $EJ_d/H^2\sum G_i<1.4$ 时（参数含义见高规），不满足结构整体稳定性要求；当刚重比 $1.4\leqslant EJ_d/H^2\sum G_i<2.7$ 时，应考虑重力二阶效应的不利影响。这一规定及控制公式的来源是基于下列假定：1）结构为等截面均质悬臂杆；2）倒三角形荷载侧向分布作用下，顶点位移与实际结构顶点位移相等；3）等截面悬臂杆位移计算未考虑剪切变形影响；4）结构处于弹性阶段。

实际超高层建筑往往与上述前 3 条假定差别较大，有的高层建筑沿高度竖向荷载分布和刚度分布由下至上变化很大[13]，有的结构顶部存在刚度较弱的构架、底部带有裙楼、结构沿高度收窄等情况，而倒三角形荷载与实际地震作用和风荷载分布也有差别，因此这样算出的结果不能真实反映实际情况。在大震作用下结构进入塑性阶段，上述公式也不能反映结构总体稳定性的实际情况。现在软件考虑 P-Δ 效应对结构侧移和构件内力的增大已比较完善，对长周期超高层建筑可直接采用有限元法计算 P-Δ 效应。建议大震弹塑性分析时宜考虑 P-Δ 效应的不利影响，并考虑材料的几何非线性。

5.5 扭转位移比

对不对称结构在水平地震作用下的扭转反应应予以充分重视，其中一个关键内容是控制楼层的扭转角（图 6），刚性楼盖时也即为竖向构件的扭转角[14]。由于直接控制扭转角限值的技术条件尚不成熟，现阶段采用控制扭转位移比的方法仅起到间接控制扭转角的作用。扭转位移比计算公式如下：

$$\mu = 1 + \theta x_{\mathrm{m}} / \Delta_{\mathrm{a}} \tag{5}$$

式中：θ 为楼层扭转角；x_{m} 为质心至边端抗侧构件的距离；Δ_{a} 为楼层平均位移。

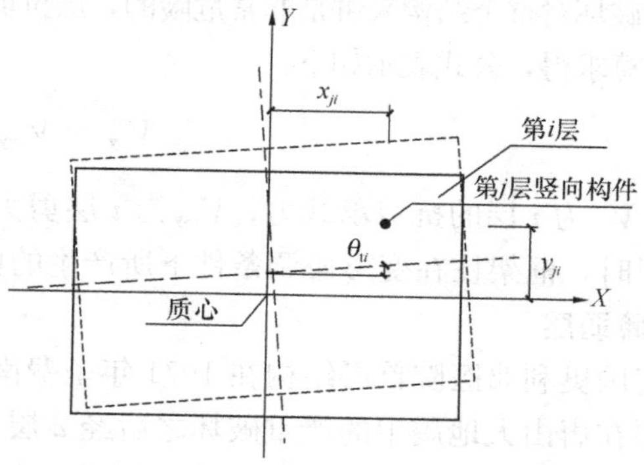

图 6　楼层扭转示意图

由此可见，设计的目标是控制楼层的扭转角不应过大，而扭转位移比与平均位移 Δ_{a} 和建筑物长度 L_{a} 有关。当地震作用下发生同样的楼层扭转角时，对平均位移 Δ_{a} 很小，或建筑一个方向较长（L_{a} 较大）的情况，均会使扭转位移比计算结果增大，因此扭转位移比的控制限值对平均位移较小的楼层和一向长度较长的建筑建议适当降低。

5.6　层抗侧刚度

一般而言，层抗侧刚度应与组成该楼层的竖向构件和水平构件的刚度有关，且与相邻上部和下部楼层的刚度（含竖向构件的轴向刚度）有关，层抗侧刚度属于结构自身固有的物理力学特性，即结构的内因，它不应与外荷载及其他外因有关，不同荷载下出现层抗侧刚度不同的计算结果，显然是不合理的。当某层抗侧刚度较小时，该楼层为刚度软弱层，它起着该楼层可能出现抗剪破坏的警示作用，但不一定就是结构的薄弱层，有时刚度软弱层的出现意味着该层或相邻层构件出现应力集中的不利情况，设计时应加以注意。现需要提出适用于不同类结构统一的、具有明确物理概念的层抗侧刚度计算方法，文献［15］提出的如图 7 所示的一个新的层侧刚计算模型和计算方法是比较合理的，可供工程界参考。

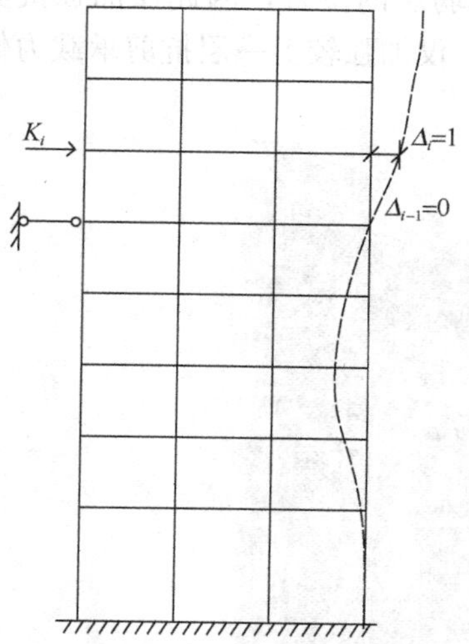

图 7　楼层侧向刚度计算模型示意图

5.7　层抗剪承载力

层抗剪承载能力原则上应是层所有抗侧力构件（柱、剪力墙、斜撑）抗剪承载力的合理组合。一般采用在水平地震作用方向上所有抗侧力构件的最大抗剪承载力总和，其中柱的抗剪承载力根据两端实配的受弯承载力按两端同时屈服的假定失效模式反算；剪力墙的抗剪承载力根据实配钢筋按抗剪设计公式反算；斜撑的抗剪承载力考虑轴力贡献（并考虑压屈的影响）。这一方法忽略了柱、剪力墙和斜撑变形能力和延性的差异，当剪力墙抗剪破坏或斜撑压屈时，柱离两端屈服还相差很远，柱的上下端也不一定均出现屈服。因此层抗剪承载力计算不应取该层不同抗侧力构件抗剪承载力最大值的总和，其结果将使层抗剪承载力的计算值比实际偏高，而偏于不安全，应根据其变形特点和实际受力状况进行合理的组合。

对于框剪和框筒结构，当剪力墙为主要抗侧承载力构件时，其破坏对整个结构来讲是非常危险的，层抗剪承载力应以剪力墙屈服抗剪承载力为控制条件去计算求得，公式表示如下：

$$V_{iy}=V_{isy}+V_{if} \tag{6}$$

式中：V_{iy}为i层的抗剪承载力；V_{isy}为i层剪力墙屈服抗剪承载力；V_{if}为i层剪力墙在抗剪屈服时，框架柱在变形协调条件下所产生的剪力。

5.8 薄弱层

美国奥利弗医院首层结构在1971年圣费南多地震中的倒塌、我国天津第二毛纺厂结构2层在唐山大地震中的严重破坏之后经2层加固后在余震中首层倒塌、日本神户地震一些高层建筑中部楼层倒塌均是明显的例证。这些薄弱层的倒塌呈现剪切破坏或柱两端屈服对应的抗剪承载力不足。震害表明，薄弱层的位置与外因地震作用有关，薄弱层的含义实际上是“层抗剪薄弱层”。

建议采用下式判别中、大震下结构薄弱层的位置：

$$\xi_i=V_{iy}/V_{ie} \tag{7}$$

式中：V_{iy}为i层的抗剪承载力；V_{ie}为中震或大震下i层按弹性计算的层剪力；ξ_i为i层的抗剪裕度指数。

当$\xi_i>1$时，i楼层不会出现抗剪屈服；当$\xi_i<1$时，i楼层可能出现抗剪屈服。其中当i楼层的ξ_i为最小值时，且与其他楼层相比偏小较多时为大震中可能出现抗剪破坏的薄弱层，实际应用时可选择最小的1～3个ξ_i值，且相互距离较近的楼层，判别为结构的抗剪薄弱层，在设计时应采取抗震加强措施防止出现地震中的倒塌。

由此可见，地震作用是外因，层抗剪承载力是内因，外因通过内因起作用，出现了薄弱层在地震下的倒塌。可以判断，图8、图9中地震破坏案例，破坏楼层处的ξ_i小于1，且是各楼层中的最小值。现行方法通过判断i层抗剪承载力小于相邻上层抗剪承载力的一定比例时为薄弱层是不完备的，因为比相邻层小，并不代表沿结构全高为最小，还要看该层ξ_i值在结构全部楼层中是否最小值，才能判断出抗剪薄弱层的位置，因此仅加强抗剪承载力相对较小的下一楼层的抗剪能力有时可能是无效的。仅加强较上一层抗剪承载力偏小的下层的抗剪能力有时可能是无效的。

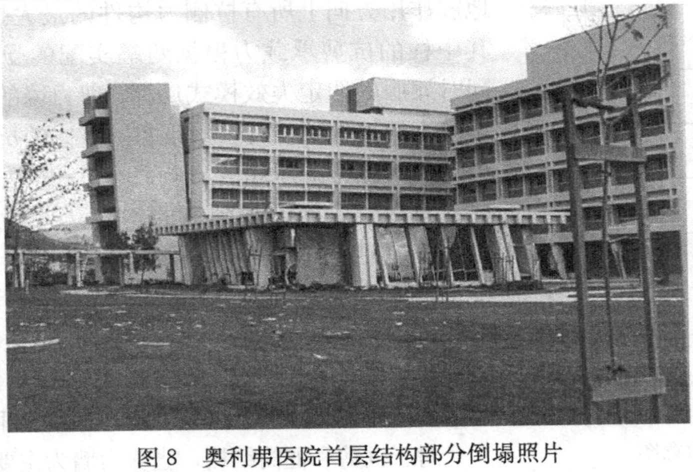

图8 奥利弗医院首层结构部分倒塌照片

图 9　日本神户地震中间楼层整层倒塌照片

5.9　框筒结构楼层柱墙剪力比

框筒结构首层层高和避难层的层高有时远高于其他楼层，有的框筒结构形式本身就是弱外框强内筒，这时有的楼层框架柱承担的剪力和楼层的总剪力比会很小，有的甚至小于5%。研究表明，外框和内筒在抗侧中相互影响，形成一个整体的抗侧体系，当外框柱因刚度很弱承担剪力较小时，筒体剪力墙承担的剪力和弯矩就会增大，当全部外框柱均不能承担剪力时，内筒将承担全部的地震剪力和倾覆力矩，这对结构抗震安全性显然是不利的。但当仅在结构底部有个别或很少楼层出现柱墙剪力比很小的情况时，筒体剪力墙在这些楼层的剪力就会增大，但由于多数楼层的柱墙剪力比并不小，框柱承担的倾覆力矩并无明显减弱，所以筒体承受倾覆力矩的增大是很有限的，且对相邻层梁剪力和弯矩的影响及柱轴力和弯矩的影响也较小，因此设计时令筒体剪力墙承担全部地震剪力进行抗剪承载力复核以满足剪力墙抗震性能目标要求，保证结构的抗震安全性是主要应关注的问题。

5.10　层间位移角

目前设计中高层建筑层间位移角的控制对风和小震作用的要求是相同的。高规规定：1）高度不大于 150m 的框剪、框筒等结构的楼层最大层间位移角限值为 1/800；剪力墙、筒中筒、转换层的楼层最大层间位移角限值为 1/1000；2）高度在 150～250m 时，可按内插法确定；3）高度大于 250m 时，楼层最大层间位移角限值为 1/500。

广东省高规[16]对上述第 1 条的层间位移角限值的规定分别调整为 1/650 和 1/800。风与地震作用是两种不同性质的荷载，前者按 50 年（或 100 年）重现期考虑，基本上按确定性荷载处理，而地震是高度随机的，因此，两种荷载下的层间位移角限值应有所区别。今后层间位移限值宜区别风和地震作用分别做出相应规定。

5.11　底部竖向构件出现拉力

由于一些高度很高的高层建筑，高宽比又较大（达到 8～11），有时筒体偏置，在风及中、大震作用下，底部楼层的端部柱、剪力墙会出现拉力，其可能会超过混凝土的抗拉强度标准值，这时需要正确估计此拉力值，采取适当的加强措施，以提高结构抗震性能来满足性能目标要求。当然，这些截面尚应验算抗剪承载力满足规范要求。

在深圳某 170m 的筒体偏置的超高层建筑设计中，美国 SOM 公司和我公司均发现大震作用下采用动力弹塑性时程分析的底部剪力墙拉力结果偏小较多，分析其原因主要是程序中采用的混凝土受拉构件弹塑性计算模型不合理所致，因此如何计算确定中、大震作用下底部竖向构件的拉力值是当前应该值得研究解决的问题。怎样控制底部墙柱构件的拉力值是结构工程师必须面对的问题。当构件拉应力超出混凝土抗拉强度标准值时，宜通过控制钢筋拉应力和裂缝宽度来保证结构的抗震性能，并对裂缝截面验算抗剪承载力，在结构整体分析中尚应按该受拉构件的实际刚度取值。

5.12 楼板面应力及弱连接部位抗剪承载力

楼板是维持地震作用下楼层各竖向构件和斜撑协同工作的重要构件。当楼板出现凹凸不规则、开大洞、局部细腰等情况时，应验算楼板在地震作用下的面应力及进行弱连接部位截面抗剪承载力的验算。小震下楼板按弹性计算；中震下楼板的地震应力可近似按弹性反应谱和有限元方法进行计算；大震下楼板的地震应力计算是较为困难的，目前在性能目标为弹性或不屈服的前提下近似按反应谱进行弹性分析从工程实用角度是可以接受的，当采用弹塑性动力时程分析法进行计算时，也宜设定楼板为弹性，可取得较为满意的结果。

楼板面内的拉应力由配置的钢筋承受，控制不屈服或弹性，满足相应的性能目标要求。将求得的弱连接部位的截面剪力进行截面抗剪承载力验算，使之满足不屈服或弹性的性能目标要求，做到在中、大震作用下楼板始终能起到维持楼层各竖向构件协同工作的功能，确保结构的抗震安全性。地震作用下，有些结构的楼板在与支承墙、梁或柱连接端及跨中可能出现较大附加弯矩效应时，尚应根据与竖向恒、活荷载组合的计算结果进行抗弯配筋验算。

5.13 若干抗震设计基本原则

“强剪弱弯、强柱弱梁、强节点弱构件”是传统的抗震设计原则。由于近年来高层建筑的迅速发展，建筑功能的要求日益多样，上述基本原则有时难以做到，如广州西塔外框交叉斜杆（为圆钢管混凝土构件）在交叉节点处无法做到大震下节点的强度超过杆件的承载力；转换结构的转换梁加上转换板的作用，柱也无法实现强柱弱梁的原则；错层结构出现的特短柱也无法满足强剪弱弯的要求。在这些情况下设计结果做到大震下构件和节点自身均能满足不屈服或弹性的要求，并留有适当的安全度，结构满足相应的性能目标要求，应该是允许的。

5.14 关于二道抗震防线

二道防线的抗震概念，应是一道防线在地震作用下进入塑性受到损伤，利用其延性耗能，降低地震作用，由二道防线继续抵御地震作用，防止主要结构构件受到破坏或倒塌，如框剪结构的剪力墙连梁和框架梁可视为一道防线，剪力墙结构可视为二道防线，这样的抗震设计是合理的。在框筒结构中，框架和筒体共同组成联合抗震防线，其剪力墙连梁和框架梁可视为一道防线，筒体剪力墙和框架协同抗震为二道防线。由于筒体剪力墙的抗剪承载力往往远高于框架柱的抗剪承载力，如筒体剪力墙一旦出现抗剪破坏，还要求框架柱作为后一道防线继续抵御地震作用可能是不现实的。

5.15 关于超大震地震作用的考虑

地震是高度随机的作用，现行规范考虑的大震是高于中震一度的地震作用，但实际在中低烈度区，如 6、7 度区，发生地震时仍有可能高于现行规范定义的大震的作用。唐山地震、汶川地震等超大地震作用造成的无比惨痛灾害均说明 6、7 度区抗震设计应考虑超过现行规范大震的超大震作用，更好地保护地震区人民生命财产的安全。

6 结语

工程抗震设计技术已从20世纪初几乎一无所知的“必然王国”逐渐演进到能够根据不同情况，灵活应用，很好掌控结构在高度随机的地震作用下的反应和性能的新时代，人们离抗震设计技术的“自由王国”已经更为逼近了。以上问题仅是作者对抗震规范一些问题的深度思考，可供学术界、工程界共同探讨，以便今后规范修订时参考，不足之处请各位同行批评指正。

参考文献

[1] 工业与民用建筑抗震设计规范：TJ 11－74 [S]. 北京：中国建筑工业出版社，1974.

[2] 工业与民用建筑抗震设计规范：TJ 11－78 [S]. 北京：中国建筑工业出版社，1978.

[3] 魏琏，韦承基，高小旺．试论建筑结构抗震设计的基本原则[J]. 建筑结构学报，1984，6(6)：49-56.

[4] 建筑抗震设计规范：GBJ 11－89 [S]. 北京：中国建筑工业出版社，1989.

[5] 建筑抗震设计规范：GB 50011－2001 [S]. 北京：中国建筑工业出版社，2001.

[6] 建筑抗震设计规范：GB 50011－2010 [S]. 北京：中国建筑工业出版社，2010.

[7] 高层建筑混凝土结构技术规程：JGJ 3－2010 [S]. 北京：中国建筑工业出版社，2011.

[8] 魏琏，王森．建筑抗震设计的屈服判别法及其工程应用[J]. 建筑结构，2006，36(6)：13-17.

[9] 王森，孙仁范，韦承基，等．建筑结构抗震性能化设计方法研讨[J]. 建筑结构，2014，44(6)：18-22.

[10] 魏琏，王森，王志远，等．静力弹塑性分析方法的修正及其在抗震设计中的应用[J]. 建筑结构，2006，36(8)：97-102.

[11] 王森，魏琏，孙仁范，等．动力弹塑性分析在建筑抗震设计中应用的若干问题[J]. 建筑结构，2014，44(6)：14-17.

[12] 魏琏，韦承基，王森，等．高层建筑结构抗震设计中的剪重比问题[J]. 建筑结构，2014，44(6)：10-13.

[13] 方小丹，魏琏，周定，等．长周期结构地震反应的特点和反应谱[J]. 建筑结构学报，2014，35(3)：16-23.

[14] 魏琏，王森，韦承基，等．水平地震作用下不对称不规则结构抗扭设计方法研究[J]. 建筑结构，2005，35(8)：12-17.

[15] 魏琏，王森，孙仁范，等．高层建筑结构层侧向刚度计算方法的研究[J]. 建筑结构，2014，44(6)：4-9.

[16] 高层建筑混凝土结构技术规程：DBJ 15－92－2013[S]. 北京：中国建筑工业出版社，2013.

4. 钢筋混凝土高层建筑在风荷载作用下最大层间位移角限值的讨论与建议

魏　琏，王　森

【摘　要】 分析了我国 JZ 102－79，JGJ 3－91，JGJ 3－2002，JGJ 3－2010 等历次高规关于高层建筑结构层间位移角规定限值的演变过程，对影响楼层结构层间位移角计算结果的各种因素，如风荷载取值、是否考虑结构重力二阶效应、是否考虑地下室、计算模型中一些假定和结构构件刚度折减系数等进行了讨论。在分析结构中上部楼层的层间位移角大部分是由结构构件底端转动引起的非受力位移组成的基础上，提出了各类高层建筑风荷载作用下最大层间位移角限值取 1/500 的建议，并提出当采用阻尼器等减振措施满足舒适度要求时或考虑地下室竖向构件变形时层间位移角限值可适当放松的合理建议，可供规范修订和工程设计参考应用。

【关键词】 高层建筑；层间位移；受力层间位移；非受力层间位移；层间位移角限值

Discussion and suggestion on maximum limit value of inter-story displacement angle of RC high-rise building under wind load

Wei Lian，Wang Sen

Abstract: The evolution process of limit values of inter-story displacement angle in the previous technical specifications for concrete structures of tall building (JZ 102－79，JGJ 3－91，JGJ 3－2002 and JGJ 3－2010). Various factors affecting the calculation results of inter-story displacement angle，such as the wind load value，the P-Δ effect of structural gravity，influence of the basement，some assumptions in the calculation model and the stiffness reduction coefficient of structural members were discussed. Based on the analysis that most of the inter-story displacement angle is composed of the non-forced inter-story displacement caused by the rotation at the bottom of the vertical structural members，the suggestion was proposed that the maximum limit value of the inter-story displacement angle under the wind load of various high-rise buildings should be taken as 1/500，and the limit value of inter-story displacement angle can be properly relaxed when adopting the damping measures such as dampers to meet the comfort requirements or considering the deformation of the vertical members in the basement. These suggestions can be used for the revision of relevant code and the reference for application of engineering design.

Keywords: high-rise building; inter-story displacement; forced inter-story displacement; non-forced inter-story displacement; limit value of inter-story displacement angle

0　前言

高层建筑的层间位移角是反映结构刚度的一个指标，其值大小直接反映了结构侧向刚度大小，规范对层间位移角大小的限制从某种程度上也确保结构有一定的侧向刚度。因此确定结构层间位移角的合理限值，对于保证结构安全性和经济性至关重要。本文将对我国历次高规不同版本有关层间位移角限值规定的演变进行分析，对影响层间位移角计算结果的各种因素进行讨论，在分析层间位移角组成的基础上，提出层间位移角限值的合理建议，供有关规范修订和工程设计参考应用。

1 高规有关规定及演变

1.1 JZ 102－79 版高规

我国 1980 年颁布执行的《钢筋混凝土高层建筑结构设计与施工规定》JZ 102－79[1]（简称 JZ 102－79 版高规）对高层建筑水平位移的控制规定如下：建筑物层间相对位移与层高之比 δ/h，建筑物顶点水平位移与建筑物总高度之比 Δ/H 均不应超过表 1 规定的限值。在采用弹性计算方法计算位移时，考虑了刚度折减系数 0.85。

从表 1 可以看出，JZ 102－79 版高规区分了风荷载和地震作用下的层间位移角限值，而且除了对不同结构类型的层间位移角作了限制外，还对结构的顶点位移角作了限制，层间位移角限值约为顶点位移角限值的 1.25～1.33 倍，这是基于一般建筑物层间位移角与顶点位移角的关系给出的[2]。

JZ 102－79 版高规对高层建筑水平位移的控制规定 **表 1**

结构形式	层间相对位移与层高之比 δ/h		顶点水平位移与建筑物总高度之比 Δ/H	
	风荷载	地震作用	风荷载	地震作用
框架	1/400	1/250	1/500	1/300
框架-剪力墙	1/600	1/350～1/300	1/800	1/350～1/450
剪力墙	1/800	1/500	1/1000	1/600

1.2 JGJ 3－91 版高规

我国 1991 年颁布的《钢筋混凝土高层建筑结构设计与施工规程》JGJ 3－91[3]（简称 JGJ 3－91 版高规）对不同类型结构按弹性方法计算的楼层层间位移与层高之比 $\Delta u/h$，结构顶点位移与总高度之比 u/H 的限值规定见表 2。

JGJ 3－91 版高规对高层建筑水平位移的控制规定 **表 2**

结构形式		层间相对位移与层高之比 $\Delta u/h$		顶点水平位移与建筑物总高度之比 u/H	
		风荷载	地震作用	风荷载	地震作用
框架	轻质隔墙 砌体填充墙	1/450 1/500	1/400 1/450	1/550 1/650	1/500 1/550
框架-剪力墙 框架-核心筒	一般装修标准 较高装修标准	1/750 1/900	1/650 1/800	1/800 1/950	1/700 1/850
筒中筒	一般装修标准 较高装修标准	1/800 1/950	1/700 1/850	1/900 1/1050	1/800 1/950
剪力墙	一般装修标准 较高装修标准	1/900 1/1100	1/800 1/1000	1/1000 1/1200	1/900 1/1100

JGJ 3－91 版高规条文说明中指出，由于不考虑刚度折减系数 0.85，所以在风荷载作用下，按 JGJ 3－91 版高规计算的位移角比按 JZ 102－79 版高规计算的要小，相应地，JGJ 3－91 版高规的风荷载作用下位移角限值比 JZ 102－79 版高规的规定要严。

1.3 JGJ 3－2002 版高规

我国 2002 年颁布的《高层建筑混凝土结构技术规程》JGJ 3－2002[4]（简称 JGJ 3－2002 版高规）对不同类型和高度的高层建筑结构按弹性方法计算的楼层层间位移与层高之比 $\Delta u/h$ 的限值规定如下：1）高度不大于 150m 的高层建筑，$\Delta u/h$ 的限值见表 3；2）高度等于或大于 250m 的高层建筑，$\Delta u/h$ 的限值为 1/500；3）高度在 150～250m 之间的高层建筑，其 $\Delta u/h$ 的限值按第 1）、2）款的限值线性插值取用。同时规定注明，楼层层间最大位移 Δu 以楼层最大的水平位移差计算，不扣除整体弯曲变形。

JGJ 3－2002 版高规对高度不大于 150m 的高层建筑层间位移与层高之比的限值规定　表 3

结构形式	$\Delta u/h$ 限值
框架	1/550
框架-剪力墙、框架-核心筒、板柱-剪力墙	1/800
筒中筒、剪力墙	1/1000
框支层	1/1000

JGJ 3－2002 版高规较前几版高规有了较大变化，不再区分风荷载和地震作用下的位移角限值，也不区分不同装修下的限值，同时不再控制顶点位移角的限值。

1.4 JGJ 3－2010 版高规

我国 2011 年颁布的《高层建筑混凝土结构技术规程》JGJ 3－2010[5]（简称 JGJ 3－2010 版高规）关于楼层水平位移角限值的规定基本沿用了 JGJ 3－2002 版高规的规定。

1.5 历次高规对最大层间位移角规定的变化和特点

综合分析 1979 年 JZ 102－79 版高规到 2010 年 JGJ 3－2010 版高规有关最大层间位移角限值规定的变化，可看出以下特点：

（1）JZ 102－79 版高规和 JGJ 3－91 版高规同时控制顶点位移角和层间位移角限值，以后版本改为仅控制最大层间位移角限值。

（2）JZ 102－79 版高规和 JGJ 3－91 版高规对风荷载和地震作用给出了不同的位移角限值。地震作用下规定的位移角限值较风荷载作用下的规定限值略严。从总体看，除框架结构外，最大位移角限值按不同结构类型区别，JGJ 3－91 版高规对风荷载作用下的层间位移角限值规定在 1/1100～1/750 之间。

（3）各版本高规高层建筑位移计算均规定采用弹性计算方法。JZ 102－79 版高规考虑了构件刚度折减系数，计算结果会增大，相应的位移角限值规定也相对较大，JGJ 3－91 版以后高规均未考虑刚度折减系数，相应位移角限值规定比 JZ 102－79 版高规规定要小。但对影响位移角计算结果的其他因素未作明确说明或规定。

（4）JGJ 3－2002 版高规、JGJ 3－2010 版高规根据建筑高度的增大放松了较高建筑的位移角限值，即 250m 以上的高层建筑不论结构形式如何，层间位移角限值均取 1/500，150～250m 高度可按内插法取值。规范条文的说明是，“高度超过 150m 或高宽比 $H/B>6$ 的高层建筑，可以扣除结构整体弯曲产生的楼层水平位移绝对值，因为以弯曲变形为主的高层建筑结构，这部分位移在计算的层间位移中占有相当的比例，加以扣除比较合理。如未扣除，位移角限值可有所放宽。”但这一说明对什么是结构的整体弯曲变形及怎样计算确定其值均无论述，实际上是无法定量求出的。

（5）关于最大层间位移角的规定依据，JZ 102－79 版高规、JGJ 3－91 版高规未作任何说明，JGJ 3－2002 版高规、JGJ 3－2010 版高规条文说明是，限制高层建筑结构层间位移角的主要目的有：1）保证主结构基本处于弹性受力状态；2）保证填充墙、隔墙和幕墙等非结构构件的完好，避免产生明显损伤。

2 层间位移角的组成及沿高变化规律

文献［6，7］指出，高层建筑在水平荷载作用下的楼层层间位移并非单一由受力位移构成，而是由受力与非受力层间位移两部分组成，即 i 层杆件 j 的层间位移$\widetilde{\Delta}_{i,j}$为：

$$\widetilde{\Delta}_{i,j}=\Delta_{i,j}-\Delta_{i-1,j}=\Delta_{i,j}^{s}+\Delta_{i,j}^{r} \tag{1}$$

式中：$\Delta_{i,j}$，$\Delta_{i-1,j}$ 分别为 i，$i-1$ 层杆件 j 的水平位移；$\Delta_{i,j}^{s}$ 为竖向构件顶端在弯矩与剪力等作用下的受力位移（也称为有害位移）；$\Delta_{i,j}^{r}$ 为竖向构件底端转角 $\theta_{i-1,j}$ 引起顶端的非受力位移（也称为刚性位移或无害位移）。

由于非受力位移是由构件底端转动引起的顶端位移，所以随着楼层高度增加，当底端转角增大时由转动引起的非受力位移会逐渐增大，即非受力位移的占比将相应增大，反之会相应减小。文献［8～10］根据层间位移由受力位移和非受力位移组成的理论，通过高度为 30～250m（框架结构）不同类型高层建筑案例的分析，说明非受力层间位移在高层建筑中始终远大于相应的受力层间位移，在高度更大的高层建筑中非受力层间位移与受力层间位移之比更大些。可以认为最大层间位移楼层的非受力层间位移远大于相应的受力层间位移是一条符合实际的普遍规律。由此可见，在确定最大层间位移角限值时可不考虑建筑高度差异的影响。

3 层间位移角计算参数的影响

计算结构的楼层层间位移时，荷载作用、计算模型、计算参数等都会影响计算得到的结果，以下逐点进行分析。

（1）风荷载作用。现行《建筑结构荷载规范》GB 50009－2012 给出 50 年和 100 年重现期的风荷载作用值，当按 JGJ 3－2010 版高规要求进行风洞试验时，还可以采用风洞试验结果作为风荷载值进行结构位移计算的荷载依据。显而易见，实际设计中，风荷载是作为一种确定性的荷载来考虑的，但实际上风荷载仍有一定的随机性。由于风荷载大小会直接影响计算得到的结构层间位移角，因而计算结果有一定的非确定性。

（2）结构的重力二阶效应。当考虑结构的重力二阶效应影响时，构件的受力层间位移角及楼层转角均会增大。对这一影响各版本高规未明确说明计算位移时是否考虑，《建筑抗震设计规范》GB 50011－2010[11]（简称抗规）条文说明，计算结果“一般不扣除由于结构 P-Δ 效应所产生的水平相对位移”，这表明抗规规定位移计算时应考虑 P-Δ 效应。研

究表明 P-Δ 效应对位移计算结果是有一定影响的，尤其是对高度较高的建筑，这一影响是不能忽略的。表 4 列出的几个工程案例均采用框架一核心筒结构，其中考虑 P-Δ 效应后结构的最大层间位移角会增大约 5%～7%。

考虑 P-Δ 效应与否对结构最大层间位移角的影响分析 **表 4**

案例	结构高度（m）	是否考虑 P-Δ 效应结构最大层间位移角		$\frac{(1)}{(2)}$
		是(1)	否(2)	
案例一	250	1/505	1/536	1.06
案例二	280	1/593	1/636	1.07
案例三	350	1/467	1/492	1.05

（3）地下室竖向构件拉压及转角变形的影响。规范规定结构首层底部一般为嵌固端，当计算模型未考虑地下室结构竖向构件变形的影响时，层间位移角计算结果会偏小，当地下室层数较多时，层间位移角计算结果会偏小较多。表 5 列出的几个工程案例均采用框架一核心筒结构，其中考虑地下室后结构的最大层间位移角会增大约 5%～17%，地下室层数越多，考虑地下室后层间位移角增大越多。

考虑地下室与否对结构最大层间位移角的影响分析 **表 5**

案例	结构高度（m）	地下室层数及深度	是否考虑 P-Δ 效应	是否考虑地下室结构最大层间位移角		$\frac{(1)}{(2)}$
				是(1)	否(2)	
案例一	250	5 层，23m	考虑	1 /433	1/505	1.17
			不考虑	1/464	1/536	1.16
案例二	280	5 层，25m	考虑	1 /510	1/593	1.16
			不考虑	1/554	1/636	1.15
案例三	350	4 层，19m	考虑	1 /443	1/467	1.05
			不考虑	1/469	1/492	1.05

（4）结构构件刚度折减的影响。JZ 102－79 版高规规定位移计算考虑构件刚度折减系数，其值在风荷载作用下为 0.85，相应位移计算结果比 JGJ 3－91 版高规及以后版本不考虑构件刚度折减系数的计算结果增大约 1.18 倍。JZ 102－79 版高规还考虑了连梁的刚度折减系数，其计算结果将更大些。因此当不考虑刚度折减时位移角的限值应相应较严。

（5）非结构构件的影响。建筑结构中有许多非结构构件，如房间隔墙、外围护墙、幕墙等，这些墙体材料的刚度及其与主体结构的连接方式对结构的刚度有所增大，周期有所缩短，因而计算中不考虑此影响会使计算结果略偏大。

（6）计算模型中的某些假定。如一般不计斜置楼梯的刚度，又如文献［10］指出的，当楼板按弹性板考虑时，各个墙柱的层间位移值与刚性板假定的层间位移值不同，另外杆件间连接方式和节点尺寸等都不能在计算模型中准确反映，也会对层间位移角的计算结果有一定影响。

4 规定最大层间位移角限值的目标

根据现行相关规范对楼层层间位移角限值的规定，可以看出规范规定最大层间位移角限值有以下一些设计目标。

JGJ 3－2010 版高规第 3.7.1 条的条文说明中对限制最大层间位移角主要有两个目的：1）保证主结构基本处于弹性受力状态；2）保证填充墙、隔墙和幕墙等非结构构件的完好，避免产生明显损伤。

近二十余年来，国内有些学者先后对此进行了深入研究[6-10]，指出高层建筑的最大层间位移角不是受力层间位移角，它包含了非受力层间位移和受力层间位移两部分，且前者有时达后者的数十倍。可以确认，现计算的最大层间位移角不是结构受力层间位移角。因此认为控制最大层间位移角的目的是“保证主结构基本处于弹性受力状态”的说法是不符合实际情况的。

对于“保证填充墙、隔墙和幕墙等非结构构件的完好，避免产生明显损伤”的目的，则是需要遵守的。另外电梯运行对结构层间位移角的要求一般认为不宜大于 1/200。

5　风荷载作用下最大层间位移角限值的建议

风荷载作用下最大层间位移角的限值需考虑以下因素：

(1) 计算层间位移角时考虑结构 P-Δ 效应。

(2) 计算层间位移角时考虑地下室构件影响。

(3) 采用结构刚度折减系数时，限值规定宜增大，反之宜减小。

(4) 保证填充墙、隔墙和幕墙等非结构构件的完好：1）《建筑幕墙》GB/T 21086－2007[12]规定，建筑幕墙平面内变形性能以建筑幕墙层间位移角为性能指标。抗风设计时指标值应不小于主体结构弹性层间位移角控制值，一般约为 1/300～1/200。2）建筑内部房间之间的分户隔墙以及周边的围护墙体等非结构构件在水平荷载作用下也会产生一定的变形，需要控制其在水平荷载作用下的变形值不超过其允许的变形值。文献［13］提出，填充墙正常使用状态允许的层间位移角可大于 1/400。3）基于上述两条，风荷载作用下最大层间位移角的限值不需按不同结构类型区分。

(5) 高层建筑的层间位移角越大，结构的顶点加速度越大，对结构的舒适度不利。

(6) 考虑到层间位移角计算中有些因素难以定量考虑，确定最大层间位移角限值时应适当留有余地。

以上分析和研究结果表明，现行 JGJ 3－2010 版高规弹性变形计算方法未考虑刚度折减的因素，使计算结果偏小；也未能考虑非结构构件对结构刚度的影响，使计算结果偏大，二者都难以准确定量计算，且风荷载也存在一定的非确定性。综合考虑以上因素，初步建议当不考虑刚度折减系数时各类高层建筑风荷载作用下的最大层间位移角限值取 1/500。当采用阻尼器等减振措施满足结构风振舒适度要求时，最大层间位移角限值可适当放松；当计算位移计入地下室相应构件变形的影响时，最大层间位移角限值可适当放松。

6　结语

本文论述了风荷载作用下的楼层最大层间位移角限值，现行规范对小震（常遇地震）

及大震（罕遇地震）下的层间位移角均有限值规定。考虑到地震作用与风荷载的作用特点不同，且规范对结构抗震有“小震不坏、中震可修、大震不倒”的要求，因此地震作用下的层间位移角限值与风荷载下的层间位移角限值宜有所区别，将另行研究解决。

致谢：本文承方小丹总工程师、陈星总工程师审阅指导，提出了宝贵的意见，谨致谢忱！

参考文献

[1] 钢筋混凝土高层建筑结构设计与施工规定：JZ 102－79[S]. 北京：中国建筑工业出版社，1980.

[2] 魏琏．建筑结构抗震设计[M]. 北京：万国学术出版社，1991.

[3] 钢筋混凝土高层建筑结构设计与施工规程：JGJ 3－91[S]. 北京：中国建筑工业出版社，1991.

[4] 高层建筑混凝土结构技术规程：JGJ 3－2002[S]. 北京：中国建筑工业出版社，2002.

[5] 高层建筑混凝土结构技术规程：JGJ 3－2010[S]. 北京：中国建筑工业出版社，2011.

[6] 魏琏．地震作用下建筑结构变形计算方法[J]. 建筑结构学报，1994，15(2)：2-10.

[7] 魏琏．高层建筑结构位移控制研讨[J]. 建筑结构，2000，30(6)：27-30.

[8] 魏琏，龚兆吉，孙慧中，等．地王大厦结构设计若干问题[J]. 建筑结构，2000，30(6)：32-37.

[9] 魏琏，王森．论高层建筑结构层间位移角限值的控制[J]. 建筑结构，2006，36(S1)：49-55.

[10] 魏琏，王森．水平荷载作用下高层建筑受力与非受力层间位移计算[J]. 建筑结构，2019，49(9)：1-6.

[11] 建筑抗震设计规范：GB 50011－2010[S]. 北京：中国建筑工业出版社，2010.

[12] 建筑幕墙：GB/T 21086－2007[S]. 北京：中国建筑工业出版社，2007.

[13] 黄兰兰，李洪泉，李振宝，等．砌块填充墙抗震性能试验研究[J]. 工程抗震与加固改造，2011，33(1)：63-69.

专题二

结构计算方法

5. 水平荷载作用下高层建筑受力与非受力层间位移计算

魏　琏，王　森

【摘　要】 分析了层间位移角的内涵和组成，给出了弹性楼板假定下结构层间位移、受力层间位移的计算公式，并在此基础上对刚性板、斜柱、嵌固端等各种情况下层间位移、受力层间位移的关系进行了讨论。结合两个工程案例，分析了竖向构件层间位移和受力层间位移沿高度的变化规律。结果表明，层间位移较大楼层的受力层间位移很小，由此可见，规范规定高层建筑最大层间位移角限值主要目的实际上不是控制结构受力的安全性。研究结果可为高层建筑层间位移角限值的合理取值提供理论依据和说明，可供规范修订和设计参考。

【关键词】 高层建筑；层间位移；受力层间位移；非受力层间位移；层间位移角限值

Calculation on forced and non-forced inter-story displacement of high-rise building under horizontal load

Wei Lian, Wang Sen

Abstract: The connotation and composition of the inter-story displacement angle were analyzed. The formulas for calculating the inter-story displacement and the forced inter-story displacement under the assumption of elastic floor were given. On this basis, the relationship between the inter-story displacement and the forced inter-story displacement under the assumption of rigid plate, inclined column and embedded end was discussed. Based on two engineering cases, the variation law of vertical component inter-story displacement and forced inter-story displacement along the height was analyzed. The results show that the forced inter-story displacement is small for story with large inter-story displacement. It can be seen that the main purpose of stipulating the maximum inter-story displacement angle limit value of high-rise buildings in the code is not to control the safety of structural forces. Research result provides a theoretical basis and explanation for the reasonable value of inter-story displacement angle limit value of high-rise buildings, and can be used as a reference for the revision and design of the code.

Keywords: high-rise building; inter-story displacement; forced inter-story displacement; non-forced inter-story displacement; inter-story displacement angle limit value

0　前言

我国《建筑抗震设计规范》GBJ 11－89[1]自颁布以来，历届修订直至《建筑抗震设计规范》GB 50011－2010均对高层建筑在多遇地震作用下的层间位移角限值作出了规定；与此相应，《钢筋混凝土高层建筑结构设计与施工规定》JZ 102－79[2]自颁布以来历届修订版分别对风荷载及地震作用下的层间位移角限值作了规定；《钢筋混凝土高层建筑结构设计与施工规定》JZ 102－79 和《钢筋混凝土高层建筑结构设计与施工规程》JGJ 3－91 还同时对结构顶点位移角限值作了规定。于是几十年来控制结构在风荷载和地震作用下的最大层间位移角成为结构工程师在高层建筑结构设计中必须跨过的一道门槛。

在几十年的设计实践中，由于高层建筑层间位移角对结构设计的影响很大，有时甚至起着决定性的影响，导致结构工程师对这一限值科学合理性的讨论和争议从未间断。究其原因主要是规范定义的层间位移为相邻上、下层的层位移之差，层间位移角为层位移差除以相应层高，但却未能清楚说明此层间位移角的内涵和组成，更未给出明确的量化计算公式。本文拟从源头剖析层间位移的组成及内涵，在此基础上提出相应的计算方法并给出工程案例说明其应用，为今后逐步解决工程界对高层建筑层间位移角限值这一重大设计控制问题的争议和歧见提供理论依据和说明，可供规范修订和设计参考。

1 层间位移组成剖析

1994 年，文献［3］指出高层建筑在水平荷载作用下的 i 层层间位移包含受力与非受力层间位移两部分，并非单一地由受力位移构成。i 层层间位移$\widetilde{\Delta}_i$ 为该层与相邻下一层的位移差，i 层的层间位移角为层间位移$\widetilde{\Delta}_i$ 与高层 h_i 之比。

需要指出的是，层间位移$\widetilde{\Delta}_i$ 实际是 i 层任一竖向构件 j（柱或墙）的顶、底位移差。当按弹性板分析楼层时，任一墙柱的层间位移均不相同，如图 1 所示，取 i 层任意一个竖向构件 j（柱或墙）进行分析。图 1（a）为水平荷载作用下构件上下端的位移状况，顶端产生位移 $\Delta_{i,j}$，底端产生位移 $\Delta_{i-1,j}$、转角 $\theta_{i-1,j}$；图 1（b）构件顶端产生的内力为 $M_{i,j}$、$V_{i,j}$，在 $M_{i,j}$ 与 $V_{i,j}$ 作用下构件顶端产生受力层间位移 $\Delta^{s}_{i,j}$；图 1（c）构件底端转角 $\theta_{i-1,j}$ 在构件顶端产生非受力层间位移 $\Delta^{r}_{i,j}$。

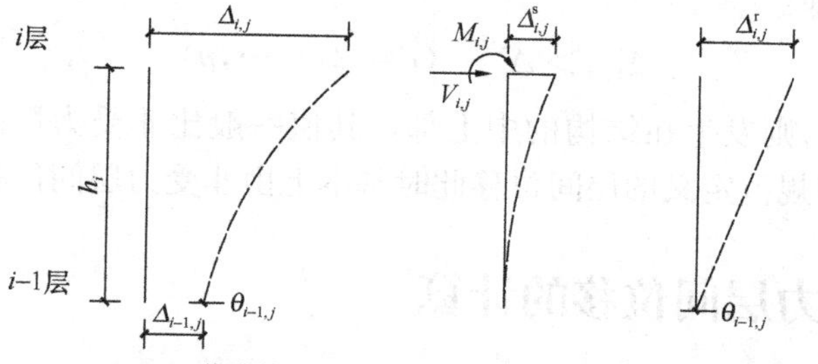

图 1　楼层构件层间位移组成

构件顶端位移用下式表示：

$$\Delta_{i,j}=\Delta_{i-1,j}+\Delta^{s}_{i,j}+\Delta^{r}_{i,j} \tag{1}$$

由此得到 i 层构件 j 的层间位移$\widetilde{\Delta}_{i,j}$为：

$$\widetilde{\Delta}_{i,j}=\Delta_{i,j}-\Delta_{i-1,j}=\Delta^{s}_{i,j}+\Delta^{r}_{i,j} \tag{2}$$

式中：$\Delta^{s}_{i,j}$为受力层间位移（有害位移）；$\Delta^{r}_{i,j}$为非受力层间位移（刚性位移或无害位移），$\Delta^{s}_{i,j}$、$\Delta^{r}_{i,j}$可分别表示为：

$$\Delta^{s}_{i,j} = M_{i,j}\Delta_{im,j} + V_{i,j}\Delta_{iv,j} \tag{3a}$$

$$\Delta^{r}_{i,j} = \theta_{i-1,j}h_i \tag{3b}$$

式中$\Delta_{im,j}$、$\Delta_{iv,j}$分别为单位弯矩及剪力作用下构件；相应的顶端位移，当构件为等截面杆时：

$$\Delta_{im,j} = \frac{h_i^2}{2EI_{i,j}} \tag{4a}$$

$$\Delta_{iv,j} = \frac{h_i^3}{3EI_{i,j}} \tag{4b}$$

式中$EI_{i,j}$为i层任一竖向构件j的截面抗弯刚度。

式（2）清楚表明，层间位移由受力层间位移和非受力层间位移两部分组成，并不是单一的受力位移，随着构件底端$\theta_{i-1,j}$的增大，非受力层间位移的占比将相应增大。当结构底端为嵌固端时，转角为零，即$\theta_0=0$，此时首层非受力层间位移$\Delta^{r}_{1,j}$为零，层间位移$\widetilde{\Delta}_{1,j}$与受力层间位移$\Delta^{s}_{1,j}$相等，即：

$$\widetilde{\Delta}_{1,j} = \Delta^{s}_{1,j} \tag{5}$$

由式（1）可知，$i>1$时各楼层层间位移必大于该层的受力位移，如下式：

$$\widetilde{\Delta}_{i,j} > \Delta^{s}_{i,j} \quad (i = 2,3,\cdots,n) \tag{6}$$

式中n为楼层数。

随着楼层位置增高，i增大，在水平荷载作用下任意层竖向构件底端均发生同向转角，每层均相应出现非受力层间位移$\Delta^{r}_{i,j}$，其值逐步增大，当$\theta_{i-1,j}$在结构中上部达到较大值时，结构层间位移$\widetilde{\Delta}_{i,j}$将大部分甚至绝大部分由非受力层间位移Δ^{r}_{i}构成。

大量案例分析说明，除顶部竖向构件和结构刚度较差的情况外，一般最大受力层间位移Δ^{s}_{i}发生在首层，即：

$$\Delta^{s}_{1,j} > \Delta^{s}_{i,j} \quad (i = 2,3,\cdots,n) \tag{7}$$

最大层间位移$\widetilde{\Delta}_{i,j}$则发生在结构的中上部，其值一般比非受力层间位移$\Delta^{r}_{i,j}$略大，有时甚至颇为接近，即规范定义的层间位移此时基本上由非受力层间位移构成[4]。

2　受力与非受力层间位移的计算

对于一个n层的高层建筑，受力构件一般由柱和剪力墙组合构成，设i层柱为m_c个，墙为m_s片，则在水平荷载作用下任一柱非受力位移$\Delta^{r}_{c,i,j}$可由下式计算：

$$\Delta^{r}_{c,i,j} = \theta_{c,i-1,j}h_i \quad (j = 1,2,\cdots,m_c) \tag{8}$$

当柱为等截面矩形杆时，其受力位移$\Delta^{s}_{c,i,j}$为：

$$\Delta^{s}_{c,i,j} = \frac{M_{c,i,j}h_i^2}{2EI_{c,i,j}} + \frac{V_{c,i,j}h_i^3}{3EI_{c,i,j}} \quad (j = 1,2,\cdots,m_c) \tag{9}$$

式中：$M_{c,i,j}$、$V_{s,i,j}$为i层柱j顶部的弯矩与剪力；$I_{c,i,j}$为i层柱j的截面惯性矩；$\theta_{c,i-1,j}$为

i 层柱 j 底端的转角。以上各值均由结构整体分析结果给出。

当剪力墙为矩形截面杆时，由于墙计算模型的不同，计算方法略有差异，当将剪力墙视为与柱相同的杆件时，其非受力层间位移 $\Delta_{s,i,j}^{r}$ 的计算与式（8）相同，即：

$$\Delta_{s,i,j}^{r} = \theta_{s,i-1,j} h_i \quad (j = 1,2,\cdots,m_s) \tag{10}$$

其受力层间位移 $\Delta_{s,i,j}^{s}$ 为：

$$\Delta_{s,i,j}^{s} = \frac{M_{s,i,j} h_i^2}{2EI_{s,i,j}} + \frac{V_{s,i,j} h_i^3}{3EI_{s,i,j}} + \mu \frac{V_{s,i,j} h_i}{GA_{s,i,j}} \quad (j = 1,2,\cdots,m_s) \tag{11}$$

式中：$I_{s,i,j}$、$A_{s,i,j}$为 i 层 j 段剪力墙的截面惯性矩与截面面积；μ 为截面剪力分布不均匀系数；$M_{s,i,j}$、$V_{s,i,j}$为 i 层 j 段剪力墙顶部的弯矩与剪力；$\theta_{s,i-1,j}$为 i 层 j 段剪力墙底端转角。

当将剪力墙作为壳元按有限元方法分析时，平截面假定严格意义上已不存在，可按以下方法近似计算，将剪力墙段在竖向划分为 k 个单元，取各单元底端转角平均值为剪力墙底端转角 $\theta_{s,i-1,j}^{k}$，即：

$$\theta_{s,i-1,j}^{k} = \frac{\sum_{p=1}^{k} \theta_{s,i-1,j,p}}{k} \quad (p = 1,2,\cdots,k) \tag{12}$$

式中 $\theta_{s,i-1,j,p}$为剪力墙划分 k 个单元后对应的单元剪力墙底端转角。

此时剪力墙非受力层间位移 $\Delta_{s,i,j}^{rk}$ 可近似由下式计算：

$$\Delta_{s,i,j}^{rk} = \theta_{s,i-1,j}^{k} h_i \quad (j = 1,2,\cdots,m_s) \tag{13}$$

墙顶的受力层间位移，可由有限元分析求得顶部各单元节点内力，并合成剪力墙截面弯矩和剪力后，按式（13）近似计算求得。以上所有计算中均认为柱与墙顶端的轴力作用于截面形心，轴力作用下不产生受力位移。

由此可见，高层建筑的受力与非受力层间位移，并非是以一个楼层为单元给出的同一结果，而是通过这一楼层各竖向构件不同的受力与非受力层间位移结果来表达。

3 一些情况分析

3.1 假定楼板平面内为无限刚

（1）对称结构

当结构对称，假设各层楼板平面内无限刚时，结构各楼层 i 的层位移在水平荷载作用下只有唯一值Δ_i，而由于楼层 i 的层间竖向构件底端产生的转角$\theta_{i-1,j}$不同，相应由 $\theta_{i-1,j}$ 引起构件顶端的非受力位移$\Delta_{i,j}^{r}$也不同，因此，其顶端的受力位移也必然不同，两者之和为该层的层间位移$\widetilde{\Delta}_i$，即：

$$\widetilde{\Delta}_i = \Delta_{i,j}^{s} + \Delta_{i,j}^{r} \tag{14}$$

（2）不对称结构

在水平荷载作用下，不对称结构任意楼层 i 产生扭转角 φ_i，如图 2 所示，这时竖向构件 $C_{i,j}$还产生由扭转引起的附加位移 $\varphi_i a_{i,j}$，该处层间位移[5]为：

$$\widetilde{\Delta}_{c,i,j} = \widetilde{\Delta}_i + \varphi_i a_{i,j} \tag{15}$$

式中：$\widetilde{\Delta}_i$ 为楼层质心处的层间位移；φ_i 为楼层 i 的扭转角；$a_{i,j}$为构件 j 至质心的距离。

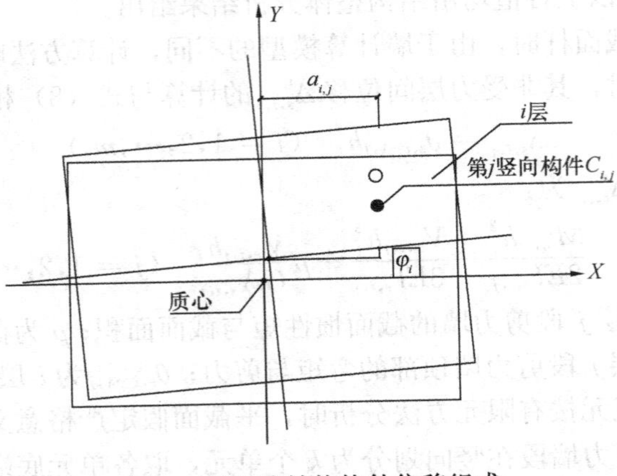

图 2　不对称结构构件位移组成

3.2　斜柱

如图 3 所示，斜柱顶端和底端的水平位移分别为 $\Delta_{i,j}$ 和 $\Delta_{i-1,j}$，层间位移为 $\widetilde{\Delta}_{i,j}=\Delta_{i,j}-\Delta_{i-1,j}$，非受力层间位移为：

$$\Delta_{i,j}^{\mathrm{r}}=\theta_{i-1,j}h_i \tag{16}$$

当构件为等截面杆时，i 层的受力层间位移为：

$$\Delta_{i,j}^{\mathrm{s}}=\frac{M_{i,j}h_i^2}{2EI_{i,j}\cos\alpha}+\frac{V_{i,j}h_i^3}{3EI_{i,j}\cos^2\alpha}-\frac{N_{i,j}h_i\sin\alpha}{E_{i,j}A_{i,j}\cos\alpha} \tag{17}$$

式中：$N_{i,j}$ 为斜柱 j 顶端的轴力值；α 为斜柱的倾角；$A_{i,j}$ 为斜柱 j 截面面积。

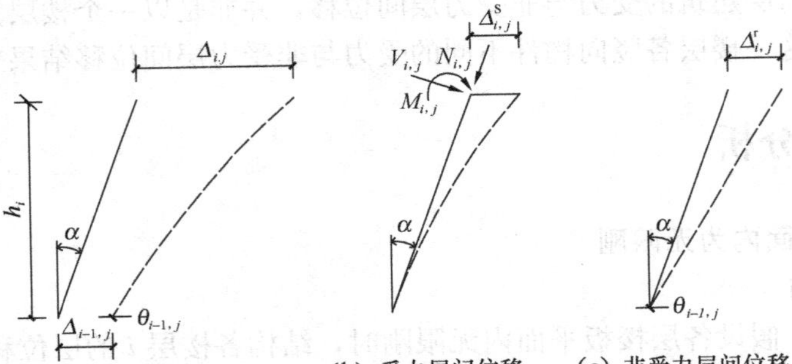

（a）位移差　（b）受力层间位移　（c）非受力层间位移

图 3　斜柱层间位移组成

当斜柱变直柱时，$\alpha=0$，式（17）即退化为式（11）。剪力墙一般垂直于楼层，斜墙相应计算公式本文不讨论。

3.3　嵌固端位于地下室底板

当嵌固端取在地下室底板时，由于地下室四周土的约束及地下室外墙的巨大抗侧刚度等因素，地下室各楼层的水平位移可近似取为零，但地下室顶板（即结构首层底端）处各柱、墙的转角不为零（$\theta_{0,j}\neq0$），即首层层间位移 $\widetilde{\Delta}_{1,j}$ 中包含了非受力层间位移 $\theta_{0,j}h_1$。因而首层的层间位移与受力层间位移并不相等（前者大于后者），这与嵌固端设于±0.00 标高或地下室顶板处时的计算结果显然不同，即：

$$\widetilde{\Delta}_{1,j} > \Delta^{s}_{1,j} \tag{18}$$

$$\widetilde{\Delta}_{1,j} = \Delta^{s}_{1,j} + \Delta^{r}_{1,j} \tag{19}$$

3.4 假设整个楼层为平截面，楼板平面内为无限刚

水平荷载作用下，实际结构在各楼层竖向构件的底端均产生不同的转角。当假设结构整个楼层在水平荷载作用下符合平面假定时，各楼层产生同一转角，层间各竖向构件底端的转角 $\theta_{i-1,j}$ 必然相同，此时所有层间竖向构件顶端的非受力层间位移 Δ^{r}_{i} 相同；当楼板平面内为无限刚时，任意楼层 i 也出现同一层间位移，由于各竖向构件顶端层间位移 $\widetilde{\Delta}_{i}$ 相同，因此各竖向构件顶端的受力位移也必然相等。

由此可见，只有在各楼层整个维持平截面且假定楼板为面内无限刚的特定情况下，同一楼层才有相同的受力位移和层间位移。

4 工程案例

4.1 案例一

4.1.1 结构概况

海口市某酒店采用框架—核心筒结构，结构平面及墙柱编号见图 4，地面以上 24 层，结构高度为 98.5m（属于 B 级高度），结构高宽比为 2.88。结构构件主要尺寸及混凝土强度等级见表 1。50 年一遇基本风压 w_0 为 0.75kN/m²，地面粗糙度类别为 B 类，风荷载体型系数为 1.4。抗震设防烈度为 8 度，设计基本地震加速度为 0.3g，设计地震分组为第二组，阻尼比为 0.05。小震设计时，风荷载作用下的变形较小，为地震作用控制。经验算，风荷载和地震作用下墙柱构件的变形规律相近，本文仅给出墙柱构件在风荷载作用下的变形情况。

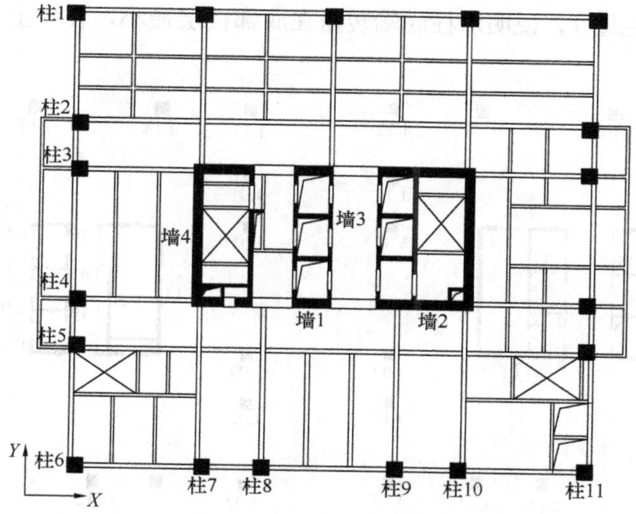

图 4 结构平面布置及墙柱编号

结构构件主要尺寸及混凝土强度等级　　　表 1

构件名称	构件尺寸(mm)	混凝土强度等级
梁	300×800，500×1200，300×800，400×900，400×700	C40～C35
板	首层厚 200；屋面层厚 120～150；其他屋厚 100～150	C40～C35
柱	从下往上：1200×1200～700×700	C60～C35
剪力墙	从下往上：核心筒外墙 650～250，内墙 300～200	C60～C35

4.1.2　结构周期

采用 PKPM，MIDAS Gen 软件求得结构前 6 阶自振周期及结构总质量如表 2 所示，计算结果表明，两个软件计算结果很接近，以下采用 MIDAS Gen 软件进行进一步计算。

结构自振周期及结构总质量　　　表 2

结构主要指标		计算程序	
		PKPM	MIDAS Gen
主要自振周期(s)	T_1	2.33	2.43
	T_2	2.18	2.21
	T_3	1.66	1.68
	T_4	0.75	0.71
	T_5	0.61	0.62
	T_6	0.59	0.62
结构总质量($\times 10^4$t)		6.14	6.05

4.1.3　墙柱底端转角

计算结果表明任一楼层墙柱底端转角均不相同，说明整个楼层转角不符合平截面假定。X 向风荷载作用下，10 层墙柱最小转角发生在柱 8、柱 9，其值为 0.44×10^{-3} rad，其余墙柱底端转角均大于此值，其余墙柱底端转角与最小转角（柱 8、柱 9 转角）的比值见图 5。由图可见，墙底端转角明显大于柱底端转角，最大差值率接近 20%。Y 向风荷载作用下，10 层墙柱底端转角的最小值发生在柱 4，其值为 0.42×10^{-3} rad，其余墙柱底端转角均大于此值，其余墙柱底端转角与最小转角（柱 4 转角）的比值见图 6。由图可见，墙底端转角明显大于柱底端转角，最大差值率接近 20%。选取柱 3、墙 1 和墙 4，其底端转角沿高度的变化见图 7，说明墙柱底端转角在底部楼层最小，在中上部楼层最大，而顶部楼层略微减小。

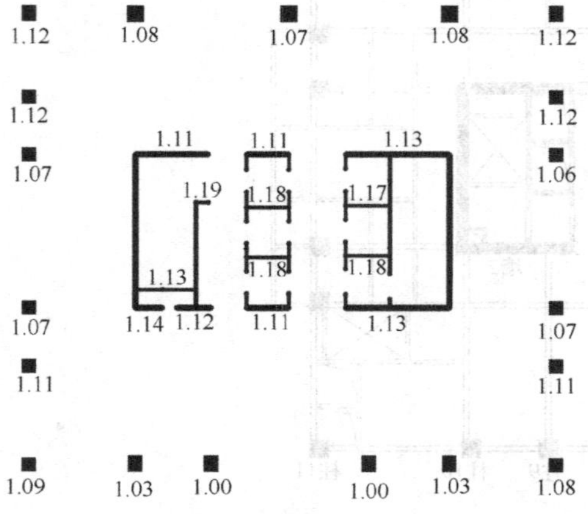

图 5　X 向风荷载作用下 10 层墙柱转角比值分布

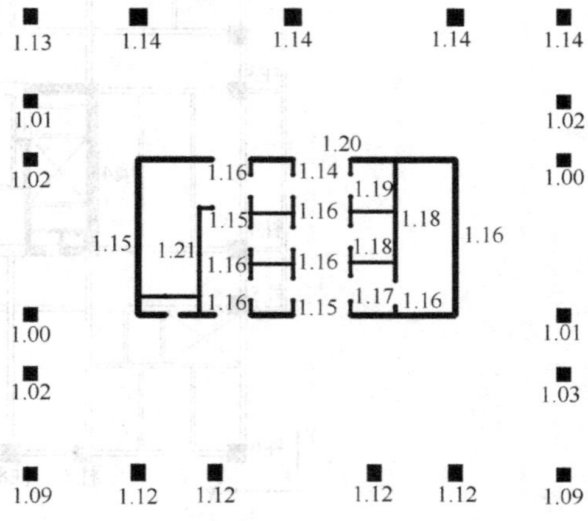

图 6　Y 向风荷载作用下 10 层墙柱转角比值分布

4.1.4 墙柱层间位移角

风荷载作用下，选取柱 3、墙 1 和墙 4，采用前文所述的计算方法，得出其受力层间位移角、非受力层间位移角及层间位移角沿高度的变化曲线，如图 8、图 9 所示。由图可见，结构受力层间位移角数值一般均很小，且沿高度略有减小（顶部柱因结构原因除外），当底部为嵌固端时，结构首层墙柱受力层间位移角与层间位移角相等，且数值最大为 1.16×10^{-4}；结构首层墙柱的非受力层间位移角为零，随着结构高度增加，非受力层间位移角迅速增大，与相应楼层层间位移角数值逐渐接近，甚至相等。

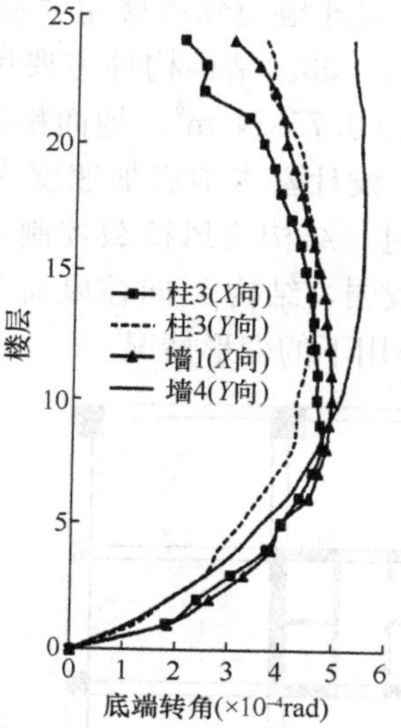

图 7 墙柱楼层转角沿高度分布曲线

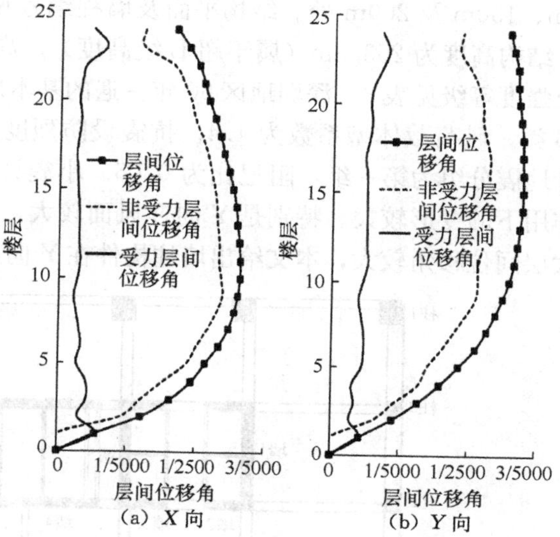

图 8 风荷载作用下柱 3 层间位移角

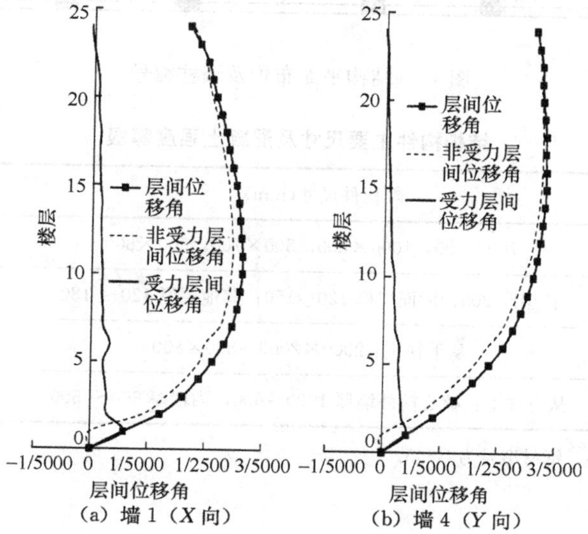

图 9 风荷载作用下墙 1、墙 4 层间位移角

经分析，最大层间位移角发生在结构中上部，柱 3 非受力层间位移角与层间位移角接近，X、Y 向非受力层间位移角与相应层间位移角之比分别为 89%、82%，非受力层间位移角与相应受力层间位移角之比分别为 8.5、4.5；核心筒墙肢的受力层间位移角与相应层间位移角之比较柱的更小，X、Y 向的非受力层间位移角与相应层间位移角之比分别为 93%、98%，非受力层间位移角与相应受力层间位移角之比分别为 12.9、39.3。

4.2 案例二

4.2.1 工程概况

本项目塔楼采用框架一核心筒结构，有 4 个带伸臂的加强层，分布在沿高度约 50m、100m、150m 及 200m 处。结构平面及墙柱编号见图 10。室外地面到塔楼主要屋面共 65 层，结构高度为 253.8m（属于超 B 级高度），高宽比为 11.03。结构构件主要尺寸及混凝土强度等级见表 3。深圳地区 50 年一遇的基本风压 w_0 为 0.75kN/m^2，地面粗糙度类别为 B 类。风荷载体型系数为 1.4。抗震设防烈度为 7 度，设计基本地震加速度为 0.10g，设计地震分组为第一组，阻尼比为 0.05。小震计算分析时，结构为风荷载控制，在风荷载作用下的变形较大。特别是 Y 向迎风面较大，且刚度较弱，结构 Y 向在风荷载作用下最大层间位移角较大，本文给出墙柱构件在 Y 向风荷载作用下的变形情况。

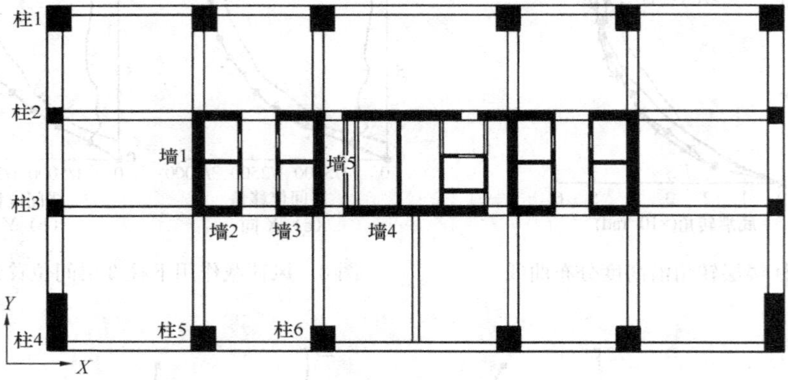

图 10　结构平面布置及墙柱编号

结构构件主要尺寸及混凝土强度等级　　**表 3**

构件名称	构件尺寸(mm)	混凝土强度等级
梁	700×800，1000×800，500×700，500×800	C35
板	首层厚 200；屋面层厚 120～150；其他层厚 120～ 180	C35
柱	从下往上：2000×2000～800×800	C60～ C45
剪力墙	从下往上：核心筒外墙厚 1000～600，内墙厚 600～ 500	C60～C45

注：柱为型钢混凝土柱，钢材型号为 G345。

4.2.2 结构周期

分别采用 YJK、MIDAS Gen 软件求得结构前 6 阶自振周期及结构总质量如表 4 所示，结果表明两个软件计算结果很接近，采用 MIDAS Gen 软件进行进一步的计算。

结构自振周期及结构总质量 **表 4**

结构主要指标		计算程序	
		YJK	MIDAS Gen
主要自振周期(s)	T_1	6.27	6.21
	T_2	4.19	4.31
	T_3	3.44	3.66
	T_4	1.57	1.61
	T_5	1.17	1.24
	T_6	1.03	1.07
结构总质量($\times 10^4$t)		15.54	15.61

4.2.3 墙柱底端转角

计算结果表明任一楼层墙柱底端转角均不相同，说明整个楼层转角不符合平截面假定。Y 向风荷载作用时，33 层墙柱底端转角的最小值发生在柱 3，其值为 2.197×10^{-3} rad，其余墙柱底端转角均大于此值，其余墙柱底端转角与最小转角（柱 3 转角）的比值见图 11。由图可见，墙底端转角明显大于柱底端转角，最大差值约 4%。选取柱 1、墙 1 和墙 2，其底端转角沿高度的变化见图 12，说明墙柱底端转角在底部楼层最小，在中上部楼层最大，顶部楼层略微减小。

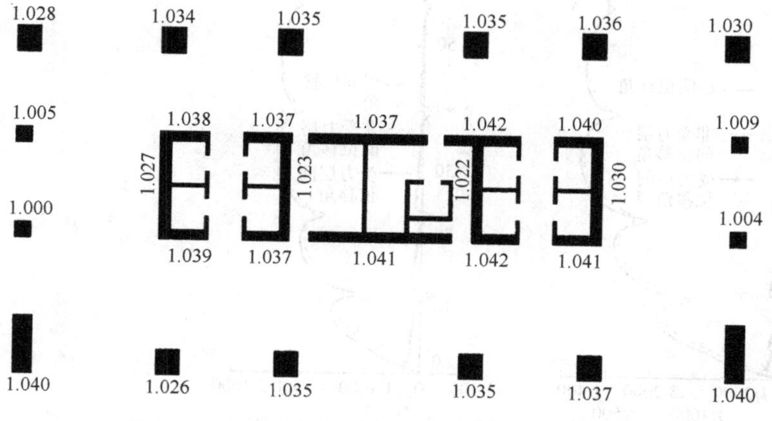

图 11 Y 向风荷载作用下 33 层墙柱转角比值分布

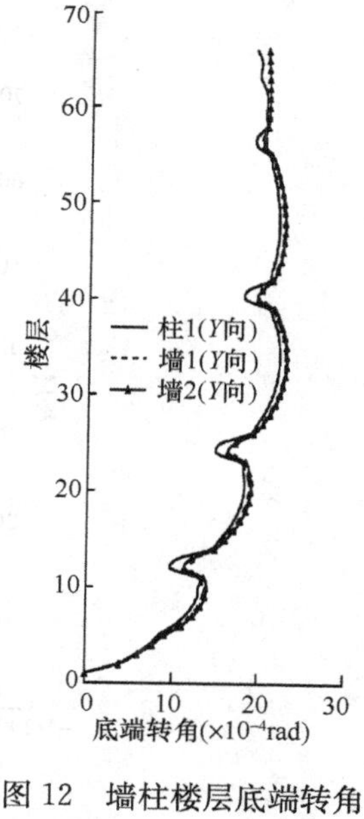

图 12 墙柱楼层底端转角

4.2.4 墙柱层间位移角

选取柱 1、柱 2、墙 1、墙 5，采用前文所述的计算方法，得出其受力层间位移角、非受力层间位移角及层间位移角沿高度的变化曲线，如图 13、图 14 所示。由图可见，结构受力层间位移角数值一般均很小，且沿高度略有减小（加强层位置除外），当底部为嵌固端时，结构首层墙柱受力层间位移角与层间位移角相等，且数值最大为 2.42×10^{-4}；结构首层墙柱的非受力层间位移角为零，在加强层位置，受力层间位移角为负值。随着结构高度增加，非受力层间位移角迅速增大，与相应楼层层间位移角数值接近。

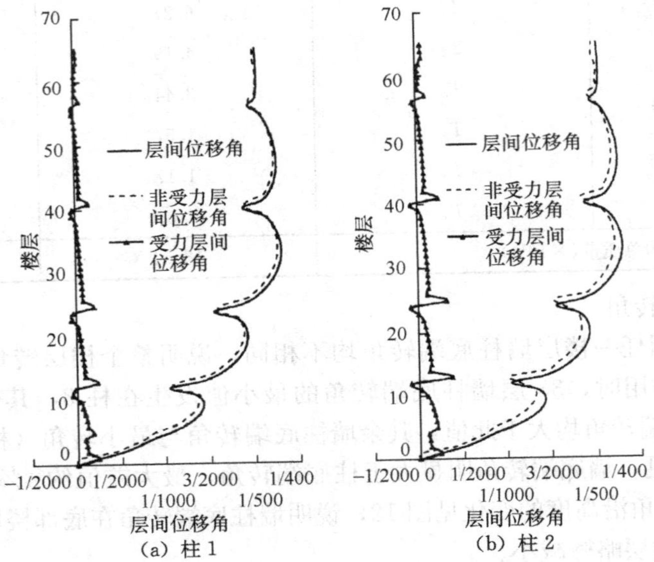

（a）柱 1　（b）柱 2

图 13　Y 向风荷载作用下柱 1、柱 2 层间位移角

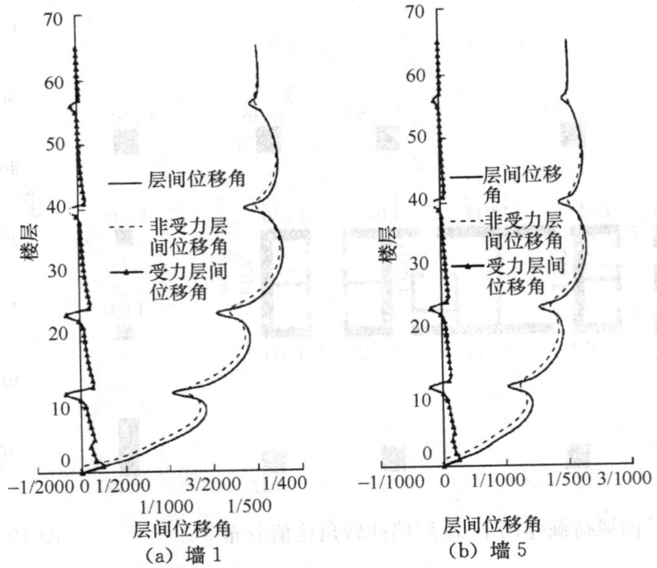

（a）墙 1　（b）墙 5

图 14　Y 向风荷载作用下墙 1、墙 5 层间位移角

经分析，最大层间位移角发生在结构中上部，墙柱非受力层间位移角与层间位移角接近，除加强层及其相邻楼层外，柱 Y 向的非受力层间位移角与相应层间位移角之比为 98%，非受力层间位移与相应受力层间位移之比达 53；核心筒墙肢受力层间位移角与相应

层间位移角之比较柱的更小，Y 向非受力层间位移角与相应层间位移角之比约为 98%，非受力层间位移与相应受力层间位移之比达 62。

5 结论

（1）楼板按弹性分析时，各墙柱层间位移差均不相同，结构层间位移实质上不能用单一结果表达。当假定楼板为面内无限刚时，楼层各墙柱的层间位移差是相同的，可以给出该楼层层间位移角的唯一值。当结构有扭转时，需考虑扭转角的附加影响。

（2）层间位移由受力层间位移和非受力层间位移两部分组成，两者之和等于该楼层相应墙柱的层间位移。当楼板为面内无限刚时，各墙柱的层间位移相等，但各墙柱的非受力层间位移与受力层间位移是不同的。

（3）楼层各墙柱的非受力层间位移为其底端的转角 $\theta_{i,j-1}$ 与层高的乘积，计算方便，在结构整体分析中软件可给出各墙柱底端转角的数值，可方便简捷求出所有墙柱的非受力层间位移；楼层各墙柱的受力层间位移可由整体分析求出的顶端内力按悬臂杆得到。当楼层为面内无限刚时，楼层的层间位移由相邻上下层的位移差给出。

（4）通过两个工程案例计算可知，高层建筑楼层的受力层间位移角很小。在本文的两个案例中，首层受力层间位移角最大，非受力层间位移角在首层为 0（嵌固端在±0 标高时），随着高度增加其值迅速增大，在中高部位达最大值。由此可见，规范规定的高层建筑最大层间位移角限值其主要目的实际上不是控制结构受力的安全性。

（5）弹性层间位移角的大小对非结构构件及设备运行是有影响的，当非结构构件及设备运行对层间位移角有明确和较严要求时，设计应满足相应的限值要求。

参考文献

[1] 建筑抗震设计规范：GBJ 11－89 [S]. 北京：中国建筑工业出版社，1989.
[2] 钢筋混凝土高层建筑结构设计与施工规定：JZ 102－79 [S]. 北京：中国建筑工业出版社，1979.
[3] 魏琏．地震作用下建筑结构变形计算方法[J]. 建筑结构学报，1994，25(2)：2-10.
[4] 魏琏．高层建筑结构位移控制研讨[J]. 建筑结构，2000，30(6)：27-30.
[5] 魏琏，王森，韦承基．水平地震作用下不对称不规则结构抗扭设计方法研究[J]. 建筑结构，2005，35(8)：19-27.

本文原载于《建筑结构》2019 年第 49 卷第 9 期

6. 高层建筑结构层侧向刚度计算方法的研究

魏 琏，王 森，孙仁范

【摘 要】 对高层建筑结构层侧向刚度的计算方法进行了讨论，提出了新的高层建筑结构层侧向刚度计算方法。对剪力墙、框筒及部分框支剪力墙结构的工程案例采用不同方法进行了侧向刚度、侧向刚度比的对比分析。建议的计算方法较好地反映了层竖向构件截面、层高和材料的刚度特征及两端转动约束的实际状况，其计算结果能较好地反映结构的真实侧向刚度，可供工程师在设计高层建筑结构时参考。

【关键词】 高层建筑结构；层侧向刚度；侧向刚度比；层间位移

Study on calculation methods of story lateral stiffness of high-rise building structure

Wei Lian, Wang Sen, Sun Renfan

Abstract: Calculation methods of story lateral stiffness of high-rise building structure were discussed and new calculation methods were put forward. The lateral stiffness and lateral stiffness ratio of shear wall structure, frame-core wall structure and partial frame-supported shear wall structure were analyzed and compared by using different methods. The proposed calculation method well reflected the actual condition of story vertical member section, story height, stiffness characteristics of materials and rotation restraints at both ends of the story. The results of proposed calculation method well reflected the actual lateral stiffness of the structure, providing reference for structural design of high-rise building structure.

Keywords: high-rise building structure; story lateral stiffness; lateral stiffness ratio; story drift

0 前言

《高层建筑混凝土结构技术规程》JGJ 3－2002[1]（简称老高规）和《高层建筑混凝土结构技术规程》JGJ 3－2010[2]（简称新高规）分别在第 4.4.1 条和第 3.5.1 条规定："结构的侧向刚度宜下大上小，逐渐均匀变化"，给出了相应的计算公式，并分别规定了楼层侧向刚度不宜小于相邻上层侧向刚度或其上相邻三层侧向刚度平均值的限值，当不满足上述规定时，判定该楼层为薄弱层，要求设计采取相应的增大内力和有效的抗震构造措施。由此可见，如何准确合理地求出高层建筑结构楼层的侧向刚度是保证结构设计安全和经济的重要问题，但由于高层建筑结构的复杂性，寻求出楼层侧向刚度的合理计算方法是较为困难的。

早在 20 世纪 70 年代，由于当时科学技术发展水平的限制，为了将弹塑性时程分析应用于大震下结构抗震设计，往往不得不对整个高层建筑结构采取近似剪切型或剪弯型层模型的计算方法，即在分析中假设楼层变形符合平截面假定，从而简化计算及相应的软件编制工作，这一方法要求给出楼层的层侧向刚度。实际上这是延续了当时日本抗震界倡导的剪切型楼层平截面假定，但它其实不符合结构受力变形的实际状况。历时数十年，目前高层建筑结构的弹性和弹塑性分析均已摒弃了剪切型楼层平截面假定，而成功进入了三维空间分析的时代，并已开发出多款实用软件，因而，继续在高层建筑结构抗震设计中采用楼层为剪切型变形的平截面假定是不必要的。

下面通过对高层建筑结构楼层侧向刚度的计算方法的研究，指出现行方法存在的一些问题，并提出能反映结构实际受力和变形状况的层侧向刚度计算方法，供工程界及今后修订规程时参考。

1 现行层侧向刚度计算方法存在的问题

目前，对高层建筑结构的层侧向刚度常采用下式计算：

$$K_i = V_i / \Delta_i \tag{1}$$

式中：K_i 为第 i 层侧向刚度；V_i 为在水平地震作用（外侧力）下的第 i 层剪力；Δ_i 为在外侧力作用下第 i 层相对于第 $i-1$ 层的层间位移。

从理论上分析，这一计算高层建筑结构的层侧向刚度的计算方法存在以下问题：

（1）结构的构件或层侧向刚度应是仅与构件及其组成结构的物理几何特性有关的参数，即一旦结构形成，它是结构自身固有的一种特性，仅与自身物理几何特性有关而与外荷载无关，但式（1）中的 V_i 和 Δ_i 均是通过外侧力作用求出的计算结果，它们必然与外荷载作用有关，外荷载变了则层侧向刚度也变了。

（2）式（1）中，层间位移 Δ_i 是外侧力（水平地震作用）造成的，当计算第 i 层的层间位移 Δ_i 时，其值必然包含了许多其他楼层竖向构件受力变形的影响，因而不能反映第 i 层竖向构件受力变形的贡献，而是受力变形与非受力变形的综合，造成采用 Δ_i 计算的第 i 层侧向刚度 K_i 必然偏低。

（3）研究表明，式（1）中的层间位移 Δ_i 是由构件的受力变形与非受力变形共同组成的。文献［3］明确指出，此层间位移在高层建筑结构的中上部楼层主要是由构件的非受力变形组成的，受力变形往往只占很小的比例，因此当该部位楼层竖向构件截面减小或层高增加时，实际上明显削弱了构件刚度，但按式（1）算出的层侧向刚度却几乎不变或变化甚微，这就可能造成在判断结构薄弱层位置时出现偏差或误判，日本神户地震中多座高层建筑物中上部楼层倒塌就是很好的例证。

（4）在水平地震作用下结构顶部楼层的层剪力 V_i 变化很大，但当该部位层竖向构件本身刚度变化不大时，按式（1）算出的层侧向刚度却变化很大，这也是该方法不够合理的表现。

（5）高层建筑结构底部楼层的抗震安全性是抗震设计很关注的问题，当结构底部楼层高度因建筑功能需要较大时，往往容易在底层形成薄弱层，此时用式（1）求出的底层侧向刚度因不符合实际情况而出现误判，从而给结构抗震安全性带来问题。

2 建议的层侧向刚度计算方法

我国已故著名结构学家蔡方荫教授早就提出了结构构件的“形常数”与“载常数”概念[4]，构件的刚度属于“形常数”，其定义是在构件一端相对另一端产生相对单位位移时，在位移方向所需施加的力，其量纲是力/位移（或弯矩/转角），它只与构件的几何物理力学特性以及两端约束条件有关，而与外荷载无关。

图 1 为上下端不同转动约束的竖向构件，尽管构件本身条件相同，但这些构件的侧向刚度需用不同公式计算（均未计剪切变形的影响）。

$$K_1 = 3EI/h^3 \tag{2}$$

$$K_2 = 12EI/h^3 = 4K_1 \tag{3}$$

$$K_3 = \frac{K_1}{1+(K_1/K_0)h^2} < K_1 \tag{4}$$

式中：E 为构件的弹性模量；I 为构件的截面惯性矩；h 为构件高度；K_0 为底部弯曲约束刚度，当 $K_0 \to \infty$ 时，$K_3 = K_1$。

高层建筑结构中任一楼层均由许多竖向构件（墙、柱）及相连的水平构件构成，层侧向刚度必然是这些竖向构件考虑两端转动约束的侧向刚度的总和。由此可以推知，当求 i 层侧向刚度时，其计算模型如图 2 所示，i 层产生单位水平位移而 i-1 层无侧移时，在 i 层所需施加的水平力，即为 i 层侧向刚度 K_i。由此计算模型（图 2）求出的 i 层侧向刚度包括了该楼层所有竖向构件刚度的贡献并考虑了两端转动约束的影响，它是一个只与该层结构构件几何物理特性和两端弯曲约束有关而与外荷载无关的形常数，这一定义可以认为是单个竖向构件侧向刚度定义在高层建筑结构层侧向刚度中的推广。

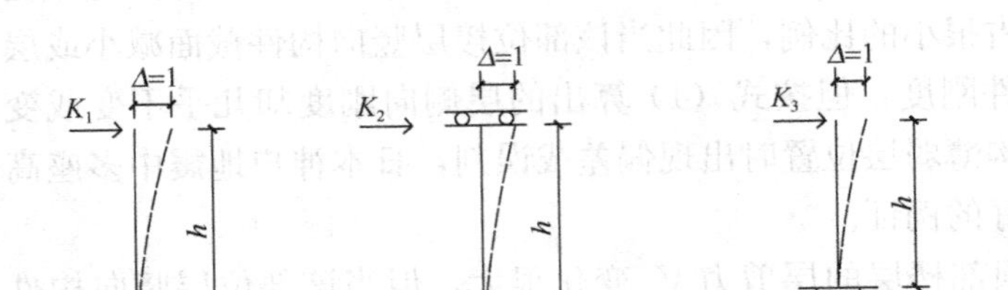

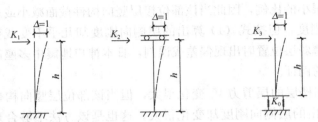

(a) 上端自由下端固定　(b) 上端滑动下端固定　(c) 上端自由下端弹簧

图 1　上下端不同转动约束构件的侧向刚度含义示意图

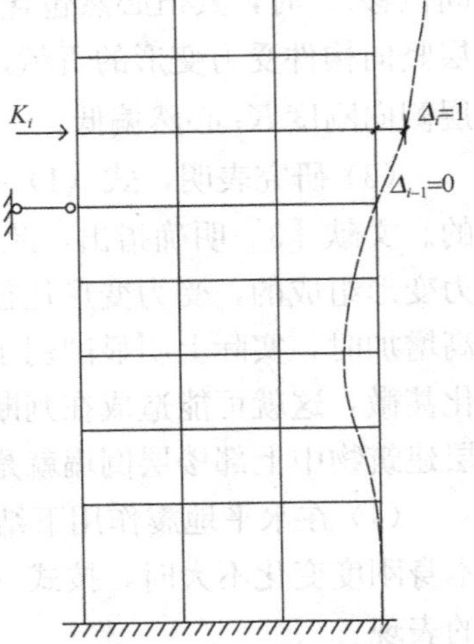

图 2　i 层侧向刚度计算模型

下面以一座 30 层的高层剪力墙结构（7 度，Ⅱ类场地）为例，其结构标准层平面见图 3（剪力墙厚度均为 200mm，主要梁截面尺寸为 200mm×500mm，200mm×450mm），分别采用本文方法与式（1）计算得到的层侧向刚度及二者的比值分别见图 4、图 5。计算表明，按式（1）（新老高规公式）求得的层侧向刚度普遍偏小很多，在中上部楼层，由于层间位移 Δ_i 值包含了楼层竖向构件非受力变形的很大影响及结构整体弯曲的影响，造成层间位移计算结果偏大很多，从而导致层侧向刚度计算结果大大偏低，从下到上大约差 2.7～16 倍。

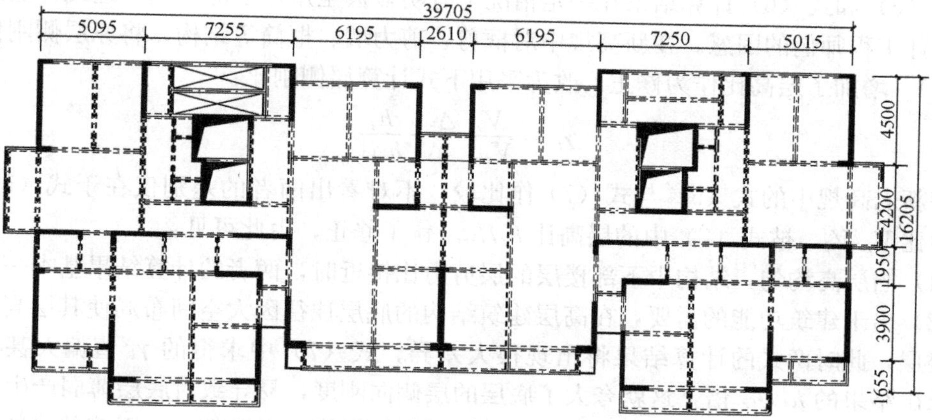

图 3　结构标准层平面图

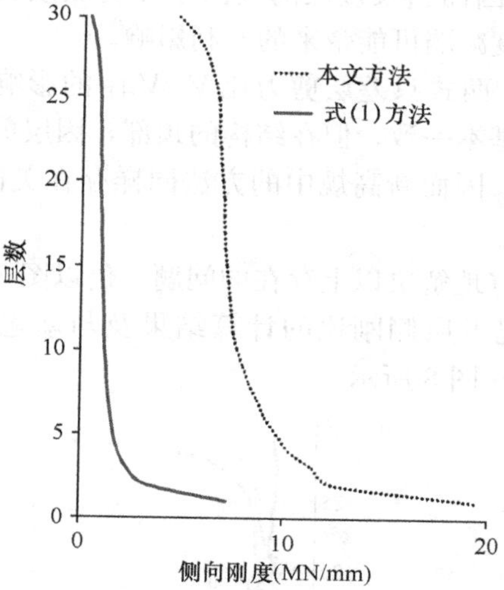

图 4　两种方法计算得到的楼层侧向刚度比较

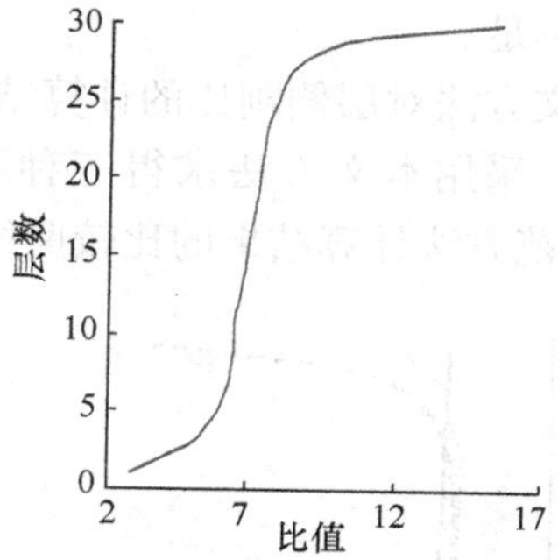

图 5　楼层侧向刚度比计算结果

3　层侧向刚度比 γ_i（简称层侧刚比）的比较

在老高规关于高层建筑结构层侧向刚度的计算中，规定采用下式求出下一楼层（第 i 层）与相邻上一楼层（第 $i+1$ 层）的层侧刚比 γ_i：

$$\gamma_i = \frac{V_i}{V_{i+1}} \frac{\Delta_{i+1}}{\Delta_i} \tag{5}$$

通过层侧刚比 γ_i 的大小，按老高规规定的限值判断第 i 层是否因刚度偏低形成薄弱层，并需采取相应的抗震加强措施，因此层侧刚比的计算结果将直接对结构设计产生影响。

在执行上述规定的过程中，广东省高规补充规定[5]采用美国 UBC 规范的方法，即层间位移角的比值作为判定第 i 层是否出现薄弱层的依据，具体见下式：

$$\gamma_i = \frac{\Delta_{i+1}}{\Delta_i} \frac{h_i}{h_{i+1}} \tag{6}$$

式（5）和式（6）计算结果在一定情况下有明显甚至定性上的差别，这经常造成广东地区设计工程师们的困惑。在新高规中对框剪、剪力墙、框筒等结构，将原层侧刚比公式［式（5）］增加了层高比作为修正，改为采用下式计算层侧刚比：

$$\gamma_i = \frac{V_i}{V_{i+1}} \frac{\Delta_{i+1}}{\Delta_i} \frac{h_i}{h_{i+1}} \tag{7}$$

将新老高规中的式（5）与式（7）作比较，不难看出两者的差别仅在于式（5）中的层剪力比 V_i/V_{i+1} 被式（7）中的层高比 h_i/h_{i+1} 作了修正，由此可见：

（1）当层高均匀，结构中下部楼层的层剪力比接近时，两者的计算结果基本一致；

（2）出于建筑功能的需要，在高层建筑结构的底层往往因大空间布局使其层高远大于上部楼层，此时两式的计算结果将出现很大差异，式（7）中求得的 γ_i 值偏大甚至为式（5）求出结果的 h_1/h_2 倍，这就夸大了底层的层侧向刚度，易导致对底层薄弱产生误判；

（3）两种方法对于高层建筑结构的中上部楼层均可能出现误判，由于该部位的层间位移 Δ_i 远远大于层间竖向构件的受力变形，因而当某楼层的竖向刚度明显减弱时，两式计算结果变化甚微，因而不能反映该楼层刚度减弱可能带来的不利影响。

将式（6）与新高规的式（7）作比较，两式只差层剪力比 V_i/V_{i+1} 的影响，在结构的中下部层剪力比接近时，两种方法的结果基本一致，但在结构的顶部，因层剪力比相差较大，使两种方法的计算结果出现较大差别。因而新高规中的方法同样存在美国 UBC 规范方法的不足。

本文方法对层侧刚比的计算结果能较好地解决以上存在的问题。仍以图 3 高层建筑结构为例，采用本文方法求得三种不同情况下层侧刚比的计算结果及与新老高规和美国 UBC 规范方法计算结果的比较曲线如图 6～图 8 所示。

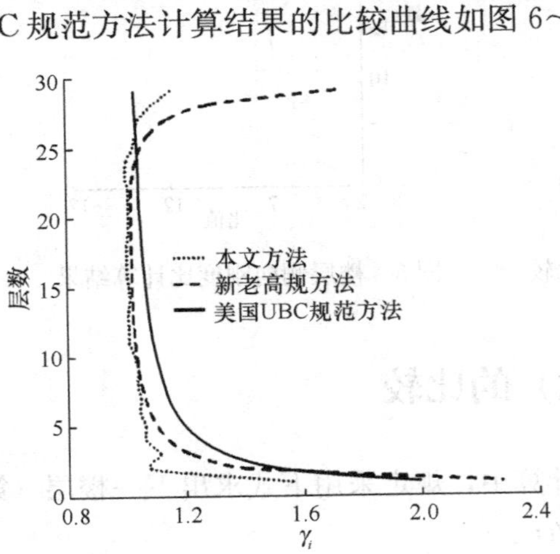

图 6　层高均匀时高层建筑结构层侧刚比的比较

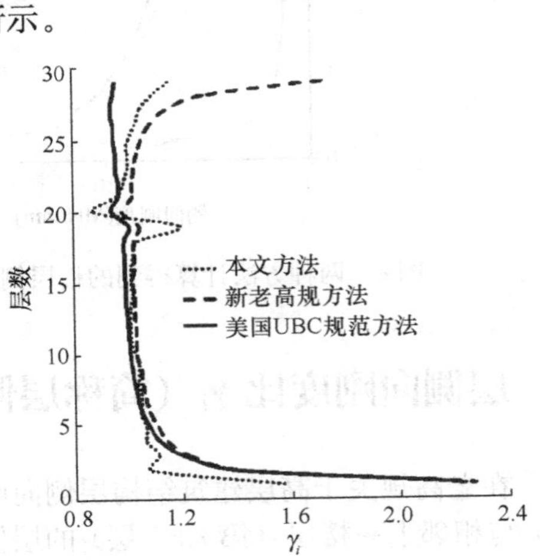

图 7　20 层剪力墙减薄后层侧刚比的比较

图 6 表明，当层高均匀时，新老高规层侧刚比的计算结果是一致的，但与美国 UBC 规范方法计算的结果相比，在结构上部出入很大；新老高规方法与美国 UBC 规范方法计算结果均与本文方法计算结果在结构上部及下部相差较大。

图 7 表明，在中部楼层（20 层）竖向构件刚度明显削弱时，新老高规方法和美国 UBC 规范方法对该层层侧向刚度和层侧刚比的降低虽有一些反映，但变化甚微，而本文方法计算结果则明显反映出该楼层侧向刚度的削弱及其造成层侧刚比的减小。

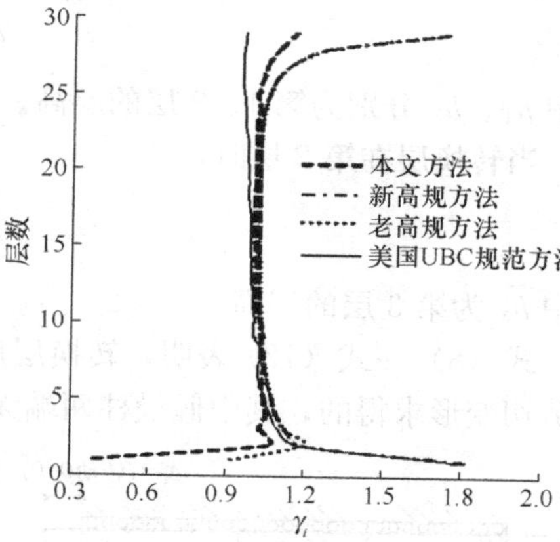

图 8　底层层高加大后层侧刚比的比较

图 8 表明，当底层层高增大一倍（由 3m 增高至 6m）时，新高规方法与美国 UBC 规范方法计算结果在底层基本一致，本文方法在底层计算结果最小，充分反映了底层层高增大对该层层侧向刚度减弱的影响，而新高规与美国 UBC 规范方法的计算结果显著偏大，似过高估计了底层层高增大后该层的层侧向刚度。

4　部分框支剪力墙结构转换层层侧向刚度的计算方法

带转换层的部分框支剪力墙在高层建筑结构中的应用十分广泛，由于部分转换层上的剪力墙不能落地，使转换层下剪力墙的数量减少，使得楼层的层侧向刚度削弱，因此需要得出转换层上下层侧向刚度的计算方法，从而正确判断转换层下是否会出现薄弱层以及采取怎样的措施予以加强，这对保证结构的抗震安全性是十分重要的。

目前转换层上下结构层侧向刚度计算一般只考虑剪力墙的剪切变形和假设柱两端无转动只考虑弯曲变形的近似层总侧向刚度 k_i 计算公式：

$$k_i = \frac{GA_i}{h_i} \tag{8}$$

式中：$A_i = \sum_j A_{wji} = A_{wi}$，$A_{wi}$ 为第 i 层全部剪力墙在计算方向的有效截面面积（不包括翼缘面积）；h_i 为第 i 层层高；G 为第 i 层剪力墙混凝土的剪切弹性模量。

当楼层内有柱时，A_i 中尚应包括假设柱两端无转动时的侧向刚度，近似用下式表示：

$$A_i = A_{wi} + \sum_j C_{ij} A_{cij} \tag{9}$$

$$C_{ij} = 2.5\left(\frac{h_{cij}}{h_i}\right)^2 \tag{10}$$

式中 h_{cij} 为第 i 层第 j 根柱沿计算方向的截面高度。

新老高规明确规定，当转换层在第 1、2 层时可采用转换层与其相邻上层结构的等效剪切刚度比表示转换层上、下层结构刚度的变化。

当转换层在第 1 层时，

$$\gamma_1 = \frac{G_1 A_1}{G_2 A_2} \frac{h_2}{h_1} \tag{11}$$

式中 h_1、h_2 分别为第 1、2 层的层高。

当转换层在第 2 层时，

$$\gamma_2 = \frac{G_2 A_2}{G_2 A_3} \frac{h_3}{h_2} \tag{12}$$

式中 h_3 为第 3 层的层高。

式（8）～式（12）表明，转换层层侧向刚度是假定该楼层所有剪力墙竖向构件仅考虑剪切变形求得的，其中假设柱两端无转角产生相对单位侧移时的剪力为其侧向刚度。

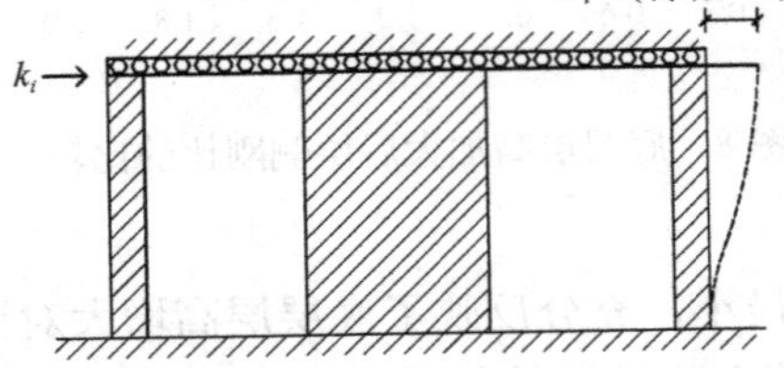

图 9 新老高规侧向刚度计算模型

这一计算方法的优点是把结构层侧向刚度以仅与结构层竖向构件自身几何物理属性有关的形常数来表达，而与外荷载无关，这是正确的，但此法实质上是将层竖向构件两端的转动约束假设为无限刚约束，且假设整个水平构件为无转动状态，第 i 层产生单位侧移 $\Delta_i=1$ 时，所需施加的水平力 k_i，如图 9 所示，这与实际情况不相符合，尤其是在转换层的上层和下层（当转换层在第 2 层时），其水平构件的抗弯刚度一般都不大，与假设无限刚相去甚远，即使转换层梁板自身抗弯刚度较大，也和无限刚假设有较大差距，因此这一计算方法的合理性和准确性尚需进一步研究。

上述计算方法用于转换层设置在第 1、2 层时高层建筑结构转换层上下层侧向刚度的计算也是可行的。如图 10（a）所示，当转换层在第 1 层，转换层处产生单位侧移 $\Delta_1=1$ 时，所需施加的水平力即为该层的侧向刚度 k_1（底端为嵌固端）。如图 10（b）所示，当转换层在第 2 层时，第 1 层无侧移 $\Delta_1=0$，转换层处产生侧移 $\Delta_2=1$ 时，所需施加的水平力即为该层的层侧向刚度 k_2（仅第 1 层底部为嵌固端）。

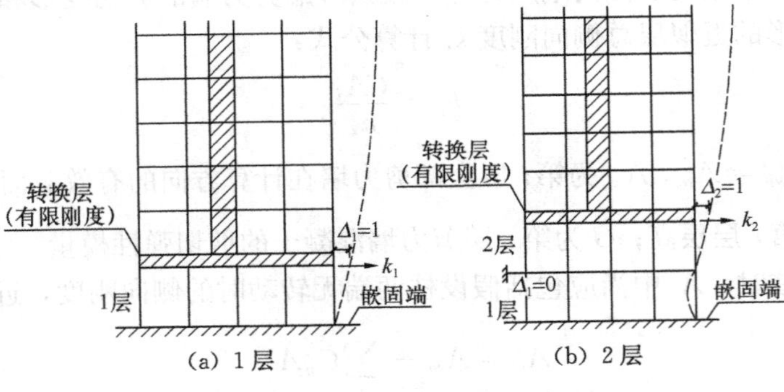

图 10 转换层位于不同楼层的计算模型

该方法既考虑了层竖向构件的受力特性，也考虑了竖向构件两端实际的转动约束，因而是比较合理的。考虑到转换层上下层竖向构件两端的约束与无限刚假定相差甚远，可以判定按新高规计算方法求得的层侧向刚度计算结果必然偏大，有时会偏大很多，这是设计时值得注意的，为了更清楚地阐明这个问题，可对两种方法作进一步的比较。

式（1）计算转换层层侧向刚度时，将转换层及相连上层或下层水平构件假定为无限刚，并只计算层剪力墙竖向构件的剪切变形（即楼层转动角为0），见图9导出的层侧向刚度计算公式，而本文方法则不但计入了转换层自身及相邻上下层水平构件弯曲变形，还计入了层竖向构件的弯曲变形影响，不但在理论上较为合理，而且适当简化后还可以与新老高规方法相互均通。现以转换层在第1层时为例进行说明，当转换层在第1层时，假设转换层水平构件弯曲刚度为无限刚，图10计算模型可简化为图11，此时由于并未制约各竖向构件轴向变形，转换层水平构件整体转角 $\theta_1 \neq 0$，由此求得的层侧向刚度 k_1 与新老高规方法仍会略有差异，但可以判断此项影响很小，与用式（1）求得的结果应较接近。如在图11模型基础上，对转换层水平构件施加竖向变形约束，则此时转换层下各竖向构件的变形状态将与式（1）方法所作假定（图9）计算模型完全一致，从理论上分析，两者计算结果应完全一致，但式（1）近似将剪力墙作为构件处理，而现有程序均将剪力墙按有限单元法计算，所以二者实际计算结果仍会有一定差别，表1为某高层框支剪力墙结构按新方法（图12模型）与新老高规方法的层剪切模型计算的层侧向刚度结果。

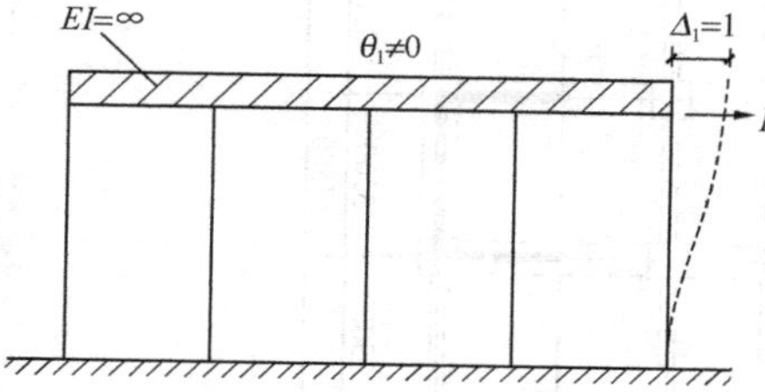

图11　转换层侧向简化模型一

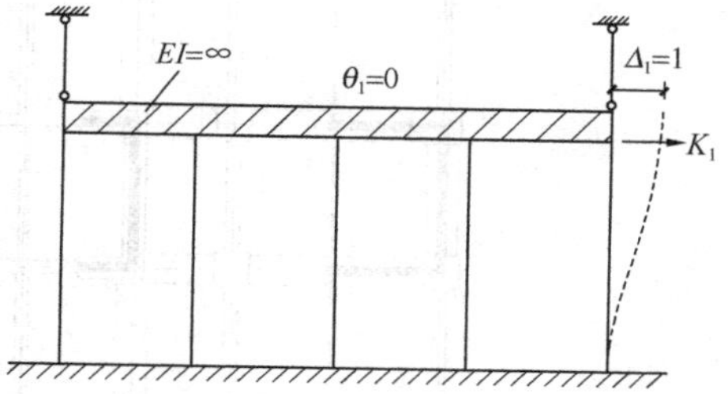

图12　转换层侧向简化模型二

两种方法计算层侧向刚度结果的比较（转换层在第1层）　　表1

方法	X向		Y向	
	刚度	与层剪切刚度法计算值之比	刚度	与层剪切刚度法计算值之比
新老高规方法(层剪切刚度法)	1.96	100%	2.18	100%
新方法(假设转换层无限刚)	1.89	96.4%	2.31	106.0%
新方法(按转换层梁实际刚度)	0.73	37.2%	1.08	49.5%

注：刚度的单位为×10^4kN/mm。

由表1可见，新方法按转换层梁实际刚度计算时，层侧刚比新老高规层剪切刚度法小许多，X向和Y向的层侧刚比分别仅为后者的0.372或0.495倍。但当假设转换层梁刚度为无限刚时，两种方法的计算结果基本一致，误差在5%以内，从理论上说明两种方法在一定条件下是可以互相沟通的。

为了进一步分析新方法的应用及其与新老高规方法结果的差别，下面举两个算例。

算例一：某30层框支转换层结构，转换层设置在第1层，结构平面布置见图13。转换层下部柱截面均为800mm×800mm，墙厚为500mm；转换层上部墙厚均为200mm。采用新老高规方法与新方法计算转换层上下层的侧向刚度及相应的层侧刚比，计算结果见表2。

算例一的计算结果（转换层在第1层时） 表2

计算方法	X向			Y向		
	层侧向刚度（×10⁴kN/mm）		层侧刚比	层侧向刚度（×10⁴kN/mm）		层侧刚比
	1层	2层		1层	2层	
(1) 新高规方法	1.96	3.36	0.58	2.19	3.26	0.67
(2) 新方法	0.73	1.46	0.50	1.08	1.52	0.71
(1)/(2)	2.68	2.30	1.17	2.03	2.14	0.95

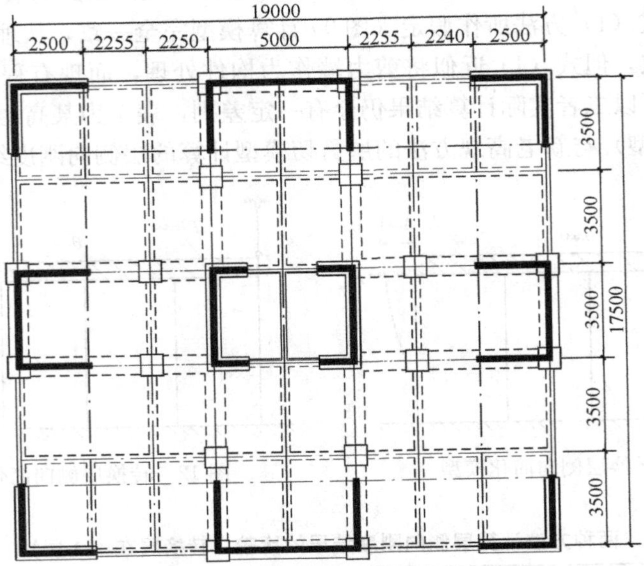

图13　转换层结构布置示意图

算例二：同例一的框支转换层结构，在底层增设第1层，层高5.4m，则转换层在第2层，采用新老高规方法与新方法计算转换层上下层的侧向刚度及相应的层侧刚比，计算结果见表3。

算例二的计算结果（转换层在第2层时） 表3

计算方法	X向			Y向		
	层侧向刚度（×10⁴kN/mm）		层侧刚比	层侧向刚度（×10⁴kN/mm）		层侧刚比
	2层	3层		2层	3层	
(1) 新老高规方法	1.96	3.36	0.58	2.19	3.26	0.67
(2) 新方法	0.77	1.54	0.50	0.98	1.59	0.61
(1)/(2)	2.55	2.18	1.17	2.23	2.05	1.09

两个算例清楚表明，由于假设转换层及上下相邻层水平构件刚度为无限刚，按新老高规层剪切刚度计算方法求得的层侧向刚度计算结果比按新方法计算结果偏大2.03～2.68倍，由此引起层侧刚比计算结果偏小5%或偏大17%，当结构构件情况变动时，误差有可能更大，事前也难以预判是偏大或是偏小，这将给设计带来颇为不利的影响。

5 结语

讨论了高层建筑结构层侧向刚度和层侧刚比的计算方法，指出了其中存在的一些问题，在此基础上提出了建议的方法。另外指出，现有转换层结构侧向刚度计算方法实质上是假定转换层及其相邻上下层水平构件刚度为无限刚时的层剪切刚度计算方法，虽然它反映了层竖向构件截面、层高和材料的刚度特征，但两端转动约束均设为无限刚的假定是与实际不符的，导致层侧向刚度计算结果偏大，不同情况下偏大的幅度也不相同，因而会导致层侧刚比的计算结果偏小或偏大，而且事先也难以预判，这对结构设计的准确性与可靠性是不利的，采用建议的计算方法则较好地反映了层竖向构件截面、层高和材料的刚度特征及两端转动约束的实际状况，因而计算结果能较好地反映转换层结构的真实侧向刚度，解决工程界对此问题现存的一些困惑。

参考文献

[1] 高层建筑混凝土结构技术规程：JGJ 3－2002[S]. 北京：中国建筑工业出版社，2002.
[2] 高层建筑混凝土结构技术规程：JGJ 3－2010[S]. 北京：中国建筑工业出版社，2011.
[3] 魏琏. 高层建筑结构位移控制研讨[J]. 建筑结构，2000，30(6)：27-30，40.
[4] 蔡方荫. 变截面刚构分析[M]. 上海：上海科学技术出版社，1958.
[5] 高层建筑混凝土结构技术规程(JGJ 3－2002)补充规定：DBJ /T 15－46－2005[S]. 北京：中国建筑工业出版社，2005.

本文原载于《建筑结构》2014 年第 44 卷第 6 期

7. 关于高层建筑结构侧向刚度计算方法的讨论

李 远，王 森，魏 琏

【摘 要】 对高层建筑结构楼层侧向刚度的计算方法进行讨论，结合工程实例，采用几种现行不同计算方法进行楼层侧向刚度和楼层侧向刚度比对比分析。计算结果表明，对于复杂高层建筑结构，文献［3］的楼层侧向刚度计算方法能较好地反映层高突变、竖向构件截面变化、环桁架层和伸臂层对楼层侧向刚度的影响，因而计算的楼层侧向刚度比能较为准确地判断结构的软弱层，可供工程项目设计参考。

【关键词】 楼层侧向刚度；楼层侧向刚度比；高层建筑结构

Discussion on calculation methods of lateral stiffness of high-rise building structure

Li Yuan，Wang Sen，Wei Lian

Abstract: The calculation method of the story lateral stiffness of the high-rise building structure was discussed. In combination with engineering examples, several current different calculation methods were used to compare and analyze the lateral stiffness and the lateral stiffness ratio of the stories. The calculation results show that for complex high-rise building structures, the story lateral stiffness calculation method in literature [3] can better reflect the impacts on the story lateral stiffness by sudden changes in floor height, vertical member section changes, ring truss stories and outrigger stories. Therefore, the calculated story lateral stiffness ratio can accurately determine the weak story of the structure, which can be used as a reference in the design of engineering projects.

Keywords: story lateral stiffness; story lateral stiffness ratio; high-rise building structure

0 前言

随着高层建筑体型的日渐复杂，高层建筑结构的楼层侧向刚度的正确计算，是一个比较重要的问题。为了合理准确地计算高层建筑结构的楼层侧向刚度，本文就现行几种楼层侧向刚度的计算方法进行讨论，并通过工程实例进行比较分析，给出高层建筑结构楼层侧向刚度计算方法的相应建议。

1 现行楼层侧向刚度的计算方法

1.1 高规计算方法

根据《高层建筑混凝土结构技术规程》JGJ 3－2010[1]（简称新高规）中建议的方法，

高层建筑结构的楼层侧向刚度常用地震作用下的楼层剪力与层间位移的比值计算，其计算公式为：

$$K_i = V_i/\Delta_i \tag{1}$$

式中：K_i 为第 i 层的楼层侧向刚度；V_i 为在地震作用（外侧力）下第 i 层的楼层剪力；Δ_i 为在外侧力作用下，第 i 层对于第 $i-1$ 层的层间位移。

该方法简称为高规方法。当结构层高变化和竖向构件刚度变化时，该方法适应性较差，其计算的刚度变化较小，这是该方法的不合理之处。

1.2 广东高规计算方法

广东省标准《高层建筑混凝土结构技术规程》DBJ 15-92－2013[2]（简称广东高规）中规定高层建筑结构的楼层侧向刚度常用地震作用下的楼层剪力与层间位移角的比值计算，计算公式为：

$$K_i = V_i/\theta_i = V_i h_i/\Delta_i \tag{2}$$

式中：K_i 为第 i 层的楼层侧向刚度；V_i 为在地震作用（外侧力）下第 i 层的楼层剪力；θ_i 为在外侧力作用下，第 i 层对于第 $i-1$ 层的层间位移角；h_i 为第 i 层的层高。

广东高规方法在高规方法的基础上考虑了层高的影响因素，然而对于层高相差较大的高层建筑结构，该方法计算结果明显高估了大层高楼层的侧向刚度和低估了小层高楼层的侧向刚度。

1.3 文献［3］层侧向刚度计算方法

文献［3］提出的侧向刚度计算方法能较好地弥补高规方法和广东高规方法在计算高层建筑楼层侧向刚度方面的不足。该方法既能考虑该楼层所有构件的竖向刚度，又能反映其两端转动约束的影响，是一个与构件几何物理特性和边界约束有关，而与外荷载无关的计算方法。

高层建筑中任一楼层均由许多竖向构件（墙、柱）及相连的水平构件构成，楼层侧向刚度是考虑两端转动约束的竖向构件的侧向刚度的总和。由此可以推知，当求第 i 层的楼层侧向刚度时，其计算模型简图如图 1 所示，第 i 层产生单位水平位移而第 $i-1$ 层无侧移时，在第 i 层所需施加的水平力，即为第 i 层的楼层侧向刚度 K_i。由此计算模型求出的第 i 层侧向刚度包含了该楼层所有竖向构件刚度的贡献，并考虑了两端转动约束的影响，它是一个只与该层结构构件几何物理特性和两端弯曲约束有关而与外荷载无关的形常数，这一定义可以认为是单个竖向构件侧向刚度定义在高层建筑结构楼层侧向刚度的推广。

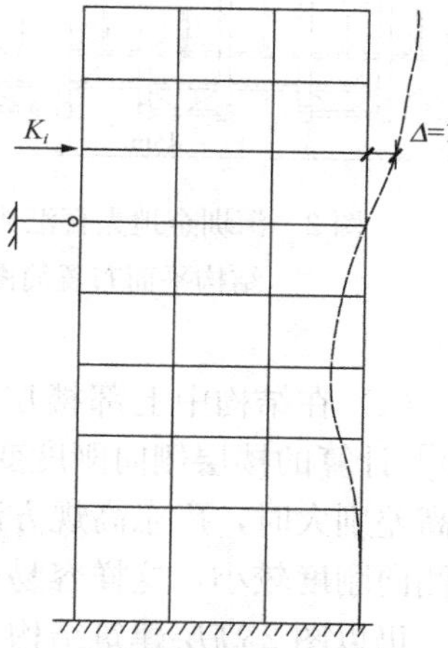

图 1 第 i 层楼层侧向刚度计算模型简图

1.4 三种楼层侧向刚度计算方法的讨论

对比式（1）和式（2），可知式（2）计算的楼层侧向刚度是对式（1）进行了层高 h_i 的修正。从理论上分析，这两种计算方法存在以下问题。

(1) 楼层侧向刚度应是结构本身固有的一种特性，仅与自身物理几何特性有关而与外荷载无关。然而式 (1) 和式 (2) 中的 V_i，Δ_i 均是通过外侧力作用求出的计算结果，外侧力的变化必然引起楼层侧向刚度的变化。

(2) 由于楼层层间位移是由构件的受力变形位移和非受力变形位移共同组成。因此，由于受力变形位移的存在，式 (1) 计算的楼层侧向刚度必然低于实际刚度；式 (2) 进行了层高 h_i 的修正，其计算的楼层侧向刚度可能小于或大于楼层实际侧向刚度。

以深圳金地大百汇为例，其标准层结构平面布置简图如图 2 所示。该塔楼高度约 180m，上部层高均为 4.5m。分别采用高规方法 [式 (1)]、广东高规方法 [式 (2)] 和文献 [3] 法计算得到的楼层侧向刚度曲线如图 3 所示。图 3 表明，式 (1) 计算的楼层侧向刚度普遍偏小；由于底层层高修正较大的原因，式 (2) 计算的底层楼层侧向刚度明显过大，容易造成层高大的楼层侧向刚度较大；而文献 [3] 法的计算结果较好地反映了刚度变化趋势。

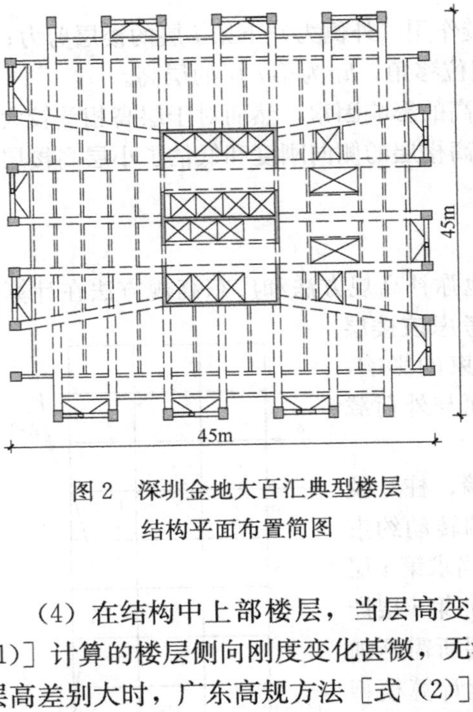

图 2　深圳金地大百汇典型楼层结构平面布置简图

(3) 当高层建筑楼层层高均匀一致、竖向构件刚度明显变化时，式 (1)、式 (2) 计算的楼层侧向刚度变化甚微，无法准确反映楼层刚度变化可能对结构带来的不利影响。以图 2 高层建筑结构为例，增大上部标准层 19 层核心筒剪力墙截面，即为调整模型①。三种方法计算得到的楼层侧向刚度如表 1 所示。由表 1 可见，高规方法 [式 (1)] 和广东高规方法 [式 (2)] 计算结果表明竖向构件刚度变化对楼层刚度变化基本无影响，剪力墙截面增大前后其计算的楼层侧向刚度基本一致；剪力墙截面增大后（即调整模型①），文献 [3] 法计算的楼层侧向刚度明显增大，其计算结果较为准确地反映了竖向构件刚度变化对楼层侧向刚度的影响。

(4) 在结构中上部楼层，当层高变化且竖向构件截面基本一致时，高规方法 [式 (1)] 计算的楼层侧向刚度变化甚微，无法准确反映层高变化对楼层侧向刚度的影响；当层高差别大时，广东高规方法 [式 (2)] 计算的层高大的楼层侧向刚度较大，层高小的楼层侧向刚度较小，这样容易夸大或者低估楼层的侧向刚度进而造成软弱层及其位置的误判。仍以图 2 高层建筑结构为例，修改上部标准层 19 层层高为 3.00m，即为调整模型②。三种方法计算的楼层侧向刚度如表 2 所示。由表 2 可见，层高修改前后高规方法 [式 (1)] 计算的楼层刚度变化甚微；由于层高变小的原因，广东高规方法 [式 (2)] 计算的楼层侧向刚度反而明显变小，为原楼层侧向刚度的 68%左右，与实际情况不符；层高变小后，文献 [3] 法计算的楼层侧向刚度明显增大，其计算结果较为准确地反映了层高变化对楼层侧向刚度的影响。

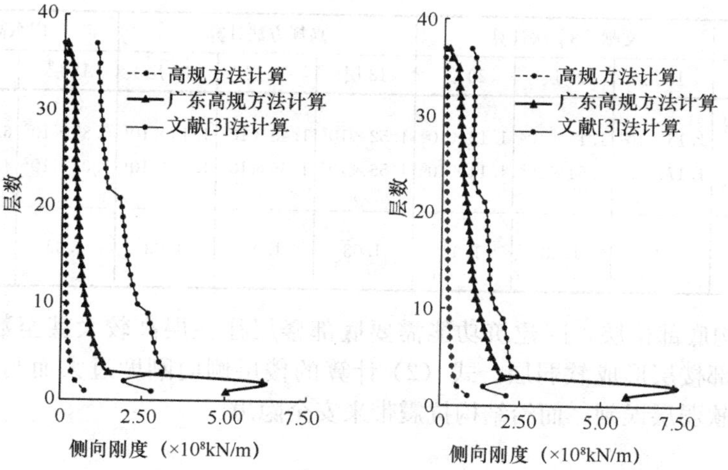

（a）X 向　　（b）Y 向

图 3　深圳金地大百汇楼层侧向刚度曲线对比

增大 19 层核心筒剪力墙截面后三种方法计算得到的楼层侧向刚度结果的比较　　表 1

方法			文献［3］法计算			高规方法计算			广东高规方法计算		
楼层			18 层	19 层	20 层	18 层	19 层	20 层	18 层	19 层	20 层
X 向	侧向刚度（kN/m）	原模型	1.88×10^8	1.85×10^8	1.82×10^8	1.16×10^7	1.12×10^7	1.08×10^7	5.21×10^7	5.05×10^7	4.85×10^7
		调整模型①	1.89×10^8	2.11×10^8	1.86×10^8	1.16×10^7	1.13×10^7	1.08×10^7	5.21×10^7	5.07×10^7	4.86×10^7
	调整模型①/原模型		1.00	1.14	1.02	1.00	1.01	1.00	1.00	1.01	1.00
Y 向	侧向刚度（kN/m）	原模型	1.15×10^8	1.14×10^8	1.12×10^8	1.52×10^7	1.48×10^7	1.43×10^7	6.85×10^7	6.68×10^7	6.44×10^7
		调整模型①	1.17×10^8	1.24×10^8	1.15×10^8	1.53×10^7	1.50×10^7	1.43×10^7	6.87×10^7	6.75×10^7	6.45×10^7
	调整模型①/原模型		1.02	1.02	1.09	1.02	1.00	1.01	1.00	1.00	1.01

注：调整模型①/原模型指采用 3 种不同的方法计算分别得到的调整模型①的侧向刚度与原模型的侧向刚度的比值，表 2 余同。

修改 19 层层高后三种方法计算得到的楼层侧向刚度结果的比较　　表 2

方法			文献［3］法计算			高规方法计算			广东高规方法计算		
楼层			18 层	19 层	20 层	18 层	19 层	20 层	18 层	19 层	20 层
X 向	侧向刚度（kN/m）	原模型	1.88×10^8	1.85×10^8	1.82×10^8	1.16×10^7	1.12×10^7	1.08×10^7	5.21×10^7	5.05×10^7	4.85×10^7
		调整模型②	1.88×10^8	2.31×10^8	1.83×10^8	1.18×10^7	1.15×10^7	1.10×10^7	5.29×10^7	3.45×10^7	4.95×10^7
	调整模型②/原模型		1.00	1.25	1.01	1.02	1.02	1.02	1.02	1.68	1.02

续表

方法			文献［3］法计算			高规方法计算			广东高规方法计算		
楼层			18 层	19 层	20 层	18 层	19 层	20 层	18 层	19 层	20 层
Y 向	侧向刚度（kN/m）	原模型	1.15×10^8	1.14×10^8	1.12×10^8	1.52×10^7	1.48×10^7	1.43×10^7	6.85×10^7	6.68×10^7	6.44×10^7
		调整模型②	1.17×10^8	1.51×10^8	1.14×10^8	1.56×10^7	1.55×10^7	1.47×10^7	7.04×10^7	4.64×10^7	6.63×10^7
	调整模型②/原模型		1.02	1.33	1.02	1.03	1.04	1.03	1.03	0.69	1.03

（5）在结构底部楼层，因建筑功能需要底部楼层往往层高较大甚至数倍相邻上层层高，容易在底部楼层形成软弱层。式（2）计算的楼层侧向刚度过大而与实际情况不符，这样容易造成软弱层误判，而给结构抗震带来安全隐患。

2 楼层侧向刚度比的讨论

目前，高层建筑结构的楼层侧向刚度比（简称层侧刚比）常采用该楼层（第 i 层）刚度 K_i 与相邻上一楼层（第 $i+1$ 层）刚度 K_{i+1} 之比计算，其计算公式为：

$$\gamma_i = K_i/K_{i+1} \tag{3}$$

通过层侧刚比的大小，可直接根据规范规定限值进行楼层侧向刚度规则性和软弱层的判断，并采取有效的抗震加强措施或者采用相应的抗震性能化设计方法。

在《高层建筑混凝土结构技术规程》JGJ 3-2002[4]（简称老高规）中，高层建筑结构层侧刚比用该楼层（第 i 层）刚度与相邻上一楼层（第 $i+1$ 层）刚度比值计算，其计算公式为：

$$\gamma_i = \frac{V_i}{V_{i+1}} \cdot \frac{\Delta_{i+1}}{\Delta_i} \tag{4}$$

老高规规定，抗震设计的高层建筑结构，其楼层侧向刚度不宜小于相邻上部楼层侧向刚度的70%或其上相邻三层侧向刚度平均值的80%。这一规定与《建筑抗震设计规范》GB 50011-2010[5]（简称抗规）关于层侧刚比的规定是一致的。

在广东高规中，层侧刚比采用式（5）作为侧向刚度规则性和软弱层的判断依据。

$$\gamma_i = \frac{V_i}{V_{i+1}} \frac{\Delta_{i+1}}{\Delta_i} \frac{h_i}{h_{i+1}} \tag{5}$$

广东高规规定，层侧刚比不宜小于 0.9；对于结构底部嵌固层，该比值不宜小于 1.5。

在新高规中对剪力墙、框剪、框筒和筒中筒等结构，将考虑层高修正的层侧刚比作为判定软弱层的依据，具体计算公式见式（5），但对层侧刚比的控制指标做了相应修改，一般情况下层侧刚比不宜小于 0.9；当本层层高大于相邻上层层高的 1.5 倍时，该比值不宜小于 1.1；对结构底部嵌固层，该比值不宜小于 1.5。

新高规和广东高规计算层侧刚比的公式是一样的，只是对于层侧刚比的限值稍有不同；式（4）和式（5）明显不同，差别在于式（5）多了 h_i/h_{i+1} 的修正。由此可见：

（1）当层高不变且所有构件刚度不变时，两者的计算结果一样；当层高变化较小且所有构件刚度不变时，两者的计算结果相差较小，基本一致。以图 2 高层建筑结构为例，图 4 为采用不同方法得到的层侧刚比曲线对比。由图 4 可见，层高相同且构件刚度一致的楼层，三种方法计算的层侧刚比基本一致。

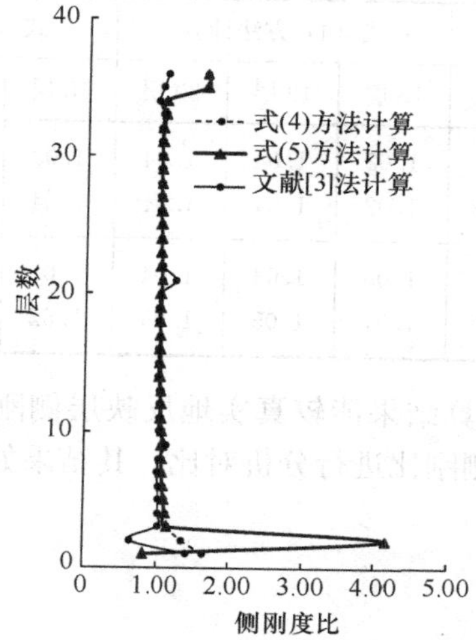

（a）X 向

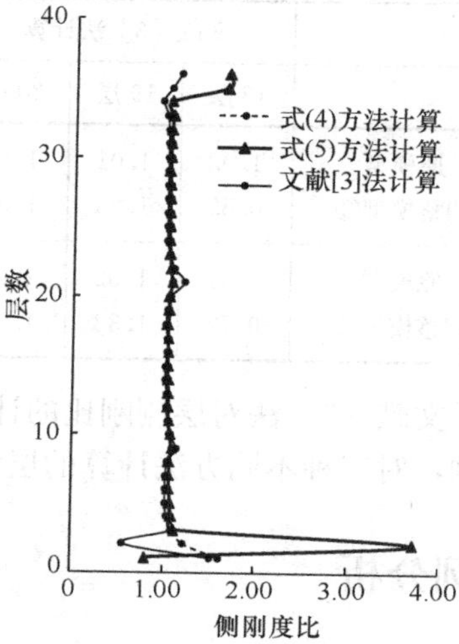

（b）Y 向

图 4　深圳金地大百汇层侧刚比曲线对比

（2）在结构底部嵌固层，当首层层高大于相邻上层层高较多甚至数倍时，式（5）求得的 γ_i 偏大，为式（4）的 h_i/h_{i+1} 倍，这样容易夸大首层侧刚，导致底层薄弱的误判。

（3）在结构中上部楼层，当竖向构件刚度变化且楼层层高一致时，式（4）和式（5）计算的 γ_i 变化甚微，无法反映楼层刚度变化可能带来的不利影响。这是由层间位移远大于层间构件受力变形位移引起的。由表 3 可见，式（4）和式（5）计算结果表明竖向构件刚度变化对层侧刚比基本无影响，剪力墙截面增大前后其计算的层侧刚比基本一致；剪力墙截面增大后，文献［3］法计算的层侧刚比明显增大，其计算结果较为准确地反映了层侧刚比的变化。

增大 19 层核心筒剪力墙截面后三种方法计算得到的层侧刚比结果的比较　　表 3

方法		文献［3］法计算			式（4）方法计算			式（5）方法计算		
楼层		18 层	19 层	20 层	18 层	19 层	20 层	18 层	19 层	20 层
X 向	原模型	1.02	1.01	1.03	1.03	1.04	1.04	1.03	1.04	1.04
	调整模型①	0.90	1.13	1.03	1.03	1.04	1.04	1.03	1.04	1.04
Y 向	原模型	1.01	1.02	1.05	1.03	1.04	1.04	1.03	1.04	1.04
	调整模型①	0.94	1.08	1.06	1.02	1.05	1.04	1.02	1.05	1.04

（4）在结构中上部楼层，当本层层高小于相邻上层层高较多时，式（5）求得的 γ_i 偏小，这样容易低估该层侧向刚度，导致软弱层位置误判。由表 4 可见，层高修改前后式

(4) 计算的层侧刚比变化甚微；由于层高变小的原因，式 (5) 计算的层侧刚比为 0.70 左右，容易造成该层为软弱层的误判；层高变小后，文献［3］法计算的楼层侧向刚度明显增大，其计算本层的刚度比较大且其下层的刚度比较小，与实际较为符合。

修改 19 层层高后三种方法计算得到的层侧刚比结果的比较　　表 4

方法		文献［3］法计算			式 (4) 方法计算			式 (5) 方法计算		
楼层		18 层	19 层	20 层	18 层	19 层	20 层	18 层	19 层	20 层
X 向	原模型	1.02	1.01	1.03	1.03	1.04	1.04	1.03	1.04	1.04
	调整模型②	0.82	1.26	1.03	1.02	1.04	1.04	1.54	0.70	1.04
Y 向	原模型	1.01	1.02	1.05	1.03	1.04	1.04	1.03	1.04	1.04
	调整模型②	0.77	1.33	1.06	1.01	1.05	1.05	1.52	0.70	1.05

综上所述，文献［3］法对层侧刚比的计算结果能较真实地反映层侧刚比的变化。结合两个工程实例，对三种不同方法计算的层侧刚比进行分析对比，其结果如下。

3　工程实例分析

3.1　恒裕项目（工程实例 1）

工程实例 1 屋面高度为 249.03m，地上 54 层，标准层层高为 4.50m，其中 1 层层高为 19.50m；8、19、30、41 层层高为 5.10m；其结构平面布置简图和抗侧结构布置示意图如图 5、图 6 所示。该结构体系为带加强层的巨柱框架－钢筋混凝土核心筒结构。塔楼核心筒连续贯通，外围长约为 24.5m，宽约为 21m，高宽比为 11.8。核心筒内采用普通钢筋混凝土梁板，核心筒外的大部分楼层采用无梁楼板。19 层和 41 层均设置包含环桁架和伸臂桁架的加强层，加强层上下层的楼板均采用梁板体系。

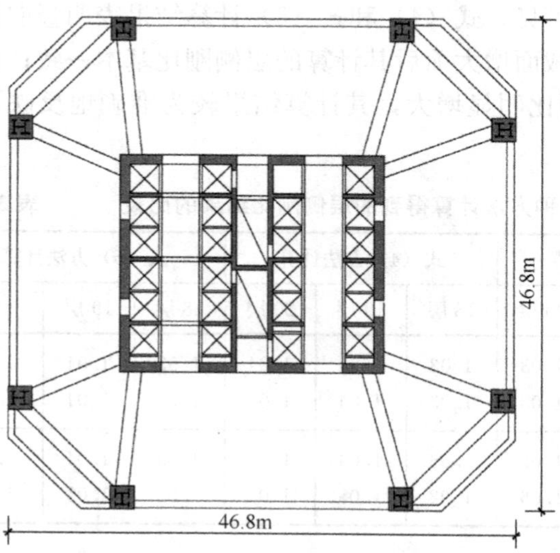

图 5　工程实例 1 典型楼层结构平面布置简图

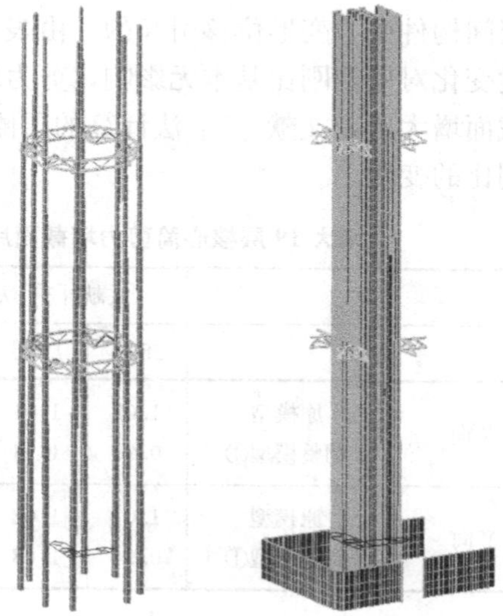

图 6　工程实例 1 抗侧结构布置示意简图

采用上述三种方法计算该结构侧向刚度，其楼层侧向刚度和层侧刚比曲线如图 7、图 8所示。

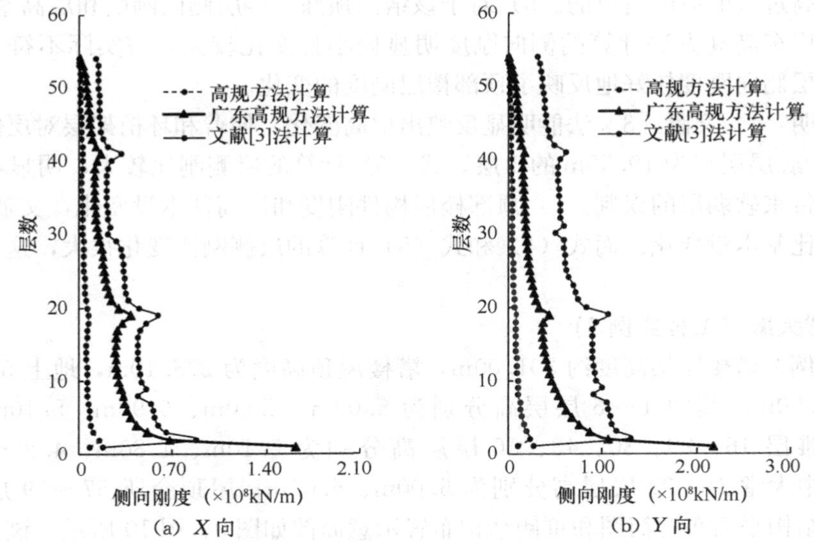

图 7　工程实例 1 楼层侧刚曲线对比

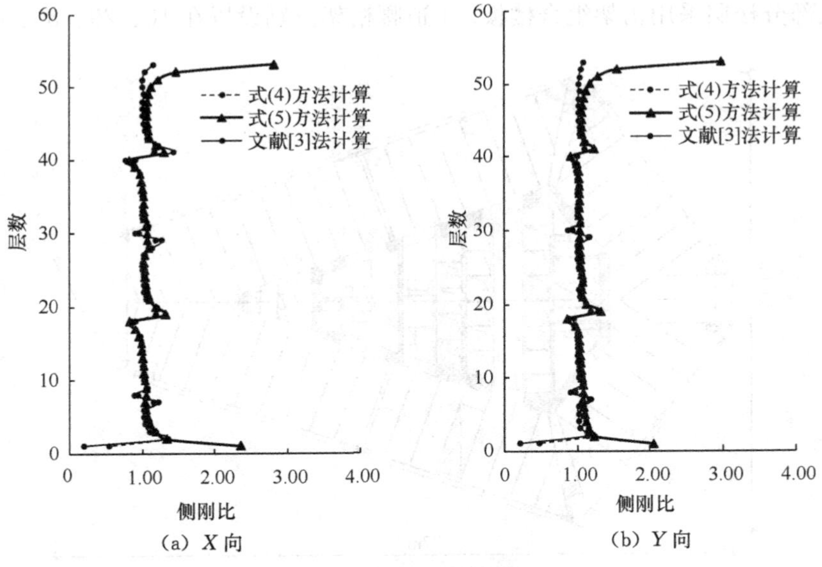

图 8　工程实例 1 层侧刚比曲线对比

图 7 表明：1）高层建筑结构的侧向刚度的计算方法不同，其侧向刚度也不一样，但均呈现“上小下大”趋势。2）对于设置环桁架和伸臂桁架的 19、41 层，该两层构件刚度明显增大，高规方法和广东高规方法的计算结果并无明显变化，而文献［3］法计算的楼层刚度明显偏大，与实际情况较为符合。3）对于层高 5.10m 的 8、30 层，该两层层高变大而导致楼层侧向刚度变小，文献［3］法计算的楼层侧向刚度明显偏小，而广东高规方

法计算的楼层侧向刚度变化甚微。4）对于首层层高 19.50m 的 1 层，高规方法计算的楼层侧向刚度大小与文献［3］法计算的相近，而广东高规方法计算的楼层侧向刚度过大，这是由于层高过大的原因造成的。5）对于该结构顶部，楼层侧向刚度和层高基本没变化，高规方法和广东高规方法计算的侧向刚度明显偏小且变化较大，与实际不符。文献［3］法计算的楼层侧向刚度较好地反映了顶部楼层刚度的变化。

图 8 表明：1）文献［3］法能明显反映出层高变化、伸臂和环桁架层对层侧刚比的影响。2）对于底层层高为 19.50m 的 1 层，式（5）计算的层侧刚比较大，明显不符合实际情况，容易带来软弱层的误判。3）顶部楼层构件刚度和层高基本没变化，文献［3］法计算的层侧刚比基本没变化。而式（4）和式（5）计算的层侧刚比变化很大，这与实际情况不太相符。

3.2 华侨城大厦（工程实例 2）

工程实例 2 塔楼屋架高度约 301.00m，塔楼屋顶高度为 278.10m，地上 59 层，标准层层高为 4.50m，其中 1～6 层层高分别为 5.00m、5.50m、6.90m、5.10m、5.10m、5.10m；避难层 16、29、30、43、56 层层高分别为 5.10m、4.80m、4.80m、5.10m、4.80m；空中大堂 31、32 层层高分别为 5.00m、6.00m；屋顶会所 57～59 层层高均为 5.10m；其结构平面布置简图和抗侧结构布置示意简图如图 9、图 10 所示。该结构体系为带斜撑的巨柱框架-钢筋混凝土核心筒混合结构。塔楼核心筒连续贯通，Y 向最大宽度为 53.31m，平均宽度约为 27.00m，高宽比约为 10。核心筒内采用普通钢筋混凝土梁板，核心筒外的大部分楼层采用桁架组合楼板。4 道腰桁架分别设置在 16、29、30、43 层。

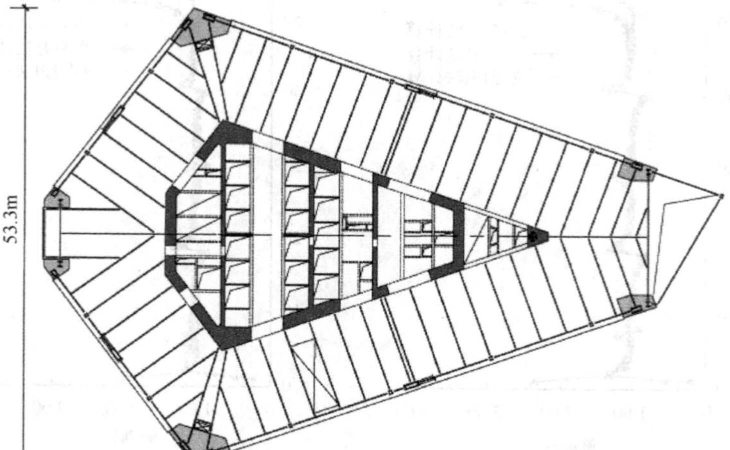

图 9　工程实例 2 典型楼层结构平面布置简图

采用上述三种方法计算该结构侧向刚度，其层侧向刚度和层侧刚比结果如图 11、图 12所示。

图 11 表明：1）高层建筑结构的侧向刚度的计算方法不同，其侧向刚度也不一样，均呈现“上小下大”趋势。2）对于设置腰桁架的 16、29、30、43 层，其楼层侧向刚度明显增大，文献［3］法计算的 X 向楼层侧向刚度明显偏大，与实际情况较为符合。而在 16

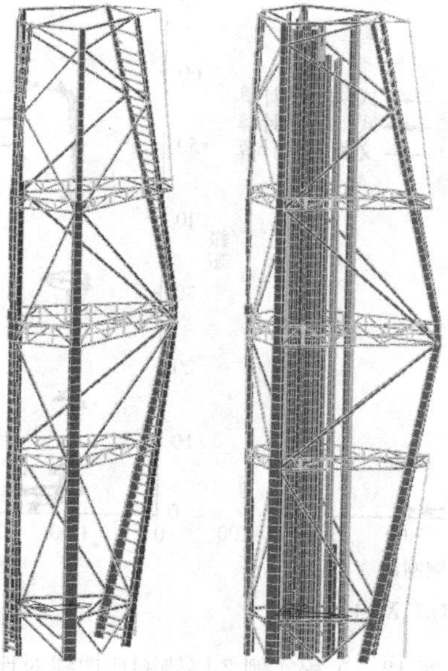

图 10　工程实例 2 抗侧结构布置示意简图

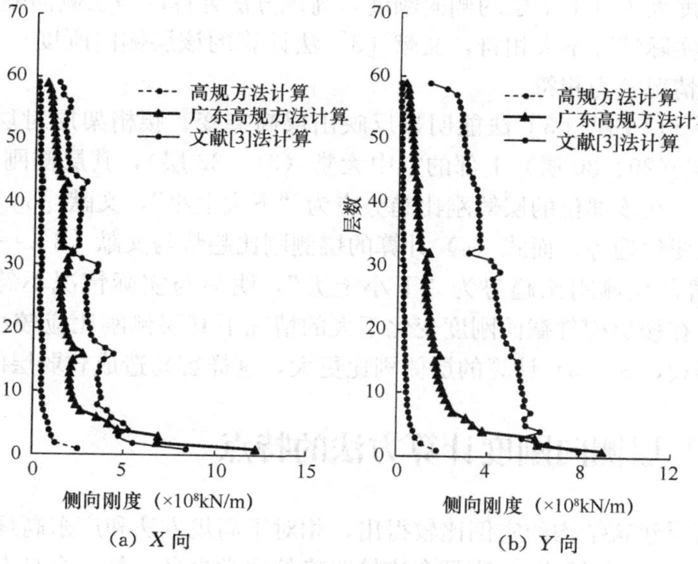

图 11　工程实例 2 楼层侧向刚度曲线对比

层和 43 层的 Y 向楼层侧向刚度变化不大，这是由于腰桁架的结构布置对 Y 向刚度影响较小，计算结果与实际情况较为符合。而高规方法计算结果变化甚微，广东高规方法计算结果变化较小。3）对于空中大堂 31、32 层层高较大，该两层层高变大导致楼层侧向刚度变小，其楼层侧向刚度应比其他楼层侧向刚度稍小，文献［3］法计算的楼层侧向刚度明显偏小，而广东高规方法计算的楼层侧向刚度却大于上下层楼层侧向刚度，显然与实际不

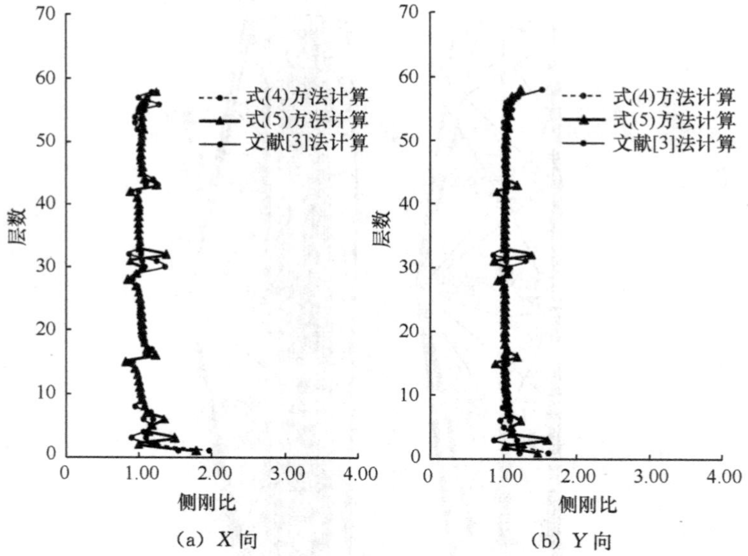

图 12　工程实例 2 层侧刚比曲线对比

符，这主要是由于层高修正刚度所造成的。4）对于层高 6.90m 的 3 层，在楼层构件截面刚度变化不大的情况下其楼层侧向刚度应小于上下层的楼层侧向刚度，而广东高规方法计算的该层侧向刚度大于其上下层的侧向刚度，高规方法计算的该层侧向刚度大于其上层的侧向刚度，这与实际情况不大相符，文献［3］法计算的该层侧向刚度小于其上下层的侧向刚度，与实际情况较为相符。

图 12 表明：1）文献［3］法能明显反映出层高突变、腰桁架层对层侧刚比的影响。2）对于腰桁架层（29、30 层）上部的空中大堂（31、32 层），其层侧刚比应较小，腰桁架层侧刚比较大，在该部位的层侧刚比趋势应为“下大上小”，文献［3］法能较好反映该部位的层侧刚比变化趋势。而式（4）计算的层侧刚比趋势与文献［3］一致，但反映不明显；式（5）计算的层侧刚比趋势为“下小上大”，明显与实际情况不符。3）对于层高 6.90m 的 3 层，在楼层构件截面刚度变化不大的情况下其层侧刚比应较小，而式（4）计算的层侧刚比稍大，式（5）计算的层侧刚比更大，这样容易造成软弱层的误判。

4　文献［3］层侧向刚度计算方法的特点

通过两个高层建筑结构的实例比较得出，相对于高规方法和广东高规方法，文献［3］法具有以下特点：1）文献［3］法具有比较明确的力学含义，是一个与本层结构几何物理特性和两端弯曲约束有关而与外荷载无关的形常数；2）文献［3］法能较好反映出底部楼层大层高的楼层侧向刚度变化；3）文献［3］法能明显反映出层高变化对楼层侧向刚度的影响；4）文献［3］法能明显反映出环桁架和伸臂对楼层侧向刚度的影响；5）文献［3］法能明显反映竖向构件截面变化对楼层侧向刚度的影响；6）文献［3］法能较准确反映出上部楼层侧向刚度变化；7）文献［3］法能较准确反映高层建筑结构的层侧刚比变化，进而能准确判断软弱层的位置。

5 结语

结合工程实例，讨论了高层建筑结构的三种侧向刚度的计算方法及其对应的层侧刚比计算方法，并分析了目前现行楼层侧向刚度计算公式存在的一些问题和不足。文献［3］的层侧向刚度计算方法概念清晰，力学含义明确，能较真实地反映楼层侧向刚度的实际状况。对于一些复杂的高层建筑，文献［3］法能较好反映出层高突变、竖向构件截面变化、环桁架层和伸臂层对楼层侧向刚度的影响，进而通过层侧刚比能准确判断结构的软弱层，建议在工程项目设计中参考应用。

参考文献

［1］ 高层建筑混凝土结构技术规程：JGJ 3-2010[S]. 北京：中国建筑工业出版社，2011.

［2］ 广东省住房和城乡建设厅. 高层建筑混凝土结构技术规程：DBJ 15-92-2013[S]. 北京：中国建筑工业出版社，2013.

［3］ 魏琏，王森，孙仁范. 高层建筑结构层侧向刚度计算方法的研究[J]. 建筑结构，2014，44(6)：4-9.

［4］ 高层建筑混凝土结构技术规程：JGJ 3-2002[S]. 北京：中国建筑工业出版社，2002.

［5］ 建筑抗震设计规范：GB 50011-2010[S]. 北京：中国建筑工业出版社，2010.

本文原载于《建筑结构》2020 年第 50 卷第 9 期

8. 高层框筒结构框架部分剪力比研究

魏　琏，孙仁范，王　森，林旭新

【摘　要】研究了框架-核心筒结构中框架部分对结构的抗侧贡献，指出框架部分剪力比实际上就是框架部分的层侧向刚度与该层层侧向刚度的比值，是与外荷载无关的参数。通过对一些高层和超高层框筒结构案例在地震作用下层剪力比和层倾覆力矩比的分析，指出了框筒结构抗侧性能的特点和规律。结果表明，框架部分和核心筒剪力墙共同起着抗剪和抗弯作用，当框筒结构中某些楼层框架部分剪力比很小时，核心筒剪力墙将承担绝大部分的楼层剪力，但承担的倾覆力矩增大不多，只要采取适当的加强措施就能保证结构在抗震时的安全性。

【关键词】框架部分；剪力比；倾覆力矩比；抗侧刚度

Research on shear ratio of frame part for high-rise frame-corewall structure

Wei Lian, Sun Renfan, Wang Sen, Lin Xuxin

Abstract: The contribution of frame part to the lateral stiffness of frame-corewall structure was studied. It was pointed out that the shear ratio of the frame part was actually the ratio of the layer lateral stiffness of the frame part to the lateral rigidity of the structural layer, and it was independent of the external loads. The layer shear ratio and layer overturning moment ratio of some high-rise and super high-rise frame-corewall structure cases under seismic action were analyzed, and the characteristics and laws of lateral performance of frame-corewall structure were pointed out. The results show that the frame part and the shear wall of corewall play the role of shear-resistance and bending-resistance. When the shear ratio of frame part in some layers of frame-corewall structure is small, the shear wall of corewall will bear most of the layer shear forces, but the increase of overturning moment that it bears is not so much. The safety of the structure in seismic design can be guaranteed as long as appropriate measures are taken to strengthen the structure.

Keywords: frame part; shear ratio; overturning moment ratio; lateral stiffness

0　前言

框架-核心筒结构的首层层高和避难层层高有时远大于其他楼层，有的框筒结构本身构成就是弱框架强内筒体系，这时有的楼层尤其是底部区域的楼层框架部分承担的剪力与该楼层的剪力之比会很小，有的甚至小于5%。这时设计者会提出疑问：即框架部分只承担这么小的楼层剪力，结构的抗震安全性是否会有问题？因此有关规定[1～3]要求限制楼层框架部分承担的剪力与该楼层的剪力之比不应小于某一限值以保证结构的安全性。

经过对很多已建高层和超高层框筒结构在地震作用下的复核，发现许多工程案例都存在某些楼层框架部分剪力比很小的情况，因此对框筒结构框架部分剪力比对结构安全性的影响应作深入的研究分析，弄清楚框架部分剪力比的实质含义，进一步分析其对整个结构抗侧的作用和贡献，在此基础上提出相应的设计建议供设计应用参考。

1 框筒结构框架部分剪力比的实质

框架-核心筒结构中框架部分剪力比 μ^{v}_{ic} 的定义是外侧力作用下某楼层 i 框架部分承担的层剪力 V_{ic} 和该楼层的层剪力 V_i 的比值，表示为：

$$\mu^{v}_{ic} = V_{ic}/V_i \tag{1}$$

i 层核心筒剪力墙承担的层剪力 $V_{iw}=V_i-V_{ic}$，其与 i 层层剪力 V_i 的比值为 $1-\mu^{v}_{ic}$。

从力学平衡的原理出发，i 层以下的外侧力对框架部分剪力比 μ^{v}_{ic} 是没有影响的，i 层及以上楼层外侧力对于 i 层的作用是对 i 层产生剪力，V_i 即为 i 层及以上楼层外侧力的总和，但也不能决定此层 V_i 在该层框架部分和核心筒剪力墙之间的分配，即不能确定是否对框架部分剪力比 μ^{v}_{ic} 产生影响。

文献［4］提出了高层建筑结构层侧向刚度的概念和计算方法，指出它是属于结构形常数的范畴，它仅与结构自身的构成及构件的几何物理力学特性有关，而与外荷载无关。这一概念对层剪力 V_i 在 i 层框架部分和核心筒剪力墙之间的分配起到启示性的作用。

例如某高层结构，其 i 层作用有外力 V_i，即楼层 i 的层剪力，$i-1$ 层设水平链杆约束，使位移 $\Delta_{i-1}=0$，见图 1，根据文献［4］中层侧向刚度的定义，i 层位移 Δ_i 为：

$$\Delta_i = V_i/K_i \tag{2}$$

式中 K_i 为 i 层的层侧向刚度。

以 K_{ic}、K_{iw} 分别表示 i 层框架部分和核心筒剪力墙的层侧向刚度，则 i 层框架部分和核心筒剪力墙承担的层剪力 V_{ic}，V_{iw} 应分别为：

$$V_{ic} = K_{ic}\Delta_i \tag{3}$$

$$V_{iw} = K_{iw}\Delta_i \tag{4}$$

i 层框架部分剪力比 μ^{v}_{ic} 和核心筒剪力墙剪力比 μ^{v}_{iw} 分别为：

$$\mu^{v}_{ic} = V_{ic}/V_i = K_{ic}\Delta_i/K_i\Delta_i = K_{ic}/K_i \tag{5}$$

$$\mu^{v}_{iw} = 1-\mu^{v}_{ic} = 1-K_{ic}/K_i = K_{iw}/K_i \tag{6}$$

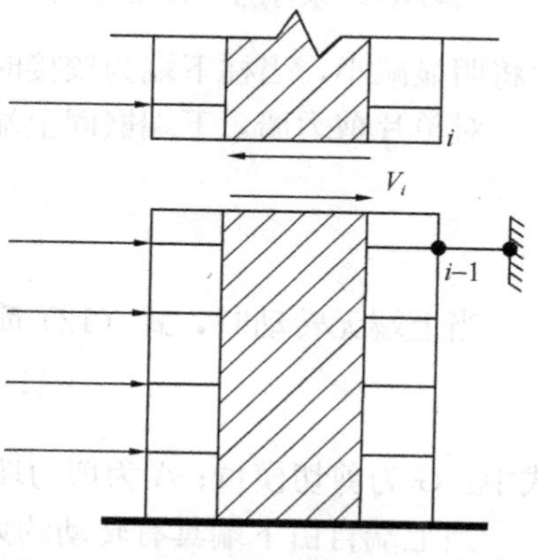

图 1　i 层侧向刚度计算模型示意图

由此可见，框架部分剪力比实质上就是框架部分的层侧向刚度 K_{ic} 与 i 层层侧向刚度 K_i 的比值，核心筒剪力墙剪力比实质上就是核心筒剪力墙的层侧向刚度 K_{iw} 与 i 层层侧向刚度 K_i 的比值，它们竟然也属于形常数的范畴，而与外荷载无关。

前文已指出框筒结构 i 层框架部分剪力比 μ_{ic}^{v} 与 i 层以下楼层的外侧力无关，由以上分析可知，它与 i 层及以上的外侧力也无关，它是一个仅与结构自身构成及构件的几何物理力学特性有关的参数。由此推论得出 n 层框架部分剪力比：

$$\mu_{nc}^{v} = K_{nc}/K_{n} \tag{7}$$

式中：K_{nc} 为 n 层框架部分的层侧向刚度；K_{n} 为 n 层结构的层侧向刚度。

$n-1$ 层及以下各层框架部分剪力比可依次类推，直到首层：

$$\mu_{1c}^{v} = K_{1c}/K_{1} \tag{8}$$

2 框筒结构中框架柱、筒体墙侧向刚度特点分析

高层结构层侧向刚度是由上下两端均有弯曲约束的柱和墙的侧向刚度所构成，要掌握框架部分和核心筒剪力墙的层侧向刚度，应首先研究框架柱或剪力墙的侧向刚度的特点。

以柱为例，下端嵌固上端自由时，柱的侧向刚度为：

$$K_{c1} = \frac{3EI}{h^{3}} \tag{9}$$

式中：E 为弹性模量；I 为截面惯性矩；h 为柱长度。

当上端不可转动仅能水平移动时，其侧向刚度增大 4 倍为：

$$K_{c2} = \frac{12EI}{h^{3}} \tag{10}$$

当上端自由下端为转动约束端时，侧向刚度减小为：

$$K_{c3} = \frac{3EI}{h^{3}\left(1+\dfrac{3EI}{K_{\theta}h}\right)} \tag{11}$$

式中 K_{θ} 为下端转动约束刚度，即产生单位转角时该端作用的弯矩。

当转动约束刚度 K_{θ} 无穷大时，K_{c3} 简化为 $\frac{3EI}{h^{3}}$，反之当转动约束刚度很小时，侧向刚度将明显减小，当柱下端为铰接时，$K_{c3}=0$。

对单片剪力墙，下端嵌固上端自由时，其侧向刚度可表示为：

$$K_{w1} = \frac{GA}{L\left(1+\dfrac{L^{2}}{3EI}\right)} \tag{12}$$

当上端无转动时，式（12）简化为：

$$K_{w2} = \frac{GA}{L} \tag{13}$$

式中：G 为剪切模量；A 为剪力墙截面面积；L 为剪力墙的高度。

当上端自由下端具有转动约束，且转动约束刚度为 $K_{\theta w}$ 时，剪力墙的侧向刚度计算式（12）变为：

$$K_{w3} = \frac{GA}{L\left(1+\dfrac{L^{2}}{3EI}+\dfrac{GAL}{K_{\theta w}}\right)} \tag{14}$$

对柱、墙侧向刚度的特点进行分析：

（1）上下端转动约束刚度的影响

在高层框筒结构中，不同楼层的柱、墙，即使层高相同、构件尺寸相同，但由于构件上下端存在不同的转动约束刚度，框架部分和核心筒剪力墙的层侧向刚度在不同楼层是不同的，这是造成不同楼层框架部分剪力比变化的主要原因。如结构底层柱、墙下端为嵌固端，对于同样尺寸的柱、墙，其底层的层侧向刚度会比底层以上楼层的层侧向刚度大，因为底层以上楼层柱、墙的上下端都有转动，将减小其侧向刚度，尤其是墙体侧向刚度的减小更为显著，这是由于转动约束变化对柱、墙侧向刚度的影响程度是不一样的。由此可见，柱、墙上下端的转动约束刚度大小直接影响柱、墙的侧向刚度，进而对柱、墙的侧向刚度比和框架部分剪力比带来影响，这是框筒结构自上而下层剪力比不断变化的内在原因。

（2）层高变化的影响

当某些楼层层高较其他楼层层高大很多时，由式（9）和式（10）可知，该层柱的侧向刚度与柱的高度成立方关系，其衰减速度远比墙的快，导致该层框架部分剪力比变得较小。

（3）构件截面尺寸的变化

在框筒结构中，核心筒的长度、宽度基本上是由建筑设计确定，通过增减剪力墙长度来提高或减小筒体的侧向刚度的做法较难实现。可通过增大（或减小）墙厚来提高（或减弱）筒体的侧向刚度，由式（12）可知，墙的侧向刚度与墙厚度为线性变化关系，有效性不高，但柱截面尺寸的变化尤其是截面高度变化，对提高（或减小）柱侧向刚度的影响很大，当设计需要调整柱和墙的侧向刚度比时，调整柱截面尺寸是较为有效的办法。

3 框筒结构中框架部分的抗侧贡献

框筒结构中的框架是由沿结构周边的外框架和由内梁连接柱与筒体剪力墙形成的框架共同组成。在风和水平地震作用下，框架部分对整个结构的抗侧所作的贡献是不可缺少的。众所周知，在水平外荷载作用下，框筒结构的任一楼层 i 将产生一个层剪力 V_i 和一个层倾覆力矩 M_i 与外力相平衡，如图 2 所示。

层剪力 V_i 由框架部分承担的层剪力 V_{ic} 及核心筒剪力墙承担的层剪力 V_{iw} 组成，即：

$$V_i = V_{ic} + V_{iw} \tag{15}$$

层倾覆力矩 M_i 相应可由下式表示：

$$M_i = M_{ic} + M_{iw} \tag{16}$$

式中 M_{ic} 和 M_{iw} 分别为楼层 i 框架部分和核心筒剪力墙承担的层倾覆力矩。

综上所述，在整个框筒结构中框架部分的抗侧贡献表现在其承担的层剪力和层倾覆力矩两个方面。i 层框架部分剪力比 μ_{ic}^{v} 计算公式见式（1），i 层框架部分倾覆力矩比 μ_{ic}^{m} 可用下式表示：

$$\mu_{ic}^{m} = M_{ic}/M_i \tag{17}$$

μ_{ic}^{v} 和 μ_{ic}^{m} 一般在 0 ～ 1 范围内变动，数值越大，表示其抗侧贡献越大，反之表示其贡献越小。i 层核心筒

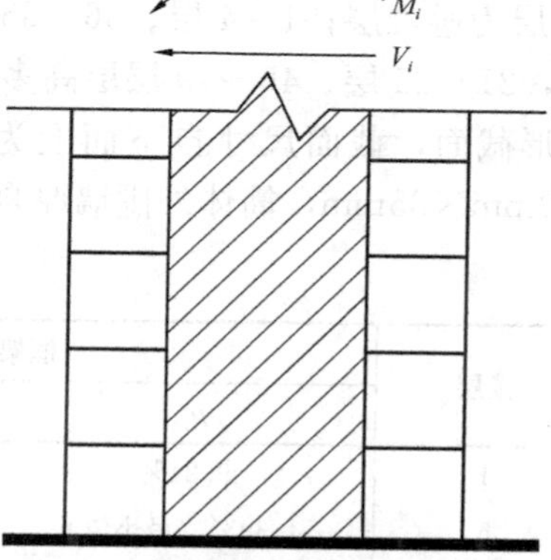

图 2　框筒结构楼层层剪力和层倾覆力矩示意图

剪力墙剪力比 μ_{iw}^{v} 计算公式见式（6），i 层核心筒剪力墙倾覆力矩比 μ_{iw}^{m} 可用下式表示：

$$\mu_{iw}^{m} = 1 - \mu_{ic}^{m} \tag{18}$$

由于核心筒剪力墙的抗侧刚度一般远大于同层中的框架部分，尤其在结构底部楼层，因而该层框架部分承担的层剪力往往不大，但框架部分承担的层倾覆力矩 M_{ic} 主要由楼层柱产生轴力对结构形心构成的力矩所组成，由于柱系外围构件，平面尺寸较大，所形成的层倾覆力矩往往在楼层中占有相当的比例，尤其当核心筒剪力墙高宽比较大，抗弯刚度较弱时，这个比例会相当大，框筒结构在抗风抗震中的优越性体现于此。由此可见，框架部分在框筒结构抗侧中的贡献，不应仅看框架部分剪力比 μ_{ic}^{v} 的大小，还应观察框架部分倾覆力矩比 μ_{ic}^{m} 的大小，后者实际上是框架部分对框筒结构抗侧的主要贡献。下面通过若干工程实例的主要计算结果（由于两个方向特点与规律基本相同，仅取 X 方向），对此作出论证。

实例 1：结构体系为框架-核心筒结构，结构总高度 219.25m（52 层）；结构高宽比 6.45，筒体高宽比 18.9；结构第一自振周期 6.42s，第二自振周期 5.68s；5、17、29、41 层为避难层；1 层楼板开洞，1～2 层有部分跃层柱；框架柱截面尺寸自下而上为 1650mm×1650mm～900mm×900mm，1～10 层柱内设置十字型钢，截面尺寸自下而上为 1050mm×350mm×50mm×50mm～950mm×300mm×35mm×35mm；筒体外围墙厚自下而上为 1000～500mm。主要计算结果见表 1。

实例 1 主要计算结果 **表 1**

楼层	框架部分		核心筒剪力墙	
	μ_{ic}^{v}	μ_{ic}^{m}	μ_{iw}^{v}	μ_{iw}^{m}
1	27.13%	55.93%	72.87%	44.07%
2	18.97%（最小值）	56.95%	81.03%	43.05%
48	45.04%（最大值）	82.70%	54.96%	17.30%
52	44.48%	91.28%（最大值）	55.52%	8.72%

实例 2：结构体系为密柱外框核心筒结构，结构总高度 400m（66 层）；结构高宽比 6.67，筒体高宽比 14.65；结构第一自振周期 6.63s，第二自振周期 6.17s；13、23、36、42 层为避难层；1～4 层、56～65 层是斜交网格区域，48～50 层核心筒采用双层斜墙式设计，21～25 层、46～49 层层高多次变化；49～58 层及 60 层楼板开洞；外框钢结构柱为箱形截面，截面尺寸自下而上为（750～830mm）×755mm×60mm～（300～400mm）×480mm×35mm，筒体外围墙厚自下而上为 1350～400mm。主要计算结果见表 2。

实例 2 主要计算结果 **表 2**

楼层	框架部分		核心筒剪力墙	
	μ_{ic}^{v}	μ_{ic}^{m}	μ_{iw}^{v}	μ_{iw}^{m}
1	9.24%	15.60%	90.76%	84.40%
5	4.39%（最小值）	17.13%	95.61%	82.87%
4	15.39%（最大值）	18.21%	84.61%	81.79%
66	14.92%	88.52%（最大值）	85.08%	11.48%

实例3：结构体系为框架-核心筒结构，结构总高度248.8m（55层）；结构高宽比5.81，筒体高宽比11.26；结构第一自振周期6.46s，第二自振周期6.35s；13、28、42层为避难层；2层楼板有开大洞；框架柱截面尺寸自下而上为1400mm×1400mm～900mm×900mm，1～23层柱内设置十字型钢，截面尺寸自下而上为1000mm×400mm×50mm×50mm～1000mm×400mm×25mm×25mm；筒体外围墙厚自下而上为1250～500mm。主要计算结果见表3。

实例3主要计算结果 表3

楼层	框架部分		核心筒剪力墙	
	μ_{ic}^{v}	μ_{ic}^{m}	μ_{iw}^{v}	μ_{iw}^{m}
1	14.48%	20.23%	85.52%	79.77%
2	5.02%（最小值）	20.42%	94.98%	79.58%
55	31.91%（最大值）	44.02%（最大值）	68.09%	55.98%

实例4：结构体系为框架-核心筒结构，结构总高度265.1m（58层）；结构高宽比6.13，筒体高宽比14.72；结构第一自振周期5.67s，第二自振周期5.57s；16、31、46层采用水平伸臂桁架加强层；3层楼板有开洞；框架柱截面尺寸自下而上为1800mm×1900mm～600mm×600mm（柱内设有型钢）；筒体外围墙厚自下而上为900～400mm。主要计算结果见表4。

实例4主要计算结果 表4

楼层	框架部分		核心筒剪力墙	
	μ_{ic}^{v}	μ_{ic}^{m}	μ_{iw}^{v}	μ_{iw}^{m}
1	14.00%	19.00%	86.00%	81.00%
2	7.00%（最小值）	19.00%	99.93%	81.00%
54	42.00%（最大值）	29.00%	58.00%	71.00%
58	33%	40.00%（最大值）	67.00%	60.00%

实例5：结构体系为框架-核心筒结构，结构总高度299.7m（68层）；结构高宽比7.13，筒体高宽比12.9；结构第一自振周期6.62s，第二自振周期6.46s；18～19层、35～36层、52～53层采用环桁架加强层；外框柱截面（圆形钢管混凝土柱）尺寸自下而上为ϕ1800mm×45mm～ϕ800mm×25mm；筒体外围墙厚自下而上为900～300mm。主算计算结果见表5。

实例5主要计算结果 表5

楼层	框架部分		核心筒剪力墙	
	μ_{ic}^{v}	μ_{ic}^{m}	μ_{iw}^{v}	μ_{iw}^{m}
1	8.56%	30.80%	91.44%	69.20%
5	4.71%（最小值）	34.53%	95.29%	65.47%
68	30.94%（最大值）	32.79%	69.06%	67.21%
50	17.61%	91.42%（最大值）	82.39%	8.58%

4 楼层框架部分剪力比和倾覆力矩比的特点

通过理论分析和第 3 节几个工程实例的计算结果，不难看出框架部分剪力比和倾覆力矩比具有以下特点：

（1）框架部分剪力比一般是上部较大、底部较小，框架部分倾覆力矩比一般也是上部较大、下部较小，见图 3、图 4。分析其原因，主要是由于结构上部筒体剪力墙的上下端转动约束较底部小得多，且筒体剪力墙自身也随着结构向上尺寸逐步减小，墙厚减薄，因而筒体剪力墙的层侧向刚度在上部明显减小，导致了框架部分的层侧向刚度相对较大，因而框架部分剪力比增大，其倾覆力矩比也相应增大。

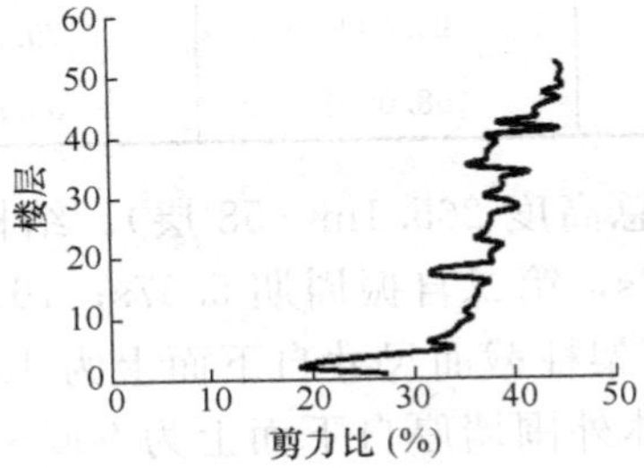

图 3　实例 1 框架部分剪力比曲线

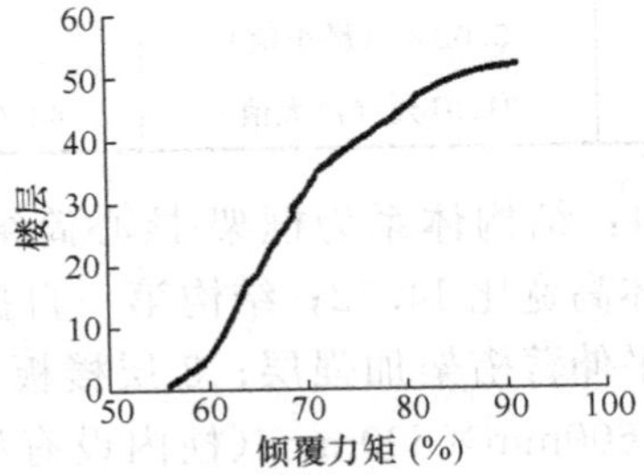

图 4　实例 1 框架部分倾覆力矩比曲线

（2）底部框架部分剪力比有时可能很小，如第 3 节 5 个实例中框架部分剪力比的最小值为 4.39％（实例 2），有的案例甚至小到 2％左右。但有的框筒结构底部框架部分剪力比也可能达到一定数值，如第 3 节各实例中底部框架部分剪力比最小值中的最大值为 18.97％（实例 1），说明随结构构成状况的不同，楼层核心筒剪力墙与框架部分侧向刚度有差异，框架部分剪力比有大有小，而不一定都很小。应指出框架部分剪力比的大小数值实质上仅反映它分担楼层剪力的大小而不代表它抗剪承载力的大小，当框架部分剪力比很小时，楼层核心筒剪力墙剪力比相应就很大，这表明核心筒剪力墙将承担更大的外荷载引起的层剪力。

（3）框架部分剪力比沿结构高度变化不一定都是光滑渐变的，有时在楼层处会出现突变（图 3），这是由于该楼层处存在斜撑构件或层高变化或柱墙构件截面变化，当有加强层时该层框架部分剪力比急剧变化，相应的其倾覆力矩比也有较大变化。这属于正常现象，是可以理解的。

（4）在结构底部框架部分剪力比虽很小，但该处倾覆力矩比仍占一定比重。在第 3 节 5 个实例中，底层最小的框架部分倾覆力矩比大于 15％，最大有 55.93％（实例 1），这说明框架部分对减小框筒结构的筒体在承受外荷载引起的倾覆力矩，避免核心筒剪力墙出现较大拉力有不可忽视的影响。由此可见，框筒结构中框架部分对整体结构的抗侧贡献主要表现在它对核心筒剪力墙承担倾覆力矩即抗弯负荷的减小方面。

综上所述，在框筒结构中由于水平荷载（风和地震作用）对结构造成的剪力和倾覆力矩是由框架部分和核心筒剪力墙共同承担的，分担的大小由框架部分和核心筒剪力墙各自层刚度的大小所决定。一般框架部分剪力比减小时，核心筒剪力墙剪力比就增大，筒体承担的倾覆力矩也增大，相应的倾覆力矩比也就会增大。

5 框架部分剪力比下限影响的分析

工程界有人担心框筒结构中框架部分剪力比过小是否会影响结构安全，因而主张将框架部分剪力比控制在不小于一个较大的百分比，例如10%以上，或是采取其他限制措施，大量工程实践表明，超高层框筒结构中某些底部楼层框架部分剪力比有时可能会很小，有的甚至于仅达2%左右，但一般仅出现在少数或个别楼层，设计者会问："这样的结构是否会存在安全隐患呢?"为了研究解决这一问题，本文取第3节实例1为研究对象，在结构1～25层不同高度部位取连续5层框架部分剪力比为零时，观察框架部分倾覆力矩比、核心筒剪力墙剪力比以及相邻构件的变化情况，从而判断其对结构抗震安全性的影响。图5～图7分别表示1～5层、11～15层、21～25层框架部分剪力比为零时的计算结果（仅取X向）。

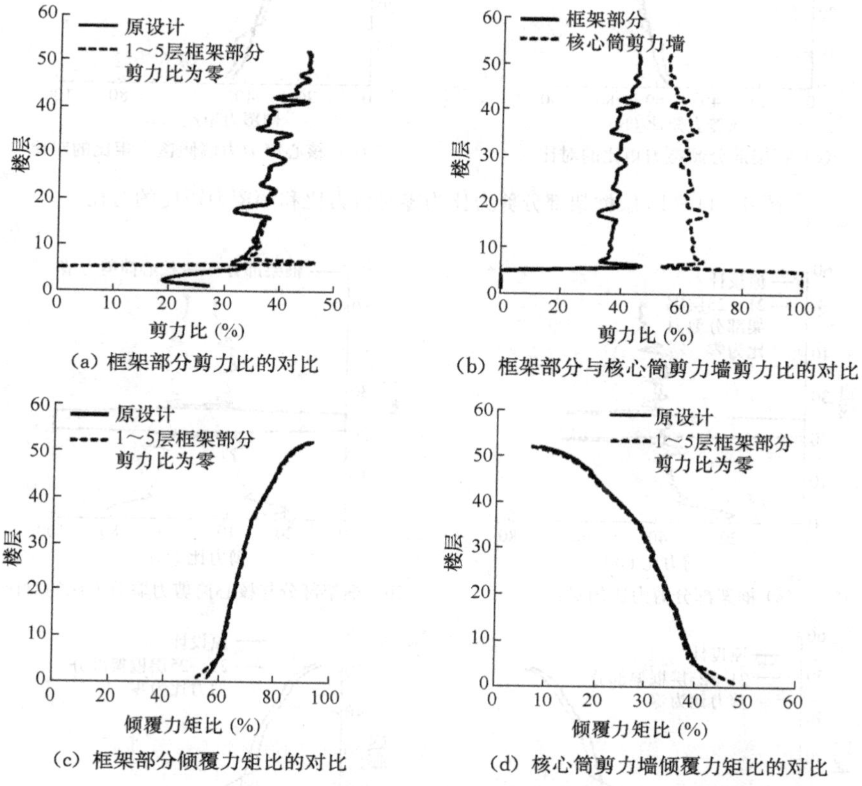

(a) 框架部分剪力比的对比　(b) 框架部分与核心筒剪力墙剪力比的对比

(c) 框架部分倾覆力矩比的对比　(d) 核心筒剪力墙倾覆力矩比的对比

图5　1～5层框架部分剪力比为零时剪力比和倾覆力矩比的对比

计算结果表明：

(1) 当某些楼层框架部分剪力比趋近于零时，除对各该楼层和上下部分临近楼层框架部分剪力比有一定影响外，对远处楼层的框架部分剪力比影响甚小，见图5(a)、图6(a)、图7(a)。

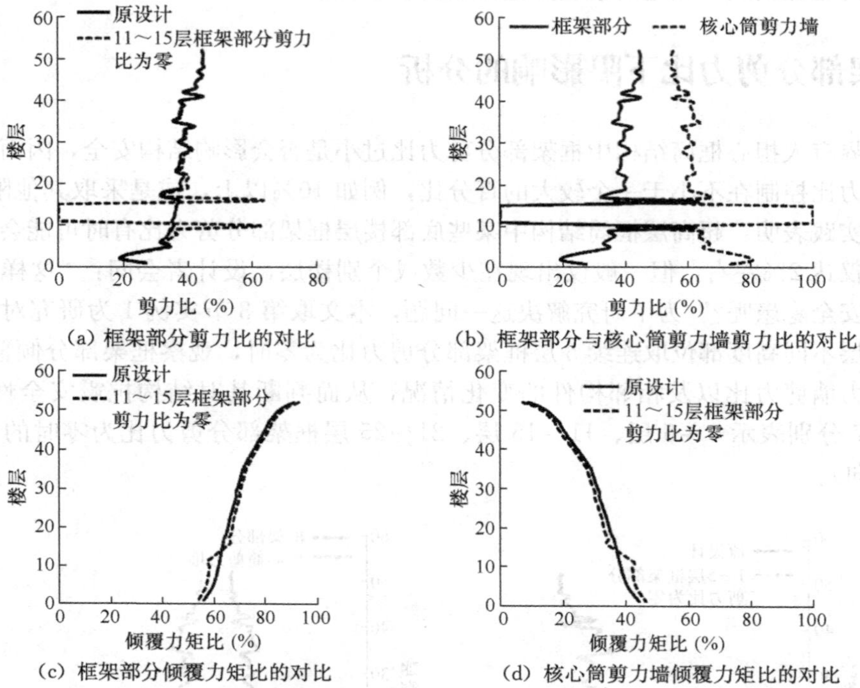

(a) 框架部分剪力比的对比　(b) 框架部分与核心筒剪力墙剪力比的对比

(c) 框架部分倾覆力矩比的对比　(d) 核心筒剪力墙倾覆力矩比的对比

图 6　11～15 层框架部分剪力比为零时剪力比和倾覆力矩比的对比

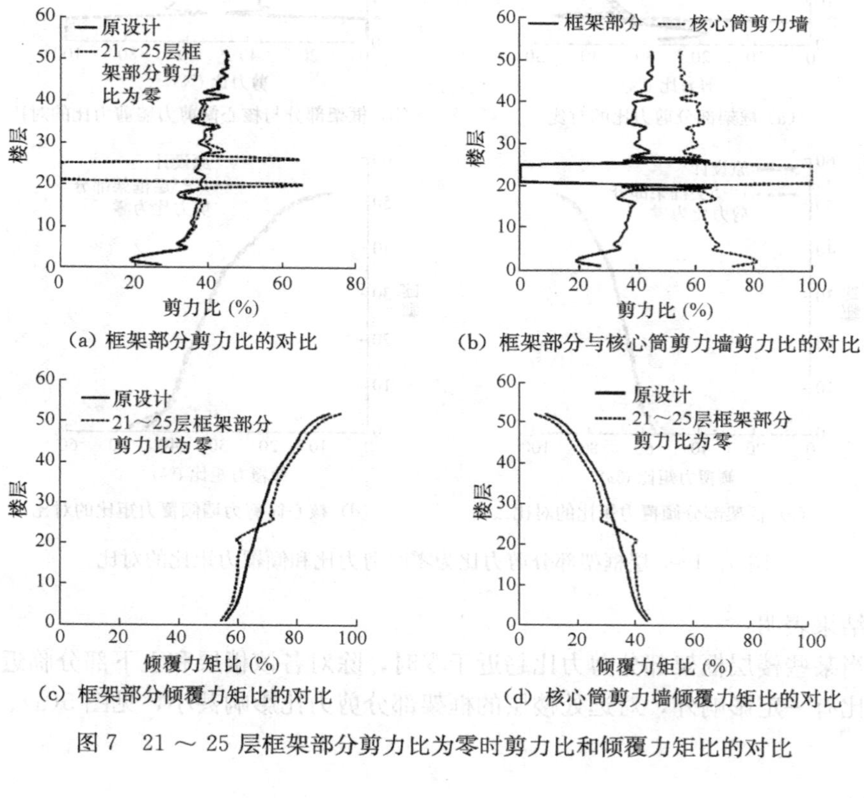

(a) 框架部分剪力比的对比　(b) 框架部分与核心筒剪力墙剪力比的对比

(c) 框架部分倾覆力矩比的对比　(d) 核心筒剪力墙倾覆力矩比的对比

图 7　21 ～ 25 层框架部分剪力比为零时剪力比和倾覆力矩比的对比

(2) 当某些楼层框架部分剪力比趋于零时，相应楼层核心筒剪力墙剪力比增至 1.0，即核心筒剪力墙承担全部层剪力，后者的抗剪重要性更加突显，应给予重视，而框架部分承担的剪力很小，见图 5(b)、图 6(b)、图 7(b)。柱的抗剪安全度明显提高。

(3) 当某些楼层框架部分剪力比趋于零时，相应楼层倾覆力矩比会相应增大但增大的比例不大，见图 5(c)、图 6(c)、图 7(c)。

综上所述，当框筒结构底部某些楼层框架部分剪力比很小甚至接近零时，该楼层的核心筒墙体将承担楼层全部剪力，核心筒剪力墙倾覆力矩比也将适当增大。以上情况说明，当框筒结构底部楼层框架部分剪力比很小时，只要采取适当措施如加强核心筒剪力墙及相邻层一些构件的抗震承载力，结构的抗侧安全性是有保障的。

6 提高层框架部分剪力比的方法与效果

当设计需提高框筒结构中框架部分剪力比时，较为有效的方法不是相对减弱核心筒剪力墙的层抗侧刚度，而是设法提高框架部分的层抗侧刚度。因为框架部分的层抗侧刚度的增大会对核心筒墙体的抗剪和抗弯起到一定的卸荷作用，从而对增大核心筒剪力墙的抗震安全性有利。如果为了提高框架部分剪力比而减小核心筒剪力墙的截面尺寸，削弱筒体墙的抗侧刚度，虽然核心筒剪力墙剪力比和倾覆力矩比可能略有降低，但同时也降低了核心筒剪力墙的抗剪和抗弯承载能力，其正面效果相对削弱。根据本文第 2 节的论述，增大框架部分层抗侧刚度的方法有：1）降低结构的层高；2）增大梁柱截面尺寸和增大柱截面内置型钢尺寸（当柱内有型钢时）等，可视不同结构具体情况选择采用。

以某框筒结构为例，该结构高度 185m（44 层），结构高宽比 5.56，核心筒高宽比 17.10，结构第一自振周期 4.62s，第二自振周期 4.33s。底部框架部分最小剪力比 5.25%（*X* 向）和 4.95%（*Y* 向），相应框架部分倾覆力矩比为 43.5%（*X* 向）和 53.5%（*Y* 向）。将结构 1～5 层的原设计框架柱截面由 1500mm×1500mm 增大为 2000mm×2000mm，柱内置十字型钢截面尺寸由 1100mm×400mm×25mm×30mm 加大到 1500mm×800mm×30mm×35mm。计算结果（表 6）表明，框架部分剪力比提高至 10.3%（*X* 向）和 10.7%（*Y* 向），核心筒剪力墙倾覆力矩比则由原计算的 56.5%（*X* 向）和 46.5%（*Y* 向）降低为 54.2%（*X* 向）和 44.5%（*Y* 向）。

计算结果同时表明，1～5 层柱截面由 1500mm×1500mm 加大至 2000mm×2000mm，柱截面惯性矩增大达 3.16 倍（未计型钢增大影响），虽将框架部分最小剪力比由 5.25%（*X* 向）和 4.95%（*Y* 向）提高至略大于 10%，但核心筒剪力墙倾覆力矩比仅分别降低了 2.3%和 2.0%，其对核心筒剪力墙承受倾覆力矩的卸荷效应不大。

框筒结构框架柱加强后计算结果比较 **表 6**

框架部分剪力比				核心筒剪力墙倾覆力矩比			
方向	原结构	柱加强后	增幅	方向	原结构	柱加强后	增幅
X 向	5.25%	10.3%	5.05%	*X* 向	56.5%	54.2%	−2.3%
Y 向	4.95%	10.7%	5.75%	*Y* 向	46.5%	44.5%	−2.0%

在框筒结构楼层边框架柱间内增设斜撑是提高该楼层框架部分剪力比的有效方法，但从建筑设计和使用角度看，往往不易接受。从结构角度看，在底部楼层柱间增设斜撑除需要增加造价及施工复杂外，对减小核心筒剪力墙倾覆力矩比的有利作用也是有限的。

7 结论和设计建议

(1) 框筒结构中框架部分和核心筒剪力墙是一个整体结构抗侧体系的两个组成部分，它们共同抵抗风与水平地震作用，在抗侧中相互扶持相互制约。分析表明，有的楼层框架部分剪力比较小，是由于该楼层框架部分的层侧向刚度与墙的层侧向刚度之比很小造成的，表明该楼层在外侧力作用下框架部分所分担的剪力很小，而不表明框架部分抗剪承载力很弱，反之，由于其抗剪承载力是客观存在的，分担剪力小反而说明框架部分的抗剪安全性相应得到提高。

(2) 框筒结构中框架部分对结构的抗侧贡献是指抗剪和抗倾覆力矩两个方面，计算表明，当框架部分剪力比较小时，其所承担的倾覆力矩比往往仍占据一定的比例，其对承担楼层倾覆力矩的贡献更为重要，因而成为框筒结构抗侧中的主要因素。采取加强措施提高框架部分剪力比对减小核心筒剪力墙承担的倾覆力矩会有一定作用，即对筒体墙抗弯负荷有一定的卸荷作用，但降低幅度有限，作用不是很大。

(3) 框架部分剪力比很小时，核心筒剪力墙将承担绝大部分甚至接近100%的楼层剪力，这种情况的出现告诫工程师应对核心筒剪力墙的抗剪承载力给予充分的注意，以确保结构的抗震安全性。

根据以上研究成果，提出设计建议如下：

(1) 当框架部分剪力比很小时，地震作用下核心筒剪力墙将承担接近全部的楼层剪力，因此提高剪力墙的抗剪承载力对保证结构抗震安全性是重要的，可采取如下措施：1）当框架部分剪力比小于5%时，将核心筒剪力墙的计算剪力增大5%的楼层剪力；2）当框架部分剪力比在5%～10%之间时，将核心筒剪力墙的计算剪力增大10%的楼层剪力。

(2) 当个别或少数楼层框架部分剪力比很小时，核心筒剪力墙承担的倾覆力矩会相应加大，应注意复核筒体剪力墙在中、大震作用下可能出现的拉力，并采取相应的加强措施。此外尚应复核邻近楼层框架梁的内力，当影响不大时，一般可不采取特别加强措施。

致谢：本文承张良平总工和杨鸿工程师提供帮助，谨致谢忱。

参考文献

[1] 高层建筑混凝土结构技术规程：JGJ 3-2010[S]. 北京：中国建筑工业出版社，2011.
[2] 建筑抗震设计规范：GB 50011-2010[S]. 北京：中国建筑工业出版社，2010.
[3] 高层建筑混凝土结构技术规程：DBJ 15-92-2013[S]. 北京：中国建筑工业出版社，2013.
[4] 魏琏，王森，孙仁范. 高层建筑结构层侧向刚度计算方法的研究[J]. 建筑结构，2014，46(6)：4-9.

本文原载于《建筑结构》2017年第47卷第3期

9. 超高层建筑结构刚重比的讨论

魏　琏，王　森，李　远

【摘　要】 对现行高规关于刚重比计算方法和相应规定进行了讨论。分析了临界荷重和重力二阶效应对悬臂杆和实际建筑结构差别的影响，指出均质等截面悬臂杆的假定与实际不符；同时结合工程实例论述了刚重比、临界荷重和重力二阶效应相互之间的关系。最后给出了一些设计建议，供高层建筑结构设计参考。

【关键词】 整体稳定；刚重比；重力二阶效应；线性屈曲分析；超高层建筑结构

Discussion on rigidity-gravity ratio of super high-rise buildings

Wei Lian, Wang Sen, Li Yuan

Abstract: In this paper, the calculation method and corresponding stipulations of the rigidity-gravity ratio is discussed. It is analyzed that the influence of cantilever bar and building structure on critical load and second-order effects of gravity loading is different, and it is point that the assumption of the homogeneous material and constant section cantilever bar is not correspondent with practice. Combined with practical work, the relationship between rigidity-gravity ratio, critical load and second-order effects of gravity loading. Finally, some suggestions are given for the reference in high-rise building structure design.

Keywords: overall stability; rigidity-gravity ratio; second-order effects of gravity loading; linear buckling analysis; super high-rise building

0 前言

高层建筑结构的设计应关注风荷载或地震作用下重力荷载产生的二阶效应[1~4]，并同时关注高层建筑结构的稳定性。后者是结构设计中的一个重要指标，直接影响结构的安全性。随着对建筑品质需求的不断提高以及技术不断进步，高度越来越高的高层建筑复杂体型不断涌现，解决上述问题的迫切性与必要性愈来愈明显。

高规 2002、2010 版本（后简称 02 版、10 版）提出了刚重比概念，以刚重比作为判定结构是否考虑重力二阶效应与判定结构是否满足稳定性的指标，此方法的优点是简单实用，在当时的历史条件下起到了积极的作用。高规规定的刚重比计算方法是将高层建筑假定为一根等截面均质悬臂杆求得，然而实际高层建筑平面及竖向不规则和体型复杂以及重量沿高度变化较大的情况比比皆是，尤其在烈度较低或风荷载较小的地域，刚重比往往成为控制设计的关键因素，因而高规刚重比作为高层建筑是否考虑重力二阶效应与判断结构整体稳定性是否满足安全要求的重要指标，其合理性与可靠性亟需进一步研究解决[5~8]。

1 高规关于刚重比规定的演变

《钢筋混凝土高层建筑结构设计与施工规定》JZ 102－79 与《钢筋混凝土高层建筑结构设计与施工规程》JGJ 3－91 分别规定：高层建筑需验算结构的整体稳定性。但 79 版高规和 91 版高规计算结构整体稳定性的公式，是基于等截面悬臂杆临界荷重的欧拉公式求得，考虑了各楼层重力荷载不同的情况，但并未区分整体失稳的形态，也未提及结构重力二阶效应的计算。将实际高层建筑结构简化为均质等截面悬臂杆，且假定侧向荷载为三角形荷载或均布荷载下实际高层建筑结构的顶点位移与相应均质等截面悬臂杆的顶点位移相等，即可求得实际结构的等效刚度 EJ_{d}，如下式所示：

均布荷载：
$$EJ_{\mathrm{d}}=\frac{wH^4}{8\Delta_1} \tag{1}$$

三角形荷载：
$$EJ_{\mathrm{d}}=\frac{11qH^4}{120\Delta_2} \tag{2}$$

式中：w、q 分别为计算顶点位移时所采用的均布荷载、三角形荷载值；Δ_1、Δ_2 分别为均布荷载、三角形荷载作用下的结构顶点位移。

《高层建筑混凝土结构技术规程》JGJ 3－2002 第 5.4 节首次提出刚重比的概念和计算公式，对于剪力墙结构、框架-剪力墙结构、筒体结构的刚重比应符合下式要求：

$$EJ_{\mathrm{d}}\geqslant 2.7H^2\sum_{i=1}^{i}G_i \tag{3}$$

满足上式时可不计算结构的重力二阶效应即不考虑 P-Δ 效应。

$$EJ_{\mathrm{d}}\geqslant 1.4H^2\sum_{i=1}^{i}G_i \tag{4}$$

满足上式时结构整体稳定性符合要求。

式中：EJ_{d}为结构一个主轴方向的弹性等效侧向刚度，按倒三角分布荷载作用下结构顶点位移相等的原则，将结构的侧向刚度折算为竖向悬臂受弯构件的等效侧向刚度；H 为房屋高度；G_i 为第 i 楼层重力荷载设计值。

91 版高规和 02 版高规均基于弯曲型等截面悬臂杆采用等效刚度和结构重力荷载来控制结构的整体稳定性。在同样假定的基础上，02 版高规提出结构计算重力二阶效应的规定，这是 02 版高规的主要改进之处。

10 版高规 5.4 节有关刚重比的计算和规定与 02 版高规对于结构稳定和重力二阶效应的内容基本一致。

通过高规从 79 版本到 10 版本的演变可以看出以下几点：

（1）均以等截面均质悬臂杆件弹性稳定的欧拉公式为基础来计算结构的临界荷载，验算结构的总体稳定性。

（2）高规 79 版本和 91 版本在计算杆件的临界荷重时，考虑了各楼层竖向荷载的不均匀性，但在 02 版本及 10 版本中假设各楼层重力荷载沿高度均匀分布，即假定所有楼层质量相同。

（3）为了引用欧拉公式，各版本高规均假设构件为等截面刚度 EI 沿构件高度为常数值，根据顶点位移相等原则从实际结构在一定形式水平荷载作用下的顶点位移反推出相应

的结构 EJ_d 值，79 版本和 91 版本规定水平荷载为均布和倒三角形分布，02 版本和 10 版本只规定倒三角形分布。采用不同规定的荷载形式对同一建筑会给出不同的弹性等效侧向刚度 EJ_d，也就会给出结构不同的临界荷载。

（4）高规 02 和 10 版本引入刚重比的概念，通过刚重比的计算和规定将重力二阶效应与结构总体稳定性的计算连接起来，并以刚重比不同的限值判定是否考虑重力二阶效应和判定结构是否满足稳定性的要求。

2 关于临界荷重的讨论

2.1 关于临界荷重概述

质量和刚度沿高度均匀分布的弯曲型悬臂杆在顶部施加竖向力时，其临界荷重计算公式如下：

$$P_{cr} = \pi^2 \frac{EJ_d}{4H^2} \tag{5}$$

式中：P_{cr} 为悬臂杆顶部的临界荷重；EJ_d 为等截面悬臂杆的弯曲刚度；H 为悬臂杆高度。

由于质量沿高度假设为均匀分布，悬臂杆顶部的临界荷重 P_{cr} 以沿高度均匀分布的重力荷载表示为：

$$P_{cr} = \frac{1}{3}\left[\sum_{i=1}^{n} G_i\right]_{cr} \tag{6}$$

将式（6）代入式（5）得：

$$\left[\sum_{i=1}^{n} G_i\right]_{cr} = \frac{3\pi^2 EJ_d}{4H^2} = 7.4\frac{EJ_d}{H^2} \tag{7}$$

将式（2）代入式（7）可得规范关于结构的临界荷重，以 G_{cr1} 表示：

$$G_{cr1} = \left[\sum_{i=1}^{n} G_i\right]_{cr} = \frac{7.4}{H^2}\cdot\frac{11qH^4}{120\Delta_2} = \frac{81.4qH^2}{120\Delta_2} \tag{8}$$

考虑到质量沿高度对临界荷重的影响，采用质量分布系数 η 对临界荷重进行调整，结构的临界荷重以 G_{cr2} 表示，计算公式如下：

$$\eta = \frac{\frac{1}{3}\sum_{i=1}^{n} G_i}{\frac{1}{H^2}\sum_{i=1}^{n} G_i H_i^2} \tag{9}$$

$$G_{cr2} = \eta\left[\sum_{i=1}^{n} G_i\right]_{cr} = \eta G_{cr1} \tag{10}$$

对于建筑结构的临界荷载，目前软件一般均采用线弹性屈曲分析方法，屈曲分析的临界屈曲系数乘以初始荷载所得到的荷载值，即为结构的临界荷重。当初始荷载为结构的楼层质量时，该临界荷载即为结构的临界荷重，以 G_{cr3} 表示。

线弹性屈曲分析主要研究在特定荷载作用下的结构稳定性及结构失稳的临界荷载。线性屈曲分析主要是求解式（11）的特征值，特征值即为临界屈曲系数。

$$[K_E + \lambda K_G]\Psi = 0 \tag{11}$$

式中：K_E为弹性刚度矩阵；K_G为初始荷载作用下的几何刚度矩阵；λ为特征值的对角矩阵；Ψ为对应的特征向量矩阵。一个特征值对应一个特征向量，特征值λ通常称为临界屈曲系数，其与初始荷载的乘积为临界荷载，该临界荷载引起结构屈曲；特征向量一般表示屈曲形状。

2.2 关于重力荷载分布

02 版本、10 版本高规刚重比的计算是以荷载沿高度均匀分布的假定为基础，下面的案例 1 和案例 2 均为框筒结构，高度分别为 364m、407m；两个超高层框筒结构的实际楼层重力荷载设计值沿高度分布情况见图 1，与楼层质量沿高度均匀分布的假定明显不符。

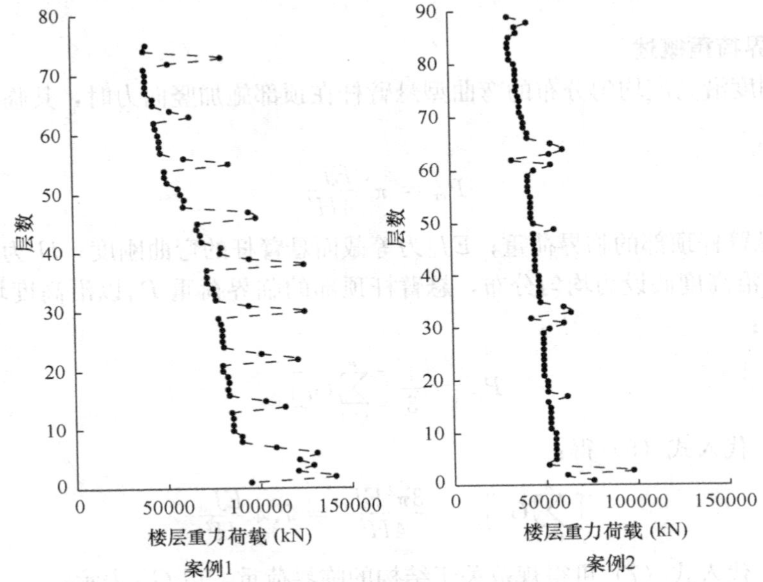

图 1　楼层重力荷载设计值分布图

在假定等截面均质杆件弹性稳定的欧拉公式的基础上，公式（8）计算的临界荷重 G_{cr1} 如表 1 所示，该计算结果仅与结构刚度有关，无法反映质量沿高度的不均匀分布；考虑引入质量分布系数 η 对临界荷重的影响，按式（10）求得的临界荷重 G_{cr2} 如表 1 所示；表 1 还列出了弹性屈曲分析求得的临界荷重 G_{cr3}。与 G_{cr3} 比较可见，G_{cr1} 的计算结果一般偏小；临界荷重 G_{cr2} 的计算结果大于或小于弹性屈曲分析的临界荷重 G_{cr3}，结果不稳定。显然，质量分布不同，临界荷重也不一致，且变化幅度较大。可见楼层质量均匀分布的等截面悬臂杆假定对结构的临界荷重计算是不够合理的。

建筑结构的临界荷重比较表　　表 1

案例	体系和高度	方向	G_{cr1} (MN)	G_{cr2} (MN)	G_{cr2}/G_{cr1}	G_{cr3} (MN)	G_{cr3}/G_{cr1}
1	框筒 407m 高	X	43579	50987	1.17	52466	1.20
		Y	42806	50083	1.17	51632	1.21
2	框筒 364m 高	X	61001	79302	1.30	69419	1.14
		Y	51682	67186	1.30	65149	1.26

2.3 关于刚度取值

弹性等效侧向刚度 EJ_d 根据一定形式侧向荷载作用下实际结构与等截面悬臂杆的顶点位移相等原则导出。但实际结构的刚度应是沿高度变化，尤其结构加强层楼层的刚度变化更大。

从结构等效刚度 EJ_d 计算公式来看，侧向水平荷载形式直接影响结构等效刚度的大小。如表 2 所示，案例 1 和案例 2 的在地震作用、风荷载和倒三角形荷载下的结构等效刚度 EJ_d 大小均不相同，且差值稍大。从概念来讲，结构的等效刚度应是仅与结构本身的物理几何特性相关，而与结构所受外荷载无关的计算值。在等截面悬臂杆的假定下，等效刚度计算值不同，欧拉公式计算的临界荷重也随着变化，显然这样计算临界荷重存在不足之处，无法真实表达结构的临界荷重。

建筑结构等效刚度 EJ_d 计算表 **表 2**

编号	体系	高度 (m)	方向	EJ_d (kN·m²)		
				倒三角荷载	风荷载	地震作用
1	框筒	407	X	0.98×10^{12}	1.10×10^{12}	1.30×10^{12}
			Y	0.96×10^{12}	1.08×10^{12}	1.25×10^{12}
2	框筒	364	X	1.10×10^{12}	1.23×10^{12}	1.38×10^{12}
			Y	0.93×10^{12}	1.15×10^{12}	1.23×10^{12}

3 关于重力二阶效应的讨论

重力二阶效应对于一根均质等截面悬臂杆而言主要反映在杆顶端位移和杆底端的弯矩，而对于远比单根悬臂杆复杂的实际结构，重力二阶效应对结构位移和构件内力的影响远非均质等截面悬臂采用单一的二阶效应增大幅度来反映整个结构不同的实际 P-Δ 效应状况。仍以案例 1 和案例 2 采用有限元法计算二阶效应并分析二阶效应对结构的影响。

3.1 重力二阶效应对结构整体指标的影响

案例 1 和案例 2 分别在 50 年一遇风荷载作用下考虑 P-Δ 效应和不考虑 P-Δ 效应的计算。考虑到高规对刚重比规定采用的重力荷载设计值为 1.2 恒载＋1.4 活载，故二阶效应分析中依然采用该荷载组合。案例 1 和案例 2 的考虑二阶效应的楼层位移增大幅度、考虑二阶效应的层间位移角增大幅度和考虑二阶效应的楼层倾覆力矩增大幅度分别如图 2 和图 3 所示；同时给出案例 1 和案例 2 的顶点位移二阶效应增大增幅和最大位移角处二阶效应增大幅度，如表 3 所示。

整体指标二阶效应增大幅度 **表 3**

案例	体系	高度 (m)	方向	二阶效应增大幅度		
				顶点位移	最大位移角	底部倾覆力矩
1	框筒	407	X	0.083	0.099	0.083
			Y	0.096	0.100	0.084
2	框筒	364	X	0.088	0.089	0.078
			Y	0.087	0.087	0.077

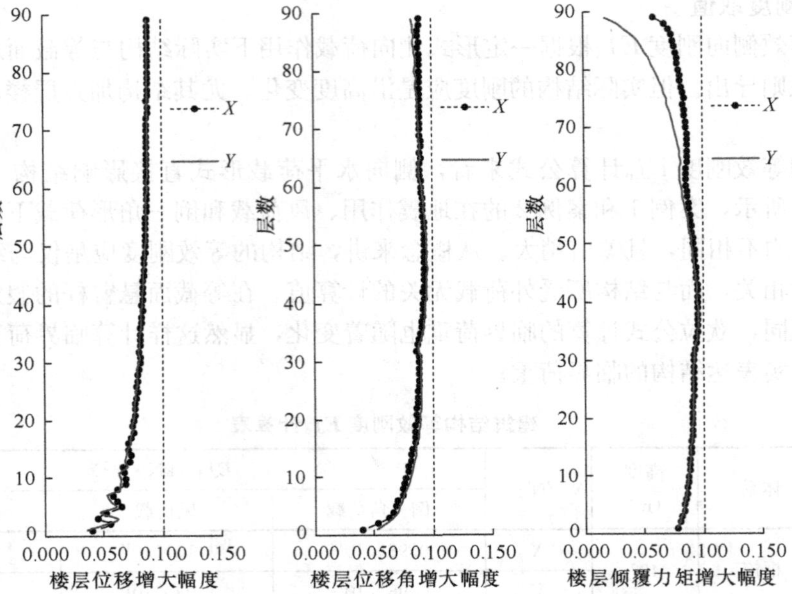

图 2　案例 1 二阶效应增大幅度图

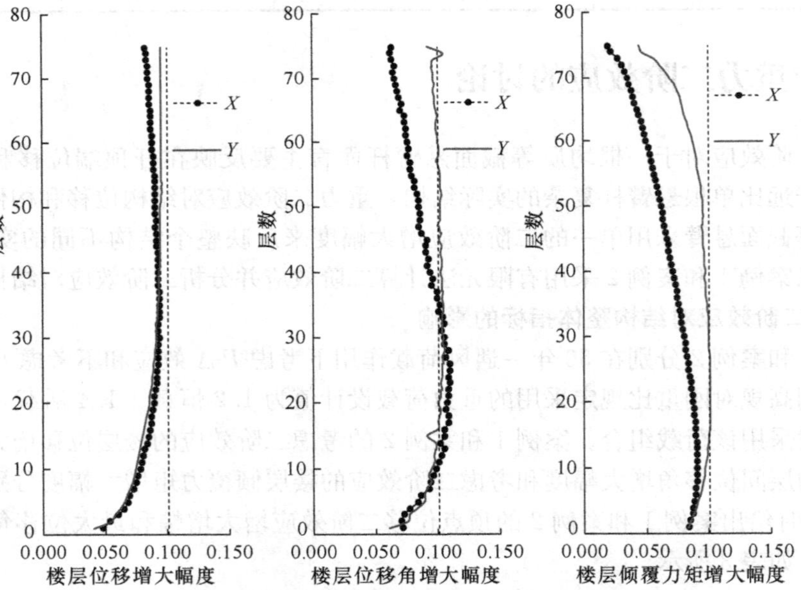

图 3　案例 2 二阶效应增大幅度图

图 2 和图 3 表明楼层位移的二阶效应增大幅度均在 10%以内，而顶点位移的增大幅度小于中间楼层位移的增大幅度。同时，顶点位移的二阶效应增大幅度不是最大的，为最大楼层位移增大幅度的 90%左右。显然以顶点位移的二阶效应增大幅度来判定整个结构的二阶效应不够合理。

图 2 和图 3 的层间位移角的二阶效应增大幅度基本在 10%以内，案例 2 的 X 向层间

位移角二阶效应增大幅度个别楼层较大，最大的接近 11%。

图 2 和图 3 的楼层倾覆力矩的二阶效应增大幅度基本在 10%以内，呈现中间大两头小的特征。比如案例 2 的 Y 向底层的倾覆力矩的二阶效应增大幅度为 8.4%，最大的为 10.1%。显然底部倾覆力矩二阶效应增大幅度不能完全反映整个结构的二阶效应变化情况。

表 3 所示的顶点位移二阶效应增大幅度、最大位移角二阶效应增大幅度和底部倾覆力矩二阶效益增大幅度均未超出 10%，最大位移角的二阶效应增大幅度最大，此处二阶效应最为不利，在设计中应关注构件安全的评估。

仅仅以结构顶点位移的二阶效应增大幅度和结构底部倾覆力矩的二阶效应增大幅度来判断整个结构不同楼层的二阶效应影响，是不够全面的。建议综合整个楼层位移、位移角和倾覆力矩的二阶效应增大幅度来判断整体结构的重力二阶效应。

3.2 重力二阶效应对构件内力的影响

通过大量超高层建筑工程案例的计算发现对结构构件内力重力二阶效应的影响，对不同结构部位、不同构件是不同的，同一构件不同性质的内力其影响也是不同的，体现在重力二阶效应的增大幅度均是不同的，有的较小值控制在 10%以内，有的可能超过 20%，因此仅以均质等截面悬臂杆顶点位移的重力二阶效应增大幅度来控制结构构件的内力二阶效应是不合适的。

5 个典型超高层建筑工程案例构件内力的二阶效应最大增大幅度及其对应刚重比如表 4 所示。对于刚重比小于 2.7 且大于 1.4 的工程 1 和 3，部分构件内力二阶效应增幅在 10%～20%之间变化，高规刚重比限值无法控制二阶效应对构件内力增量 10%的要求。显然刚重比无法准确反映构件内力二阶效应的增大幅度，亦无法控制典型复杂结构弹性分析中二阶效应对结构构件内力增量 10%的要求。

构件内力二阶效应最大增大幅度 **表 4**

工程编号	刚重比	轴力增大幅度		剪力增大幅度		弯矩增大幅度	
		柱	剪力墙	柱	剪力墙	柱	剪力墙
1	1.46	0.03	0.03	0.13	0.15	0.11	0.16
2	1.34	0.09	0.09	0.19	0.13	0.12	0.16
3	1.48	0.03	0.02	0.12	0.10	0.12	0.10
4	4.05	0.05	0.04	0.14	0.10	0.15	0.12
5	3.35	0.02	0.04	0.07	0.07	0.14	0.09

4 关于刚重比的讨论

4.1 高规刚重比及其限值规定来源

79 版、91 版高规只提供了结构总体稳定性计算公式，未涉及重力二阶效应计算的问题，这是由于当时结构分析理论和结构计算软件技术均不够完善所致。但高层建筑尤其是超高层建筑考虑结构的 P-Δ 效应是必须的。经过众多结构学者的不断努力，发现均质等截面悬臂杆的临界荷载与 P-Δ 效应存在数学上相似，从而加以结合统一考虑。

对均质等截面悬臂杆，考虑二阶效应的结构侧向位移和不考虑二阶效应的位移有如下关系：

$$\Delta^* = \frac{1}{1-\sum_{i=1}^{n} G_i / \left[\sum_{i=1}^{n} G_i\right]_{cr}} \Delta \tag{12}$$

式中

$$令\ \lambda = \frac{\left[\sum_{i=1}^{n} G_i\right]_{cr}}{\sum_{i=1}^{n} G_i} \tag{13}$$

其含义为临界荷载屈曲系数，其值恒大于 1。

令
$$\zeta = \frac{\Delta^*}{\Delta} = \frac{1}{1-1/\lambda} \tag{14}$$

其含义为考虑重力二阶效应与不考虑重力二阶效应时顶点位移比值，其值恒大于 1。由式（14）可得 λ 与 ζ 的关系式如下：

$$\zeta = \frac{\lambda}{\lambda - 1} \tag{15}$$

或
$$\lambda = \frac{\zeta}{\zeta - 1} \tag{16}$$

当考虑重力二阶效应增大幅度控制在 10% 以内时，$\zeta \leqslant 1.1$，式（12）和式（7）代入式（14）可得：

$$\frac{\sum_{i=1}^{n} G_i}{\left[\sum_{i=1}^{n} G_i\right]_{cr}} = \frac{H^2 \sum_{i=1}^{n} G_i}{7.4EJ_d} \leqslant 0.1 \tag{17}$$

假设刚重比用 μ 表示，则可得：

$$\mu = \frac{EJ_d}{H^2 \sum_{i=1}^{n} G_i} \geqslant 1.35 \approx 1.4 \tag{18}$$

由此可见，高规规定高层建筑结构刚重比不能小于 1.4 的内涵是均质等截面悬臂杆顶点位移重力二阶效应增幅不超过 10%。

当欲减小结构的重力二阶效应时，如控制在 5% 以内，则 $\zeta \leqslant 1.05$，同理可得：

$$\frac{\sum_{i=1}^{n} G_i}{\left[\sum_{i=1}^{n} G_i\right]_{cr}} = \frac{H^2 \sum_{i=1}^{n} G_i}{7.4EJ_d} \leqslant 0.05 \tag{19}$$

由此可得刚重比 μ：

$$\mu = \frac{EJ_d}{H^2 \sum_{i=1}^{n} G_i} \geqslant 2.70 \tag{20}$$

其内涵为在均质等截面悬臂杆假定基础上，当顶点位移重力二阶效应增幅不超过 5% 时，可忽略重力二阶效应不计。

4.2 刚重比存在的问题

从以上分析可知，高规刚重比计算方法存在以下问题：

（1）等效侧向刚度的悬臂受弯构件力学模型是基于质量和刚度沿高度均匀分布的单杆模型，而实际工程结构的质量和刚度沿高度不均匀分布，且不符合平截面假定。

（2）计算刚重比的等效侧向刚度是基于倒三角荷载形式推导的，倒三角形荷载与实际结构所受的风荷载和地震作用存在一定差别，不同形式荷载作用下得到不同的刚重比，设计时怎样采用没有依据，有时会导致结构稳定性的误判。

（3）重力二阶效应对结构构件内力变化的影响复杂。对于规范规定刚重比大于或等于2.7不考虑重力二阶效应的结构，部分构件内力重力二阶效应增幅会超过5%，会导致该部分构件设计不够安全。

（4）不同侧向荷载形式下计算的结构弹性等效侧向刚度不同，其结构刚重比也不同，容易导致结构稳定性的误判。

上海中心大厦设计时求得不同形式荷载的刚重比如表5所示，倒三角形荷载和风荷载所得到的刚重比偏小不满足结构稳定，而地震作用的刚重比明显较大，可满足结构稳定性要求，刚重比的最大值与最小值相差约47%，这在稳定设计运用时造成难以解决的矛盾。

刚重比验算结果 表5

荷载类别	方向	EJ_d（kN·m²）	刚重比
倒三角形荷载	X	3.394×10^{12}	1.10
	Y	3.446×10^{12}	1.11
风荷载	X	3.422×10^{12}	1.10
	Y	3.470×10^{12}	1.12
多遇地震作用	X	4.737×10^{12}	1.53
	Y	4.975×10^{12}	1.61

（5）仍以前文案例1和案例2为例，以刚重比等于1.4时按式（21）计算相应的临界荷重 G_{cr4}，计算结果列于表6。

$$G_{cr4}=\left[\sum_{i=1}^{n}G_i\right]_{cr}=1.4\times7.4\sum_{i=1}^{n}G_i=10.36\sum_{i=1}^{n}G_i \tag{21}$$

建筑结构的临界荷重比较表 表6

编号	体系	高度（m）	方向	刚重比	G_{cr1}（MN）	G_{cr3}（MN）	G_{cr4}（MN）	G_{cr3}/G_{cr4}
1	框筒	407	X	1.41	43579	52466	43270	1.21
			Y	1.39	42806	51632		1.19
2	框筒	364	X	1.44	61001	69419	59307	1.17
			Y	1.22	51682	65149		1.10

由表6可知，按高规刚重比限值1.4求得的结构临界荷重 G_{cr4} 明显小于以结构线弹性屈曲分析求得的临界荷重 G_{cr3}，相差大的可达20%以上。这也说明有的实际工程结构刚重比小于1.4，但其结构整体稳定性仍不满足设计要求。

（6）表4给出5个典型工程案例刚重比与相应构件内力重力二阶效应最大增幅计算结

果，纵观整个结构，大部分构件内力二阶效应增大幅度在10%以内，而部分构件内力则已超出10%，有的甚至接近20%。按高规规定刚重比大于2.7时可不考虑重力二阶效应影响，而表6案例4和案例5部分构件内力二阶效应增大幅度已达10%～15%，说明刚重比大于2.7时可控制结构重力二阶效应在5%以内的结论尚需商榷。

5 结论与建议

（1）高规中的刚重比未考虑楼层质量和刚度变化的影响，对于复杂的实际高层建筑，刚重比用来判定结构是否满足稳定性要求，是不够合理的。对于高层建筑结构的临界荷重，线弹性屈曲分析的 G_{cr3} 和高规按刚重比推导反算的 G_{cr1} 相差稍大。

（2）结构重力荷载二阶效应对整个结构的影响较为复杂，不同楼层的位移、位移角和倾覆力矩影响也不同，对结构构件内力的影响更大。建议高层建筑结构应考虑重力二阶效应的不利影响，构件设计中应考虑二阶效应对构件内力的影响。

（3）对于超高层建筑结构或者平面及竖向不规则和结构布置复杂的建筑结构，建议采用线弹性屈曲理论给出的结构临界荷重来判定结构的稳定性。现行结构软件已提供相应的计算手段，应用方便。

参考文献

[1] Smith B S, Coull A. Tall building structures: analysis and design [M]. New York: John Wiley&Sons, Inc., 1991.

[2] 徐培福，肖从真. 高层建筑混凝土结构的稳定设计[J]. 建筑结构，2001，31(8)：69-72.

[3] 高层建筑混凝土结构技术规程：JGJ 3-2010[S]. 北京：中国建筑工业出版社，2011.

[4] 肖从真，王翠坤，张维岳. 高层建筑的重力二阶效应分析方法与主要影响[J]. 建筑科学，2003，19(4)：14-16.

[5] 陆天天，赵昕，丁洁民，等. 上海中心大厦结构整体稳定性分析及巨型柱计算长度研究[J]. 建筑结构学报，2011，32(7)：8-14.

[6] 杨学林，祝文畏. 复杂体型高层建筑结构稳定性验算[J]. 土木工程学报，2015，48(11)：16-26.

[7] 扶长生，周立浪，张小勇. 长周期高层钢筋混凝土建筑的 P-Δ 效应与稳定设计[J]. 建筑结构，2014，44(2)：1-7.

[8] 王国安. 高层建筑结构整体稳定性研究[J]. 建筑结构，2012，42(6)：127-131.

10. 框架-剪力墙结构框架部分承担倾覆力矩的计算方法研究

魏　琏，曾庆立，王　森

【摘　要】 针对框架部分承担倾覆力矩的不同计算方法进行了分析研究，指出了抗规法的实质是底层框架及以上隔离体所分配到的层水平外力对底层框架的力矩之和；指出了轴力法求矩点位置的确定具有不同的算法，不同的求矩点位置给出不同的计算结果，其中PKPM等软件给出的轴力法求矩点实质为受拉构件合力点与受压构件合力点的中点；为解决轴力法的不足，在轴力法的基础上提出了结构底部抵抗倾覆力矩的三对力偶形式，改进了现有轴力算法。根据本文算例，抗规法计算结果均远小于轴力法、力偶法；轴力法与力偶法的差别在于不平衡力矩部分求矩点不一致；当不平衡力矩为零时，如轴对称结构，两法计算结果一致；在一般情形下，两法的计算结果存在一定的差异。

【关键词】 倾覆力矩；外力矩；抗规法；轴力法；求矩点；力偶；力偶法

Study on calculation method for overturning moment carried by the frames

Wei Lian，Zeng Qingli，Wang Sen

Abstract: Different methods for calculating overturning moment carried by the frames are analyzed. The results provided by the seismic method are the sum of the moments of the bottom frame caused by the horizontal external forces distributed on the bottom frame and the isolated body above it Different calculation results are given for different point of the mechanics method, the moment point of axial force given by PKPM and other programs is essentially the midpoint of resultant force point of tension member and compressive member. In order to solve the problems existing in the axial force method，this paper proposes a couple form of resisting overturning moment at the bottom of the structure on the basis of the axial force method，three portions of couple to form the resisting moment at the based on the structure are analyzed and the couple method is put forward. According to the cases in this paper，the results of seismic code method are far less than mechanics method and couple method. The difference between mechanics method and couple method is that the moment point of the unbalanced moment is inconsistent. When the unbalanced moment is zero，such as axisymmetric structure，the calculation results of the two methods are consistent；in general，the calculation results of the two methods are different.

Keywords: overturning moment；external moment；seismic code method；mechanics method；point for calculating moment ；couple；couple method

0　前言

《高层建筑混凝土结构技术规程》JGJ 3－2010[1]（简称高规）第8.1.3条指出，框架-

剪力墙结构的抗震设计方法应根据规定水平力作用下结构底层框架部分承受的地震倾覆力矩与结构总地震倾覆力矩的比值来确定相应的抗震设计方法；《建筑抗震设计规范》GB 50011－2010[2]（简称 2010 抗震规范）第 6.1.3 条指出框架-剪力墙结构框架部分的抗震等级应根据底层框架部分承担的地震倾覆力矩与结构总地震倾覆力矩的比值来确定；《高层建筑混凝土结构技术规程》DBJ 15-92－2013[3]（简称广东省高规）第 9.1.6 条指出，当地震作用下核心筒或内筒承担的底部倾覆力矩不超过总倾覆力矩的 60%时，在重力荷载代表值作用下，核心筒或内筒剪力墙的轴压比限值可适当放松。

关于框架部分承担的倾覆力矩计算方法，《建筑抗震设计规范》GB 50011－2001[4]（简称 2001 抗震规范）提出了抗规法，给出了计算公式，在实际应用过程中，不少工程师认为采用抗规法计算所得框架部分倾覆力矩偏小，因而提出了基于结构底部竖向构件轴力及弯矩计算框架部分倾覆力矩的轴力法[5~8]。现行 YJK、PKPM、ETABS 等常用的计算软件均提供了这两种计算方法，但软件给出的两种方法计算结果往往差异较大，使设计者决定采用时感到困惑；在近年不少项目的超限审查中，出现超限专家对框架部分倾覆力矩计算应采用哪一种计算方法持有不同意见，难以达成一致结论。本文对两种计算方法进行了分析研究，找到了两种计算方法的实质、计算结果差别的原因及存在的问题，在此基础上进一步改进了轴力法，提出了基于力偶的算法。期盼通过本文的讨论能使问题更加清晰，早日在业界对这一问题取得共识。

1 抗规法的分析

2001 抗震规范第 6.1.3 条条文说明中给出的框架部分的地震倾覆力矩计算公式为：

$$M_{\mathrm{f}} = \sum_{i=1}^{n}\sum_{j=1}^{m} V_{ij} h_i \tag{1}$$

式中：n 为结构层数；m 为第 i 层框架柱的总根数；V_{ij} 为第 i 层第 j 根框架柱在基本振型地震作用下的剪力，2010 抗震规范将“在基本振型地震作用下”改为了“在规定的水平力作用下”；h_i 为第 i 层层高。

令 $\sum_{j=1}^{m} V_{ij} = V_{\mathrm{c}i}$，则式（1）可简化为：

$$M_{\mathrm{f}} = \sum_{i=1}^{n} V_{\mathrm{c}i} h_i \tag{2}$$

框架-剪力墙（简称框剪）结构受力示意图如图 1 所示，在规定水平力的作用下，如图 2 所示，将结构在各层梁反弯点处切开，得到左侧框架部分和右侧带框架梁的剪力墙部分。图中 F_i 为作用在第 i 层的规定水平力；V_i 为第 i 层梁的剪力；p_i 为第 i 层梁的轴力，可理解为通过水平构件如梁、板传递到框架部分的规定水平力；N 为柱、墙底部轴力；$V_{\mathrm{c}i}$、$V_{\mathrm{w}i}$分别为第 i 层柱、墙的剪力；M_{c}、M_{w}分别为柱底、墙底弯矩；x_i、x'_i 分别为第 i 层梁反弯点距离框架柱及剪力墙的距离。

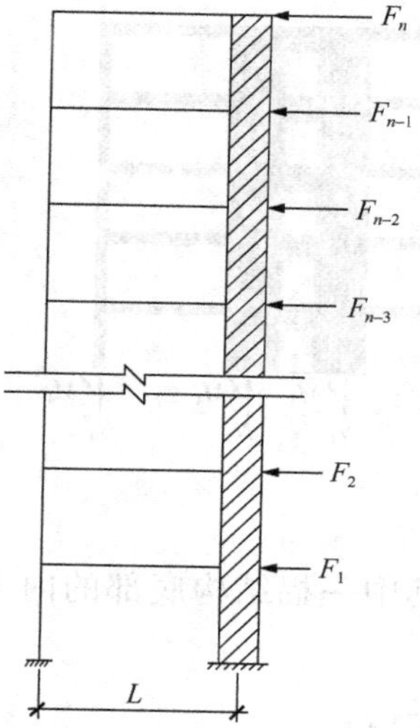

图 1　框剪结构受力示意图

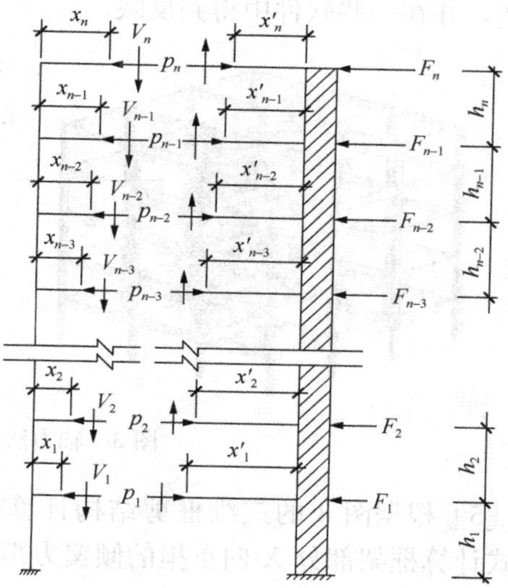

图 2　隔离体示意图

根据图 2，在各层规定水平力 F_i 作用下，连接柱和剪力墙的梁产生轴力 p_i（水平力）和剪力 V_i，在 p_i 作为外力的作用下，左侧框架部分底部受到的外力矩作用为：

$$M_f = p_n(h_n + h_{n-1} + \cdots + h_1) + p_{n-1}(h_{n-1} + \cdots + h_1) + \cdots + p_1 h_1 \tag{3}$$

由于框架部分各层剪力为：

$$V_{ci} = p_i + p_{i+1} + \cdots + p_{n-1} + p_n \tag{4}$$

将式（4）代入式（3）并整理后，可得：

$$M_f = V_{c1}h_1 + V_{c2}h_2 + \cdots + V_{c(n-1)}h_{n-1} + V_{cn}h_n = \sum_{i=1}^{n} V_{ci}h_i \tag{5}$$

同理，图 2 右侧剪力墙部分在 p_i 作为外力的作用下，底部的外力矩作用为：

$$M_s = (F_1 - p_1)h_1 + (F_2 - p_2)(h_2 + h_1) + \cdots + (F_n - p_n)(h_n + h_{n-1} + \cdots + h_1) \tag{6}$$

由于剪力墙部分各层剪力为：

$$V_{wi} = (F_i - p_i) + (F_{i+1} - p_{i+1}) + \cdots + (F_{n-1} - p_{n-1}) + (F_n - p_n) \tag{7}$$

将式（7）代入式（6）并整理后，可得：

$$M_s = V_{w1}h_1 + V_{w2}h_2 + \cdots + V_{w(n-1)}h_{n-1} + V_{wn}h_n = \sum_{i=1}^{n} V_{wi}h_i \tag{8}$$

由以上推导可见，抗规法的实质是定义框架部分倾覆力矩为底层框架及以上隔离体所分配到的层水平外力 p_i 对底层框架的力矩之和。但根据图 2，在各层规定水平外力作用下，连接框架和剪力墙的梁反弯点处，除产生水平力 p_i 外，尚同时伴有剪力 V_i，在框架部分底部各柱底产生轴力 N，轴力 N 也参与抵抗外力矩。

2　轴力法的分析

由于对抗规法存在质疑，近年来部分设计人员提出了基于结构底部竖向构件轴力及弯矩的轴力法，并在一些软件中得到反映。

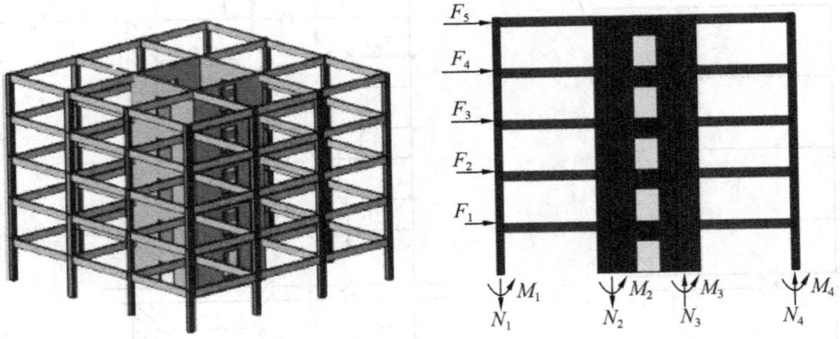

图3　轴力法计算简图

文献［5］根据图3的三维框剪结构计算模型及其中一榀结构底部的内力，提出式（9）的公式计算框架部分 X 向承担的倾覆力矩作用。

$$M_{\mathrm{f}}=\sum_{i=1}^{n}N_i(x_i-x_0)+\sum_{i=1}^{n}M_{ci} \tag{9}$$

式中：n 为底层框架柱的总数；N_i 为结构底层第 i 根框架柱在规定水平力作用下的轴力；x_i 为第 i 根框架柱的横坐标；x_0 为取矩点的横坐标；M_{ci} 为第 i 根框架柱柱底弯矩。

式（9）表明，轴力法与竖向构件的位置、轴力、弯矩有关，其计算结果反映的是框架部分的抵抗力矩。从式中也可以看出，轴力法的计算结果取决于求矩点位置的确定。对于轴力法求矩点 x_0 的位置，不同的软件给出不同的算法。

PKPM、YJK 等软件根据式（10）计算得到求矩点 x_0[5]：

$$x_0=\frac{\sum|F_{\mathrm{N}j}|x_j}{\sum|F_{\mathrm{N}j}|} \tag{10}$$

式中：$F_{\mathrm{N}j}$ 为底层第 j 根竖向构件的轴力；x_j 为底层第 j 根竖向构件的横坐标。该法对求矩点 x_0 未给出明确的定义。

ETABS 软件采用式（11）计算得到求矩点 x_0[6]：

$$x_0=\frac{\sum E_jA_jx_j}{\sum E_jA_j} \tag{11}$$

式中 E_j、A_j 分别为底层第 j 根竖向构件的弹性模量和截面面积。

式（11）表明，ETABS 软件计算的求矩点为基底截面重心，该点位置取决于构件的材料属性、截面面积及构件位置，其计算方法简便，但其计算结果与竖向构件的受力状态无关，在理论上是不够严密的。

很显然，分别把式（10）、式（11）代入式（9），其计算结果是不一致的，即根据不同的求矩点计算方法求得的框架部分的倾覆力矩不同，因此合理的求矩点位置是轴力法应该进一步解决的问题。

3　力偶法

为了解决轴力法的不足，本文在该法的基础上提出力偶法。

3.1 组成结构倾覆力矩的三对力偶

由力的平衡原理可知，结构在水平荷载作用下，各竖向构件产生的轴力 N_i 其和必须是零，即 $\sum N_i = 0$。该轴力可分解为大小相等方向相反的一对拉压力；根据理论力学知识，力偶是大小相等、方向相反、作用线平行但不重合的一对力，力偶的大小仅与这对力的大小及力的作用点距离有关，由此可见，结构在水平荷载作用下，对底部产生的倾覆力矩可视为由底部各柱、墙截面的弯矩及由竖向构件的轴向拉压力形成的力偶来共同抗御。

为便于理解，以图 4 所示的情形对倾覆力矩的力偶形式进行阐述。图 4 中各符号含义：N 为构件底部轴力，M 为构件底部弯矩；下标 c 代表框架柱，w 代表剪力墙；上标 t 代表轴力为拉力，c 代表轴力为压力；1，2，…，i，…，n 代表楼层。

如图 4 所示，在水平力作用下，框架柱、剪力墙构件底部的合弯矩分别为：

$$M_c = M_{c1}^t + M_{c2}^t + M_{c1}^c + M_{c2}^c \tag{12a}$$

$$M_w = M_{w1}^t + M_{w2}^t + M_{w1}^c + M_{w2}^c \tag{12b}$$

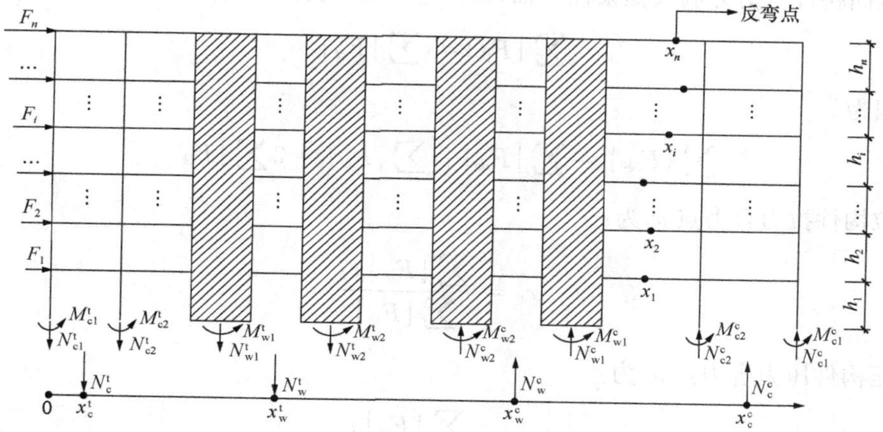

图 4 力偶法计算示意图

受拉框架柱、受压框架柱、受拉剪力墙、受压剪力墙的合拉力、合压力分别为：

$$N_c^t = N_{c1}^t + N_{c2}^t \tag{13a}$$

$$N_c^c = N_{c1}^c + N_{c2}^c \tag{13b}$$

$$N_w^t = N_{w1}^t + N_{w2}^t \tag{13c}$$

$$N_w^c = N_{w1}^c + N_{w2}^c \tag{13d}$$

假设框架柱合拉力、合压力合力点坐标分别为 x_c^t、x_c^c，剪力墙的合拉力、合压力合力点坐标分别为 x_w^t、x_w^c。由力的平衡有：

$$N_c^t + N_c^c = -(N_w^t + N_w^c) \tag{14}$$

在此假定 $|N_c^t| < |N_c^c|$，则 $|N_w^t| > |N_w^c|$。结合图 4，结构底部可形成三对力偶。

受拉柱合拉力与受压柱合压力形成力偶 $M_{o\text{-}f}$（假定拉力为正，压力为负）：

$$M_{o\text{-}f} = N_c^t \times (x_c^c - x_c^t) \tag{15a}$$

受拉墙合拉力与受压墙合压力形成力偶 $M_{o\text{-}w}$：

$$M_{o\text{-}w} = |N_w^c| \times (x_w^c - x_w^t) \tag{15b}$$

框架柱不平衡轴力 $N_c^u = N_c^t + N_c^c$ 与剪力墙不平衡轴力 $N_w^u = N_w^t + N_w^c$ 形成不平衡力偶 $M_{o\text{-}wf}$：

$$M_{o\text{-}wf} = (N_c^t + N_c^c) \times (x_c^u - x_w^u) \tag{15c}$$

式中 x_c^u、x_w^u 分别为框架柱不平衡轴力作用点、剪力墙不平衡轴力作用点。

此处需特别注意的是，根据上述假定，框架柱不平衡轴力作用点为 $x_c^u = x_c^c$，剪力墙不平衡轴力作用点为 $x_w^u = x_w^t$；对称结构，不平衡轴力为 0，此时 $M_{o\text{-}wf}$ 亦为 0。

结构底层倾覆力矩可表达为：

$$M_{ov} = M_{o\text{-}f} + M_{o\text{-}w} + M_{o\text{-}wf} + M_c + M_w \tag{16}$$

式（16）即以力偶形式表达的结构底部总倾覆力矩，式中各力偶作用、各构件底部弯矩当其方向与外力矩方向相反时取为正值，反之取负值。

3.2 对轴力法求矩点位置的论证

在式（10）的基础上，假定第 k 根受拉竖向构件（剪力墙及框架柱）轴力为 F_{tk}，第 l 根受压竖向构件（剪力墙及框架柱）轴力为 F_{cl}，由平衡条件可知：

$$\sum |F_{tk}| = \sum |F_{cl}| \tag{17}$$

又因为

$$\sum |F_{Nj}| = \sum |F_{tk}| + \sum |F_{cl}| = 2\sum |F_{tk}| \tag{18}$$

受拉构件拉力合力点 x_t 为：

$$x_t = \frac{\sum |F_{tk}| x_k}{\sum |F_{tk}|} \tag{19}$$

受压构件压力合力点 x_c 为：

$$x_c = \frac{\sum |F_{cl}| x_l}{\sum |F_{cl}|} \tag{20}$$

则受拉合力点与受压合力点间的中点坐标为：

$$x_m = \frac{x_t + x_c}{2} = \frac{\dfrac{\sum |F_{tk}| x_k}{\sum |F_{tk}|} + \dfrac{\sum |F_{cl}| x_l}{\sum |F_{cl}|}}{2} \tag{21}$$

即

$$x_m = \frac{\sum |F_{tk}| x_k + \sum |F_{cl}| x_l}{2\sum |F_{tk}|} = \frac{\sum |F_{tk}| x_k + \sum |F_{cl}| x_l}{\sum |F_{Nj}|} \tag{22}$$

因此，$x_m = x_0$。由此可见，式（10）的求矩点为受拉构件合力点与受压构件合力点之间的中点。

3.3 力偶法的计算公式

力偶法的目标主要是分别计算框架部分和剪力墙部分承担的倾覆力矩。为此，需将式（16）改写成式（23）的表达形式，即

$$M_{ov} = M_f + M_s \tag{23}$$

式中M_f、M_s分别为底层框架部分、底层剪力墙部分承担的倾覆力矩。

显然，式（16）中的$M_{o\text{-}f}$、M_c是由框架部分承担的，$M_{o\text{-}w}$、M_w是由剪力墙部分承担的；对于非对称结构，存在由框架部分的不平衡轴力N_c^u及剪力墙部分的不平衡轴力N_w^u共同形成的不平衡力偶$M_{o\text{-}wf}$。如图4所示，将位于框架不平衡轴力N_c^u一侧且与剪力墙相连的各层框架梁的反弯点作为分界点，该不平衡力偶可分解成分别由框架部分及剪力墙部分承担的两部分力偶，其中分解出的框架部分如图5所示。

图5中的V_i^u为第i层梁上不平衡剪力，可按式（24）计算：

$$V_i^u = (N_{c(i)}^c - N_{c(i+1)}^c) - (N_{c(i)}^t - N_{c(i+1)}^t) \tag{24}$$

式中：$N_{c(i)}^c$为第i层受压框架柱合压力；$N_{c(i)}^t$为第i层受拉框架柱合拉力。

各层梁上不平衡剪力之和即底层框架不平衡轴力为：

$$N_c^u = \sum_{i=1}^{n} V_i^u \tag{25}$$

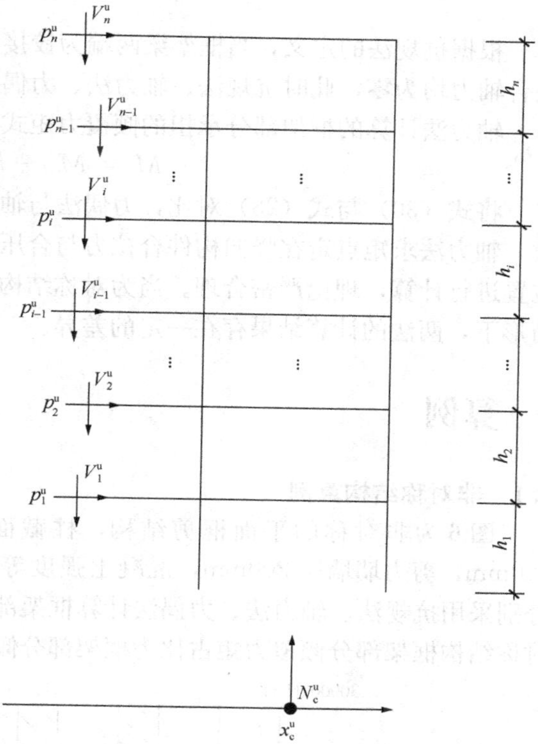

图5　不平衡力偶及轴力示意图

由此可见，各层梁上不平衡剪力与底层不平衡轴力可分解成n组不平衡力偶，n为楼层总数。第i层梁上不平衡剪力与底部框架柱不平衡轴力形成的力偶$M_{c(i)}^u$为：

$$M_{c(i)}^u = V_i^u (x_c^u - x_i) \tag{26}$$

式中x_i为位于框架不平衡轴力N_c^u一侧且与剪力墙相连的第i层框架梁的反弯点位置。

不平衡力偶$M_{o\text{-}wf}$分解到框架的部分M_c^u为：

$$M_c^u = \sum_{i=1}^{n} V_i^u (x_c^u - x_i) \tag{27}$$

因此，由力偶形式表达的底层框架部分承担的倾覆力矩可表达为：

$$M_f = M_{o\text{-}f} + M_c^u + M_c \tag{28}$$

同理，可得到由力偶形式表达的底层剪力墙部分承担的倾覆力矩可表达为：

$$M_s = M_{o\text{-}w} + M_w^u + M_w \tag{29a}$$

$$M_w^u = \sum_{i=1}^{n} V_i^u (x_i - x_w^u) \tag{29b}$$

式中M_w^u为不平衡力偶$M_{o\text{-}wf}$分解到剪力墙的部分。

4 抗规法、轴力法及力偶法的相互关系

根据抗规法的定义，当框架梁两端为铰接，即梁无剪力时，框架柱底合轴力与剪力墙底合轴力均为零，此时抗规法、轴力法、力偶法取得一致结果。

轴力法计算的框架部分承担的倾覆力矩式（9）可改写为：

$$M_{\mathrm{f}} = M_{\mathrm{o\text{-}f}} + M_{\mathrm{c}} + N_{\mathrm{c}}^{\mathrm{u}} x_0 \tag{30}$$

将式（30）与式（28）对比，力偶法与轴力法的差别在于不平衡力矩部分求矩点不一致，轴力法求矩点定在竖向构件合拉力与合压力的中点，力偶法则严格根据梁受力反弯点位置进行计算，理论严密合理。当为对称结构时，力偶法与轴力法计算结果一致；在一般情形下，两法的计算结果存在一定的差异。

5 算例

5.1 非对称结构算例

图6为非对称的平面框剪结构，柱截面为600mm×600mm，梁截面为600mm×300mm，剪力墙墙厚200mm，混凝土强度等级均为C30。在图6所示的水平力作用下，分别采用抗规法、轴力法、力偶法计算框架部分承担的倾覆力矩，计算结果详见表1，非对称结构框架部分倾覆力矩占比为框架部分倾覆力矩占整个结构的比值，余同。

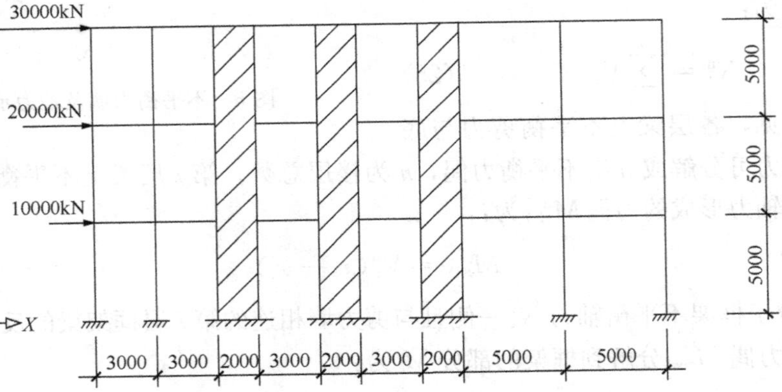

图6 非对称结构示意图

非对称结构框架部分倾覆力矩占比 表1

方法	抗规法	轴力法	力偶法
倾覆力矩占比	16.7%	45.1%	32.0%

本算例为多跨的非对称结构，由表4结果可见，抗规法与其他方法计算结果相差较大；轴力法与力偶法因求矩点不同，其计算结果有一定的差异。

5.2 对称结构算例

图7为框架-剪力墙布置示意图，呈对称结构，构件尺寸、材料等级等同5.1节案例。在图7所示的水平力作用下，分别采用抗规法、轴力法、力偶法计算框架部分承担的倾覆

力矩，计算结果见表 2；由表 2 可见，对于多跨的对称结构，抗规法与其他方法计算结果依旧相差较大；轴力法、力偶法计算结果一致。

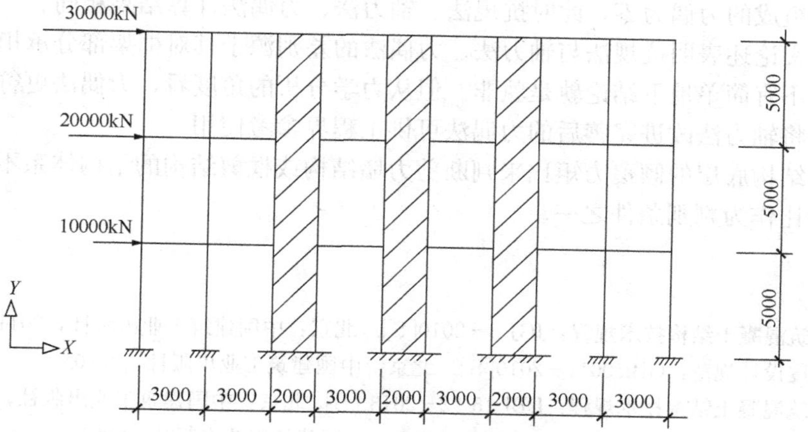

图 7 对称结构示意图

对称结构框架部分倾覆力矩占比 **表 2**

方法	抗规法	轴力法	力偶法
倾覆力矩占比	17.7%	55.5%	55.5%

6 判别结构体系的层剪力比

文献［9］的研究表明，结构的倾覆力矩比受组成剪力墙的位置是否靠近质心位置关系影响较大，同样截面尺寸的剪力墙靠近平面的两端时，其倾覆力矩远大于其位置在靠近质心时，这对于剪力墙数量不是很多的剪力墙结构体系判别有较大影响；同时剪力墙结构的倾覆力矩比在结构不同高度楼层是有变化的，仅由结构底层的倾覆力矩比来判断剪力墙结构或框剪结构的结构体系有时不够全面。文献［9］提出采用结构的层剪力比来对结构体系进行判别，其剪力比的计算方法可参见文献［10］。

7 结论

（1）抗规法的定义是底层框架及以上隔离体所分配到的层水平外力对底层框架的力矩之和；轴力法则是在计算框架部分倾覆力矩时，考虑了结构底部竖向构件轴力形成的倾覆力矩的作用，因而两者定义不同，其计算结果必然不同。

（2）采用轴力法计算结构底部竖向构件轴力形成抵抗外倾覆力矩时，PKPM 采用的求矩点位置在受拉构件合轴力与受压构件合轴力作用点间距的中点，与结构实际受力状况不符。本文在轴力法的基础上分析了柱、墙底部轴力形成的三对力偶作用，并根据力偶与求矩点位置无关这一特性提出了力偶法，它与轴力法的区别在于框架柱底合轴力与剪力墙底合轴力组成力偶的分配，轴力法求矩点定在竖向构件合拉力与合压力的中点，力偶法则严格根据梁受力反弯点位置进行计算，理论严密合理。当为对称结构时，力偶法与轴力法计算结果一致。

（3）当连梁框架柱与剪力墙梁两端铰接，梁无剪力时，轴力法与力偶法由柱底与剪力墙底合轴力组成的力偶为零，此时抗规法、轴力法、力偶法计算结果相同。

（4）本文论述表明抗规法与轴力法、力偶法的差别源于其对框架部分承担倾覆力矩的定义不同，不宜简单地下结论孰是孰非。但从力学分析的角度看，力偶法更符合力矩计算的要求。经将轴力法改进完善后的力偶法可供工程界参考使用。

（5）由结构底层的倾覆力矩比来判断剪力墙结构或框剪结构的结构体系不够全面，建议补充剪力比作为判别条件之一。

参考文献

[1] 高层建筑混凝土结构技术规程：JGJ 3－2010[S]. 北京：中国建筑工业出版社，2011.

[2] 建筑抗震设计规范：GB 50011－2010[S]. 北京：中国建筑工业出版社，2010.

[3] 高层建筑混凝土结构技术规程：DBJ 15-92－2013 [S]. 北京：中国建筑工业出版社，2013.

[4] 建筑抗震设计规范：GB 50011－2001[S]. 北京：中国建筑工业出版社，2001.

[5] 陈晓明. 结构分析中倾覆力矩的计算与嵌固层的设置[J]. 建筑结构，2011，41(11)：176-180.

[6] 李楚舒，李立，刘春明，等. 底层框架部分承担地震倾覆力矩计算方法[J]. 建筑结构，2014，44(5)：74-77.

[7] 刘付均，黄忠海，吴铭，等. 框架-剪力墙结构中框架承担倾覆力矩的计算方法及应用[J]. 建筑结构，2017，47(9)：9-12.

[8] 齐五辉，杨育臣. 关于框架-抗震墙结构中框架部分地震倾覆力矩计算问题的讨论[J]. 建筑结构，2019，49(18)：1-4.

[9] 魏琏，王森，曾庆立，等. 一向少墙的高层钢筋混凝土结构的结构体系研究[J]. 建筑结构，2017，47(1)：23-27.

[10] 魏琏，孙仁范，王森，等. 高层框筒结构框架部分剪力比研究[J]. 建筑结构，2017，47(3)：28-33，55.

11. 部分框支剪力墙结构框支框架承担倾覆力矩的计算方法研究

曾庆立，魏　琏，王　森，杜宏彪

【摘　要】 分析了现行计算部分框支剪力墙结构框支框架承担倾覆力矩比不同算法所存在的问题及不足。通过引入倾覆力矩比计算系数量化了 PKPM、ETABS 软件应用抗规法的计算结果，计算结果表明，框支层的倾覆力矩比计算系数随结构总层数的增加逐渐减小，随框支层所在位置的增加逐渐增大，PKPM、ETABS 软件计算得到的框支框架承担的倾覆力矩比偏小；通过对 YJK 法提供的计算结果反推了其算法的实质，指出其将框支层上部楼层的规定水平力均作用于框支层，将框支层以下楼层视为框剪结构计算框支框架的倾覆力矩比；在此基础上，结合其他学者的研究成果，提出了抗规法框支框架部分承担的倾覆力矩应为框支层框支框架及以上隔离体所分配到的层水平外力对框支层框支框架的力矩之和；除此以外，还给出了力偶法在部分框支剪力墙结构的合理应用。

【关键词】 框支剪力墙；倾覆力矩；框支框架；抗规法；力偶法

Study on calculation method for overturning moment carried by the frame-supported frames of the partial frame-support shear wall structure

Zeng Qingli, Wei Lian, Wang Sen, Du Hongbiao

Abstract: For partial frame-support shear wall structures, current methods to calculate overturning moment carried by frame-supported frames are analyzed. By introducing calculation coefficient of overturning moment ratio, the calculation results show that the calculation coefficient of overturning moment ratio decreases with the increase of the total number of stories, and increases with the increase of the location of the frame-supporting story, the results of the seismic code method provided by PKPM and ETABS are obviously too small. The essence of the YJK method is revealed, it is pointed out that horizontal force of the upper floor of the frame-supporting story is applied to the frame-supporting story, and the floor below the frame-supporting story is regarded as the frame shear wall structure. On this basis, combining the research results of other scholars, it is proposed that the overturning moment undertook by the frame-supported frames of the seismic code method should be the sum of the moment of the horizontal external forces distributed by the isolator above the frame-supporting story to the frame supported frame. The reasonable application of couple method in partial frame supported shear wall structure is also given in this paper.

Keywords: shear wall supported by frame; overturning moment; the frame-supported frames; seismic code method; couple method

0 前言

《建筑抗震设计规范》GBJ 11－89[1]（简称 89 抗规）第 6.1.13 条规定："……落地抗震墙数量不宜小于上部抗震墙数量的 50%……"，对此，文献［2］的说明为框支层是结构的薄弱层，在地震作用下容易产生塑性变形集中导致框支层首先破坏甚至倒塌，因此应限制过多削弱框支层刚度和承载力。《建筑抗震设计规范》GB 50011－2001[3]（简称 01 抗规）取消了落地墙数量不小于上部抗震墙数量的 50%的规定。《建筑抗震设计规范》GB 50011－2010[4]（简称 10 抗规）和《高层建筑混凝土结构技术规程》JGJ 3－2010[5]（简称 10 高规）进一步对框支框架承担的地震倾覆力矩作出了规定。10 抗规第 6.1.9 条规定："……底层框架部分承担的地震倾覆力矩，不应大于结构总地震倾覆力矩的 50%"；10 高规第 10.2.16 条规定："框支框架承担的地震倾覆力矩应小于结构总地震倾覆力矩的 50%"；文献［6］对此的说明是，若把框支层视为普通的框架-剪力墙结构，当框支框架承担的地震倾覆力矩大于 50%时，该框支层为少墙框架结构，对抗震不利。

现行软件主要是沿用 10 抗规关于框剪结构的算法计算框支框架部分承担的倾覆力矩，如式（1）所示：

$$M_{\mathrm{f}} = \sum_{i=1}^{n} \sum_{j=1}^{m} V_{ij} h_i \tag{1}$$

式中：n 为结构层数；m 为第 i 层框架柱的总根数；V_{ij} 为第 i 层第 j 根框架柱在规定水平力作用下的剪力；h_i 为第 i 层层高。

然而，现行软件在应用式（1）的抗规法时均存在一些问题和不足[7,8]，导致计算结果不能应用或存在疑惑，本文拟通过对现有软件框支框架承担倾覆力矩比算法的分析研究，指出其不足之处，并提出了抗规法及力偶法在部分框支剪力墙结构中的合理应用。

1 PKPM、ETABS 软件算法

部分框支剪力墙结构示意图如图 1 所示。p_i 为作用在图 1(b) 所示左侧隔离体的第 i 层水平外力；h_i 为第 i 层层高。当将式（1）应用于部分框支剪力墙结构时，假设框支层在第 k 层，PKPM、ETABS 等软件按照式（2）计算第 s 层（$1 \leqslant s \leqslant k$）框支框架部分承担的倾覆力矩比 η_{fs}：

$$\eta_{\mathrm{fs}} = \frac{\sum_{i=s}^{k} \sum_{j=1}^{m} V_{ij} h_i}{M_{\mathrm{ov}}} \tag{2}$$

式中：m 为第 i 层框架柱的总根数；V_{ij} 为第 i 层第 j 根框架柱在规定的水平力作用下的剪力；M_{ov} 为结构底层倾覆力矩，可按式（3）、式（4）计算，其中 V_i 为规定水平力作用下第 i 层的楼层总剪力，F_i 为第 i 层的规定水平力。

$$M_{\mathrm{ov}} = \sum_{i=s}^{n} V_i h_i \tag{3}$$

$$V_i = F_i + F_{i+1} + \cdots + F_n \tag{4}$$

式中 n 为结构层数。

将式（3）代入式（2）得

$$\eta_{fs} = \frac{\sum_{i=s}^{k}\sum_{j=1}^{m} V_{ij} h_i}{\sum_{i=s}^{n} V_i h_i} \tag{5}$$

PKPM、ETABS 等软件将式（5）应用于部分框支剪力墙结构时，该式分子的部分仅包含了框支框架的剪力，由于框支层以上楼层不存在框支柱，其计算结果必然偏小。

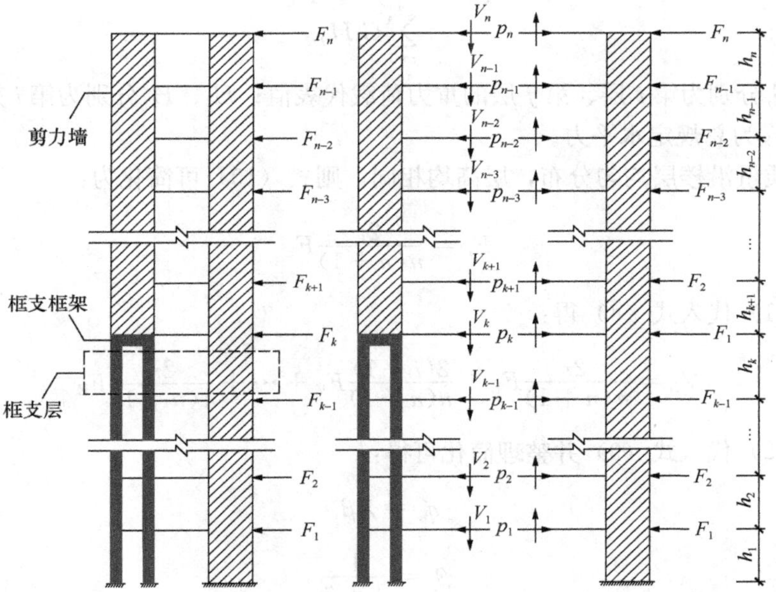

(a) 框支剪力墙结构受力示意　　(b) 隔离体示意

图 1　部分框支剪力墙结构示意图

在此假设第 s 层框支框架所占的楼层剪力比 λ_{fs} 为：

$$\lambda_{fs} = \frac{V_{cs}}{V_s} \leqslant 1 \tag{6}$$

式中：V_{cs} 为第 s 层框支框架分担的总剪力；V_s 为第 s 层楼层总剪力；对于剪力墙均不落地的框支剪力墙结构，λ_{fs} 等于 1；对于剪力墙落地的部分框支剪力墙结构，λ_{fs} 总小于 1。

将式（5）应用于剪力墙均不落地的算例，对于第 s 层，由于 λ_{fs} 总等于 1，其计算结果为：

$$\eta_{fs} = \frac{V_s h_s + V_{s+1} h_{s+1} + \cdots + V_k h_k}{V_s h_s + V_{s+1} h_{s+1} + \cdots + V_k h_k + \cdots + V_n h_n} < 1 \tag{7}$$

即当采用式（5）计算剪力墙均不落地的框支剪力墙结构，框支层及其下任意一层框支框架部分承担的倾覆力矩比总是小于 1，由此可以判断式（5）的算法是不正确的。可进一步证明，对于部分框支剪力墙结构，式（5）计算得到的倾覆力矩比是偏小的。

总存在一个折算系数λ_s使得式（8）成立：

$$\lambda_{fs}V_sh_s+\lambda_{f(s+1)}V_{s+1}h_{s+1}+\cdots+\lambda_{fk}V_kh_k=\lambda_sV_sh_s+\lambda_sV_{s+1}h_{s+1}+\cdots+\lambda_sV_kh_k \tag{8}$$

此时，式（5）可进一步表达为：

$$\eta_{fs}=\lambda_s\frac{1}{1+\dfrac{V_{k+1}h_{k+1}+\cdots+V_nh_n}{V_sh_s+V_{s+1}h_{s+1}+\cdots+V_kh_k}} \tag{9}$$

不妨假设第i层的规定水平力F_i可近似采用式（10）求得[4]：

$$F_i=\frac{G_iH_i}{\sum\limits_{j=1}^{n}G_jH_j}F_E \tag{10}$$

式中：G_i、G_j分别为第i层、第j层的重力荷载代表值；H_i、H_j分别为第i层、第j层的计算高度；F_E为总规定水平力。

又假定质量沿楼层均匀分布，层高均相同，则式（10）可简化为：

$$F_i=\frac{2i}{n(n+1)}F_E \tag{11}$$

将式（11）代入式（4）得：

$$V_i=\frac{2i}{n(n+1)}F_E+\frac{2(i+1)}{n(n+1)}F_E+\cdots+\frac{2n}{n(n+1)}F_E \tag{12}$$

将式（12）代入式（9）并整理简化可得：

$$\eta_{fs}=\lambda_s\beta_s \tag{13}$$

$$\beta_s=\frac{1}{1+\xi} \tag{14}$$

$$\xi=\frac{3n(n+1)(n-k)-n(n-1)(n+1)+k(k-1)(k+1)}{3n(n+1)(k-s+1)-k(k-1)(k+1)+s(s-1)(s-2)} \tag{15}$$

此处不妨称β_s为倾覆力矩比计算系数。式（15）表明，倾覆力矩比计算系数β_s与结构总层数及框支层所在的楼层位置有关，表1、表2分别给出了不同楼层总数及框支层在不同位置时，底层以及框支层的倾覆力矩比计算系数的大小。

底层倾覆力矩比计算系数 β_1 **表1**

框支层（k）	总楼层总数（n）				
	50	40	30	20	10
5	0.148	0.184	0.244	0.359	0.662
4	0.119	0.148	0.196	0.290	0.545
3	0.089	0.111	0.147	0.218	0.418
2	0.059	0.074	0.098	0.146	0.283
1	0.030	0.037	0.049	0.073	0.143

框支层倾覆力矩比计算系数 β_k 表 2

框支层（k）	总楼层总数（n）				
	50	40	30	20	10
5	0.034	0.043	0.060	0.098	0.257
4	0.032	0.041	0.057	0.091	0.219
3	0.032	0.040	0.054	0.084	0.188
2	0.031	0.038	0.052	0.079	0.164
1	0.030	0.037	0.049	0.073	0.143

表 1、表 2 的结果表明，底层与框支层的倾覆力矩比计算系数随结构总层数的增加逐渐减小，随框支层所在位置的增加逐渐增大；进一步得到了不同楼层总数的框支剪力墙结构，当框支层位置分别在底层、2 层、3 层、4 层以及 5 层时，底层以及框支层的倾覆力矩比计算系数如图 2、图 3 所示。由图 2、图 3 可知，当结构楼层总数相同时，框支层所在位置越靠近底部，其倾覆力矩比计算系数越小，由此计算得到的倾覆力矩比越小；同时，当框支层位置保持不变时，随着楼层总数的增加，倾覆力矩比计算系数越小。现有的新建筑楼层总数往往较高，20 层以上的住宅较为普遍；从图 2、图 3 可以看出，当结构楼层总数不少于 20 层时，底层倾覆力矩比计算系数最大值小于 0.4，框支层倾覆力矩比计算系数最大值小于 0.1，其数值较小。

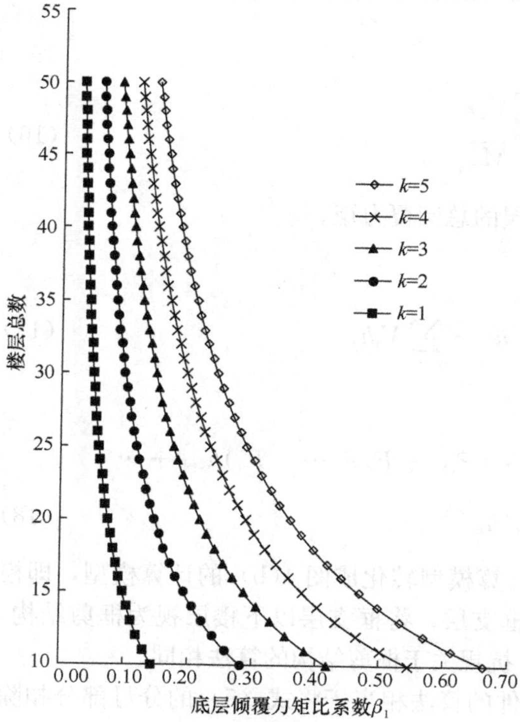

图 2 底层倾覆力矩比计算系数

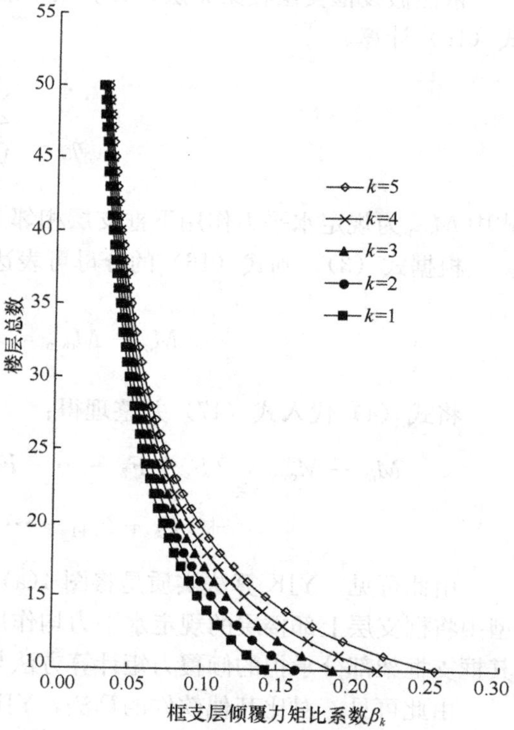

图 3 框支层倾覆力矩比计算系数

10 高规第 10.2.17 条的条文说明指出，“对于部分框支剪力墙结构，在转换层以下，一般落地剪力墙的刚度远远大于框支柱的刚度，落地剪力墙几乎承受全部地震剪力，框支柱的剪力非常小”，由此可见，式（13）中的 λ_s 往往是远小于 1。

综上分析，由式（13）计算得到的框支框架倾覆力矩比偏小。在此以结构楼层总数为 30 层，框支层位置分别在底层、2 层、3 层、4 层以及 5 层为例说明。由表 1、表 2 可知，当结构楼层总数为 30 层时，底层倾覆力矩比计算系数 β_1 随框支层位置的变化其范围约为（0.049，0.244），框支层倾覆力矩比计算系数 β_k 随框支层位置的变化，其范围约为（0.049，0.060）；在此不妨假设 λ_s 无限接近于 1，可以想象对应的情形是几乎所有剪力墙均未落地，根据表 1、表 2 的计算结果，此时底层框支框架的倾覆力矩比最大的只有约为 0.244，框支层框支框架的倾覆力矩比最大的只有约为 0.060；根据工程经验，对于大多数工程，λ_s 基本达不到 0.5，本例中底层及框支层框支框架的倾覆力矩比分别为 0.122、0.03，恰恰说明了 PKPM、ETABS 等软件应用抗规法计算得到的倾覆力矩比偏小，这使得设计人员仅根据此计算结果及相关规范条文规定可能会作出落地墙数量已足够的不合理判断。

2 YJK 软件算法

将式（1）应用于部分框支剪力墙结构时，YJK 软件提出了与上述软件不同的算法。

依然假设框支层在第 k 层，计算第 s 层的框支框架的倾覆力矩比 η_{fs} 时，YJK 软件按式（16）计算。

$$\eta_{fs} = \frac{\sum_{i=s}^{k}\sum_{j=1}^{m} V_{ij} h_i}{M_{ov} - M_{ov\text{-}p}} \tag{16}$$

式中 $M_{ov\text{-}p}$ 为规定水平力作用下框支层相邻上一层的总倾覆力矩。

根据式（3），则式（16）的分母可表达为

$$M_{ov} - M_{ov\text{-}p} = \sum_{i=s}^{n} V_i h_i - \sum_{i=k+1}^{n} V_i h_i \tag{17}$$

将式（4）代入式（17）并整理得：

$$\begin{aligned} M_{ov} - M_{ov\text{-}p} = {} & (F_s + F_2 + \cdots + F_n)h_s + (F_{s+1} + F_2 + \cdots + F_n)h_{s+1} + \cdots \\ & + (F_k + F_{k+1} + \cdots + F_n)h_k \end{aligned} \tag{18}$$

由此可见，YJK 算法实质是将图 4(a) 的计算模型转化成图 4(b) 的计算模型，即模型中将框支层上部楼层的规定水平力均作用于框支层，将框支层以下楼层视为框剪结构，其框支框架部分承担的倾覆力矩计算方法与 10 抗规关于框剪结构的算法相同。

由此可见，对比其他软件的算法，YJK 软件的算法相当于将式（5）的分母部分扣除了框支层相邻上一层的倾覆力矩，使得 YJK 软件的算法计算结果较其他软件算法大，但该法仅仅考虑了框支框架的剪力，并未解决其他软件应用抗规法时存在的问题，其值实际上仍然偏小。

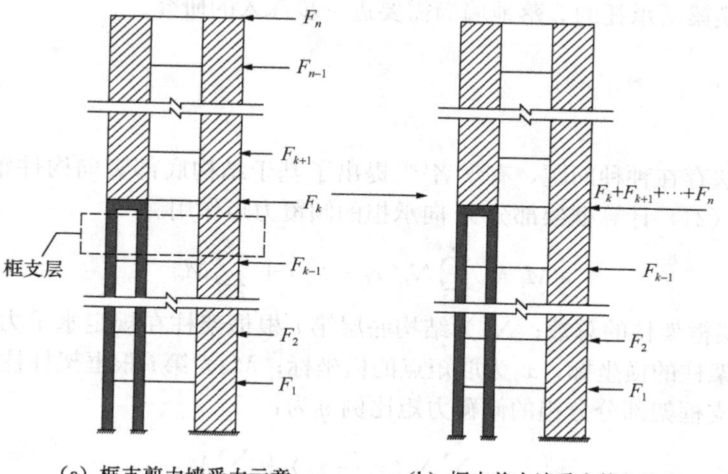

(a) 框支剪力墙受力示意　　(b) 框支剪力墙受力简化示意

图 4　YJK 计算方法简图

3　抗规法于框支剪力墙结构的合理应用

根据文献［9］的研究，抗规法计算结果的实质是底层框架及以上隔离体所分配到的层水平外力对底层框架的力矩之和，由此可见，当抗规法应用于部分框支剪力墙结构时，框支框架部分承担的倾覆力矩应为底层（框支层）框支框架及以上隔离体所分配到的层水平外力对底层（框支层）框支框架的力矩之和，如图 1(b) 所示左侧的带框支层隔离体，底层框支框架承担的倾覆力矩应为：

$$M_{\mathrm{f}}=p_n(h_n+h_{n-1}+\cdots+h_1)+p_{n-1}(h_{n-1}+\cdots+h_1)+\cdots+p_1h_1 \tag{19}$$

对该式进一步简化后，得到本文建议的抗规算法：

$$M_{\mathrm{f}}=\sum_{i=s}^{k}\sum_{j=1}^{m}V'_{ij}h_i \tag{20}$$

式中 V'_{ij} 为图 1(b) 所示左侧隔离体第 i 层第 j 根竖向构件（不落地墙或框支柱）在规定水平力作用下的剪力。

对比现有软件，本文在应用抗规算法时，不仅仅只包含框支层及以下各层框支柱的剪力，式 (20) 中还计算了框支柱及各非落地墙的剪力，其本质计算的是各层水平外力对底部框支框架的外力矩之和，该计算方法与抗规法在框架-剪力墙结构中的应用是一致的。

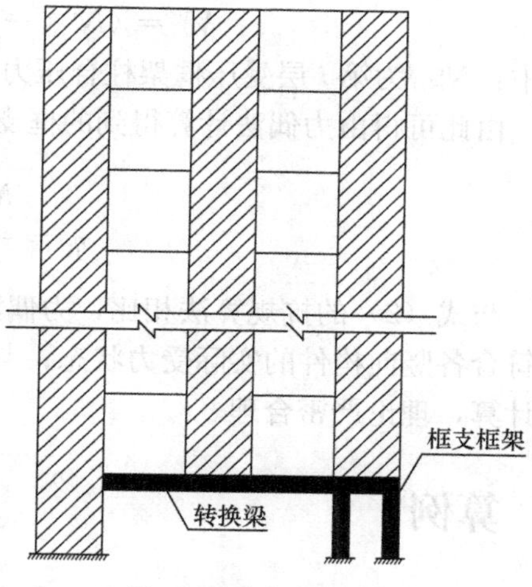

图 5　转换结构示意图

需特别指出，如图 5 所示的部分框支剪力墙结构，承托非落地剪力墙的转换梁一侧支撑在框支柱，另一侧支撑在落地剪力墙时，应用式 (20) 计算框支框架部分承担的倾覆力矩时，该公式是否能包括此转换梁所承托的非落地墙尚需要进一步深入的研究。

4 轴力法

由于抗规法存在种种问题，有学者[10]提出了基于结构底部竖向构件轴力及弯矩的轴力法，使用式（21）计算框架部分 X 向承担的倾覆力矩作用。

$$M_{\mathrm{f}}=\sum_{i=1}^{n}N_i(x_i-x_0)+\sum_{i=1}^{n}M_{\mathrm{c}i} \tag{21}$$

式中：n 为底层框架柱的总数；N_i 为结构底层第 i 根框架柱在规定水平力作用下的轴力；x_i 为第 i 根框架柱的横坐标，x_0 为取矩点的横坐标；$M_{\mathrm{c}i}$ 为第 i 根框架柱柱底弯矩。

因此，框支框架部分分担的倾覆力矩比例 η_{f} 为：

$$\eta_{\mathrm{f}}=\frac{\sum_{i=1}^{n}N_i(x_i-x_0)+\sum_{i=1}^{n}M_{\mathrm{c}i}}{M_{\mathrm{ov}}} \tag{22}$$

文献［7］指出轴力法存在不同求矩点计算结果不一致的问题。

5 力偶法于框支剪力墙结构的应用

根据文献［9］的研究成果，对于框架剪力墙结构而言，框架部分承担的倾覆力矩为

$$M_{\mathrm{f}}=M_{\mathrm{o\text{-}f}}+M_{\mathrm{c}}^{\mathrm{u}}+\sum_{i=1}^{n}M_{\mathrm{c}i} \tag{23}$$

式中：$M_{\mathrm{o\text{-}f}}$ 为受拉群柱轴力合力与受压群柱轴力合力形成的力偶；$M_{\mathrm{c}}^{\mathrm{u}}$ 为框架柱不平衡轴力与剪力墙不平衡轴力形成不平衡力偶分解到框架承担的部分，可按式（24）计算。

$$M_{\mathrm{c}}^{\mathrm{u}}=\sum_{i=1}^{n}V_i^{\mathrm{u}}(x_{\mathrm{c}}^{\mathrm{u}}-x_i) \tag{24}$$

式中 $x_{\mathrm{c}}^{\mathrm{u}}$、$V_i^{\mathrm{u}}$ 分别为框架柱不平衡轴力作用点、第 i 层梁上不平衡剪力，V_i^{u} 可按式（25）计算。

$$V_i^{\mathrm{u}}=(N_{\mathrm{c}(i)}^{\mathrm{c}}-N_{\mathrm{c}(i+1)}^{\mathrm{c}})-(N_{\mathrm{c}(i)}^{\mathrm{t}}-N_{\mathrm{c}(i+1)}^{\mathrm{t}}) \tag{25}$$

式中：$N_{\mathrm{c}(i)}^{\mathrm{c}}$ 为第 i 层受压框架柱合压力；$N_{\mathrm{c}(i)}^{\mathrm{t}}$ 为第 i 层受拉框架柱合拉力。

由此可得由力偶法计算得到的框支框架承担的倾覆力矩比为：

$$\eta_{\mathrm{f}}=\frac{M_{\mathrm{o\text{-}f}}+M_{\mathrm{c}}^{\mathrm{u}}+\sum_{i=1}^{n}M_{\mathrm{c}i}}{M_{\mathrm{ov}}} \tag{26}$$

与式（2）的抗规算法相比，力偶法考虑了竖向构件轴力及位置对抵抗外力矩的影响，更符合各竖向构件的实际受力状态；与轴力法相比，力偶法严格根据梁受力反弯点位置进行计算，理论严密合理。

6 算例

图 6 为非对称的框支剪力墙结构算例，框支柱截面为 1000mm×1000mm，转换梁截

面 $b\times h$ 为 500mm×1000mm，连梁截面 $b\times h$ 为 200mm×800mm 剪力墙墙厚为 200mm，混凝土强度等级均为 C30。在图 6 所示水平力作用下，分别采用 PKPM 软件的抗规法、轴力法以及本文的抗规法、力偶法得到的框支层框支框架承担的倾覆力矩比，计算结果见表 3。

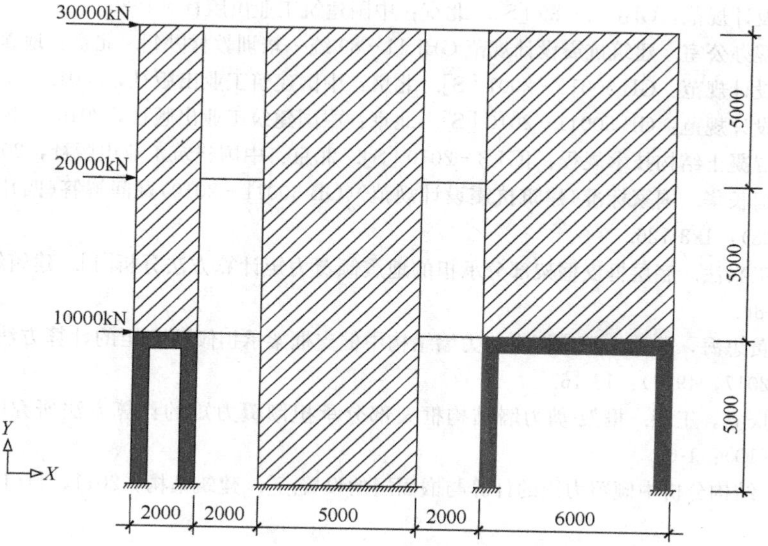

图 6　框支剪力墙结构案例示意图

X 向框支框架承担倾覆力矩比　　表 3

PKPM		本文算法	
抗规法	轴力法	抗规法	力偶法
13.86%	65.9%	50.8%	65.7%

表 3 计算结果表明，PKPM 采用的抗规法计算结果为 13.86%，此计算结果明显偏小，会造成不合理的判断；轴力法及力偶法的计算结果约为 65.9%，而本文提出的抗规算法计算结果为 50.8%，比其他软件采用的抗规算法大得多。由于不平衡轴力较小，由文献［9］可知，此案例的轴力法与力偶法计算结果接近。

7　结论

（1）PKPM、ETABS 应用抗规法计算的框支框架倾覆力矩占比偏小。

（2）YJK 的算法将框支层以上的地震力集中在框支层后沿用抗规法计算倾覆力矩比，虽然计算结果较 PKPM、ETABS 软件的计算结果大，但仅仅考虑了框支框架的剪力，其计算结果仍然是偏小的。

（3）轴力法考虑了框支柱底部轴力对抵抗外力矩的贡献是合理的，但计算结果会因求矩点的不同有所差异。

（4）抗规法应用于部分框支剪力墙结构时，框支框架部分承担的倾覆力矩应为框支层框支框架及以上隔离体所分配到的层水平外力对框支层框支框架的力矩之和。

（5）轴力法求矩点定在底层的一个点，而力偶法则严格根据梁受力反弯点位置进行计算，理论严密合理，供工程界参考使用。

参考文献

[1] 建筑抗震设计规范：GBJ 11－89［S］. 北京：中国建筑工业出版社，1989.

[2] 建设部抗震办公室. 建筑抗震设计规范 GBJ 11－89 统一培训教材［M］. 北京：地震出版社，1990.

[3] 建筑抗震设计规范：GB 50011－2001［S］. 北京：中国建筑工业出版社，2001.

[4] 建筑抗震设计规范：GB 50011－2010［S］. 北京：中国建筑工业出版社，2010.

[5] 高层建筑混凝土结构技术规程：JGJ 3－2010［S］. 北京：中国建筑工业出版社，2011.

[6] 钱稼茹，柯长华. 国家标准《建筑抗震设计规范》(GB 50011－2010)疑问解答(四)［J］. 建筑结构，2011，41(3)：123-126.

[7] 林超伟，王兴法. 底层框支框架部分承担的地震倾覆力矩计算方法分析［J］. 建筑结构，2012，42(11)：84-86.

[8] 刘付钧，黄忠海，吴铭. 部分框支剪力墙结构中框支框架承担倾覆力矩的计算方法及应用［J］. 建筑结构，2017，49(9)：13-16.

[9] 魏琏，曾庆立，王森. 框架-剪力墙结构框架部分承担倾覆力矩的计算方法研究［J］. 建筑结构，2021，51(10)：1-6.

[10] 陈晓明. 结构分析中倾覆力矩的计算与嵌固层的设置［J］. 建筑结构，2011，41(11)：176-180.

12. 论高层建筑结构重力二阶效应

许 璇，曾庆立，魏 琏

【摘 要】 详细介绍了重力二阶效应的计算方法，提出了二阶效应比的概念，结合 9 个实际工程案例二阶效应比的分析，指出了现有方法存在的问题。现有程序容易实现 $P\text{-}\Delta$ 效应的计算，建议一般的高层建筑结构均宜考虑 $P\text{-}\Delta$ 效应的影响，不规则高层建筑结构及超高层结构应考虑 $P\text{-}\Delta$ 效应的影响。

【关键词】 重力二阶效应；$P\text{-}\Delta$ 贡献；二阶效应比；刚重比

Discussion about second-order effects of gravity loading in high-rise building

Xu Xuan，Zeng Qingli，Wei Lian

Abstract: The method of considering second-order effects of gravity loading was described in detail，then a new coefficient named as"ratio of second-order effects (RSE)" was proposed. Based on analysis of RSE of 9 practical projects and discussion of current methods of considering second-order effects of gravity loading，several problems of current methods were pointed out. It is very easy to consider $P\text{-}\Delta$ effects by present building design programs. Thus it is suggested that $P\text{-}\Delta$ effects should better be considered in all regular high-rise building structures，and should be considered in all irregular and super high-rise structures.

Keywords: second-order effects of gravity loading; $P\text{-}\Delta$ contribution; ratio of second-order effect; stiffness gravity ratio

0 前言

高层建筑在水平荷载作用下，产生一定的水平位移，由于结构上同时存在重力荷载的作用，基于二阶理论分析，结构的内力和位移会有不同程度的增加，此即重力二阶效应。随着我国经济及文化的快速发展，国内高层建筑的造型越来越奇特，此类高层建筑往往具有结构体型复杂、层数多、竖向荷载大、抗侧刚度较小等特点，在风荷载、地震作用甚至自重的作用下，重力二阶效应对此类结构的内力和位移的影响应需引起工程界的关注。

本文详细介绍了重力二阶效应的计算方法，提出了二阶效应比的概念，结合 9 个实际工程案例二阶效应比的分析，并通过总结现行考虑重力二阶效应的方法，指出了现有方法存在的问题，提出了设计中考虑重力二阶效应的建议。

1 ETABS 程序重力二阶效应分析的实现方法

重力二阶效应包括两种类型，一种是由于结构整体的侧移引起的 $P\text{-}\Delta$ 贡献，另外一种是由于杆件的变形引起的 P-δ 贡献[1]。一般而言，由整体侧移引起的 P-Δ 贡献是重要的，但对于细柔的受压杆件 P-δ 贡献亦不能忽视。本文主要研究结构整体侧移引起的 P-Δ 效应，也介绍了 P-δ 贡献的考虑方法。此处以 ETABS 程序为例，说明程序在计算分析模型时是如何计算重力二阶效应的。

1.1 几何刚度矩阵

如图 1(a) 所示，杆件受拉力 P 和横向力 T，在横向力 T 作用下产生位移 Δ，与小变形理论相比较，如图 1(b) 所示，当考虑重力二阶效应的影响时，拉力 P 会使杆件的底部弯矩减小 $P\Delta$，相当于拉力使杆件的侧向刚度增加。

如图 2(a) 所示，杆件受压力 P 和横向力 T，在横向力 T 作用下产生位移 Δ，同样地，与小变形理论相比较，如图 2(b) 所示，当考虑重力二阶效应的影响时，压力 P 会使杆件的底部弯矩增加 $P\Delta$，相当于压力使杆件的侧向刚度减小。

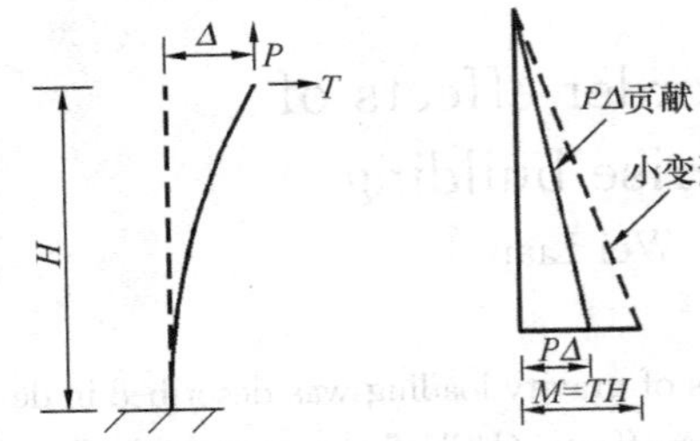

(a) 杆件受拉示意图　(b) 杆件受拉内力图

图 1　杆件受拉示意图及内力图

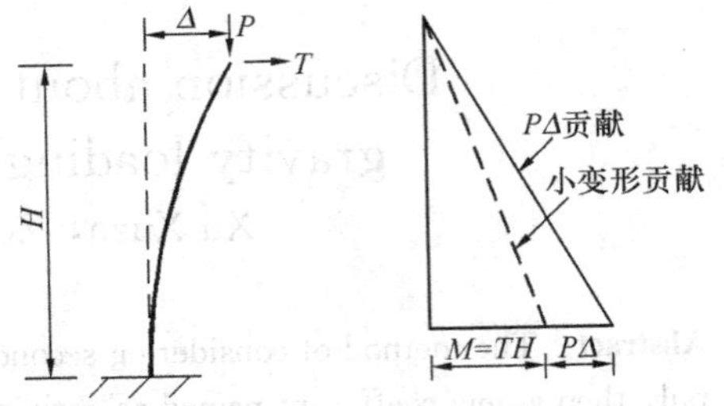

(a) 杆件受压示意图　(b) 杆件受压内力图

图 2　杆件受压示意图及内力图

如上所述，重力二阶效应可以认为是拉力使杆件的侧向刚度增加，压力使杆件侧向刚度减小，这种特性是由于结构的几何刚度改变所引起[2]。程序考虑重力二阶效应的方法一般是在初始弹性刚度矩阵中引入几何刚度矩阵。图 3 所示的杆件长度为 L，两端有初始拉力 T。

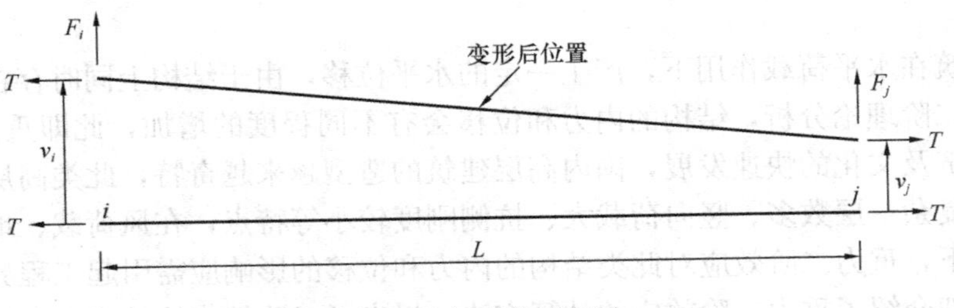

图 3　几何刚度示意图

若杆件的两端有不同的侧向位移 v_i、v_j，则必定产生附加力 F_i、F_j 使得杆件在变形的位置达到平衡，这里假定所有向上的力和位移为正。于是可以通过矩阵方程的方法写出变形后的平衡方程，如下式所示：

$$\begin{bmatrix} F_i \\ F_j \end{bmatrix} = \frac{T}{L} \begin{bmatrix} 1 & -1 \\ -1 & 1 \end{bmatrix} \begin{bmatrix} v_i \\ v_j \end{bmatrix} \tag{1}$$

或者用符号表示为：

$$F_{\mathrm{G}} = \boldsymbol{K}_{\mathrm{G}} v \tag{2}$$

式中　$\boldsymbol{K}_{\mathrm{G}}$ 为几何刚度矩阵，它与外荷载产生的单元轴向力有关。

当不考虑重力二阶效应时，程序分析中使用的静力方程为：

$$F_{\mathrm{E}} = \boldsymbol{K}_{\mathrm{E}} v \tag{3}$$

式中　$\boldsymbol{K}_{\mathrm{E}}$ 为结构的初始弹性刚度矩阵。

当需要考虑重力二阶效应时，程序分析中使用的静力方程为：

$$F = [\boldsymbol{K}_{\mathrm{G}} + \boldsymbol{K}_{\mathrm{E}}] v \tag{4}$$

程序通过求解方程（4），即可考虑重力二阶效应的影响。

1.2　*P*-*Δ* 贡献分析实现方法

如上所述，重力二阶效应包括 P-Δ 贡献与 P-δ 贡献两部分。研究表明[3,4]，通常重力二阶效应中的 P-Δ 贡献比 P-δ 贡献更为显著。原因如下：其一，与层间位移相比，竖向构件自身的挠曲较小；其二，实际工程的竖向构件通常发生的是双曲率弯曲，与单曲率弯曲相比，双曲率弯曲的竖向构件 P-δ 贡献较小。

分析阶段同时考虑 P-Δ 贡献与 P-δ 贡献，每一个荷载组合都需要建立独立的非线性工况，会导致计算效率低。建议在分析阶段只考虑 P-Δ 贡献，在设计阶段通过对分析阶段的内力进行放大来考虑 P-δ 贡献，此方法也是目前国际和我国规范[5]推荐的做法。

在计算几何刚度矩阵 $\boldsymbol{K}_{\mathrm{G}}$ 时只考虑总竖向荷载产生的轴力即可精确地计算 P-Δ 贡献。在程序中可以通过在初始 P-Δ 分析中指定竖向荷载组合作为几何刚度矩阵的相关荷载，在后续分析中以此几何刚度矩阵为基础，建立各单工况的线性分析工况。这种计算方法的好处在于采用了指定的 P-Δ 分析工况，运算的全过程只需要计算一次几何刚度矩阵即可，计算效率高；同时由于各单工况为线性工况，可在设计时直接进行荷载组合。

2　关于刚重比的讨论

目前，我国主要采用刚重比作为弹性阶段是否考虑结构重力二阶效应的指标。《高层建筑混凝土结构技术规程》JGJ 3－2010[6]规定，当 $EJ_{\mathrm{d}}/H^2\sum_{i=1}^{n}G_i \geqslant 2.7$ 时，可不考虑重力二阶效应；当 $EJ_{\mathrm{d}}/H^2\sum_{i=1}^{n}G_i < 1.4$ 时，重力二阶效应将会呈非线性关系急剧增长，结构不满足整体稳定性；当 $1.4 \leqslant EJ_{\mathrm{d}}/H^2\sum_{i=1}^{n}G_i < 2.7$ 时，需要考虑重力二阶效应对结构内力和位移的不利影响。刚重比方法的提出基于许多假定条件，文献［7］中把高层建筑混凝土结构假定为具有中等长细比质量与刚度沿高均匀分布的悬臂杆，由欧拉公式得到顶部加竖向力时的临界荷载为：

$$P_{\mathrm{cr}} = \pi^2 \frac{EJ_{\mathrm{d}}}{4H^2} \tag{5}$$

由于重力荷载沿高均匀分布，作用在悬臂杆顶部的临界荷载 P_{cr} 与重力荷载总和 $\left[\sum_{i=1}^{n} G_i\right]_{cr}$ 之间的关系为：

$$P_{cr}=\frac{1}{3}\left[\sum_{i=1}^{n} G_i\right]_{cr} \tag{6}$$

将式（6）代入式（5）得：

$$\left[\sum_{i=1}^{n} G_i\right]_{cr}=7.4\frac{EJ_d}{H^2} \tag{7}$$

又利用能量法求出考虑重力二阶效应的结构侧向位移 Δ^* 和不考虑重力二阶效应的结构侧向位移 Δ 之间的关系为：

$$\Delta^*=\frac{1}{1-\sum_{i=1}^{n} G_i/\left[\sum_{i=1}^{n} G_i\right]_{cr}}\Delta \tag{8}$$

基于式（7）、式（8）推导出侧向位移增幅和 $EJ_d/H^2\sum_{i=1}^{n} G_i$（刚重比）之间的关系如式（9）所示，提出用刚重比作为控制其重力二阶效应的设计指标：

$$\Delta^*=\frac{1}{1-\dfrac{0.135}{EJ_d/H^2\sum_{i=1}^{n} G_i}}\Delta \tag{9}$$

根据式（9）可以得出：当 $EJ_d/H^2\sum_{i=1}^{n} G_i=2.7$ 时，$(\Delta^*-\Delta)/\Delta$ 约为 5%；当 $EJ_d/H^2\sum_{i=1}^{n} G_i=1.4$ 时，$(\Delta^*-\Delta)/\Delta$ 约为 10%。

最后假定倒三角形分布水平荷载作用下悬臂杆和结构整体位移相等，如图 4 所示，换算出刚重比和水平荷载之间的关系为：

$$\frac{EJ_d}{H^2\sum_{i=1}^{n} G_i}=0.135\left(\frac{M_{ov}}{\sum_{i=1}^{n} G_i\cdot\dfrac{\Delta}{2}}+1\right)\approx 0.135\frac{M_{ov}}{\sum_{i=1}^{n} G_i\cdot\dfrac{\Delta}{2}} \tag{10}$$

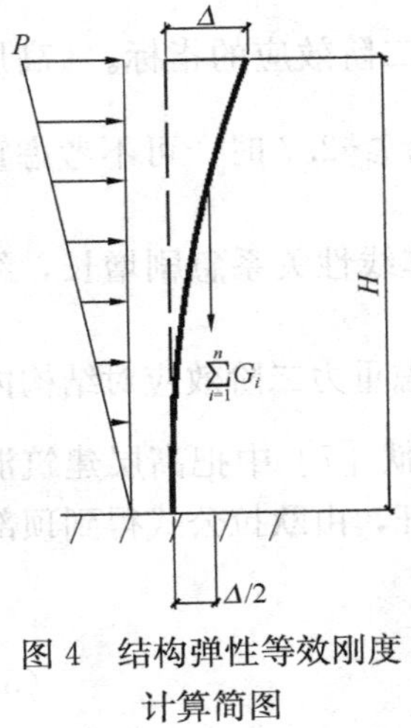

图 4　结构弹性等效刚度计算简图

由式（10）可得出结构的弹性等效侧向刚度的算法为：

$$EJ_d=\frac{10.8qH^4}{120\Delta}\approx\frac{11qH^4}{120\Delta} \tag{11}$$

德国混凝土结构设计规范 DIN 1045-1[8] 第 8.6.2-(5) 条规定，当结构的竖向构件分布基本对称，且扭转效应较小，结构满足抗侧刚度/（高度平方×重力荷载）即 $EJ_d/H^2\sum_{i=1}^{n} G_i\geqslant 2.78$ 时可不考虑重力二阶效应的影响。此规定与我国《高层建筑混凝土结构技术规程》JGJ 3－2010[6]的规定基本相同。

这些年来，运用刚重比来控制结构的重力二阶效应在我国的高层建筑设计中得到了广泛的应用。对于结构体系较规则的高层建筑，在分析手段尚不完善的年代，对促进我国高层建筑的结构设计起到了一定的作用。然而刚重比方法在实际工程的应用中也暴露了一些问题：

（1）刚重比的基本力学模型为质量与刚度沿高分布均匀的悬臂杆，在许多的实际工程中出现不适用的情况。如在竖向荷载作用下已经存在横向变形的结构，存在加强层、转换层和大裙房等质量和刚度不能满足其等截面均值杆假定的结构。

（2）刚重比的方法把重力二阶效应对结构的影响表述为对结构顶点位移的影响，并据此判断结构是否需要考虑重力二阶效应。然而实际工程中结构顶点位移的变化并不能反映所有构件的内力的变化。

（3）对于规范规定不考虑重力二阶效应的结构，实际工程中不能保证所有构件的内力变化都在5%以内，对于此部分构件来说计算结果偏于不安全。

目前的计算手段已经比较完善，程序可以很容易实现 P-Δ 分析，对于刚重比存在的不足之处，可以通过程序较精确的 P-Δ 分析进行弥补。

3 结构与构件的二阶效应比

3.1 二阶效应比的定义

重力二阶效应对高层结构的影响表现为对结构整体参数如顶点位移、层间位移角、基底倾覆力矩和构件内力如轴力、剪力、弯矩的影响，且其对整体参数和构件内力的影响是不同的。为清晰表示重力二阶效应影响的大小，本文提出二阶效应比的概念，即考虑 P-Δ 贡献与不考虑 P-Δ 贡献结构整体参数或构件内力的比值。

结构整体参数的二阶效应比定义如下：

顶点位移二阶效应比为：

$$R_{\Delta,\mathrm{D}}=\frac{D_{\mathrm{PD}}}{D_{\mathrm{NPD}}} \tag{12}$$

层间位移角二阶效应比为：

$$R_{\Delta,\theta}=\frac{\theta_{\mathrm{PD}}}{\theta_{\mathrm{NPD}}} \tag{13}$$

基底倾覆力矩二阶效应比为：

$$R_{\Delta,\mathrm{M}}^{\mathrm{B}}=\frac{M_{\mathrm{PD}}^{\mathrm{B}}}{M_{\mathrm{NPD}}^{\mathrm{B}}} \tag{14}$$

构件内力的二阶效应比定义如下：

轴力二阶效应比为：

$$R_{\Delta,\mathrm{N}}=\frac{N_{\mathrm{PD}}}{N_{\mathrm{NPD}}} \tag{15}$$

弯矩二阶效应比为：

$$R_{\Delta,\mathrm{M}}=\frac{M_{\mathrm{PD}}}{M_{\mathrm{NPD}}} \tag{16}$$

剪力二阶效应比为：

$$R_{\Delta,\mathrm{V}}=\frac{V_{\mathrm{PD}}}{V_{\mathrm{NPD}}} \tag{17}$$

式中：D_{PD}、θ_{PD}、$M_{\mathrm{PD}}^{\mathrm{B}}$、$N_{\mathrm{PD}}$、$M_{\mathrm{PD}}$、$V_{\mathrm{PD}}$分别为考虑 P-Δ 效应的结构顶点位移、层间位移角、基底倾覆力矩、构件轴力、弯矩、剪力；D_{NPD}、θ_{NPD}、$M_{\mathrm{NPD}}^{\mathrm{B}}$、$N_{\mathrm{NPD}}$、$M_{\mathrm{NPD}}$、$V_{\mathrm{NPD}}$ 分别为不考虑 P-Δ 效应的结构顶点位移、层间位移角、基底倾覆力矩、构件轴力、弯矩、剪力。

3.2 二阶效应比结果分析

选择各有特点的 9 个高层建筑工程对其二阶效应比进行比较。采用我国及国际规范推荐的方法，分析阶段只考虑 P-Δ 贡献，各项目分别进行考虑与不考虑 P-Δ 的计算。根据计算结果统计结构整体参数二阶效应比及构件内力二阶效应比。

表 1 为根据程序的计算结果，统计在 50 年一遇风荷载作用下得到的各项目结构整体参数二阶效应比数据。

从表 1 的数据可知，项目 1～9 的顶点位移二阶效应比最大为 1.09，最小为 1.04，相对应的层间位移角二阶效应比、基底倾覆力矩二阶效应比的范围大概在 1.04～1.09 之间，即结构的顶点位移与层间位移角、基底倾覆力矩的二阶效应比接近。

结构整体参数二阶效应比

表 1

项目编号	结构体系	高度(m)	基本周期(s)	刚重比		顶点位移			最大层间位移角			倾覆力矩
				X	Y	D_{PD}(mm)	D_{NPD}(mm)	$R_{\Delta,\mathrm{D}}$	θ_{PD}	θ_{NPD}	$R_{\Delta,\theta}$	$R_{\Delta,\mathrm{M}}^{\mathrm{B}}$
1	框筒	407.4	7.69	1.34	1.32	644.4	591.1	1.09	1/486	1/530	1.09	1.08
2	框筒	441	8.95	1.46	1.46	599.9	550.1	1.09	1/487	1/521	1.07	1.08
3	框筒	540	8.53	1.49	1.48	637.7	582.4	1.09	1/616	1/672	1.09	1.08
4	框筒	174	5.06	1.95	2.5	122.7	113.9	1.08	1/1151	1/1242	1.08	1.07
5	框筒	278.1	5.47	3.14	2.26	523.8	483.2	1.08	1/510	1/538	1.05	1.05
6	框筒	193	4.24	3.91	4.05	167.8	160.6	1.04	1/984	1/1031	1.05	1.04
7	框筒	148.7	3.57	3.97	3.35	77.7	74.3	1.05	1/1529	1/1602	1.05	1.04
8	剪力墙	79.2	2.52	3.92	4.48	25.7	24.6	1.04	1/2342	1/2450	1.05	1.04
9	剪力墙	94.67	2.84	4	3.5	59.2	56.8	1.04	1/1351	1/1410	1.04	1.04

注：1. 基本周期及刚重比均为未考虑 P-Δ 的计算结果；

2. 项目 5 为平面复杂的巨柱斜撑框架-组合核心筒结构，项目 7 为框架（带柱转换）-两端边筒结构。

表 2 为根据程序的计算结果，统计得到的各项目构件内力二阶效应比数据。为了得到结构构件在不同荷载组合下的二阶效应比，分别计算了如下 4 种荷载组合工况：1）工况 1：1.2 恒载＋1.4 活载＋0.84 风荷载；2）工况 2：1.2 恒载＋1.4 活载－0.84 风荷载；3）工况 3：1.2 恒载＋0.98 活载＋1.4 风荷载；4）工况 4：1.2 恒载＋0.98 活载－1.4 风荷载。

表 2 给出了构件内力二阶效应比的最大值，除此之外，项目 1～3 部分构件的二阶效

应比在 1.1～1.2 之间变化；项目 5、6 部分构件的二阶效应比在 1.1～1.15 之间变化；其余项目部分构件二阶效应比的变化范围主要在 1.1 以内。从表 2 可知部分构件内力的二阶效应比大于结构整体指标的二阶效应比，最大可达 1.2 左右，设计中不可忽略。

构件二阶效应比最大值 **表 2**

项目编号	轴力二阶效应比 $R_{\Delta,N}$			剪力二阶效应比 $R_{\Delta,V}$			弯矩二阶效应比 $R_{\Delta,M}$		
	柱	剪力墙	斜撑、桁架	柱	剪力墙	斜撑、桁架	柱	剪力墙	斜撑、桁架
1	1.03	1.03	1.20(1.36)	1.13	1.15(1.19)	1.09(1.24)	1.11(1.14)	1.16(1.22)	1.09(1.25)
2	1.09	1.09	1.20(1.27)	1.19	1.13(1.44)	1.10(1.22)	1.12(1.14)	1.16(1.27)	1.12(1.35)
3	1.03	1.02	1.16(1.27)	1.12(1.23)	1.10(1.19)	1.08(1.19)	1.12(1.18)	1.10(1.38)	1.09(1.33)
4	1.01	1.01	—	1.03	1.08(1.17)	—	1.11	1.11	—
5	1.05	1.04	1.11(1.13)	1.14(1.42)	1.10(1.16)	1.14	1.15(1.29)	1.12(1.15)	1.09(1.34)
6	1.02	1.04	1.11	1.07	1.07	—	1.14	1.09	1.07
7	1.01	1.01	—	1.04	1.02	—	1.04	1.02	—
8	—	1.01	—	—	1.03	—	—	1.05	—
9	—	1.01	—	—	1.03	—	—	1.05	—

注：1. 表中数据为不利工况二阶效应比最大值的统计结果，括号内数据为 4 种工况二阶效应比最大值的统计结果；

2. 项目 4、项目 7 无斜撑、桁架等构件。

3.3 刚重比与二阶效应比的关系

上述工程案例中发现，刚重比能基本反映结构整体参数的重力二阶效应，但是无法反映单个竖向构件内力的二阶效应。

从表 1、表 2 可知，9 个案例中，刚重比略小于 1.4 的项目 1 的整体参数二阶效应比在 1.1 以内，构件内力二阶效应比在 1.03～1.2 之间变化。从表 2 可知，刚重比在 1.4～2.7 之间的项目 2～5 的构件内力二阶效应比在 1.01～1.2 之间变化；其中，项目 5 的刚重比为 2.3 左右，但其二阶效应比能达到 1.15，究其原因是项目 5 在自重作用下就产生一定的侧移，这恰好说明，对于此类结构，刚重比未能真实反映重力二阶效应对构件内力的影响。

刚重比大于 2.7 的项目 6～9 的构件内力二阶效应比在 1.01～1.14 之间变化；其中，项目 6 的刚重比为 4.0 左右，按规范的要求，可不考虑重力二阶效应的影响，但实际上项目 6 为存在楼板大开洞、核心筒偏置的复杂结构，计算得到的构件内力二阶效应比较大，设计中应考虑重力二阶效应的影响。

以项目 1 和项目 6 为例分别详细说明 P-Δ 对构件内力的影响。

由图 5(a)～(c)可知，项目 1 的柱轴力二阶效应比 $R_{\Delta,N}$在 1.05 以内，剪力二阶效应比 $R_{\Delta,V}$最大值在 1.13 左右，弯矩二阶效应比 $R_{\Delta,M}$最大值在 1.11 左右；由图 5(d)～(f)可知，项目 1 的剪力墙轴力二阶效应比 $R_{\Delta,N}$ 在 1.05 以内，剪力二阶效应比 $R_{\Delta,V}$ 最大值在 1.15 左右，弯矩二阶效应比 $R_{\Delta,M}$最大值在 1.16 左右，大部分集中在 1.05～1.15 之间；由图 5(g)～(i)可知，项目 1 的斜撑轴力二阶效应比 $R_{\Delta,N}$最大值在 1.2 以内，剪力二阶效应比 $R_{\Delta,V}$最大值在 1.1 左右，弯矩二阶效应比 $R_{\Delta,M}$最大值在 1.1 左右。从以上数据可知，

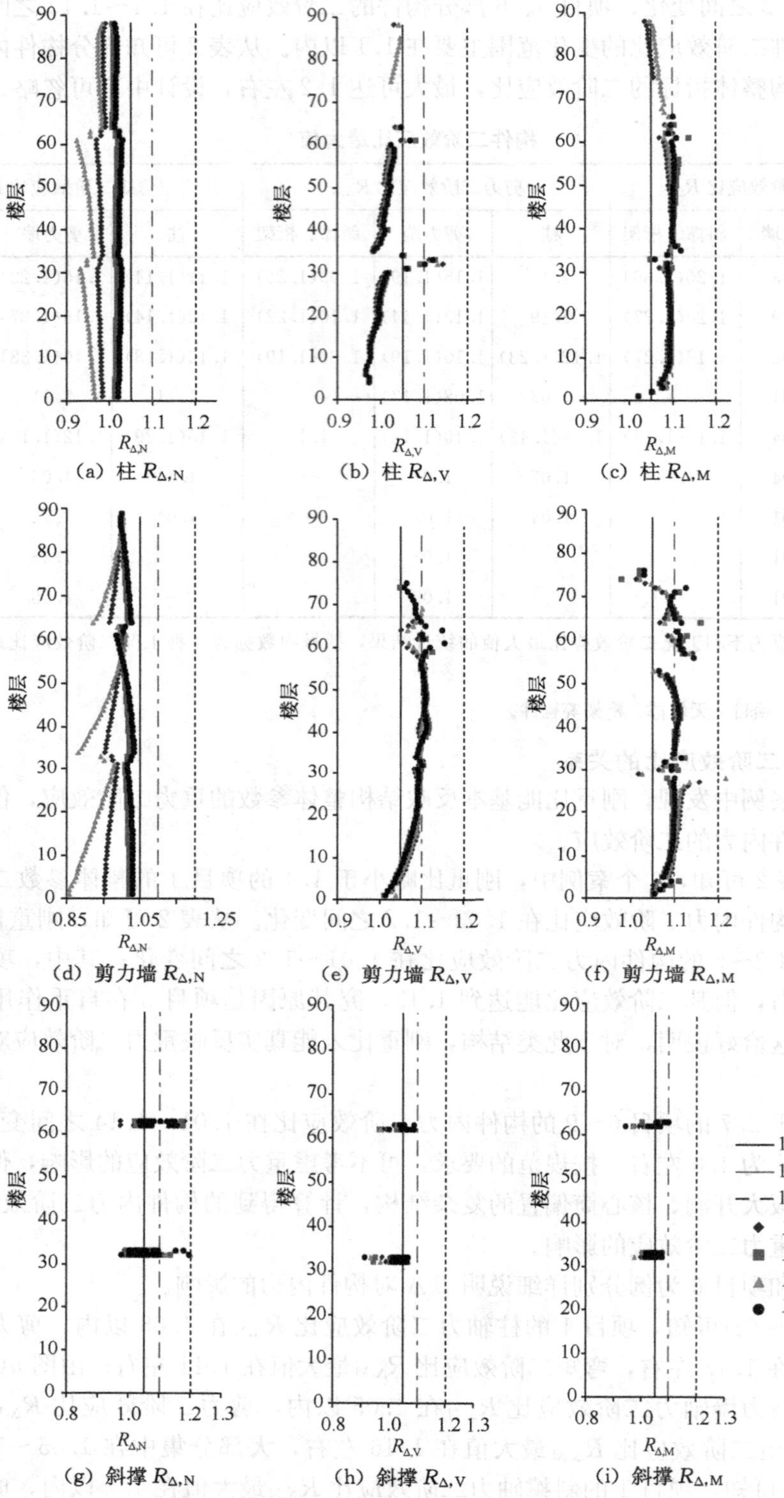

图 5　项目 1 某柱、剪力墙、斜撑的轴力、剪力、弯矩二阶效应比

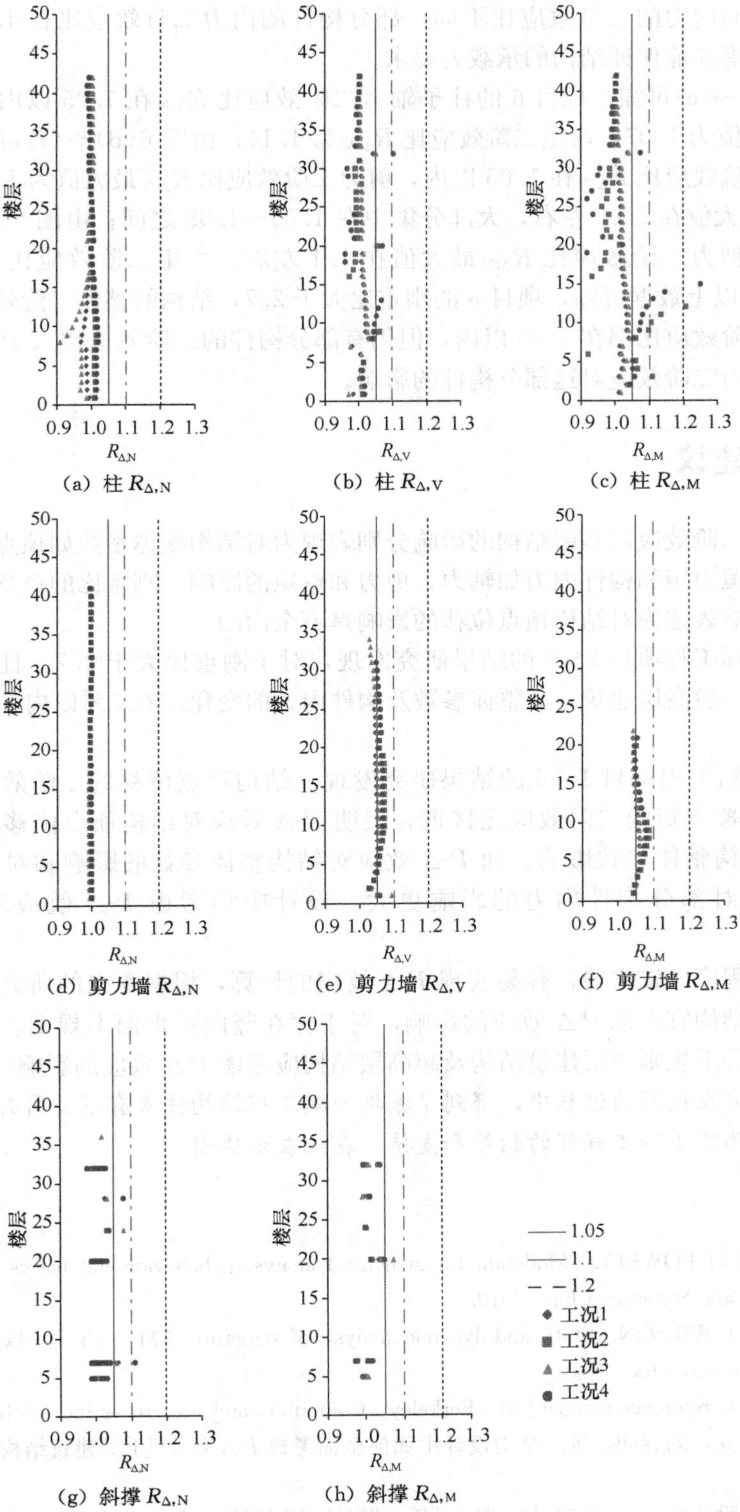

(a) 柱 $R_{\Delta,N}$　(b) 柱 $R_{\Delta,V}$　(c) 柱 $R_{\Delta,M}$

(d) 剪力墙 $R_{\Delta,N}$　(e) 剪力墙 $R_{\Delta,V}$　(f) 剪力墙 $R_{\Delta,M}$

(g) 斜撑 $R_{\Delta,N}$　(h) 斜撑 $R_{\Delta,M}$

图 6　项目 6 某柱、剪力墙、斜撑的轴力、剪力、弯矩二阶效应比

不同构件的不同内力的二阶效应比不同，部分构件的内力二阶效应比在 1.1～1.2 之间，设计时加以考虑亦能保证结构的承载力要求。

由图 6(a)～(c)可知，项目 6 的柱子轴力二阶效应比 $R_{\Delta,N}$在 1.05 以内，剪力二阶效应比 $R_{\Delta,V}$最大值为 1.07，弯矩二阶效应比 $R_{\Delta,M}$为 1.14；由图 6(d)～(f)可知，项目 6 的剪力墙轴力二阶效应比 $R_{\Delta,N}$在 1.05 以内，剪力二阶效应比 $R_{\Delta,V}$最大值为 1.07，弯矩二阶效应比 $R_{\Delta,M}$最大值在 1.08 左右，大部分集中在 1.05～1.08 之间；由图 6(g)～(h)可知，项目 6 的斜撑轴力二阶效应比 $R_{\Delta,N}$最大值在 1.1 左右，弯矩二阶效应比 $R_{\Delta,M}$最大值在 1.08 左右。从以上数据可知，项目 6 的刚重比大于 2.7，结构的整体二阶效应比较小，大部分构件的二阶效应比都在 1.05 以内，但仍有部分构件的二阶效应比大于 1.05，在设计中不可忽视重力二阶效应对这部分构件的影响。

4 结论和建议

(1) 重力二阶效应对高层结构的影响分别表现为对结构整体参数如顶点位移、层间位移角、基底倾覆力矩和构件内力如轴力、剪力和弯矩的影响。刚重比的概念把重力二阶效应对结构的影响表述为对结构顶点位移的影响是不全面的。

(2) 对实际工程项目 7～9 的结果研究发现，对于刚重比大于 2.7，且质量和刚度沿高分布均匀的一般高层建筑，其整体参数及构件内力的变化均在 5%以内，满足工程设计精度的要求。

(3) 对实际工程项目 1～6 的结果研究发现，结构顶点位移的二阶效应比与层间位移角、基底倾覆力矩的二阶效应比接近，表明 $P\text{-}\Delta$ 效应对结构顶点位移的影响可以反映其对其他结构整体参数影响。而 $P\text{-}\Delta$ 效应对结构整体参数的影响和对构件内力的影响程度不同，对部分构件内力的影响更大，设计中须考虑 $P\text{-}\Delta$ 效应对构件内力的影响。

(4) 现有程序已较完善，容易实现 $P\text{-}\Delta$ 效应的计算，根据本文的研究结果，建议一般的高层建筑结构宜考虑 $P\text{-}\Delta$ 效应的影响，对于存在竖向或平面不规则、在竖向荷载作用下存在侧移等不规则高层建筑结构及超高层结构应考虑 $P\text{-}\Delta$ 效应的影响。

致谢：本文在撰写的过程中，得到了深圳力鹏工程结构技术有限公司孙仁范教授、王森博士、刘跃伟博士等工程师的指导和支持，在此表示感谢。

参考文献

[1] GRAHAM H POWELL. Modeling for structural analysis：behavior and basics [M]. Berkeley：Computers and Structures Inc. 2010.

[2] EDWARD L WILSON. Static and dynamic analysis of structures [M]. 4th ed. Berkeley：Computers and Structures Inc. 2010.

[3] CSI Analysis reference manual [M]. Berkeley：Computers and Structures Inc. 2013.

[4] 李楚舒，李立，刘春明，等. 结构设计中如何全面考虑 P-Δ 效应 [J]. 建筑结构，2014，44(5)：78-82.

[5] 混凝土结构设计规范：GB 50010－2010 [S]. 北京：中国建筑工业出版社，2011.

[6] 高层建筑混凝土结构技术规程：JGJ 3－2010 [S]. 北京：中国建筑工业出版社，2011.

[7] 徐培福，肖从真．高层建筑混凝土结构的稳定设计[J]. 建筑结构，2001，31(8)：69-72.
[8] Plain，reinforced and pre-stressed concrete structures，part i：design and construction：DIN1045-1 [S]. Berlin：German Standard Institution，2001.

本文原载于《建筑结构》2017 年第 47 卷第 3 期

13. 高层框筒结构空心板楼盖有限元模拟及受力分析

孙仁范，许　璇，魏　琏

【摘　要】在高层及超高层建筑中，空心板楼盖不但要传递竖向荷载，还要在水平荷载作用下协调内筒和外框结构分担的剪力。对空心板楼盖的模拟方法进行了探讨，通过与实体单元的对比研究，提出了采用离散板单元的方法来模拟空心板。以 249m 前海国际能源金融中心 T1 塔楼为例，结合实际空心板的构成，详细介绍了空心板作为离散板与其他构件外框梁、外框柱、暗梁、核心筒外墙等的连接部位的模拟。指出了空心板楼盖在竖向荷载和水平荷载作用下暗梁不能为空心板提供有效的支撑，外框巨柱边及核心筒外墙边空心板承受的弯矩和剪力较大。对于实际工程中空心板楼盖的高层框筒结构建议采用离散板的模拟方法并同时考虑竖向荷载及水平荷载的影响。

【关键词】高层框筒结构；离散板单元；空心板楼盖有限元模拟；受力特点

Finite element simulation and mechanical analysis of hollow slab floor of high-rise frame-corewall structure

Sun Renfan，Xu Xuan，Wei Lian

Abstract: In high-rise and super high-rise buildings，hollow slab floor not only transmits vertical load，but also coordinates the shear force shared by inner corewall and outer frame structures under horizontal loads. The simulation method of hollow slab floor was discussed，and the discrete slab element method was proposed to simulate hollow slab by comparing with the solid element. The 249m Qianhai International Energy and Finance Center Tower T1 was taken as an example，and the actual structure of hollow slab was considered to detailed introduce the simulation of connecting part between hollow slab as discrete slab and other components such as outer frame beam，outer frame column，concealed beam and outer wall of corewall. The concealed beam of hollow slab floor could not provide effective support for hollow slab under vertical and horizontal loads，and the hollow slab at the side of giant column and outer wall of corewall bore large bending moment and shear force. For high-rise frame-corewall structure of hollow slab floor in practical engineering，it was suggested that discrete slab simulation method should be adopted and effects of vertical and horizontal loads should be taken into account.

Keywords: high-rise frame-corewall structure; discrete slab element; finite element simulation of hollow slab floor; mechanical characteristic

0　前言

近年来，现浇空心板楼盖开始在高层及超高层建筑中获得应用，176m 绿景 NEO 大厦及249m前海国际能源金融中心T1塔楼均为采用现浇空心板楼盖框筒结构的范例。由于空心板楼盖不但要传递竖向荷载，还要在水平荷载作用下协调内筒和外框分担的剪力，因此探讨这类结构合理的设计计算方法是亟待解决的问题。

传统设计方法主要采用等代框架法和拟板法。等代框架法将暗梁及其两侧一定宽度范围内的空心板根据抗弯刚度等代为一根梁，即将二维面转化为一维线；由此计算得到内力后，再根据空心板、暗梁的相对刚度，以及周边构件的约束情况，将内力按一定规则分配到空心板和暗梁上进行配筋设计[1]。拟板法是按空心板的等弯刚度将其折算为单层板参与整体模型计算，最后根据板边积分出来的弯矩进行配筋。此法较等代框架法有了一定的进步，但两种方法均不能同时模拟空心板的抗剪刚度、轴向刚度及空心板纵肋方向和横肋方向刚度的差异，因而在高层特别是超高层建筑中的应用尚存在困惑。

本文以249m高的前海国际能源金融中心T1塔楼为例，采用通用有限元软件MIDAS Gen V8.36，结合实际空心板的构成，研究了同时考虑空心板抗弯、抗剪和轴向刚度的建模方法，并以此进行结构内力分析，提出了相应的设计建议。

图1　效果图

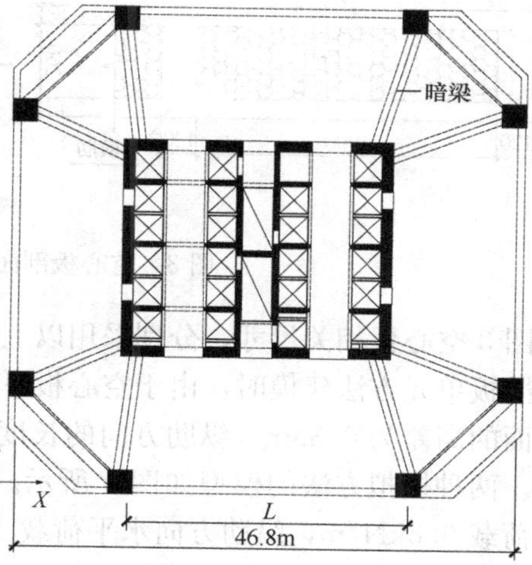

图2　典型楼层平面示意图

1　工程概况

塔楼地上54层，地下4层，屋面高度249m，结构平面为正方形，边长约为46.8m。由于核心筒的长宽不同且位置不居中，造成无梁空心楼板的跨度为9.5～12.3m不等。塔楼效果图及典型楼层平面布置示意图分别见图1、图2。塔楼采用带加强层的巨柱框筒结构体系，巨柱沿竖向呈内八字倾斜，每边两个巨柱的轴线距离 L 由底层26.6m逐渐缩小至顶层22.6m；内部核心筒尺寸约为24.5m×21m；边框梁最大跨度26.6m；建筑首层层高19.5m，标准层层高4.5m，沿竖向设置4个避难层（11、22、33、44层，层高均为5.1m）；除2层楼面、避难层顶面楼板、屋面、22，44层及其上下层外，办公区楼板均采用无梁空心板楼盖。

2 空心板模拟

本工程空心板剖面图及相关尺寸见图 3，最精确模拟空心板特性的方法应为实体单元有限元法。还有一种可行的方法是用板单元来分别模拟空心板的纵、横肋及肋间板，即离散板单元建模计算。

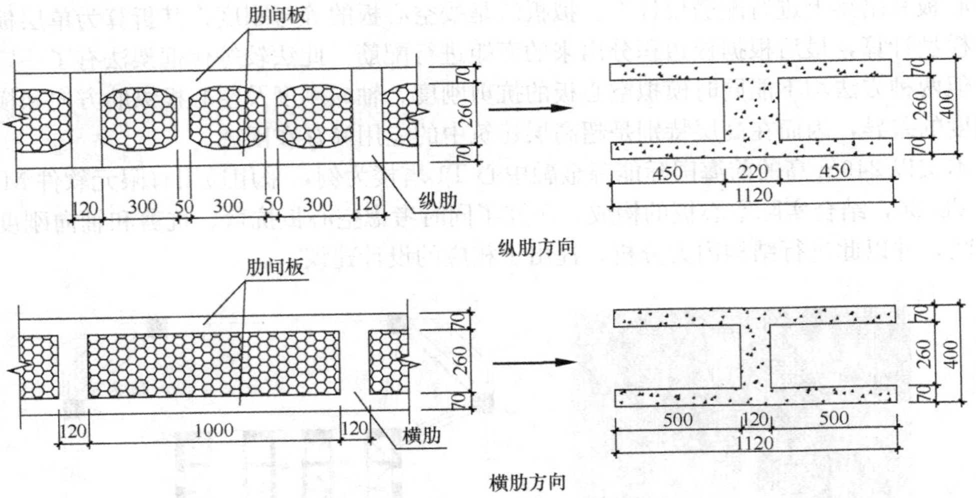

图 3　空心板剖面图及相关尺寸

依据图 3 空心板相关尺寸，分别采用以上两种方法建立一个简单的悬挑空心板模型，当采用离散板单元方法建模时，由于空心板厚度为 0.4m，且上下层板均为 0.07m 厚，上下层板中面的高差为 0.33m。纵肋方向的长度为 5.6m，横肋方向长度为 2.24m，空心板左端固接。两种模拟方法的模型如图 4 所示。分别对其施加竖向面荷载 10kN/m²，横肋方向水平荷载 9.8kN/m，纵肋方向水平荷载 1960kN/m（图 5），以检测两种模拟方法下空心板抗弯、抗剪及轴向刚度的差异。

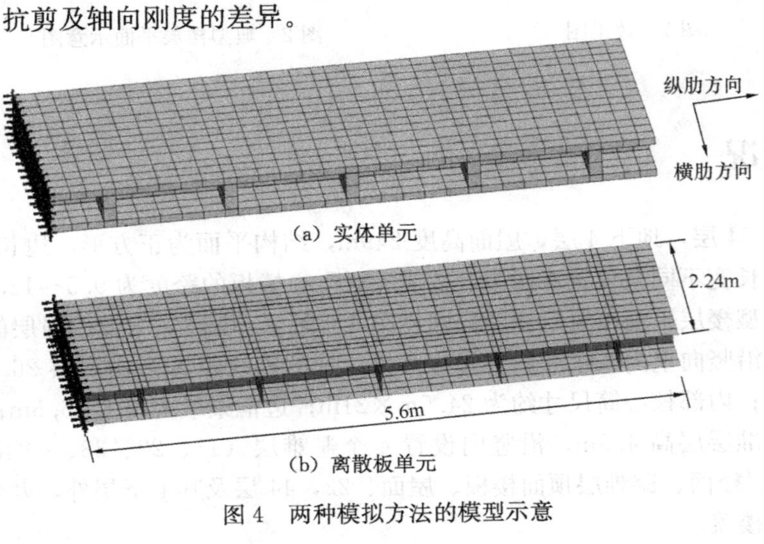

（a）实体单元

（b）离散板单元

图 4　两种模拟方法的模型示意

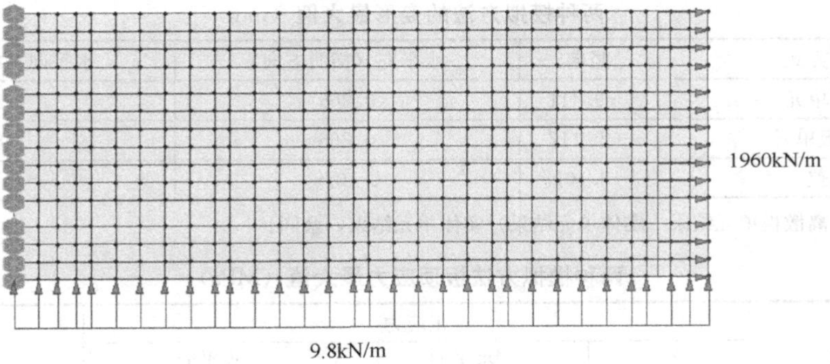

图 5　荷载施加示意图

由图 6 空心板变形图可以看出，离散板单元模型在横肋方向水平荷载作用下的变形分布情况与实体单元模型的结果一致，其在竖向荷载和纵肋方向水平荷载作用下变形分布情况也与实体单元模型的结果一致，由表 1 的计算结果可以看出，两种模拟方法的变形误差的绝对值在 5%以内。由图 7、图 8 空心板应力分布图可以看出，离散板单元模型在横肋方向水平荷载作用下的应力分布情况与实体单元模型的结果一致，其在竖向荷载和纵肋方向水平荷载作用下应力分布情况也与实体单元模型的结果一致，由表 2 的计算结果可以看出，两种模拟方法的应力误差的绝对值在 5%以内。以上结果表明采用离散板的模拟方法可以满足工程设计精度的要求。

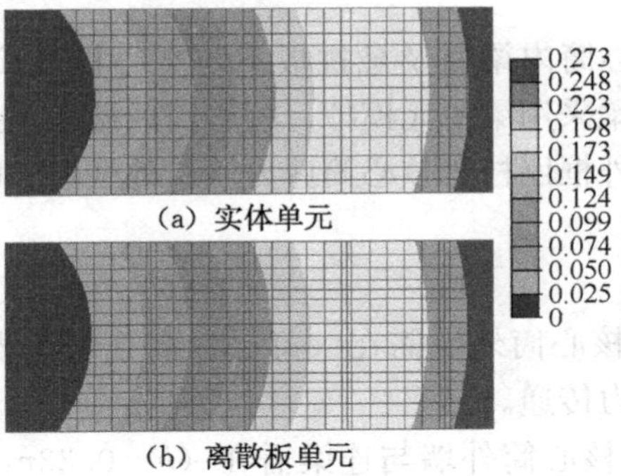

图 6　水平荷载（横肋方向）作用下的空心板变形图（mm）

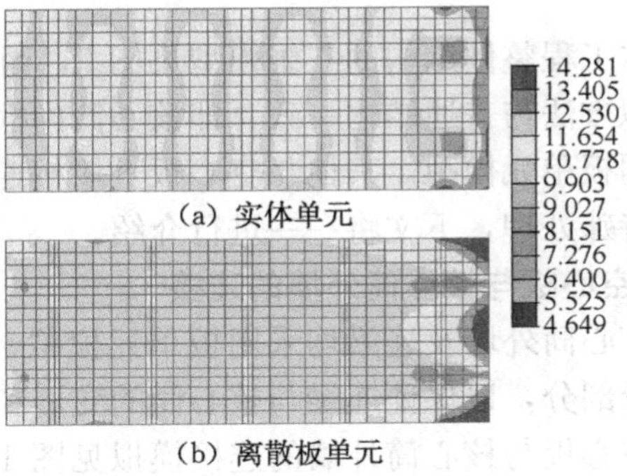

图 7　水平荷载（纵肋方向）作用下的板顶正应力分布图（MPa）

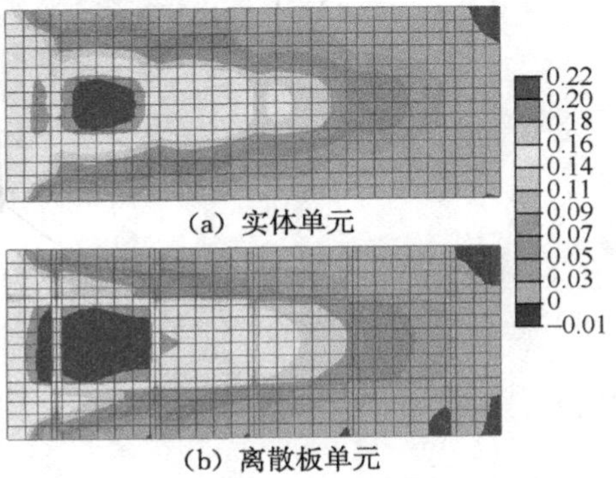

图 8　水平荷载（横肋方向）作用下的板顶剪应力分布图（MPa）

两种模拟方法的变形最大值（mm）　　**表 1**

加载方式	竖向	水平向（横肋方向）	水平向（纵肋方向）
实体单元	−9.411	0.266	1.884
离散板单元	−9.117	0.266	1.822
误差	−3.10%	0.10%	−3.30%

注：误差=(离散板单元结果−实体单元结果)/实体单元结果，余同。

两种模拟方法板顶应力最大值（MPa）　　**表 2**

加载方式	正应力			水平向（横肋方向）剪应力
	竖向	水平向（横肋方向）	水平向（纵肋方向）	
实体单元	8.075	1.376	14.057	0.215
离散板单元	8.368	1.338	14.281	0.219
误差	3.63%	−2.76%	1.59%	1.86%

实际工程采用实体单元模型时，由于其建模单元数量巨大、极其复杂，且计算分析耗时较长，计算结果很难落实到构件内力设计上。由于离散板单元建模方法与实体单元误差的绝对值在 5%以内，且建模方便，故本工程采用离散板单元模拟空心板。

3 实际工程建模

本工程整体结构的三维模型见图 9，因核心筒内梁板及悬挑板不与空心板直接相连，其模拟方法与普通结构一致，即核心筒内框架梁采用梁单元模拟，核心筒内楼板及悬挑板均采用板单元模拟。其他与空心板直接相连的外框巨柱、核心筒剪力墙、外框梁和暗梁均需作特殊处理，下文将一一进行介绍。

3.1 空心板与核心筒外墙的连接

核心筒外墙及连梁均采用板单元模拟，且核心筒外墙需在（每层标高 h−连梁高度）处进行剖分，以保证连梁与核心筒的变形和内力传递。

空心板与核心筒外墙的连接模拟见图 10，核心筒外墙与连梁需在（h−0.33m）处进

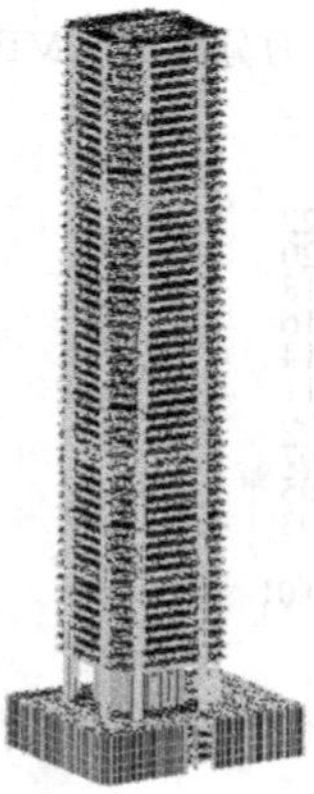

图 9　整体结构三维模型示意图

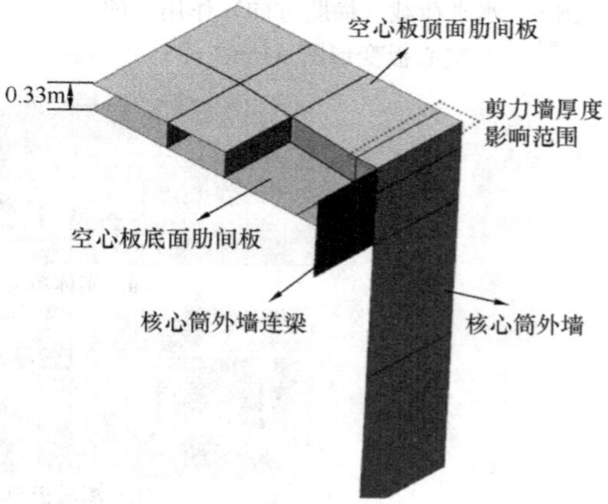

图 10　核心筒外墙与空心板连接示意图

行分割，依据空心板的肋梁位置进行水平方向剖分，从而使空心板的顶面肋间板、底面肋间板均与核心筒外墙有连接。

本工程中剪力墙截面较厚，其厚度会对空心板的跨度及与核心筒相连的空心板内力有一定的影响，故将空心板在剪力墙截面范围边界处进行分割，并把墙上节点与分割处的节点按主从关系连接。

3.2 空心板与型钢混凝土外框梁的连接

本工程外框梁为型钢混凝土梁，为减少单元数量及建模难度，如图 11 所示，其混凝土部分采用实体单元，钢骨采用梁单元模拟。现建立一榀框架，以对比此简化建模方法与混凝土及钢骨均采用实体单元建模方法的差异。

框架布置及荷载示意如图 12 所示，梁跨度为 20m，柱高为 10m，柱截面为 1500mm×1500mm，型钢混凝土梁截面为 600mm×1300mm，钢骨截面为 H900mm×400mm×50mm×50mm，混凝土强度等级为 C60，钢骨材料为 Q345。在左柱顶施加 10000kN 的水平荷载，梁上施加 1000kN/m 竖向均布荷载。两种建模方式下框架梁在水平荷载及竖向荷载作用下的最大变形见表 3。

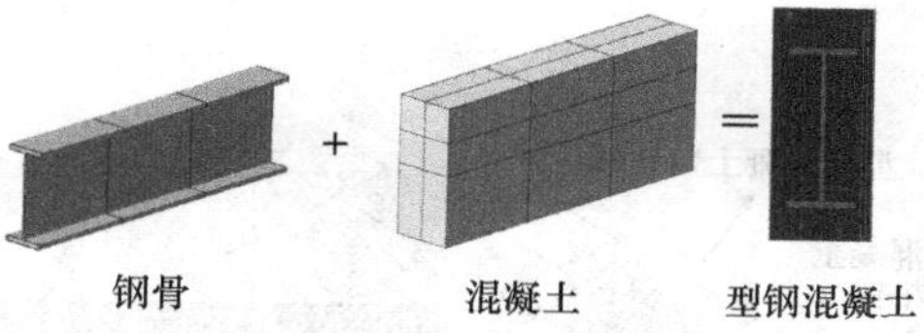

图 11　型钢混凝土梁模拟示意图

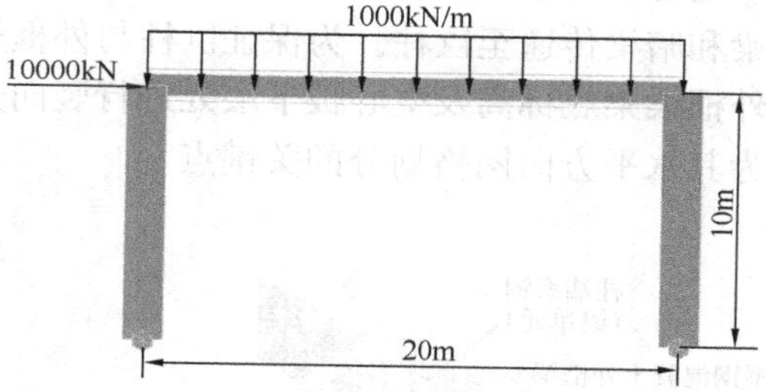

图 12　框架布置及荷载示意图

两种模拟方法框架梁最大变形（mm）　**表 3**

钢骨模拟方式	水平荷载	竖向荷载
实体单元	74.7	105.5
梁单元	73.7	102.3
误差	−1.36%	−3.02%

由表 3 可以看出，两种模拟方法的误差的绝对值在 5%以内，表明型钢混凝土梁的简化建模方法可以准确模拟其各类刚度。

空心板与外框梁的连接如图 13 所示，为保证空心板与外框梁之间的变形和荷载传递。建模时，需以空心板肋板与其交界处的节点作为网格划分的关键点进行水平剖分；而竖向也需在空心板下层肋间板标高处进行剖分。

3.3 空心板与暗梁的连接

暗梁的尺寸为 1200mm×400mm，采用实体单元模拟，空心板与暗梁的连接如图 14 所示，建模时，先在平面上划分出暗梁的截面范围，由于暗梁斜向布置，当正交布置的空心板网格与暗梁相交时，会直接被暗梁实体打断。为保证变形及荷载的传递，以空心板网格与暗梁截面范围的交点作为暗梁网格的控制点，对其进行水平剖分。

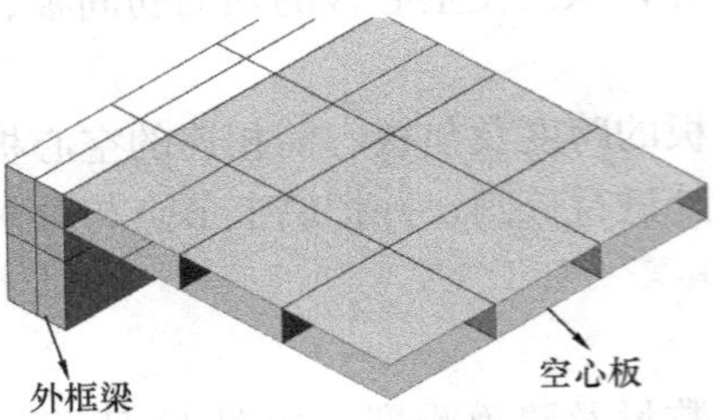

图 13 空心板与外框梁连接示意图

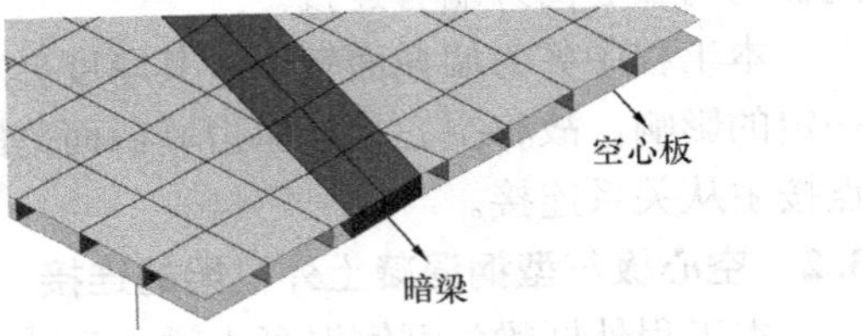

图 14 空心板与暗梁连接示意图

3.4 空心板与型钢混凝土巨柱的连接

外框型钢混凝土巨柱模拟参考型钢混凝土外框梁的模拟方法，在与外框梁相交及相交面以下 1m 范围内，混凝土采用实体单元模拟，型钢采用梁单元，其他位置仍采用梁单元模拟，见图 15。将柱梁单元段与实体单元段的交点作为主节点，其他相同标高的实体单元节点作为从节点，建立刚性连接。

空心板与型钢混凝土巨柱直接接触范围很小（图 16），空心板上的荷载大部分通过外框梁和暗梁传递至巨柱。为保证巨柱与外框梁、空心板及暗梁的连接，将混凝土实体单元在外框梁梁底标高及空心板下层处进行竖向分割；以巨柱与外框梁、空心楼板、暗梁交点作为其水平方向网格划分的关键点。

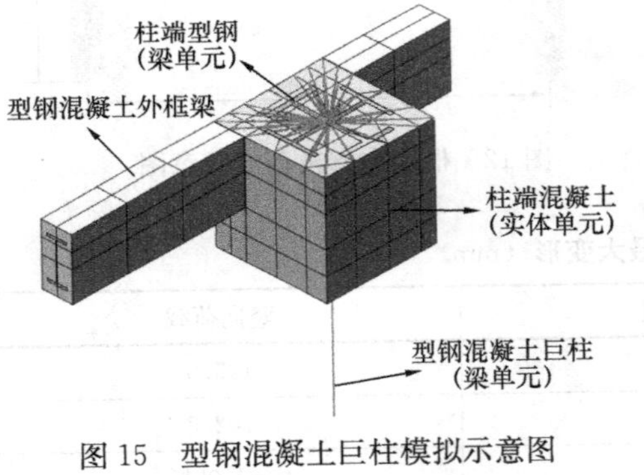

图 15 型钢混凝土巨柱模拟示意图

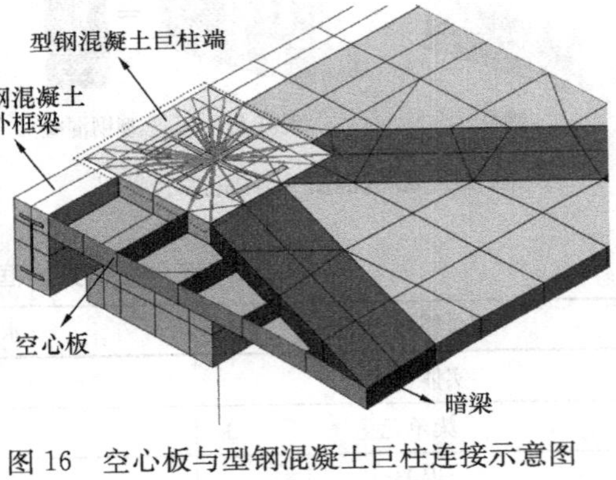

图 16 空心板与型钢混凝土巨柱连接示意图

4 计算结果及受力特点

由于空心板在水平及竖向荷载作用下的变形及受力特点不同，现分别介绍其在竖向及水平荷载作用下的分析结果。

4.1 竖向荷载作用

4.1.1 空心楼盖应力分布情况

图 17 为标准层楼板在竖向荷载的标准组合 $D+L$（恒载＋活载）作用下上层肋间板的应力分布图，可以看出连接巨柱与核心筒的空心板，在墙端支座及柱端支座处的正应力水平相当且均为正值，而跨中部位正应力为负值（拉为正，压为负），且其应力水平约为

墙端和柱端的一半。表明此部分空心板的受力情况相当于两端固支单向板。

连接外框梁跨中部位与核心筒的空心板最大正应力出现在墙端，跨中的正应力与墙端反号，且其应力水平较小，而外框梁支座处的正应力接近于0。表明此部分空心板的受力性能较接近一端固支，一端简支的单向板。

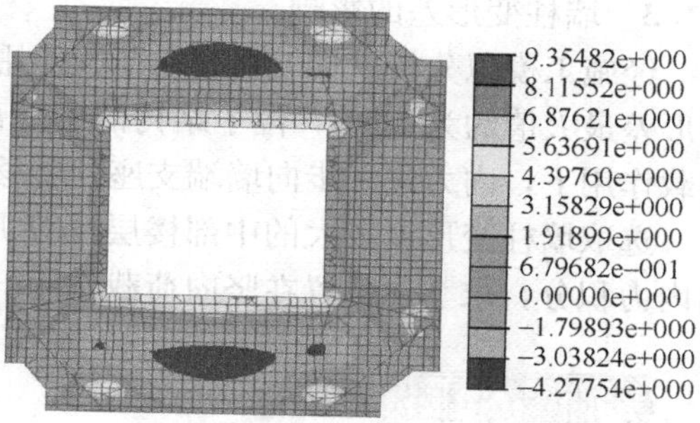

图17　$D+L$ 作用下上层肋间板应力云图（MPa）

由上述分析结果可知，竖向荷载作用下空心板的受力情况为从两端固支（连接巨柱与核心筒的楼板）渐变成一端简支一端固支（连接外框梁跨中位置与核心筒的楼板）的单向板。

4.1.2　暗梁的作用

图18、图19分别为标准层楼板在竖向荷载的标准组合 $D+L$ 作用下有暗梁和无暗梁的空心板变形云图。可以发现暗梁对空心板变形的分布基本没有影响；有暗梁时空心板的最大变形值约为15.16mm（靠近外框梁处），无暗梁时空心板最大变形略微增加，其变形值约为15.20mm（位置与有暗梁的情况一致）。而外框梁的最大变形值分别为9.255mm和9.268mm，有暗梁模型和无暗梁模型的误差的绝对值均在5%以内，表明暗梁可以与空心板协同受力，但不会形成板的支座。

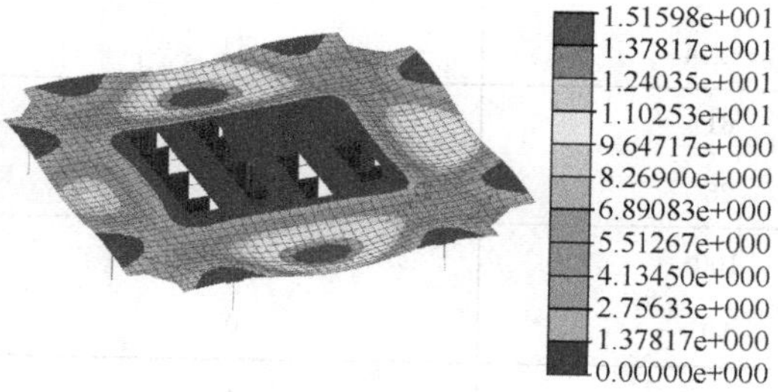

图18　$D+L$ 作用下有暗梁空心板变形云图（mm）

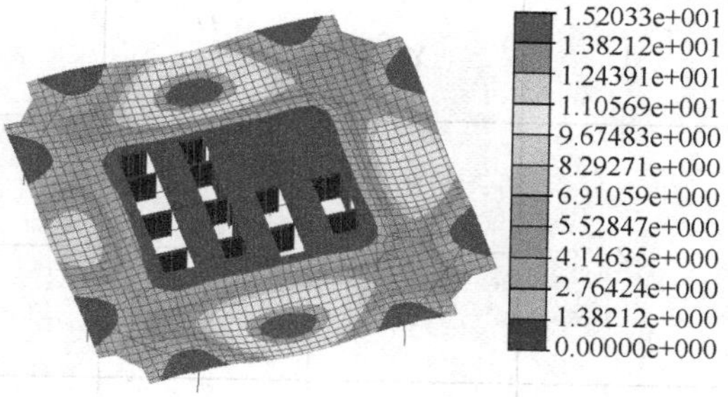

图19　$D+L$ 作用下无暗梁空心板变形云图（mm）

图20为典型暗梁剪力分布图，在竖向荷载作用下暗梁支座处的剪力较大，所以支座处的暗梁对空心板抗剪发挥了很大作用。

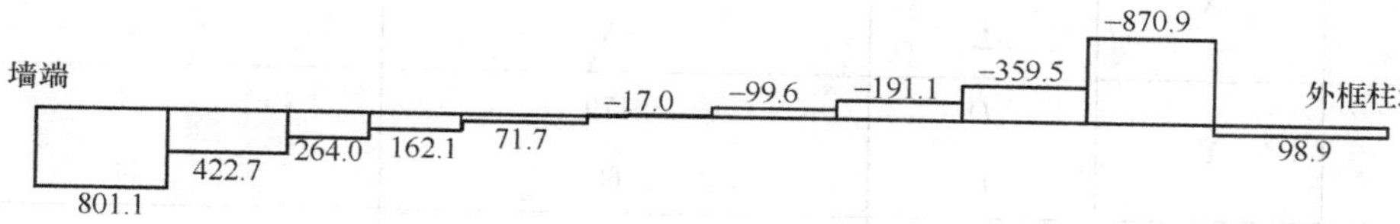

图20　$D+L$ 作用下暗梁剪力变化图（kN/m）

4.1.3 墙柱变形差的影响

经施工模拟分析发现，在竖向荷载作用下，巨柱的竖向变形比核心筒的竖向变形大，变形差最大值约为 6mm，位于结构的中下部（约 20 层附近）。此变形差造成楼盖在竖向荷载作用下，内力进一步向墙端支座处转移。

选取墙柱变形差较大的中部楼层（27 层），对图 21 所示的 6 个典型位置进行局部方向内力积分，求上述位置在竖向荷载作用下的弯矩及剪力，结果见表 4。

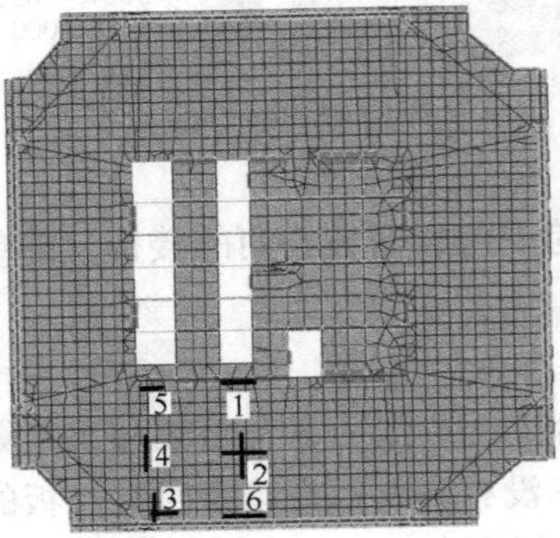

图 21 楼板内力关键位置示意图

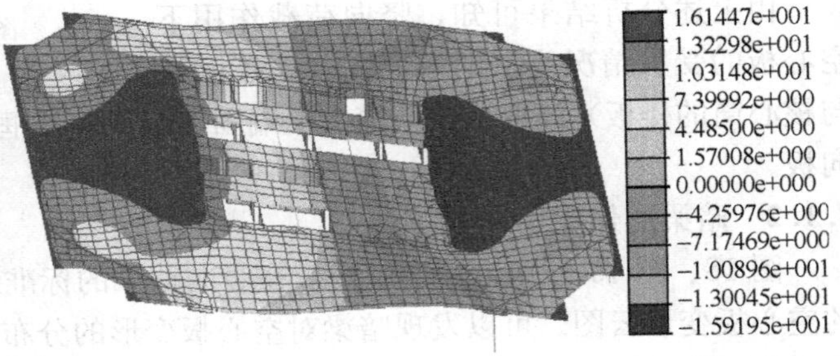

图 22 Y 向风荷载作用下空心板竖向变形云图（mm）

竖向荷载作用下楼板局部位置内力 表 4

位置	方向	荷载	弯矩（kN·m/m）	单根肋板剪力（kN）
1	Y	D	−240	70
		L	−104	34
2	X	D	61	1
		L	25	0
	Y	D	100	4
		L	50	0
3	X	D	−64	4
		L	−25	3
	Y	D	−49	53
		L	−26	23
4	X	D	−12	1
		L	−5	2
5	Y	D	−179	54
		L	−69	23
6	Y	D	10	25
		L	1	15

4.2 水平荷载作用

4.2.1 面外弯矩与剪力

在水平荷载作用下，标准层空心板内力最大位置约在 27 层（即整楼高度的一半处），故选取 27 层的空心板，研究其在水平荷载下的变形及内力分布情况。

由图 22 可以看出，空心板在水平荷载作用下有平面外变形，表明其参与抗侧。由图 23 可以看出，在水平荷载作用下空心板的应力集中在连接巨柱与核心筒空心板的柱端支座和墙端支座处。

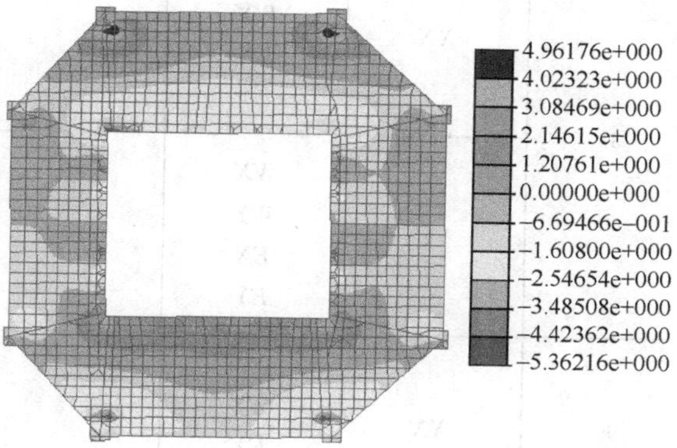

图 23 Y 向风荷载作用下上层肋间板应力云图（MPa）

选取图 21 所示的 6 个典型位置，利用 MIDAS Gen 求取这些位置在水平荷载下的弯矩及剪力。结果见表 5。

结合表 4 与表 5 可知，对于连接外框梁跨中与核心筒的空心板，在剪力墙端的支座位置（截面 1）内力最大，风荷载作用下产生的弯矩约为恒荷载作用下的 40%，小震作用下产生的弯矩约为恒荷载作用下的 25%；在外框梁跨中的支座位置（截面 6），竖向和水平荷载作用下的截面弯矩均较小，其对楼板的配筋设计不起控制作用。

对于连接巨柱与核心筒的楼板，在柱端支座（截面 3）及墙端支座位置（截面 5），风荷载作用下产生的弯矩约为恒荷载作用下的 67%，小震作用下产生的弯矩约为恒荷载作用下的 40%。表明水平荷载对此处截面的影响较大，设计时不能忽略水平荷载的作用。水平荷载对柱端和墙端支座相连的跨中位置（截面 4）的影响较小。

水平荷载作用下空心板局部位置的内力　　表 5

位置	方向	荷载	弯矩（kN·m/m）	单根肋板剪力（kN）
1	*YY*	*WX*	49	32
		WY	−96	11
		EX	33	32
		EY	56	7
2	*XX*	*WX*	0	4
		WY	−11	0
		EX	0	3
		EY	7	0
	YY	*WX*	1	0
		WY	6	7
		EX	1	1
		EY	3	5

续表

位置	方向	荷载	弯矩（kN·m/m）	单根肋板剪力（kN）
3	*XX*	*WX*	43	0
		WY	40	6
		EX	26	0
		EY	26	3
	YY	*WX*	29	10
		WY	121	35
		EX	23	6
		EY	94	22
4	*XX*	*WX*	−3	2
		WY	5	3
		EX	2	1
		EY	3	2
5	*YY*	*WX*	−36	30
		WY	−124	10
		EX	22	19
		EY	74	5
6	*YY*	*WX*	−2	0
		WY	18	4
		EX	1	0
		EY	11	2

注：*WX* 为 *X* 向风荷载；*WY* 为 *Y* 向风荷载；*EX* 为 *X* 向地震作用；*EY* 为 *Y* 向地震作用。

4.2.2 面内剪力

框筒结构中现浇空心板楼盖不仅要把其承担的楼面、屋面荷载传递给周围的梁、墙、柱等构件，同时还起着联系框架与筒体、使之协同工作的作用[2]。不同于普通梁板式楼盖，空心板楼盖主要靠空心板的面内剪力协调水平荷载作用下筒体与外框架之间的变形，使之协同工作。故选取图 24 中所示的位置，采用 MIDAS Gen 中的定义剖段线工具，显示在小震和 1.1 倍风荷载（50 年一遇）作用下此位置的面内剪应力分布情况。具体结果如图 25 所示，可以看出，在水平荷载作用下，空心板应力在连接外框柱和核心筒及连接核心筒和外框梁跨中部位较大，其他部位较小；面内剪应力很小，最大值为 0.64MPa，小于 $0.7f_t$（$0.7f_t=1.099$MPa，f_t 为混凝土抗拉强度设计值），此结果仅为小震和 1.1 倍风荷载作用下的应力分布情况。设计时，需要计算空心板在中、大震作用下的应力情况并根据

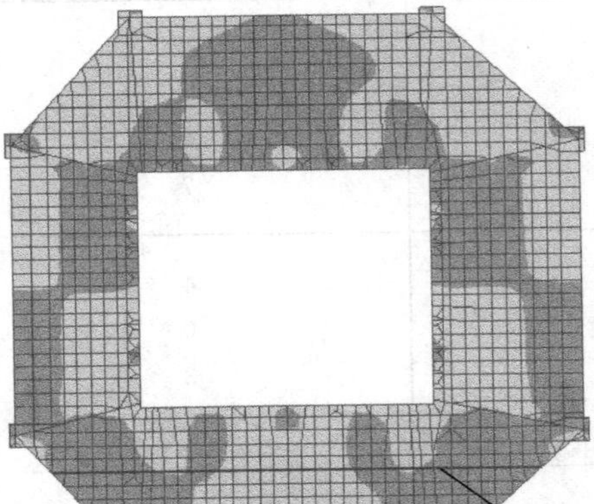

图 24　水平荷载作用下楼板剪应力查看位置

计算结果采取相应的加强措施。

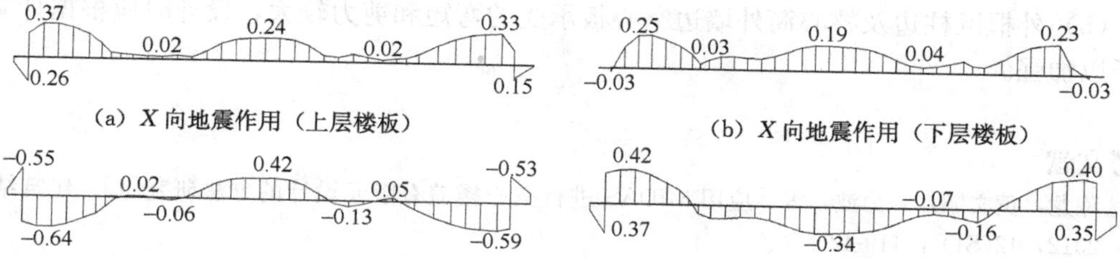

(a) *X* 向地震作用（上层楼板）　(b) *X* 向地震作用（下层楼板）

(c) *X* 向风荷载（上层楼板）　(d) *X* 向风荷载（下层楼板）

图 25　水平荷载作用下 27 层空心楼板剪应力分布（MPa）

5　型钢混凝土外框梁的收缩徐变

由于混凝土有收缩和徐变的特性，组合梁在长期荷载作用下的挠度随时间增长不断增大[3]。利用 MIDAS Gen 考察单层楼模型中外框梁收缩徐变引起的空心板的变形情况，见图 26，最大位移约为－10.43mm。连接外框梁跨中和核心筒的空心板墙端支座处竖向变形差引起弯矩约为－34kN・m/m，约为恒荷载作用下弯矩的 10%，在设计中不可忽略其影响。

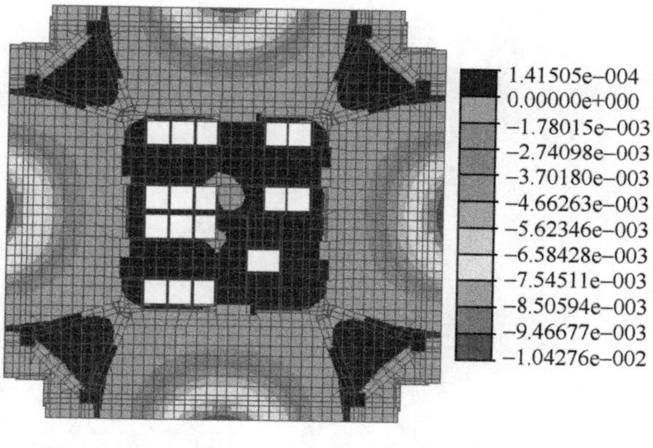

图 26　外框梁收缩徐变引起的楼板变形图（m）

6　结论及设计建议

本文通过对空心板楼盖有限元模拟计算方法的研究，及对空心板楼盖进行详细的受力分析，对实际工程中采用空心板楼盖的高层框筒结构的设计得出以下几点结论及建议：

（1）离散板单元的模拟方法能够准确模拟空心板的抗弯、剪切及轴向刚度，建议实际工程中空心板的模拟采用离散板单元模拟方法。

（2）空心板设计时需同时考虑竖向荷载与水平荷载作用的影响。

（3）需考虑大跨度外框梁变形以及大跨度外框梁混凝土收缩徐变的影响。

（4）暗梁并不能为空心板提供有效的支撑，但靠近巨柱及剪力墙处将产生很大的剪力，设计时应注意其抗剪和抗冲切承载力的安全性。

（5）外框巨柱边及核心筒外墙边空心板承受的弯矩和剪力较大，设计时应根据计算结果予以加强。

参考文献

[1] 陈龙，黄文娜，陈力波，等. 应用MIDAS进行空心楼盖有限元设计的方法研究[J]. 建筑结构，2012，42(S1)：419-423.

[2] 魏琏，王志远，王森，等. 高层建筑框筒结构单向梁楼盖设计若干问题研究[J]. 建筑结构，2006，36(12)：1-4.

[3] 邱文亮，姜萌，张哲. 钢-混凝土组合梁收缩徐变分析的有限元方法[J]. 工程力学，2004，21(4)：162-166.

本文原载于《建筑结构》2019年第49卷第9期

专题三

结构设计方法

14. 超高层建筑伸臂加强层结构设计的若干问题

魏 琏，林旭新，王 森

【摘 要】对当前超高层建筑伸臂加强层结构设计的一些问题进行了讨论，指出了加强层位置和数量对超高层建筑的顶点位移、基本周期、顶部风振加速度、层间位移角、框架倾覆力矩、墙体拉力等的影响。经分析给出了结合控制目标设置加强层位置和数量的选择方法，对顶部设置加强层进行讨论，结果表明顶部加强层并非较优选择，同时提出了伸臂桁架构件截面的设定方法，结合工程实例说明该方法的应用。

【关键词】伸臂加强层；结构控制目标；数量和位置；顶部加强层；伸臂构件截面

Some issues about structural design of outrigger strengthening layer in super high-rise buildings

Wei Lian Lin Xuxin Wang Sen

Abstract: Some issues in the structural design of the outrigger strengthening layer in super high-rise buildings were discussed. The influences of the quantity and location of strengthening layers of super high-rise buildings on top displacement, basic period, top wind-induced acceleration, inter-layer displacement angle, frame overturning moment and wall tension were studied. Based on the analysis, the arrangement method of the location and quantity of the strengthening layer was presented based on control goal, and the setting of the strengthening layer on the top of the super high-rise buildings was discussed. The results show that the top strengthening layer is not an optimal choice, and the setting method for cross-section of outrigger component was put forward. The application of this method was illustrated combined with practical engineering.

Keywords: outrigger strengthening layer; structural control goal; quantity and location; top strengthening layer; cross-section of outrigger component

0 引言

随着建筑高度的增加，整体结构侧向刚度减小，结构基本周期加长，在侧向力作用下结构侧向位移增大，结构底部常出现不同程度的受拉，并加剧结构的 P-Δ 效应。经多年的研究和实践，工程界成功地采用水平伸臂加强层来提高结构侧向刚度，以控制结构的侧向位移，加强层由核心筒通过伸臂桁架与外框柱连接构成。

文献［1］运用结构力学的分析方法分析了设置一道加强层时的最优位置，以控制结构顶点侧向位移为目标，但未涉及多道伸臂加强层设置的相关问题。文献［2］对于有 n 个伸臂加强层的结构，为控制其侧向位移建议伸臂加强层的最佳布置位置为 $H/(n+1)$，$2H/(n+1)$，…，$nH/(n+1)$ 高度处，从而得出结论：基于加强层刚度为无限刚度并且结构抗侧刚度上下均匀不变的情况，可推导得出，设置一道加强层时适宜位置是在 $H/2$ 处；设置多道加强层时，最高位置在 $nH/(n+1)$ 处，明确顶层不设加强层，且各道加强层位置均匀分布。文献［3］指出加强层不但可以增大结构抗侧刚度、控制结构位移，还可以调节倾覆力矩在核心筒和外框之间的分配比例，这对认识加强层的有利作用是有帮助的，但该文对加强层的优化位置未进行讨论。文献［1～3］对加强层位置的研究都从结构设计角度出发，未结合建筑使用功能考虑。

综上所述，目前关于超高层结构伸臂加强层位置及数量的确定尚存在较多不同意见，本文对此进行分析研究，提出相应的设计建议。

1 加强层设置位置

确定加强层位置时，应遵循以下三点基本要求：1）符合建筑使用功能的要求，利用建筑避难层和设备层的空间，设置加强层；2）结合结构控制目标进行分析，如控制顶点位移与基本周期（包含风荷载作用下对结构舒适度的控制）、层间位移角、筒体倾覆力矩及拉力等，对加强层的设置位置进行有效性（或称敏感性）分析；3）伸臂桁架构件制作宜便于施工，受力宜适当，截面尺寸不宜过大，避免加强层区域构件受力过于集中。根据有效性分析结果选择加强层的最优位置。

加强层的功能是协调核心筒和外框柱变形，两者间传力应直接可靠，不宜将加强层结构支承于核心筒的外周边横向剪力墙上。

2 设置一道加强层的最优位置

选择设置加强层位置时，应先确定其主要控制目标，是控制结构顶点位移与基本周期（包含风荷载作用下对结构舒适度的控制）、层间位移角还是筒体倾覆力矩及拉力等。

以深圳某超高层建筑为例进行分析，该结构体系为巨型框架-核心筒结构，建筑高度为 350m，抗震设防烈度为 7 度（0.1g），基本风压为 0.75kN/m^2，结构地上 79 层，地下 4 层。为考察一道加强层在不同高度位置时的有效性，在建筑避难层（设有环桁架）处，即 6 层、17 层、29 层、41 层、53 层、65 层，共 6 个位置，进行伸臂加强层的有效性分析。

2.1 控制基本周期与顶点位移时

风荷载作用下不同伸臂加强层位置时结构的基本周期见表 1。计算结果表明，伸臂加强层位置设在中间及略偏下的避难层处时，结构基本周期较小，设在顶部或偏下避难层处的结构基本周期会相对较长。当仅设置一道伸臂加强层时，位于整体高度 41 层（0.52H，H 为结构总高度）处的基本周期最小，为 7.61s。

不同伸臂加强层位置时基本周期比较　　表 1

伸臂位置	6层	17层	29层	41层	53层	65层
占总高 H 的比例	0.08	0.22	0.37	0.52	0.67	0.82
基本周期（s）	8.19	7.85	7.67	7.61	7.79	8.04

风荷载作用下，设置一道伸臂加强层在不同高度位置时对结构顶点位移的影响见表2。计算结果表明，伸臂加强层位置设置在中间及略偏上避难层时，结构顶点位移会相对较小，设置在顶部及偏下部避难层时，顶点位移会相对较大。当仅设置一道伸臂加强层时，位于整体高度41层（0.52H）处时顶点位移最小，X向为571mm；Y向为651mm。伸臂加强层在不同高度位置时，顶点位移变化趋势见图1。

不同伸臂加强层位置时顶点位移比较 **表2**

伸臂位置		6层	17层	29层	41层	53层	65层
占总高H的比例		0.08	0.22	0.37	0.52	0.67	0.82
位移（mm）	X向	668	620	590	571	582	609
	Y向	745	697	668	651	664	685

不同伸臂加强层位置时风荷载作用下对结构顶部风振加速度的影响如表3所示，由表3可知，伸臂位置对顶部风振加速度影响不大，但居中设置时略有利。当伸臂加强层位置设于整体高度41层（0.52H）处时顶部风振加速度相对最小。

综合上述结果可知，本案例设置一道伸臂加强层时，当设置在结构的0.52H位置时，结构顶点位移、基本周期及结构顶部风振加速度均达到最小。

2.2 控制层间位移角时

风荷载作用下，设置一道伸臂加强层在不同高度位置时对层间位移角的影响见表4。限于篇幅，只绘制Y向层间位移角变化曲线，如图2所示。

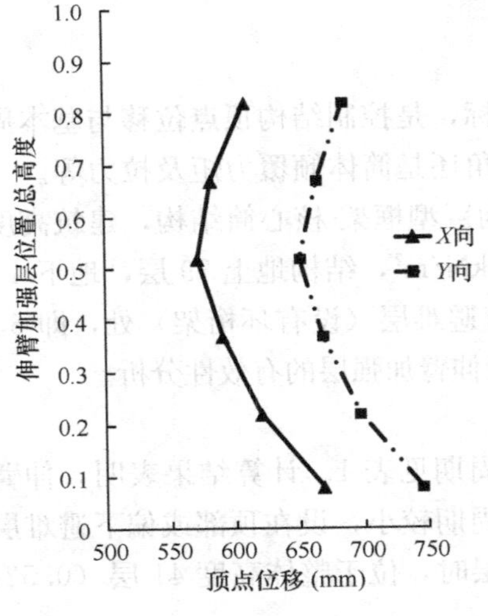

图1 不同伸臂加强层位置顶点位移

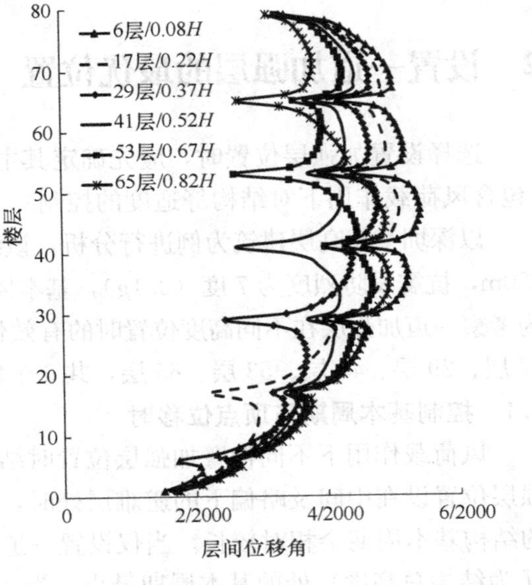

图2 Y向不同伸臂位置的层间位移角曲线

不同伸臂加强层位置时顶部风振加速度比较 **表3**

伸臂位置	6层	17层	29层	41层	53层	65层
占总高H的比例	0.08	0.22	0.37	0.52	0.67	0.82

续表

顺风向（m/s^2）	X 向	0.060	0.059	0.059	0.059	0.059	0.060
	Y 向	0.059	0.058	0.058	0.057	0.058	0.058
横风向（m/s^2）	X 向	0.244	0.224	0.215	0.212	0.221	0.234
	Y 向	0.256	0.234	0.223	0.220	0.231	0.246

不同伸臂加强层位置时层间位移角比较 **表 4**

伸臂位置		6 层	17 层	29 层	41 层	53 层	65 层
占总高 H 的比例		0.08	0.22	0.37	0.52	0.67	0.82
层间位移角	X 向	1/406	1/431	1/462	1/512	1/477	1/448
	Y 向	1/369	1/391	1/419	1/449	1/427	1/404

计算结果表明，伸臂加强层位置设在中间部位避难层时，结构最大层间位移角较小，设在顶部或偏下避难层时，最大层间位移角会相对较大。当设置一道伸臂时，位于整体高度 41 层（0.52H）处层间位移角最小，X 向为 1/512（57 层）；Y 向为 1/449（69 层）。

若以控制结构层间位移角为目标，本案例选择将伸臂加强层设置于结构的 0.52H 处（即居中部）是适宜的，这与控制结构顶点位移和基本周期的结论一致。

2.3 控制底部筒体倾覆力矩时

在风荷载作用下，比较无伸臂加强层与不同伸臂加强层位置时，底部筒体的倾覆力矩减小量百分比 $\Delta M=(M-M_i)\times100\%/M$，其中 M、M_i 分别为无伸臂加强层和不同伸臂加强层位置时结构底部筒体的倾覆力矩。

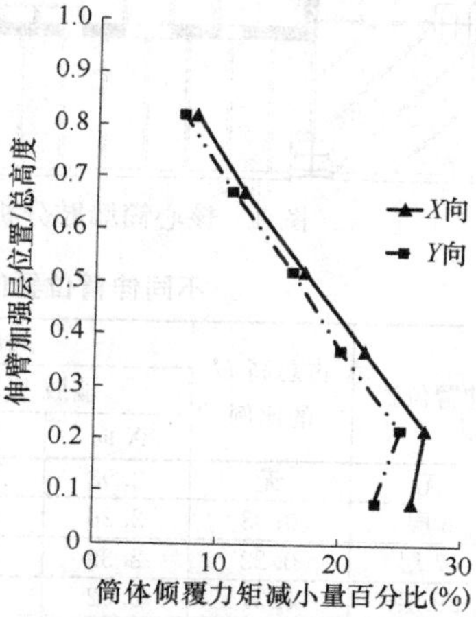

图 3 底部筒体倾覆力矩减小量百分比曲线

不同伸臂加强层位置时底部筒体的倾覆力矩及倾覆力矩减小量百分比的计算结果见表 5，倾覆力矩减小量百分比的变化曲线见图 3。由图 3 可看出，伸臂加强层设置在结构偏中下部时能够较好起到减小筒体倾覆力矩的作用。

不同伸臂加强层位置时底部筒体的倾覆力矩及倾覆力矩减小量百分比 **表 5**

伸臂位置	占总高 H 的比例	倾覆力矩（$\times10^6$kN·m）		倾覆力矩减小量百分比	
		X 向	Y 向	X 向	Y 向
无	无	82	94		
6 层	0.08	61	72	26%	23%
17 层	0.22	60	71	27%	25%
29 层	0.37	64	76	22%	20%
41 层	0.52	68	80	17%	16%
53 层	0.67	73	84	12%	11%
65 层	0.82	76	88	8%	7%

2.4 控制底部墙肢拉力时

风荷载作用下，研究了设置一道伸臂加强层在不同高度位置时对底部墙肢拉力的影响。核心筒墙肢分析位置见图 4，其中墙肢 W1 尺寸为 1.0m×4.0m；墙肢 W2 尺寸为 1.0m×5.3m。

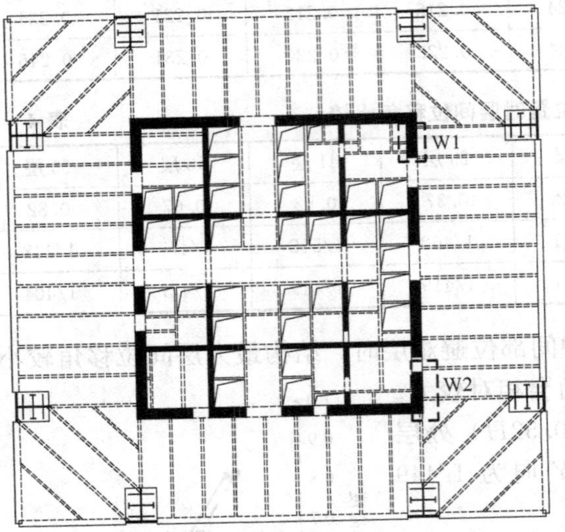

图 4　核心筒墙肢分析位置

在风荷载作用下，比较无伸臂加强层与不同伸臂加强层位置时，底部墙肢的拉力减小量百分比 $\Delta N=(N_t-N_i)\times 100\%/N_t$，其中 N_t、N_i 分别为无伸臂加强层和不同伸臂加强层位置时结构底部墙肢拉力。

不同伸臂加强层位置时筒体的底部墙肢拉力及底部墙肢拉力减小量百分比的计算结果见表 6，底部墙肢拉力减小量百分比的变化曲线见图 5，当设置一道伸臂加强层，且位于结构偏中下部时，有利于减小底部筒体墙肢拉力，起到减轻核心筒体的负荷作用。

不同伸臂位置时墙肢 W1 及 W2 底部拉力及拉力减小量百分比　**表 6**

伸臂位置	占总高 H 的比例	底部拉力（$\times10^4$kN）				底部拉力减小量百分比			
		墙肢 W1		墙肢 W2		墙肢 W1		墙肢 W2	
		X 向	Y 向	X 向	Y 向	X 向	Y 向	X 向	Y 向
无	无	2.98	1.24	3.47	5.89				
6 层	0.08	2.26	0.92	2.6	4.43	24%	26%	25%	25%
17 层	0.22	2.39	0.91	2.58	4.52	20%	27%	26%	23%
29 层	0.37	2.52	1.00	2.74	4.8	15%	19%	21%	19%
41 层	0.52	2.63	1.06	2.89	5.03	12%	15%	17%	15%
53 层	0.67	2.74	1.12	3.07	5.3	8%	10%	12%	10%
65 层	0.82	2.83	1.16	3.21	5.5	5%	6%	7%	7%

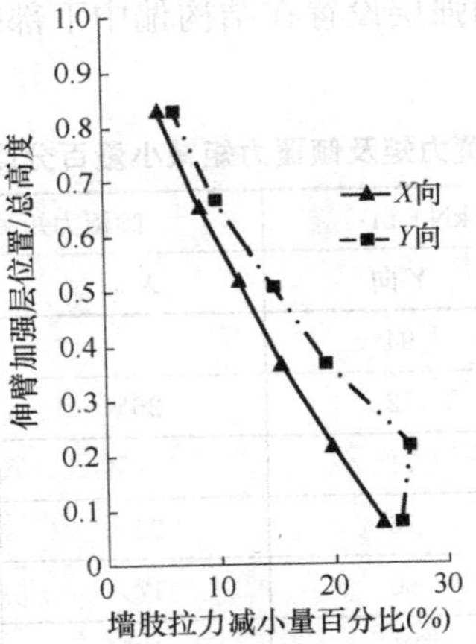

(a) 墙肢 W1

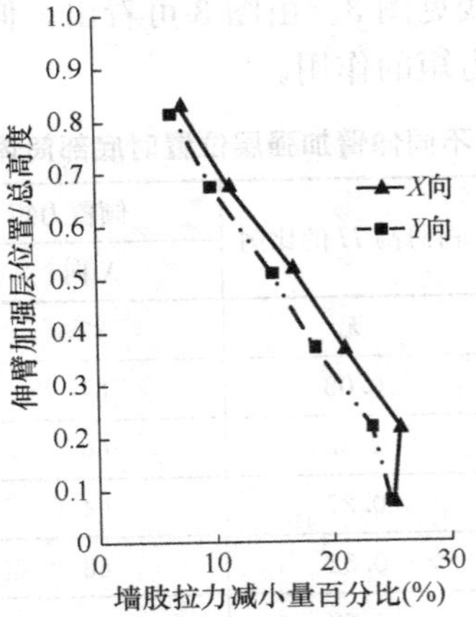

(b) 墙肢 W2

图 5　底部墙肢拉力减小量百分比曲线

由本小节讨论说明，伸臂加强层设置于不同高度位置时，对不同控制目标，有效性是不一样的，需按主要控制目标进行有效性分析比较后确定。本案例当主要控制结构层间位移角或顶点位移时，设置在结构的 0.52H 高度处为最优，但不同案例分析表明在风荷载作用下，当结构上部刚度削弱时，此位置将会适当上移，如深圳一座 350m 的塔楼，一道加强层设置于 0.63H 高度时最优；武汉一座 350m 塔楼，因顶部刚度削弱较多，一道加强层设置于 0.74H 高度时最优。《高层建筑混凝土结构技术规程》JGJ 3－2010[4]（简称高规）中第 10.3.2 条第 1 款规定：当布置一个加强层时，可设置在 0.6 倍房屋高度附近。实践表明这一规定基本上是正确的。由此可见，一道加强层的最优位置需要进行有效性分析，比较后确定才可获得更为合理的结果。

3 设置两道及两道以上加强层位置

3.1 两道加强层位置的设置建议

当一道加强层不能满足结构控制目标时，要考虑设置两道或更多加强层，且应进行有效性分析，以第 2 节的案例进行分析，设置两道加强层时，考虑如下方式：

将设置一道伸臂加强层的最优位置 41 层（0.52H）确定为第一道伸臂加强层位置，然后根据设置一道伸臂加强层的有效性分析结果进行组合，组合可分为以下 4 种：组合 1：17 层＋41 层；组合 2：29 层＋41 层；组合 3：41 层＋53 层；组合 4：41 层＋65 层。各个组合下结构主要指标比较见表 7。

设置两道伸臂加强层时主要指标对比 表 7

组合	周期（s）		顶点位移（mm）		层间位移角		底部筒体倾覆力矩（$\times10^6$kN·m）	
	T_1	T_2	X 向	Y 向	X 向	Y 向	X 向	Y 向
1	7.21	7.20	522	601	1/531	1/460	5.32	6.38
2	7.22	7.21	520	600	1/539	1/463	5.90	6.99
3	7.35	7.35	521	604	1/562	1/490	6.54	7.66
4	7.44	7.42	527	605	1/553	1/489	6.63	7.75

可以看出，设置两道伸臂加强层时，将加强层设于 41 层＋53 层（组合 3）较优，其次是 41 层＋65 层（组合 4），即选择一道伸臂加强层最优位置（本案例为 41 层）及其相邻一道避难层位置（本案例为 53 层或 65 层）为一种较优选择，进一步的分析表明，取一道伸臂加强层最优位置的相邻上下避难层处设两道伸臂加强层也是较优的选择。

3.2 三道加强层位置的设置建议

当两道加强层不能满足结构控制目标时，要考虑设置三道加强层。设置三道加强层时，根据两道加强层的有效性分析结果，选择最优两道加强层中较好的一组或两组进行组合：

（1）选择本案例较优的一组（41 层＋53 层），可得如下组合：组合 1：17 层＋41 层＋53 层；组合 2：29 层＋41 层＋53 层；组合 3：41 层＋53 层＋65 层；

（2）选择其次的一组（41层＋65层），可得如下组合：组合 4：17 层＋41 层＋65 层；组合 5：29 层＋41 层＋65 层；组合 6：41 层＋53 层＋65 层。

各个组合情况下结构主要指标比较见表8。

不同组合下设置三道伸臂时主要指标对比　　表8

组合	周期（s）		顶点位移（mm）		层间位移角		底部筒体倾覆力矩（$\times10^6$kN·m）	
	T_1	T_2	X向	Y向	X向	Y向	X向	Y向
1	7.00	6.97	480	562	1/607	1/496	5.18	6.22
2	7.03	7.01	483	565	1/627	1/497	5.77	6.85
3	7.30	7.29	502	584	1/567	1/500	6.49	7.60
4	7.06	7.05	484	562	1/578	1/520	5.23	6.28
5	7.08	7.07	486	564	1/585	1/526	5.81	6.89
6	7.30	7.29	502	584	1/567	1/500	6.49	7.60

由表8可知，若控制最大层间位移角时，29层＋41层＋65层（组合5）是较好的组合；若在满足结构控制目标的基础上，进一步减小底部筒体倾覆力矩，17层＋41层＋65层（组合4）是较好的选择。

伸臂加强层位置和数量往往与设置一道伸臂加强层最优位置的确定有关，根据本案例及有关案例分析结果提出以下几点建议：1）应结合结构体系，明确所设加强层的主要目标，通过有效性分析，在建筑不同高度避难层处来确定一道伸臂加强层最优位置；2）当需要设置两道伸臂加强层时，选择一道加强层最优位置或相邻次要最优位置，并分别和其相邻上下部范围内加强层组合，进行有效性分析比较后确定；3）当需要设置三道伸臂加强层时，在设置两道加强层的基础上，选择满足结构控制目标较优的组合，一般可将第三道伸臂设于结构中下部。

3.3　多于三道加强层位置设置建议

参照以上分析结果，当需设置多于三道加强层时，建议可在居中设置三道加强层的基础上，往下或往上延伸设置一道或两道加强层，可进行有效性分析比较确定。

4　顶部设置加强层的讨论

文献［2］的建议是结构顶部不设置加强层。基于第2节的案例进行分析，在结构顶部79层（1.0H）处设置伸臂加强层。在风荷载作用下，41层（0.52H）处和79层（1.0H）处主要指标比较见表9。

不同伸臂位置时主要指标比较　　表9

伸臂位置	周期（s）		顶点位移（mm）		风振加速度（m/s²）顺风向		风振加速度（m/s²）横风向		层间位移角		底部筒体倾覆力矩（$\times10^6$kN·m）	
	T_1	T_2	X向	Y向	X向	Y向	X向	Y向	X向	Y向	X向	Y向
41层（0.52H）	7.61	7.59	571	651	0.059	0.057	0.212	0.220	1/512	1/449	6.80	7.95
79层（1.0H）	8.29	8.25	652	725	0.060	0.059	0.251	0.264	1/419	1/378	7.88	9.13

可以看出，顶部设置伸臂加强层不符合一道加强层最优位置的要求。

高规中第10.3.2条第1款规定：当布置两个加强层时，可分别设置在顶层和0.5倍房屋高度附近。按照高规要求，本案例设置两道伸臂加强层位置应是 41 层+79 层，与 3.1 节加强层设于 41 层+53 层比较，主要指标情况见表 10。

风载作用下两道伸臂时主要指标对比 **表 10**

伸臂位置	周期 (s)		顶点位移 (mm)		层间位移角		底部筒体倾覆力矩 (×10⁶kN·m)	
	T_1	T_2	X 向	Y 向	X 向	Y 向	X 向	Y 向
41 层+53 层	7.35	7.35	521	604	1/562	1/490	6.54	7.66
41 层+79 层	7.53	7.52	543	618	1/537	1/483	6.68	7.83

由表 10 可知，当设置两道加强层时，按高规规定选择加强层的位置并不是较好的选择。

高规中第 10.3.2 条第 1 款规定：当布置多个加强层时，宜沿竖向从顶层向下均匀布置。按此要求，本案例设置三道伸臂加强层位置应是 $H/3$、$2H/3$ 以及顶层，即 29 层+53 层+79 层，与 3.2 节加强层设于 29 层+41 层+65 层比较，主要指标情况见表 11。

风荷载作用下三道伸臂不同位置时主要指标对比 **表 11**

伸臂位置	周期 (s)		顶点位移 (mm)		层间位移角		底部筒体倾覆力矩 (×10⁶kN·m)	
	T_1	T_2	X 向	Y 向	X 向	Y 向	X 向	Y 向
29 层+53 层+79 层	7.24	7.23	502	580	1/562	1/501	6.01	7.12
29 层+41 层+65 层	7.08	7.07	486	564	1/585	1/526	5.81	6.89

可以看出，当设置三道加强层时，29 层+41 层+65 层优于 29 层+53 层+79 层。

综上所述，顶部设有加强层的情况，虽也能取得一定的效果，但不是较优的，考虑到建筑设计时，顶层通常不做避难层或设备层，建议一般不在顶层设加强层。

5　伸臂桁架构件截面的设定方法

5.1　方法提出背景

关于伸臂桁架构件截面尺寸的初定，一般是借鉴相似工程项目的截面尺寸，通过重复试算进行调整。本文针对图 6 所示的人字撑伸臂桁架斜撑截面的初定方法进行了研究，提出了初步设计时，计算斜腹杆截面的近似公式。

5.2　方法论证

在风荷载或水平地震作用下，某高层建筑第 $i+1$ 层无伸臂加强层时，可求得第 i 层外框柱竖向变形差 $\Delta_{vc,i}$ 为：

$$\Delta_{vc,i}=\Delta_{c,i}-\Delta_{c,(i-1)} \tag{1}$$

式中：$\Delta_{c,i}$ 为无伸臂加强层时，第 i 层外框柱竖向变形；$\Delta_{c,(i-1)}$ 为第 $i-1$ 层外框柱竖向变形。

当在第 $i+1$ 层设置人字撑伸臂时（图 6），可求得相应第 i 层的外框柱竖向变形差 $\Delta^{t}_{vc,i}$ 为：

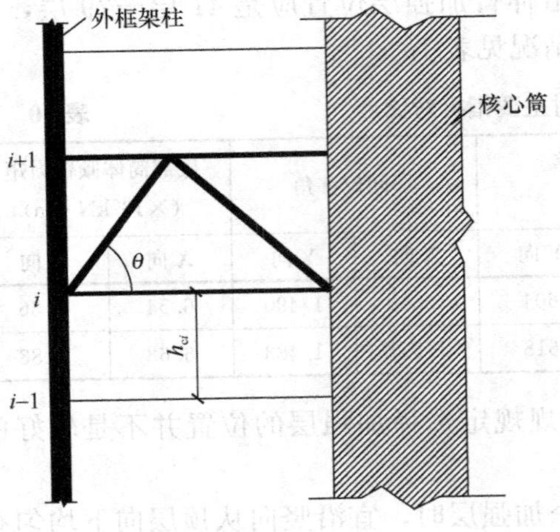

图 6　人字撑伸臂布置示意图

$$\Delta_{vc,i}^{t}=\Delta_{c,i}^{t}-\Delta_{c,(i-1)}^{t} \tag{2}$$

式中 $\Delta_{c,i}^{t}$ 为在第 $i+1$ 层设置人字撑伸臂加强层时，第 i 层外框柱竖向变形；$\Delta_{c,(i-1)}^{t}$ 为第 $i-1$ 层外框柱竖向变形。

$\Delta_{vc,i}$ 和 $\Delta_{vc,i}^{t}$ 的关系可用如下公式近似表示：

$$\Delta_{vc,i}^{t}=\mu_{ci}^{t}\cdot\Delta_{vc,i} \tag{3}$$

式中 μ_{ci}^{t} 为在第 $i+1$ 层设置伸臂加强层时，第 i 层外框柱竖向变形差与不考虑伸臂加强层时第 i 层外框柱竖向变形差的比值，一般近似取 2～4（建议结构底部取 2，中部取 3，邻近顶部范围取 4）。

由胡克定律得到，在第 $i+1$ 层设置加强层时，第 i 层外框柱的轴力 N_{ci} 与外框柱竖向变形差 $\Delta_{vc,i}^{t}$ 的关系为：

$$N_{ci}=\frac{EA\Delta_{vc,i}^{t}}{h_{ci}} \tag{4}$$

式中：EA 为外框柱的轴向刚度；h_{ci} 为第 i 层外框柱层高。

人字撑伸臂加强层斜腹杆与水平方向夹角以 θ 表示，则斜腹杆轴力 N_{d} 与其竖向分力 N_{d}^{v} 的关系为：

$$N_{d}=\frac{N_{d}^{v}}{\sin\theta} \tag{5}$$

人字撑伸臂斜腹杆轴力的竖向分力 N_{d}^{v} 与第 i 层外框柱的轴力 N_{ci} 的关系可近似用以下公式表示：

$$N_{d}^{v}=\mu_{di}^{v}\cdot N_{ci} \tag{6}$$

式中 μ_{di}^{v} 为第 $i+1$ 层斜腹杆轴力的竖向分力与第 i 层外框柱轴力的比值。

综合式（3）～式（6）得到人字撑斜腹杆轴力的近似表达式为：

$$N_{d}=\frac{\mu_{ci}^{t}\mu_{di}^{v}EA\Delta_{vc,i}}{h_{ci}\sin\theta} \tag{7}$$

当 $\theta=40°\sim45°$ 时，μ_{di}^{v} 一般近似取 0.6～0.75（建议结构底部取 0.6～0.65，中部取 0.7，邻近顶部范围取 0.75）。

人字撑斜腹杆是仅考虑风荷载或水平地震单工况作用下的轴力，此轴力为标准值，还需考虑与设计有关的系数调整。由于考虑小震或风荷载作用与恒、活荷载组合下轴力设计值的复杂性，故在设计时仅对风荷载或水平地震相关的系数进行调整及放大。荷载组合为：

$$N=\gamma\mu_{N}\cdot N_{d} \tag{8}$$

式中：N 为斜腹杆轴力的设计值；N_{d} 为仅考虑风荷载或水平地震作用下斜腹杆轴力标准值；γ 为荷载组合系数，当风荷载起控制作用时，γ 取 1.4，当水平地震起控制作用时，γ 取 1.3；μ_{N} 为放大系数，一般近似取 1.2～1.4。

人字撑斜腹杆轴力确定后，便可根据《钢结构设计标准》GB 50017-2017[5] 轴心受压构件强度验算及轴心受压构件稳定验算结果初步确定斜腹杆截面。首先由轴心受压构件强度验算得到的斜腹杆截面面积 A_1 表达式为：

$$A_1 = \frac{N}{f} \tag{9}$$

式中 f 为不同钢材牌号的抗压强度设计值，根据工程经验可预先选用一个数值进行初步计算。

联合式（7）～式（9）得到斜腹杆的截面面积 A_1 表达式为：

$$A_1 = \frac{\mu\gamma EA\Delta_{vc,i}}{fh_{ci}\sin\theta} \tag{10}$$

式中 μ 为综合调整系数，$\mu = \mu_{ci}^{t}\mu_{di}^{v}\mu_{N}$。

由计算得到的面积 A_1 初定斜腹杆截面形式和尺寸，以此截面形式和尺寸计算轴心受压构件的稳定系数 φ。根据轴心受压构件稳定验算公式，得到的斜腹杆的截面面积 A_2 表达式为：

$$A_2 = \frac{N}{\varphi f} \tag{11}$$

式中 φ 为轴心受压构件的稳定系数，应根据构件长细比、钢材屈服强度等确定。

联合式（7）～式（8）和式（11），得到的斜腹杆截面面积 A_2 表达式为：

$$A_2 = \frac{\mu\gamma EA\Delta_{vc,i}}{\varphi fh_{ci}\sin\theta} \tag{12}$$

人字撑斜腹杆的截面面积 A 取 A_1 与 A_2 的较大值，即：

$$A = \max(A_1, A_2)$$

伸臂桁架人字撑的上下弦截面面积根据工程经验近似取值如下：

$$A_{上} = (0.55 \sim 0.65)A$$

$$A_{下} = (0.40 \sim 0.55)A$$

式中 $A_{上}$ 和 $A_{下}$ 分别为人字撑伸臂上弦和下弦的截面面积。

6 工程实例

现以本文第 2 节案例为例，采用第 5 节伸臂桁架构件截面初定方法进行计算与设计，以说明此方法的合理性。

结构布置一道伸臂加强层，并设置于 41 层时，按此方法计算的伸臂构件截面见表 12，风荷载作用下结构主要指标见表 13。

设置一道伸臂加强层伸臂构件截面尺寸 **表 12**

伸臂位置 41 层	B（mm）	H（mm）	t_w（mm）	t_f（mm）	面积（mm²）
上弦	500	1000	95	95	1.72×10^5
下弦	500	1000	70	70	1.30×10^5
斜撑	1000	1000	100	100	2.80×10^5
上弦/斜撑	—	—	—	—	0.61
下弦/斜撑	—	—	—	—	0.47

注：伸臂构架截面均采用工字钢；$B\times H\times t_w\times t_f$ 表示截面总宽度×截面总高度×腹板厚度×翼缘厚度。

风荷载作用下设置一道伸臂加强层时主要指标 **表 13**

伸臂位置	顶点位移（mm）		层间位移角		底部筒体倾覆力矩（$\times10^6$kN·m）	
	X 向	Y 向	X 向	Y 向	X 向	Y 向
41 层	565	643	1/518	1/451	6.75	7.90

由表 13 得知，布置一道伸臂加强层时在 Y 向未能满足最大层间位移角要求，需要在 Y 向再布置多一道伸臂加强层，按 3.1 节建议，在 53 层处 Y 向布置多一道伸臂加强层，伸臂构件截面尺寸见表 14，风荷载作用下两道伸臂加强层结构主要指标见表 15。

53 层处 Y 向加强层伸臂构件截面尺寸 **表 14**

伸臂位置 53 层	B（mm）	H（mm）	t_w（mm）	t_f（mm）	面积（mm^2）
上弦	500	1000	80	80	1.47×10^5
下弦	400	1000	65	65	1.09×10^5
斜撑	900	1000	90	90	2.36×10^5
上弦/斜撑	—	—	—	—	0.62
下弦/斜撑	—	—	—	—	0.46

风荷载作用下设置两道伸臂加强层时主要指标 **表 15**

伸臂位置	顶点位移（mm）		最大层间位移角		底部筒体倾覆力矩（$\times10^6$kN·m）	
	X 向	Y 向	X 向	Y 向	X 向	Y 向
41 层+53 层	552	602	1/543	1/486	6.68	7.66

可以看出，在 Y 向布置两道伸臂加强层时仍未能满足最大层间位移角要求，由相关工程经验总结所得，当截面尺寸大于某一范围后，对提高结构刚度的贡献不明显，因此考虑在 Y 向布置三道伸臂加强层，按第 4 节建议进行伸臂加强层位置有效性分析，选择伸臂加强层位置为 29 层+41 层+65 层。其中在 29 层+41 层+65 层的 Y 向均设置伸臂加强层，选择在 41 层+65 层的 X 向布置伸臂加强层，以避免 X 向伸臂构架截面尺寸过大。29 层和 65 层伸臂加强层伸臂构件截面尺寸分别见表 16、表 17。41 层伸臂构件尺寸见表 12。风荷载作用下设置三道伸臂加强层时结构主要指标见表 18。

29 层处 Y 向加强层伸臂构件截面尺寸 **表 16**

伸臂位置 29 层	B（mm）	H（mm）	t_w（mm）	t_f（mm）	面积（mm^2）
上弦	700	1000	95	95	2.10×10^5
下弦	600	1000	75	75	1.54×10^5
斜撑	1100	1100	110	110	3.39×10^5
上弦/斜撑	—	—	—	—	0.62
下弦/斜撑	—	—	—	—	0.45

65 层加强层伸臂构件截面尺寸 **表 17**

伸臂位置 65 层	B（mm）	H（mm）	t_w（mm）	t_f（mm）	面积（mm^2）
上弦	400	900	70	70	1.09×10^5
下弦	400	900	55	55	8.75×10^5
斜撑	900	900	70	70	1.79×10^5
上弦/斜撑	—	—	—	—	0.61
下弦/斜撑	—	—	—	—	0.49

风荷载作用下设置三道伸臂时主要指标　　表 18

伸臂位置	顶点位移（mm）		层间位移角（rad）		底部筒体倾覆力矩（$\times10^6$kN·m）	
	X 向	Y 向	X 向	Y 向	X 向	Y 向
29 层+41 层+65 层	514	563	1/570	1/528	6.32	6.90

由表 18 可知，在 29 层+41 层+65 层的 Y 向设置三道伸臂加强层，结构最大层间位移角可满足规范要求。

伸臂位置和数量的选择还需进一步考虑伸臂构件内力，选择适宜的构件尺寸。表 19 为人字撑斜腹杆的应力。由表 19 可看出，本案例选择的伸臂加强层构件截面尺寸对抗风是较适宜的。

风荷载作用下设置三道伸臂斜腹杆应力（MPa）　　表 19

伸臂位置		f_1	f_2	f_3
29 层	Y 向	0.86	0.76	0.84
41 层	X 向	0.90	0.80	0.84
	Y 向	0.79	0.70	0.77
65 层	X 向	0.81	0.72	0.78
	Y 向	0.80	0.72	0.83

注：f_1、f_2、f_3分别为组合作用下人字撑斜腹杆强度应力比、X 向和 Y 向稳定应力比。

考虑结构抗震要求，地震组合 [$1.2(D+0.5L)+1.3E$] 作用下结构整体指标及伸臂斜腹杆应力见表 20、表 21。

$1.2(D+0.5L)+1.3E$ 作用下设置三道伸臂时主要指标　　表 20

伸臂位置	顶点位移（mm）		层间位移角		底部筒体倾覆力矩（$\times10^6$kN·m）	
	X 向	Y 向	X 向	Y 向	X 向	Y 向
29 层+41 层+65 层	335	333	1/809	1/729	4.95	4.69

$1.2(D+0.5L)+1.3E$ 作用下设置三道伸臂斜腹杆应力(MPa)　　表 21

伸臂位置		f_1	f_2	f_3
29 层	Y 向	0.32	0.30	0.32
41 层	X 向	0.37	0.37	0.38
	Y 向	0.32	0.30	0.33
65 层	X 向	0.43	0.41	0.44
	Y 向	0.40	0.38	0.43

仅考虑自重组合工况 $1.2(D+0.5L)$ 作用下，斜腹杆应力情况见表 22。

由表 21 和表 22 可得仅考虑小震作用时斜腹杆应力，见表 23。

1.2（$D+0.5L$）作用下三道伸臂斜腹杆应力（MPa） 表 22

伸臂位置		f_1	f_2	f_3
29 层	Y 向	0.15	0.13	0.14
41 层	X 向	0.17	0.15	0.16
	Y 向	0.16	0.14	0.14
65 层	X 向	0.28	0.24	0.26
	Y 向	0.25	0.23	0.26

仅小震作用下设置三道伸臂斜腹杆应力（MPa） 表 23

伸臂位置		f_1	f_2	f_3
29 层	Y 向	0.17	0.17	0.18
41 层	X 向	0.20	0.22	0.22
	Y 向	0.16	0.16	0.19
65 层	X 向	0.15	0.17	0.18
	Y 向	0.15	0.15	0.17

由表 23 可得仅在小震作用下三道斜腹杆应力较小，留有相对较大富裕空间给大震，但最终截面尺寸尚且需按规范要求进行罕遇地震弹塑性分析，以保证满足结构性能目标要求。

综上可得，伸臂加强层位置的确定和数量选择的建议，以及伸臂桁架构件截面的初定方法可用于初步设计阶段，对设计工作具有实用的意义。

7 结论

（1）加强层位置的设置应按照建筑使用功能，在建筑避难层处设置。

（2）应结合结构控制目标进行有效性分析，选择加强层的最优位置和数量。当控制顶点位移和最大层间位移角时，加强层设置于结构中上部效果比较显著；当控制底部筒体墙肢的轴力、倾覆力矩等时，加强层设置于结构偏中下部效果较好。

（3）当仅需设置一道加强层时，一般居中略偏高设置较为有利，高规规定设置于“0.6 倍房屋高度附近”是合理的；当需设置两道加强层时，一般可在第一道加强层位置或紧邻位置的基础上，往上或往下相邻避难层处加设一道加强层，也可取一道加强层最优位置的相邻上下避难层处设两道加强层；当需设置三道加强层时，一般可在两道加强层位置的基础上，居中或往下加设一道，如考虑要达到较好减小筒体倾覆力矩的效果，第三道加强层可适当略往下布置。总之，加强层的最优位置需根据控制目标进行有效性分析比较后确定才是较为科学合理的，研究也表明加强层数量不宜太多，应从安全性、经济性和合理性综合考虑，设置过多会造成不必要的浪费。

（4）建议结构顶部不设置加强层，因建筑避难层一般不设置于顶层，计算结果表明顶部加强层也非最优选择。

（5）本文指出了伸臂桁架构件截面尺寸的初定方法，通过工程实例应用说明此方法是合理的，可供工程师设计参考。

（6）本文主要针对深圳地区超高层建筑为风荷载控制的情况，进行风荷载作用下的比较分析，当为地震作用控制时可按本文方法进行类似有效性分析，得出加强层最优位置和数量，其结果将会与风荷载作用下结果略有差异。

致谢：孙仁范教授、杨仁孟主任工程师提供了宝贵意见，在此表示感谢。

参考文献

［1］ 黄世敏，魏琏，衣洪建，等．高层建筑中水平加强层最优位置的研究［J］．建筑科学，2003，19（2）：4-6，10.

［2］ SMITH B S，COULL A. Tall building structures：analysis and design［M］. New York：Wiley-Interscience 1991.

［3］ 徐培福，黄吉锋，史建鑫．利用加强层调节框筒结构核心筒弯矩［J］．建筑结构，2015，45(7)：1-7.

［4］ 高层建筑混凝土结构技术规程：JGJ 3－2010［S］．北京：中国建筑工业出版社，2011.

［5］ 钢结构设计标准：GB 50017－2017［S］．北京：中国建筑工业出版社，2018.

本文原载于《建筑结构》2019 年第 49 卷第 7 期

15. 剪力墙轴压比计算方法研究

魏 琏，林旭新，王 森

【摘 要】 对当前剪力墙轴压比的计算方法进行了讨论，指出了目前规范关于剪力墙轴压比计算方法中存在的一些问题。介绍了剪力墙轴向内力的分布特点，提出了剪力墙在重力荷载代表值和水平地震作用下“分段轴压比”的计算方法，给出了剪力墙轴压比限值建议，并通过工程案例说明了方法的应用。结果表明此方法更加合理，更有利于充分发挥剪力墙的抗震潜能。

【关键词】 剪力墙轴压比；计算方法；分段轴压比；轴压比限值

Study on calculation method of shear wall axial compression ratio

Wei Lian, Lin Xuxin, Wang Sen

Abstract: The calculation method of shear wall axial compression ratio was discussed, and some problems in calculation method of shear wall axial compression ratio according to current code were pointed out. The distribution characteristics of axial internal forces of shear wall were introduced, the calculation method of "sectional axial compression ratio" under gravity load representation and horizontal earthquakes was put forward, and the suggestion of the shear wall axial compression ratio limit was given. An engineering example was offered to explain the application of the method. The results show that this method is more reasonable, and is more conducive to giving full play to the seismic potential of shear walls.

Keywords: shear wall axial compression ratio; calculation method; sectional axial compression ratio; compression ratio limit

0 前言

轴压比是控制剪力墙在竖向荷载和地震共同作用下进入塑性阶段和防止塑性变形过大的重要因素，是剪力墙抗震设计中的一个关键参数。在设计过程中常通过设置约束边缘构件来提高端部剪力墙的塑性变形能力，从而改善剪力墙的延性提高整体结构的抗震性能。

《高层建筑混凝土结构技术规程》JGJ 3－2010[1]（简称高规）规定墙肢轴压比是重力荷载代表值作用下墙肢承受的轴压力设计值与墙肢的全截面面积和混凝土轴心抗压强度设计值乘积之比值，并没有反映地震作用下剪力墙两端受压的情况。当剪力墙两端轴压力达到一定值后，即使在端部设置约束边缘构件，剪力墙仍可能因混凝土压溃而丧失承受重力荷载的能力，因此对剪力墙轴压比加以适当控制是必要的。

1 高规剪力墙轴压比计算公式

高规规定剪力墙墙肢轴压比 μ 计算公式如下：

$$\mu = 1.2N_G/f_cA_c \tag{1}$$

式中：1.2 为荷载分项系数；N_G 为重力荷载代表值作用下的墙肢轴力标准值，N_G = 恒载 +0.5× 活载；f_c 为混凝土轴心抗压强度设计值；A_c 为剪力墙墙肢的全截面面积。

高规对剪力墙轴压比限值的规定如表 1 所示。

剪力墙墙肢轴压比限值　　表 1

抗震等级	一级（9 度）	一级（6～8 度）	二、三级
轴压比限值	0.4	0.5	0.6

对于剪力墙轴压比的计算公式及其限值的合理性存在以下几点疑问：

（1）式（1）表明重力荷载代表值作用下，墙体沿截面轴向应力假设均匀分布，而实际工程中剪力墙轴向应力分布是不均匀的，主要受楼板的传力方式、墙上搭梁以及墙端连接构件情况等影响。

（2）不同设防烈度时，地震作用的大小也是数倍之差，留给不同烈度地震作用的空间应有差别，但高规对一级抗震 6、7 度及 8 度采用同一限值 0.5 显然是不合理的。

（3）式（1）的表述是以设计值为准，但大震分析时是以标准值为准，因而不易判断其对大震作用留下的富余空间，下面以荷载和材料标准值来定义轴压比，可得：

$$\mu_{1k} = \frac{N_G}{f_{ck}A_c} = \frac{\mu}{1.4\times 1.2} = 0.60\mu \tag{2}$$

按式（2）求得高规中墙肢以标准值表示的相应轴压比限值如表 2 所示。

相应高规限值时按标准值计算的轴压比　　表 2

抗震等级	一级（9 度）	一级（6～8 度）	二、三级
轴压比限值	0.24	0.30	0.36

表 2 表明，以标准值表达的剪力墙墙肢轴压比限值较小，这实际上是设计给予大震作用下墙肢所产生的轴压比预留的空间。如在表 1 中，7 度的剪力墙轴压比限值为 0.50，按荷载和材料标准值计算时其限值为 0.30，大震作用下轴压比仍然有 0.70 的空间。

（4）不能反映水平地震作用下，与地震作用同方向剪力墙墙肢轴向应力两端大且反号，中段小，中和轴处为零的特点，因此式（1）及式（2）用全截面面积来定义墙肢轴压比的方法不适用于地震作用下剪力墙墙肢不同部位轴向应力差异反号的实际状况。

（5）表 1 及表 2 为仅考虑重力荷载代表值作用下剪力墙轴压比限值，其剩余部分轴压比无疑是留给地震作用的，但同一烈度大震与小震作用的大小达数倍，因此，采用小震还是大震作用下轴压比进行设计控制是一个需要进一步研究解决的问题，表 1 及表 2 限值对此均不明确。

广东省《高层建筑混凝土结构技术规程》DBJ 15-92－2013[2]（简称广东省高规）规定：当地震作用下核心筒或内筒承担的底部倾覆力矩不超过总倾覆力矩的60%时，在重力荷载代表值作用下，核心筒或内筒剪力墙的轴压比不宜超过表3限值。

剪力墙墙肢轴压比限值　　表3

等级或烈度	一级		二、三级
	6、7度（0.1g）	7（0.15g）、8度	
轴压比限值	0.60	0.55	0.65

综上所述，在地震作用下用全截面面积 A_c 统一考虑该墙肢的轴压比的方法是不合理的，它不能反映剪力墙不同位置轴力的差异，也未较完善考虑不同地震烈度时地震作用及同一烈度时大震、小震作用的差别。本文就此展开讨论，提出相应的设计建议，并结合实际工程说明了方法的应用。

2　剪力墙轴向应力分布特点

2.1　在自重下剪力墙轴向应力分布特点

结合深圳某超高层建筑进行分析，结构体系为巨柱-核心筒结构，建筑高度为350m，地震烈度为7度（0.1g），基本风压为0.75kN/m^2。结构地下4层，地上79层。在建筑避难层的位置设有环桁架，即6层、17层、29层、41层、53层、65层、79层这7个位置。17层、41层、65层这3个位置设有伸臂，首层结构平面布置如图1所示。

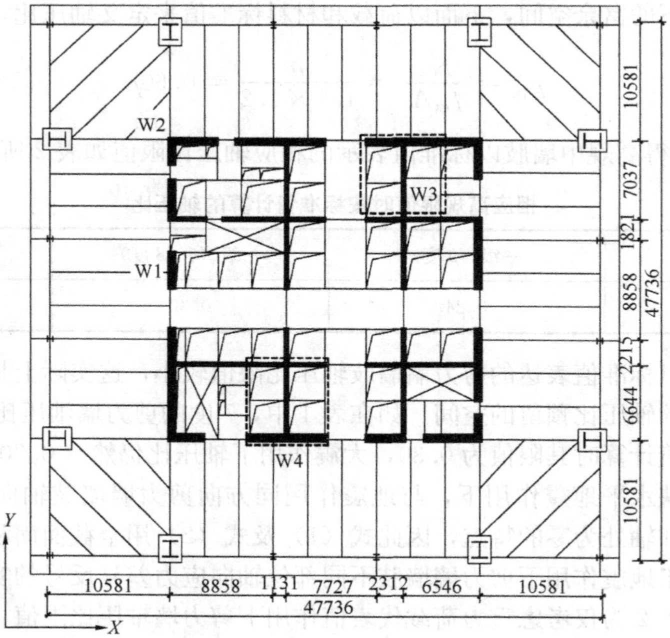

图1　首层结构平面布置图

首层墙W1（一字形）、W2（L形）、W3（T形）、W4（工字形）在重力荷载代表值作用下的轴向应力如图 2 所示，剪力墙轴向应力主要是受楼板的传力方式、墙上搭梁以及墙端连接构件情况等影响。从属面积会增加剪力墙构件负荷从而直接影响剪力墙轴向应力分布，通常情况下剪力墙两端的从属面积稍比中间部位大，如对于一字形剪力墙，其轴向应力呈“哑铃形”分布。墙上搭梁情况对于剪力墙轴向应力的影响体现在增加集中力和重新影响楼板荷载导荷形式等方面，墙上搭梁的位置一般轴向应力较大。

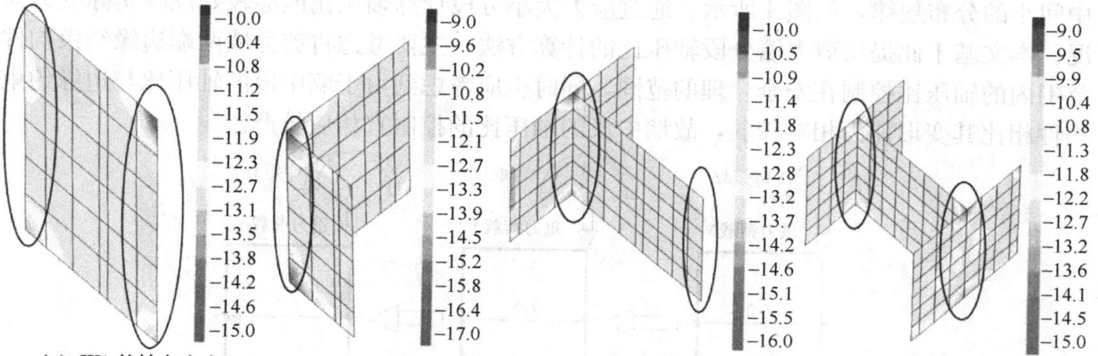

(a) W1 的轴向应力　(b) W2 的轴向应力　(c) W3 的轴向应力　(d) W4 的轴向应力

图 2　重力荷载代表值作用下的剪力墙轴向应力分布图/MPa

2.2　地震作用组合下剪力墙轴向应力分布特点

计算剪力墙轴压比时需考虑水平地震作用的不利影响，参照高规中对于框架柱轴压比的计算方法，具体如下：

$$\mu' = (1.2N_{G} \pm 1.3N_{E})/f_{c}A_{c} \tag{3}$$

式中 N_E 为小震作用下的轴力标准值。

以 2.1 节案例进行分析，在重力荷载代表值与水平地震组合作用下，不同形式剪力墙轴向应力如图 3 所示。图中工况 1、3、4 为 max［1.2×（D+0.5L）±1.3E_y］，工况 2 为 max［1.2×（D+0.5L）±1.3E_x］。从轴向应力分布规律上不难发现，考虑地震组合后剪力墙出现轴向应力分布大的情况往往在核心筒外围墙上及角部墙肢及长墙的

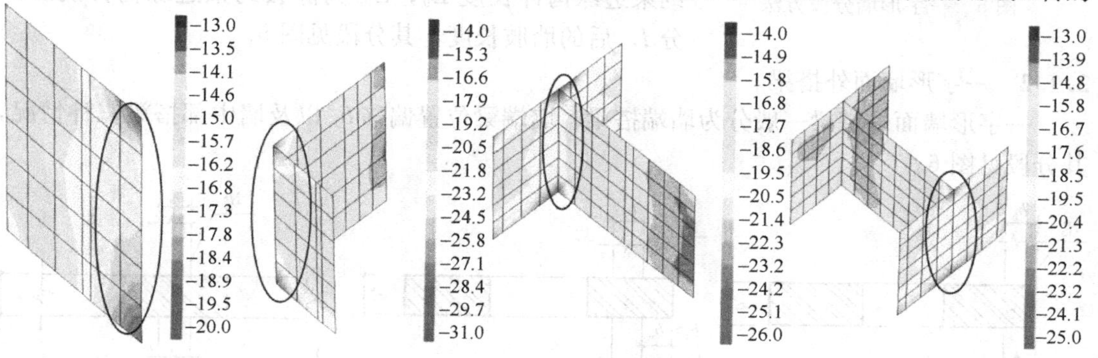

(a) W1 在工况 1 下的轴向应力　(b) W2 在工况 2 下的轴向应力　(c) W1 在工况 3 下的轴向应力　(d) W4 在工况 4 下的轴向应力

图 3　考虑地震组合的剪力墙轴向应力分布图/MPa

端部处。

3 剪力墙的分段方法

由于剪力墙在重力荷载代表值和水平地震共同作用下的轴向应力一般呈现出端部大、中间小的分布规律，如图 4 所示。通过应力大小分段计算轴压比能够较好反映实际受力情况，本文基于此提出剪力墙分段轴压比的计算方法，主要考虑将剪力墙两端边缘约束构件范围内的轴压比控制在安全合理的范围，同时也应考虑到由于墙中段的轴压比与边缘约束构件相比其变形能力相对较弱，故墙中段的轴压比的控制宜相应较严。

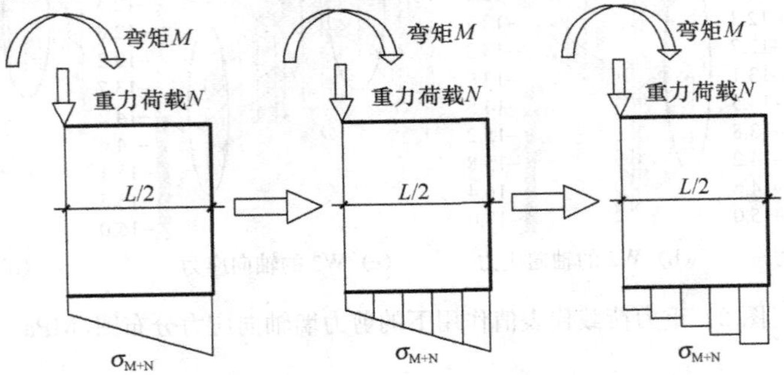

图 4　重力荷载代表值和水平地震组合下轴向应力分布图

3.1　剪力墙的分段依据和方法

为了将剪力墙沿长度分段，首先需要合理确定墙端分段长度，遵照高规剪力墙边缘构件长度的规定，建议根据剪力墙不同构成情况，按照以下相应原则划分，而对于有梁搭于墙上的情况，需单独划定墙段长度。以 X 向墙为例，以下为剪力墙分段方法。

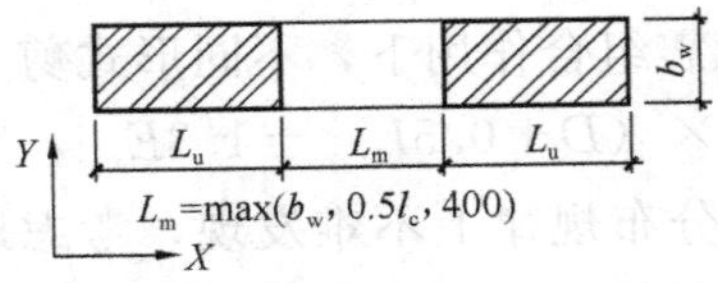

图 5　一字形墙分段方法

3.1.1　一字形墙

一字形墙两端约束边缘构件阴影部分按暗柱分段，l_c 为约束边缘构件沿墙肢的长度，其取值依据高规第 7.2.15 条表 7.2.15 计算，b_w 为墙肢厚度，阴影部分为约束边缘构件长度 L_u，L_m 为除去约束边缘构件阴影部分 L_u 后的墙肢长度，其分段见图 5。

3.1.2　一字形墙面外搭梁

一字形墙面外搭梁一般分为墙端搭梁、墙端梁位置偏移 b_1 以及墙中部搭梁三种情况，其分段见图 6。

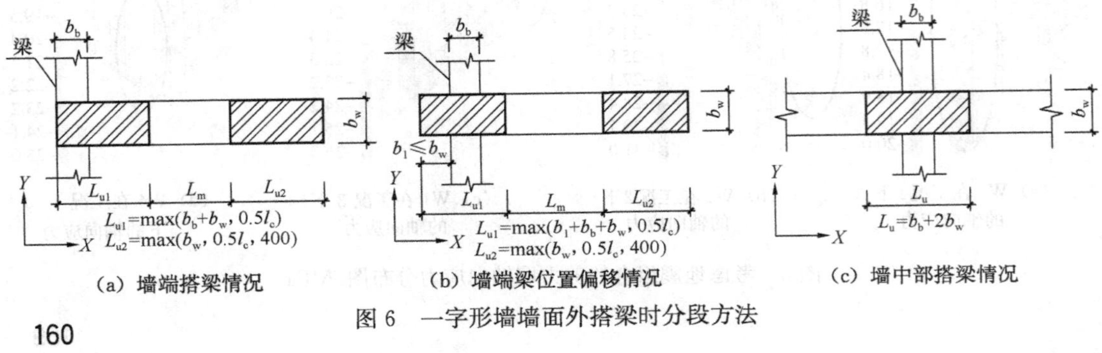

图 6　一字形墙墙面外搭梁时分段方法

3.1.3 端柱搭梁

当墙有端柱且墙端也有搭梁时，其分段见图 7。

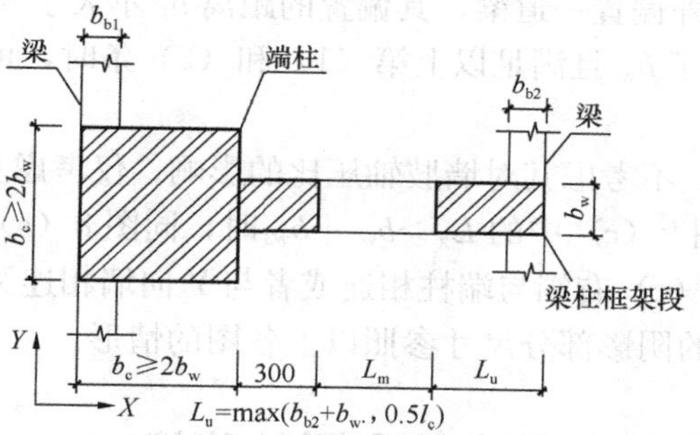

图 7 端柱搭梁时分段方法

3.1.4 一端与垂直向墙相连

当 Y 向墙与 X 向墙相连形成 T 形或 L 形墙肢时，其分段见图 8。

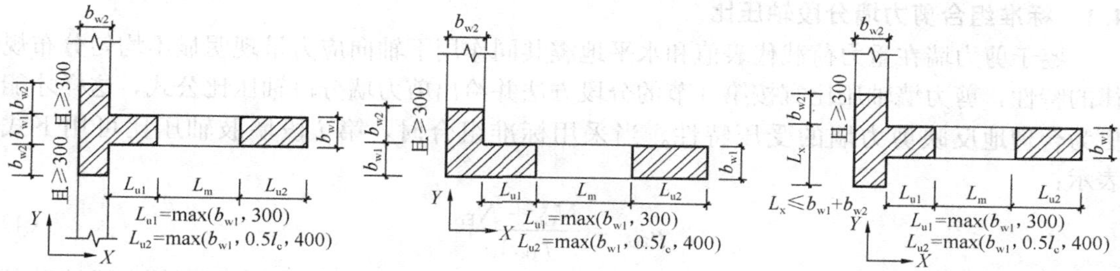

(a) T 形墙 (b) L 形墙 (c) L 形墙凸出情况

图 8 一端与垂直向墙相连时分段方法

3.1.5 一端与垂直向墙相连且垂直向墙面外搭梁

当 Y 向墙与 X 向墙相连形成 T 形或 L 形墙肢，且在 X 向墙面外搭梁时，分段见图 9。

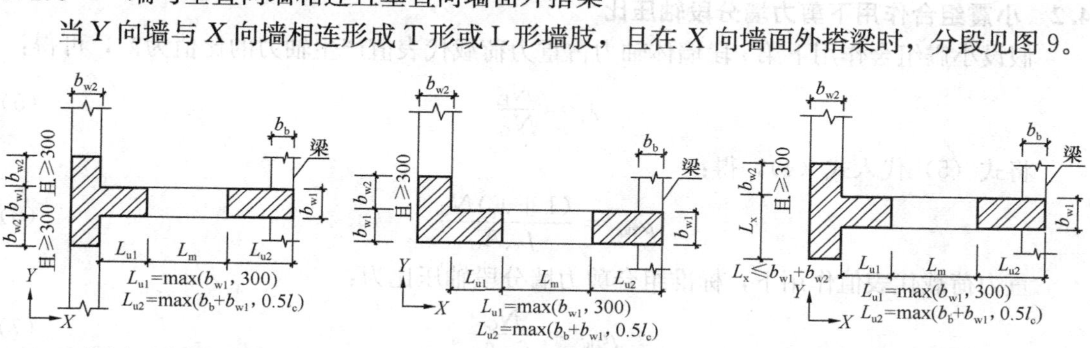

(a) T 形墙与墙端搭梁复合情况 (b) L 形墙与墙端搭梁复合情况 (c) L 形墙凸出与墙端搭梁复合情况

图 9 一端与垂直向墙相连且垂直向墙面外搭梁时分段方法

剪力墙墙肢分段时，需注意以下几点：

(1) 当 L_m<min（300，b_w）时，L_m 平分到其相邻左右两侧的暗柱；当 min（300，b_w）<L_m≤2000 时，L_m 为一个计算长度；当 L_m>2000 时，应进一步等分剖分，将 L_m 剖分后的单元长度不宜大于 2000 且不宜小于 min（300，b_w）。

（2）当两侧暗柱存在重叠（即 L_m 段不存在），两侧暗柱应合并，且合并后的新暗柱总长不宜大于 2000mm，否则平分成 2 个暗柱分别计算其轴压比。

（3）当图 6（b）面外偏置一道梁，其偏置的距离 b_1 不大于 b_w 时，端部暗柱按照图 6（b）所示取值；当 b_1 大于 b_w 且满足以上第（1）和（2）条时，可按第（1）和（2）条所述合理进行合并。

（4）次梁荷载较小，不考虑其对墙肢轴压比的影响，仅考虑主梁的作用。

（5）当图 8（c）、图 9（c）中的 $L_x > b_{w1} + b_{w2}$ 时，同图 8（a）、图 9（a）情形分段。

（6）当图 9（a）～（c）右端与端柱相连或者与 Y 向墙相连又或者如图 6（b）面外偏置了一道梁时，其右端的阴影部分尺寸参照以上各图的情形。

4 剪力墙分段轴压比计算方法和限值建议

根据以上的分析，本文建议采用剪力墙分段计算，考虑地震作用在内及以标准组合表述的新的轴压比计算方法。

4.1 标准组合剪力墙分段轴压比

鉴于剪力墙在重力荷载代表值和水平地震共同作用下轴向应力呈现明显不均匀分布规律的特性，剪力墙轴压比宜按第 3 节的分段方法并给出剪力墙分段轴压比公式，这样才能更为合理地反映剪力墙的受压特性。当采用标准组合时，第 i 段墙肢轴压比可用下式表示：

$$\mu_{2ki} = \frac{N_{Gi} + N_{Ei}}{f_{ck} A_{ci}} \tag{4}$$

式中：下标 i 为剪力墙全截面分段后任意段；N_{Gi} 为重力荷载代表值作用下第 i 段墙肢的轴力标准值；N_{Ei} 为小震作用下第 i 段墙肢的轴力标准值；f_{ck} 为墙体混凝土抗压强度标准值；A_{ci} 为第 i 段墙肢截面面积。

4.2 小震组合作用下剪力墙分段轴压比

假设小震组合作用下第 i 段墙体轴力占重力荷载代表值产生轴力的比值为 λ_i，可得：

$$\lambda_i = \frac{N_{Ei}}{N_{Gi}} \tag{5}$$

将式（5）代入式（4），得：

$$\mu_{2ki} = \frac{(1 + \lambda_i) N_{Gi}}{f_{ck} A_{ci}} \tag{6}$$

重力荷载代表值作用下，标准组合剪力墙分段轴压比为：

$$\mu_{1ki} = \frac{N_{Gi}}{f_{ck} A_{ci}} \tag{7}$$

联合式（6）和式（7）得：

$$\mu_{2ki} = (1 + \lambda_i) \mu_{1ki} \tag{8}$$

当 λ_i 值在 0.10～0.40 之间变化时，μ_{2ki}＝（1.1～1.4）μ_{1ki}，当地震作用占比较大时，墙体轴压比也将增大。

如表 2 所示重力荷载代表值 N_G 作用下，一级（6～8 度）抗震等级剪力墙标准值轴压比限值为 0.3，则小震组合作用下剪力墙分段轴压比（1＋λ_i）μ_{1ki} 的限值不大于 0.3（1＋

λ_i），此时通过 λ_i 反映了不同地震烈度的影响，远优于以往不反映地震烈度取同一限值的做法，但对小震作用下的限值进行规定对抗震设计没有实际意义，因为它不能反映相应大震作用下的剪力墙分段轴压比，而这却是满足大震抗震设计必须加以关注和控制的参数。

4.3 大震组合作用下剪力墙分段轴压比分析

设在大震、小震作用下结构按弹性分析的剪力墙墙段轴力比为 γ_e，γ_e 值即为相应水平地震影响系数最大值 α_{max}之比，如表 4 所示。

弹性分析时 γ_e 比值

表 4

地震烈度	6 度	7 度	8 度	9 度
小震 α_{max}	0.04	0.08 (0.12)	0.16 (0.24)	0.32
大震 α_{max}	0.28	0.50 (0.72)	0.90 (1.20)	1.40
γ_e	7.0	6.25 (6.0)	5.63 (5.0)	4.44

注：7、8 度时括号内数值分别用于设计基本地震加速度为 0.15g 和 0.30g 的地区。

大量的大震弹塑性分析表明，考虑结构进入塑性时刚度衰减的影响，剪力墙墙段大震轴力与小震轴力之比 γ_p 将小于 γ_e。大震作用时考虑塑性影响的标准组合剪力墙分段轴压比可按下式计算：

$$\mu_{3ki}=\frac{N_{Gi}+\gamma_p N_{Ei}}{f_{ck}A_{ci}} \tag{9}$$

将式（5）代入式（9），得：

$$\mu_{3ki}=\frac{(1+\lambda_i\gamma_p)N_{Gi}}{f_{ck}A_{ci}} \tag{10}$$

按式（10）计算剪力墙分段轴压比时，需给定相应的 γ_p 值，根据已有大量大震弹塑性分析结果的统计，建议 γ_p 近似取值见表 5。

弹塑性分析时 γ_p 比值

表 5

地震烈度	6 度	7 度	8 度
γ_p	6	5	3.5～4.5

注：8 度区 γ_p 取值按 8 度中震结构破坏程度取值：破坏较轻微时取 4.5；破坏较严重时取 3.5。

在设计过程中常在剪力墙两端设置约束边缘构件来提高剪力墙的塑性变形能力，从而提高剪力墙的延性[3]。端部剪力墙往往配置较多的竖向钢筋或放置型钢，考虑竖向钢筋和型钢的贡献后，标准组合下剪力墙分段轴压比计算公式如下：

$$\mu_{4ki}=\frac{(1+\lambda_i\gamma_p)N_{Gi}}{f_{ck}A'_{ci}+f_{ak}A_{ai}+f_{yk}A_{si}} \tag{11}$$

或为：

$$\mu_{4ki}=\frac{(1+\lambda_i\gamma_p)N_{Gi}}{f_{ck}A_{ci}\left(1-\rho_{ai}-\rho_{si}+\frac{f_{ak}}{f_{ck}}\rho_{ai}+\frac{f_{yk}}{f_{ck}}\rho_{si}\right)} \tag{12}$$

式中：A'_{ci}为 i 段墙肢内扣除型钢和钢筋的截面面积；A_{ai}为 i 段墙肢内型钢的截面面积；f_{ak}为型钢强度标准值；A_{si}为 i 段约束边缘阴影部分钢筋截面面积；f_{yk}为钢筋强度标准值；ρ_{ai}为型钢的含钢率，$\rho_{ai}=A_{ai}/A_{ci}$；ρ_{si}为约束边缘构件配筋率，$\rho_{si}=A_{si}/A_{ci}$。

4.4 剪力墙分段轴压比限值建议

剪力墙分段后还可分为约束边缘构件段、构造边缘构件段和墙体中段。在抗震设计时，边缘约束构件段墙体由于配有较多较密的箍筋，因此具备较好的变形能力，一般可允许在大震作用下出现轻微的受压屈服，按上述方法计算，根据大震下近似计算结果其轴压比限值可初步建议为 $\mu_{4ki} \leqslant 1.1$，当不允许屈服时，建议为 $\mu_{4ki} \leqslant 1.0$；构造边缘构件段建议 $\mu_{4ki} \leqslant 0.9 \sim 1.0$；墙体中段一般无约束配筋，不宜在大震作用下屈服，其限值建议为 $\mu_{3ki} \leqslant 0.9$。

综上，按第 4 节方法设计时剪力墙厚度的确定可以更趋合理。

5　高规剪力墙轴压比限值调整建议

高规关于剪力墙轴压比限值的规定见表 1，当采用标准组合时其限值见表 2，此法主要优点是设计应用方便，不足之处是不能具体考虑大小地震作用的影响，不能量化明确不同地震烈度地震作用下留给大震作用的空间，6～8 度时的地震作用本有成倍差异，却规定为相同的轴压比限值，显然需要改进。

为得到剪力墙分段轴压比 μ_{4ki} 与标准值计算轴压比 μ_{1k} 的关系，将式（11）改写为下式：

$$\mu_{4ki} = (1 + \lambda_i \gamma_p)\mu_{1k} \tag{13}$$

对式（13）各参数进行以下分析，取 μ_{1k} 分别为 0.3、0.35、0.4、γ_p 为 3、4、5、6，求标准组合剪力墙分段轴压比 μ_{4ki}，如图 10 所示。根据图 10（a）～（c）的结果，不难看到如下规律：

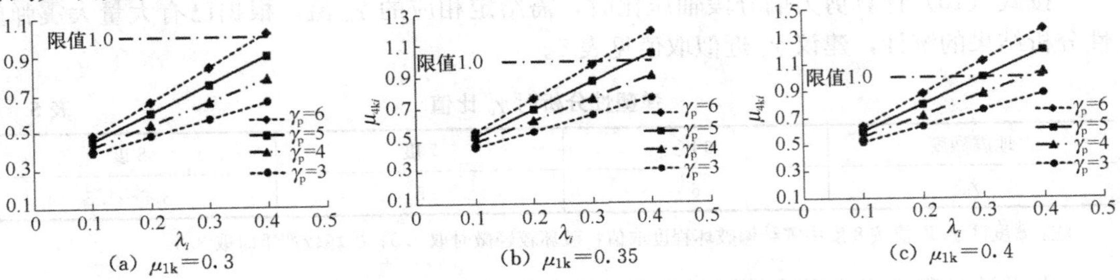

（a）μ_{1k}=0.3　（b）μ_{1k}=0.35　（c）μ_{1k}=0.4

图 10　μ_{4ki}/μ_{1k} 关系曲线

（1）当标准组合轴压比限值 μ_{1k}=0.3，λ_i 在 0.2 左右时，即使 γ_p 达到 6，剪力墙分段轴压比尚远小于 1.0；当 λ_i 增大至 0.3～0.4 之间时，其轴压比仍小于 1.0。

（2）当标准组合轴压比限值 μ_{1k}=0.35，λ_i 在 0.3 左右时，即使 γ_p 达到 6，剪力墙分段轴压比仍小于 1.0。

（3）当标准组合轴压比限值 μ_{1k}=0.4，λ_i 在 0.2 左右时，即使 γ_p 达到 6，剪力墙分段轴压比也尚小于 1.0。

由此可见，6 度区地震作用较小，λ_i 值较小，现高规规定全截面面积轴压比限值 μ_{1k} 可从 0.3 调大至 0.4；7 度区地震作用增大，λ_i 值居中，全截面面积轴压比限值 μ_{1k} 可从 0.3 调大至 0.35；8 度区地震作用较大，λ_i 值可能较大，其全截面面积轴压比限值 μ_{1k} 可按高规原规定取为0.3，表6为建议的μ_{1k}值，相应的设计组合轴压比μ也列入表中。

高规调整轴压比限值 表6

抗震等级	一级				二、三级
地震烈度	9度	8度	7度	6度	
μ_{1k}（标准组合）	0.24	0.30	0.35	0.40	0.42
μ（基本组合）	0.40	0.50	0.58	0.66	0.70

本文中第4节提出了剪力墙分段轴压比计算方法及其限值的建议，相对于高规剪力墙轴压比的计算方法和限值规定都更为合理，若设计时不采用剪力墙分段轴压比和限值建议，也可按表6所列对高规限值进行调整，这能明确不同地震烈度地震作用下预留给大震的空间。

6 工程案例分析

结合第2节案例在不考虑和考虑地震组合两种不同荷载组合下剪力墙轴压比计算的差异，按照第3节剪力墙的分段法进行剪力墙的轴压比分析。首层核心筒剖分平面布置见图11。

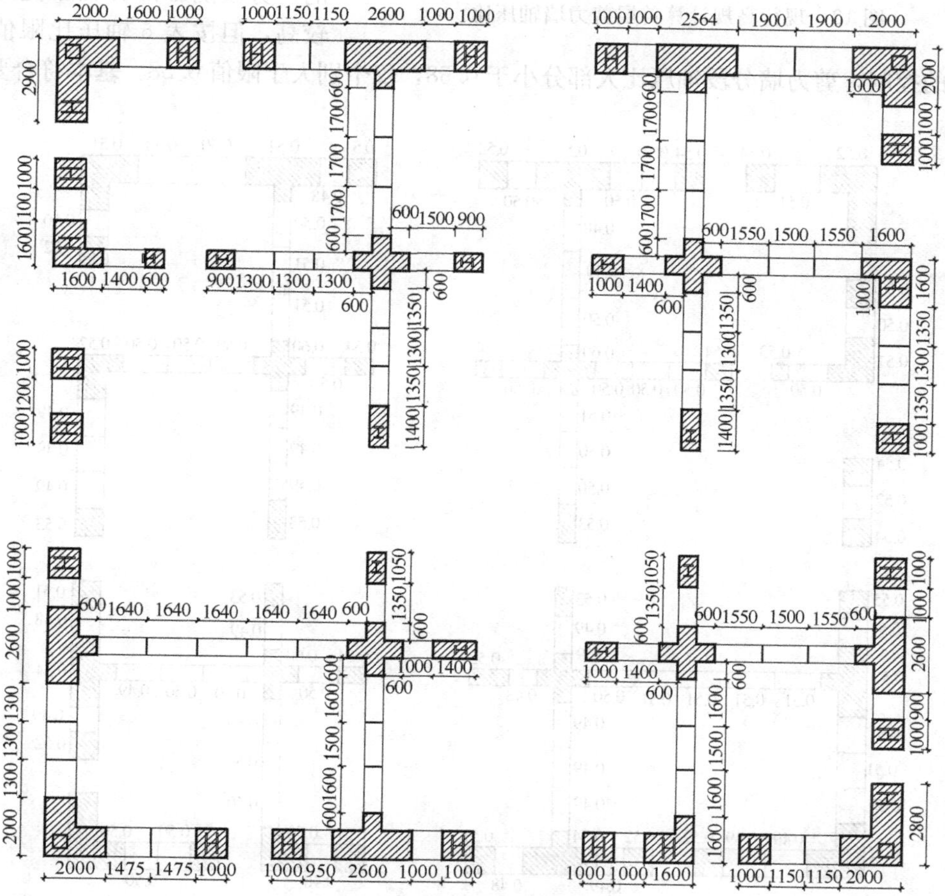

图11 首层核心筒剖分平面布置图

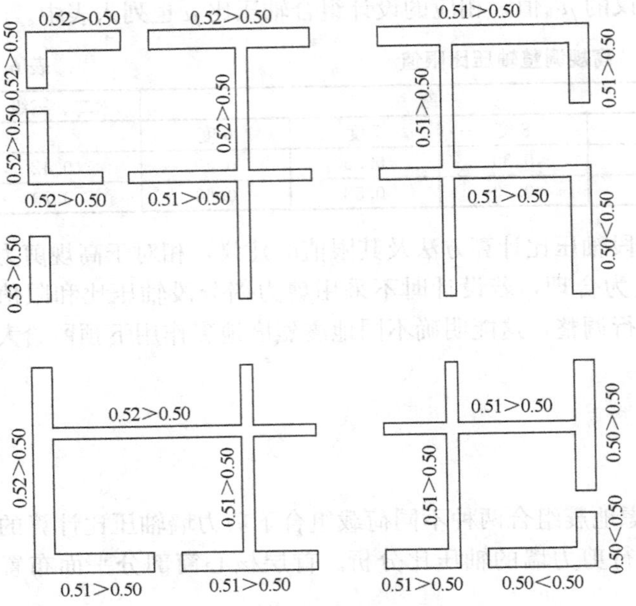

图 12 现行高规计算首层剪力墙轴压比

按现行高规式（1）计算的剪力墙轴压比不分段且仅考虑重力荷载代表值基本组合 1.2（D+0.5L）作用下时，大部分剪力墙轴压比大于 0.5，如图 12 所示，显然不满足高规对轴压比限值的要求；按第 3 节剪力墙的分段方法和现行高规式（1）计算剪力墙的轴压比，结果如图 13 所示，与图 12 结果比较，剪力墙分段后约束边缘构件阴影部分的轴压比计算结果都较大，这是剪力墙分段后反映了重力荷载代表值作用下，墙体沿截面轴向应力的不均匀性，是比较符合实际的。分段阴影部分轴压比虽相对较高，但按表 6 轴压比限值建议 7 度 μ 的控制，剪力墙分段轴压比大部分小于 0.58，仅个别大于限值 0.58，基本符合要求。

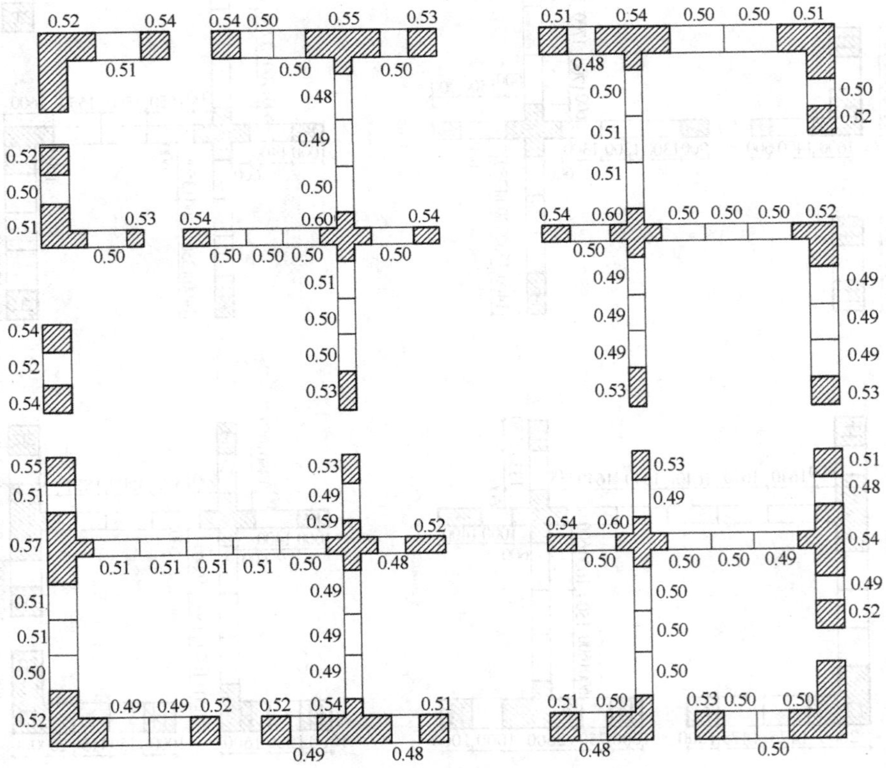

图 13 现行高规调整首层剪力墙分段轴压比

采用本文第 4 节剪力墙分段计算新方法，考虑小震作用标准组合（$D+0.5L\pm E$）轴压比计算方法式（4），图 14 的计算结果显示，剪力墙约束边缘构件阴影部分轴压比较大，反映了剪力墙在重力荷载代表值和水平地震共同作用下受压不均匀的特性。图 14 小震标准组合剪力墙分段轴压比结果小于图 13 的计算结果且均小于 0.5，说明按式（4）计算小震标准组合作用下剪力墙分段轴压比时，仍为大震作用下墙肢轴压比预留 0.5 的空间。

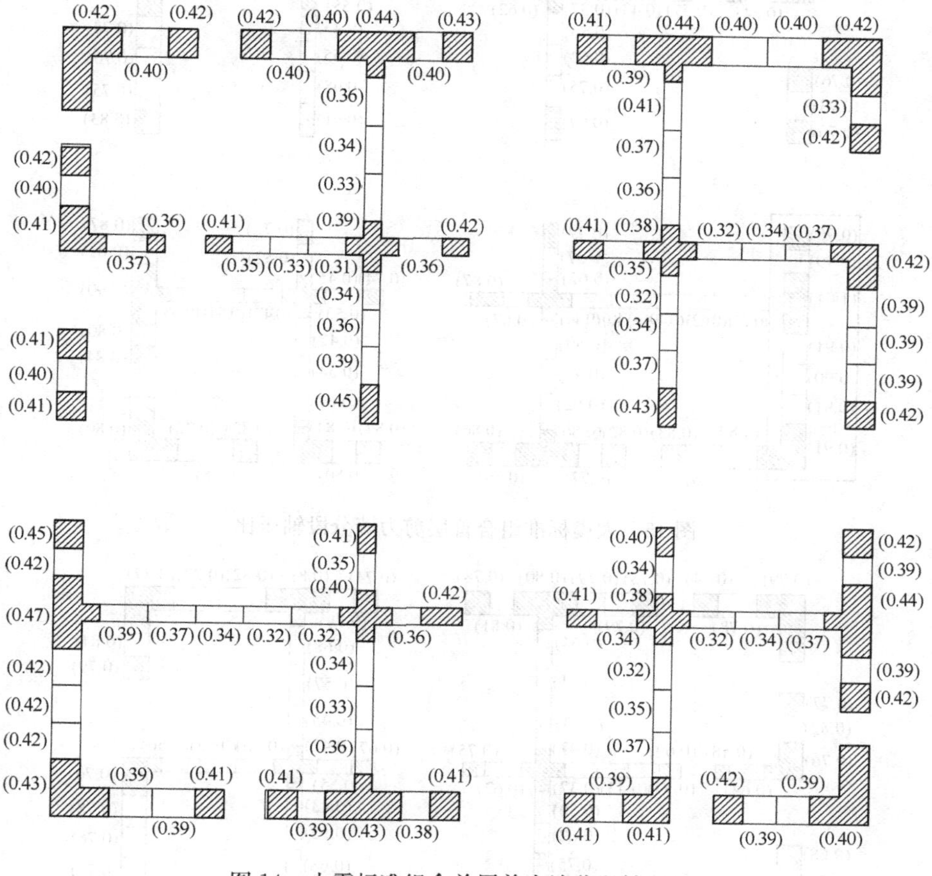

图 14　小震标准组合首层剪力墙分段轴压比

为反映相应大震作用剪力墙分段轴压比的情况，按本文第 4 节式（10）计算，结合表 5 取弹塑性大震轴力与小震轴力比值 γ_p 为 5 进行计算，大震标准组合（$D+0.5L\pm 5E$）剪力墙分段轴压比如图 15 所示，由图可知，约束边缘构件阴影部分轴压比较大，多数集中在 0.85～0.95 范围内，少数接近 1，个别超过 1（图 15 矩形框示），按 4.4 节剪力墙分段轴压比限值建议，若允许约束边缘构件段在大震作用下出现轻微受压屈服时，约束边缘构件分段轴压比限值为 1.1，则图中所示剪力墙约束边缘构件段轴压比均满足要求。图中墙体中段分段轴压比大部分均小于 0.9，仅有矩形框位置轴压比大于 0.9，按 4.4 节剪力墙分段轴压比限值建议，墙体中段不宜在大震作用下屈服，宜采取相应的加强措施。

约束边缘构件阴影区常配有较密的箍筋和纵向受力钢筋，具备较好的变形能力，其对约束边缘构件轴压比的影响往往不可忽略，在此基础上计算剪力墙分段轴压比，结果见图 16（仅列出大震组合下的轴压比计算结果），与图 15 计算结果比较，考虑约束边缘构

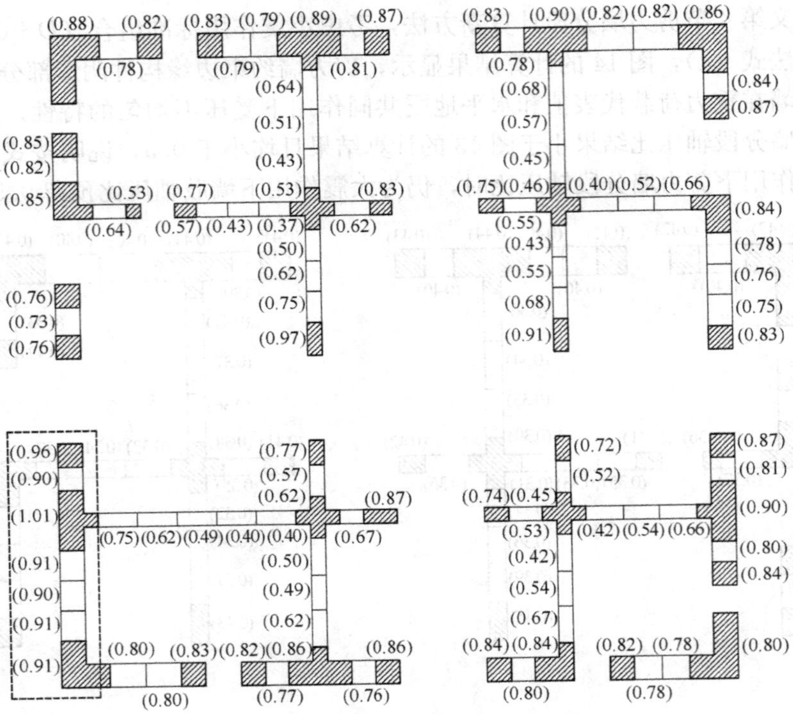

图 15　大震标准组合首层剪力墙分段轴压比

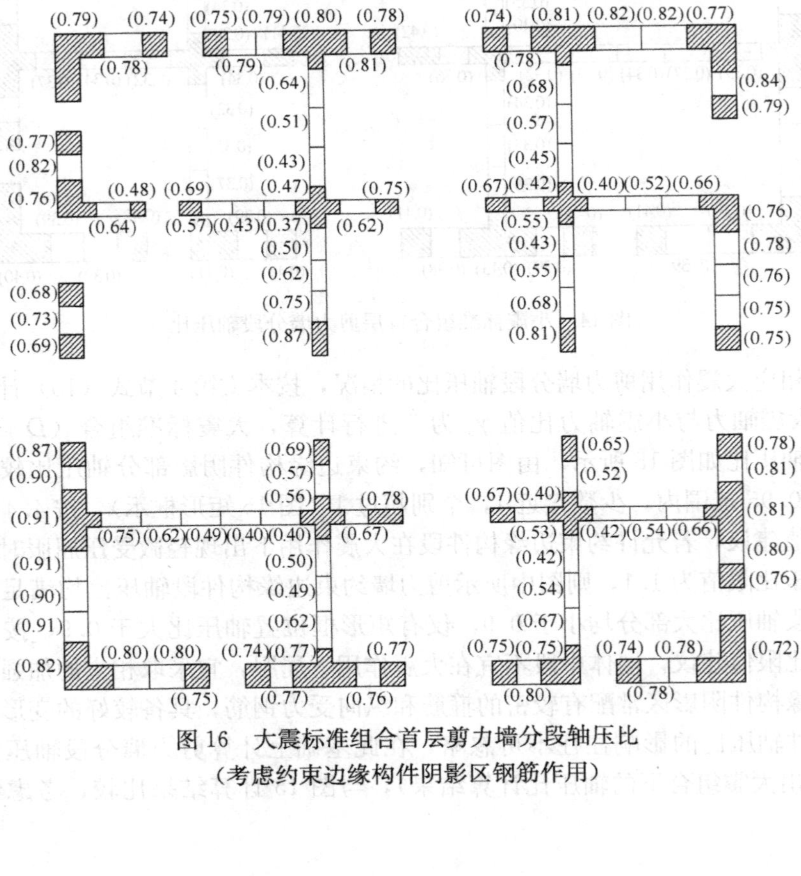

图 16　大震标准组合首层剪力墙分段轴压比

（考虑约束边缘构件阴影区钢筋作用）

件阴影区箍筋和纵向受力钢筋的作用后，阴影区的轴压比约减小 11%，且满足要求。

以上的计算结果表明，在大震标准组合下计算剪力墙轴压比以及限值规定是较为合理的，更能反映剪力墙在竖向荷载和地震共同作用下轴压比的分布及对构件的延性要求。

7 结论与建议

（1）对现有高规剪力墙轴压比的计算方法进行了讨论，指出了现行高规方法未能反映在重力荷载作用下剪力墙轴压比分布的不均匀性，也未区分不同烈度地震作用的影响而采用同一剪力墙轴压比限值的规定是不够合理的。

（2）高规原规定剪力墙轴压比的计算公式是以设计组合表述，不能清楚表达出给大震作用下增大的轴压比预留的空间，考虑到大震是以标准值为准进行计算，本文中提出了以标准组合表述的轴压比计算公式。

（3）介绍了剪力墙在竖向荷载作用下轴向内力的分布特点，总结了剪力墙轴压比在重力荷载与水平地震作用的共同组合下呈现出端部大中间小的分布特点，据此本文提出了剪力墙标准组合下分段轴压比的计算方法及相关限值建议。

（4）在本文成果的基础上对现有规范设计组合下剪力墙同一的轴压比限值按照不同烈度进行了调整，6、7 度时比原规定有所降低。

（5）结合实际工程案例说明剪力墙分段轴压比计算方法的应用，计算结果表明新方法更加合理，更有利于充分发挥剪力墙的抗震潜能。

（6）采用本文方法进行剪力墙轴压比计算及验算时，需要将各墙肢按照文内剪力墙分段方法进行分段划分。采用现行软件计算时需配合手工计算，但在今后结构软件中增加这部分内容后计算将大为简便。

参考文献

[1] 高层建筑混凝土结构技术规程：JGJ 3-2010[S]. 北京：中国建筑工业出版社，2011.

[2] 高层建筑混凝土结构技术规程：DBJ 15-92-2013[S]. 北京：中国建筑工业出版社，2013.

[3] 钱稼茹，吕文，方鄂华. 基于位移延性的剪力墙抗震设计[J]. 建筑结构学报，1999，20(3)：42-49.

本文原载于《建筑结构》2019 年第 49 卷第 8 期

16. 高层框筒结构柱轴压比计算方法的讨论

魏 琏，罗嘉骏，王 森

【摘 要】对当前高层框筒结构的柱轴压比的计算方法进行了讨论，指出了目前柱轴压比计算方法对罕遇地震作用下的柱轴压比的考虑不够完善。文中提出了能较好地反映罕遇地震作用需求的新的柱轴压比的计算方法，并通过工程案例说明了方法的应用。

【关键词】高层框筒结构；轴压比；计算方法

Discussion on calculation method of column axial compression ratio of high-rise concrete frame-core structure

Wei Lian, Luo Jiajun, Wang Sen

Abstract: In this paper, the calculation method of the axial compression ratio of high-rise concrete frame-corewall structure columns is discussed. It points out that the current column axial pressure ratio calculation method does not sufficiently consider the column axial compression ratio under the rare earthquake ground excitation. A new method for calculating the axial compression ratio of columns that can better reflect the demand of rare earthquakes is proposed. At the same time, the application of the method is illustrated through engineering cases.

Keywords: high-rise concrete frame-corewall structures; axial compression ratio; calculation method

0 前言

在高层和超高层框筒结构的抗震设计中，柱的轴压比是柱设计中的一个关键参数。现行《高层建筑混凝土结构技术规程》JGJ 3－2010[1]（简称高规）中柱的轴压比计算考虑了重力荷载代表值和多遇地震作用的组合轴力设计值，可保证柱在多遇地震作用下的安全性，且为柱在罕遇地震下不至于出现压溃或压屈留下了一定的安全空间。但是，现行高规轴压比计算方法难以判断罕遇地震作用下柱轴压比的结果是否要求过高或不够安全。本文对现行高规对框筒结构的柱轴压比计算方法进行研究，在高规方法基础上提出能较好反映罕遇地震需求的轴压比计算方法。

1 钢筋混凝土柱

1.1 现行高规框筒结构的钢筋混凝土柱轴压比的计算方法与限值

按照高规的规定，钢筋混凝土柱的轴压比计算公式如下式所示：

$$\mu = \frac{N}{f_c \cdot A} \tag{1}$$

式中：N 为考虑地震作用组合的轴向压力设计值，根据高规 5.6.3 条可知：$N=1.2N_G+1.3E_{hk}$；f_c 为混凝土轴心抗压强度设计值；A 为钢筋混凝土柱的全截面面积；N_G 为重力荷载代表值；E_{hk} 为多遇水平地震标准值效应。

高规对钢筋混凝土柱轴压比限值的规定如表 1 所示。

框筒结构的钢筋混凝土柱的多遇地震设计组合轴压比限值 **表 1**

结构类型	抗震等级			
	一	二	三	四
框筒结构	0.75	0.85	0.9	0.95

表 1 中的钢筋混凝土柱的轴压比限值仅直接与抗震等级有关，未直接体现与地震烈度的关系。鉴于地震烈度是结构抗震设防的基本依据，应建立地震烈度为主导的柱轴压比限值表。将表 1 的限值与高规的抗震等级表结合，经整理后可得表 2。

框筒结构的钢筋混凝土柱的多遇地震设计组合轴压比限值 **表 2**

地震烈度	8 度	7 度		6 度	
框架抗震等级	一或特一	一	二	二	三
A 级高度	0.75	—	0.85	—	0.90
B 级高度	0.75	0.75	—	0.85	—

表 2 的优点在于体现了地震烈度为主导，同时考虑了高规拟定的抗震等级和结构高度与轴压比限值的关系。

表 1、表 2 均为现行高规使用组合设计值表达的柱轴压比限值，在地震烈度为 6～8 度时，其值范围为 0.75～0.90。但是，在罕遇地震分析时是以标准值为准的。现行高规中的计算方法并不能直接表达罕遇地震作用下钢筋混凝土柱的轴压比富余度及是否安全。因此，应进一步研究罕遇地震作用下柱的轴压比的计算问题。

1.2 用标准组合表达框筒结构的钢筋混凝土柱的轴压比

本节将采用以荷载标准值和材料标准值组合来定义柱的轴压比，式（1）可改写为：

$$\mu = \frac{N}{f_c \cdot A} = \frac{1.4 \times (1.2\,N_G + 1.3\,E_{hk})}{f_{ck} \cdot A} \tag{2}$$

式中：f_{ck} 为混凝土轴心抗压强度标准值。

在式（2）中引入参数 ν，令：

$$E_{hk} = \nu N_g \tag{2a}$$

式（2a）中，ν 定义为多遇地震作用下对柱产生的轴力标准值与重力荷载代表值产生的轴力标准值之比。

式（2）可改写为：

$$\mu = \frac{(1.68 + 1.82\nu)\,N_G}{f_{ck} \cdot A} \tag{3}$$

多遇地震标准组合轴压比记为 μ_k：

$$\mu_{\mathrm{k}}=\frac{N_{\mathrm{G}}+E_{\mathrm{hk}}}{f_{\mathrm{ck}}\cdot A}=\frac{(1+\nu)N_{\mathrm{G}}}{f_{\mathrm{ck}}\cdot A} \tag{4}$$

其与式（2）的换算关系为：

$$\mu_{\mathrm{k}}=\frac{1+\nu}{1.68+1.82\nu}\mu=\lambda_{\mu} \tag{5}$$

式（5）中：

$$\lambda=\frac{1+\nu}{1.68+1.82\nu} \tag{5a}$$

式（5）使用标准值表达轴压比限值 $\mu_{\mathrm{k}}=\lambda_{\mu}$。以往工程经验表明，随地震烈度（6～8度）的变化，一般 ν 值在 0.05～0.35 范围内变动，根据式（5a）可得出相应 λ 值为 0.58～0.59。近似取 $\lambda=0.59$，可求得以标准组合表达的与表 2 相对应的轴压比限值如表 3 所示。

框筒结构的钢筋混凝土柱的多遇地震标准组合轴压比限值 **表 3**

地震烈度	8 度	7 度		6 度	
框架抗震等级	一或特一	一	二	二	三
A 级高度	0.44	—	0.50	—	0.53
B 级高度	0.44	0.44	—	0.50	—

表 3 表明，以标准组合值表达钢筋混凝土柱轴压比限值与设计组合值的限值相比减少了约 42%，其值在 0.44～0.53 范围内变动。与表 2 比较，可较清晰直观地表达罕遇地震作用下钢筋混凝土柱的轴压比的富余度。

2 型钢混凝土柱

2.1 现行高规框筒结构的型钢混凝土柱轴压比的计算方法与限值

按照高规的规定，计算型钢混凝土柱的轴压比时可考虑型钢对柱的抗轴压极限承载力的贡献。型钢混凝土柱的设计组合轴压比计算公式如下式所示：

$$\mu_{\mathrm{p}}=\frac{N}{f_{\mathrm{c}}A_{\mathrm{c}}+f_{\mathrm{a}}A_{\mathrm{a}}} \tag{6}$$

式中：N 为考虑地震作用组合的轴向压力设计值，$N=1.2N_{\mathrm{G}}+1.3E_{\mathrm{hk}}$；$f_{\mathrm{c}}$ 为混凝土轴心抗压强度设计值；f_{a} 为型钢抗压强度设计值；A_{c} 为扣除型钢后混凝土截面面积；A_{a} 为型钢截面面积。

高规对型钢混凝土柱的轴压比限值的规定如表 4 所示。

型钢混凝土柱的轴压比限值 **表 4**

抗震等级	一	二	三
轴压比限值	0.7	0.8	0.9

可将表 4 改成以地震烈度为主导的表格形式，如表 5 所示。

框筒结构的型钢混凝土柱的多遇地震设计组合轴压比限值 **表 5**

地震烈度	8度	7度		6度	
框架抗震等级	一或特一	一	二	二	三
A级高度	0.70	—	0.85	—	0.90
B级高度	0.70	0.70	—	0.80	—

2.2 用标准组合表达框筒结构的型钢混凝土柱的轴压比

同理，采用以荷载标准值和材料标准值组合来定义轴压比。高规中的设计组合轴压比式（6）可改写为：

$$\mu_{p}=\frac{N}{f_{c}A_{c}+f_{a}A_{a}}=\frac{1.2N_{G}+1.3E_{hk}}{\frac{f_{ck}A_{c}}{1.4}+\frac{f_{ak}A_{a}}{1.1}}=\frac{1.2N_{G}+1.3E_{hk}}{f_{ck}A_{c}\left(\frac{1}{1.4}+\frac{f_{ak}A_{a}}{1.1f_{ck}A_{c}}\right)} \tag{7}$$

式中：f_{ck} 为混凝土轴心抗压强度标准值；f_{ak} 为型钢抗压强度标准值。

在上式中引入参数 α，令：

$$\alpha=\frac{f_{ak}A_{a}}{f_{ck}A_{c}} \tag{7a}$$

式（7a）中，α 定义为型钢的轴心抗压承载力标准值与混凝土的轴心抗压承载力标准值的比值。将式（2a）、式（7a）代入式（7）：

$$\mu_{p}=\frac{1.2N_{G}+1.3\nu N_{G}}{f_{ck}A_{c}\left(\frac{1}{1.4}+\frac{1}{1.1}\alpha\right)} \tag{8}$$

将型钢混凝土柱的多遇地震标准组合轴压比记为 $\mu_{p,k}$，可得：

$$\mu_{p,k}=\frac{N_{G}+E_{hk}}{f_{ck}A_{c}+f_{ak}A_{a}}=\frac{(1+\nu)N_{G}}{f_{ck}A_{c}(1+\alpha)} \tag{9}$$

其换算关系为：

$$\mu_{p,k}=\lambda_{p}\frac{(1+\nu)}{(1.2+1.3\nu)}\mu_{p} \tag{10}$$

由式（8）、式（9）可知：

$$\lambda_{p}=\frac{1+1.27\alpha}{1.4(1+\alpha)} \tag{11}$$

按照以往经验，型钢混凝土柱常用的材料为：C60及以上混凝土，Q345～Q390型钢。取柱含钢率4%～10%，型钢取Q235～Q390，抗压标准值取235～390N/mm²，混凝土取C60，抗压强度标准值取38.5N/mm²，代入式（7a），可求得 α 的范围为0.373～1.125。再将 α 取值代入式（11），可得出 λ_p 值如表6和图1所示。

不同 α 时的 λ_p 值 **表 6**

α	0.373	0.600	0.800	1.00	1.125	平均值
λ_p	0.770	0.790	0.800	0.810	0.820	0.80

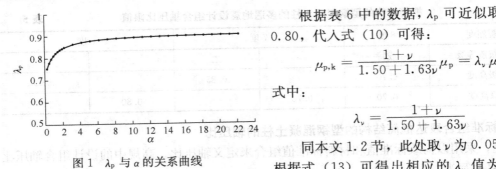

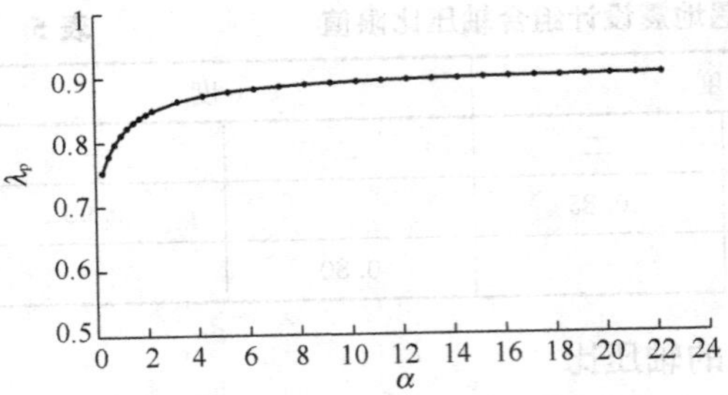

图1 λ_p 与 α 的关系曲线

根据表6中的数据，λ_p 可近似取平均值0.80，代入式（10）可得：

$$\mu_{p,k}=\frac{1+\nu}{1.50+1.63\nu}\mu_p=\lambda_\nu\mu_p \tag{12}$$

式中：

$$\lambda_\nu=\frac{1+\nu}{1.50+1.63\nu} \tag{13}$$

同本文1.2节，此处取 ν 为0.05～0.35，根据式（13）可得出相应的 λ_ν 值为0.65～0.66。λ_ν 取近似值0.66，可求得与表5相对应的以标准组合表达的轴压比限值如表7所示。

框筒结构的型钢混凝土柱的多遇地震标准组合轴压比限值 **表7**

地震烈度	8度	7度		6度	
框架抗震等级	一或特一	一	二	二	三
A级高度	0.46	—	0.56	—	0.59
B级高度	0.46	0.46	—	0.53	—

表7表明，以标准组合值表达的框筒结构型钢混凝土柱轴压比的限值在0.46～0.59范围内变动，以标准组合值表达型钢混凝土柱轴压比限值与设计组合值的限值相比减少了约34%，直观地表达了罕遇地震作用下型钢混凝土柱的轴压比限值的富余度。

3 罕遇地震作用下的轴压比计算及限值

3.1 考虑罕遇地震作用的轴压比计算公式

取罕遇地震作用产生的轴力为：

$$E_{r,hk}=\gamma_p\cdot E_{hk} \tag{14}$$

式中：

$$\gamma_p=\frac{E_{r,hk}}{E_{hk}} \tag{15}$$

式（15）中，γ_p 为罕遇地震作用产生的弹塑性柱轴力与多遇地震作用产生的弹性柱轴力之比。对于钢筋混凝土柱，罕遇地震标准组合轴压比以 $\mu_{k,r}$ 表示：

$$\mu_{k,r}=\frac{N_G+\gamma_p\cdot E_{hk}}{f_{ck}\cdot A}=\frac{(1+\gamma_p\cdot\nu)N_G}{f_{ck}\cdot A} \tag{16}$$

对于型钢混凝土柱，同理有：

$$\mu_{p,k,r}=\frac{N_G+\gamma_p\cdot E_{hk}}{f_{ck}A_c+f_{ak}A_a}=\frac{(1+\gamma_p\cdot\nu)N_G}{f_{ck}A_c(1+\alpha)} \tag{17}$$

由此可得到罕遇地震标准组合轴压比与多遇地震标准组合轴压比之间的关系式为：

$$\mu_{k,r}=\frac{1+\gamma_p\cdot\nu}{1+\nu}\mu_k \tag{18a}$$

$$\mu_{p,k,r}=\frac{1+\gamma_p\cdot\nu}{1+\nu}\mu_{p,k} \tag{18b}$$

式（18a）、式（18b）表明，对于钢筋混凝土柱和型钢混凝土柱，其罕遇地震标准组合轴压比与多遇地震标准组合轴压比之间的关系是相同的，以下罕遇地震标准组合轴压比，将统一采用式（18a）进行计算。在采用上式计算 $\mu_{k,r}$ 和 μ_k 时，需先求得 ν 和 γ_p 值。在确定地震烈度、结构构件尺寸、构件材料后，进行多遇地震弹性分析可求得 ν 值。但由式（15）可知，γ_p 值需要对结构进行罕遇地震弹塑性分析求出 $E_{r,hk}$ 后才可求得。因此，在对结构进行罕遇地震弹塑性时程分析前，γ_p 尚是未知数，只能依据以往的工程案例的弹塑性分析结果作出近似判断。

3.2　框筒结构在罕遇地震作用下的柱轴压比限值

大量弹塑性时程分析案例表明，框筒结构的外框柱在罕遇地震作用下基本处于小偏压弹性阶段。因此，按性能目标设计法，在罕遇地震作用下，$\mu_{k,r}=1$ 视为柱子达到轴压极限承载力，即：

$$\mu_{k,r}\leqslant 1 \tag{19}$$

3.3　罕遇地震作用下柱轴压比指数 ξ

3.3.1　指数 ξ 的定义

根据以往大量工程案例的多遇地震弹性分析可知，ν 值主要与地震烈度有关，地震烈度高时，ν 值较大，反之则相应较小。γ_p 值则不但与地震烈度有关，还与结构在罕遇地震作用下构件的屈服、破坏程度及耗能状态有关。在完全弹性的情况下，地震作用产生的轴力与地震加速度呈线性关系，此时 γ_p 即为 γ_e，γ_e 为罕遇地震加速度最大值与多遇地震加速度最大值的比值，γ_e 值见表 8。

γ_e 值　　**表 8**

地震烈度	6 度	7 度	8 度
γ_e	6.94	6.29（5.64）	5.71（4.64）

注：7、8 度括号内数值分别用于设计基本地震加速度为 0.15g 和 0.30g 的地区。

在对结构进行罕遇地震弹塑性时程分析时，构件可能会出现屈服产生刚度折减。因此，γ_p 值恒小于 γ_e 值。引入罕遇地震作用下标准组合柱轴压比影响指数：

$$\xi=\gamma_p\cdot\nu \tag{20}$$

由上式可知，柱轴压比指数 ξ 直接反映罕遇地震作用下的柱轴压比的大小。当 ξ 较大时，柱轴压比较大，反之则较小。

根据以往工程案例，γ_p 值与地震烈度和结构构件的屈服状态和损坏程度有关。地震烈度高、构件屈服程度大，γ_p 值较小；构件屈服程度小，γ_p 值较大；而 ν 值的变化规律正与 γ_p 相反。因此，二者的乘积 ξ 值虽然随地震烈度增大而有所增大，但不会大幅增长。根据以往工程案例，ν、γ_p、ξ 的变动范围可大致归纳如表 9 所示。

ν、γ_p、ξ 近似取值

表 9

地震烈度	6 度	7 度	8 度（0.2g）
ν	0.05～0.10	0.10～0.25	0.25～0.35
γ_p	6～6.5	4.0～5.0	3.0～4.0
ξ	0.3～0.65	0.4～1.25	0.75～1.4

3.3.2 指数 ξ 的限值

将式（18a）改写，可得到柱轴压比指数 ξ 的表达式如下：

$$\xi=\frac{\mu_{k,r}}{\mu_k}(1+\nu)-1 \tag{21}$$

由式（19）可知，$\mu_{k,r}$ 限值为 1，将 $\mu_{k,r}=1$ 代入式（21），同时用 $\mu_{k,l}$ 表示多遇地震作用下标准组合轴压比限值，即可得到 ξ 的限值如下：

$$\xi_l=\frac{1}{\mu_{k,l}}(1+\nu)-1 \tag{22}$$

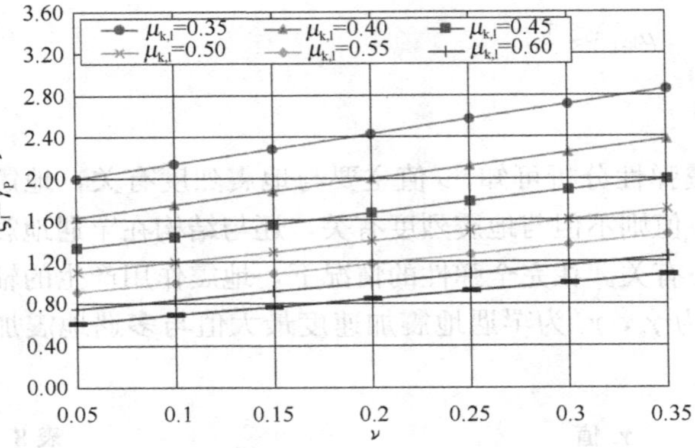

图 2　ξ_l 与 ν、$\mu_{k,l}$ 的关系曲线

取不同的 $\mu_{k,l}$ 值代入式（22），可得 ξ_l-ν 曲线关系如图 2 所示。

图 2 的含义是在确定多遇地震作用下的柱标准组合轴压比限值 $\mu_{k,l}$ 的条件下，对应不同的 ν 值，在满足罕遇地震作用下柱标准组合轴压比限值为 1.0 时，指数 ξ 的限值 ξ_l。

图 2 表明，随着 ν 值的增大，ξ_l 值单向线性缓慢增长。同时，多遇地震标准组合柱轴压比限值 $\mu_{k,l}$ 取值愈低，则 ξ 的限值 ξ_l 值愈高，其含义为给罕遇地震作用留下的空间愈大。

4　多遇地震作用下柱的标准组合及设计组合轴压比的限值建议

4.1　对高规柱轴压比限值的评估

大量弹塑性分析结果表明，现行高规的多遇地震作用下的柱轴压比限值的规定偏严，相应求得的罕遇地震作用下的柱轴压比指数 ξ 距离限值较远。由表 3 可知，对于 8 度区抗震等级为一级的结构，柱标准组合轴压比限值 $\mu_{k,l}=0.44$ 时，由图 2 可知其 ξ_l 值已接近 2.0。但实际上 ξ_l 的值在此情况下一般在 0.75～1.4 范围内变动。对于 7 度区抗震等级为二级的结构，$\mu_{k,l}=0.50$ 时，其 ξ_l 值约为 1.4。但实际上 ξ_l 的值在此情况下一般在 0.6～1.25 范围内变动。对于 6 度区抗震等级为二级的结构，$\mu_{k,l}=0.50$ 时，其 ξ_l 值约为 1.2，但实际上 ξ_l 的值在此情况下一般在 0.3～0.65 范围内变动。由此可见，现行高规柱轴压比限值总体偏严。

4.2　关于确定 $\mu_{k,1}$ 值的几点考虑

4.2.1　8 度区的结构

对于 8 度区结构，ν 值约为 0.30～0.35，γ_p 值约为 3.0。当 $\mu_{k,1}$ 取值为 0.55 时，即使 ν=0.35，γ_p 偏大取为 4.0，ξ=1.4，由图 2 可知，此时 ξ 的限值 ξ_1 为 1.45，柱的抗轴压能力依旧是有富余的。因此，当 $\mu_{k,1}$ 设为 0.55 时，罕遇地震作用下的柱的抗轴压能力依旧是有富余的。

4.2.2　7 度区的结构

对于 7 度区的结构，ν 值一般小于 0.20，γ_p 值约为 4.0～5.0。当 $\mu_{k,1}$ 取值为 0.55 时，即使 ν =0.2，γ_p =5，ξ=1.0，由图 2 可知，此时 ξ 的限值 ξ_1 为 1.2，柱的抗轴压能力仍有富余。

4.2.3　6 度区的结构

对于 6 度区的结构，由于地震作用较小，ν 值很小，一般约为 0.05 左右；同时结构的屈服程度较低，因此 γ_p 约为 6.0～7.0。当 $\mu_{k,1}$ 取值为 0.60 时，即使 ν =0.10，γ_p =7.0，ξ=0.7，由图 2 可知，此时 ξ 的限值为 0.83，柱的抗轴压能力仍有富余。但对于 6 度区的结构，由于 ν 值较小，因此在确定柱的多遇地震作用下的标准组合轴压比限值 $\mu_{k,1}$ 时，需注意给重力荷载造成的轴压比留有足够的安全富余。

4.3　$\mu_{k,1}$ 的取值建议

根据以上综合分析，初步建议高层框筒结构的多遇地震标准组合的柱轴压比限值适当提高，如表 10 所示。

框筒结构的钢筋混凝土柱、型钢混凝土柱的多遇地震标准组合轴压比的建议限值（$\mu_{k,1}$）　　表 10

地震烈度	8 度	7 度		6 度	
框架抗震等级	一或特一	一	二	二	三
A 级高度	0.50	—	0.55	—	0.60
B 级高度	0.50	0.50	—	0.55	—

与表 10 相对应的多遇地震设计组合轴压比的建议限值见表 11。

框筒结构的钢筋混凝土柱、型钢混凝土柱的多遇地震设计组合轴压比的建议限值　表 11

钢筋混凝土柱					
地震烈度	8 度	7 度		6 度	
框架抗震等级	一或特一	一	二	二	三
A 级高度	0.85	—	0.90	—	1.00
B 级高度	0.85	0.85	—	0.90	—
型钢混凝土柱					
地震烈度	8 度	7 度		6 度	
框架抗震等级	一或特一	一	二	二	三
A 级高度	0.75	—	0.85	—	0.90
B 级高度	0.75	0.75	—	0.80	—

4.4 新《建筑结构可靠性设计统一标准》对现行柱轴压比限值的影响

最新发布的《建筑结构可靠性设计统一标准》GB 50068－2018[4]中，恒荷载分项系数由 1.2 调整到 1.3。若执行该条，则由式（2）可知，钢筋混凝土柱的轴压比设计值 μ'为：

$$\mu'=\frac{N}{f_c \cdot A}=\frac{1.4\times(1.3N_G+1.3E_{hk})}{f_{ck}\cdot A} \tag{23}$$

式（23）可改写为：

$$\mu'=\frac{1.82(1+\nu)N_G}{f_{ck}\cdot A} \tag{24}$$

将式（24）除以式（3），可得：

$$\frac{\mu'}{\mu}=\frac{1.82(1+\nu)}{(1.68+1.82\nu)} \tag{25}$$

将式（5a）代入上式：

$$\frac{\mu'}{\mu}=1.82\lambda\approx 1.07 \tag{26}$$

由式（26）可知，若执行新标准，钢筋混凝土柱的轴压比设计值增大约 7%；同理，型钢混凝土柱的轴压比设计值也同样增大约 7%。

若计算柱轴压比设计值时也将恒荷载分项系数由 1.2 调整到 1.3，则未来的高规宜调整相应的柱轴压比设计值限值，目前宜继续采用现行高规的相关规定。

5 工程案例

为了对比现行高规的轴压比计算方法和本文调整后的轴压比计算方法，本节将选取两个实际工程作为案例，随机选取 10 条天然波和 3 条人工波，使用选出的地震波分别对每个案例进行多遇地震弹性时程分析和罕遇地震弹塑性时程分析，最大地震加速度根据现行高规按相应烈度输入。使用本文提出的公式计算每个案例中的两个轴压比最大的首层柱的 ν、γ_p、μ_k、ξ 的平均值，同时与式（22）的柱轴压比指数限值 ξ_l 进行对比，结果见表 12。

两个工程案例得出 ν、γ_p、μ_k、ξ 平均值结果 表 12

工程编号	结构形式	结构顶标高(m)	柱编号	柱类型	ν 平均值	γ_p 平均值	μ_k 平均值	ξ 平均值	ξ_l 限值	ξ 平均值/ξ_l
工程案例 1（7 度 0.1g）	框筒	260	柱 1	型钢混凝土柱	0.09	4.99	0.38	0.45	1.75	25.71%
			柱 2	型钢混凝土柱	0.09	3.65	0.35	0.33	2.14	15.42%
工程案例 2（8 度 0.3g）	框筒	103.2	柱 1	钢筋混凝土柱	0.34	3.31	0.28	1.13	3.50	32.29%
			柱 2	钢筋混凝土柱	0.48	1.88	0.25	0.90	5.00	18.00%

由表 12 可知，对于处于地震烈度为 7 度 0.1g 区域的工程案例 1，ν 值约在 0.1～0.2 范围内变动。γ_p 值则约在 3.5～5.5 之间变动，与本文表 9 中的数值基本一致。工程案例 2

处于地震烈度为 8 度 0.3g 区域，其柱 2 的 ν 值明显大于 7 度区的柱，达到了 0.48；但 γ_p 平均值仅为 1.88，说明结构出现了较为明显的刚度损失，因此 ξ 平均值也仅为 0.90，与 ξ 的建议限值的比值仅为 18.00%。

关于本文提出的罕遇地震作用下的标准组合轴压比和现行高规的设计组合轴压比的结果比较，见表 13。

按不同计算方法得出的两个工程案例柱轴压比差异 **表 13**

工程编号	柱编号	$\mu_{k,r}(\mu_{p,k,r})$ 罕遇地震标准组合轴压比			$\mu_k(\mu_{p,k})$ 多遇地震标准组合轴压比			$\mu(\mu_p)$ 现行高规的设计组合轴压比		
		平均值	限值	平均值/限值	平均值	建议限值	平均值/限值	平均值	限值	平均值/限值
工程案例 1（7 度 0.1g）	柱 1	0.50	1.00	50%	0.38	0.50	76%	0.58	0.70	83%
	柱 2	0.42	1.00	42%	0.35	0.50	70%	0.53	0.70	76%
工程案例 2（8 度 0.3g）	柱 1	0.42	1.00	42%	0.28	0.50	56%	0.5	0.75	67%
	柱 2	0.31	1.00	31%	0.25	0.50	50%	0.45	0.75	60%
平均值		—	—	40%	—	—	63%	52%	—	65%

从表 13 可知，高规的高层框筒结构轴压比限值偏严，对于以上案例，按高规计算方法所得的柱轴压比与限值的比值在 60%～83%之间。本文提出的多遇地震标准组合轴压比限值，比高规限值有所放松，按此方法计算所得的柱轴压比与限值的比值在 50%～76%之间，其富余度还是较大的。罕遇地震标准组合轴压比限值则是三种计算结果中最为宽松的，按此方法计算所得的柱轴压比与限值的比值在 31%～50%之间，这也说明了本文建议的多遇地震标准组合轴压比限值是安全的。由此可见，采用本文建议的多遇地震作用下柱标准组合轴压比限值 $\mu_{k,1}$ 作为初步设计阶段选择柱断面的依据是更为合理的。

6 优化工程案例

6.1 工程概况

本工程案例为框架-核心筒结构，抗震设防烈度为 7 度，设计基本地震加速度为 0.1g，结构高度 260m。首层平面布置见图 3，首层层高 19.5m。外框柱皆为型钢混凝土柱，±0m 至 101.5m 的外框柱截面皆为 2.3m×2.3m。在首层中选取两个柱子（图示的 1 号、2 号）进行对比分析。

6.2 计算结果对比

对本工程案例的原模型外框柱截面适当减小，将±0m 至 101.5m 的外框型钢混凝土柱的截面 2.3m×2.3m 减小至 2.1m×2.1m，柱内型钢截面面积从 0.44m^2 减小至 0.36m^2。然后对原模型和新模型分别进行 CQC 计算、多遇地震弹性时程分析和罕遇地震弹塑性时程分析；使用 10 条天然波和 3 条人工波分析。

6.2.1 结构主要指标对比

原模型与新模型的结构主要指标见表 14。

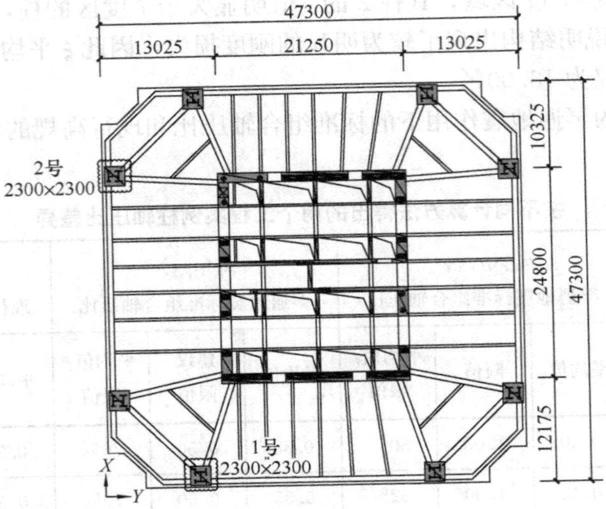

图 3　首层平面简图

原模型与新模型的主要指标对比 表 14

项次		原模型		新模型		新模型/原模型
多遇地震作用下的弹性模型分析结果						
周期（s）	T_1	6.15	X	6.21	X	100.98%
	T_2	5.66	Y	5.73	Y	101.2%
	T_3	4.59	扭	4.6	扭	100.2%
多遇地震 CQC 最大位移角		1/715（X 向）		1/705（X 向）		101.4%
多遇地震弹性时程最大位移角		1/734（X 向）		1/723（X 向）		101.5%
风最大层间位移角		1/738（X 向）		1/726（X 向）		101.7%
CQC 地震基底剪力（kN）	X	26879.7		26433.3		98.3%
	Y	33854.1		33414.4		98.7%
规定水平力下首层框架柱倾覆弯矩百分比（轴力方式）	X	41.6%		40.4%		97.1%
	Y	45.0%		43.9%		97.6%
罕遇地震作用下的弹塑性模型分析结果						
罕遇地震弹塑性时程最大位移角		1/113		1/110		102.7%
罕遇地震弹塑性时程最大地震基底剪力（kN）	X	91567.3		91332.38		99.7%
	Y	134706.4		132715.2		98.5%

由表 14 可知，对于多遇地震作用下的弹性模型分析结果，新模型的主要周期增长在 1.2%以内；最大层间位移角增长在 2%以内；基底剪力减少约 2%。对于罕遇地震作用下的弹塑性模型分析结果，新模型的位移角增长约 2.7%，基底剪力减少约 1%。由此可知，在对本案例的外框柱截面进行适当优化后，并没有对结构的刚度和受力产生很大的影响。

同时罕遇地震作用下的地震基底剪力与多遇地震作用下的地震基底剪力之比约为 4，与表 9 的 γ_p 值相近。

6.2.2 首层柱对比

首层 1 号柱、2 号柱（定位见图 3）的具体对比见表 15。

原模型与新模型的首层柱的 ν、γ_p、ξ 对比 **表 15**

项次	1 号柱		2 号柱	
	原模型	新模型	原模型	新模型
柱截面面积（m^2）	5.29	4.41	5.29	4.41
型钢截面面积（m^2）	0.44	0.36	0.44	0.36
ν 平均值	0.09	0.09	0.09	0.09
γ_p 平均值	4.99	5.04	3.65	3.99
ξ 平均值	0.45	0.45	0.33	0.36

由表 15 可知，新模型与原模型相比，柱截面面积减少 16.64%，型钢使用量减少 18.19%。两个模型的结构刚度相近，得出的 ν、γ_p、ξ 平均值几乎一致，说明两个模型在罕遇地震作用下的构件的屈服程度是相近的。对原模型和新模型分别进行弹性时程分析，然后分别使用本文建议方法和高规方法计算其轴压比，结果见表 16。

原模型与新模型的多遇地震作用下首层柱轴压比结果对比 **表 16**

μ（μ_p）-高规方法计算的设计组合轴压比结果

项次	1 号柱		2 号柱	
	原模型	新模型	原模型	新模型
设计组合轴压比平均值	0.58	0.71	0.53	0.67
高规限值	0.70	0.70	0.70	0.70
轴压比/高规限值	82.86%	101.43%	75.71%	95.71%

μ_k（$\mu_{p,k}$）-本文建议方法计算的标准组合轴压比结果

项次	1 号柱		2 号柱	
	原模型	新模型	原模型	新模型
标准组合轴压比平均值	0.38	0.44	0.35	0.4
建议限值	0.50	0.50	0.50	0.50
轴压比/建议限值	76.00%	88.00%	70.00%	80.00%

由表 16 可知，在多遇地震作用下，以 1 号柱为例，对于原模型，无论是按照本文建议方法还是高规方法计算，其轴压比皆满足要求。

对于新模型，按高规方法计算得出的 1 号柱的设计组合轴压比平均值为 0.71，已超过高规限值 0.70；而按照本文建议的计算方法得出的标准组合轴压比为 0.44，本文建议的限值为 0.50，依旧有较多富余。

为了验算本文建议的计算方法是否预留了足够的富余度，原模型和新模型的罕遇地震弹塑性时程分析的标准组合轴压比结果见表 17。

原模型与新模型的罕遇地震作用下首层柱轴压比结果对比 **表 17**

项次	1 号柱		2 号柱	
	原模型	新模型	原模型	新模型
$\mu_{k,r}$平均值	0.50	0.63	0.42	0.57
建议限值	1.00	1.00	1.00	1.00
轴压比/本文建议限值	50%	63%	42%	57%

由表 17 可知，原模型和新模型，在罕遇地震作用下柱轴压比皆满足 1.0 的限值要求。原模型柱的标准组合轴压比与限值的比值为 42%～50%；而对于新模型，其比值为 57%～63%，仍有较大的富余度。由此可见，本文建议的标准组合轴压比计算方法是合理和安全的。

6.2.3 原模型与新模型在罕遇地震作用下的破坏情况

在 PERFORM-3D 中，可以通过不同颜色区分构件的抗震性能。白色（因构件颜色为黑色，故此处显示为黑色）表示无损坏，青色表示轻度损坏，绿色表示中度损坏，黄色表示比较严重损坏，红色表示严重破坏。Usage Ratio＝Demand/Capacity，式中 Demand（需求值）为计算得到的损伤变形（应变和转角）；Capacity（能力值）为根据表取值确定的性能指标（应变和转角）。Usage ratio 用来判断结构的损伤程度，不同的取值对应不同的颜色组（Colour group），Usage ratio 值越大，对应的颜色越深，结构损伤越严重。

限于篇幅，本节将以 13 组地震波中基底剪力最大（约为平均值的 115%）的时程为例，给出原模型和新模型在罕遇地震作用下，连梁受弯、剪力墙受剪的损伤情况图。

（1）连梁受弯

原模型和新模型的连梁均未出现大于 1%rad 的塑性转角，新模型的连梁出现塑性铰的数量稍有减少。地震波以 X 向输入作用下连梁的塑性铰分布及转角数值见图 4。

（2）剪力墙受剪

原模型和新模型的底层和加强层的剪力墙均出现了超过 $0.15f_{ck}$的剪应力。同时相对于原模型，新模型底部剪力墙的剪应力稍有增大。地震波以 X 向输入作用下剪力墙的剪应力状态见图 5。

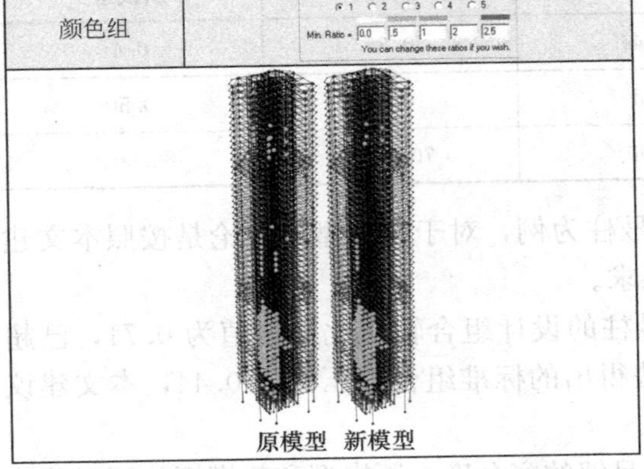

图 4 地震波以 X 向输入作用下连梁受弯性能状态分布图（×1%rad）

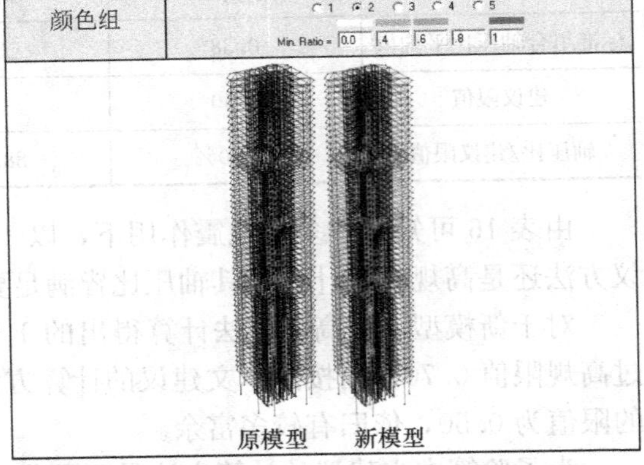

图 5 地震波以 X 向输入作用下剪力墙剪应力分布图（×$0.15f_{ck}$）

原模型和新模型在罕遇地震作用下的构件损伤情况十分接近，其余构件的损伤情况不再赘述。在减小外框柱的柱截面以及用钢量后，并没有对结构产生明显的不利影响；某些情况下甚至减小了结构构件的内力。

7 结语

本文主要研究结果，可归纳如下：

（1）重新整理了高规的柱轴压比限值的表达形式，使柱轴压比限值直接与地震烈度挂钩并兼顾抗震等级和结构高度的影响。

（2）对现有高规柱轴压比的计算方法进行了讨论，指出了现行方法不能清晰地表达出给罕遇地震作用下的柱轴压比预留的空间。

（3）考虑到大震是以标准值为准进行计算的，本文中提出了以标准组合表述的轴压比计算公式。可更清晰地表达多遇地震作用下柱轴压比限值给罕遇地震作用下的限值留下的空间。

（4）提出了罕遇地震作用下柱轴压比指数 ξ 的概念和使用方法，给出了在满足罕遇地震作用下高层框筒结构的柱标准组合轴压比限值为 1.0 时，指数 ξ 的限值 ξ_1。在此基础上，提出了多遇地震作用下的柱标准组合和设计组合轴压比限值建议。

（5）通过工程案例说明本文提出的框筒结构的柱轴压比计算方法是合理和安全的。案例表明，首层柱在柱截面面积减少 16.64%，型钢使用量减少 18.19% 的情况下，其抗轴压能力的富余度依旧足够。

参考文献

[1] 高层建筑混凝土结构技术规程：JGJ 3 - 2010[S]. 北京：中国建筑工业出版社，2010.

[2] 高层建筑混凝土结构技术规程：DBJ 15-92 - 2013[S]. 北京：中国建筑工业出版社，2013.

[3] 魏琏，林旭新，王森. 剪力墙轴压比计算方法的研究[J]. 深圳土木与建筑，2018，(1)：25-26.

[4] 建筑结构可靠性设计统一标准：GB 50068 - 2018[S]. 北京：中国建筑工业出版社，2018.

17. 高层框筒结构柱轴压比新计算方法

魏　琏，罗嘉骏，王　森

【摘　要】以高层框筒结构为例，本文对当前柱轴压比的计算方法进行了讨论，指出了目前柱轴压比计算方法对罕遇地震作用下柱轴压比的考虑不够完善。本文提出了新计算方法，新方法在计算柱轴压比时仅考虑竖向荷载作用，在制定相应轴压比限值时考虑罕遇地震作用，这样能较好地反映和控制罕遇地震作用需求的柱轴压比。同时通过工程案例说明了该方法的应用。

【关键词】高层框筒结构；轴压比；计算方法

A new calculation method of columns compression ratio for high-rise concrete frame-core wall structures

Wei Lian, Luo Jiajun, Wang Sen

Abstract: In this paper, a new calculation method of the axial compression ratio of high-rise concrete frame-core wall structure columns is discussed. It points out that the current column axial pressure ratio calculation method does not sufficiently consider the column axial compression ratio under the rare earthquake ground excitation. The new method proposed by this paper only considers the vertical load when calculating the column axial compression ratio, and considers the rare earthquake when formulating the corresponding axial compression ratio limit, which can better reflect the demand of rare earthquake. At the same time, the application of the method is illustrated through engineering cases.

Keywords: high-rise concrete frame-core wall structures; axial compression ratio; calculation method

0　前言

在高层和超高层框筒结构的抗震设计中，柱的轴压比是设计中的一个关键参数。现行高规[1]中柱的轴压比计算考虑了重力荷载代表值和多遇地震作用的组合轴力设计值，难以与标准组合为基准的罕遇地震影响挂钩，无法直接判断罕遇地震作用下柱轴压比的结果是否要求过高或不够安全。本文将对框筒结构的柱轴压比计算方法及其存在的问题进行讨论，提出能较好地反映罕遇地震作用需求的新轴压比计算方法及限值。

1　现行柱轴压比计算方法与限值

对于钢筋混凝土柱的轴压比，按照高规的规定计算公式如下式所示：

$$\mu = \frac{N}{f_c \cdot A} \tag{1}$$

式中：N 为考虑地震作用组合的轴向压力设计值，根据高规 5.6.3 条可知：$N=1.2N_G+1.3E_{hk}$；f_c 为混凝土轴心抗压强度设计值；A 为钢筋混凝土柱的全截面面积；N_G 为重力荷载代表值；E_{hk} 为多遇水平地震标准值效应。

由上可知，现行高规的钢筋混凝土柱轴压比是由重力荷载代表值和多遇水平地震标准值效应的设计组合与混凝土强度设计值的比值。

对于型钢混凝土柱的轴压比，按照高规的规定，计算公式如下式所示：

$$\mu_p = \frac{N}{f_c A_c + f_a A_a} \tag{2}$$

式中：N 为考虑地震作用组合的轴向压力设计值；f_c 为混凝土轴心抗压强度设计值；f_a 为型钢抗压强度设计值；A_c 为扣除型钢后混凝土截面面积；A_a 为型钢截面面积。

与钢筋混凝土柱不同，计算型钢混凝土柱的轴压比时可考虑型钢对柱的抗轴压极限承载力的贡献。结合结构高度、抗震等级的关系，高规对框筒结构的钢筋混凝土柱以及型钢混凝土柱的轴压比限值的规定如表 1 所示。

高规对框筒结构的柱轴压比设计值的限值 表 1

钢筋混凝土柱					
地震烈度	8 度	7 度		6 度	
框架抗震等级	一或特一	一	二	二	三
A 级高度	0.75	—	0.85	—	0.9
B 级高度	0.75	0.75	—	0.85	—
型钢混凝土柱					
地震烈度	8 度	7 度		6 度	
框架抗震等级	一或特一	一	二	二	三
A 级高度	0.70	—	0.80	—	0.90
B 级高度	0.70	0.70	—	0.80	—

由表 1 可知，在地震烈度为 6～8 度时，框筒结构的钢筋混凝土柱的轴压比限值范围为 0.75～0.90；型钢混凝土柱的轴压比限值范围为 0.70～0.90。

现行轴压比计算方法以重力荷载代表值和多遇地震作用的组合轴力设计值为准，难以与标准组合为基准的罕遇地震影响挂钩，无法直接表达罕遇地震作用下柱的轴压比富余度及是否安全。因此应进一步研究罕遇地震作用下柱的轴压比的新计算方法。

2 框筒结构柱轴压比新计算公式

2.1 罕遇地震作用下柱轴压比的计算公式

在罕遇地震作用下，柱轴力的标准组合可用下式表示：

$$N_{r,k}=N_G+E_{r,hk} \tag{3}$$

式中 $E_{r,hk}$ 为罕遇水平地震标准值效应。

定义 γ_p 为"塑性调整系数"，即弹塑性分析得到的罕遇水平地震标准值效应与多遇水平地震标准值效应之比，可用下式表达：

$$E_{r,hk}=\gamma_p\cdot E_{hk} \tag{4}$$

定义 ν 为多遇地震作用下产生的柱轴力标准值与重力荷载代表值产生的柱轴力标准值之比，可表达为：

$$E_{hk}=\nu\cdot N_G \tag{5}$$

将式（6）、式（7）代入式（5），有：

$$N_{r,k}=(1+\gamma_p\cdot\nu)N_G \tag{6}$$

因此，罕遇地震作用下钢筋混凝土柱的标准组合轴压比可由下式表达：

$$\mu_{r,k}=\frac{(1+\gamma_p\cdot\nu)N_G}{f_{ck}\cdot A} \tag{7}$$

同理，罕遇地震作用下型钢混凝土柱的标准组合轴压比可由下式表达：

$$\mu_{p,r,k}=\frac{(1+\gamma_p\cdot\nu)N_G}{f_{ck}A_c+f_{ak}A_a} \tag{8}$$

上式中的 γ_p"塑性调整系数"，需要对结构进行罕遇地震弹塑性分析求出 $E_{r,hk}$ 后才可求得。γ_p 值不但与地震烈度有关，还与结构在罕遇地震作用下构件的屈服、破坏程度及耗能状态有关。地震烈度高、构件屈服程度大，γ_p 值较小；构件屈服程度小，γ_p 值较大。在完全弹性的情况下，地震作用产生的轴力与地震加速度呈线性关系，此时 γ_p 达到上限值 γ_e。γ_e 为罕遇地震加速度最大值与多遇地震加速度最大值的比值，γ_e 值见表 2。

γ_e 值 **表 2**

地震烈度	6 度	7 度	8 度
γ_e	6.94	6.29（5.64）	5.71（4.64）

注：7、8 度括号内数值分别用于设计基本地震加速度为 0.15g 和 0.30g 的地区。

而 ν 值的变化规律正与 γ_p 相反。根据以往工程案例，ν、γ_p 的变动范围可大致归纳如表 3 所示。

ν、γ_p 近似取值 **表 3**

地震烈度	6 度	7 度	8 度
ν	0.05～0.10	0.10～0.20	0.20～0.35
γ_p	6.0～6.5	4.0～5.0	3.0～4.0

2.2 重力荷载作用下柱轴压比的计算公式

参考钢筋混凝土剪力墙的轴压比计算方法，建议在现行柱轴压比的计算公式中取消多遇水平地震标准值效应项（E_{hk}），则重力荷载代表值作用下的钢筋混凝土柱的轴压比标准值可由下式表达：

$$\mu_G=\frac{N_G}{f_{ck}\cdot A} \tag{9}$$

同理可得，重力荷载代表值作用下的型钢混凝土柱的轴压比标准值可由下式表达：

$$\mu_{p,G}=\frac{N_G}{f_{ck}A_c+f_{ak}A_a} \tag{10}$$

由式（7）可知，式（9）可改写为：

$$\mu_G=\frac{\mu_{r,k}}{(1+\gamma_p\cdot\nu)} \tag{11}$$

同理，由式（8）可知，式（10）可改写为：

$$\mu_{p,G}=\frac{\mu_{p,r,k}}{(1+\gamma_p\cdot\nu)} \tag{12}$$

大量弹塑性时程分析案例表明，框筒结构的外框柱在罕遇地震作用下基本处于小偏压弹性阶段。因此，按性能目标设计法，在罕遇地震作用下，$\mu_{r,k}/\mu_{p,r,k}=1$ 视为柱子达到轴压极限承载力。因此可得重力荷载代表值作用下的钢筋混凝土柱的轴压比标准值的限值为：

$$\mu_{G,l}=\frac{1}{(1+\gamma_p\cdot\nu)} \tag{13}$$

同理可得，重力荷载代表值作用下的型钢混凝土柱的轴压比标准值的限值为：

$$\mu_{p,G,l}=\frac{1}{(1+\gamma_p\cdot\nu)} \tag{14}$$

使用上式来计算柱的轴压比，既考虑了地震烈度（ν），同时也考虑了罕遇地震作用（γ_p）；仅需重力荷载代表值和柱的抗轴压承载力即可进行轴压比验算，使用方便，概念清晰。

2.3 关于确定 $\mu_{G,l}$、$\mu_{p,G,l}$ 的几点考虑

2.3.1 对于 8 度区的结构

对于 8 度区结构，ν 值约为 0.20～0.35，γ_p 值约为 3.0～4.0。当 $\mu_{G,l}$、$\mu_{p,G,l}$ 取值为 0.40 时，即使 ν 取偏大值 0.35，γ_p 取偏大值 4.0，此时罕遇地震作用下的柱轴压比标准值 $\mu_{r,k}$、$\mu_{p,r,k}$ 为 0.96，小于 1.0，柱的抗轴压能力是有富余的。

2.3.2 对于 7 度区的结构

对于 7 度区结构，ν 值约为 0.10～0.20，γ_p 值约为 4.0～5.0。当 $\mu_{G,l}$、$\mu_{p,G,l}$ 取值为 0.45 时，即使 ν 取偏大值 0.20，γ_p 取偏大值 5.0，此时罕遇地震作用下的柱轴压比标准值 $\mu_{r,k}$、$\mu_{p,r,k}$ 为 0.90，小于 1.0，柱的抗轴压能力是有富余的。

2.3.3 对于 6 度区的结构

对于 6 度区结构，ν 值约为 0.05～0.10，γ_p 值约为 6.0～6.5。当 $\mu_{G,l}$、$\mu_{p,G,l}$ 取值为 0.50 时，即使 ν 取偏大值 0.10，γ_p 取偏大值 6.0，此时罕遇地震作用下的柱轴压比标准值 $\mu_{r,k}$、$\mu_{p,r,k}$ 为 0.80，小于 1.0，柱的抗轴压能力是有富余的。

2.3.4 重力荷载作用下轴压比标准值的建议限值

需要注意的是，以上分析针对 ν、γ_p 的取值并未考虑其此消彼长的特性，因此可认为在十分极端的情况下，仍能给柱留下足够的抗轴压能力。初步建议，高层框筒结构的重力荷载代表值作用下的钢筋混凝土柱、型钢混凝土柱的轴压比标准值的限值取值如表 4 所示。

重力荷载代表值作用下的钢筋混凝土柱、型钢混凝土柱的轴压比标准值的建议限值　表 4

框架抗震等级 \ 地震烈度	8 度	7 度	6 度
一级	0.40	0.45	0.50
二级	0.45	0.50	0.55

2.3.5　重力荷载作用下轴压比设计值的建议限值

为方便使用，现将表 4 中的限值换算为设计组合值。重力荷载代表值作用下的钢筋混凝土柱的轴压比设计组合值为：

$$\mu_{G,d}=\frac{1.4\times 1.2N_G}{f_{ck}\cdot A}=1.68\cdot\mu_G \tag{15}$$

则由式（15）可得钢筋混凝土柱在重力荷载代表值作用下的设计组合轴压比的建议限值，见表 5。

钢筋混凝土柱在重力荷载代表值作用下的设计组合轴压比的建议限值　表 5

框架抗震等级 \ 地震烈度	8 度	7 度	6 度
一级	0.67	0.76	0.84
二级	0.76	0.84	0.92

同理，重力荷载代表值作用下的型钢混凝土柱的轴压比设计组合值为：

$$\mu_{p,G,d}=\frac{1.2N_G}{f_{ck}A_c\left(\frac{1}{1.4}+\frac{f_{ak}A_a}{1.1f_{ck}A_c}\right)} \tag{16}$$

在上式中引入参数 α，令：

$$\alpha=\frac{f_{ak}A_a}{f_{ck}A_c} \tag{17}$$

将式（17）代入式（16）：

$$\mu_{p,G,d}=\frac{1.2N_G}{f_{ck}A_c\left(\frac{1}{1.4}+\frac{1}{1.1}\alpha\right)} \tag{18}$$

由式（12）可知：

$$\mu_{p,G}=\frac{N_G}{f_{ck}A_c+f_{ak}A_a}=\frac{N_G}{f_{ck}A_c(1+\alpha)} \tag{19}$$

则其换算关系为：

$$\mu_{p,G,d}=\frac{1.2(1+\alpha)}{\frac{1}{1.4}+\frac{1}{1.1}\alpha}\mu_{p,G}=\lambda_p\cdot\mu_{p,G} \tag{20}$$

由上式可知：

$$\lambda_p = \frac{1.2(1+\alpha)}{\left(\frac{1}{1.4}+\frac{1}{1.1}\alpha\right)} = \frac{1.68(1+\alpha)}{1+1.27\alpha} \tag{21}$$

按照以往经验，型钢混凝土柱常用的材料为：C60 及以上混凝土，Q345～Q390 型钢。取柱含钢率 4%～10%，型钢取 Q235～Q390，抗压标准值取 235～390N/mm^2，混凝土取 C60，抗压强度标准值取 38.5N/mm^2，代入式（17），可求得 α 的范围为 0.373～1.125。再将 α 取值代入式（21），可得出 λ_p 值如表 6 所示。

不同 α 时的 λ_p 值 **表 6**

α	0.373	0.6	0.8	1	1.125	平均值
λ_p	1.56	1.52	1.50	1.48	1.47	1.51

根据表 6 中的数据，λ_p 可近似取平均值 1.51，代入式（20）可得：

$$\mu_{p,G,d} = 1.51 \cdot \mu_{p,G} \tag{22}$$

则由式（22）可得型钢混凝土柱在重力荷载代表值作用下的设计组合轴压比的建议限值，见表 7。

型钢混凝土柱在重力荷载代表值作用下的设计组合轴压比的建议限值 **表 7**

地震烈度 / 框架抗震等级	8 度	7 度	6 度
一级	0.60	0.68	0.76
二级	0.68	0.76	0.83

3 工程案例

为了对比现行高规的轴压比计算方法和本文提出的轴压比计算方法，本节将选取两个实际工程作为案例，随机选取 10 条天然波和 3 条人工波，使用选出的地震波分别对每个案例进行多遇地震弹性时程分析和罕遇地震弹塑性时程分析，最大地震加速度根据现行高规按相应烈度输入。使用本文提出的公式计算每个案例中的两个轴压比最大的首层柱的 ν、γ_p、$\mu_{G,1}(\mu_{p,G,1})$、$\mu_{r,k}(\mu_{p,r,k})$ 的平均值，结果见表 8。

两个工程案例得出 ν、γ_p、$\mu_{G,1}$（$\mu_{p,G,1}$）、$\mu_{r,k}$（$\mu_{p,r,k}$）的平均值结果 **表 8**

工程编号	柱编号	柱类型	ν 平均值	γ_p 平均值	$\mu_{G,1}(\mu_{p,G,1})$ 平均值	$\mu_{r,k}(\mu_{p,r,k})$ 平均值
工程案例 1（7 度 0.1g）	柱 1	型钢混凝土柱	0.09	4.99	0.35	0.50
	柱 2	型钢混凝土柱	0.09	3.65	0.32	0.42
工程案例 2（8 度 0.3g）	柱 1	钢筋混凝土柱	0.34	3.31	0.21	0.42
	柱 2	钢筋混凝土柱	0.48	1.88	0.17	0.31

由表 8 可知，对于处于地震烈度为 7 度 0.1g 区域的工程案例 1，ν 值约在 0.1～0.2 范围内变动。γ_p 值则约在 3.5～5.5 之间变动，与本文表 3 中的数值基本一致。工程案例 2 处于地震烈度为 8 度 0.3g 区域，其柱 2 的 ν 值明显大于 7 度区的柱，达到了 0.48；但 γ_p 平均值仅为 1.88，说明结构出现了较为明显的刚度损失，因此罕遇地震作用下的柱轴压比也远小于限值 1。同样，其他工程案例的罕遇地震作用下的柱轴压比也小于限值 1。关于本文提出的轴压比计算方法和现行高规的设计组合轴压比的结果比较见表 9。

两个工程案例的 $\mu_{r,k}$ （$\mu_{p,r,k}$）、$\mu_{G,1}$ （$\mu_{p,G,1}$）、μ （μ_p） 平均值结果　　表 9

工程编号	柱编号	$\mu_{r,k}(\mu_{p,r,k})$ 罕遇地震标准组合轴压比			$\mu_{G,1}(\mu_{p,G,1})$ 重力荷载标准组合轴压比			$\mu(\mu_p)$ 现行高规的设计组合轴压比		
		平均值	限值	平均值/限值	平均值	本文建议限值	平均值/限值	平均值	限值	平均值/限值
工程案例 1（7 度 0.1g）	柱 1	0.50	1.00	50%	0.35	0.45	78%	0.58	0.70	83%
	柱 2	0.42	1.00	42%	0.32	0.45	71%	0.53	0.70	76%
工程案例 2（8 度 0.3g）	柱 1	0.42	1.00	42%	0.21	0.40	53%	0.50	0.75	67%
	柱 2	0.31	1.00	31%	0.17	0.40	43%	0.45	0.75	60%
平均值		—	—	40%	—	—	55%	—	—	65%

从表 9 可知，高规规定的轴压比限值偏严，对于以上案例，按高规计算方法所得的柱轴压比与限值的比值在 60%～83%之间。本文提出的重力荷载标准组合轴压比限值，比高规限值有所放松，按此方法计算所得的柱轴压比与限值的比值在 43%～78%之间，其富余度还是较大的。罕遇地震标准组合轴压比限值则是三种计算结果中最为宽松的，按此方法计算所得的柱轴压比与限值的比值在 31%～50%之间，这也说明了本文建议的多遇地震标准组合轴压比限值是安全的。由此可见，采用本文建议的重力荷载标准组合轴压比限值 $\mu_{G,1}$（$\mu_{p,G,1}$）作为初步设计阶段选择柱断面的依据是更为合理的。

4 优化工程案例

4.1 工程概况

本工程案例为框架-核心筒结构，抗震设防烈度为 7 度，设计基本地震加速度为 0.1g，结构高度 260m。首层平面布置见图 1，首层层高 19.5m。外框柱皆为型钢混凝土柱，±0m 至 101.5m 的外框柱截面皆为 2.3m×2.3m。在首层中选取两个柱子（图示的 1 号、2 号）进行对比分析。

4.2 结构优化

对本工程案例的原模型进行优化，将±0m 至 101.5m 的所有 8 个外框型钢混凝土柱的截面 2.3m×2.3m 减小至 2.1m×2.1m，柱内型钢截面面积从 0.44m^2减小至 0.36m^2。然后对原模型和新模型分别进行 CQC 计算、多遇地震弹性时程分析和罕遇地震弹塑性时程分析；使用 10 条天然波和 3 条人工波分析。原模型与新模型的结构主要指标见表 10。

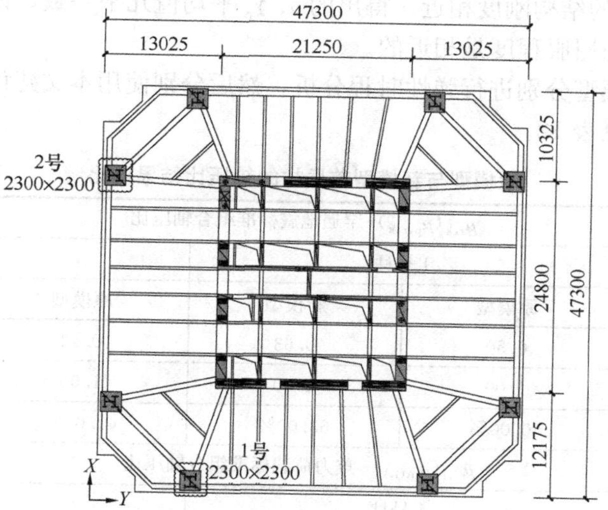

图 1　首层平面简图

模型与新模型的主要指标对比　　**表 10**

项次		原模型	新模型
周期（s）	T_1	6.15	6.21
	T_2	5.66	5.73
	T_3	4.59	4.60
多遇地震 CQC 最大层间位移角		1/715（X 向）	1/705（X 向）
多遇地震弹性时程最大层间位移角		1/734（X 向）	1/723（X 向）
风最大层间位移角		1/738（X 向）	1/726（X 向）

由表 10 可知，在对本工程案例的外框柱截面进行优化后，并没有对结构的刚度产生很大的影响。

4.3　首层柱对比

首层 1 号柱、2 号柱（定位见图 1）的具体对比见表 11。

原模型与新模型的首层柱的 ν、γ_p　　**表 11**

项次	1 号柱		2 号柱	
	原模型	新模型	原模型	新模型
柱截面面积（m^2）	5.29	4.41	5.29	4.41
型钢截面面积（m^2）	0.44	0.36	0.44	0.36
ν 平均值	0.09	0.09	0.09	0.09
γ_p 平均值	4.99	5.04	3.65	3.99

由表 11 可知，新模型与原模型相比，柱截面面积减少 16.64%，型钢使用量减少

18.19%。两个模型的结构刚度相近，得出的ν、γ_p平均值几乎一致，说明两个模型在罕遇地震作用下的构件的屈服程度是相近的。

对原模型和新模型分别进行弹性时程分析，然后分别使用本文建议方法和高规方法计算其轴压比，结果见表12。

原模型与新模型首层柱的轴压比结果对比

表12

$\mu_{r,k}(\mu_{p,r,k})$-罕遇地震标准组合轴压比

项次	1号柱		2号柱	
	原模型	新模型	原模型	新模型
轴压比平均值	0.50	0.63	0.42	0.57
限值	1.00	1.00	1.00	1.00
轴压比/限值	50.00%	63.00%	42.00%	57.00%

$\mu_{G,1}(\mu_{p,G,1})$-重力荷载标准组合轴压比

项次	1号柱		2号柱	
	原模型	新模型	原模型	新模型
轴压比平均值	0.35	0.41	0.32	0.37
限值	0.45	0.45	0.45	0.45
轴压比/限值	78.47%	90.53%	71.49%	82.03%

$\mu(\mu_p)$-多遇地震设计组合轴压比（高规方法）

项次	1号柱		2号柱	
	原模型	新模型	原模型	新模型
轴压比平均值	0.58	0.71	0.53	0.67
限值	0.70	0.70	0.70	0.70
轴压比/限值	82.86%	101.43%	75.71%	95.71%

由表12可知，在多遇地震作用下，以1号柱为例，对于原模型，无论是按照本文建议方法还是高规方法计算，其轴压比皆满足要求。

对于新模型，按高规方法计算得出的1号柱的设计组合轴压比平均值为0.71，已超过高规限值0.70；而按照本文建议的计算方法得出的标准组合轴压比为0.41，本文建议的限值为0.45，依旧有富余。

在罕遇地震作用下，两个模型的柱轴压比皆满足1.0的限值要求。原模型的柱的标准组合轴压比与限值的比值为42%～50%；而对于新模型，其比值为57%～63%，仍有较大的富余度。

由此可见，本文提出的计算方法，相对高规方法更为合理。同时罕遇地震弹塑性时程分析的结果表明本文提出的计算方法给柱的抗轴压承载力留有足够的富余度。

5 结语

本文主要研究结果，可归纳如下：

（1）对现有高规柱轴压比的计算方法进行了讨论，指出了现行方法未能明确给出罕遇

地震作用下的柱的标准组合轴压比结果，不能清晰地表达出给罕遇地震作用下的柱轴压比预留的空间。

（2）考虑到大震是以标准值为准进行计算的，本文中提出了以标准组合表述的轴压比计算公式，可更清晰地表达罕遇地震作用下的柱轴压比。

（3）建议使用重力荷载标准组合轴压比作为轴压比标准，计算时仅需考虑重力荷载代表值，使用方便。制定相应轴压比限值时，提出系数 γ_p、ν 来考虑罕遇地震作用下柱的轴压受力情况，概念清晰。

（4）通过工程案例说明柱的标准组合轴压比计算方法的应用，表明本文提出的轴压比计算方法是合理和安全的。对于柱截面受轴压比控制的结构，若使用本文建议的方法计算和控制柱轴压比，可节省建筑材料及费用，并可增加建筑使用面积。

参考文献

[1] 高层建筑混凝土结构技术规程：JGJ 3-2010[S]. 北京：中国建筑工业出版社，2010.

[2] 高层建筑混凝土结构技术规程：DBJ 15-92-2013[S]. 北京：中国建筑工业出版社，2013.

[3] 魏琏，林旭新，王森．剪力墙轴压比计算方法的研究[J]. 深圳土木与建筑，2018，(1)：25-26.

18. 带地下室或裙房高层建筑抗浮锚杆整体计算方法

孙仁范，刘跃伟，徐　青，蔡　军，魏　琏

【摘　要】对于带地下室或裙房的高层建筑，抗浮设计是重要的。现常用抗浮锚杆设计方法不能考虑锚杆受力的不均匀性。建立包含锚杆、基础和上部结构的整体有限元模型来进行抗浮计算，整体抗浮计算结果表明，锚杆和底板的变形和受力是相互影响的；锚杆的实际承载力可能明显大于按现常用方法设计的结果，而实际所需锚杆数量少于按现常用方法设计的结果。给出了整体模型中锚杆刚度的计算方法。

【关键词】抗浮；整体计算方法；锚杆；锚杆刚度；基础

Integral calculation method of anti-floating anchor of high-rise building with basement or podium

Sun Renfan, Liu Yuewei, Xun Qing, Cai Jun, Wei Lian

Abstract: For high-rise building with basement or podium, anti-floating design is important. Current design method of anti-floating anchor takes no account of stress nonuniformity of the anchor. An integral FEM model, which contains the anchors, foundation and the upper structure, was established to carry out anti-floating calculation. The integral anti-floating calculation results show that the deformation and stress of the anchors and the base slab influence each other. Compared with the design result with the current method, the actual bearing capacity of the anchors are larger. Numbers of needed anchors in actual is less than that from results with current method. The calculation method to calculate the anchor stiffness in the integral model was provided.

Keywords: anti-floating; integral calculation method; anchor; anchor stiffness; foundation

0　引言

地下空间的开发利用日益受到重视，在地下室设计中抗浮设计是重要的。地下室较深，地下水位较高时，结构将受到较大的水浮力。由于抗浮设计不当而引发的典型事故有地下室隆起、底板破坏、地下室墙和基础梁板出现裂缝、地下室渗水以及上部结构出现裂缝等[1,2]。抗浮的措施有降水法、隔水法、压重法、增强结构刚度和强度、设置抗浮桩或抗浮锚杆等[3]。其中降水法和隔水法适用范围小，需长期控制和维护；压重法可能会加大基础埋深，影响建筑功能；增强结构刚度和强度的方法往往会造成上部结构的浪费；设置抗浮锚杆对控制结构整体或局部上浮、底板变形和裂缝都有效，但是由于结构荷载和变形比较复杂，并且锚杆与上部结构是相互作用的，因此，现常用锚杆设计方法过于简化。对于带有大面积地下室而高层塔楼偏置的结构，现常用锚杆设计方法所基于的假设与实际情况偏差极大，不能反映结构的实际受力和变形情况，不能合理、经济地设置锚杆。为此分析了水浮力作用下结构与锚杆的受力特点，提出建立包含锚杆、基础和上部结构的整体有限元模型进行抗浮设计的计算方法。

1 水浮力对结构的作用及影响

1.1 水浮力对底板的作用

根据结构基础形式和上部结构布置的不同，水浮力对底板的作用有以下 3 种情况：1）情况 1：基础为筏板基础，上部结构重量相差不大；2）情况 2：基础为桩筏基础，上部结构重量相差不大；3）情况 3：情况 1 和情况 2 的组合，即塔楼基础为桩筏，裙房基础为筏板，上部结构重量相差很大。对应上述 3 种情况，水浮力作用的特点为：1）情况 1：若水浮力大于上部结构重量，结构将整体上浮，理论上，结构上浮，水浮力减小，最终水浮力将等于结构重量，底板受向上的均布水浮力（等于结构重量）作用，而柱底相当于底板的弹性支座，底板变形如图 1（a）所示（图中水位为抗浮水位）；2）情况 2：由于桩的变形较小，结构不会上浮，底板受向上的均布水浮力作用，桩相当于底板的固定支座，底板变形如图 1（b）所示，其变形形态与情况 1 相同，但情况 2 的水浮力大于情况 1 的水浮力；3）情况 3：塔楼重量一般大于水浮力，且有桩的约束作用，塔楼基础不上浮，裙房重量较小，裙房基础可能上浮，从整体上看，基础类似悬臂梁，塔楼基础为固定端，裙房基础类似自由端，如图 1（c）所示。

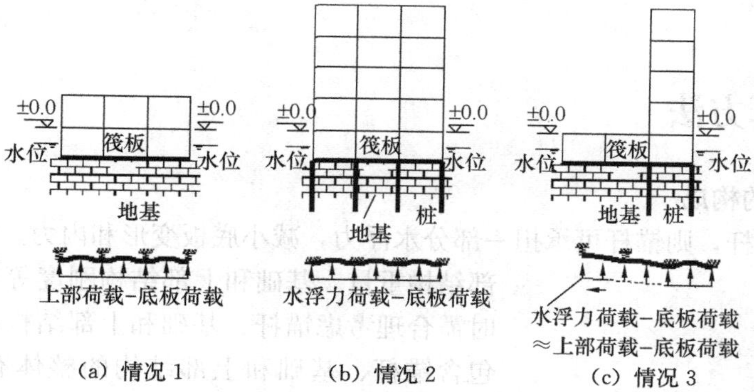

图 1　水浮力对结构的作用

1.2 水浮力对上部结构的影响

水浮力较大时，对上述 3 种情况，底板都会因水浮力而产生较大内力。理论上，情况 1 中水浮力不会引起上部结构的不均匀变形，但是如果结构整体上浮过大，仍会对结构的适用性能造成不利影响。实际上，受诸多复杂因素影响，结构变形不完全均匀，结构可能开裂甚至破坏。对于情况 3，水浮力可能造成上部结构不均匀变形，对裙房和塔楼相接区域内的墙、梁造成不利影响。

2 现常用锚杆设计方法

现常用锚杆设计方法[4]是地下水浮力属于可变荷载，地下室自重及地面回填土压力属于永久荷载，则荷载效应组合的设计值应根据其最不利荷载组合确定，即抗浮锚杆承受的荷载 q_f 为：

$$q_f = \gamma_Q f - \gamma_G G \tag{1}$$

式中：f 为水浮力；G 为上部结构自重；γ_Q 为可变荷载分项系数；γ_G 为永久荷载分项系数。

确定抗浮锚杆承载力后，抗浮锚杆面积和锚固长度分别由以下公式确定：

$$K_1 N_t \leqslant A_g f_{yk} \tag{2}$$

$$N_t \leqslant L_a R_t \tag{3}$$

$$N_t = q_f ab \tag{4}$$

式中：K_1 为抗力系数；N_t 为抗浮锚杆轴向拉力；A_g、f_{yk} 分别为抗浮锚杆截面面积和钢筋屈服强度标准值；L_a 为抗浮锚杆锚固段长度；R_t 为抗浮锚杆单位长度抗拔力；a、b 分别为抗浮锚杆的横向和纵向的间距。

上述方法的基本思想是将锚杆需承担的力作为水浮力减去恒荷载，锚杆受力均匀，再将锚杆需承担的力除以单根锚杆的承载力即为所需锚杆数量。一般均匀地布置锚杆可确定锚杆间距。

3 整体计算方法

3.1 整体模型的构成

合理设置锚杆，则锚杆可承担一部分水浮力，减小底板变形和内力。锚杆的受力与上部结构重量、基础和上部结构刚度等有关，设计锚杆时需合理考虑锚杆、基础和上部结构的刚度，可建立包含锚杆、基础和上部结构的整体有限元模型来计算。建立整体模型进行计算分析，可较合理地体现锚杆受力的不均匀性，也能较合理地体现底板变形的特点。基本的整体计算模型应包括上部结构（塔楼、裙房和地下室）、底板、锚杆和桩（当桩顶近似固定时可不建立桩，只在桩顶位置施加约束），如图 2 所示。

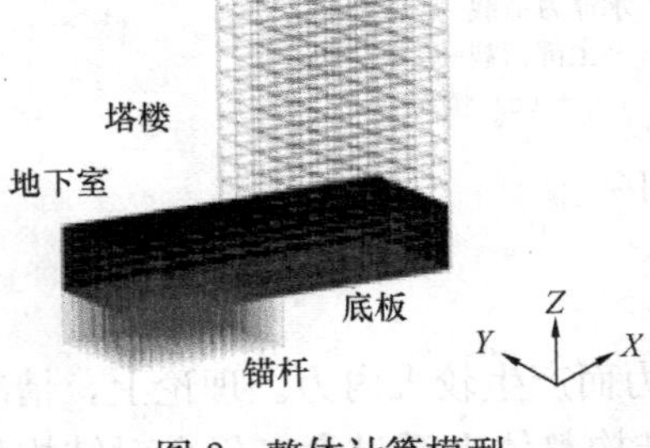

图 2　整体计算模型

上部结构模型应与设计上部结构时的模型一致，底板和锚杆应按实际情况建模，需注意底板网格的划分。上部结构的荷载按荷载规范[4]可取 0.9 倍的恒荷载。另外，恒荷载中可适当计入地下室外侧土的重量或摩擦力。

3.2 锚杆线刚度

锚杆线刚度是整体计算模型中需确定的主要参数之一，为此提出计算锚杆线刚度的实用方法。如图 3 所示，锚杆顶部受到拉力，该拉力经锚杆周围土的摩擦作用逐渐传递到土中。因此，沿锚杆深度方向，锚杆轴力是逐渐减小的，且土的摩擦作用越大，轴力减小得越快。整体模型中不建立土的模型，锚杆作为底端固定、上端受力的杆件，需合理设置锚杆的刚度以考虑土的摩擦作用对锚杆刚度的贡献。在锚杆设计承载力以内，锚杆刚度接近弹性，若令整体模型中锚杆截面和材料为实际锚杆的截面和材料，则可适当确定锚杆的等效长度，使整体模型中锚杆的线刚度与实际相同。锚杆的弹性线刚度 K 和等效长度 l' 的计算方法如下：

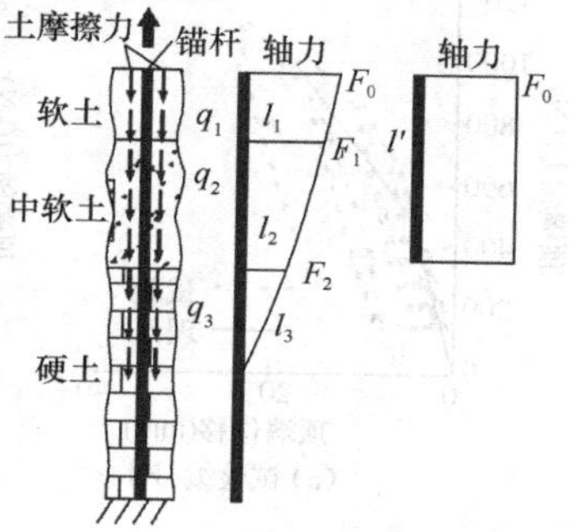

图 3　锚杆的受力

$$K = F_0 / \sum_{i=1}^{n} \frac{2F_0 - 2\sum_{i=1}^{n} l_i q_i + l_i q_i}{2EA} l_i = \frac{EA}{l'} \tag{5}$$

$$l' = \frac{EA}{F_0} \sum_{i=1}^{n} \frac{2F_0 - 2\sum_{i=1}^{n} l_i q_i + l_i q_i}{2EA} l_i \tag{6}$$

式中：l_i 为锚杆存在轴力范围内第 i 层土的厚度；q_i 为单位长度内第 i 层土对锚杆的摩擦力；F_0 为锚杆顶端的轴拉力；F_i 为第 i 层土底锚杆内的轴拉力；n 为锚杆存在轴力的范围内土分层数；E 为锚杆截面抗拉刚度；A 为锚杆截面面积。

进行了 80 次不同场地上实际锚杆的刚度试验。部分试验场地的土层情况和锚杆参数见表 1。锚杆顶轴力-位移曲线见图 4。试验结果表明，锚杆刚度可简化为双折线，第一段为弹性，其刚度可按式（5）计算，根据锚杆设计理论[5]和试验资料，第一段末端对应的力为锚杆承载力；第二段的刚度可近似取第一段刚度的 1/4。按上述方法计算锚杆线刚度，并与试验结果比较，证明上述计算锚杆线刚度和等效长度的计算方法是合理的，满足工程精度要求。部分数据比较见表 1 和图 4。一般地，锚杆受力与变形在第一段范围内，锚杆受力小于锚杆承载力。

土层和锚杆试验参数　　**表 1**

试验编号		1	2	3
锚杆	长度（m）	15	15	11
	直径（mm）	165	165	165
	承载力（kN）	490	490	490
	EA（MN）	795	795	795
	线弹性刚度 K（MN/m）	109	150	125
	等效长度 l'（m）	7.3	5.3	6.3
土层	深度（m）	0～15（黏土）	0～6（全风化岩）	0～4（黏土岩）
		—	6～15（中风化岩）	4～11（全风化岩）

3.3　整体计算方法的合理性

以图 2 所示的结构（塔楼基础为筏板，塔楼区域外基础为桩筏并设抗浮锚杆）为例进

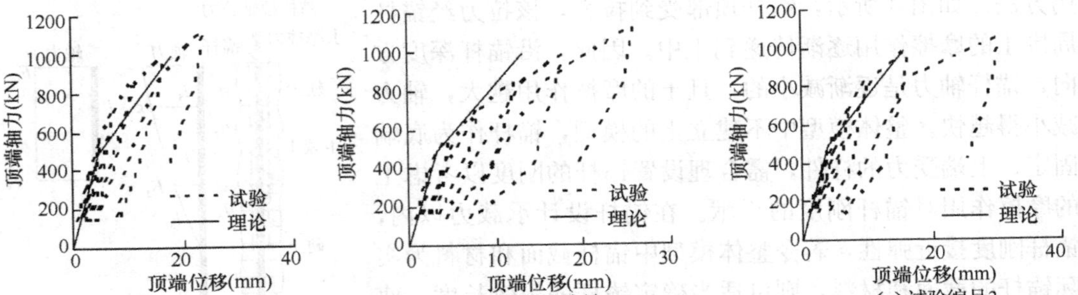

(a) 试验编号 1　(b) 试验编号 2　(c) 试验编号3

图 4　锚杆顶轴力-位移曲线

行抗浮计算。该结构地下室 3 层，塔楼 10 层，塔楼偏置，塔楼部分（含塔楼范围内地下室）重 92190kN，纯地下室部分重 42000kN。水浮力合力为 122900kN，单独考虑纯地下室部分，其水浮力减去自重为 19500kN，纯地下室部分均匀布置锚杆 208 根。按现常用锚杆设计方法计算，单根锚杆承载力约为 100kN（不考虑安全系数）。建立包含锚杆的整体模型计算，计算所得的地下室底板（不含塔楼部分）竖向变形如图 5 所示。从图中可见：1）由于地下室重量较小，即使是柱脚下的底板也可能产生向上的位移；2）远离塔楼的底板向上的位移有增大的趋势；3）地下室外墙加强了地下室与塔楼的联系，大大减小了地下室整体向上的位移，说明地下室外墙对地下室抗浮起到较大的有利作用，同时地下室外墙内会产生一定的弯矩。

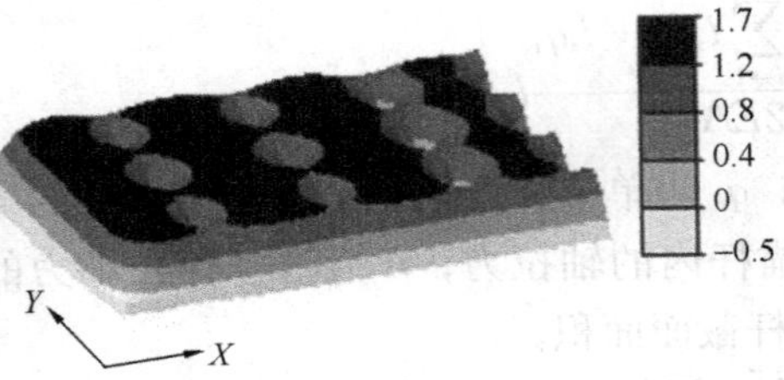

图 5　地下室底板竖向变形（mm）

图 6 为锚杆轴力。由图可见，锚杆受力是不均匀的，锚杆最大轴力为 238kN（正值为受拉，负值为受压），最小轴力为−67kN，平均轴力为 126kN，最大轴力约为平均轴力的 2 倍。锚杆受力不均匀的原因为：一方面，因为柱脚、墙脚的恒荷载抵消了部分水浮力，柱脚、墙脚附近的锚杆轴力小；另一方面，因为远离塔楼，底板向上的位移有增大的趋势，所以远离塔楼，锚杆受力稍大。按整体模型计算结果进行结构设计，较多锚杆承载力为 250kN（不考虑安全系数），远大于现常用锚杆设计方法计算的结果。另外，约有 45 根锚杆受压，对抗浮不起作用，可省去这些锚杆。图 7 为地下室底板（不含塔楼部分）的 X

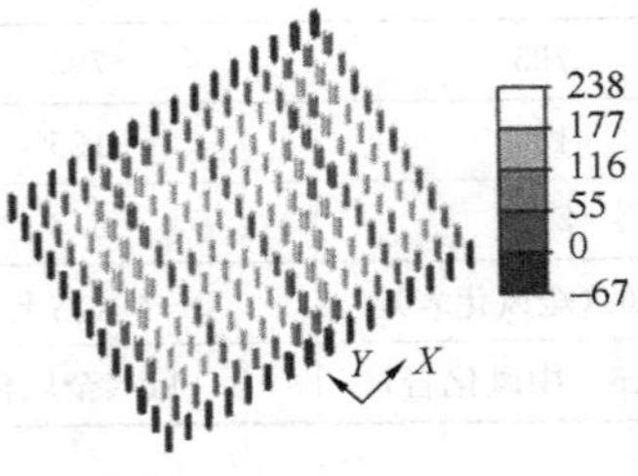

图 6　锚杆轴力（kN）

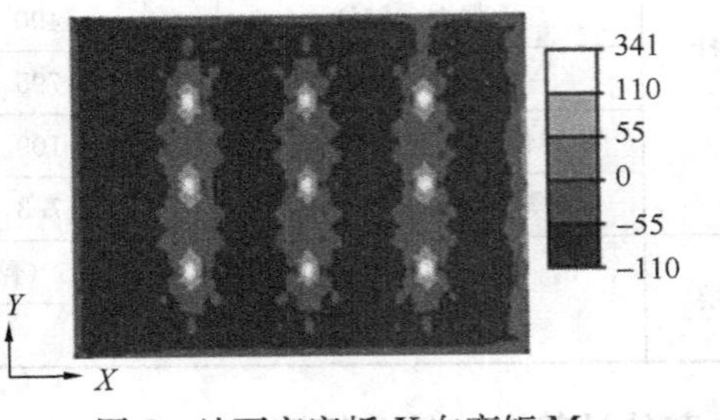

图 7　地下室底板 X 向弯矩 M_x （kN·m/m）

向弯矩 M_x，图 7 与前述结果揭示的现象对应，最远离塔楼的底板跨中弯矩最大。

以上结果所反映的现象与实际和理论判断一致，整体计算方法是合理的。经整体计算分析，可更合理地布置锚杆、设计底板。

3.4 现常用结构抗浮计算方法及其缺陷

现常用底板抗浮计算方法为将柱底或桩顶简化为固定支座，认为锚杆受力均匀，且所有锚杆都发挥全部的抗浮能力。前述结果表明，底板变形是较复杂的，并且锚杆的受力是不均匀的。可见现常用底板抗浮计算方法的主要缺陷是：1）忽略了底板支座之间的变形差别，可能造成上部构件和底板承载力不足，也可能高估底板跨中的内力；2）忽略了锚杆受力的不均匀性，可能造成结构和底板抗浮能力不足或锚杆布置浪费。比如在上例中，部分锚杆的承载力需为现行方法设计结果的 2 倍，而省去对抗浮不起作用的锚杆，则锚杆数量可节约 20%。

4 整体计算方法的工程实践

案例工程为住宅与商业的综合体，4 栋高层住宅（塔楼）位于该项目地块边缘，多层裙房覆盖大部分地块。地下室将塔楼和裙房在地下连为一体，地下室平面尺寸为 315m×214m，几乎覆盖了整个地块。裙房中部局部和塔楼基础采用桩基础，其他采用筏板基础。抗浮水位为－1.5m，地下室底板底（厚度 600mm）标高为－14.9m，计算取水浮力为 140kN/m²。裙房和地下室总重量平均为 100kN/m²。由于水浮力较大，筏板基础下需设置锚杆。根据常用方法初步计算并布置锚杆。根据土层不同，锚杆分为土层锚杆和岩层锚杆，其设计承载力分别为 220kN 和 440kN。土层锚杆间距为 1.3m，岩层锚杆间距为 1.8m。锚杆在桩基础以外范围内均匀布置，总锚杆数量达 9170 根。由于锚杆数量较多，有必要进行进一步分析以使锚杆设置得更合理、经济，因此建立了包括上部结构、底板、桩和锚杆的整体计算模型，如图 8 所示。

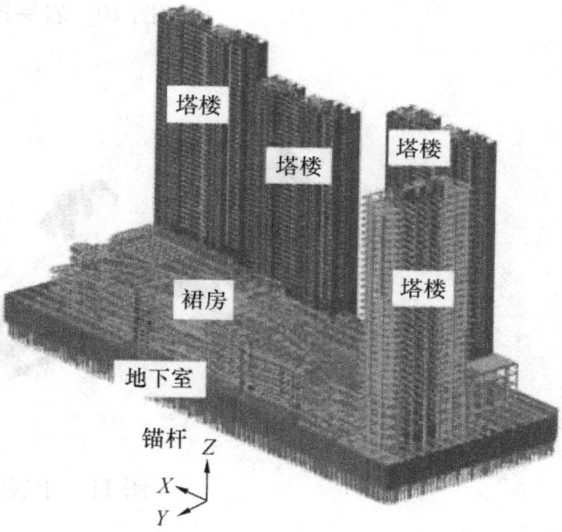

图 8 案例工程整体模型

整体计算分析表明，水浮力作用下，裙房下底板大部分范围产生了向上的位移，如图 9 所示。锚杆平均轴力与现常用锚杆设计方法计算的结果接近，但较多锚杆受力小于平均轴力的 60%，也有部分区域的锚杆轴力超过其承载力，如图 10、图 11 所示。根据整体计算结果，对按现常用锚杆计算方法设计的锚杆进行优化。

（1）适当减少锚杆受力较小区域内的锚杆数量。如将图 12 所示的框示区域内的土层锚杆间距修改为 1.4m，岩层锚杆间距修改为 1.9m，共减少了约 17%的锚杆数量。

（2）锚杆受力较大区域的锚杆承载力增大了 25%，土层锚杆间距修改为 1.2m，岩层锚杆间距修改为 1.7m，共增加了约 2%的锚杆数量。

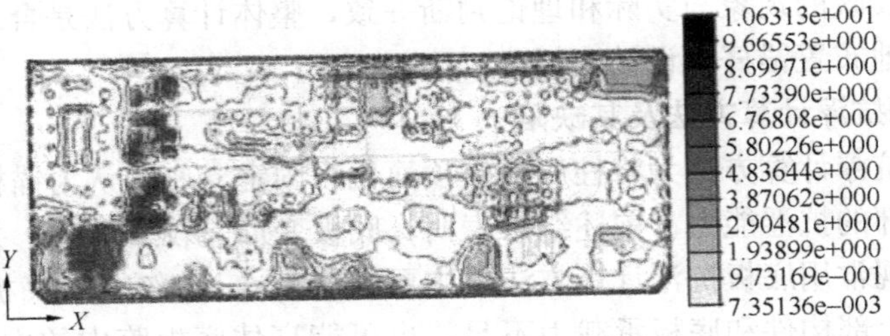

图 9　考虑水浮力时底板向上的位移（mm）

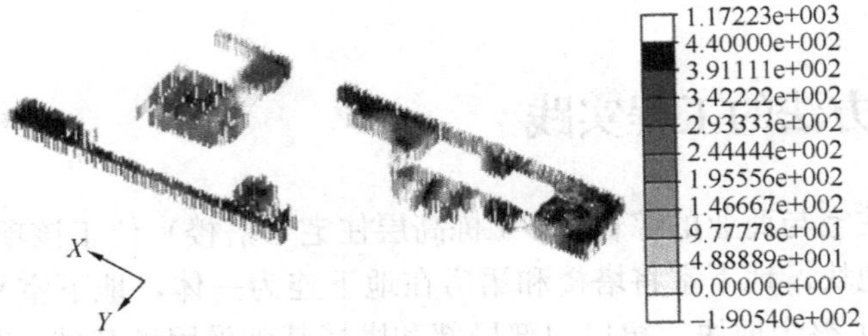

图 10　岩层锚杆的轴力（kN）

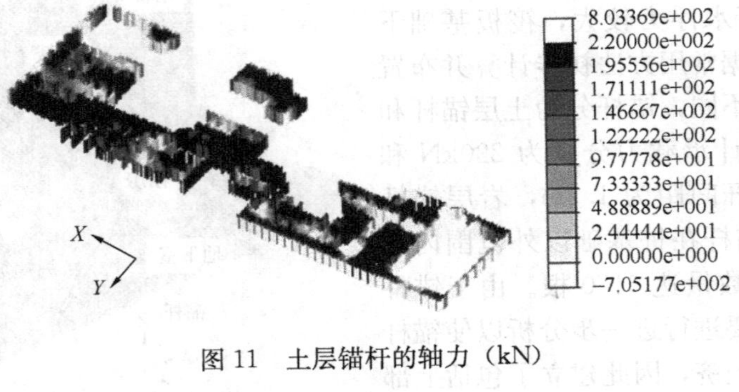

图 11　土层锚杆的轴力（kN）

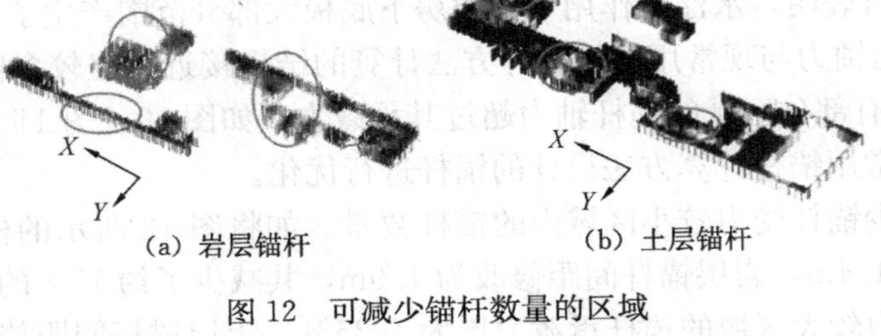

（a）岩层锚杆　　（b）土层锚杆

图 12　可减少锚杆数量的区域

优化布置后，既加强了结构的安全性，又减少了约15%的锚杆数量，节约了工程造价。

5 结论

分析了水浮力对结构的作用及影响、结构与锚杆的受力特点，指出现常用底板抗浮计算方法的缺陷，介绍了一种较现常用抗浮计算方法有较大改进并可为工程设计方便采用的结构抗浮计算方法，即整体计算方法。主要结论如下：

(1) 裙房重量较小时，水浮力作用下，裙房底板可能产生复杂的向上或向下的位移。

(2) 锚杆受力是不均匀的，其不均匀性既与底板上柱脚、墙脚的恒荷载有关，也与裙房、塔楼的相对位置有关。

(3) 采用整体计算分析，可更合理地布置锚杆、设计底板。相对现常用抗浮计算方法，整体计算方法可更合理地保证结构的安全性，提高结构的经济性。

参考文献

[1] 于德湖，程道军，张同波．某工程地下室底板裂缝原因分析及处理[J]．施工技术，2007，36(11)：105-106.

[2] 郭秋菊，黄友汉．某地下停车场整体上浮复位处理[J]．施工技术，2008，37(10)：87-90.

[3] 柳建国，刘波．建筑物的抗浮设计与工程技术[J]．工业建筑，2007，37(4)：1-5.

[4] 建筑结构荷载规范：GB 50009－2012[S]．北京：中国建筑工业出版社，2012.

[5] 岩土锚杆(索)技术规程：CEC S22：2005[S]．北京：中国计划出版社，2005.

本文原载于《建筑结构》2014年第44卷第6期

19. 液体黏滞阻尼器在超高层建筑抗风设计中的应用研究

王　森，陈永祁，马良喆，罗嘉骏，魏　琏

【摘　要】超高层结构过大的顶点风振加速度会令人感到不适和恐慌，使用液体黏滞阻尼器可增加结构阻尼比，从而减小结构顶点风振加速度达到抗风减振的目的。对抗风振设计中液体黏滞阻尼器应用中的有关问题进行讨论，包括液体黏滞阻尼器不同布置方式的减振率对比，阻尼器非线性模型的计算模拟方法，液体黏滞阻尼器的型号选取、安装、维护等。同时通过工程案例，说明合理布置液体黏滞阻尼器可以有效地减小超高层结构顶点风振加速度，提高其风振舒适度。

【关键词】液体黏滞阻尼器；超高层结构；风振加速度

Research on application of liquid viscous damper in wind resistance design of super high-rise buildings

WANG Sen, CHEN Yongqi, MA Liangzhe, LUO Jiajun, WEI Lian

Abstract: Excessive apex wind vibration acceleration of super high-rise structures can cause discomfort and panic. Using liquid viscous dampers can increase the structural damping ratio, thereby reducing the apex wind vibration acceleration of the structure to achieve the purpose of wind vibration reduction. Related issues in the application of liquid viscous dampers in wind-induced vibration reduction design were discussed, including the comparison of the vibration reduction rates about different arrangements of liquid viscous dampers, the calculation and simulation methods of the damper nonlinear models, and model selection, installation and maintenance of the liquid viscous damping. At the same time, the engineering case shows that the reasonable arrangement of the liquid viscous damper can effectively reduce the apex wind vibration acceleration of super high-rise structure and improve its wind vibration comfort.

Keywords: liquid viscous damper; super high-rise structure; wind vibration acceleration

0　前言

超高层结构在脉动风作用下产生的结构顶点风振加速度通常较大，若不加以控制，过大的顶点风振加速度会令人感到不适和恐慌。因此，《高层建筑混凝土结构技术规程》JGJ 3－2010[1]（简称高规）规定了结构的顶点风振加速度限值 $a_{\lim}$（表 1）。

对于某些超高层建筑，若结构自身刚度已足够，再通过增加刚度来减小风振加速度会引起结构自重和地震反应的增大。此时使用阻尼器来增加结构阻尼比以达到抗风减振的目的是较为有效的。

结构顶点风振加速度限值 **表 1**

使用功能	a_{lim}（m/s²）
住宅、公寓	0.15
办公、旅馆	0.25

目前工程界为减小风作用下结构顶点加速度多采用设置液体黏滞阻尼器或 TMD 的方法，相比液体黏滞阻尼器，TMD 构造复杂、占用空间大，且较重对结构抗震不利。本文将针对在工程中更易实施的液体黏滞阻尼器进行讨论，包括阻尼器的布置、结构计算、减振率对比、质量要求等问题，并通过实际工程案例进行说明。

1 液体黏滞阻尼器的基本原理

1.1 阻尼力

液体黏滞阻尼器为速度相关型阻尼器，静力荷载作用下其并无轴向刚度，阻尼器出力与其活塞运动速度之间具有下列关系：

$$F_d = C_d \mid \dot{u} \mid^{\alpha} \mathrm{sgn}(\dot{u}) \tag{1}$$

式中：F_d 为阻尼器出力；C_d 为阻尼器的阻尼系数，与油缸直径、活塞直径、导杆直径和流体黏度等因素有关；$\dot{u}$ 为阻尼器的活塞运动速度；α 为速度指数，与阻尼器内部构造有关。

液体黏滞阻尼器出力随阻尼系数成线性变化，阻尼系数 C_d 越高，耗能越大，但造价也越高。速度指数 α 越小，耗能越大，但过小的速度指数会导致产品性能不够稳定。

依据速度指数 α 的取值，可将液体黏滞阻尼器分为三类：线性液体黏滞阻尼器（$\alpha=1$）、非线性液体黏滞阻尼器（$0<\alpha<1$）和超线性液体黏滞阻尼器（$\alpha>1$）。线性、非线性液体黏滞阻尼器的出力与速度关系曲线见图 1。

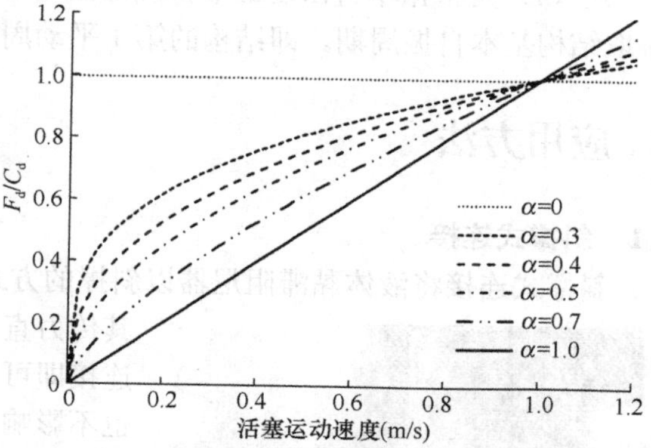

图 1 液体黏滞阻尼器的出力与速度关系曲线

由图 1 可知，线性液体黏滞阻尼器阻尼力与其活塞运动速度成线性关系；非线性液体黏滞阻尼器在小于 1.0m/s 的较低速度下，可输出较大的阻尼力，而速度较高时，阻尼力的增长率较小。由于风振通常速度相对较低，因此抗风时一般选用非线性液体黏滞阻尼器。

1.2 模型

计算时阻尼器按非线性连接单元输入。根据《建筑消能减震技术规程》JGJ 297－2013[2]规定，液体黏滞阻尼器宜采用 Maxwell 模型（图 2）。Maxwell 模型中阻尼单元与弹簧单元串联，当模拟液体黏滞阻尼器时，可将弹簧刚度设为无穷大，此时 Maxwell 模型中只有阻尼单元

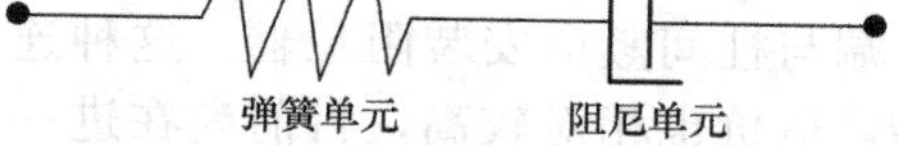

图 2 Maxwell 模型

发挥作用。《ETABS 使用指南（2004）》建议使用 $10^2 \sim 10^4$ 倍的 C_d 值作为弹簧单元的刚度。

关于 Maxwell 模型中的弹簧刚度，可使用附加体系分析模型以得出更为精确的结果，其分析模型见图 3。

对于附加体系，由于阻尼器与连接构件串联，设阻尼力为 F，支撑阻尼器的连杆沿阻尼器方向的刚度 K_b 与阻尼器在动力荷载作用下的内部动刚度 K_d（由阻尼器厂家测试后提供）的组合刚度为 K_b^*，附加体系在 F 作用下的位移为 u，则有：

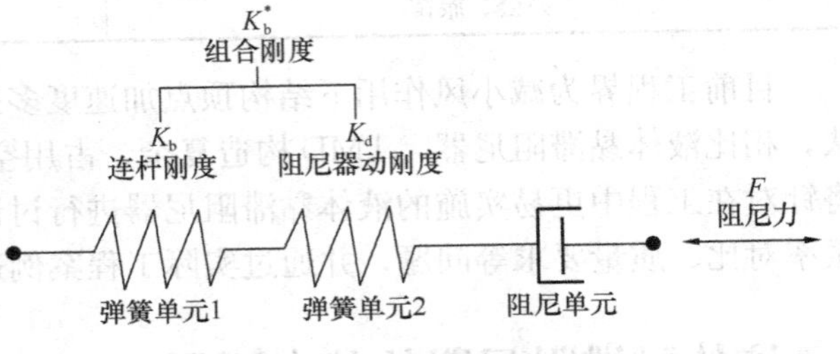

图 3　附加体系分析模型

$$u = \frac{F}{K_b^*} = \frac{F}{K_b} + \frac{F}{K_d} \tag{2}$$

即有：

$$K_b^* = \frac{K_b K_d}{K_b + K_d} \tag{3}$$

《建筑抗震设计规范》GB 50011－2010[3]（简称抗规）第 12.3.5 条第 1 款规定支撑阻尼器的连杆刚度应满足下式要求：

$$K_b = \left(\frac{6\pi}{T_1}\right) C_d \tag{4}$$

式中：T_1 为消能减震结构的基本自振周期。

式（4）是根据单自由度的液体黏滞阻尼器结构导出的[4]，用于高层建筑风振计算时，T_1 取结构基本自振周期，即结构的第 1 平动周期。

2　应用方法

2.1　斜撑式连接

斜撑式连接将液体黏滞阻尼器以斜撑的方式布置于结构墙柱间或柱与柱之间（图 4）。其传力直接，安装方便，仅需简单吊装并使用销轴连接即可，可安置在隔墙内，不占用建筑使用面积，也不影响建筑室内美观。是目前工程中广泛应用的一种连接形式。

图 4　斜撑式布置的液体黏滞阻尼器

2.2　伸臂连接

伸臂连接又称竖直连接，通过结构弯曲变形造成的内外部结构竖直位移差来使阻尼器运动，减振效果较优。该连接方式首次在菲律宾香格里拉项目[5]中应用，需额外设置伸臂桁架，一端牢固连接于筒体，另一端与柱间竖向安装阻尼器。这种连接方式较为复杂，造价也相对较高，目前尚在进一步研究发展中。

2.3 套索式（Toggle）连接

套索式连接（图 5）属于美国某公司的专利，是一种可以放大液体黏滞阻尼器位移的机械系统。理论上，当结构楼层变形较小时可通过该方式连接，在阻尼器参数相同时，可将阻尼器变形放大 2～3 倍。这种连接形式要求安装精度高，且其放大阻尼减振的效果与结构变形的组合效应有关。使用时需经过布置阻尼器的有效性分析或敏感性分析后确定。此外，这种连接方式目前实际应用较少，需要进一步研究和实践。

图 5　部分国外工程的套索阻尼器

3　设置液体黏滞阻尼器的结构风振加速度计算

3.1 整体模型

对于设置液体黏滞阻尼器的结构，在计算结构的顶点风振加速度时宜采用时程分析法。墙、梁、柱等结构构件按弹性单元输入，液体黏滞阻尼器宜采用线性或非线性连接单元（即 Maxwell 模型）。

3.2 风荷载时程作用下的计算方法

3.2.1 运动方程

为了方便理解，以带黏滞阻尼器的单质点为例，其在风荷载作用下的平动运动平衡方程如下：

$$m\ddot{u}(t)+(c+c_e)\dot{u}(t)+ku(t)=p(t) \tag{5}$$

式中：m 为结构质量；$u(t)$ 为结构位移；$\dot{u}(t)$ 为结构速度；$\ddot{u}(t)$ 为结构加速度；t 为时间；c 为结构阻尼；c_e 为阻尼器黏滞阻尼；k 为结构抗侧刚度；$p(t)$ 为风荷载时程平动作用力。

方程（5）与一般单质点运动方程不同，由于有黏滞阻尼器，阻尼项由结构自身阻尼和阻尼器阻尼相加而成。设：

$$\omega^2=\frac{k}{m} \tag{6}$$

$$\zeta=\zeta_s+\zeta_e=\frac{c+c_e}{c_r}=\frac{c+c_e}{2m\omega} \tag{7}$$

式中：ω 为结构自振频率；ζ 为附加阻尼器后的结构总阻尼比；ζ_s 为结构自身阻尼比，$\zeta_s=c/c_r$；ζ_e 为阻尼器的附加阻尼，$\zeta_e=c_e/c_r$；c_r 为临界阻尼系数，$c_r=2m\omega$。

将式（6）、式（7）代入方程（5），得：

$$\ddot{u}(t)+2\zeta\omega\dot{u}(t)+\omega^2u(t)=\frac{p(t)}{m} \tag{8}$$

对于非线性液体黏滞阻尼器，ζ_e 可按抗规中的公式估算：

$$\zeta_e=\frac{W_c}{4\pi W_s} \tag{9}$$

式中：W_c 为所有液体黏滞阻尼器在结构预期位移下往复一周所消耗的能量；W_s 为设置液体黏滞阻尼器的结构在预期位移下的总应变能。

在设计时，ζ_e 的值一般由厂家对黏滞阻尼器进行测试后提供。

同理可得单质点扭转运动方程：

$$J\ddot{\varphi}(t)+(c+c_e)\dot{\varphi}(t)+K_\varphi\varphi(t)=M(t) \tag{10}$$

式中：J 为结构转动惯量；K_φ 为结构抗扭刚度；φ 为结构角位移；M 为风荷载时程扭矩。

3.2.2 加载及计算结果取值

风荷载时程宜采用风洞试验提供的风荷载时程数据。舒适度计算使用 10 年一遇的风压强度，钢筋混凝土结构阻尼比取 1.5%～2%，钢结构取 1%。每个风向角的风荷载时程数据数量与结构楼层数相等，每层有 X、Y 向平动作用及扭矩三个分量。计算时可采用刚性楼板假定，风荷载时程作用点取相应楼层的楼板质心。

在建筑结构顶部提取风振加速度时程。由于加速度时程的最大值并不稳定，采用最大值评估可能会高估或低估风振加速度，宜按加速度时程的均方根值乘以《建筑结构荷载规范》GB 50009－2012 给出的峰值因子 2.5（对应标准高斯分布的保证率为 99.38%[6]）进行评估。

4 若干问题的讨论

4.1 某工程案例

某超高层公寓（15 层以下为办公楼），采用钢筋混凝土框架-核心筒结构体系，地面以上 61 层，结构高度为 246.85m，屋顶以上构架最高处高约 255.85m，宽度为 23m，高宽比约为 10.7（超过高规限值较多）。典型楼层平面布置图见图 6。

本工程分别在 35.1m、71.7m、120m、164.7m、213m 结构高度处设有 5 个避难层（层高均为 5.1m），从低到高依次命名为“避难层 1～5 层”。拟在避难层布置液体黏滞阻尼器或伸臂桁架。

4.2 未设置伸臂桁架的情况

引入第 1 组对比模型，第 1 组模型各避难层均不设伸臂桁架，分别在不同避难层设置

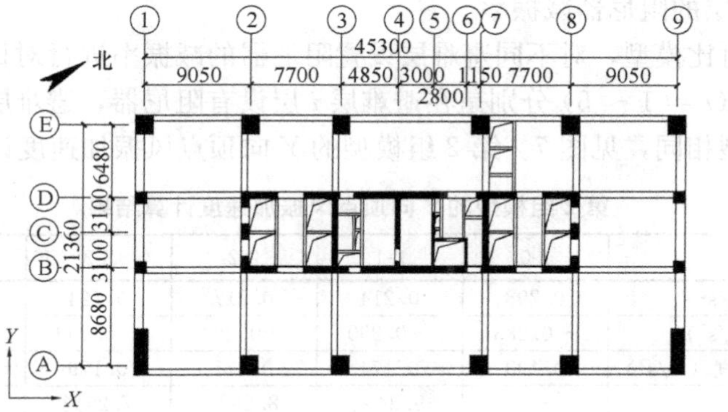

图 6 塔楼典型楼层平面布置图

阻尼器，以分析结构的减振率。模型 1-0 全楼无阻尼器，模型 1-i（i=1～5）分别在避难层 i 层设置阻尼器，阻尼器布置在避难层周边，见图 7。第 1 组模型的 Y 向顶点风振加速度计算结果见表 2（减振率为模型 1-i 均方根求出的峰值加速度相对于模型 1-0 下降的百分比，正文其余位置同）。由表 2 可知，在不设置伸臂桁架的情况下，阻尼器布置在楼层中间的避难层 2、3 层时，其减振率更高。

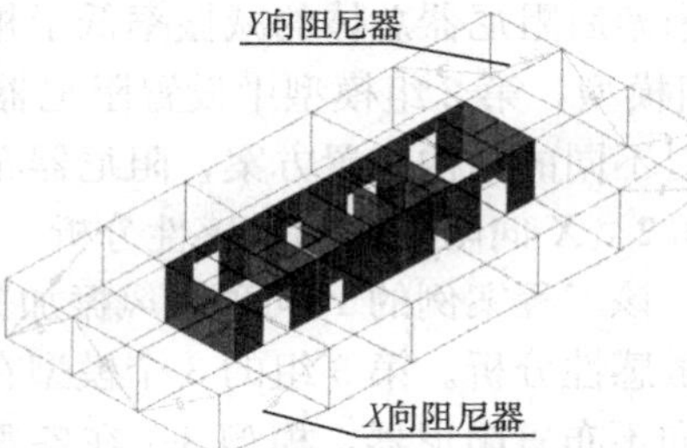

图 7 第 1 组模型阻尼器布置示意图

第 1 组模型的 Y 向顶点风振加速度计算结果 **表 2**

模型编号	1-0	1-1	1-2	1-3	1-4	1-5
最大加速度（m/s²）	0.273	0.266	0.263	0.257	0.269	0.269
最小加速度（m/s²）	−0.280	−0.249	−0.243	−0.252	−0.251	−0.263
均方根求出峰值加速度（m/s²）	0.186	0.168	0.164	0.166	0.169	0.175
减振率	—	9.68%	11.83%	10.75%	9.14%	5.91%

4.3 设置伸臂桁架的情况

对该工程案例的避难层 1 层不设伸臂桁架；避难层 2～5 层各设置 8 榀伸臂桁架，布置见图 8。以下各组分析模型均以此作为结构基本模型，在该模型上分析阻尼器位置、参数及设置方法等对结构减振率的影响。

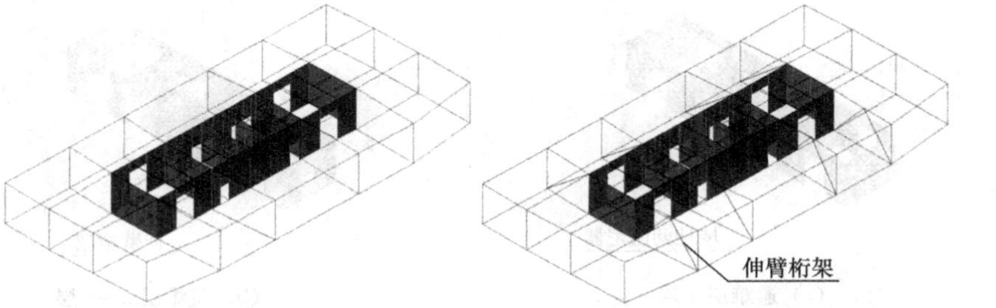

(a) 避难层 1 层　(b) 避难层 2～5 层

图 8 避难层伸臂桁架布置示意图

4.3.1 不同避难层的阻尼器减振率

引入第2组对比模型，对不同避难层设置阻尼器的减振率进行对比。模型2-0全楼无阻尼器，模型$2\text{-}i(i=1\sim5)$分别是在避难层i层设有阻尼器，避难层阻尼器布置方式和数量与第1组模型相同，见图7。第2组模型的Y向顶点风振加速度计算结果见表3。

第2组模型的Y向顶点风振加速度计算结果 表3

模型编号	2-0	2-1	2-2	2-3	2-4	2-5
最大加速度（m/s^2）	0.298	0.214	0.217	0.224	0.216	0.220
最小加速度（m/s^2）	−0.283	−0.290	−0.293	−0.298	−0.299	−0.302
均方根求出峰值加速度（m/s^2）	0.193	0.174	0.177	0.179	0.181	0.185
减振率	—	9.84%	8.29%	7.25%	6.22%	4.15%

由表2、表3可知，虽然第1组模型和第2组模型的阻尼器布置形式相同，但设置伸臂桁架后阻尼器总体的减振率低于相应不设置伸臂桁架的模型。同时可以看出，不同于第1组模型，第2组模型中设置阻尼器的避难层位置越低，阻尼器减振率越高。由此可知，针对不同的结构布置方案，阻尼器布置的有效性分析是必须的。

4.3.2 X向阻尼器的敏感性分析

该工程案例的Y向顶点风振加速度较大，引入第3组模型，对X向布置的阻尼器进行敏感性分析。第3组的3个模型在5个避难层Y向均布置阻尼器，见图9。模型3-0在X向不布置阻尼器，模型3-1在各避难层X向的①～②轴、⑧～⑨轴间布置阻尼器，模型3-2在各避难层X向的①～②轴、②～③轴、③～⑦轴、⑦～⑧轴、⑧～⑨轴间布置阻尼器。第3组模型的Y向顶点风振加速度计算结果见表4。由表4可知，在X向布置阻尼器可以在一定程度上减小Y向顶点风振加速度。

第3组模型的Y向顶点风振加速度计算结果 表4

模型编号	3-0	3-1	3-2
最大加速度（m/s^2）	0.195	0.218	0.178
最小加速度（m/s^2）	−0.248	−0.223	−0.214
均方根求出的峰值加速度（m/s^2）	0.140	0.136	0.129
减振率	—	2.86%	7.86%

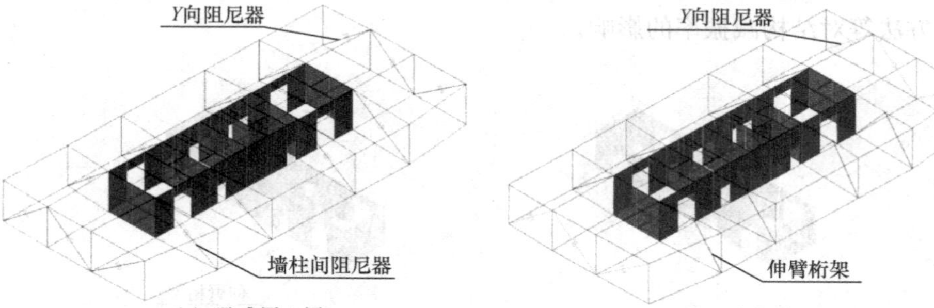

(a) 避难层1层 (b) 避难层2～5层

图9 第3组模型Y向阻尼器布置示意图

4.3.3 Y 向阻尼器的敏感性分析

引入第 4 组模型，对 Y 向布置的阻尼器进行敏感性分析。模型 4-0 全楼无阻尼器。模型 4-1 和模型 4-2 均在各避难层 X 向的①～②轴、⑧～⑨轴间布置阻尼器，模型 4-1 还在避难层 1 层 Y 向沿②、③、⑦、⑧轴在核心筒与外柱间的Ⓐ～Ⓑ轴、Ⓓ～Ⓔ轴间布置阻尼器；模型 4-2 在模型 4-1 基础上，在 5 个避难层平面两端沿 Y 向布置了阻尼器，见图 10。第 4 组模型的 Y 向顶点风振加速度计算结果见表 5。由表 5 可知，在 Y 向设置阻尼器对 Y 向风振加速度的减小有明显作用。去掉全楼避难层 Y 向两端的阻尼器时，减振率从原来的 29.46%骤降至 13.66%。风振峰值加速度也达到了 0.167m/s^2，超出了规范限值。

第 4 组模型的 Y 向顶点风振加速度计算结果 **表 5**

模型编号	0	4-1	4-2
最大加速度（m/s^2）	0.298	0.206	0.218
最小加速度（m/s^2）	−0.283	−0.281	−0.223
均方根求出的峰值加速度（m/s^2）	0.193	0.167	0.136
减振率	—	13.47%	29.53%

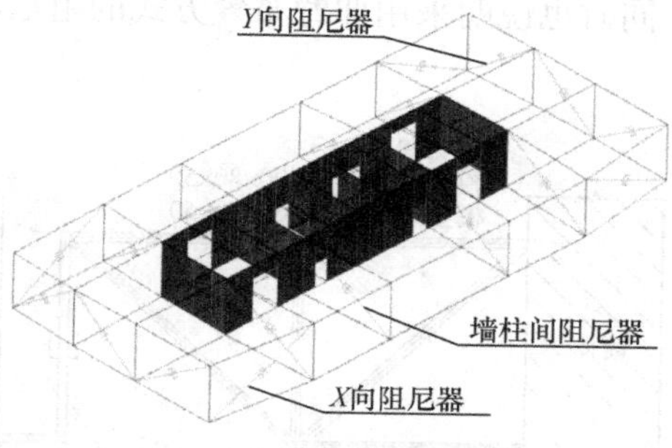

(a) 避难层 1 层

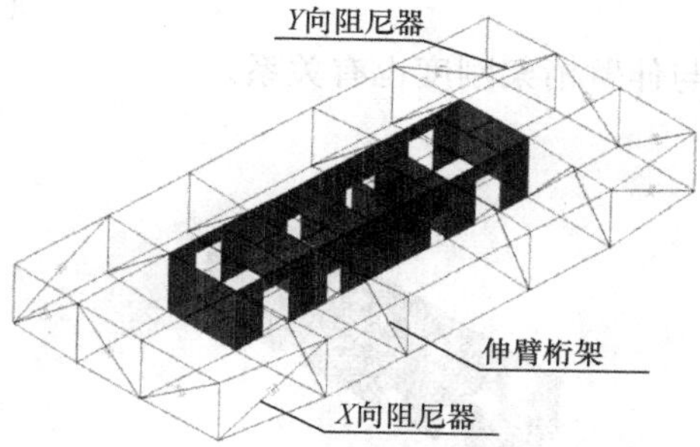

(b) 避难层 2～5 层

图 10 第 4 组模型 4-2 与第 5 组模型阻尼器布置示意图

4.3.4 阻尼器的支撑连杆刚度与内部动刚度

引入第 5 组对比模型，其中各模型的阻尼器布置相同，见图 10，仅变化各模型的阻尼器刚度 K 值，分析其对减振率的影响，对比模型的相关参数及 Y 向顶点风振加速度计算结果见表 6，弹簧刚度 K 近似取《ETABS 使用指南（2004）》的推荐值。

第 5 组模型的参数和 Y 向顶点风振加速度计算结果 **表 6**

模型编号	5-0	5-1	5-2	5-3
全楼阻尼器弹簧刚度 K（$\times10^6$kN/m）	100	20.0	10.0	5.00
等效钢材截面面积（m^2）	4.854	0.971	0.485	0.243
最大加速度（m/s^2）	0.218	0.220	0.222	0.228
最小加速度（m/s^2）	−0.223	−0.226	−0.230	−0.237
均方根求出的峰值加速度（m/s^2）	0.136	0.139	0.142	0.149

由表 6 可知，模型 5-0 使用了较大的弹簧刚度推荐值，但其线刚度等效的钢材截面面积约为 4.854m^2，明显过大。由表 6 计算结果可知，弹簧刚度 K 对模型的 Y 向顶点风振加速度有一定的影响。K 值越大，减振效果越好。根据本文式（3）计算得阻尼器组合刚

度 K_b^* 代入 Maxwell 模型可得出更为准确的结果，同时支撑连杆的刚度 K_b 应满足抗规要求。

4.3.5 斜撑式连接与伸臂连接的对比

为对比黏滞阻尼器不同连接布置方式对结构减振率的影响，引入第 6 组对比模型。模型 6-0 见图 8，全楼无阻尼器。模型 6-i（i=1～3）在避难层 1 层设置 8 个墙柱间阻尼器，且使用参数相同的阻尼器，模型 6-1 为斜撑式布置，见图 11；模型 6-2 和模型 6-3 在避难层 1 层均采用伸臂竖直式布置阻尼器，见图 12、图 13，其伸臂截面分别为 1400×400×80×50、1800×800×80×50。第 6 组模型的 Y 向顶点风振加速度计算结果见表 7。由表 7 可知，对于本工程案例而言，当伸臂桁架刚度较大时伸臂连接布置方式的阻尼器减振率会略高于斜撑式布置方式的阻尼器，同时也说明采用伸臂布置方式的阻尼器减振率与伸臂桁架刚度也有关系。

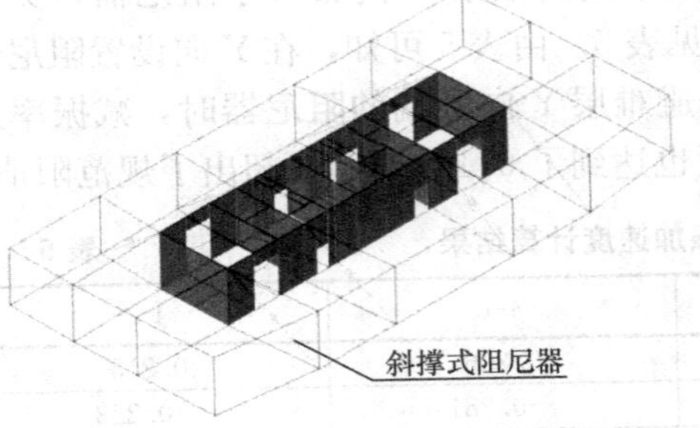

图 11　模型 6-1 避难层 1 层阻尼器布置示意图

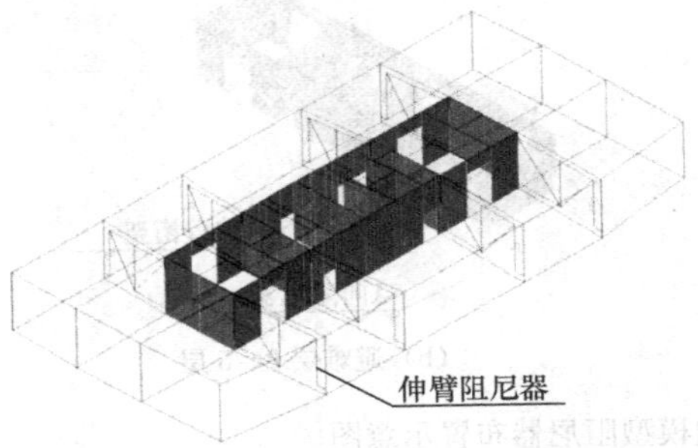

图 12　模型 6-2、6-3 避难层 1 层阻尼器布置示意图

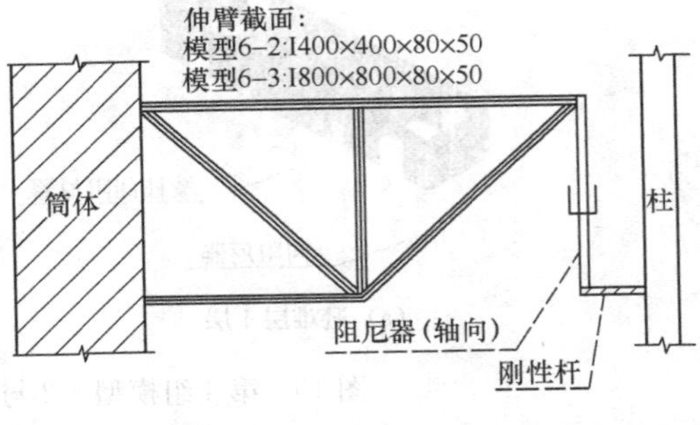

图 13　模型 6-2、6-3 的伸臂布置示意图

第 6 组模型的 Y 向顶点风振加速度计算结果　　**表 7**

模型编号	6-0	6-1	6-2	6-3
最大加速度（m/s²）	0.298	0.225	0.231	0.226
最小加速度（m/s²）	−0.283	−0.297	−0.288	−0.289
均方根求出的峰值加速度（m/s²）	0.193	0.181	0.185	0.177
减振率	—	6.22%	4.15%	8.29%

5 抗风振阻尼器的特点和要求

5.1 阻尼器长时间连续工作下的寿命

由于风荷载持续时间长，阻尼器长时间连续工作消耗功率可能会过大，产生的热量对

阻尼器寿命很不利，因此一定要计算阻尼器的功率。特殊情况下可采用金属密封无摩擦阻尼器[7]，但价格相对较高。

5.2 阻尼器在风荷载作用下的微小位移

抗风用黏滞阻尼器除了功率的要求外，由于风荷载相对地震而言频率较低，峰值力较小，要求所用阻尼器在较低速度时可以正常工作。为此需要液体黏滞阻尼器既能在大荷载、大冲程下短时间工作，又能在小荷载、小冲程下长期连续有效工作。较小的阻尼器内摩擦系数是这种阻尼器的关键技术，美国某公司最新项目中的黏滞阻尼器小位移测试报告中[8]，阻尼器位移振幅为 0.5mm（±0.05cm）时，阻尼器的出力表现正常。

5.3 阻尼器的安装精度

超高层钢筋混凝土建筑多采用框架-核心筒结构，其自身刚度较大，风振引起的层间位移通常仅为数毫米。为了保证阻尼器的减振效果，除对阻尼器质量有严格要求外，也应严格要求阻尼器的安装精度。美国某公司在近期采用斜撑式连接液体黏滞阻尼器的项目中，实测安装误差小于 0.25mm，达到了较高的安装精度。

5.4 阻尼器的更换和维护

一般而言，液体黏滞阻尼器在使用若干年后即需要维护或更换，具体时间要看不同厂家的不同产品规格。因此在设计时要注明其维护更换时长，并要求其工作寿命不少于建筑结构使用年限。在布置阻尼器时也应考虑建筑使用过程中能方便更换和维护。

液体黏滞阻尼器的常见问题为漏油，如不及时维护或更换会影响其减振功能。质量差的液体黏滞阻尼器有可能会出现刚安装上去就漏油的情况，要严格防止此类情况发生[9]。

5.5 阻尼器的质量检测

每套阻尼器在出厂前都需要按照相关规定进行检测，合格后才可交付使用。

6 工程案例

6.1 工程概况

对于第 4 节中的某超高层公寓，风洞试验结果表明，当结构阻尼比取 2%时，10 年一遇风荷载作用下结构的顶点最大加速度为 0.192m/s²，不满足规范“不超过 0.15m/s²”的要求。风洞试验报告数据也表明，当结构阻尼比取 3%时，该值为 0.150m/s²，基本满足规范要求；结构阻尼比取 3.5%时，该值为 0.137m/s²，满足规范要求。因此本工程采用布置斜撑式连接的液体黏滞阻尼器以增大结构阻尼比的方法来解决该问题。

6.2 液体黏滞阻尼器的布置

由于结构 Y 向高宽比较大，其侧向刚度相对较弱，结构设计时在避难层 2～5 层的 Y 向中间 4 榀布置了伸臂桁架。避难层的伸臂桁架及阻尼器布置方式见图 10，X 向在 5 个避难层周边各布置 4 个阻尼器；Y 向在 5 个避难层周边各布置 6 个阻尼器，并在第 1 个避难层墙柱间布置 8 个阻尼器，共布置阻尼器 58 个。

6.3 液体黏滞阻尼器参数

由于风荷载相对地震而言频率较低，峰值力较小，因此采用相对较低速度时能输出较大阻尼力的非线性液体黏滞阻尼器，各阻尼器的阻尼系数均为 $8000\text{kN}/(\text{m/s})^{0.4}$。

6.4 计算模型

采用 ETABS 软件对塔楼进行分析。液体黏滞阻尼器采用 Maxwell 单元进行模拟，墙、梁、柱等结构构件按弹性单元输入。计算模型如图 14 所示。

风荷载使用风洞试验报告提供的结果。风洞试验结果表明，未设阻尼器的结构，在风向角 110°时结构 X 向最大顶点风振加速度为 0.146m/s²，在风向角 180°时结构 Y 向最大顶点风振加速度为 0.192m/s²。风洞试验风向角示意图见图 15。

图 14 ETABS分析模型

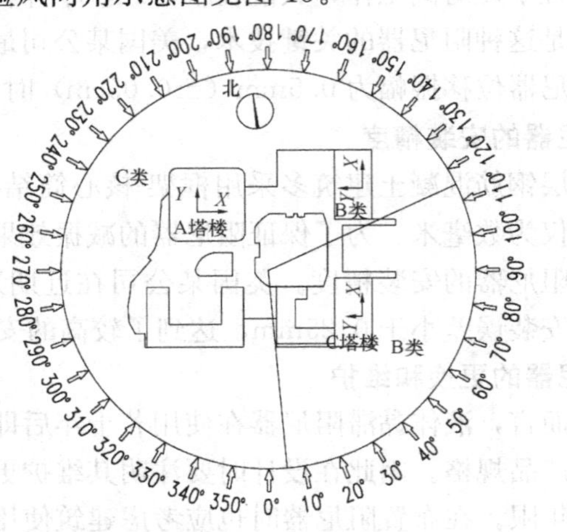

图 15 风洞试验风向角示意图

6.5 减振效果

计算结果表明，起控制作用的 Y 向顶点风振加速度，减振前为 0.192m/s²，减振后为 0.136m/s²，减振率 29.46%，减振后顶点风振加速度可以满足高规要求。减振前后的 Y 向顶点风振加速度时程曲线见图 16。从图 16 中可以看出，采用设置阻尼器的减振措施后结构的顶点风振加速度明显减小。

附加阻尼比可采用“对比法”进行估算。将无阻尼器时的结构阻尼比提高 1.5%，即阻尼比为 3.5%时，10 年一遇风荷载作用下的顶点最大风振加速度为 0.137m/s²。采用减振方案后，计算得出的顶点风振加速度为 0.136m/s²，由此可推算阻尼器提供的附加阻尼比约为 1.5%。

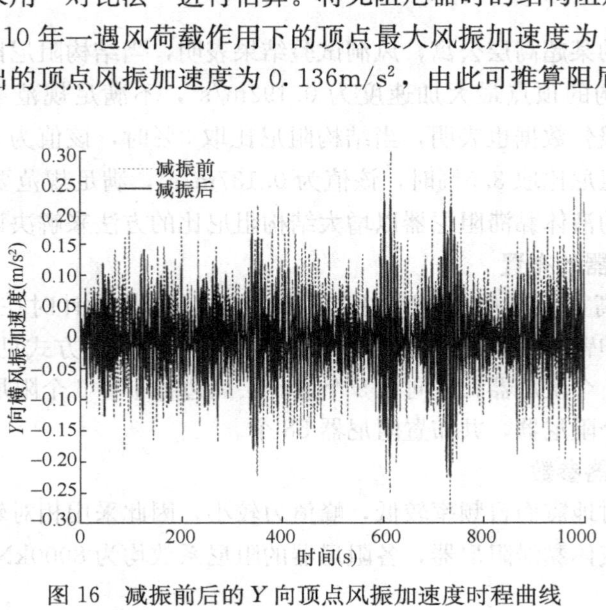

图 16 减振前后的 Y 向顶点风振加速度时程曲线

7 结论

（1）当超高层建筑在风振加速度计算结果或风洞试验得出的结果不满足高规要求时，可采用液体黏滞阻尼器增大结构阻尼比来降低结构顶点的风振加速度，使其满足高规要求或需要达到的更高舒适度要求。

（2）对液体黏滞阻尼器的 Maxwell 模型中弹簧刚度 K 进行了对比分析，结果显示 K 值对风荷载时程计算结果有一定影响，K 值越大，液体黏滞阻尼器减振率越高。设计斜撑式连接液体黏滞阻尼器时应根据本文式（3）计算出阻尼器的组合刚度 K_b^* 代入 Maxwell 模型得出更为准确的结果，同时支撑连杆刚度 K_b 应满足抗规的要求。

（3）布置阻尼器时需要进行敏感性或有效性分析。对比阻尼器在不同位置、不同布置形式下的减振率，找出最佳布置方案。合理配置黏滞阻尼器位置和数量，可大幅度减小结构风振加速度，同时达到较为经济的效果。

（4）抗风振阻尼器有长时间工作、位移相对较小、需要更换维护等特点。设计时应注意安装精度及使用寿命等要求。

（5）通过对工程案例进行分析得出，在布置液体黏滞阻尼器后，结构顶点风振加速度的减振率接近 30%，减振效果显著。

参考文献

[1] 高层建筑混凝土结构技术规程：JGJ 3 - 2010[S]. 北京：中国建筑工业出版社，2011.

[2] 建筑消能减震技术规程：JGJ 297 - 2013[S]. 北京：中国建筑工业出版社，2013.

[3] 建筑抗震设计规范：GB 50011 - 2010[S]. 北京：中国建筑工业出版社，2010.

[4] 欧进萍，吴斌，龙旭. 结构被动耗能减振效果的参数影响[J]. 地震工程与工程振动，1998，18(1)：60-70.

[5] 彭程，马良喆，陈永祁. 伸臂阻尼器系统在高层结构中的应用[J]. 建筑结构，2015，45(S1)：451-458.

[6] 张相庭. 结构风压和风振计算[M]. 上海：同济大学出版社，1985.

[7] 彭程，马良喆，陈永祁. 液体黏滞阻尼器在超高层结构上的抗风效果分析[J]. 建筑结构，2015，45(2)：80-88.

[8] 彭程，赵成华，陈永祁. 创新型减振设备液体黏滞阻尼器工程应用与检测[J]. 建筑技术，2013，44(S1)：186-192.

[9] 陈永祁，马良喆，彭程. 建筑结构液体黏滞阻尼器的设计与应用[M]. 北京：中国铁道出版社，2018.

本文原载于《建筑结构》2020 年第 50 卷第 10 期

20. 动力弹塑性分析在建筑抗震设计中应用的若干问题

王　森，魏　琏，孙仁范，刘跃伟

【摘　要】 动力弹塑性分析是大震作用下建筑结构抗震设计的重要分析方法。针对该方法在实际工程应用中存在的若干问题，如计算软件的选用、地震波的选择、计算模型和参数的合理选取、计算结果的判断等问题进行了深入讨论，并提出了相应的建议，可供读者在进行建筑抗震设计时参考应用。

【关键词】 动力弹塑性分析；地震波；抗震设计；薄弱层

Application problems of dynamic elasto-plastic analysis in the seismic design of buildings

Wang Sen, Wei Lian, Sun Renfan, Liu Yuewei

Abstract: Dynamic elasto-plastic analysis is an important analysis method in seismic design of building structures under the rare earthquake. Some application problems in dynamic elasto-plastic analysis of practical projects were discussed, such as selection of calculation software and seismic waves, reasonable selection of calculation models and parameters, the judgment of calculation results. Relevant suggestions were proposed to provide reference for seismic design of building structures.

Keywords: dynamic elasto-plastic analysis; seismic wave; seismic design; weak story

0　引言

各国规范均对建筑抗震设计规定了多方面的抗震构造措施，其中大多构造措施的制定源于建筑物震害调查结果、构件破坏试验结果以及工程经验，缺乏量化分析。因此有必要对其进行进一步的理论分析和论证，以不断补充和改进相应的规定。其中，结构动力弹塑性分析方法的研究、发展和应用起到了关键的作用。我国对动力弹塑性分析方法的研究大致可划分为两个阶段。

第一阶段：从 20 世纪 70 年代末（唐山大地震后）至 90 年代初，主要进行了大量的钢筋混凝土构件试验，包括梁、柱、墙构件的恢复力特性试验，并编制了相应单质点结构、多层剪切型结构、多层框架结构、剪扭型结构的动力弹塑性分析软件[1]。同时通过对多层钢筋混凝土框架结构进行大量的动力弹塑性分析，发现结构可能存在薄弱层，提出了如下薄弱层弹塑性层间位移公式[2]：

$$\Delta u_p = \eta_p \Delta u_e \tag{1}$$

或

$$\Delta u_{\mathrm{p}} = u\Delta u_{\mathrm{y}} = \frac{\eta_{\mathrm{p}}}{\xi_{\mathrm{y}}}\Delta u_{\mathrm{y}} \tag{2}$$

式中：Δu_{p} 为层间弹塑性位移；η_{p} 为弹塑性位移增大系数；Δu_{e} 为大震作用下按弹性分析的层间位移；Δu_{y} 为层间屈服位移；u 为楼层延性系数；ξ_{y} 为楼层屈服强度系数。

式（1）、式（2）已纳入我国 89 版抗规[3]、2002 版抗规[4]、2010 版抗规[5]，并在工程实践中发挥了较大的作用。

第二阶段：21 世纪初开始，由于美国等国家成功开发了一些适用于三维空间结构分析的静力和动力弹塑性分析软件，我国的工程师逐步开始学习、掌握这些软件，并大量应用于工程实践。通过对我国大量的超限高层和大跨建筑进行的动力弹塑性分析，找出结构的薄弱部位及构件、结构进入塑性后塑性变形和内力的发展过程、结构的耗能情况、震后结构的破坏状态及是否倒塌。并依据计算结果采取有针对性的抗震加强措施以提高结构抗震性能。但在应用国外软件的过程中，发现存在一些问题。

1　若干问题的探讨

1.1　计算软件的选用

现今，运用较为普遍的动力弹塑性分析软件主要有 PERFORM-3D，MIDAS，LS-DYNA，ABAQUS 等。分析软件对不同结构类型的结构构件分别采用如下计算模型：

（1）框架类结构。大震作用下进行动力弹塑性分析时，采用与小震、中震分析时相同的梁、柱模型。按纤维模型（塑性铰）进行弹塑性计算分析虽较精细，但大震作用下结构进入屈服后按纤维模型与按杆件模型的截面屈服判断不匹配，且尚无统一的判断标准。可以说，对框架类结构采用杆件模型的软件进行分析是可行并且合理的。

（2）剪力墙、框剪、框筒等结构。剪力墙作为主要抗侧力构件，在大震作用下，其所受剪力的大小以及抗剪承载力的校核是检验结构抗震安全性的关键问题。现有的采用纤维模型处理剪力墙的软件，对如何判断剪力墙的抗剪屈服并没有明确规定。当某片剪力墙划分多个墙单元后，局部墙单元出现损伤并不能判断整片剪力墙是否出现问题。软件也没有给出大震作用下整片剪力墙的剪力及抗剪承载力验算结果，因而尚不能很好地满足大震作用下剪力墙抗震设计的要求。由此可见，采用纤维模型进行模拟的软件进行此类结构动力弹塑性分析时，尚需对剪力墙的抗震设计作必要的改进和补充。

（3）采用纤维模型（分层壳模型）计算时，大震作用下剪力墙、楼板等混凝土构件受拉开裂，弹塑性模型与实际不完全相符，软件给出的某些计算结果在工程实践中发现尚存在疑问。

深圳某高 170m 的超高层工程，采用偏置筒体框架-剪力墙结构，结构平、立面见图 1。轴①立面采用复杂间断式斜撑框架。在中、大震作用下，偏置筒体的边墙出现较大拉力，美国 SOM 公司与深圳市力鹏工程结构技术有限公司分别采用相同 PERFORM-3D 软件进行动力弹塑性分析，均得到大震作用下筒体边墙底端拉力明显偏小的结果（小于中震作用结果），采用其他软件复核时也出现同样问题，可以肯定软件给出的计算结果是有疑问的。由此可见，当出现此类问题时，应用现有软件计算结果时应特别谨慎，并应考虑采取其他解决措施，选用合理的计算模型，以保证结构的抗震安全性。

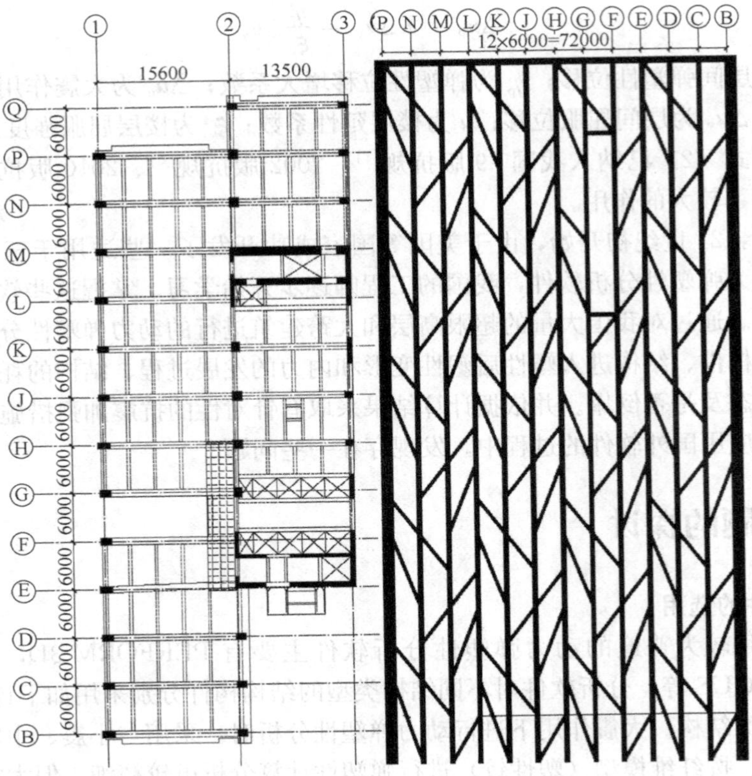

(a) 平面图 (b) 轴①立面图

图 1 某超高层结构平、立面图

1.2 地震波的选用

根据《高层建筑混凝土结构技术规程》JGJ 3－2010[6]（简称高规）第 4.3.5 条第 1 款规定，“应按建筑场地类别和设计地震分组选取实际地震记录和人工模拟的加速度时程曲线，其中实际地震记录的数量不应少于总数量的 2/3，多组时程曲线的平均地震影响系数曲线应与振型分解反应谱法所采用的地震影响系数曲线在统计意义上相符；弹性时程分析时，每条时程曲线计算所得结构底部剪力不应小于振型分解反应谱法计算结果的 65%，多条时程曲线计算所得结构底部剪力的平均值不应小于振型分解反应谱法计算结果的 80%”；第 4 款规定，“当取 3 组时程曲线进行计算时，结构地震作用效应宜取时程法计算结果的包络值与振型分解反应谱法计算结果的较大值；当取 7 组及 7 组以上时程曲线进行计算时，结构地震作用效应可取时程法计算结果的平均值与振型分解反应谱法计算结果的较大值”。

结构分析计算中执行上述规定时，发现主要存在以下问题：

（1）选 3 组地震波取包络值或 7 组地震波取平均值，两者计算结果不一致，再换选 3 组或 7 组地震波的计算结果又会发生变化，可知分析结果不是确定性的，设计取舍没有依据。

（2）对地震波的选用条件，结构底部剪力只限制了下限，未明确上限。设计时一旦计算结果超过较多，设计也难以确定取舍。

（3）地震波是确定地震作用大小的设计依据，小震作用时以规范反应谱（或场地反应谱）为准、中震作用时一般也以规范反应谱为准、大震作用时输入地震波应与小震、中震的反应谱对应的地震作用相衔接。由于大震作用时结构部分构件进入塑性，反应谱和振型组合法已不适用而必须采用时程分析，因此提供一条相当于小震规范反应谱的大震输入设计地震波是当前必须解决的问题。

1.3 计算结果的判断

高规第 5.5.1 条第 7 款规定，“应对大震作用下计算结果的合理性进行分析和判断”，这一规定是正确的。目前，结构工程师常采用的判断方法基本上是一些定性判断，有时尚不足以得出完全正确的结论。建议宜增加一些判断计算结果正确性的措施：1）弹性计算结果宜增加关键构件和敏感构件的内力比较；2）采用与大震地震波不同加速度峰值，如中震和特大震加速度峰值进行计算，对相应的弹塑性反应结果进行比较；3）应严格对全过程进行分析校核；4）采用两个不同软件计算以互相复核。

1.4 计算模型和构件弹塑性参数的应用

动力弹塑性分析前的弹性分析模型应与小震分析模型一致，并应与结构的实际状况相符合。结构构件塑性铰、材料的非线性特性、墙体的模拟、钢构件的受压失稳、钢筋混凝土构件受拉开裂、构件滞回曲线等弹塑性参数的选用应与实际相符。构件的截面尺寸、材料强度及配筋输入应与实际情况相符，不应作随意的假定。弹塑性计算模型和计算参数应与实际结构和构件状况相符。

2 多软件的算例比较

为核对大震作用下动力弹塑性分析结果的可靠性，采用两个或两个以上软件进行计算对比是有益的。通过对多个项目的动力弹塑性分析进行多软件计算的比较，可得出以下几点结论：

（1）以某两个超高层框筒结构为例，算例 1 为深圳某 240m 的超高层建筑，结构形式为框架-核心筒结构。分别采用 PERFORM-3D、ABAQUS 和 LSDYNA 三个软件进行了动力弹塑性分析[7]。计算结果表明三个软件计算得到的自振周期与振型吻合较好、整体反应指标基本吻合。PERFORM-3D 和 LSDYNA 对框架梁和连梁的损伤判断较为一致，而 PERFORM-3D 和 ABAQUS 对框架柱和底部大支撑的损伤以及剪力墙中钢筋是否屈服的判断较为一致。但总体来看，各软件计算结果中构件的屈服顺序、部位、数量及破坏程度有较大的差异。算例 2 为重庆某 440m 的超高层建筑，分别采用 PERFORM-3D 和 LS-DYNA 两个软件进行了动力弹塑性分析的比较，比较结果也表明，结果的整体反应指标基本吻合，但构件的屈服损伤和破坏程度有较大的差异。由于以上软件尚未能对剪力墙的受力和相应破坏程度提供明确的结果，因此在工程应用上尚有不足。

（2）算例 3 为深圳某 170m 超高层建筑（首层转换的剪力墙结构住宅），分别采用 PERFORM-3D 和 MIDAS/Building 两个软件对结构进行大震作用下动力弹塑性分析。经过仔细校核，二者的总体指标，如结构基底剪力、顶点位移及层间位移角等的计算结果尚较一致。图 2～图 4 分别给出两个软件的比较结果（图中 X、Y 向均分别指结构平面的开间和进深两个方向，余图同），但软件也未能对剪力墙所受的剪力、抗剪承载力和相应的破坏进行分析比较。

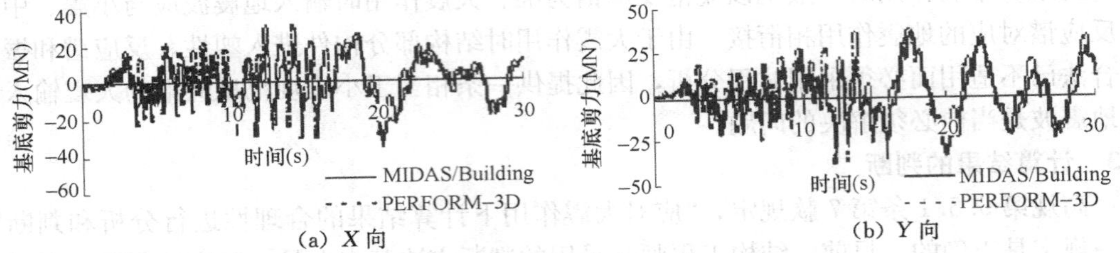

图 2 两个软件计算得到的基底剪力对比

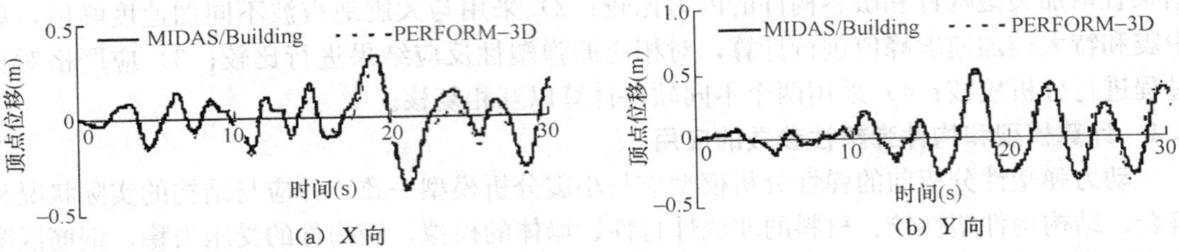

图 3 两个软件计算得到的顶点位移对比

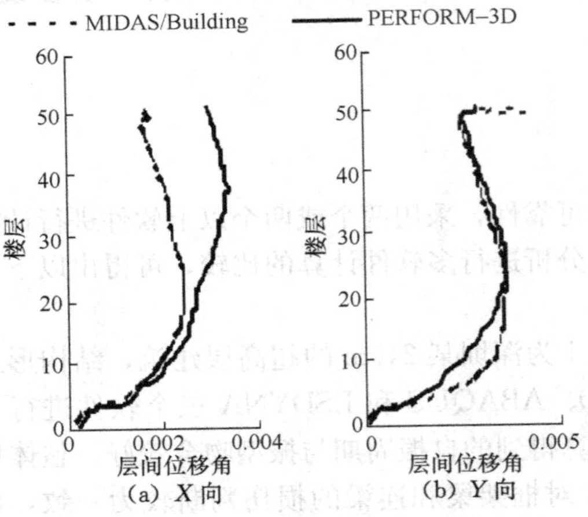

图 4 两个软件计算得到的层间位移角对比

（3）算例 4 为一座多层框架结构，采用 PERFORM-3D 和 MIDAS/Gen 的杆件模型对结构进行大震作用下的动力弹塑性分析，经过弹性阶段模型，构件弹塑性参数，构件截面、材料强度、配筋输入等严格的校核，图 5～图 7 分别给出两个软件计算得到的结构基底剪力、顶点位移及层间位移角对比，图 8、图 9 分别给出两个软件计算得到的首层框架柱塑性铰分布。由图可见，两软件计算结果包括受力、变形及进入屈服后的破坏状况均较为一致。

综上所述，算例 1、2 均为以剪力墙抗侧为主的高层结构，动力弹塑性分析较为复杂，计算分别由不同单位的结构工程师独立进行，未能在计算全过程中进行相互核对，以致所采用的计算模型、构件弹塑性参数及配筋输入等均有一定差别，最终计算结果表明代表结构整体指标的基底剪力和结构位移较接近，但构件的屈服情况及进入塑性程度均有较大差别。算例 3 由深圳市力鹏工程结构技术有限公司独立组织计算，全过程计算均进行较严格复核，情况略有改善，但构件的屈服情况仍有相当差别，且对剪力墙的受剪和相应破坏不能进行比较。算例 4 在深圳市力

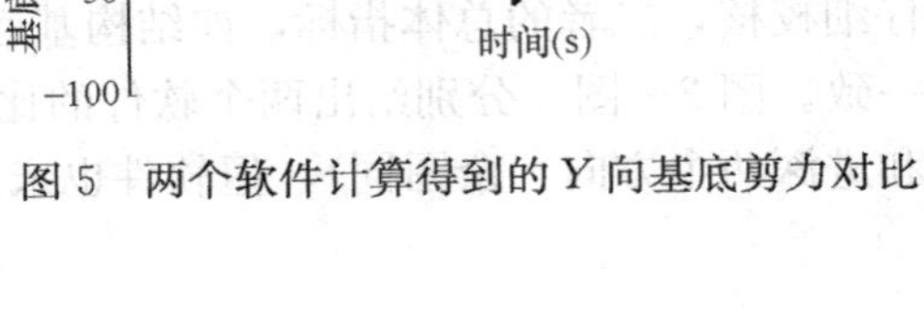

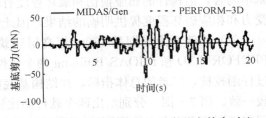

图 5 两个软件计算得到的 Y 向基底剪力对比

鹏工程结构技术有限公司计算时，强调从弹塑性分析的杆件参数输入开始均严格要求一致，计算结果表明两个软件的弹塑性地震反应计算结果相当接近，可以起到相互校核的作用。

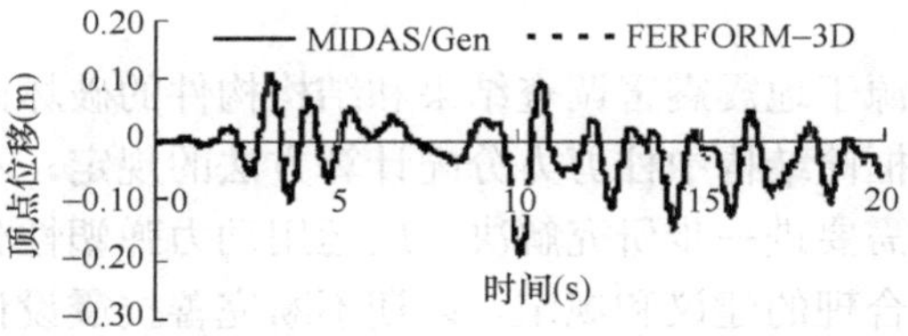

图 6　两个软件计算得到的 Y 向顶点位移对比

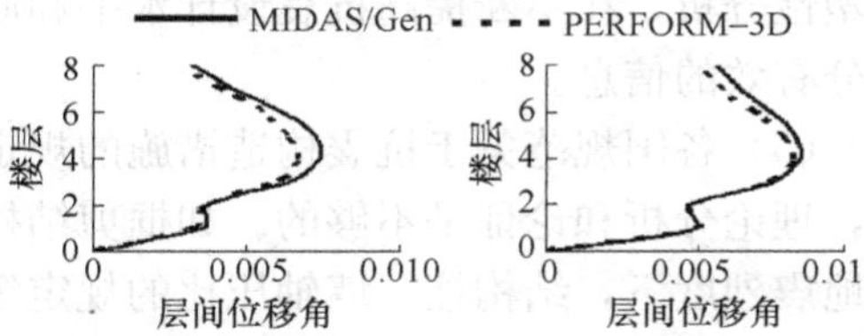

(a) X 向　(b) Y 向

图 7　两个软件计算得到的层间位移角对比

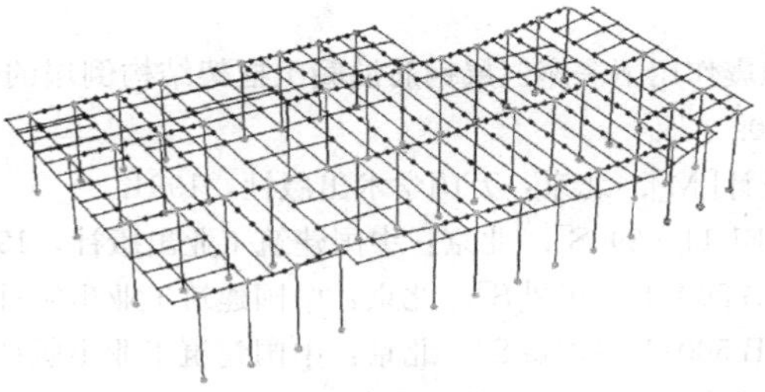

图 8　PERFORM-3D 软件计算得到的首层框架柱塑性铰分布图

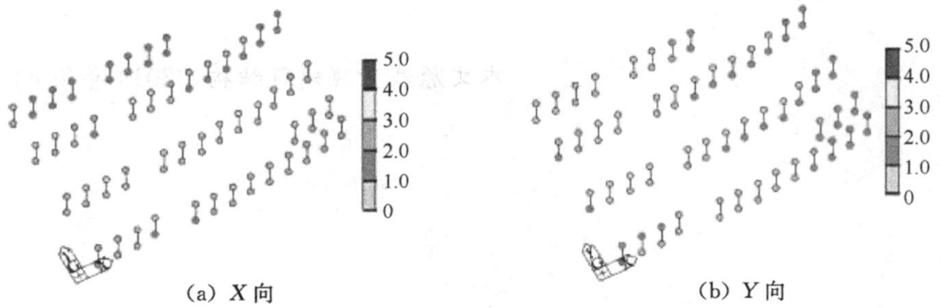

(a) X 向　(b) Y 向

图 9　MIDAS/Gen 软件计算得到的首层框架柱塑性铰分布图

3　结论

（1）经验表明，目前国内应用较多的 ABAQUS、PERFORM-3D、MIDAS、LS-DYNA 等软件，当弹塑性计算模型符合实际、弹塑性参数取用正确时，其应用于大震作用下结构的动力弹塑性分析时所提供的计算结果基本上是可信的，但尚需对剪力墙的抗震分析作进一步的改进。

（2）对框架类结构，采用以杆件模型的软件可以得出满足工程应用精度的计算结果。

（3）当弹塑性计算模型出现与实际情况不符、取用弹塑性参数不妥时，以上各动力弹塑性分析软件给出的某些计算结果可能是不可信的，有的甚至可能是偏于不安全的，使用时应充分注意。

(4) 应努力开发我国自己的动力弹塑性分析软件，要求做到模型合理，计算结果可靠，并具有较好的前、后处理功能，方便设计应用。实践中通过对超限高层建筑进行动力弹塑性分析，在不断提高抗震设计水平和质量的同时，发现的问题也为改进现有软件提供充分有效的信息。

(5) 各国规范关于抗震构造措施的规定多源于地震震害调查结果和结构构件的破坏试验，理论分析和论证是不够的。如框剪结构、框筒结构中柱剪力分配计算方法的规定；不同地震烈度下，结构柱、墙轴压比的规定等都需要进一步研究解决。应运用动力弹塑性分析方法对有关规定进行研究和论证，提出更为合理的建议和规定，以期不断完善抗震设计技术。

参考文献

[1] 魏琏，戴国莹．唐山地震作用下一座三层钢筋混凝土框架结构倒塌的分析[J]. 地震工程与工程振动，1981，1(1)：34-40.

[2] 魏琏. 建筑结构抗震设计[M]. 北京：万国学术出版社，1991.

[3] 建筑抗震设计规范：GBJ 11-89[S]. 北京：中国建筑工业出版社，1989.

[4] 建筑抗震设计规范：GB 50011-2002[S]. 北京：中国建筑工业出版社，2002.

[5] 建筑抗震设计规范：GB 50011-2010[S]. 北京：中国建筑工业出版社，2010.

[6] 高层建筑混凝土结构技术规程：JGJ 3-2010[S]. 北京：中国建筑工业出版社，2011.

[7] 刘畅，段小廿，魏琏，等. 某超限高层结构多软件弹塑性时程分析对比[J]. 建筑结构，2012，42(11)：35-39，18.

本文原载于《建筑结构》2014 年第 44 卷第 6 期

21. 高层建筑结构在竖向荷载作用下楼板面内应力分析和工程实例

杨仁孟，陈兆荣，王 森，魏 琏

【摘 要】对于带斜柱、斜撑、转换桁架等的高层建筑结构，在竖向荷载作用下由于倾斜构件在水平向的分力导致楼板产生较大的平面内拉力，而高层建筑结构楼板设计时，并没有考虑竖向荷载引起的楼板平面内拉力的影响。结合深圳某带斜撑巨柱框架-钢筋混凝土核心筒高层结构，分析了在自重作用下楼板产生较大拉应力的原因，给出了“放”和“抗”相结合的应对措施和设计建议。

【关键词】平面内拉力；竖向荷载；“放”和“抗”结合措施

In-plane stress analysis and engineering example of high-rise building under vertical load

Yang Renmeng, Chen Zhaorong, Wang Sen, Wei Lian

Abstract: For high-rise building structures with inclined columns, braces and conversion truss, tilt components lead to great tension in the plane of the floor in horizontal direction under vertical load. However, in the floor design of high-rise building structure, effect of vertical load on in-plane tension of the floor is not considered. A frame with mega columns and tilt bracings and reinforced concrete corewall high-rise structure in Shenzhen was used to analyze the reason of great tensile stress on floor under the gravity action, and the combined measure of “release” and “resistant” was provided as well as design suggestions.

Keywords: in-plane tension; vertical load; combined measure of “release” and “resistant”

0 前言

对于高层建筑结构，需由水平和竖向构件组成的结构体系抵抗和传递竖向力。楼板作为主要水平构件，在竖向荷载作用下，通常仅产生平面外弯矩，根据平截面假定，此时楼板中面的拉压力为零。当有斜柱、斜撑、转换桁架等构件时，在竖向荷载作用下，由于需抵抗倾斜构件外推，楼板将产生平面内的拉力，协调各抗侧力构件之间的变形。

随着高层建筑结构的迅速发展，带倾斜构件的结构纷纷涌现，此类结构楼板在竖向荷载作用下将产生较大的楼板平面内拉力、剪力以及面外附加弯矩，在结构设计中必须加以考虑。基于现行计算程序和规范未涵盖结构在竖向荷载作用下水平分力对楼板的作用，本文就此展开讨论，提出相应的设计建议，并结合实际工程对方法的应用进行了说明。

1 竖向荷载作用下楼板应力的主要形式与意义

1.1 楼板面内受力的应力形式

竖向荷载作用下，由于带倾斜构件在水平向分力的作用，楼板可能全截面承受拉力或压力。令楼板轴向正应力为 σ_N，其应力分布如图 1 所示。

对于带倾斜构件结构，楼板主拉应力的大小和方向受地震作用、风荷载和竖向力的水平分力共同作用控制，其主要作用在于定性判断楼板裂缝开展情况，并根据主拉应力云图判断需要采取加强措施的薄弱位置。由于主拉应力方向不一致，一般不宜根据主拉应力迹线的走势进行楼板配筋设计，宜按照轴向应力方向进行。

1.2 楼板面外受力的应力形式

带倾斜构件在水平向分力的作用下，楼板除了全截面承受拉力或压力，楼板面外还会产生一定的弯矩，此时楼板受力特征与受弯梁相似。楼板上表面的弯曲正应力 σ_M^T 与下表面的弯曲正应力 σ_M^B 形成抵抗力矩，在满足平截面假定的情形下，其应力分布呈现以截面中性轴为界，楼板上下表面一侧受拉、一侧受压，楼板中性轴所在面应力为 0 的情形，见图 2。

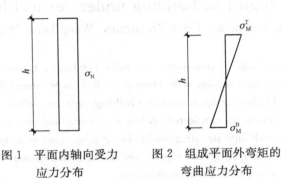

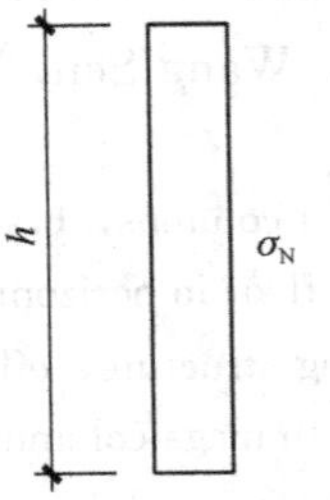

图 1 平面内轴向受力应力分布

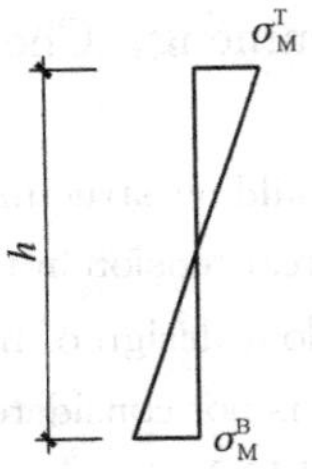

图 2 组成平面外弯矩的弯曲应力分布

竖向荷载作用下，楼板竖向荷载产生的弯曲应力和其斜构件水平分力产生的弯曲应力共同形成楼板面外弯矩，此时楼板的受弯配筋设计受其控制。

2 常用程序关于楼板应力分析与设计的应用

现行程序主要输出的是楼板上下表面的应力结果，而楼板面内应力分析时需要的是楼板中面的应力。如果程序不能直接提供楼板中面的应力，在使用计算结果时，需加以处理。目前楼板应力分析的程序主要有 ETABS 和 MIDAS /Gen，两个程序提取楼板中面应力的方法分别如下：

ETABS 程序可以通过以下两种方式来实现：一是通过对楼板顶面和底面的正应力结果取平均值来获得，然而由于复杂高层建筑结构需要分析的楼板数量较多，采用此方法效率较低；二是通过设置一个较小的楼板弯曲厚度，即忽略楼板平面外的刚度，此时 ETABS 输出的楼板顶面和底面的正应力结果与实际的楼板轴向正应力接近，此方法的优点在于可以直接从程序输出的结果中获得楼板的轴向应力，直观且方便快捷。

MIADS /Gen 程序是在原有的楼板中间部位添加一层面内、面外厚度较小的薄膜，虽然此时薄膜的面内厚度较小，但由于共节点的原因，此薄膜在平面内的位移与原楼板一致，故此时薄膜的顶面和底面的正应力结果与实际的楼板中面正应力接近。

为确保楼板应力分析结果的可靠性和准确性，建议采用反应谱分析法根据两个不同的程序分析校核楼板应力。尚可采用同一程序，应用弹性时程分析法和反应谱分析法进行楼板应力校核。

3 工程实例

3.1 工程概况

深圳华侨城项目位于华侨城片区内，总建筑面积约 202983m^2。建筑地面以上 60 层，塔楼屋顶高度 277.4m，屋顶以上构架最高处高约 300m。项目设有 5 层地下室，地下 5 层深约 21.05m。地面以上设有 3 层商业裙房，建筑效果见图 3。

结构平面近似菱形，定义东西向为 X 向，南北向为 Y 向。Y 向宽 52m，X 向宽度不等，底部宽 75m，中部最大宽度 87m，顶部宽 71m。由于 X 向宽度不等，造成东西侧柱倾斜并且转折，其北立面及典型层平面图分别见图 4、图 5。

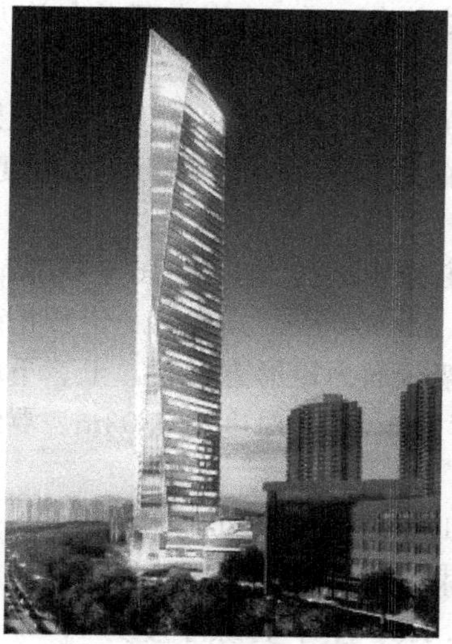

图 3　建筑效果图

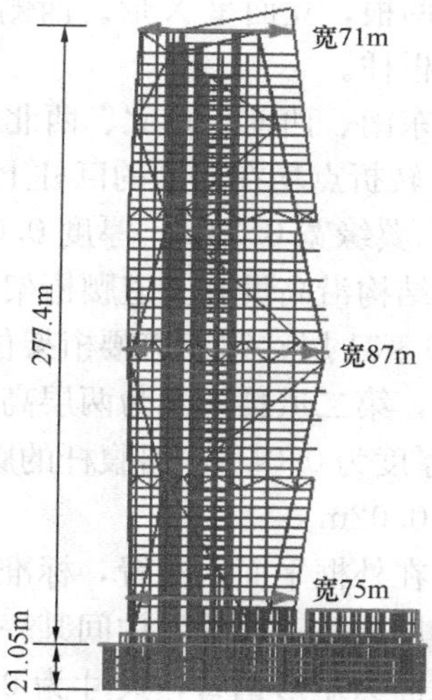

图 4　北立面图

3.2 结构体系

工程结构体系为带斜撑巨柱框架-钢筋混凝土核心筒混合结构，简称“带斜撑巨柱框架-核心筒结构”。塔楼竖向构件包括混凝土核心筒、型钢混凝土巨柱、周边柱及斜撑，水平构件包括腰桁架、核心筒内的钢筋混凝土梁板楼盖、核心筒外的钢梁＋钢筋桁架楼板形成的组合楼盖。

核心筒：呈不规则六边形，X 向最长约 33.8m，Y 向最长约 27m，在筒体右侧角隅区设置型钢柱。核心筒厚度为从下至上 1.5～0.8m。

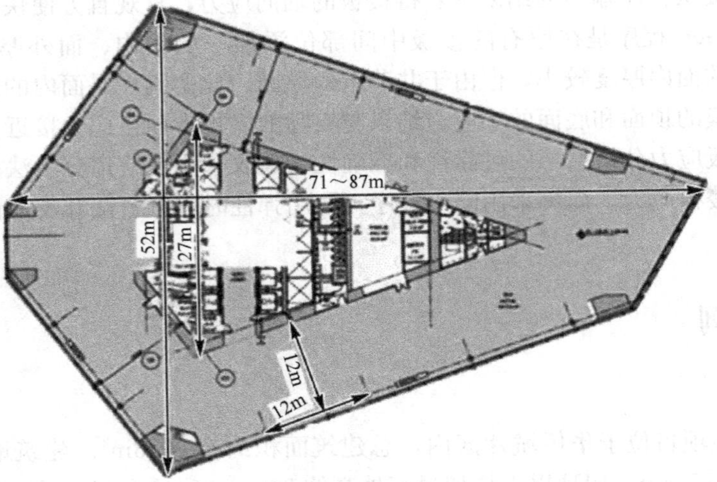

图 5　典型层平面图

巨柱：标准层平面共布置 6 根钢骨混凝土巨柱，位于平面四个角部，南北侧两根巨柱从下至上垂直布置，而东侧两根和西侧两根巨柱从下至上有倾斜转折。南北侧巨柱为不规则五边形，边长为底部 4.5m，顶部 2.1m。东侧巨柱在 29 层由两根合并为一根，并在 31 层再次分离成两根，立面呈 X 形。西侧巨柱与之类似，在 29 层由两根合并为一根，在 46 层又分成为两根柱。

斜撑：在东南、西南、东北、西北四个立面布置，斜撑分别在三道腰桁架的下弦层及 42 层处转折，转折点均在四周的巨柱上。斜撑截面为矩形方钢管，腹板高度为 1～1.6m，厚度为 0.1m；翼缘宽 0.35m，厚度 0.02m。

腰桁架：结构沿高设有三道腰桁架，第一道腰桁架位于 1 区 16～17 层；第二道腰桁架位于 2 区 29～31 层；第三道腰桁架位于 3 区 43～44 层。其中第一道腰桁架和第三道腰桁架为一层高，第二道腰桁架为两层高。腰桁架截面为矩形方钢管，上、下斜杆的腹板高度为 0.9m，厚度为 0.04m，斜腹杆的腹板高度为 0.7m，厚度为 0.03m。翼缘尺寸均为宽 0.35m，厚度 0.02m。

周边柱：在外框平面内布置，标准柱跨为 12m。有的周边柱是全楼上下连续，有的是从中间某一楼层开始，有的到中间某一楼层结束。周边柱与三道腰桁架、外框梁及斜撑刚接。周边柱截面为矩形钢管，尺寸为 0.5m×0.5m，上下翼缘厚度为 0.03～0.1m，左右腹板厚度为 0.02m。

塔楼核心筒、巨柱在抵抗竖向荷载和抗侧方面均起着非常重要的作用；斜撑在抵抗竖向荷载时仅起到分担一部分周边柱荷载的作用，但其对结构抗侧起着十分重要的作用；腰桁架及其相关楼盖结构在协调斜撑抵抗竖向荷载和抗侧时起着重要的作用；周边柱主要传递一定范围内楼层的竖向荷载，其传递的荷载有的落在腰桁架上，有的落在斜撑上，均传至底部落在基础上。

3.3　竖向荷载楼板面内应力分析

核心筒与周边柱之间全部楼板采用钢筋桁架组合楼板，普通楼层楼板厚度为 110mm，核心筒内为普通混凝土楼板，板厚 150mm。设备层位于 16～17 层、29～31 层和 43～44

层，板厚为200mm，核心筒内为普通钢筋混凝土楼板，板厚为200mm。楼板混凝土强度等级为C35，抗剪栓钉直径19mm、长100mm。由于结构最外凸的楼层在第二道腰桁架的下弦29层，巨柱与斜撑均在此层转折，故在自重作用下楼板的拉应力最大，现选取29层楼板进行应力分析。

本工程使用MIADS/Gen软件建立全楼弹性楼板模型，计算楼板在竖向荷载及水平荷载作用下的应力。楼板的性能目标见表1。

楼板性能目标 **表1**

工况	性能指标
小震/100年风荷载	楼板弹性，混凝土不开裂
中震	抗拉钢筋不屈服
大震	抗拉钢筋不屈服、抗剪不屈服

（1）楼板拉应力过大的原因分析

由图4北立面可知，本工程立面外凸，从1～29层东侧斜柱逐渐往东倾斜，29～屋面层东侧斜柱反过来逐渐往西倾斜，导致自重作用下，斜柱水平向分力外推使得楼板受拉，产生较大的楼板拉应力。立面斜撑交汇处产生的外推力也会使楼板局部产生较大的楼板拉应力。东侧斜柱转折处的楼层为第二道腰桁架的下弦层，即29层受斜柱外推力最大，29层在自重作用下的楼板最大主应力见图6。

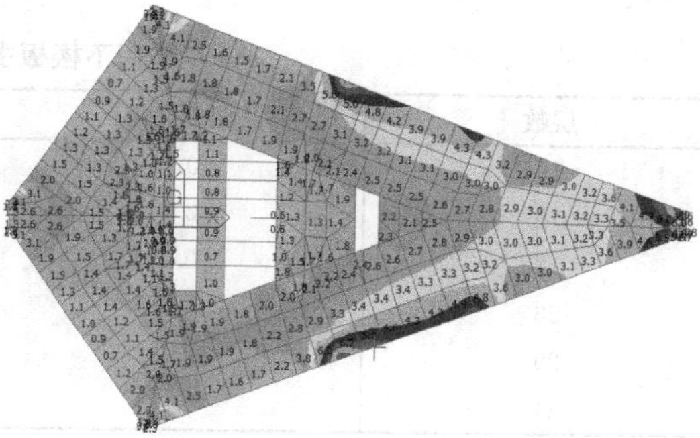

图6 $D+L$作用下腰桁架下弦（29层）最大主应力（MPa）

由图6可见，在自重$D+L$作用下，29层最大主应力大的位置集中在四个角部，受东侧斜柱外推的影响，东侧大范围楼板应力在3.3MPa左右，大于C35混凝土轴心抗拉强度标准值2.2MPa，即在自重作用下东侧楼板就会开裂，而其余部位楼板应力不大，核心筒内楼板应力也不大。四个角部巨柱局部范围内应力集中，这些局部楼板位于巨柱之内，并非真实楼板，在设计中可以忽略。

（2）楼板应力分布情况

在自重$D+L$作用下，楼板拉应力比较大的楼层集中在第一、二道腰桁架的楼层及相邻往下一层，即15～17、28、29、31层。其中拉应力主要集中在四个角部，其中南北角部、西侧角部一般都是小范围内应力集中，而15、16、29层东侧角部大面积受拉。

第三道腰桁架楼层、其他普通楼层除了斜撑与楼板交汇处应力集中外，其余部分楼板应力都小于1MPa。

楼板应力分析表明，楼板存在局部应力集中的现象，特别是斜撑与楼板交汇处，现对局部应力集中处进行分析。取19层南侧支撑与楼板交汇处的单元进行分析，该单元的应力最大，为8.3MPa，见图7。由于网格尺寸为3m，对网格进行了细分，将其局部划成1m的网格，其南侧支撑与楼板交汇处应力见图8，其局部最大应力为10.9MPa，取此单元内力积分出的拉力为239kN，手算其应力为2MPa。所以楼板应力分析并不仅需关注局部应力集中处的应力，还需关注应力大、分布广的楼板区域。楼板主应力分布情况见表 2。

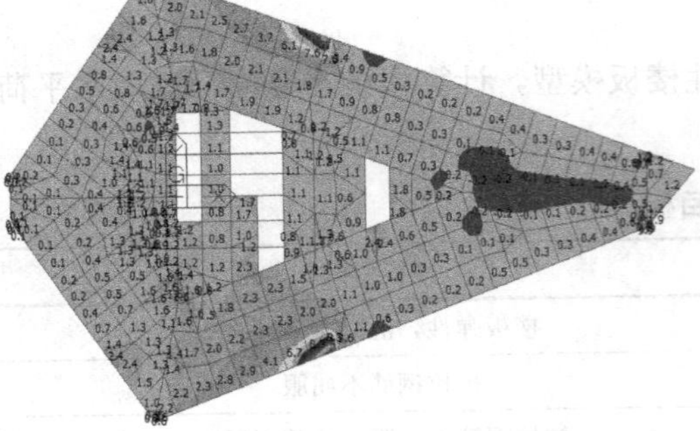

图 7　19 层最大主应力（MPa）

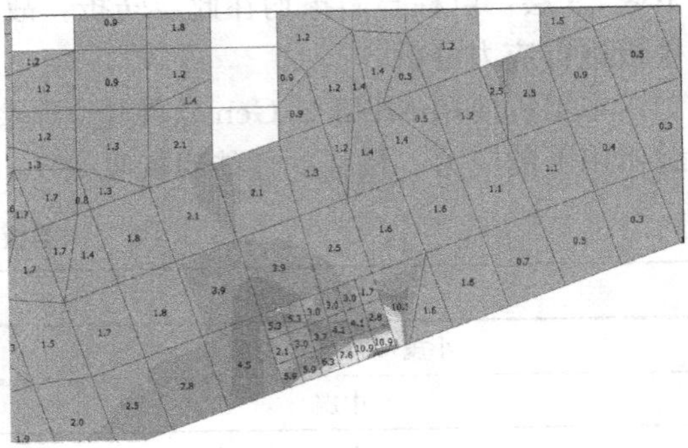

图 8　19 层网格细分后最大主应力（MPa）

***D+L* 作用下楼板主应力分布**（MPa）　**表 2**

层数	西侧角部	东侧角部	南北侧角部
15	0.3	2.8（大范围）	3.0
16	2.3	3.5（大范围）	4.4
17	0.2	4.4	2.5
28	1.8	2.9	1.3
29	2.6	3.5（大范围）	2.0
31	0.6	3.0	3.6

由表 2 楼板应力分布数据可知，在自重作用下，有些楼层楼板局部应力大于 C35 混凝土抗拉强度标准值 2.2MPa，当楼板应力超出较多且范围大时，在正常使用条件下楼板就会出现裂缝。

不同楼层楼板应力不相同，对于全楼来说，在自重作用下拉应力大的楼层集中在第一、二道腰桁架之间的楼层及相邻几层，即 16～17 层、29～31 层及相邻几层，其他普通楼层除与斜撑交汇处，除局部楼板应力集中外，楼板应力都不大。

同一个楼层拉应力分布也不是均匀的，拉应力大的位置主要集中在四个角部，与支撑的位置有关，且拉应力比较大的范围是局部的。

3.4　采用“放”、“抗”结合措施

由于本工程在自重作用下楼板应力较大是由斜柱外推水平力、立面斜撑交汇处的水平力引起的。经分析，仅靠加强楼面内梁的刚度或加平面支撑等“抗”的办法减小楼板拉应力的效果不明显。

经过多方案的比较分析，结合楼板应力分布的特点：不同的楼层拉应力不同，同一楼层拉应力分布不均匀，且拉应力大的部位是局部的，采用“放”“抗”结合的措施是较为有利的。“放”的措施：即对腰桁架及相邻几层楼板应力大的部位，进行局部后浇，以释放其楼板拉应力；整体分析采用弹性楼板，分析表明，通过部分释放楼板应力对整体影响甚微，可以忽略。“抗”的措施：对其他与斜撑交汇处的楼板进行局部配筋，来抵抗局部较大的拉应力。

（1）楼板自重作用下局部楼板后浇层应力分析

楼板上承受的恒载分为楼板自重 $D1$ 和附加恒载 $D2$ 两部分，局部后浇的方法只能释放楼板自重 $D1$ 所产生的楼板应力，故以下列出了楼板在自重 $D1$ 作用下的最大主应力分布图。经多方案比较，确定了后浇楼层及后浇部位，后浇楼层为 14～18、28、29、31 层，共 8 层。各层楼板后浇的位置（阴影区域）见图 9～图 11。

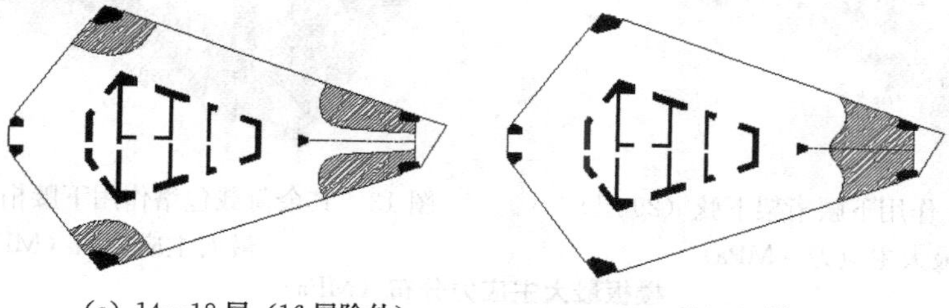

(a) 14～18 层（16 层除外）　　(b) 28 层

图 9　14～18 层（16 层除外）、28 层楼板后浇位置

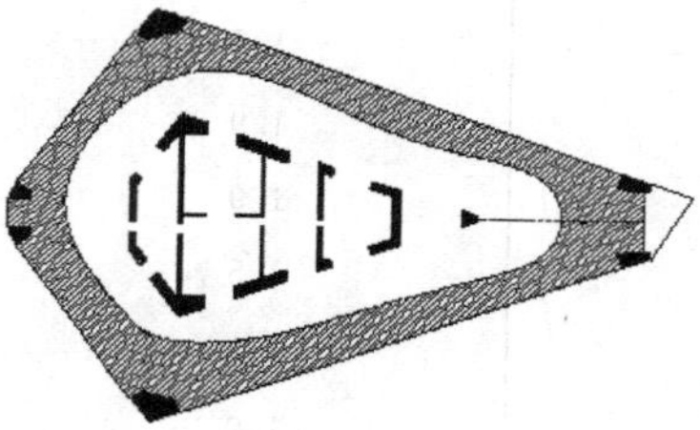

图 10　16 层楼板后浇位置

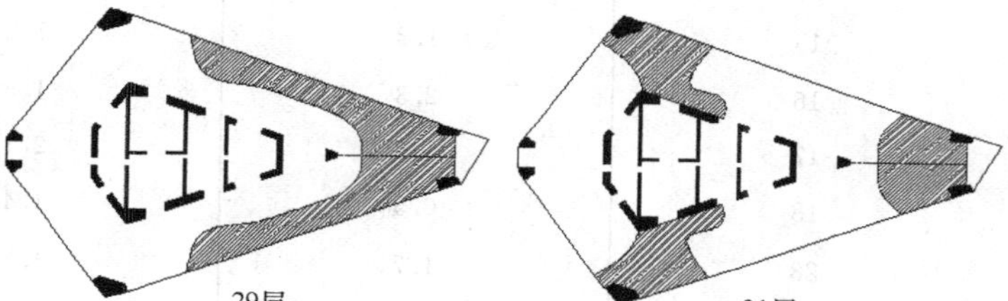

29层　　31层

图 11　29、31 层楼板后浇位置

限于篇幅，下面只列出斜柱转折处第二道腰桁架下弦（29 层）最大主应力图，见图 12。由图 12 可知，楼板局部后浇后，在楼板自重 $D1$ 作用下，除小范围应力集中外，绝大部分最大主应力小于 1MPa，说明对本工程而言，楼板局部后浇的方法是合理可行的，而且较为有效。

浇筑混凝土楼板时，特定的部位可先不浇，待整体结构封顶后，再后浇空缺的楼板。计算分析时，按如下方法考虑：对去除部分楼板的模型，仅提取楼板自重 $D1$ 作用下的楼板应力；对整体模型，读取附加恒载 $D2$、活载、风荷载及地震作用组合的楼板应力，然后将两者相加，即为考虑楼板后浇后楼板的应力。

（2）小震/100 年风荷载作用下楼板应力分析

该结构在小震/100 年风荷载作用下楼板组合工况见表 3。在其余荷载组合包络作用下腰桁架下弦 29 层楼板的最大主应力分布见图 13。将恒载产生的应力与其余荷载组合的包络应力相加，部分楼层应力结果汇总于表 4。

组合工况表　　**表 3**

组合工况	荷载分项系数			
	恒载 $D1+D2$	活载 L	风荷载	地震作用
恒载＋活载＋风荷载	1.0	0.5	1.0	—
恒载＋活载＋地震作用	1.0	0.5	—	1.0
恒载＋活载＋风荷载＋地震作用	1.0	0.5	0.2	1.0

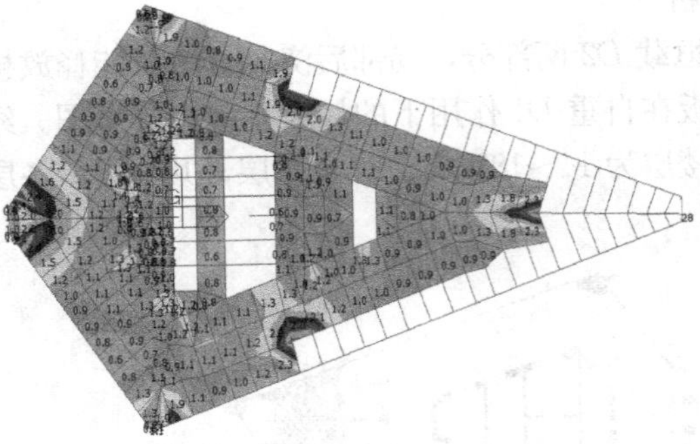

图 12　$D1$ 作用下腰桁架下弦（29 层）最大主应力（MPa）

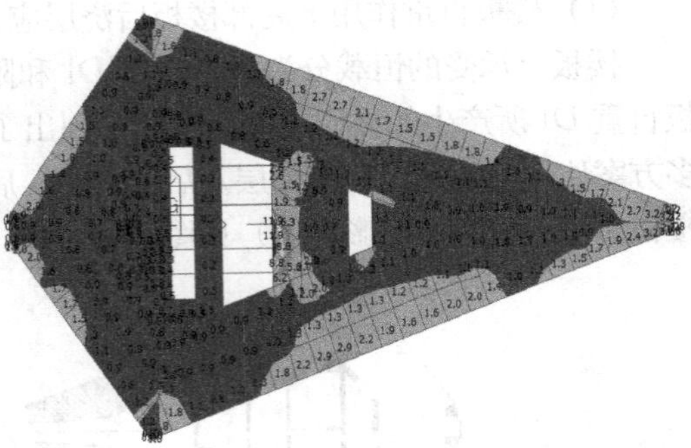

图 13　其余荷载包络作用下腰桁架下弦（29 层）最大主应力图（MPa）

楼板最大主应力分布（MPa）　　表 4

层数	西侧角部	东侧角部	南北侧角部
14	0.8	0.9	1.9
15	1.3	1.2	1.7
16	2.3	1.5	1.9
17	1.2	2.1	1.9
18	0.5	1.4	1.5
28	1.7	1.5	1.5
29	1.9	2.1	1.9
31	1.4	2.3	2.8

由表 4 可知，楼板绝大部分区域的最大主应力值小于 C35 混凝土轴心抗拉强度标准值 2.2MPa，部分楼板应力超出 2.2MPa 时，应加强配筋。

3.5　混凝土收缩徐变对楼板应力的影响

巨柱与核心筒墙混凝土的徐变，将导致周边柱与斜撑等构件内产生应力，因而于楼板内也将产生相应的水平应力。考虑收缩徐变，按施工顺序逐层生成模型。施工完成 6 年后，由巨柱、核心筒等构件的收缩徐变引起的楼板应力在东西侧角部处相对较大，但其值小于 0.3MPa。即收缩徐变使东西侧角部楼板应力增大，但增大量小于 0.3MPa，可知收缩徐变对楼板应力影响不大。

3.6　楼板配筋设计

结合上述分析和《高层建筑混凝土结构技术规程》JGJ 3－2010[1]、《建筑抗震设计规范》GB 50011－2010[2]，楼板配筋设计如下：限于篇幅，现仅给出 29 层东侧楼板配筋计算结果，见图 14 中阴影部分。

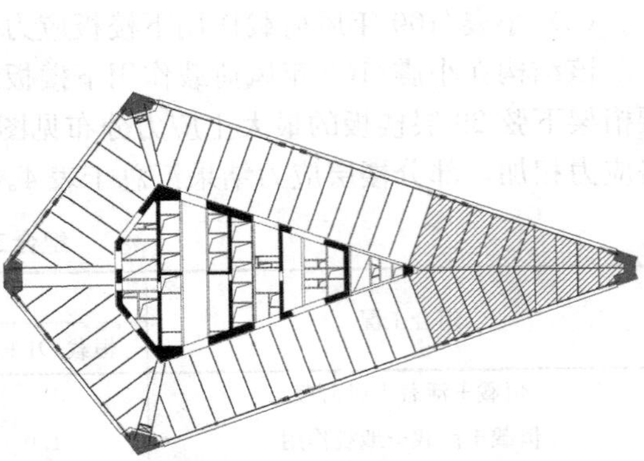

图 14　29 层东侧楼板配筋位置图

（1）小震/风荷载作用下抗拉钢筋弹性，配筋计算结果见表 5。垂直于外框梁方向平衡轴力所需要的计算配筋为 97mm²/m，由于楼板与外框梁铰接，不考虑平衡弯矩所需要的配筋。平行于外框梁方向平衡轴力所需要的计算配筋为 $1185mm^2/m$，平衡弯矩所需要的配筋为 $76mm^2/m$，故总配筋为 $1261mm^2/m$。该区域楼板双层双向实配为 ⌀14@100（$A_s=1539mm^2/m$），满足要求。

小震/风荷载作用下楼板配筋（mm^2/m） **表 5**

工况		自重	小震/风荷载	合计
垂直外框梁方向	轴力	84	13	97
	弯矩	0	0	0
	总配筋			97
平行外框梁方向	轴力	1035	150	1185
	弯矩	69	7	76
	总配筋			1261

（2）中震抗拉钢筋不屈服，配筋计算结果见表 6。垂直于外框梁方向平衡轴力所需要的计算配筋为 $108mm^2/m$。平行于外框梁方向平衡轴力所需要的计算配筋为 $1199mm^2/m$，平衡弯矩所需要的配筋为 $69mm^2/m$，故总配筋为 $1268mm^2/m$，满足要求。

中震作用下楼板配筋（mm^2/m） **表 6**

工况		自重	中震	合计
垂直外框梁方向	轴力	74	34	108
	弯矩	0	0	0
	总配筋			108
平行外框梁方向	轴力	914	285	1199
	弯矩	61	8	69
	总配筋			1268

（3）大震抗拉钢筋不屈服，配筋计算结果见表 7。垂直于外框梁方向平衡轴力所需要的计算配筋为 $145mm^2/m$。平行于外框梁方向平衡轴力所需要的计算配筋为 $1460mm^2/m$，平衡弯矩所需要的配筋为 $77mm^2/m$，故总配筋为 $1537mm^2/m$，满足要求。

大震作用下楼板配筋（mm^2/m） **表 7**

工况		自重	大震	合计
垂直外框梁方向	轴力	74	71	145
	弯矩	0	0	0
	总配筋			145
平行外框梁方向	轴力	914	546	1460
	弯矩	61	16	77
	总配筋			1537

3.7 楼板连接设计

核心筒周边楼板大震抗剪不屈服。核心筒周边楼板实配钢筋为⌀14@100（$A_s=1539mm^2/m$），附加⌀10@100（$A_s=785mm^2/m$），双层双向布置。限于篇幅，仅验算东南侧核心筒附近楼板。抗剪截面验算：剪力为770kN/m，抗剪承载力为936kN/m，满足截面要求。配筋验算：剪力为770kN/m，钢筋抗剪承载力为830kN/m，抗剪钢筋满足要求。

楼板与外框梁抗剪栓钉大震抗剪不屈服。布置栓钉Φ19@150，限于篇幅，仅验算东南侧楼板与外框梁栓钉抗剪。栓钉抗剪验算：剪力为376kN/m，栓钉抗剪承载力为794kN/m，抗剪栓钉满足要求。

4 结论

（1）目前楼板设计时只考虑楼板本身的竖向荷载引起的面外弯矩，而对于带倾斜构件高层建筑结构，在自重作用下楼板需要承担斜构件在水平向的分力。通过上述实例配筋结果可知，由自重引起的配筋量所占的比重比较大，配筋设计时必须考虑。

（2）结合带斜撑巨柱框架-钢筋混凝土核心筒混合结构的华侨城项目，分析了自重作用下斜撑在水平向的拉力引起的楼板应力。给出了“放”“抗”应对措施。对受外推力最大的29层东侧局部楼板进行了配筋计算，并验算了东南侧核心筒周边楼板、楼板与外框梁之间大震抗剪承载力。

参考文献

［1］ 高层建筑混凝土结构技术规程：JGJ 3－2010［S］. 北京：中国建筑工业出版社，2011.

［2］ 建筑抗震设计规范：GB 50011－2010［S］. 北京：中国建筑工业出版社，2010.

本文原载于《建筑结构》2017年第47卷第1期

22. 高层建筑结构在水平荷载作用下楼板应力分析与设计

魏　琏，王　森，陈兆荣，曾庆立，杨仁孟

【摘　要】楼板作为主要水平构件，不仅需要承受和传递荷载，而且需要协调各抗侧力构件之间的变形。高层建筑结构楼板设计时，目前只考虑竖向荷载引起的面外弯矩，而忽视了水平荷载作用下产生的楼板面外弯矩和面内内力的影响，对高层建筑楼板面内应力分析与设计进行了探讨，介绍了常用计算程序中分析应力的方法，给出了楼板承载力验算方法。通过工程案例说明了方法的应用。

【关键词】　面外弯矩；面内应力；水平荷载；计算程序；楼板承载力

Slab stress analysis and design of high-rise building structure under horizontal load

Wei Lian，Wang Sen，Chen Zhaorong，Zeng Qingli，Yang Renmeng

Abstract: As the main horizontal member，slab not only needs to bear and transfer load，but also has to coordinate the deformation between the horizontal resisting members. Only out-of-plane moment caused by vertical load is considered in the current design of high-rise building slabs，while ignoring the influence of out-of-plane moment and in-plane internal force under horizontal load. The in-plane stress analysis and design of slabs of high-rise building were discussed，and the stress analysis methods of the slab in calculation program were introduced and the checking method of slab bearing capacity was provided. Finally an engineering example was given to explain the application of the method.

Keywords: out-of-plane moment；in-plane stress；horizontal load；calculation program；slab bearing capacity

0　前言

对于高层建筑结构，需由水平和竖向构件组成的抗侧力体系抵抗和传递水平力。楼板作为主要水平构件，不仅需要承受和传递竖向荷载，而且需要把地震作用及风荷载等引起的水平力传递和分配到各竖向抗侧力构件，从而协调各抗侧力构件之间的变形。

随着高层建筑结构的迅速发展，平面不规则、楼板不连续、竖向不规则、框架边筒（筒偏置）、一向少墙的剪力墙结构等纷纷涌现，此类结构的楼板在水平荷载作用下将产生较大的楼板平面内轴力、剪力以及面外附加弯矩，在结构设计中必须加以考虑。

现行计算程序对楼板设计主要考虑了竖向荷载的作用，并未涵盖水平荷载对楼板平面内和平面外作用的内容。为了考虑水平荷载对楼板的作用，工程界现已逐渐推广采用楼板应力分析的有限元方法进行补充验算，但是如何应用程序进行楼板的应力分析和设计尚存在一些困惑，规范对此也没有相应的规定。因此，在楼板承载力验算时，如何考虑水平荷载作用下楼板受力是工程界亟待解决的问题。本文对此进行研讨并提出相应的建议。

1 楼板应力的主要形式与意义

1.1 楼板面内受力的应力形式

对于楼板不连续、大开洞、平面不规则等结构，在水平荷载作用下，面内可能会产生较大的轴向力和剪力。在轴向力作用下，楼板可能全截面受拉也可能全截面受压。假设楼板的轴向正应力为 σ_N ，其应力分布如图 1 所示。

在楼板面内的剪应力与轴向正应力共同作用下，楼板的主拉应力较轴向正应力大，此时楼板的抗裂性由主拉应力控制。对于平面不规则结构，楼板常常存在弱连接部位，此处楼板的面内剪力需由楼板抗剪承载力来抵抗。

1.2 楼板面外受力的应力形式

在水平荷载作用下，楼板除产生一定的面内轴向力和剪力外，楼板面外会产生一定的弯矩，如一向少墙的剪力墙结构，此时楼板受力特征与受弯梁相似。楼板上表面的弯曲正应力 σ_M^T 与下表面的弯曲正应力 σ_M^B 形成抵抗力矩，在满足平截面假定的情形下，其应力分布呈现以截面中性轴为界，楼板上下表面一侧受拉、一侧受压，楼板中性轴所在面应力为 0 的情形，如图 2 所示。

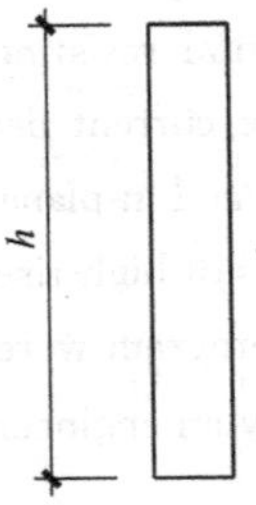

图 1 平面内轴向受力应力分布

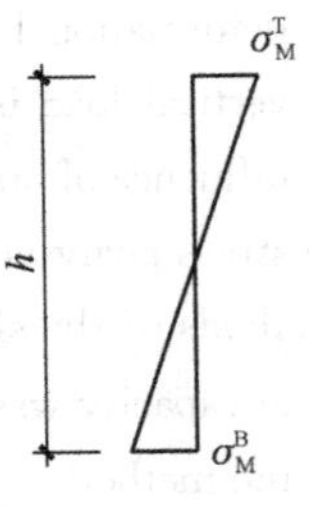

图 2 组成平面外弯矩的弯曲应力分布

1.3 楼板应力的意义

虽然在水平荷载作用下，楼板应力存在面内的轴向正应力、剪应力、主拉应力以及面外弯曲正应力等几种形式，但在进行楼板应力分析时，对不同的结构，每一种应力的重要性以及意义不同。

楼板轴向正应力的主要意义在于用于判断楼板可能发生受拉破坏的部位及严重程度，并根据计算结果，对薄弱部位采用面内轴向合力进行楼板配筋计算。由于弯曲正应力与轴向正应力同时存在，此时楼板配筋应取弯曲正应力配筋结果与轴向正应力配筋结果之和。

对于弱连接楼板，如平面布置为角部重叠的狭窄部位、平面布置为细腰形的中部细腰等弱连接部位，在水平荷载作用下，可能产生较大的面内应力，导致弱连接部位的楼板可能先于抗侧力构件发生受拉或者受剪破坏。因此对于弱连接楼板，应首先根据轴向正应力以及剪应力判断其薄弱位置及范围，然后选定薄弱位置分别进行全截面受拉以及全截面受剪承载力验算。

主拉应力的主要作用在于定性判断楼板裂缝开展情况，并根据主拉应力云图判断需要采取加强措施的薄弱位置。由于主拉应力方向的不一致，一般不宜根据主拉应力迹线的走势进行楼板配筋设计，宜按照轴向应力方向进行。

弯曲正应力形成楼板面外弯矩，此时楼板的受弯配筋设计应由竖向荷载产生的面外弯矩配筋和水平荷载产生的面外弯矩配筋叠加组成；同时，如平面大开洞、弱连接楼板等结构，在水平荷载作用下，楼板的面内受力较大，需根据面内计算结果另行进行配筋计算。

2 常用程序关于楼板应力分析与设计的应用

现行程序主要输出的是楼板上下表面的应力结果，然而对于不同的结构而言，需要提取的应力结果不同，在使用程序计算结果时，需加以区分和处理。目前楼板应力分析的程序主要有 ETASB 和 MIDAS/Gen，以下探讨如何应用 ETABS 和 MIDAS/Gen 获得所需要的楼板应力。

2.1 楼板建模建议

为了得到较精确的应力结果，在 ETABS 和 MIDAS/Gen 建模时，宜尽量采用四边形单元少用三角形单元进行楼板精细化网格剖分；同时为了提高计算分析的效率，对于较规则的楼板，可采用较大的网格尺寸，如尺寸较大的楼板，可采用 1.5～2m 的网格，关键部位应采用 0.5～1m 左右的小网格尺寸。

2.2 ETABS 的应用

ETABS 通过壳单元并设置不同的膜厚度（提供面内刚度）以及弯曲厚度（提供面外抗弯刚度）来模拟楼板的平面内拉压、剪切、弯曲以及平面外的弯曲与剪切等行为[1]。对于分析结果，可以提取板顶、板底正应力、剪应力和主拉应力。ETABS 输出的板顶正应力 σ_S^T、板底正应力 σ_S^B 是图 1 和图 2 叠加的结果，如图 3 所示。此处假定由轴向力引起的正应力大于弯曲正应力。结合 1.3 节分析可知，对于需要考虑楼板面内力的影响时，程序给出的楼板上下表面的应力结果不能直接用于楼板面内的设计。因此为了正确应用楼板应力分析结果，需要从程序输出的应力结果中分离出弯曲应力及轴向正应力。

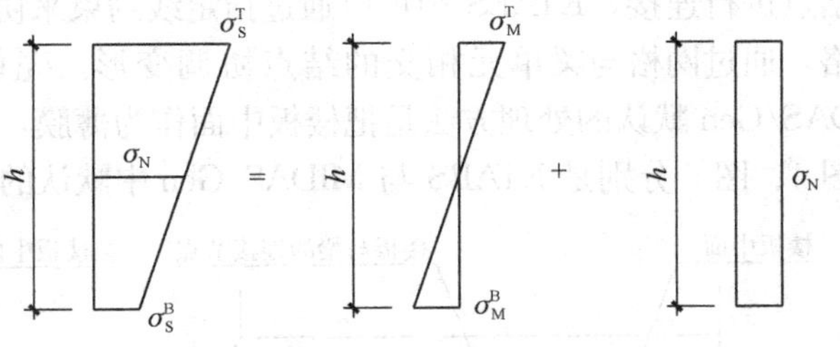

图 3　ETABS 输出的楼板应力结果

为了从 ETABS 程序的输出结果中分离出面内轴向力对应的面内轴向正应力，可以通过以下两种方式来实现：一是通过对楼板顶面和底面的正应力结果取平均值来获得，然而由于复杂高层建筑结构需要分析的楼板数量较多，采用此方法效率较低；二是通过设置一个较小的楼板弯曲厚度，即忽略楼板平面外的刚度，此时 ETABS 输出的楼板顶面和底面的正应力结果与实际的楼板轴向正应力接近，此方法的优点在于可以直接从程序输出的结果中获得楼板的轴向应力，直观且方便快捷。

将弯曲正应力与轴向正应力分离后，可根据轴向正应力的计算结果，判断楼板薄弱部位，并对相应位置截面切割求取合力进行楼板面内承载力验算。

2.3　MIDAS/Gen 的应用

MIDAS/Gen 通过板单元并设置不同的平面内厚度（提供面内刚度）及平面外厚度（提供面外抗弯刚度）来模拟楼板的平面内拉压、剪切、弯曲以及平面外的弯曲与剪切等行为[2]。对于分析结果，可以提取板顶、板底正应力、剪应力和主拉应力；MIDAS/Gen 输出的板顶正应力 σ_S^T 、板底正应力 σ_S^B 与 ETABS 一样是图 1 和图 2 叠加的结果。对于不同的结构，需要提取的应力结果不同，为了实现弯曲正应力与轴向正应力的分离，可以在 MIDAS/Gen 原有的楼板中间部位添加一层面内、面外厚度较小如 1mm 厚的薄膜，虽然此时薄膜的面内厚度较小，但由于共节点的原因，此薄膜在平面内的位移与原楼板一致，故此时薄膜的顶面和底面的正应力结果与实际的楼板轴向正应力接近。

需要指出的是，MIDAS/Gen 输出的应力云图可显示具体的单元应力数值，但此单元应力数值为单元各节点应力数值中的最大值，不能反映在一定尺寸范围内的楼板受力状况，不宜直接采用此最大值进行楼板承载力设计；建议采用网格划分尺寸内的应力平均值进行设计。选择显示单元应力数值的实际意义在于有助于直观快速地初步判断楼板的应力集中部位。

2.4　楼板应力分析校核

为确保楼板应力分析结果的可靠性和准确性，建议采用反应谱分析法根据两个不同的程序分析校核楼板应力。尚可采用同一程序应用弹性时程分析法和反应谱分析法进行楼板应力校核。

2.5　楼面梁轴向承载力验算

目前工程界主要是把楼板作为水平构件，验算了楼板在竖向和水平荷载作用下的承载力。实际上，楼板与楼面梁整体浇筑，水平力作用下楼面梁同样会产生轴向变形和弯曲变形。

一般而言，采用 ETABS、MIDAS/Gen 等有限元软件建模时，梁、柱、斜撑等构件采用梁（线）单元，剪力墙、楼板等构件采用壳（板）单元。梁（线）单元与壳单元通过相交的结点进行连接，ETABS 中可以通过指定线约束来协调梁与板的变形，MIDAS/Gen 需细分网格，通过网格与梁单元相交的结点协调变形。壳单元的实质是一层薄膜，ETABS 与 MIDAS/Gen 默认的处理方法是把楼板中面作为薄膜，即梁与楼板的相交结点均在楼板中面上。图 4、图 5 分别是 ETABS 与 MIDAS/Gen 中默认的楼板与梁的计算模型。

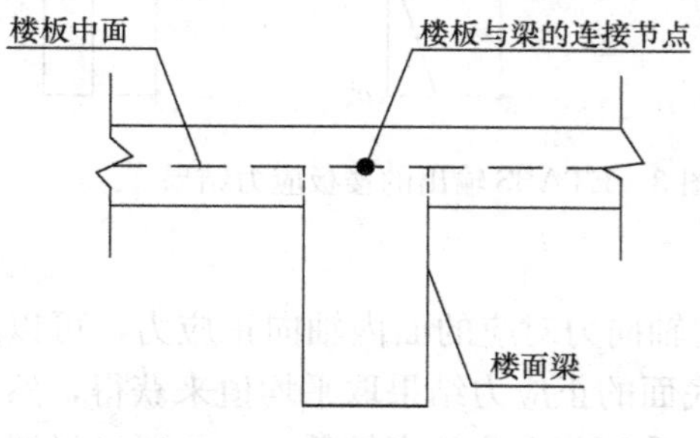

图 4　ETABS 默认计算模型

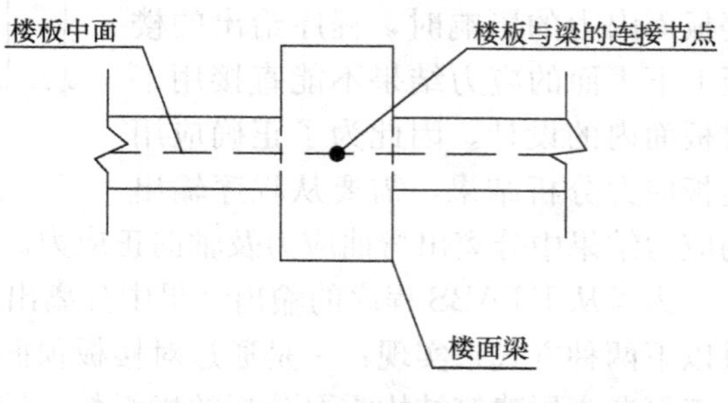

图 5　MIDAS/Gen 默认计算模型

从图 4 可以看出，ETABS 程序默认是梁顶面中心点与楼板的中面连接，此模拟方法较符合实际，但程序在计算梁的内力时，只对线单元的截面进行积分，而忽略了楼板翼缘，此时计算得到的梁内力不符合实际；从图 5 可以看出，MIDAS/Gen 程序默认是梁的截面中心（几何中心）与楼板的中面连接，此模拟方法计算得到的梁轴力较接近实际，但计算得到的梁弯矩失真，此时可以考虑通过人工输入梁刚度放大系数来解决。综上，建议采用 MIDAS/Gen 默认建模方法，同时人工输入梁的刚度放大系数以考虑楼板翼缘的贡献。

采用简化计算方法，梁弯矩由钢筋承受；考虑梁顶部、底部及腰筋等纵向贯通筋及可能内置钢板共同承受轴向拉力，轴向承载力按下式验算：

$$A_{s1} f_{yk1} + A_{s2} f_{yk2} \geqslant N \tag{1}$$

式中：A_{s1}、A_{s2} 分别为纵向钢筋以及型钢的面积；f_{yk1}、f_{yk2} 分别为纵向钢筋以及型钢的材料强度标准值。

3　楼板设计承载力验算方法

进行楼板截面配筋和承载力设计时，应同时计入竖向荷载和水平荷载作用的影响。一般较规则的高层建筑竖向荷载作用下楼板仅产生弯曲应力，楼板面内应力可忽略不计。但对于有斜撑、斜柱、加强层、腰桁架等的高层建筑，竖向荷载下楼板除产生较大的面内应力和一定的面外弯曲应力，在进行配筋设计时，应将其与水平荷载作用下的相应计算结果相加。结合上述分析和《高层建筑混凝土结构技术规程》JGJ 3－2010[3]，对楼板承载力验算方法提出如下建议：

（1）小震或风荷载作用下楼板面内主拉应力验算。荷载组合为：

$$S_k = S_{GE} + S_{Ehk}^* + 0.4 S_{Evk}^* + \psi_w S_{wk} \tag{2}$$

式中：S_k 为荷载标准组合的效应设计值；S_{GE} 为重力荷载代表值的效应，当竖向荷载作用下，楼板不出现面内应力或数值很小时，取为零；S_{Ehk}^*、S_{Evk}^* 分别为水平和竖向地震作用标准值的构件内力；S_{wk} 为风荷载效应标准值；ψ_w 为风荷载的组合值系数，取 0.2，无地震参与组合时取 1.0。

按楼板小震或风荷载作用下混凝土不开裂要求验算，σ_{max} 应满足下式：

$$\sigma_{max} \leqslant f_{tk} \tag{3}$$

式中：σ_{max} 为楼板面内最大主拉应力；f_{tk}为混凝土轴心抗压强度标准值。

需指出此处的面内主拉应力是通过本文 2.2 节与 2.3 节所述忽略楼板面外刚度后提取的主拉应力，不是楼板上、下表面处的应力。对于局部有应力集中的单元，建议取 1.0m 左右范围内平均应力，设计时可在应力集中处采取局部加强防裂配筋措施。

（2）小震或风荷载作用下抗拉钢筋验算，控制抗拉钢筋弹性。荷载组合为：

$$S_d = \gamma_G S_{GE} + \gamma_{Eh} S_{Ehk}^* + \gamma_{Ev} S_{Evk}^* + \psi_w \gamma_w S_{wk} \tag{4}$$

式中：S_d 为荷载和地震作用组合的效应设计值；γ_G 为重力荷载分项系数；γ_{Eh} 为水平地震作用分项系数；γ_{Ev} 竖向地震作用分项系数；γ_w 为风荷载分项系数。

楼板小震或风荷载作用下钢筋弹性的验算方法为：

1）轴力引起的配筋（双层双向配筋）应满足下式：

$$A_{s1}=\frac{\gamma_{RE}N}{2f_y} \tag{5}$$

2）弯矩引起受拉侧的配筋（单侧配筋）应满足下式：

$$A_{s2}=\frac{\gamma_{RE}M}{\gamma_s f_y h_o} \tag{6}$$

式中：γ_s 为内力矩的力臂系数，可取 0.85～0.9；γ_{RE} 为承载力抗震调整系数，可取 0.85。

单侧楼板实际配筋应满足 $A_s \geqslant A_{s1}+A_{s2}$ 。

（3）中震抗拉钢筋不屈服验算，控制抗拉钢筋不屈服。荷载组合为：

$$S_{GE}+S^*_{Ehk}+0.4S^*_{Evk}\leqslant R_k \tag{7}$$

式中 R_k 为截面承载力标准值，按材料强度标准值计算。

楼板中震不屈服的验算方法为：

1）轴力引起的配筋（双层双向配筋）应满足下式：

$$A_{s1}=\frac{N}{2f_{yk}} \tag{8}$$

2）弯矩引起的配筋（单侧配筋）应满足下式：

$$A_{s2}=\frac{M}{\gamma_s f_{yk} h_o} \tag{9}$$

单侧楼板实际配筋应满足 $A_s \geqslant A_{s1}+A_{s2}$ 。

（4）中震抗拉钢筋弹性验算，控制抗拉钢筋弹性。荷载组合为：

$$\gamma_G S_{GE}+\gamma_{Eh}S^*_{Ehk}+\gamma_{Ev}S^*_{Evk}\leqslant R_d \tag{10}$$

式中 R_d 为楼板承载力设计值。

楼板抗拉钢筋弹性的验算方法为：

1）轴力引起的配筋（双层双向配筋）应满足下式：

$$A_{s1}=\frac{N}{2f_y} \tag{11}$$

2）弯矩引起受拉侧的配筋（单侧配筋）应满足下式：

$$A_{s2}=\frac{M}{\gamma_s f_y h_o} \tag{12}$$

单侧楼板实际配筋应满足 $A_s \geqslant A_{s1}+A_{s2}$ 。

中震抗拉钢筋弹性的另一种算法，荷载组合应满足式（7），楼板抗拉钢筋弹性的验算方法为：

1）轴力引起的配筋（双层双向配筋）应满足下式：

$$A_{s1}=\frac{N}{2\xi f_{yk}} \tag{13}$$

2）弯矩引起的配筋（单侧配筋）应满足下式：

$$A_{s2}=\frac{M}{\gamma_s \xi f_{yk} h_o} \tag{14}$$

式中 ξ 为弹性系数，取 0.85。

单侧楼板实际配筋应满足 $A_s \geqslant A_{s1} + A_{s2}$ 。

(5) 大震抗拉钢筋不屈服验算，控制抗拉钢筋不屈服。荷载组合为：

$$S_{GE} + S_{Ehk}^* + 0.4S_{Evk}^* \leqslant R_k \tag{15}$$

楼板大震抗拉钢筋不屈服的验算方法为：

1) 轴力引起的配筋（双层双向配筋）应满足下式：

$$A_{s1} = \frac{N}{2f_{yk}} \tag{16}$$

2) 弯矩引起受拉侧的配筋（单侧配筋）应满足下式：

$$A_{s2} = \frac{M}{\gamma_s f_{yk} h_o} \tag{17}$$

单侧楼板实际配筋应满足 $A_s \geqslant A_{s1} + A_{s2}$ 。

(6) 大震抗剪不屈服验算，楼板剪力由截面剪应力求和得到。选定楼板薄弱连接处，控制薄弱处混凝土楼板全截面抗剪承载力。荷载组合为：

$$S_{GE} + S_{Ehk}^* + 0.4S_{Evk}^* \leqslant R_k \tag{18}$$

楼板大震抗剪不屈服验算可参照剪力墙抗剪计算公式，楼板全截面剪力标准值应满足下式：

$$V_k \leqslant 0.2\beta_c f_{ck} b_t t_f \tag{19}$$

式中：b_f 、t_f 分别为楼板验算截面宽度和厚度；β_c 为混凝土强度影响系数，当混凝土强度等级不超过 C50 时，取 1.0。

楼板全截面抗剪配筋应满足以下公式，全截面受压时：

$$V_k \leqslant 0.4f_{tk}b_f t_f + 0.1N + 0.8f_{yhk}\frac{A_{sh}}{s}b_f \tag{20}$$

式中：N 为楼板截面轴向压力标准值，N 大于 $0.2f_{ck}b_f t_f$ 时，应取 $0.2f_{ck}b_f t_f$ ；f_{yhk} 为楼板水平分布钢筋的抗拉强度标准值；A_{sh} 为楼板水平分布钢筋的全截面面积；s 为水平分布钢筋间距。

全截面受拉时：

$$V_k \leqslant 0.4f_{tk}b_f t_f - 0.1N + 0.8f_{yhk}\frac{A_{sh}}{s}b_f \tag{21}$$

式中 N 大于 $4f_{tk}b_f t_f$ 时，应取 $4f_{tk}b_f t_f$ 。

对于框架-核心筒结构，一般是先施工核心筒后施工楼板。核心筒外周边楼板抗剪，其荷载组合应满足式 (18)，楼板全截面剪力标准值应满足式 (19)，楼板全截面抗剪配筋应满足式 (22)[4]或式 (23)[4]：

$$V_k \leqslant 1.85n_d A_{D0}\sqrt{f_{ck}f_{yk}} \tag{22}$$

式中 n_d 、A_{D0} 分别为销栓钢筋根数和单根销栓钢筋面积。

$$V_k \leqslant 0.6f_{yk}A_s + 0.8N \tag{23}$$

式中：A_s 为销栓钢筋总面积；N 为楼板截面轴向力标准值，压力取正值，拉力取负值。

当楼板与钢边框梁通过抗剪栓钉连接时，控制栓钉大震抗剪不屈服。其荷载组合应满足式 (18)，栓钉剪力标准值应满足下式[5]：

$$V_k \leqslant \min(0.43A_s\sqrt{E_c f_{ck}}, 0.7A_s\gamma f) \tag{24}$$

式中：A_s 为栓钉钉杆截面面积；γ 为栓钉材料抗拉强度最小值与屈服强度之比。

考虑到目前软件无法直接给出配筋结果，楼板配筋设计可以采用如下简化方法：对薄弱部位，可按近似算法计算竖向荷载作用下的受拉侧弯矩配筋，再按有限元方法计算水平力作用下的受拉侧弯矩配筋，两者相加确定楼板所需受拉侧弯矩钢筋量 A_{s2}；用有限元方法计算水平力、竖向荷载作用下楼板轴力，确定楼板所需单侧轴向力钢筋量 A_{s1}。将单侧弯矩配筋量与单侧轴向力配筋量相加确定楼板单侧实配钢筋量 $A_{s1}+A_{s2}$，并应满足构造配筋要求。对于非薄弱部位，水平力影响较小、竖向荷载引起的轴力也较小时，楼板实配钢筋量可按近似算法计算竖向荷载作用下的受拉侧弯矩配筋。

4 案例分析

某高层建筑剪力墙结构，地上 49 层，结构高度 148.0m，裙楼 2 层，地下 2 层。楼板混凝土强度等级采用 C30，钢筋采用 HRB400。楼板厚度为 100mm 和 120mm，电梯井附近弱连接部分采用 150mm。其效果图和标准层结构平面见图 6。

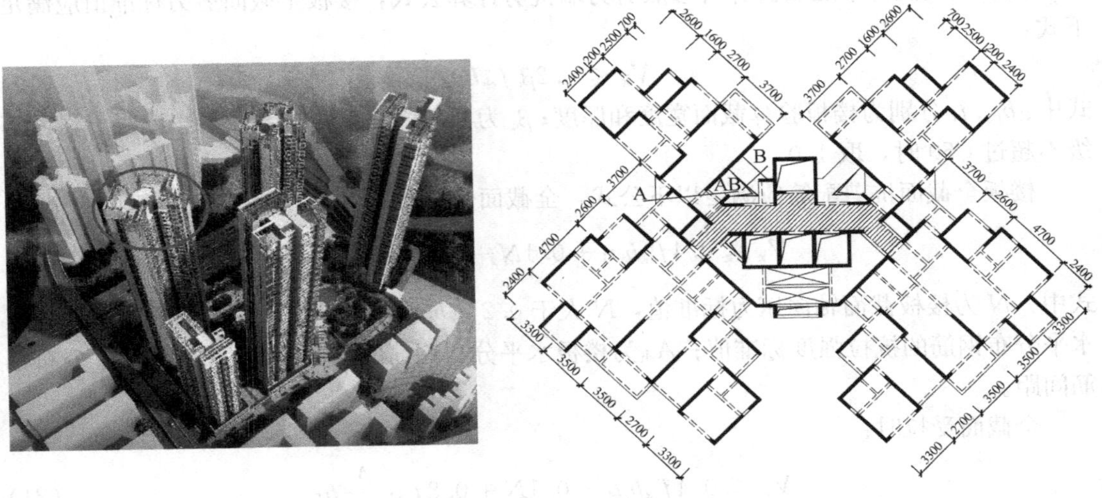

图 6　效果图和标准层结构平面图

图 6 阴影部位板厚为 150mm，采用 MIDAS/Gen 进行楼板分析，全楼楼板均采用弹性假定，楼板采用板单元模拟，应力集中部位的板单元网格尺寸为 0.5～1.0m。楼板性能目标见表 1。

楼板性能目标　　**表 1**

工况名称	荷载工况	性能目标
小震或风荷载作用	式（2）	混凝土不开裂
	式（4）	抗拉钢筋弹性
中震作用	式（10）	抗拉钢筋弹性
大震作用	式（15）	抗拉钢筋不屈服
	式（18）	全截面抗剪不屈服

（1）小震或风荷载作用验算

小震或风荷载作用下楼板面内主拉应力分布见图 7。从图中可以知道，大部分主拉应力值小于混凝土强度标准值 2.01MPa。由于应力集中处已达 3.5MPa，且提供的数值为最大点值，通过截取该位置的网格尺寸 0.75m 的平均应力为 0.18MPa，满足要求。

小震或风荷载作用下抗拉钢筋弹性。根据式（4）、式（5），在网格尺寸 0.84m 内的轴力为 230kN，单位长度楼板轴力引起的计算配筋为 325mm²，另一方向为 229mm²。整块楼板考虑楼板轴力进行双层双向配筋为⌀ 10@200（$A_s=392\text{mm}^2$）。

$$A_{s1}=\frac{\gamma_{RE}N}{2f_y}=\frac{0.85\times23\times10^4}{2\times360\times0.84}=325\text{mm}^2$$

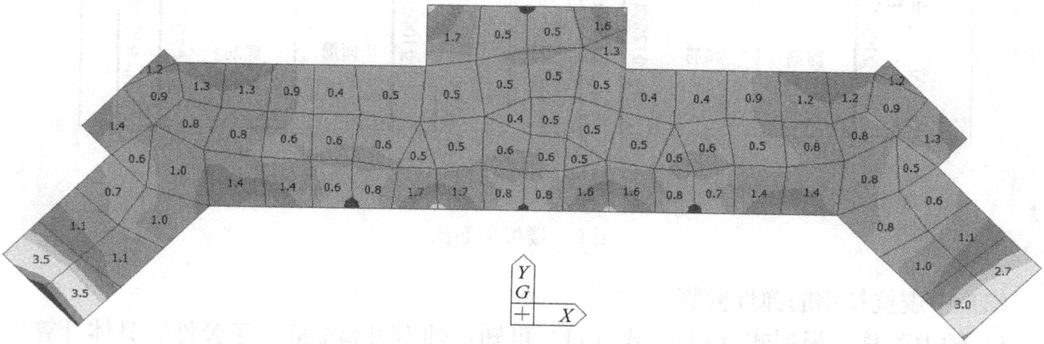

图 7　小震或风荷载作用下楼板面内主拉应力云图（MPa）

考虑复杂楼板弯矩引起的配筋差异较大，现划分为 3 块小楼板进行计算，见图 8。

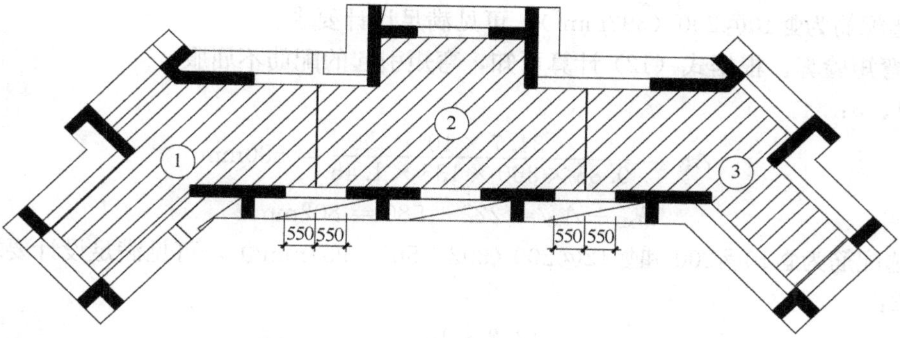

图 8　楼板区域划分

弯矩引起受拉侧的配筋应满足式（6），结合支座单侧配筋（同时考虑跨中底部弯矩），对于板 1（与板 3 相同），在 1.45m 内积分的弯矩为 42.6kN·m，则。

$$A_{s2}=\frac{0.85\times42.6\times10^6}{0.85\times360\times135\times1.45}=605\text{mm}^2$$

$$A_{s1}+A_{s2}=325+605=930\text{mm}^2$$

支座计算配筋为 930－392＝538mm²，选用⌀ 12@200（$A_s=565\text{mm}^2$），面筋⌀ 12@200 双向布置可按照规范配置至支座 1/4 即可。同时考虑跨中底部楼板抗弯底筋，可配为⌀ 12@200 双向布置。

对于板 2，在支座 0.9m 内积分的最大弯矩为 10.0kN·m，则：

$$A_{s2}=\frac{0.85\times10.0\times10^{6}}{0.85\times360\times135\times0.9}=229\text{mm}^{2}$$

$$A_{s1}+A_{s2}=325+229=554\text{mm}^{2}$$

实配配筋为 554−392=164mm²，选用Φ 8@200（A_s=251mm²）。楼板抗弯底筋Φ 8@200 双向布置，面筋Φ 8@200 双向布置可按照规范配置至支座 1/4 即可。

综上，楼板配筋方式见图 9。

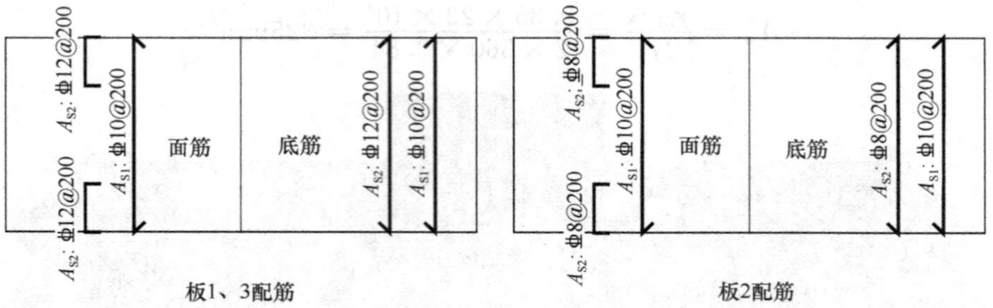

图 9 楼板配筋图

（2）中震抗拉钢筋弹性验算

1）轴力验算。根据式（10）、式（11）可知，轴力引起配筋处于弹性。具体计算过程如下：

$$A_{s1}=\frac{14.3\times10^{4}}{2\times360\times0.9}=222\text{mm}^{2}$$

所选配筋为Φ 10@200（392mm²），可见满足设计要求。

2）弯矩验算。根据式（12）计算可知，弯矩引起的配筋不屈服。

板 1、3：

$$A_{s2}=\frac{34.7\times10^{6}}{0.85\times360\times135\times1.45}=580\text{mm}^{2}$$

$$A_{s1}+A_{s2}=222+580=802\text{mm}^{2}$$

所选配筋为Φ 10@200 和Φ 12@200（392+565=957mm²），可见满足设计要求。

板 2：

$$A_{s2}=\frac{12.2\times10^{6}}{0.85\times360\times135\times0.9}=328\text{mm}^{2}$$

$$A_{s1}+A_{s2}=222+328=550\text{mm}^{2}$$

所选配筋为Φ 10@200 和Φ 8@200（392+251= 643mm²），可见满足设计要求。

亦可根据另一方法验算中震抗拉钢筋弹性。

3）轴力验算。根据式（7）、式（13）可知，轴力引起配筋处于弹性。

$$A_{s1}=\frac{11.9\times10^{4}}{2\times400\times0.85\times0.9}=194\text{mm}^{2}$$

所选配筋为Φ 10@200（A_s=392mm²），可见满足设计要求。

4）弯矩验算。根据式（14）计算可知，弯矩引起的配筋不屈服。

板 1、3：

$$A_{s2}=\frac{33.8\times10^{6}}{0.85\times0.85\times400\times135\times1.45}=597\text{mm}^{2}$$

$$A_{s1}+A_{s2}=194+597=791\text{mm}^{2}$$

所选配筋为Φ 10@200 和Φ 12@ 200（392+565=957mm²），可见满足设计要求。

板 2：

$$A_{s2}=\frac{8.7\times10^{6}}{0.85\times0.85\times400\times135\times0.9}=248\text{mm}^{2}$$

$$A_{s1}+A_{s2}=194+248=442\text{mm}^{2}$$

所选配筋为Φ 10@200 和Φ 8@200（392+251=643mm²），可见满足设计要求。

(3) 大震抗拉钢筋不屈服验算

1）轴力验算。根据式（15）、式（16）可知，为抗拉钢筋处于不屈服。

$$A_{s1}=\frac{1.1\times10^{5}}{2\times400\times0.9}=154\text{mm}^{2}$$

所选配筋为Φ 10@200（A_s=392mm²），可见满足设计要求。

2）弯矩验算。根据式（17）计算可知，弯矩引起的配筋不屈服。

板 1、3：

$$A_{s2}=\frac{38.4\times10^{6}}{0.85\times400\times135\times1.45}=577\text{mm}^{2}$$

$$A_{s1}+A_{s2}=154+577=731\text{mm}^{2}$$

所选配筋为Φ 10@200 和Φ 12@200（392+565=957mm²），可见满足设计要求。

板 2：

$$A_{s2}=\frac{30.8\times10^{6}}{0.85\times400\times135\times0.9}=746\text{mm}^{2}$$

$$A_{s1}+A_{s2}=154+746=900\text{mm}^{2}$$

所选配筋为Φ 10@200 和Φ 8@200（392+251=643mm²），可见不满足设计要求。此时板 2 弯矩所需计算配筋量为 900−392（平衡轴力所选配筋量）=508mm²，可选用Φ 12@200（A_s=565mm²）。故楼板抗弯底筋Φ 12@200 双向布置，面筋Φ 12@200 双向布置可按照规范配置至支座 1/4 即可。

楼板大震抗剪不屈服。楼板选择截面验算薄弱位置见图 6 中截面 A-A 和 B-B 所示，剪力标准值满足式（19），结果见表 2。

楼板截面抗剪验算 **表 2**

剖面	长度（kN）	板厚（m）	承载力（kN）	剪力 V_k（kN）	验算结果
A-A	4.72	0.15	2850	182.6	满足
B-B	1.20	0.15	724	28.1	满足

考虑楼板配筋率 0.2%，在 A-A 处配置Φ 10@200 双层双向钢筋，B-B 处配置Φ 10@150 双层双向钢筋。验算抗剪钢筋，剪力标准值满足式（20），结果见表 3。

楼板全截面抗剪钢筋验算　　表3

剖面	轴力（kN）	长度（m）	板厚（m）	钢筋验算（kN）	剪力 V_k（kN）	验算结果
A-A	108	4.72	0.15	1744.9	182.6	满足
B-B	41.1	1.20	0.15	442.2	28.1	满足

5 结论

（1）目前楼板设计时只考虑了竖向荷载引起的面外弯矩，仅适用于水平荷载下楼板面内应力可以忽略的规则结构。对于不规则结构的楼板，在水平荷载作用下产生的楼板平面内轴力、剪力以及面外附加弯矩不容忽视，设计时必须考虑在内。

（2）在水平荷载作用下，楼板应力分析应区分面内轴向应力与面外弯矩的弯曲应力的作用。

（3）介绍了常用有限元软件 ETABS 和 MIDAS/Gen 在楼板应力分析中的正确应用，提出了获得轴向正应力的方法。

（4）介绍了梁在常用有限元软件 ETABS 和 MIDAS/Gen 的建模方法，提出了梁轴向承载力的验算方法。

（5）根据楼板不同性能目标，给出了楼板承载力验算方法。文中给出工程案例说明了方法的应用。

参考文献

[1] CSI 分析参考手册[M]. 北京：北京筑信达工程咨询有限公司，2014.

[2] Midas-gen 建筑结构通用有限元分析与设计软件-分析设计原理技术手册[M]. 北京：北京迈达斯技术有限公司，2013.

[3] 高层建筑混凝土结构技术规程：JGJ 3－2010[S]. 北京：中国建筑工业出版社，2011.

[4] 预制装配整体式钢筋混凝土结构技术规范：SJG 18－2009[S]. 深圳：深圳市住房和建设局，2009.

[5] 钢结构设计规范：GB 50017－2003[S]. 北京：中国计划出版社，2003.

本文原载于《建筑结构》2017 年第 47 卷第 1 期

专题四

新型结构分析

23. 一向少墙的高层钢筋混凝土结构的结构体系研究

魏　琏，王　森，曾庆立，陈兆荣

【摘　要】 对一向少墙的高层钢筋混凝土结构的结构体系进行探讨，提出结合层剪力比判别结构体系的方法，并对少墙方向的结构抗侧力体系的组成进行了分析，以 X 向为少墙结构为例，指出了 X 向抗侧力体系包括 X 向布置的剪力墙、X 向梁注组成的框架、Y 向墙和楼板组成的扁柱楼板框架，并建议限制扁柱楼板框架承担的抗侧力，而由剪力墙和梁柱框架承担全部水平地震作用。

【关键词】 结构体系；层剪力比；梁柱框架；扁柱-楼板框架；抗震设计

Study on structural system of high-rise RC building with few shear walls in one direction

Wei Lian, Wang Sen, Zeng Qingli, Chen Zhaorong

Abstract: The structural system of high-rise building with few shear walls in one direction was studied, and the method to identify the structural system combined with story shear ratio was put forward. The composition of the lateral resistant system of the structure in the direction with few shear walls was analyzed. Taking the structure with few shear walls in X direction as an example, the X-direction lateral resistant system consists of X-direction shear wall, X-direction beam-column frame and X-direction flat column-slab frame. It is suggested that the lateral force undertaken by the flat column-slab frame should be limited, the shear wall and the beam-column frame should bear all the horizontal seismic actions.

Keywords: structural system; story shear ratio; beam-column frame; flat column-slab frame; seismic design

0　前言

近年来，由于建筑住宅户型的创新出现了在建筑一个方向剪力墙较多而在另一个方向剪力墙稀少的新型高层建筑结构，这类结构在少墙方向的抗震安全性迄今尚未得到完全论证。随着城市建设的发展，土地的缺少，住宅层数逐渐增多，有的达到150～180m，甚至更高，这一问题引起了人们的担忧。这类一向少墙结构的结构体系如何判别、其抗侧力如何传递、抗震安全性如何保证是工程界亟待解决的问题。本文对此进行分析论述，并对这类结构提出设计建议。

1　高规[1]关于剪力墙结构的主要规定

关于剪力墙结构的基本组成，高规 7.1.1 条明确规定，剪力墙结构“平面布置宜简单、规则，宜沿两个主轴方向或其他方向双向布置”，“抗震设计时，不应采用仅单向有墙的结构布置”。关于剪力墙结构体系的判别，高规 8.1.3 条规定，根据规定水平力作用下结构底层框架部分承受的地震倾覆力矩 M_{1f} 与结构总地震倾覆力矩 M_0 的比值大小来判别是否可作为剪力墙结构体系，具体如表 1 所示。

高规剪力墙结构判别条件

表 1

框架部分倾覆力矩比	结构体系	框架抗震等级选取	剪力墙抗震等级选取
不大于 10%	剪力墙结构	按框架-剪力墙结构的框架	按剪力墙结构
大于 10%但不大于 50%	框架-剪力墙结构	按框架-剪力墙结构的框架	按框架-剪力墙结构
大于 50%但不大于 80%	框架-剪力墙结构	按框架结构	按框架-剪力墙结构
大于 80%	框架-剪力墙结构	按框架结构	按框架-剪力墙结构

注：框架、剪力墙的抗震等级同时与结构高度相关，具体可按照高规 3.9.3 条。

剪力墙所承受的地震倾覆力矩与结构总地震倾覆力矩的比值可由下式确定：

$$\xi_{1w} = M_{1w}/M_0 = 1 - M_{1f}/M_0 = 1 - \xi_{1f} \tag{1}$$

式中：ξ_{1w}、ξ_{1f} 分别为底层剪力墙、底层框架部分占的倾覆力矩比；M_{1w}、M_{1f}、M_0 分别为底层剪力墙、底层框架部分倾覆力矩以及结构的底层总倾覆力矩。

当 $\xi_{1w} > 0.9$ 时或 $\xi_{1f} \leqslant 0.1$ 时，剪力墙结构才能成立。

以上规定明确了剪力墙结构必须是双向均有足够的剪力墙，且结构底层的框架部分承受的倾覆力矩比 $\xi_{1f} \leqslant 0.1$ 或剪力墙承受的倾覆力矩比 $\xi_{1w} > 0.9$ 才能按剪力墙结构进行设计，否则应按框架-剪力墙结构进行设计。

2 判别剪力墙结构的层剪力比

通过近年来的设计实践发现：1）剪力墙结构的倾覆力矩比受组成剪力墙的位置是否靠近质心位置关系较大，同样截面尺寸的剪力墙靠近平面的两端时，其倾覆力矩远大于其位置在靠近质心时，这对于剪力墙数量不是很多的剪力墙结构体系判别有较大影响；2）剪力墙结构的倾覆力矩比在结构不同高度楼层是有变化的，仅由结构底层的倾覆力矩比来判断剪力墙结构体系有时不够全面。

考虑到剪力墙结构在地震作用下剪力墙抗剪的重要性以及上述两个因素，本文建议补充采用结构的层剪力比来对剪力墙结构体系进行判别，定义第 i 层剪力墙的层剪力比[2]为：

$$u_{iw} = V_{iw}/V_i \tag{2}$$

框架部分的层剪力比为：

$$u_{if} = V_{if}/V_i = 1 - u_{iw} \tag{3}$$

式中：u_{iw}、u_{if} 分别为第 i 层剪力墙、框架部分的层剪力比；V_{iw}、V_{if}、V_i 分别为第 i 层剪力墙、框架部分层剪力以及第 i 层的层总剪力。

由于剪力墙在结构底层的层抗侧刚度大于以上楼层的层抗侧刚度[3]，同样位置和尺寸面积的剪力墙在底层的层剪力比会远大于其上楼层剪力墙的层剪力比，反映了上部楼层剪力墙和框架部分的层剪力比相互关系的变化，表明剪力墙层剪力比由底层向上的变小是由框架部分在抗侧中所起的作用向上逐渐增大引起的。

由此看来，同时采用倾覆力矩比和剪力比来判别剪力墙结构的结构体系会更为合理和妥善。参照规范对于倾覆力矩比的规定，建议剪力墙层剪力比大于0.9或框架部分层剪力比不大于0.1时，即 $u_{iw}>0.9$ 或 $u_{if}\leqslant 0.1$ 时，按剪力墙结构进行设计，否则按框架-剪力墙结构进行设计。剪力墙底层倾覆力矩比和层剪力比计算结果有差异时，取较小值；当剪力墙层倾覆力矩比和层剪力比在结构上部楼层变化较大，尤其是层剪力比变小很多时，应更多关注上部楼层框架部分的抗侧作用。

3 少墙方向结构体系的判别

对于一向少墙的钢筋混凝土结构，由于另一方向剪力墙很多，一般设计单位未经判别结构体系，就将整个结构按剪力墙结构进行设计是不妥的；而现行软件分析结果不能发现这类结构在少墙方向的抗震承载能力可能存在的问题，所以按照常规的设计方法进行设计实际上可能存在安全隐患。

由此可见，对于一向少墙的钢筋混凝土高层结构，不能将整体结构作为剪力墙结构考虑，应首先对少墙方向的结构体系进行判别，未经判别即简单按剪力墙结构考虑是不妥的。现行软件计算模型中剪力墙均按壳元处理，在整体分析中已考虑剪力墙平面外刚度，但程序中并没有对剪力墙面外的抗震承载能力进行计算，因而现行程序按剪力墙结构进行整体分析验算的结果是存在缺漏的。

这类高层建筑结构在多墙的一向（简称 Y 向）按剪力墙设计基本符合规范要求，按照式（1）、式（2）进行判别一般能符合剪力墙结构的条件，但少墙一向（简称 X 向）未加分析按剪力墙结构考虑是没有根据的。计算表明，在水平力作用下，少墙一向的变形特征与剪力墙结构的变形特征有较大差别，它包含了较多框架变形特征。研究表明，少墙一向结构在 X 向的抗侧力体系由三部分组成：X 向布置的剪力墙、X 向梁和柱（含剪力墙端柱）组成的框架、Y 向墙和楼板组成的扁柱楼板框架。现行软件计算时均已考虑这三部分抗侧力体系的刚度，结构的最大层间位移角结果往往能满足要求，但框架部分的设计并未明确按框架-剪力墙结构中的框架考虑，且并未验算扁柱楼板框架的抗侧承载力，因此这样的设计在一定情况下可能存在安全隐患。

为了解决上述问题，首先需分析明确少墙一向的结构体系。少墙一向不符合剪力墙结构的条件，又与一般框架-剪力墙结构不同，存在着梁柱框架、扁柱楼板框架两种不同框架参与 X 向的抗侧作用。因此要明确 X 向的结构体系应首先明确两种框架尤其是扁柱楼板框架参与抗侧作用的程度，为此引入以下三个判别系数。

采用剪力比法进行判别则少墙一向结构的剪力比，由以下三部分组成：

剪力墙部分：

$$\mu_{iw}=V_{iw}/V_i \tag{4}$$

梁柱框架部分：

$$\mu_{if}=V_{if}/V_i \tag{5}$$

扁柱楼板框架部分：

$$\mu_{i\mathrm{wf}} = V_{i\mathrm{wf}}/V_i \tag{6}$$

以上三部分和为：

$$\mu_{i\mathrm{w}} + \mu_{i\mathrm{f}} + \mu_{i\mathrm{wf}} = 1.0 \tag{7}$$

式中：$\mu_{i\mathrm{w}}$ 为 X 向剪力墙在 X 向的第 i 层剪力比；$\mu_{i\mathrm{f}}$ 为 X 向框架柱在 X 向第 i 层剪力比；$\mu_{i\mathrm{wf}}$ 为 Y 向剪力墙在 X 向的第 i 层剪力比。

少墙结构的 $u_{i\mathrm{w}}$ 一般小于 0.9，在少墙方向不符合剪力墙结构的条件，应按照框架-剪力墙结构进行设计；由于存在梁柱和扁柱楼板两种框架的抗震作用，应进一步明确两种框架各自的抗侧作用。从抗侧设计角度考虑，扁柱楼板框架是较弱的抗侧结构，设计时应采取措施限制其承受较大的侧力。

当扁柱框架剪力比小于 0.05 时，可不考虑少墙方向剪力墙和楼板的面外受力，这是根据两方向均为剪力墙结构时给出的数据；当扁柱框架剪力比大于 0.05 时，应考虑剪力墙面外及相应楼板的抗侧承载力。在竖向荷载作用下，当相邻楼板跨度相差较大或荷载相差较大时，计算楼板支座的弯矩时需考虑剪力墙面外刚度的影响。有关扁柱框架中楼盖的计算及加强措施将另有专文讨论。

4　两种框架中柱尺寸的确定

为了顺利进行结构设计，需确定梁柱框架和扁柱楼板框架两种框架中柱的位置及尺寸，参照高规 7.1.6 条的规定，建议对以下七种情况 Y 向墙在 X 向起柱作用时，柱尺寸按照以下方法确定：1)Y 向一字墙墙端有梁时[图 1(a)]，梁柱框架的柱宽度 $L_c = \max(2b_b, b_b + h_w)$，柱高度同墙厚 h_w，其中 b_b 为梁宽度；2)Y 向一字墙墙端梁位置内移 b_1 时[图 1(b)]，梁柱框架的柱宽度 $L_c = \max(b_1 + 2b_b, b_1 + b_b + h_w)$，柱高度同墙厚 h_w；3)Y 向墙中部有梁时[图 1(c)]，梁柱框架的柱宽度 $L_c = \max(2b_b, b_b + 2h_w)$，柱高度同墙厚 h_w；4)Y 向墙有端柱时[图 1(d)]，端扁柱楼板框架的柱宽度 $L_c = \max(h_w, 300)$，柱高度同墙厚 h_w；5)Y 向墙无梁端时[图 1(e)]，端扁柱楼板框架的柱宽度 $L_c = \max(h_w, 300)$，柱高度同墙厚 h_w；6)Y 向墙墙端与 X 向墙相连时[图 1(f)]，墙端柱宽度 $L_c = \max(h_w, 300)$，柱高度同墙厚 h_w；7)Y 向墙墙端有小墙肢时[图 1(g)]，墙端柱宽度 $L_c = \max(h_w, 300)$，柱高度同墙厚 h_w。以上 Y 向墙中部无梁段的宽度可定义为扁柱楼板框架的中扁柱宽度。

5　框架抗震设计方法

根据第 4 节方法确定的柱与相应梁组成的框架，可按照规范关于框架-剪力墙结构中的框架的相关计算方法及规定进行设计。

按第 4 节方法确定的柱与相应梁组成的框架可按照规范关于框架-剪力墙结构中的框架的相关计算方法及规定进行设计。Y 向墙无梁墙段形成的扁柱楼板框架，其抗侧承载能力的计算应包括 Y 向剪力墙（扁柱）及楼板的抗侧承载力计算两项内容。其设计方法尚待研究完善。由于扁柱楼板框架是一种较弱的抗侧结构，设计时宜采取措施限制其承担的抗侧力。

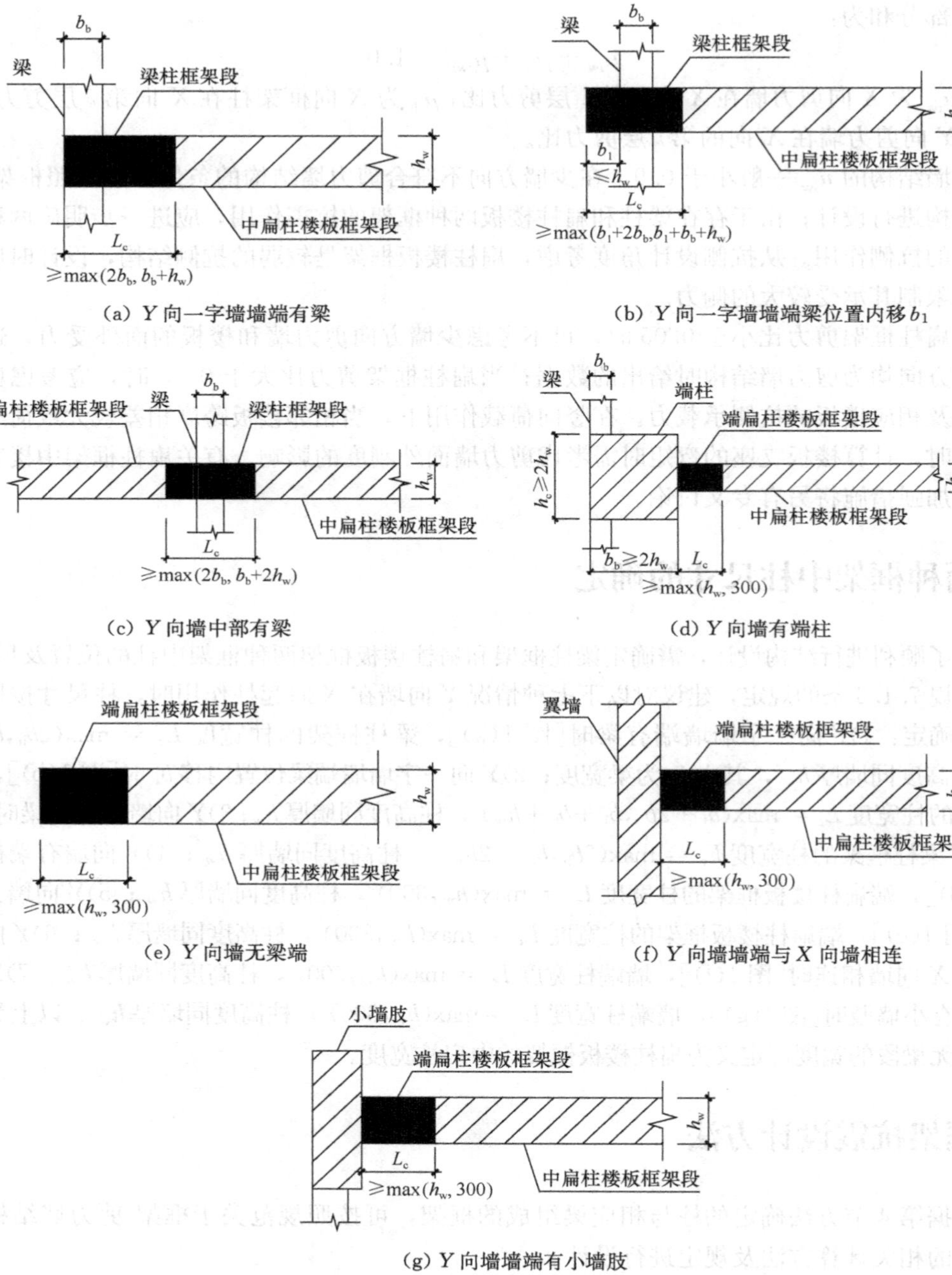

(a) Y 向一字墙墙端有梁　(b) Y 向一字墙墙端梁位置内移 b_1

(c) Y 向墙中部有梁　(d) Y 向墙有端柱

(e) Y 向墙无梁端　(f) Y 向墙墙端与 X 向墙相连

(g) Y 向墙墙端有小墙肢

图 1　Y 向墙在 X 向起柱作用的七种情况

从概念上而言，在 X 向起到框架作用的扁柱楼板框架在 Y 向是剪力墙，在 Y 向是主要的抗侧力构件，因此尚应注意避免扁柱楼板框架体系的破坏对另外一向剪力墙造成的不利影响，故设计时宜增设必要的剪力墙和加强 X 向梁、柱（含剪力墙端柱）框架的刚度，以控制扁柱楼板框架底层的剪力比在0.1之内，同时将剪力墙和梁柱框架设计成共同承担全部水平地震作用。

6 案例分析

6.1 案例概况

案例一、案例二的结构平面布置图见图2，案例一、案例二均共45层，标准层层高3m，总高度为135m。案例二与案例一的区别是案例二在 X 向两端增设了6片 X 向剪力墙。本工程抗震设防烈度为7度(0.1g)，设计地震分组为第一组，基本风压为0.75kN/m²。结构 X 向（纵向）长为38m，Y 向（横向）长为12.7m，长宽比为2.99，高宽比为10.63。楼面附加恒载为2.0kN/m²，活载为2.5kN/m²。图中未注明板厚均为100mm。外框梁尺寸为400mm×800mm；内框梁尺寸为300mm×800mm；连梁宽度同墙厚，高均

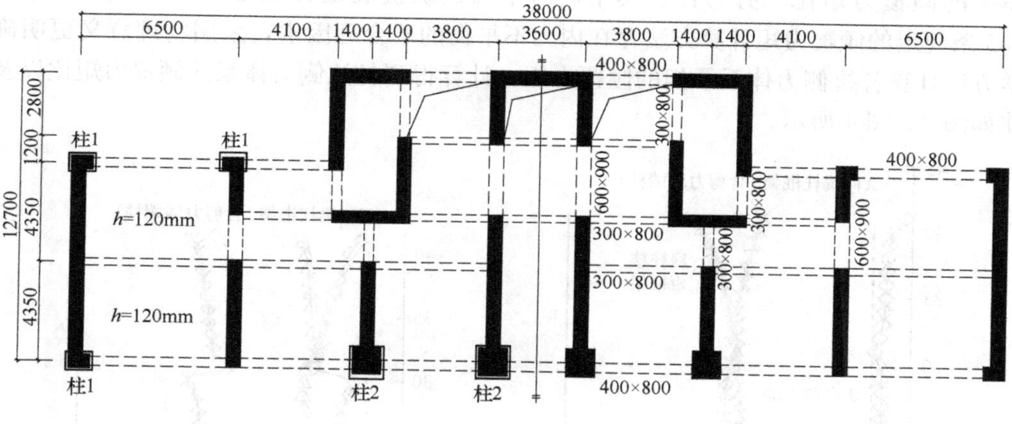

(a) 案例一

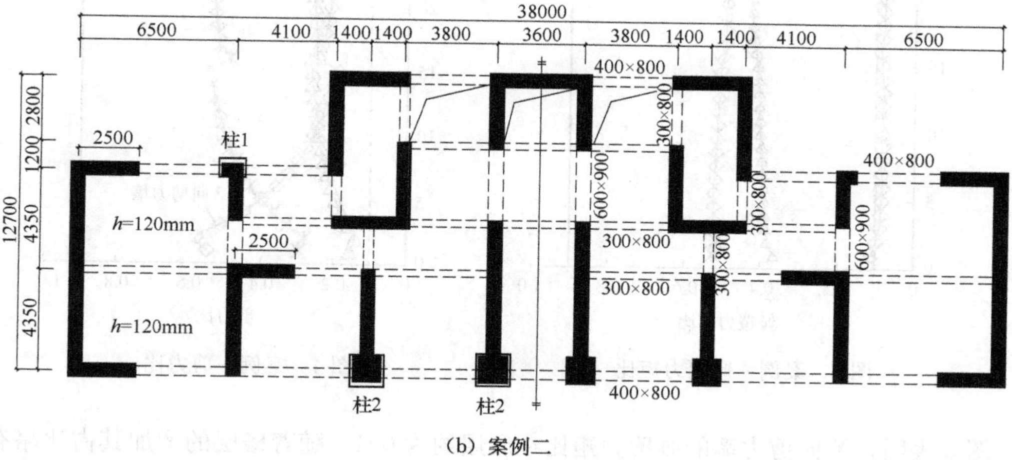

(b) 案例二

图2 案例结构平面布置图

为 800mm，其他构件详情见表 2。

上部结构的设计参数 **表 2**

楼层	柱 1 尺寸（mm）	柱 2 尺寸（mm）	墙厚（mm）	混凝土强度等级
31～45	400×600	800×800	400	C40
16～30	500×750	1000×1000	500	C50
1～15	600×900	1200×1200	600	C60

根据本文第 4 节柱宽度确定方法，采用 ETABS 建模时，扁柱楼板框架体系除了端柱采用柱单元模拟以外，其余扁柱段采用壳单元分段模拟；对于墙端有端柱的情形，端部框架柱段建模时的长度取为 $L_c+0.5b_c$。

6.2 案例一 X 向结构体系判别

采用高规的规定水平力，通过 ETABS 计算分析，分别统计了 X 向少墙结构各抗侧力体系的倾覆力矩比、剪力比。其中，由于《建筑抗震设计规范》GB 50011 - 2010[4] 6.1.3 条规定的倾覆力矩计算方法存在内力不平衡的不合理因素，采用物理意义更明确的力学方法计算各抗侧力体系承担的倾覆力矩。计算得到各抗侧力体系的倾覆力矩比以及剪力比如图 3、图 4 所示。

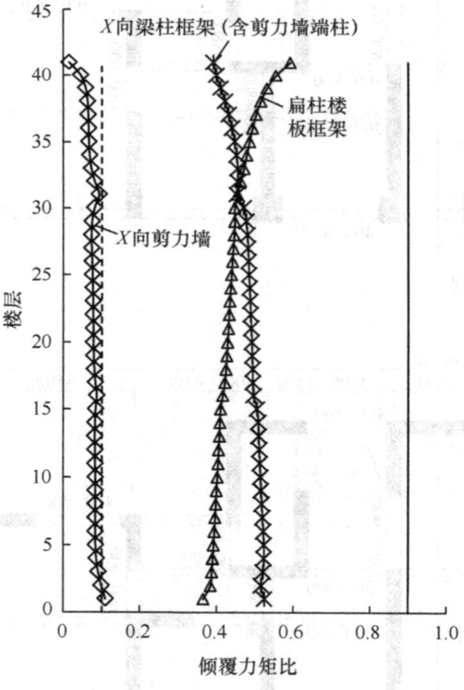

图 3 案例一倾覆力矩比

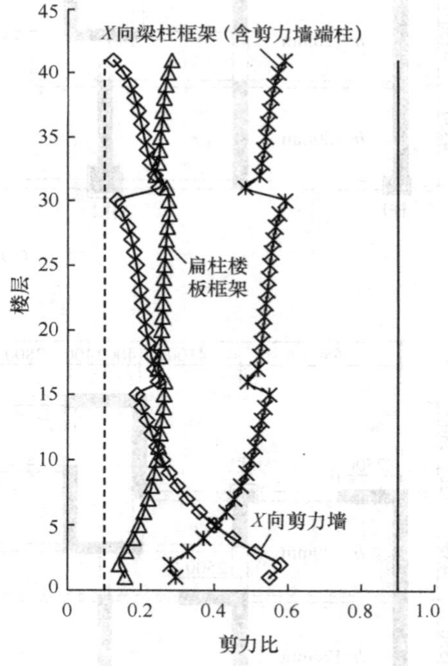

图 4 案例一剪力比

图 3 表明，X 向剪力墙的倾覆力矩比在底层约为 0.1，随着楼层的增加其占比略有减小；梁柱框架倾覆力矩比在底层约为 0.53；扁柱楼板组成的抗侧力体系层倾覆力矩比在底层约为 0.37，随着楼层的增加其占比略有增大。根据层倾覆力矩比的判别方法，案例

一 X 向的结构体系应定为框架-剪力墙结构，不能按照剪力墙结构进行设计。

图 4 表明，X 向剪力墙的剪力比在底层为 0.55，随着楼层的增加其占比逐渐减小；梁柱框架的剪力比在底层为 0.29，随着楼层的增加其占比逐渐增大；扁柱楼板框架剪力比在底层为 0.16，应考虑剪力墙面外和楼板的受力和承载力验算，并采取加强配筋构造措施，也可适当增设 X 向剪力墙和加强梁柱框架刚度，使该剪力比降低，以减小剪力墙和楼板面外受力的影响。

6.3 案例二 X 向结构体系判别

案例二计算得到各抗侧力体系的倾覆力矩比以及剪力比如图 5、图 6 所示。

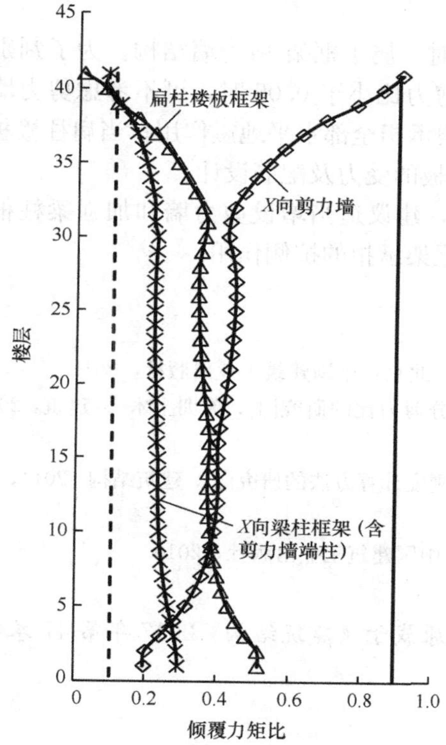

图 5 案例二倾覆力矩比

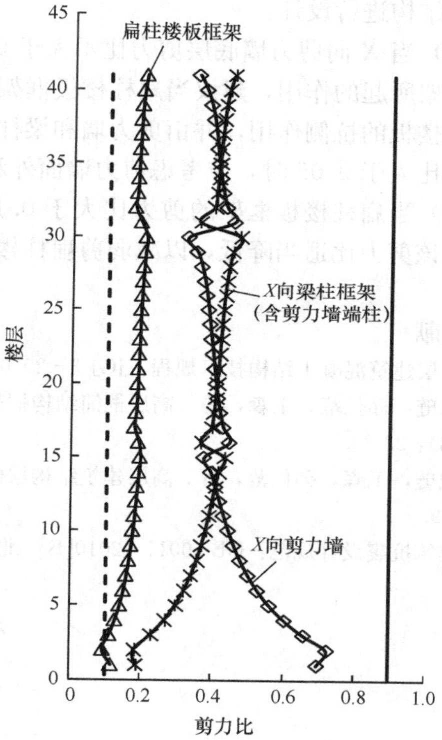

图 6 案例二剪力比

图 5 表明，X 向剪力墙的倾覆力矩比在底层约为 0.19，随着楼层的增加其占比逐渐增大；梁柱框架倾覆力矩比在底层约为 0.29；扁柱楼板组成的抗侧力体系倾覆力矩比在底层约为 0.52，随着楼层的增加其占比逐渐减小。根据倾覆力矩比的判别方法，案例二 X 向的结构体系应定为框架-剪力墙结构，不能按照剪力墙结构进行设计。

图 6 表明，X 向剪力墙的剪力比在底层为 0.69，随着楼层的增加其占比逐渐减小；梁柱框架的剪力比在底层为 0.19，随着楼层的增加其占比逐渐增大；扁柱楼板框架剪力比在底层为 0.12，应考虑剪力墙面外和楼板的受力和承载力验算，并采取加强配筋构造措施，也可适当增设 X 向剪力墙和加强梁柱框架刚度，使该剪力比降低，以减小剪力墙和楼板面外受力的影响。

6.4 Y 向结构体系判别

计算结果表明，Y 向剪力墙的倾覆力矩比 ξ_{1w}、剪力比 μ_{1w} 均大于 0.9，所以 Y 向可按照剪力墙结构进行设计。

7 结论

（1）应按 X 向剪力墙承受的层剪力比判断一向少墙结构的结构体系。当底层剪力比大于 0.9 时，属于剪力墙结构，当比值不大于 0.9 时，不属于剪力墙结构，应按照框架-剪力墙结构进行设计。

（2）当 X 向剪力墙底层剪力比不大于 0.9 时，属于框架-剪力墙结构。为了判别扁柱楼板框架所起的作用，建议当扁柱楼板框架的剪力比小于 0.05 时，可不考虑剪力墙面外及相应楼板的抗侧作用，并由剪力墙和梁柱框架承担全部水平地震作用；当扁柱楼板框架的剪力比大于 0.05 时，应考虑剪力墙面外和楼板的受力及配筋设计。

（3）当扁柱楼板框架的剪力比大于 0.1 时，建议适当增设剪力墙和加强梁柱框架刚度，使该剪力比适当降低，以减弱剪扁柱楼板框架承担的抗侧作用。

参考文献

[1] 高层建筑混凝土结构技术规程：JGJ 3-2010 [S]. 北京：中国建筑工业出版社，2011.
[2] 魏琏，孙仁范，王森，等．高层框筒结构框架部分剪力比的研究[J]. 深圳土木 & 建筑，2014，43(3)：23-30.
[3] 魏琏，王森，孙仁范，等．高层建筑结构层侧向刚度计算方法的研究[J]. 建筑结构，2014，44(6)：4-9.
[4] 建筑抗震设计规范：GB 50011-2010[S]. 北京：中国建筑工业出版社，2010.

本文原载于《建筑结构》2017 年第 47 卷第 1 期

24. X 向少墙时 Y 向剪力墙结构墙体面外抗震设计

魏　琏，谭　伟，王文涛，汝　振

【摘　要】 通过某实际工程案例分析了单向（X 向）少墙剪力墙结构在少墙方向结构的受力特性和刚度构成，研究 Y 向墙体在少墙方向的面外受力情况，并对面外受力的墙体区分不同部位，分别进行小震、中震、大震下的承载力验算，然后结合抗震性能目标给出相应结构设计措施。研究表明，小、中震下墙肢未屈服，但大震下部分墙肢屈服，因此，剪力墙面外受力的问题应予以充分的重视。

【关键词】 单向少墙结构；剪力分担率；墙体面外受力；抗震设计

Out-of-plane seismic design of shear wall in Y direction for shear wall structure with few walls in X direction

Wei Lian, Tan Wei, Wang Wentao, Ru Zhen

Abstract: Through an actual project study, the mechanical behavior and the stiffness composition of shear wall structure with few walls in one way (X direction) under lateral load were studied. The out-of-plane force conditions of shear walls in Y direction were studied. The different arts of the wall with out-of-plane forces were distinguished to carry out bearing capacity check under the frequent, fortification and rare earthquakes. And corresponding structure design measures were given according to the seismic performance goals. The above research shows that the walls do not yield under frequent and fortification earthquakes, but the part of the walls yield under the rare earthquake, so the problem of out-of-plane force on shear wall should be fully considered.

Keywords: structure with few walls in one-way; shear sharing ratio; out-of-plane force on shear wall; seismic design

0　引言

基于抗震概念设计剪力墙和框架-剪力墙结构两个方向均应布置剪力墙，且宜使两个主轴方向的抗侧刚度接近。由于通风采光的需要，部分住宅类建筑采用南北向布置剪力墙，导致东西向剪力墙偏少，墙肢较短甚至完全退化为端柱，结构两个方向受力特性出现明显差异。工程经验表明，该类结构少墙方向往往仍具有相当的侧向刚度，满足高规[1]的变形限值。但少墙方向的结构整体刚度如何形成、水平力如何传递、是否存在常规设计无法包络的不安全因素是当前迫切需要研究和解决的问题[2]。

一般来说，剪力墙主要承担竖向力和面内水平剪力，是结构中的关键构件。目前常用的设计软件考虑了剪力墙面外刚度，但未做面外承载力验算，仅仅对面内承载力进行配筋与校核。常规双向均匀布置的剪力墙结构墙体面外受力较小，设计中不予考虑或按常规设计可以包络该不利因素，不至于影响结构安全。单向少墙结构由于该方向布置面内剪力墙较少，因此另一方向剪力墙的面外作用及效应不容忽视，如仍按普通剪力墙结构进行设计，少墙方向结构设计可能存在较大的安全隐患。结合实际工程案例，本文将重点探讨单向少墙结构剪力墙面外抗震设计相关问题。

1 工程概况

该工程位于深圳市银湖金湖路以西，皇岗路以东，南侧毗邻北环大道，共44层（顶部两层为构架层），总高度为144.3m，标准层层高3.15m（首层层高9.55m），高宽比为7.1，标准层结构平面布置及典型竖向构件编号见图1。抗震设防烈度为7度（0.1g），场地特征周期为0.35s，50年一遇基本风压为0.75kPa；典型楼面附加恒载为1.5kPa，活载为2.0kPa。

从图1可以看出，大部分剪力墙沿Y向布置，X向仅布置了8片长墙肢。Y向剪力墙中一字墙占25%左右，且约50%的一字墙面外有楼面主梁搭接。在满足建筑功能要求的基础上，结构最外侧布置了大量的X向短墙肢和翼墙。

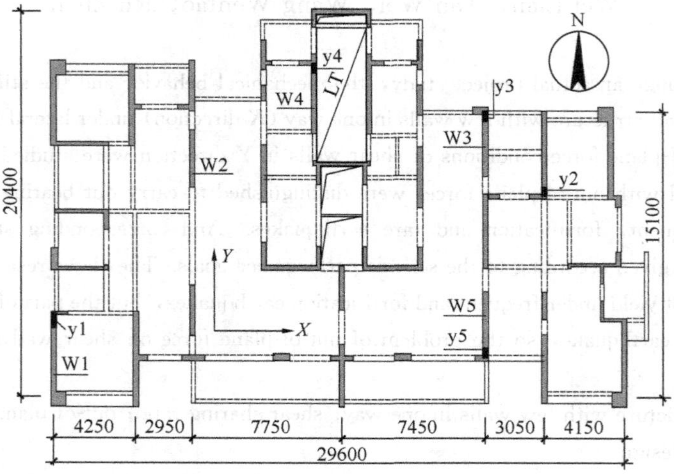

图1 标准层结构平面图及典型构件编号图

2 结构整体计算分析

采用ETABS软件计算得到的结构基本指标见表1，地震作用下各楼层层间位移角及位移曲线见图2。由表1可知，虽然X向剪力墙偏少，但结构X向平动周期仅比Y向平动周期大7%左右，X向地震作用下层间位移角比Y向大2.5%，结构X向仍具备相当的刚度，且远小于广东省高规[2]的限值1/650。由图2可以看出，结构Y向变形符合剪力墙结构的“弯曲型”特征，X向变形基本符合框架-剪力墙结构的“弯剪型”特征。

结构基本指标 **表 1**

基本指标		数值
单位面积质量（t/m^2）		1.44
周期（s）	T_1（X 向平动）	3.394
	T_2（Y 向平动）	3.172
	T_t（扭转）	2.207
小震下基底剪力（kN）	X 向	4163
	Y 向	4334
地震作用下最大层间位移角（楼层）	X 向	1/1443（20 层）
	Y 向	1/1478（26 层）
风荷载作用下最大层间位移角（楼层）	X 向	1/1119（18 层）
	Y 向	1/873（26 层）

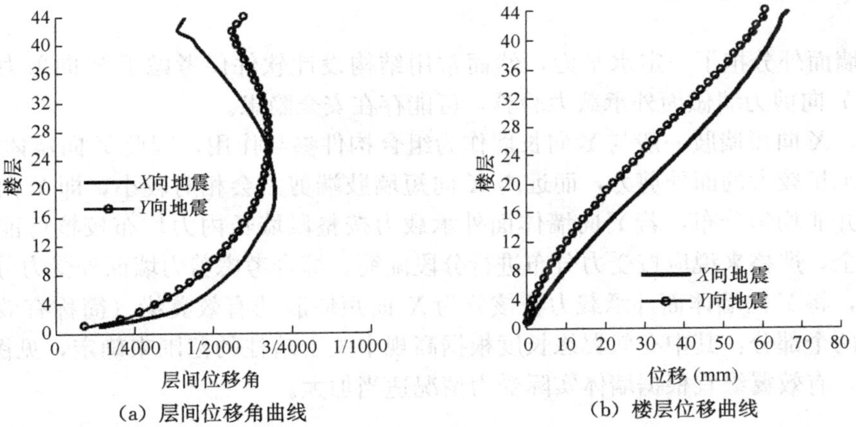

图 2　地震作用下各楼层层间位移角及位移曲线

从高层剪力墙结构的受力特性来讲，剪力墙高度与墙段长度比值一般较大，因此各片剪力墙一般单独抗弯，楼板协调各墙肢水平变形。单从墙体数量来看，X 向仅仅 8 片长墙，明显无法提供足够的抗侧刚度。文献［2］研究表明，此类结构的 X 向抗侧体系由以下三部分组成：1）X 向长墙肢；2）短墙肢（含有效翼缘）与楼面梁组成的梁柱框架；3）Y 向剪力墙面外与楼板组成的扁柱框架。X 向数量众多的短墙肢框架及剪力墙面外与楼板组成的框架可以弥补 X 向长墙刚度的不足。

为准确了解本工程结构 X 向刚度各部分的组成比例，提取了三者在各楼层的剪力分担率，见图 3，其中有效翼缘剪力统计在梁柱框架内。案例工程，底层层高达 9.55m，与 2 层层高 3.15m 相差较大，底层墙厚较厚（600mm），考虑主要以 2 层剪力分担率为参考指标。由图 3 可知，首层和 2 层扁柱框架剪力分担率分别为 16.7％和 11.6％，随楼层升高分担率波动不大。梁柱框架首层和 2 层剪力分担率分别为 27.8％和 40.4％，随楼层升高分担率逐渐增加。首层和2层X向剪力墙剪力分担率分别为55.5%和48%，随楼层升高分担率不断减小，这是典型的框架-剪力墙结构的受力特点。

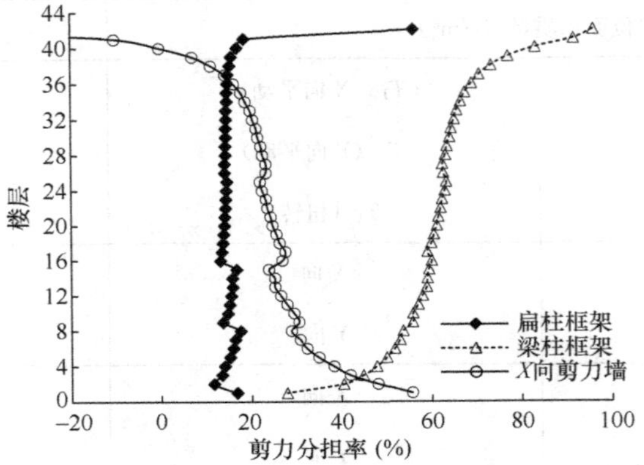

图3 剪力分担率

3 Y向墙面外受力分析

Y向墙面外分担了一定水平力，然而常用结构设计软件仅考虑了Y向剪力墙面外刚度，未对Y向剪力墙做面外承载力验算，可能存在安全隐患。

另外，X向短墙肢一般与Y向长墙作为组合构件参与作用，因此Y向墙体近X向短墙肢端会承担较大的面外剪力，而远离X向短墙肢端剪力会相对较小，即Y向墙面外受力沿墙长并非均匀分布，若Y向墙体面外承载力按整段墙长内力均布校核可能会造成局部的不安全，严格来说应按受力分布进行分段配筋。综合考虑剪力墙面外受力分布和常规设计习惯，将Y向墙体面外承载力校核分为X向短墙肢的有效翼缘（简称有效翼缘）和一般部位两个部分，其中有效翼缘长度根据高规中关于暗柱的范围来确定，见图4。当墙体较长时，有效翼缘宜根据墙体实际受力情况适当加大。

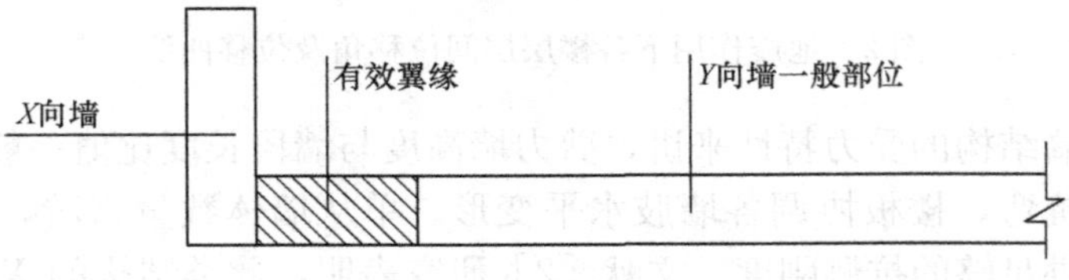

图4 Y向墙一般部位和有效翼缘示意图

选取典型楼层2、15、30、40层中有效翼缘和一般部位y1和W1、y4和W4、y5和W5（图1）进行内力比较，有效翼缘单位长度内力与一般部位单位长度内力的比值见表2。由表2可以看出，除个别情况外（如W1），有效翼缘受力普遍大于一般部位，弯矩平均达到一般部位的1.3～1.8倍，轴力平均达到一般部位的1.2～5.5倍。W1面外搭接有一根截面为250mm×1100mm的梁，造成一般部位的墙弯矩较大。W5面外无梁搭接，因此一般部位的墙受力较小，有效翼缘与其内力的比值相对较大。下面给出最具代表性的

W5 和 y5 在各楼层的内力分布。

X 向地震作用下典型有效翼缘与一般部位内力比值　　表 2

楼层	弯矩对比			轴力对比		
	y1/W1	y4/W4	y5/W5	y1/W1	y4/W4	y5/W5
40	0.61	1	1.7	2.83	1.19	7.33
30	0.42	1.41	1.73	1.3	1.48	5.56
15	0.24	1.15	1.82	1.17	1.02	6.42
2	0.62	1.56	1.89	1.29	1.17	2.87
平均值	0.47	1.28	1.79	1.65	1.22	5.55

典型构件各层轴力和弯矩分布见图 5。由图 5（a）可以看出，X 向小震作用下，W5 单位长度的轴力较小，y5 单位长度的轴力相对较大；恒载＋0.5 活载（$D+0.5L$）和地震作用下，y5 单位长度的轴力均大于 W5，恒载＋0.5 活载作用下，y5 单位长度的轴力平均约为 W5 的 1.4 倍，地震作用下，y5 单位长度的轴力平均约为 W5 的 5.3 倍。图 5（b）表明，小震作用下 y5，W5 均存在一定的面外弯矩。恒载＋0.5 活载和地震作用下，y5 单位长度的弯矩普遍大于 W5，约为其 1.8 倍。本工程 Y 向墙长一般部位的长度均在 4m 以下，对于其他存在更长墙体的工程，一般部位的受力可能需要再进一步细分。

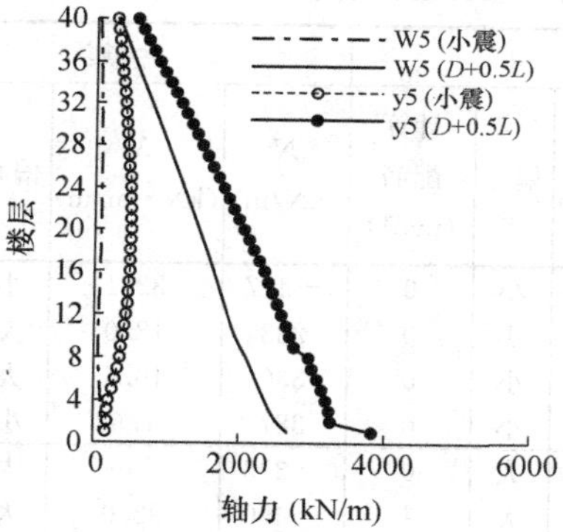

（a）轴力

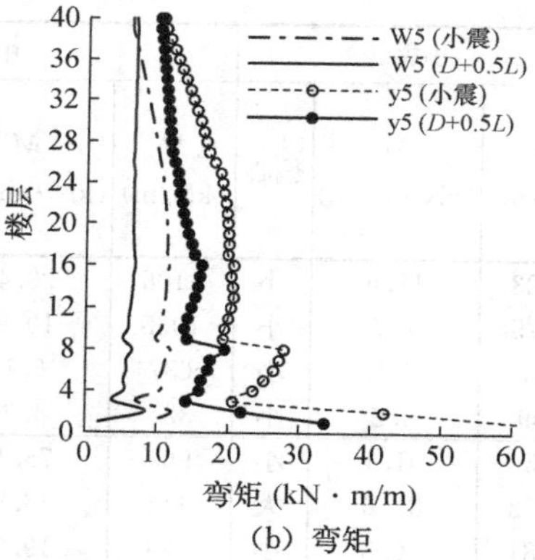

（b）弯矩

图 5　典型构件各层内力分布

按照普通剪力墙设计方法设计单向少墙结构中的墙体，仅考虑面内按平截面假定进行压弯验算，忽略了墙体面外弯矩及其内力分布不均的情况。对于普通剪力墙结构，由于双向均有足够数量的墙体，各自承担面内地震作用，这种误差在工程精度允许范围内，但对于单向少墙结构，这种简化可能会带来不安全因素，需要进行墙体面外承载力验算。

4　性能目标

剪力墙面外受力与面内受力同等重要，且考虑到墙厚一般较薄，一旦屈服全截面将迅速破坏，应从严控制剪力墙面外受力，初步参考高规有关规定设定其抗震设防性能目标，如表 3 所示。根据计算得出墙体面外抗剪承载力均满足表 3 的性能目标，且富余度较大，下文不再详述。

剪力墙面外抗震设计性能目标　　　　表 3

地震烈度	性能水准	具体描述
小震	1	弹性设计
中震	3	抗弯不屈服，抗剪弹性
大震	4	少量抗弯屈服，抗剪不屈服

5　有效翼缘面外承载力验算

常规设计方法可能低估了单向少墙结构有效翼缘内力，采用手动方法，参考混规[4]式（6.2.17-1）～式（6.2.17-4），提取有效翼缘 y1～y5 控制工况内力，对其进行小震、中震、大震下的偏心受压（拉）承载力验算，其中小震抗震承载力调整系数取 0.85，中震和大震不考虑荷载分项系数，材料强度取标准值。考虑塑性开展和刚度退化，对大震弹性内力进行折减，工程经验表明，多数工程大震动力弹塑性分析得到的底部总剪力约为大震动力弹性结果的 0.5～0.8 倍（即小震作用下的 3～5 倍），本文取折减系数 0.85，典型构件承载力验算结果见表 4。

Y 向墙有效翼缘面外承载力验算结果　　　　表 4

编号	楼层	小震			中震				大震				实配钢筋 (mm^2)
		N (kN/m)	*M* (kN·m/m)	偏心	*N* (kN/m)	*M* (kN·m/m)	偏心	计算配筋 (mm^2)	*N* (kN/m)	*M* (kN·m/m)	偏心	计算配筋 (mm^2)	
y1	2	4323	15.8	小	1106	20.4	小	0	−417	32.1	小	730	1141
	15	1675	7.7	小	1035	10.8	小	0	233	18.0	大	0	1425
	30	957	4.9	小	637	6.1	小	0	330	10.5	大	0	754
	40	309	3.2	小	327	4.3	小	0	387	7.6	小	0	754
y2	2	1754	51.1	小	960	75.1	大	0	−373	149	大	2283	1757
	15	1032	31.6	大	444	46.8	大	1	−490	92.0	大	2096	1301
	30	1081	16.8	小	169	19.9	大	39	−294	40.4	大	1019	616
	40	362	8.6	大	7	8.9	大	130	−207	20.1	大	584	616
y3	2	1395	51.2	小	493	71.1	大	33	−914	144	大	2903	1532
	15	1120	21.2	大	587	28.6	大	0	−255	58.0	大	1254	1108
	30	1329	19.8	大	284	19.6	大	0	−204	40.1	大	903	1108
	40	511	10.2	大	62	10.2	大	63	−161	21.9	大	554	1108
y4	2	1943	30.7	小	1450	35.1	小	0	1334	60.0	大	0	1142
	15	1612	11.7	大	1481	13.6	大	0	1610	24.1	大	0	731
	30	999	10.7	大	950	11.7	大	0	352	12.2	大	0	731
	40	358	6.8	大	351	7.1	大	0	433	10.0	大	0	731
y5	2	5661	98.8	小	4936	123.7	小	0	5507	211	小	0	1713
	15	3123	46.3	小	1007	31.9	大	0	71	73.0	大	1046	2676
	30	1864	31.9	小	196	25.3	大	113	−656	57.8	大	1752	931
	40	873	22.1	大	−121	14.4	小	384	−694	36.7	小	1460	931

注：轴力正值表示压力，负值表示拉力；小震下计算配筋均为 0，故未列出；实配钢筋为程序按常规方法计算配筋。

由表 4 可知，小震和中震下“有效翼缘”均未屈服，但大偏心受力所占的比例随地震作用增大而增加，小震、中震和大震下大偏心受力所占的比例分别为 45%、65%和 80%。大震下约 55%的墙体面外有效翼缘处于偏心受拉状态，绝大部分为大偏心，底部楼层个别为小偏心。大震下约 35%的墙体偏心受拉屈服，部分未屈服的有效翼缘计算配筋已经达到实际配筋的 50%以上。墙体低中高区楼层均有屈服，外围墙肢较内部墙肢更容易出现偏心受拉屈服。综合验算结果，对于单向少墙结构，作为关键构件的 X 向短墙肢框架承担了较大比例的地震作用，Y 向墙体端部的有效翼缘是关键构件的核心组成部分，因此应进行加强，以控制大震抗弯屈服比例，满足预定性能目标要求。

6 Y 向墙一般部位面外承载力验算

手动提取典型 Y 向墙一般部位 W1～W5，按压（拉）弯构件进行承载力验算，结果如表 5 所示。

Y 向墙一般部位面外承载力验算结果 表 5

编号	楼层	小震			中震			大震				实配钢筋 (mm^2)
		N (kN/m)	M (kN·m/m)	偏心	N (kN/m)	M (kN·m/m)	偏心	N (kN/m)	M (kN·m/m)	偏心	计算配筋 (mm^2)	
W1	2	2723	13.5	小	1496	22.3	小	320	41.5	大	0.0	375
	15	1925	14.5	小	1201	21.9	小	517	37.7	大	0.0	375
	30	1205	12.2	小	743	17.1	小	515	28.0	大	0.0	375
	40	315	9.3	小	253	10.9	小	232	16.4	大	0.0	375
W2	2	3041	37.3	小	2858	56.7	小	3078	103.3	小	0.0	375
	15	1913	21.1	小	1427	29.9	大	1220	57.8	大	0.0	312.5
	30	855	15.6	小	616	26.3	大	420	49.5	大	274	312.5
	40	341	11.2	大	252	18.1	大	183	33.2	大	307	312.5
W3	2	2116	27.4	小	1509	45.6	小	820	88.0	大	0.0	375
	15	1964	23.5	小	1125	29.8	小	748	59.5	大	0.0	375
	30	978	15.9	小	955	25.2	大	1109	46.1	大	0.0	312.5
	40	307	9.4	小	290	14.4	大	216	21.8	大	17	312.5
W4	2	1865	14.0	小	1423	20.2	小	1143	36.2	小	0.0	312.5
	15	1648	6.9	小	1558	11.1	小	1181	18.3	小	0.0	312.5
	30	929	8.9	小	899	11.2	小	1033	16.7	小	0.0	312.5
	40	325	7.5	小	190	5.4	小	122	7.9	大	0.0	312.5
W5	2	3140	40.4	小	2977	62.4	小	3204	113.1	小	0.0	375
	15	2336	23.1	小	2193	34.3	小	1672	46.2	大	0.0	312.5
	30	1265	19.7	小	1239	29.2	小	699	36.8	大	0.0	312.5
	40	445	15.4	小	274	17.8	大	191	30.0	大	228	312.5

注：小震、中震下计算配筋均为 0，故未列出。

表 5 验算结果显示，小震、中震和大震下 Y 向墙体一般部位计算配筋均未超过实际竖向分布筋配筋。小震下仅 5%的墙肢为大偏心受压，中震和大震下分别达到 30%和 75%。高区楼层大偏心受压的墙肢较多，外围墙体和一字墙受力更不利。一般来说剪力墙竖向分布筋是作为构造钢筋和剪力墙面内抗弯钢筋使用。面外受力的计算配筋虽然均未超

过竖向分布筋的构造配筋率，但大震下部分墙体配筋计算面积已基本接近构造值，而且承载力验算未考虑面内面外双向压弯作用，因此宜采取合理措施保证剪力墙面外承载力。建议一字墙（尤其是面外搭梁的一字墙）墙厚沿楼层不宜过度减薄，且竖向分布筋配筋率适当提高。

低区楼层剪力墙面内轴力和弯矩通常较大，高规规定的竖向分布筋富余度相对较低。高区楼层剪力墙面内受力较低区楼层小，但相应的轴力也减小，竖向构造分布筋的富余度也不大。前面的分析结果显示，验算面外承载力时出现计算配筋的墙肢多位于高区楼层。考虑到面外受力的影响，本工程在规范规定的最小分布筋配筋率的基础上，高区单侧竖向分布筋配筋率提高 0.12%，底部加强区竖向分布筋单侧提高 0.1%，然后提取双向地震作用组合的内力，对墙体面内和面外进行双向压弯承载力校核，可满足预定性能水准的要求。

此外，当墙体不长时，Y 向墙体面外承载力也可考虑采用墙中间部位设 1m 宽暗柱来承担，如图 6 所示。暗柱的配筋根据计算确定，偏保守地取轴力设计值为 1m 范围内墙体轴力，弯矩设计值为一般部位墙体全长面外弯矩。在中部设立暗柱不但保证了墙体面外安全，另一方面由于暗柱基本处于墙肢面内抗弯的中和轴位置，与面内弯矩耦合作用较小。当墙体较长时，暗柱宽度宜适当加大。

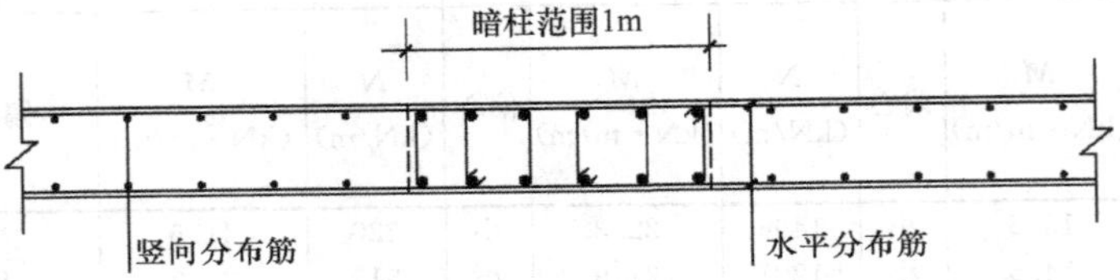

图 6　Y 向墙体一般部位暗柱示意图

篇幅所限，仅给出表 5 中受力较大的 W2 和 W5 按 1m 宽暗柱验算的结果，其中箍筋计算面积均为 0，按构造配箍即可。小震下纵筋计算面积均为 0，故仅给出中、大震下的验算结果，见表 6。

由表 6 可知，大震下大部分暗柱单侧配筋率在 0.2%～0.48%之间，个别达到 0.55%，即全截面配筋率基本小于 1%，与柱子的最小配筋率相近。

为便于操作，对于墙体面外搭梁的情况，梁下暗柱宜进入计算模型，暗柱尺寸可参考文献［1］关于梁下暗柱的定义进行确定。

Y 向墙一般部位按 1m 宽暗柱验算的结果　　**表 6**

楼层	W2						W5					
	中震			大震			中震			大震		
	偏心	计算配筋 (mm²)	计算配筋率 ρ (%)	偏心	计算配筋 (mm²)	计算配筋率 ρ (%)	偏心	计算配筋 (mm²)	计算配筋率 ρ (%)	偏心	计算配筋 (mm²)	计算配筋率 ρ (%)
2	大	0.0	0	大	0.0	0.00	小	0.0	0.00	大	0.0	0.00
15	大	0.0	0	大	1003.2	0.40	大	0.0	0.00	大	443.5	0.18
30	大	231.9	0.09	大	1373.0	0.55	大	0.0	0.00	大	948.3	0.38
40	大	331.7	0.13	大	1047.8	0.42	大	405.6	0.16	大	1209.7	0.48

7 结论

（1）单向少墙剪力墙结构少墙方向，短墙肢与楼面梁构成的框架以及楼板与剪力墙面外形成的弱框架是结构抗侧刚度的重要组成部分，因此应对剪力墙面外受力进行承载力验算。

（2）短墙肢对结构刚度贡献较大，因此与短墙肢相邻的面外墙体端部有效翼缘区域的内力普遍大于面外墙体的内力，应专门进行承载力验算。

（3）本工程结构的墙体有效翼缘在小震、中震作用下均未屈服，但在大震作用下约55%的墙肢处于大偏心受拉状态，约35%的墙肢出现屈服，低中高区楼层均有出现，外围墙屈服情况更严重，未屈服的有效翼缘受弯承载力利用率大部分也达50%以上，应进行适当加强，以控制大震抗弯屈服比例，满足预定性能目标要求。

（4）为保证 Y 向墙体的抗震安全性，应充分重视其面外承载力验算，建议采用双向地震作用组合对墙体进行双向压弯承载力校核。

（5）Y 向墙体一般部位面外承载力也可考虑采用墙中间部位设暗柱来承担，暗柱的宽度可根据不同的墙长和受力情况进行确定。

受建筑要求、结构实际受力特征、典型构件选取局限性的影响，设计者应结合工程具体情况进行单向少墙剪力墙结构的墙体面外抗震设计。

参考文献

[1] 高层建筑混凝土结构技术规程：JGJ 3-2010[S]. 北京：中国建筑工业出版社，2011.
[2] 谭伟，汝振，王文涛，等. 单向少墙剪力墙结构楼板抗震设计研究[J]. 深圳土木 & 建筑，2015，45(1)：11-16.
[3] 高层建筑混凝土结构技术规程：DBJ 15-92-2013[S]. 北京：中国建筑工业出版社，2013.
[4] 混凝土结构设计规范：GB 50010-2010[S]. 北京：中国建筑工业出版社，2011.

本文原载于《建筑结构》2017 年第 47 卷第 1 期

25. 一向少墙高层剪力墙结构抗震设计计算方法

魏 琏，王 森，曾庆立

【摘 要】 对高层建筑一向少墙剪力墙结构的结构体系特点进行了分析，指出了当少墙方向的扁柱楼板框架剪力比 μ_{iwf} 大于 0.1 时，扁柱楼板框架作用较大，必须验算扁柱楼板框架的承载力；少墙方向的 X 向剪力墙一般为非矩形的复杂截面，设计时建议采用组合墙肢的设计方法；梁柱框架一般为异形柱截面，应按异形柱设计；少墙方向的扁柱楼板框架，楼板的验算应考虑水平荷载的作用；建议少墙方向的设计方法采用抗震性能化设计法。

【关键词】 结构体系；梁柱框架；异形柱；扁柱楼板框架；抗震性能设计

Seismic design and calculation methods of high-rise shear wall structure with few shear walls in one direction

Wei Lian, Wang Sen, Zeng Qingli

Abstract: The characteristics of the shear wall structural system of a high-rise building with few shear walls in one direction were studied. It was pointed out that if the shear ratio μ_{iwf} of the flat column-slab frame with few shear walls in one direction exceeds 0.1, flat column slab frame undertook large loads and the bearing capacity of the frame should be checked and calculated; the X-direction shear wall in the direction of few walls generally had non-rectangular complex sections, so it was suggested to adopt the design method of composite wall limb in the design; the beam column frame generally had special-shaped column sections, so it should be designed according to the special-shaped column; the effect of horizontal load should be considered in the calculation of bearing capacity of floor of the flat column-slab frame in the direction of few walls; the design method of performance-based seismic design should be used for the flat column-slab frame in the direction of few walls.

Keywords: structural system; beam-column frame; specially shaped column; flat column slab frame; performance-based seismic design

0 前言

近年来，由于土地用地紧张及业主对景观的要求，大量涌现了超 B 级高度的超高层剪力墙结构，此类剪力墙结构在建筑一个方向剪力墙很多，符合规范定义的剪力墙结构要求；而在另一个方向剪力墙稀少，不符合规范对于剪力墙结构的要求。

对于一向少墙的钢筋混凝土剪力墙结构，主要存在两个大问题需要解决，一是少墙方向结构体系的判断；二是现行软件计算模型中剪力墙均按壳单元处理，在整体分析中已考虑剪力墙平面外刚度，但程序中并没有对剪力墙面外和相关的端柱的抗震承载能力进行计算，因而现行程序按剪力墙结构进行整体分析验算的结果是存在缺漏的，必须研究改进。

文献［1］对此类结构的抗侧力体系进行了研究，提出了少墙方向结构体系的判别方法；在此基础上，本文进一步研究提出了较完整的一向少墙剪力墙结构的抗震设计计算方法，并结合工程案例进行说明，供工程界参考。

1 少墙方向抗侧力体系

文献［1］指出少墙结构在 X 向的抗侧力体系是由三部分结构组成（假定 X 向剪力墙稀少)，即 X 向布置的剪力墙，X 向梁和柱（含剪力墙端柱）组成的框架以及 Y 向墙（面外）和楼板组成的扁柱楼板框架。

以图 1 某工程结构平面布置示意图为例，经划分后 X 向结构体系如图 2 所示，X 向剪力墙以黑体填充表示；X 向梁柱框架以方格填充表示，其特点之一是框架柱截面包括 Y 向剪力墙端部一定长度在内，其形状为非矩形截面；扁柱楼板框架以斜线填充表示，其特点为扁柱楼板框架两侧的扁柱往往不在同一轴线上。由此可见，本案例少墙方向的结构体系不能判别为剪力墙结构体系，而是一种新的框架-剪力墙结构体系。

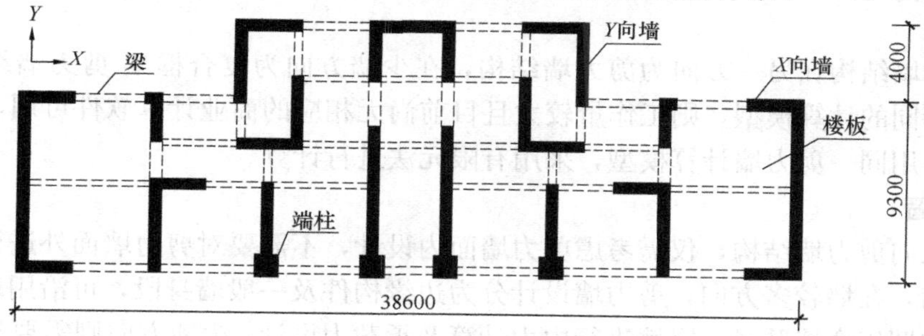

图 1 某工程的结构平面布置示意图

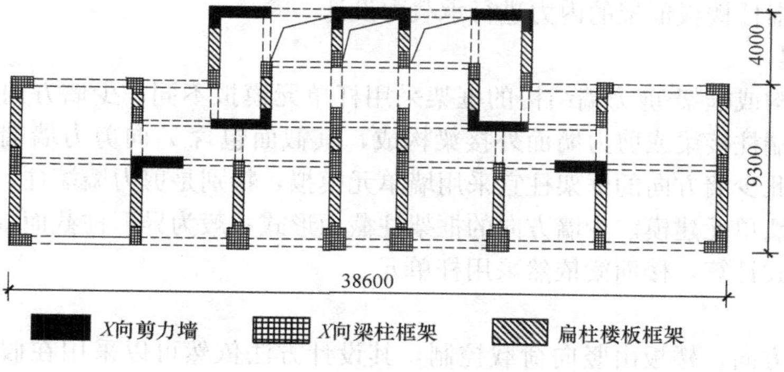

图 2 少墙方向抗侧力体系示意图

假设弹性分析求得少墙方向三部分抗侧力结构第 i 层的剪力分别为 V_{iw}（X 向剪力墙)，V_{if}（X 向梁柱框架）及 V_{iwf}（扁柱楼板框架)，可由式（1）～式（4）求得第 i 层少墙方向各抗侧结构承受的楼层剪力与层总剪力 V_i 的比值为：

剪力墙部分：

$$\mu_{iw} = V_{iw}/V_i \tag{1}$$

梁柱框架部分：

$$\mu_{if} = V_{if}/V_i \tag{2}$$

扁柱楼板框架部分：

$$\mu_{iwf} = V_{iwf}/V_i \tag{3}$$

以上三部分和为：

$$\mu_{iw} + \mu_{if} + \mu_{iwf} = 1.0 \tag{4}$$

由式（1）～式（4）可知，一向少墙的剪力墙结构仅在多墙方向为剪力墙结构，在少墙方向并非为剪力墙结构，而是一种新型的框架-剪力墙结构，多了扁柱楼板框架的成分，而框架柱因另一向剪力墙端部参与工作而成为L形等异形柱。研究表明，当扁柱楼板框架剪力比 $\mu_{iwf}>0.1$ 时，扁柱楼板框架的抗侧作用不可忽视，可称为复合框架-剪力墙结构；当扁柱楼板框架剪力比 $\mu_{iwf}\leqslant 0.1$ 时，扁柱楼板框架的抗侧作用相对较小，一般不需专门进行计算复核，可采用构造方法处理解决，此时可称为框架-剪力墙结构，其受力与一般框架-剪力墙结构基本相同。

2　计算模型

一向少墙结构在另一方向为剪力墙结构，在少墙方向为复合框架-剪力墙结构，如两个方向取不同的计算模型，则工作量较大且目前尚无相应的商业计算软件可用，为此建议两个方向采用同一剪力墙计算模型，采用有限元法进行计算。

2.1　剪力墙

对于双向剪力墙结构，仅需考虑剪力墙面内设计，不需要对剪力墙面外进行分析。对于少墙结构，在墙较多方向，剪力墙设计分为边缘构件及一般墙身段，可沿用现有程序采用墙单元按照组合墙肢或一字墙进行内力计算及承载力设计；少墙方向则需要根据墙面外的作用，对墙单元分段，为此需要通过人工进行墙单元分割，并根据分割后的单元分别求取梁柱框架、扁柱楼板框架的内力进行承载力设计。

2.2　梁柱框架

与框架结构或框架-剪力墙结构的框架采用杆单元模拟不同，少墙方向的梁柱框架一般是由剪力墙端柱接梁或剪力墙面外接梁构成，其截面包含 Y 向剪力墙端部一定长度范围内的墙，因此少墙方向的框架柱宜采用墙单元模拟，特别是剪力墙端柱，建议采用与墙身不同厚度的墙单元建模。少墙方向的框架柱截面形式一般为异形柱截面，内力应按照分段后的截面形式计算，楼面梁依然采用杆单元。

2.3　楼板

在墙较多方向，楼板由竖向荷载控制，其设计方法依然可以采用在假定的边界条件下，根据计算手册进行查表。在少墙方向，楼板的作用是扁柱楼板框架的“梁”，其设计需要考虑水平荷载作用。由于两侧扁柱往往不在同一轴线上，连接两侧扁柱的“梁”（楼板）在平面上往往是折梁的形式。实际上，在水平荷载作用，楼板支座弯矩较大，跨中弯矩较小，仅需在原有设计基础上，考虑楼板支座负弯矩即可。因此楼板应采用具有面外及面内刚度的弹性板单元，建议以1m为网格细分楼板，设计时仅取搭接在扁柱范围内的楼板进行计算，取水平荷载作用下，1m板带的支座负弯矩与竖向荷载作用组合设计即可。

3 剪力墙分段方法

以上论述表明，一向少墙结构在计算时，剪力墙分段方法与一般剪力墙结构不同，它必须兼顾 Y 向剪力墙结构与少墙方向梁柱框架中柱截面的需要，为此在文献［1］研究成果基础上，参照《高层建筑混凝土结构技术规程》JGJ 3－2010[2]（简称高规）第 7.1.6 条及第 7.2.5 条的规定，X 向布置的剪力墙、梁柱框架、扁柱楼板框架的分段原则如下。

3.1 一字墙

图 3 所示的一字墙，面外即不搭梁亦不与 X 向剪力墙相接，此时整段一字墙划为扁柱楼板框架的一部分。

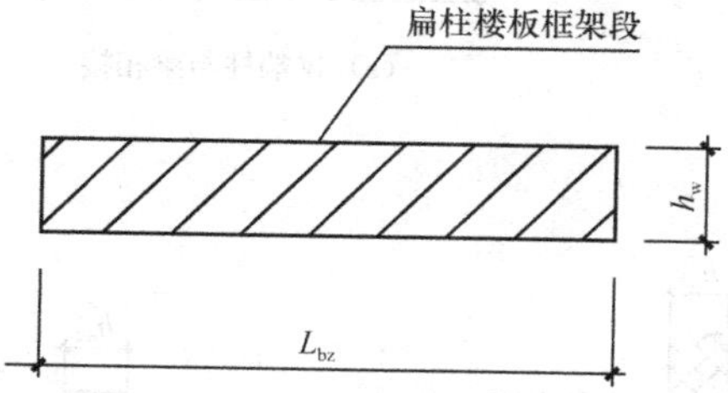

图 3 一字墙

3.2 一字墙面外搭梁

当一字墙面外搭梁时，大致可分为三种情形，如图 4 所示。当在墙面外的端部搭梁［图 4（a）］时，梁柱框架的柱宽取值为 $L_f = \max(b_b + h_w, 0.5l_c$，$l_c$ 为约束构件边缘长度，图中 l_c 的计算依据高规第 7.2.15 条取值)；当在距离墙端 b_1 的位置设置一道梁［图 4（b）］时，梁柱框架的柱宽取值为 $L_f = \max(b_1 + b_b + h_w, 0.5l_c)$，此处 $b_1 \leqslant h_w$；当在墙中部设置一道梁［图 4（c）］时，梁柱框架的柱宽取值为 $L_f = b_b + 2h_w$。

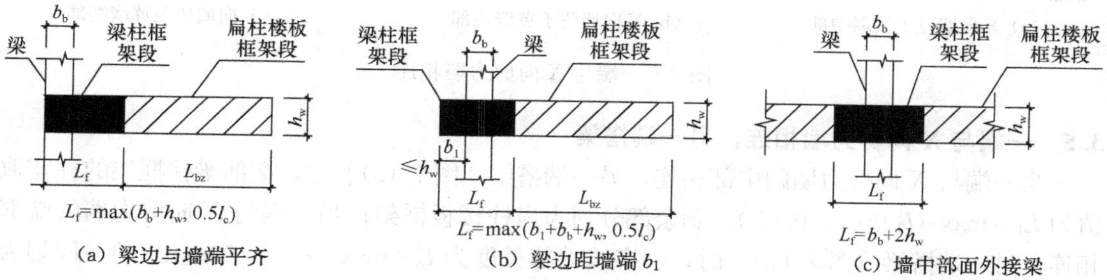

图 4 一字墙面外接梁

3.3 一端与端柱相连

当在墙的其中一端与端柱相连［图 5（a）］时，梁柱框架的柱宽取值为 $L_f = b_c + 300\text{mm}$；当一端与端柱相连，另一端搭梁［图 5（b）］时，与端柱相连一端的梁柱框架的柱宽取值为 $L_f = b_c + 300\text{mm}$，搭梁一端的梁柱框架的柱宽取值为 $L_f = \max(b_b + h_w, 0.5l_c)$。

3.4 一端与 X 向剪力墙相连

当一字墙一端与 X 向剪力墙相连时，大致可分为三种情形。当一端与 X 向剪力墙的中部相连［图 6（a）］时，一字墙长 L_{bz}，该一字墙均计入扁柱楼板框架段；当一端与 X 向剪力墙的端部相连［图 6（b）］时，一字墙端部长度为 $L = \max(h_{w1}, 300\text{mm})$ 的一段划为 X 向剪力墙，剩余的部分划为扁柱楼板框架段；当一端在距离 X 向剪力墙端部 L_x 的位置与 X 向剪力墙相连，且 $L_x \leqslant h_{w1} + h_{w2}$［图 6（c）］时，一字墙端部长度为 $L = \max(h_{w1}, 300\text{mm})$ 的一段划为 X 向剪力墙，剩余的部分划为扁柱楼板框架段；当 $L_x > h_{w1} +$

h_{w2}时，X向剪力墙及扁柱楼板框架段的取值与图6（a）一致。

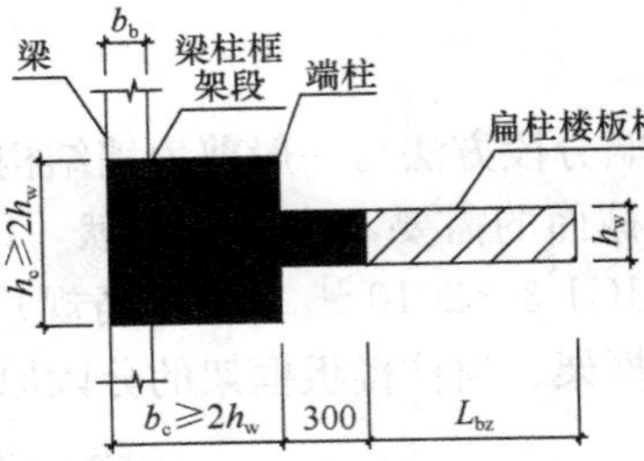

（a）仅端柱与梁相接

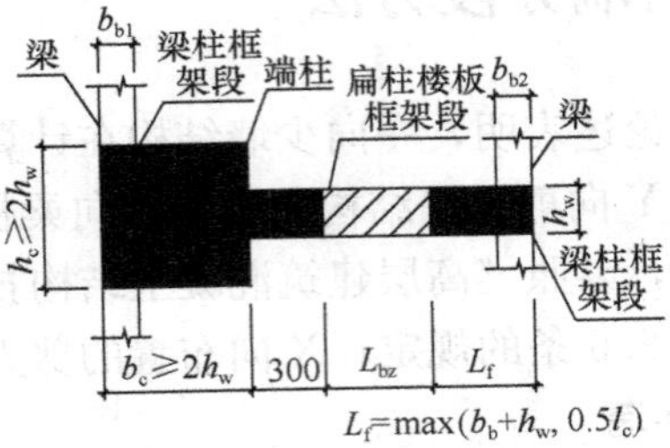

（b）端柱及墙面外与梁相接

图5　墙有端柱

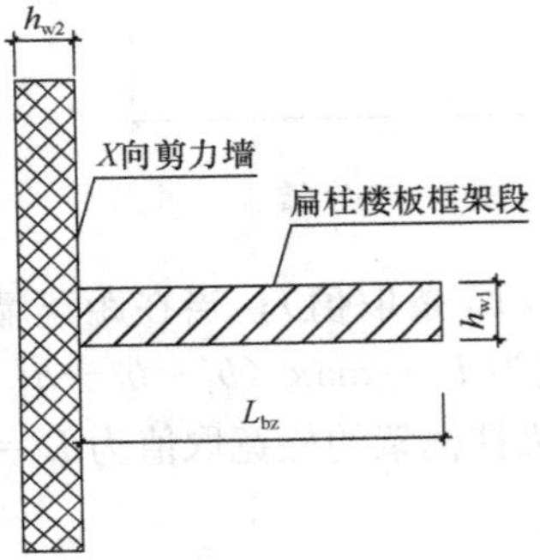

（a）Y向墙位于翼墙中部

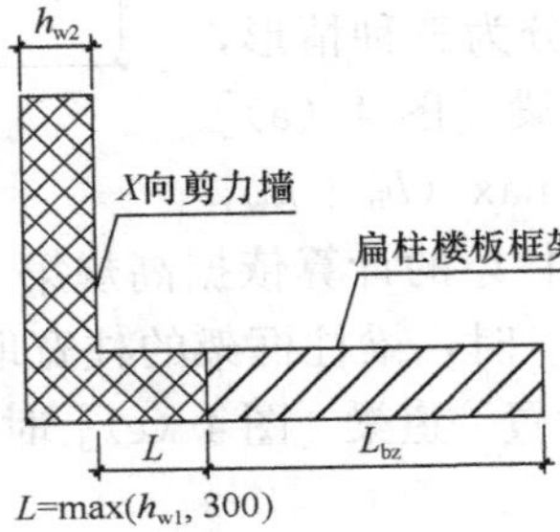

（b）Y向墙位于翼墙端部

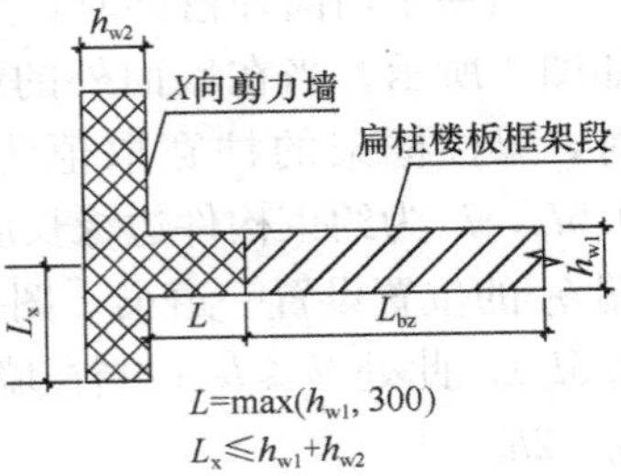

（c）Y向墙边距翼墙端部L_x

图6　一端与X向剪力墙相连

3.5　一端与X向剪力墙相连，另一端搭梁

当一端与X向剪力墙的中部相连，另一端搭梁［图7（a）］时，端部梁柱框架的柱宽取值为$L_f = \max(b_b + h_w, 0.5l_c)$，剩余部分划为扁柱楼板框架；当一端与$X$向剪力墙的端部相连，另一端搭梁［图7（b）］时，一字墙端部长度为$L = \max(h_{w1}, 300\text{mm})$的一段划为$X$向剪力墙，另一端梁柱框架的柱宽取值为$L_f = \max(b_b + h_w, 0.5l_c)$，剩余的部分划为扁柱楼板框架；当一端在距离$X$向剪力墙端部$L_x$的位置与$X$向剪力墙相连，且$L_x \leqslant h_{w1} +$

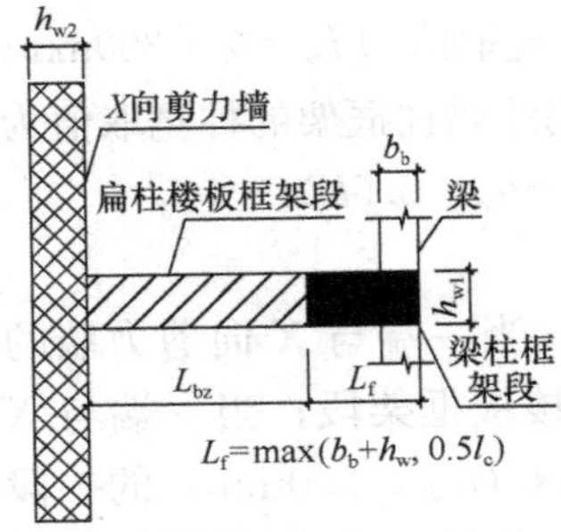

（a）Y向墙一端与翼墙中部相接，另一端搭梁

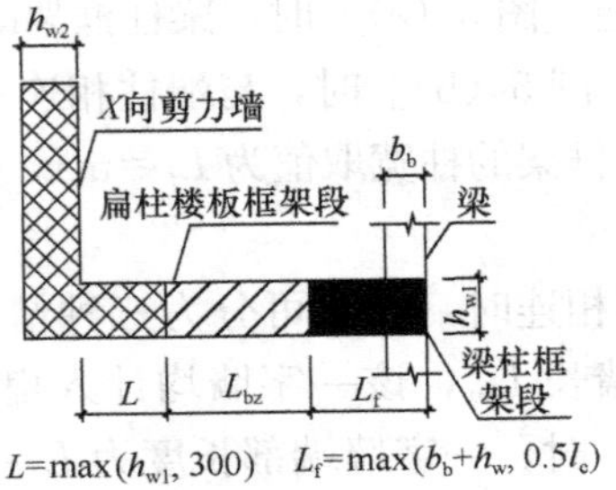

（b）Y向墙一端与翼墙端部相接，另一端搭梁

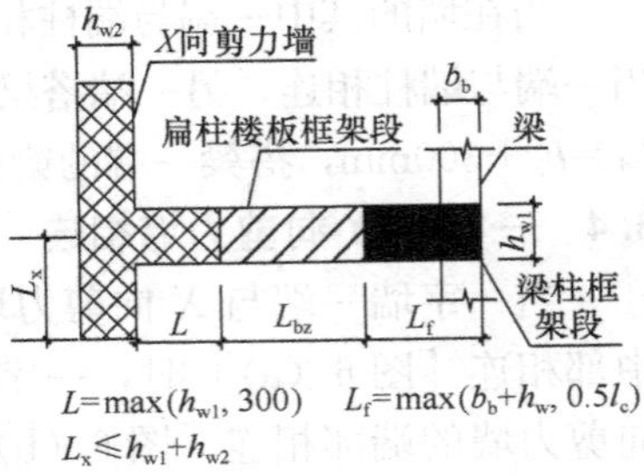

（c）Y向墙一端墙边距翼墙端部L_x，另一端搭梁

图7　一端与X向剪力墙相连，另一端搭梁

h_{w2}，另一端搭梁［图 7（c）］时，一字墙端部长度为 $L=\max(h_{w1}，300mm)$ 的一段划为 X 向剪力墙，另一端梁柱框架的柱宽取值为 $L_f=\max(b_b+h_w，0.5l_c)$，剩余的部分划为扁柱楼板框架；当 $L_x>h_{w1}+h_{w2}$ 时，X 向剪力墙及扁柱楼板框架的取值与图 7（a）一致。

对于以上各图，建议：当扁柱楼板框架段尺寸 L_{bz} 小于 min（300mm，h_w）时，可将扁柱楼板框架段计入梁柱框架段或 X 向剪力墙段，如当一字墙一端仅与端柱相连或面外搭梁时，扁柱楼板框架段并入梁柱框架段，否则并入 X 向剪力墙。

4 少墙方向结构抗震设计计算方法

少墙结构作为一种新型的结构体系，设计方法亟待研究解决，市场上尚未有相应的设计软件可用。根据过往的经验及结合现有规范有关于框架-剪力墙结构的设计思路，建议少墙方向的设计可按照性能设计法进行。

4.1 抗震等级与性能目标

当扁柱楼板框架剪力比 $\mu_{iwf}>0.1$ 时，该结构体系为复合框架-剪力墙结构，在少墙方向的 X 向剪力墙其抗震等级宜按照框架-剪力墙结构中的剪力墙选取，梁柱框架及扁柱楼板框架宜按框架-剪力墙结构中的框架选取。

少墙方向的抗震性能目标建议可按照 C 级选取，结构及构件的性能要求见表 1。

少墙方向结构及构件的性能目标 **表 1**

<table>
<tr><td colspan="3">抗震烈度</td><td>多遇地震</td><td>设防地震</td><td>罕遇地震</td></tr>
<tr><td colspan="3">性能水准</td><td>1</td><td>3</td><td>4</td></tr>
<tr><td colspan="3">层间位移角限值</td><td>国家高规：
1/800～1/500
（广东高规：1/65）</td><td>—</td><td>1/100</td></tr>
<tr><td rowspan="7">构件性能水平</td><td rowspan="2">X 向
剪力墙</td><td>底部加强区</td><td>弹性</td><td>抗弯不屈服，抗剪弹性</td><td>部分抗弯屈服（<LS），抗剪不屈服</td></tr>
<tr><td>一般剪力墙</td><td>弹性</td><td>抗弯不屈服，抗剪弹性</td><td>允许抗弯屈服（<LS），抗剪不屈服</td></tr>
<tr><td colspan="2">框架柱
（含剪力墙端柱）</td><td>弹性</td><td>抗弯不屈服，抗剪弹性</td><td>部分抗弯屈服（<LS），抗剪不屈服</td></tr>
<tr><td colspan="2">扁柱</td><td>弹性</td><td>抗弯不屈服，抗剪弹性</td><td>少量抗弯屈服（<LS），抗剪不屈服</td></tr>
<tr><td colspan="2">连梁</td><td>弹性</td><td>部分抗弯屈服，抗剪不屈服</td><td>抗弯屈服（<CP），抗剪不屈服</td></tr>
<tr><td colspan="2">框架梁</td><td>弹性</td><td>部分抗弯屈服，抗剪不屈服</td><td>抗弯屈服（<CP），抗剪不屈服</td></tr>
<tr><td colspan="2">楼板（梁）</td><td>弹性</td><td>部分抗弯屈服，抗剪不屈服</td><td>抗弯屈服（<CP），抗剪不屈服</td></tr>
</table>

注：多遇地震层间位移角限值根据结构的总高，参照框架-剪力墙结构取值，括号中的 1/650 是按照广东高规取值。弹性、不屈服可按国家高规第 3.11.3 条的公式进行计算。

如表 1 所示，X 向剪力墙及梁柱框架的性能目标与一般框架-剪力墙结构相似。少墙结构剪力墙面外破坏对非少墙方向结构的影响需给予充分的关注，当墙厚较薄时，一旦出现屈服，剪力墙面外全截面可能迅速破坏，因此建议应严格控制扁柱的抗震性能目标。

4.2 小震设计

少墙方向结构小震设计需根据上述分段后分别进行。其中 X 向剪力墙其截面形式可能为矩形、T 形、L 形以及两端带翼缘的复杂截面，设计时应根据具体截面形式及分段尺寸提取内力进行设计，其构造措施应满足规范对于剪力墙的要求。现有程序对于复杂截面剪力墙的计算一般有两个方法，一种是把复杂截面分别按照一字墙计算后，重叠部分配筋直接叠加；另一种是按照《混凝土结构设计规范》GB 50010－2010[3]第 9.4.3 条及《建筑抗震设计规范》GB 50011－2010[4]第 6.2.13 条第 3 款取一定的翼墙长度作为组合墙肢，按照异形墙截面进行计算设计；建议少墙方向结构宜按照组合墙肢计算，翼缘的计算长度可直接采用本文的分段方法选取。

少墙方向结构的梁柱框架，其框架柱的截面形式可能为矩形或 L 形等异形柱截面，设计时同样应根据分段后的截面提取内力进行设计，其构造亦应满足相关规范对于异形柱的要求。

扁柱的设计，宜先按照传统剪力墙设计方法对面内进行配筋，再根据面外分段提取不同分段的内力，采用面内配筋结果分段进行承载力复核，只有当面外承载力不满足要求时，才需根据面外受力情况重新进行配筋设计。扁柱在另一个方向是面内剪力墙，扁柱的配筋设计应考虑两个方向的配筋结果取包络。

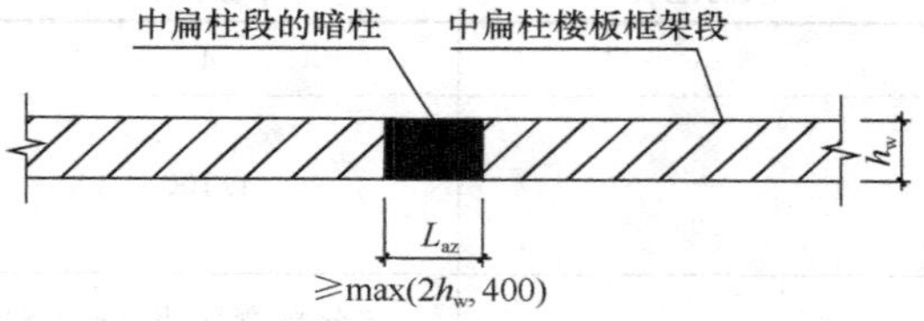

图 8　暗柱示意图

扁柱纵向构造配筋要求，可分为以下两部分：1）若扁柱与剪力墙面内边缘构件有重叠部分，重叠部分的构造要求宜遵循边缘构件的要求；2）扁柱的中段一般为剪力墙面内的中部墙身位置，其构造配筋与普通框架柱的构造配筋往往相差较大，若按照普通框架柱的构造配筋进行设计，将大大增加剪力墙的配筋，可能会造成严重的浪费，为此建议在满足上述承载力的前提下，扁柱与边缘构件非重叠区域可取扁柱计算配筋的结果并应满足剪力墙墙身构造要求；基于安全考虑，建议对于较长的扁柱可考虑在中部位置间隔一定距离设置暗柱，该暗柱可参照框架柱的构造配筋进行配筋，暗柱的尺寸可参照高规第 6.4.1 条及第 7.1.6 条的要求，柱高可取为 max（$2h_w$，400mm），柱宽可同墙宽 h_w，如图 8 所示。

进行抗剪承载力设计时，在满足面内墙约束边缘构件箍筋配置的同时，对扁柱应根据计算配置一定的抗剪钢筋。由于常规设计并未对剪力墙面外的抗剪进行设计，原有的面外拉结筋对抗剪作用有限，建议扁柱楼板框架段可考虑按照式（5）进行面外斜截面承载力验算，当承载力足够时，可不另设面外的抗剪钢筋。

当偏心受压时：

$$V \leqslant \frac{1}{0.85}\left(\frac{1.05}{\lambda+1}f_t bh_0 + 0.056N\right) \tag{5a}$$

当偏心受拉时：

$$V \leqslant \frac{1}{0.85}\left(\frac{1.05}{\lambda+1} f_t b h_0 - 0.2N\right) \tag{5b}$$

当不能满足式（5a）或式（5b）要求时，参照高规第 6.2.8 条及第 6.2.9 条，按式（6）进行面外抗剪钢筋配筋计算。

当偏心受压时：

$$V \leqslant \frac{1}{0.85}\left(\frac{1.05}{\lambda+1} f_t b h_0 + 0.056N + f_{yv}\frac{A_{sv}}{s} h_0\right) \tag{6a}$$

当偏心受拉时：

$$V \leqslant \frac{1}{0.85}\left(\frac{1.05}{\lambda+1} f_t b h_0 - 0.2N + f_{yv}\frac{A_{sv}}{s} h_0\right) \tag{6b}$$

由于剪力墙面内与面外的抗剪面积是一致的，而剪力墙面内剪力往往远远大于面外剪力，故扁柱的抗剪截面要求是由剪力墙面内剪力控制，因此面外无需验算剪压比。

少墙方向楼板在水平荷载作用下，楼板两侧支座产生一定的负弯矩。取 1m 板带为研究对象，其沿板跨的弯矩分布如图 9 所示，两端负弯矩较大，跨中弯矩较小；对于双向剪力墙结构，楼板端部的弯矩往往较小，可不考虑其对承载力的影响。

在竖向荷载作用下，沿板跨的弯矩分布如图 10 所示。竖向荷载作用下，其支座及跨中弯矩均往往较大；当考虑不同的荷载组合，将图 9 与图 10 叠加以后，与只考虑竖向荷载作用的工况相比，楼板的支座弯矩增大较多，跨中弯矩基本上不变；因此为了保证小震作用下楼板的承载力，楼板支座的抗弯承载力设计必须考虑水平荷载的影响（对于风控地区，尚需考虑风荷载的影响）。

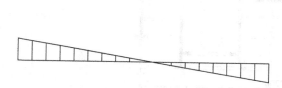

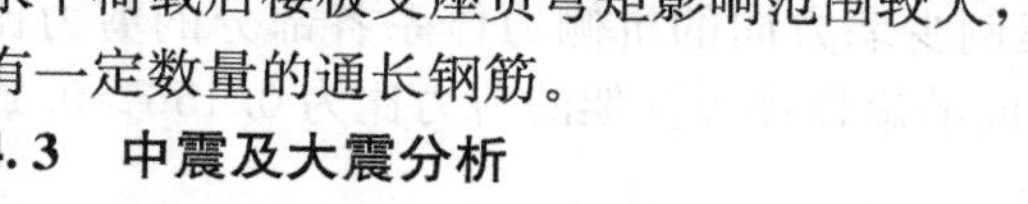

图 9　水平荷载作用下楼板弯矩示意图

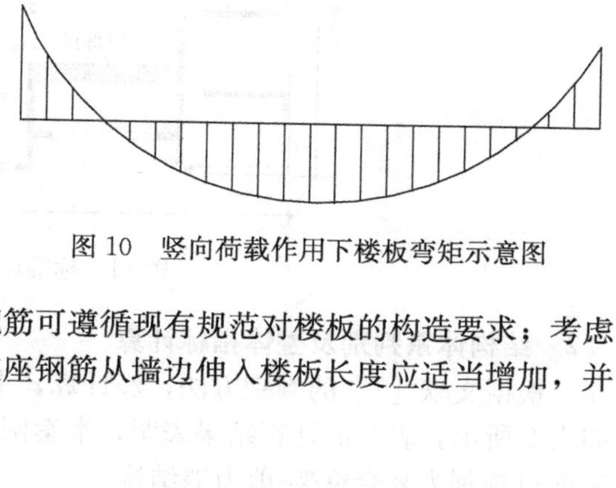

图 10　竖向荷载作用下楼板弯矩示意图

当楼板抗弯承载力满足要求，则其构造配筋可遵循现有规范对楼板的构造要求；考虑水平荷载后楼板支座负弯矩影响范围较大，支座钢筋从墙边伸入楼板长度应适当增加，并有一定数量的通长钢筋。

4.3　中震及大震分析

根据高规第 3.11.3 条的规定，第 3、4、5 性能水准的结构应进行弹塑性计算分析，中震、大震抗震性能水准一般都为第 3 或第 4 性能水准，因此对于少墙方向结构，中震、大震理论上应采用弹塑性分析法进行计算分析；然而，实际工程中考虑少墙方向的弹塑性分析存在以下困难：1）现有的计算程序不能考虑剪力墙面外的非线性。少墙方向的框架柱及扁柱均采用了墙单元模拟，使得框架柱及扁柱在少墙方向只能按照弹性计算。2）楼板单元不能考虑面外非线性。3）同时考虑楼板及剪力墙面外的非线性会使弹塑性分析耗时大大增加。

在未能解决弹塑性分析方法的困难前提下，建议两个方向在小震弹性分析模型的基础上，采用同一模型按照等效弹性法近似计算。采用等效弹性法时，参考高规第 3.11.3 条的规定进行计算，应考虑中震及大震作用下结构刚度退化，中震、大震连梁刚度折减系数不应小于 0.3，中震、大震分析的结构阻尼比可比小震分析适当增加。

5 算例

5.1 工程简介

本案例项目位于深圳前海深港现代服务业合作区，建筑总高度为 131.10m，其附属商业裙房高度为 16.25m。本项目含 4 层地下室，地下 4 层～地下 2 层为车库和设备用房，地下 1 层为商业。嵌固端取地下 1 层顶板，板厚 180mm。上部楼层除加强层层高 5.1m，其余楼层层高 3.6m，板厚为 180mm。图 11 为本项目标准层结构平面图。从图 11 可以看出，本项目 X 向布置的剪力墙较少，可能存在少墙问题，需对 X 向的结构体系进行少墙判别。Y 向布置的剪力墙较多，可不进行少墙判别。

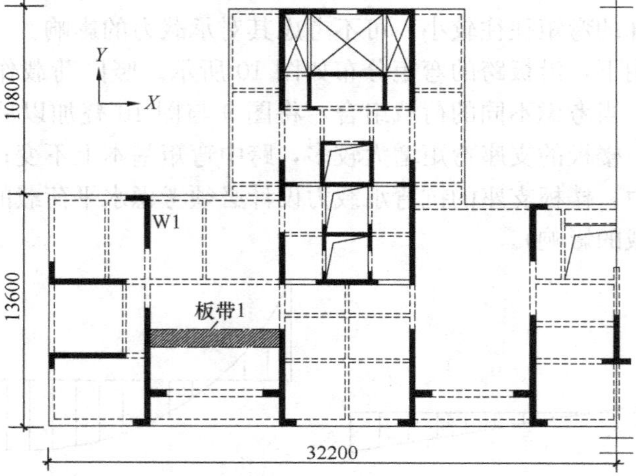

图 11　标准层结构平面示意图

5.2 结构体系判别及整体指标计算

根据文献［1］的判别方法，经计算，本案例少墙方向的抗侧力体系各部分的剪力比如表 2 所示。表 2 的计算结果表明，本案例 X 向的扁柱楼板框架的剪力比为 0.156＞0.1，X 向可判别为复合框架-剪力墙结构。

剪力比计算　　表 2

参数	X 向剪力墙	X 向梁柱框架（含剪力墙端柱）	扁柱楼板框架
剪力（kN）	4610	2432	1297
剪力比	0.553	0.291	0.156

表 3 的结构基本指标表明，在地震作用下，本案例少墙方向最大层间位移角为 1/1027，Y 向最大层间位移角为 1/1765，满足位移角限值要求。

结构基本指标 表 3

指标	X 向	Y 向
周期（s）	3.66	2.83
基底剪力（kN）	16384	18427
层间位移角	1/1027（24 层）	1/1765（26 层）
规范限值	1/800（1/650）	1/800（1/650）

5.3 少墙方向构件抗震等级选取及抗震承载力验算

本案例在 X 向为复合框架-剪力墙结构，抗震设防烈度为 7 度，按照框架-剪力墙结构设计，其高度为超 B 级高度，构件的抗震等级如表 4 所示。

构件抗震等级 表 4

构件	X 向剪力墙	梁柱框架	扁柱楼板框架
抗震等级	一级	一级	一级

如前文所述，少墙方向的 X 向剪力墙、梁柱框架抗震等级与框架-剪力墙结构相同，模型中框架柱为采用墙单元模拟的异形柱，需人工取出内力并根据规范相关要求进行构件内力的调整，关于 X 向剪力墙、梁柱框架的具体验算过程本文不再赘述。此处仅以图 11 所示的剪力墙 W1 及图中斜线板带 1 为例，说明扁柱楼板框架承载力的验算。根据第 3 节的划分方法，将剪力墙 W1 墙划分为如图 12 所示的两部分。

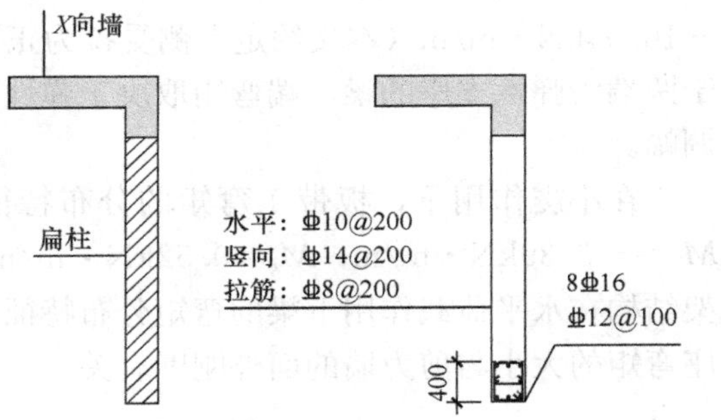

图 12 剪力墙 W1 示意图

中震、大震均采用等效弹性法，中震、大震连梁折减系数分别取 0.5、0.3，小震、中震的阻尼比均为 0.05，大震阻尼比为 0.06。根据内力计算结果及图 12 的配筋结果，对扁柱进行双向压弯、拉弯承载力验算，如图 13 所示。

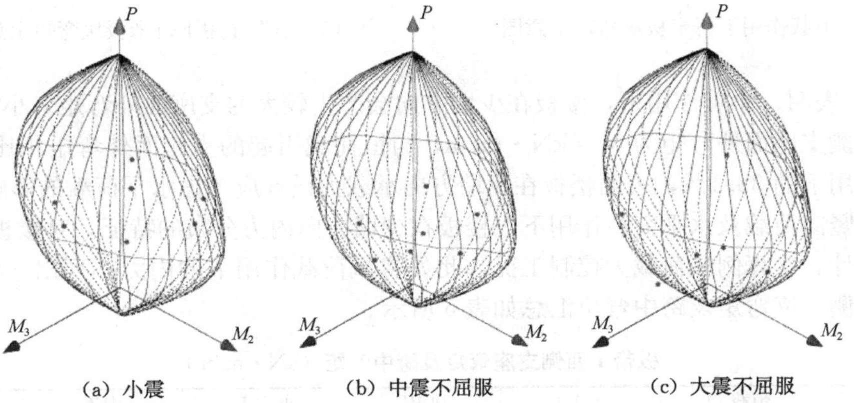

图 13 扁柱压弯承载力验算

图 13 的验算结果表明，本案例扁柱压弯抗震性能可满足小震弹性、中震不屈服的要求；在大震作用下，扁柱压弯已屈服，不满足设定的性能目标要求，在设计阶段，应适当增大配筋满足设定的性能目标。

扁柱抗剪验算如表 5 所示。表 5 的验算结果表明，本案例剪力墙面外抗剪抗震性能可满足小震、中震弹性，大震不屈服的要求；小震、中震、大震均能满足最小抗剪截面的抗剪承载力要求。

扁柱抗剪承载力验算（kN/m）　　**表 5**

剪力设计值			抗剪承载力			最小抗剪截面		
小震	中震	大震	小震	中震	大震	小震	中震	大震
67.5	102.3	133.7	914	993	1014.5	3748.9	3748.9	4461.2

注：此处抗剪承载力计算未考虑拉结筋。

以图 11 所示的板带 1 为例，说明扁柱楼板框架的楼板验算。在恒载作用下，板带 1 的弯矩图如图 14 所示，其中 $M_1=21.38\text{kN}\cdot\text{m/m}$，$M_2=20.7\text{kN}\cdot\text{m/m}$，$M_z=-16.94\text{kN}\cdot\text{m/m}$（本文约定上侧受拉为正）。竖向荷载作用下，板带 1 的弯矩分布类似于两端为弹性支座的梁，端弯矩取决于弹性支座的刚度。上述内力均为弹性解，未作弯矩调幅。

在小震作用下，板带 1 弯矩的分布特征如图 15 所示，其中，$M_1=8.14\text{kN}\cdot\text{m/m}$，$M_2=-3.39\text{kN}\cdot\text{m/m}$，$M_z=0.52\text{kN}\cdot\text{m/m}$。小震作用下，板带 1 的弯矩分布类似于框架结构在水平荷载作用下梁的弯矩分布特征，两端支座弯矩较大，跨中弯矩较小，其中支座弯矩的大小与剪力墙的面外刚度有关。

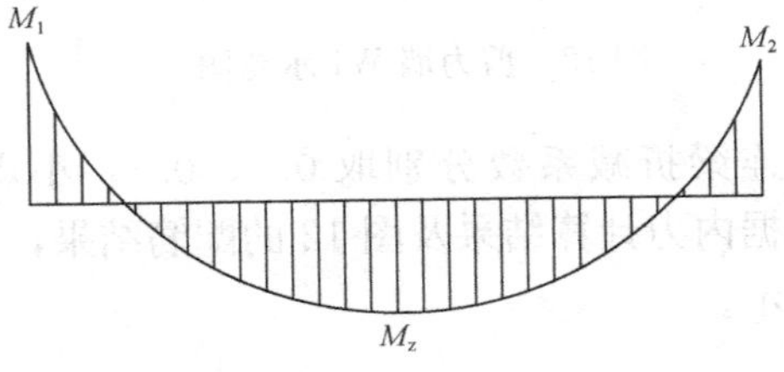

图 14　恒载作用下每米板块弯矩示意图

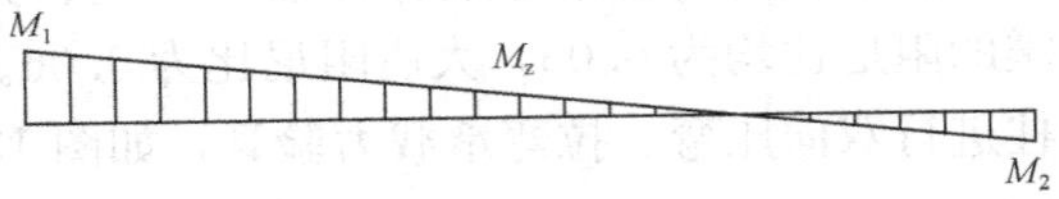

图 15　小震作用下每米板块弯矩示意图

图 15 表明，小震作用下，楼板在少墙方向会产生较大的支座面外弯矩。小震作用下，板带 1 西侧支座面外弯矩为 8.14kN·m/m，与恒荷载引起的支座面外弯矩相比，小震约为恒载作用下的 38.1%，表明楼板在少墙方向承载力设计应考虑水平荷载的影响。

根据竖向荷载及水平荷载作用下，楼板在少墙方向内力分布的特征，对楼板进行相应的配筋设计。本算例风荷载为控制工况，此处将风荷载作用下的内力亦列出。各工况下，板带 1 西侧支座弯矩及跨中弯矩汇总如表 6 所示。

板带 1 西侧支座弯矩及跨中弯矩（kN·m/m）　　**表 6**

位置	恒载 D	活载 L	风 W_x	小震 E_x	中震	大震
西侧支座	21.38	7.04	9.68	8.14	21.06	40.70
跨中	−16.94	−6.04	0.63	0.52	1.35	2.60

根据高规及《建筑结构荷载规范》GB 50009－2012[5]的相关规定，考虑以下荷载组合后，板带 1 西侧支座弯矩及跨中弯矩设计值见表 7。计算结果表明，当按一般楼板仅考虑竖向荷载进行构件设计时，板带 1 西侧支座弯矩设计值为 35.8kN・m/m；考虑水平荷载参与组合后，其弯矩为 46.1kN・m/m，约为前者的 1.29 倍。分别采用仅考虑竖向荷载及考虑风荷载的两个组合，配筋设计如表 8 所示。

板带 1 西侧支座弯矩及跨中弯矩设计值（kN・m/m）　　**表 7**

位置	竖向荷载		风荷载		小震		中震	大震
	工况 1	工况 2	工况 3	工况 4	工况 5	工况 6	工况 7	工况 8
支座	35.5	35.8	43.6	46.1	36.7	34.4	46.0	65.6
跨中	−28.8	−28.8	−28.3	−25.4	−23.1	−23.3	−18.61	−17.36

注：工况 1：$1.2D+1.4L$；工况 2：$1.35D+0.98L$；工况 3：$1.2D+1.4L+0.84W$；工况 4：$1.2D+0.98L+1.4W$；工况 5：$1.2D+0.6L+0.28W+1.3E_x$；工况 6：$1.2D+0.6L+1.3E_x$；工况 7：$1.0D+0.5L+1.0E_x$；工况 8：$1.0D+0.5L+1.0E_x$。表 9 同。

板带 1 西侧支座配筋设计　　**表 8**

设计条件	弯矩设计值（kN・m/m）	计算面积（mm²）	实配面积（mm²）
仅考虑竖向荷载	35.8	762	770（⌀14@200）
考虑水平荷载	46.1	981	1026（⌀14@150）

表 8 的计算结果表明，考虑水平荷载参与组合后，配筋面积比仅考虑竖向荷载时增加约 33%，板带 1 西侧支座在少墙方向的楼板配筋应考虑水平荷载的影响。进一步采用考虑水平荷载的配筋结果进行中震、大震性能目标验算，材料强度取标准值，则板带 1 西侧支座的极限承载力为：

$$M_u \leqslant 0.9 f_{yk} A_s h_0 = 47.24\text{kN}\cdot\text{m/m}$$

由此可见，中震作用下，楼板抗弯已接近屈服，大震作用下，楼板抗弯已屈服。由于水平荷载引起的板块跨中弯矩较小，板带 1 跨中配筋设计可仅考虑竖向荷载组合；考虑到大震作用下，楼板支座已屈服，跨中弯矩有所增大，此时可考虑将相应板带假定两端铰支且材料强度宜采用标准值进行跨中配筋设计；板带 1 跨中仅考虑竖向荷载并进行内力调整后，其配筋面积为 754mm²（⌀12@150）。板带 1 西侧支座抗剪承载力验算见表 9。

表 9 的验算结果表明，本案例楼板面外抗剪抗震性能可满足小震、中震弹性，大震不屈服的要求；小震、中震、大震均能满足最小抗剪截面的抗剪承载力的要求。

板带 1 西侧支座抗剪承载力验算（kN/m）　　**表 9**

验算结果	风荷载		小震		中震	大震
	工况 3	工况 4	工况 5	工况 6	工况 7	工况 8
剪力设计值	40	39	51	49	44	48
抗剪承载力	145	145	171	171	171	204
最小抗剪截面	518	518	488	488	488	437

6 结论与建议

建议一向少墙剪力墙结构抗震设计要点如下：

（1）当扁柱楼板框架剪力比 $\mu_{iwf}\leqslant 0.1$ 时，说明扁柱楼板框架的作用较小，建议不进行扁柱楼板框架承载力验算，适当采用加强构造措施处理。当扁柱楼板框架剪力比 $\mu_{iwf}>0.1$ 时，说明扁柱楼板框架的作用较大，必须验算扁柱楼板框架的承载力，本文建议的性能设计方法可供参考应用。

（2）少墙方向的 X 向剪力墙一般为非矩形的复杂截面，设计时建议采用组合墙肢的设计方法；梁柱框架一般为异形柱截面，应按异形柱设计。

（3）少墙方向的扁柱楼板框架，楼板的验算应考虑水平荷载的作用。

（4）在弹塑性分析方法尚未完善前，建议用等效弹性法验算少墙方向中震、大震的性能目标。

参考文献

[1] 魏琏，王森，曾庆立，等. 一向少墙的高层钢筋混凝土结构的结构体系研究[J]. 建筑结构，2017，47(1)：23-27.

[2] 高层建筑混凝土结构技术规程：JGJ 3－2010[S]. 北京：中国建筑工业出版社，2011.

[3] 混凝土结构设计规范：GB 50010－2010[S]. 北京：中国建筑工业出版社，2011.

[4] 建筑抗震设计规范：GB 50011－2010[S]. 北京：中国建筑工业出版社，2010.

[5] 建筑结构荷载规范：GB 50009－2012[S]. 北京：中国建筑工业出版社，2012.

本文原载于《建筑结构》2020 年第 50 卷第 7 期

26. 平面凹凸不规则高层结构抗侧性能研究

魏 琏，罗嘉骏

【摘 要】 对于平面布置凹凸不规则的高层结构，现行规范的相关规定较少。本文对其抗侧性能进行了分析，并通过现实中的工程案例讨论该形式的结构的受力变形特性以及设计要点。
【关键词】 平面凹凸不规则；抗侧性能；受力特性；变形特性

The study on anti-lateral performance of high-rise buildings with irregular plane

Wei Lian, Luo Jiajun

Abstract: For the high-rise buildings with irregular plane, the relevant provisions of the current code lacks enough detail. This paper analyze the anti-lateral performance of the structure of this form, meanwhile, the mechanic features, deformation characteristics and design points of the structure of this form are discussed through actual engineering cases.
Keywords: the high-rise buildings with irregular plane; anti-lateral performance; mechanic features; deformation characteristics

0 前言

平面凹凸不规则是当今常见的一种通风及采光良好的建筑平面布置形式。然而，现行规范对结构设计的相关规定较少，导致设计上遇到较多问题且难以解决。本文将选用现实中的工程为例，讨论该形式的结构的受力变形特性以及设计要点。

1 结构的整体分析

1.1 结构概况

本工程案例标准层平面简图见图 1。

上部为剪力墙结构，下部 5 层设有转换层，计算模型选取正负零为嵌固端，地面以上 45 层，结构高度 149.1m，首层层高 5.1m。本工程所在位置 50 年一遇的基本风压 w_0 为 0.7kN/m^2，地面粗糙度类别为 C 类。风荷载体型系数为 1.4。抗震设防烈度为 7 度，设计基本地震加速度为 0.1g，设计地震分组为第 1 组，场地类别为Ⅱ类。

结构由 A、B、C 三个单肢以及中心区（阴影部分）组成。单肢 A、单肢 B 与 X 轴夹角分别为 160°和 20°并沿中心线对称。结构高宽比为 149.1/28＝5.3。单肢 A、B 平面尺寸为 8.2m×14.9m，单肢 A、B 高宽比 149.1/8.2＝18.2，长宽比 14.9/8.2＝1.8，连接

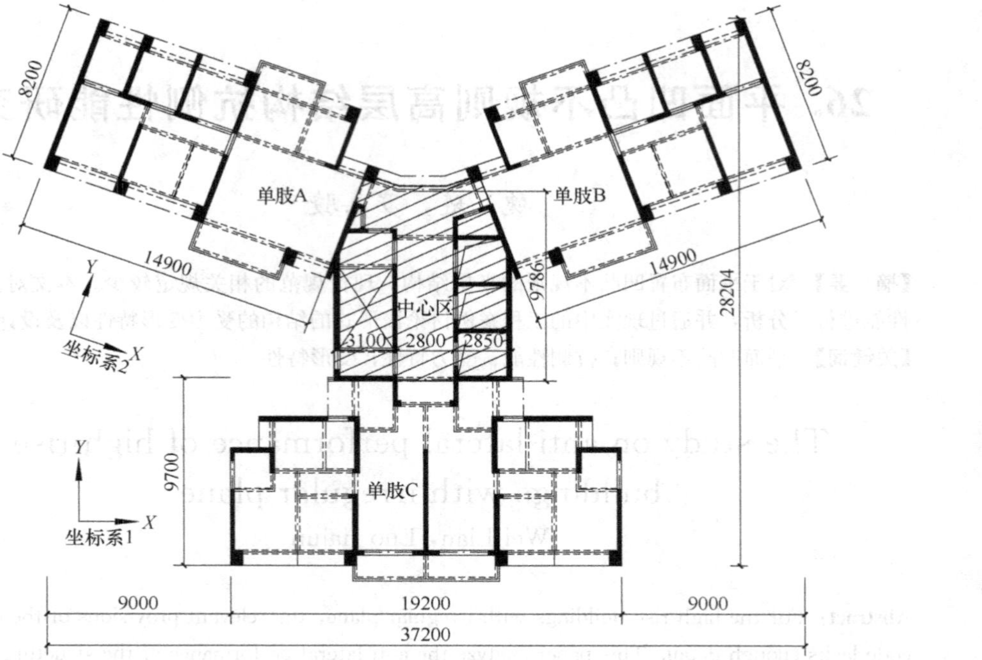

图 1　工程案例一标准层平面简图

部位宽度 6.2m，板厚 0.15m。转换层层高 5.2m，平面简图见图 2。

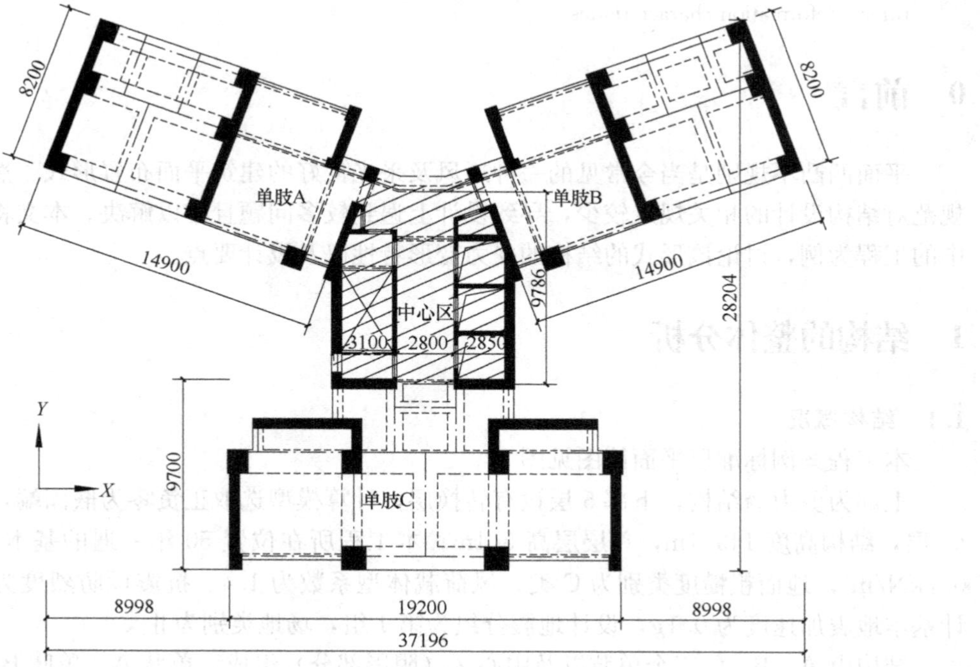

图 2　工程案例一转换层平面简图

主要构件的尺寸及混凝土强度等级见表 1。

主要构件尺寸与混凝土强度等级　　　表 1

层号	主要剪力墙		单肢与中心区连接楼板	
	墙厚（mm）	混凝土强度等级	板厚（mm）	混凝土强度等级
1～4	500	C60	150	C30
5（转换层）	500	C60	180	C35
6	300	C60	150	C30
7～15	250	C60	150	C30
16（避难层）	250	C60	150	C30
17～31	200	C50	150	C30
32（避难层）	200	C50	150	C30
33～45	200	C50	150	C30

1.2　结构动力特性

对于本工程案例，使用不同分析软件得出的主要自振周期见表 2，主要自振模态振型图见图 3～图 5。

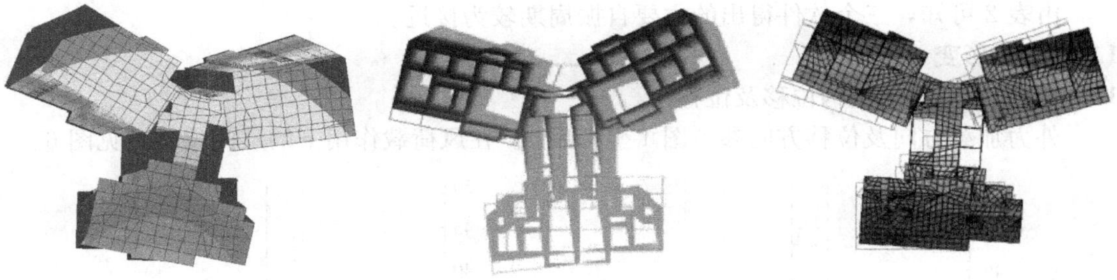

(a) 自振模态 T_1（MIDAS）　(b) 自振模态 T_1（YJK）　(c) 自振模态 T_1（ETABS）

图 3　自振模态 T_1

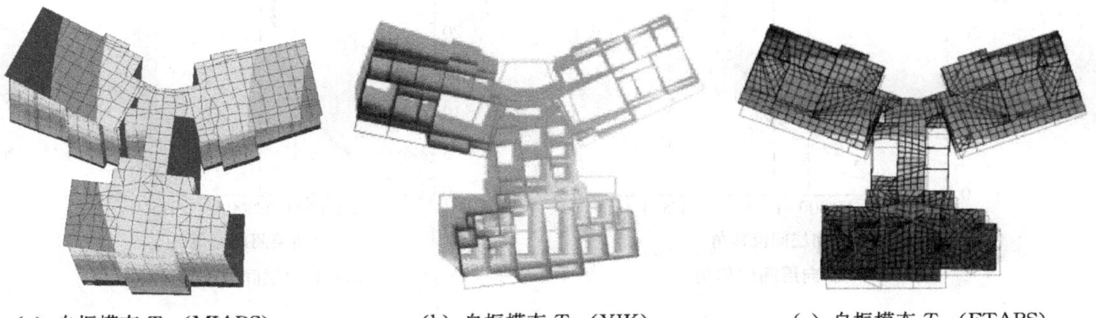

(a) 自振模态 T_2（MIADS）　(b) 自振模态 T_2（YJK）　(c) 自振模态 T_2（ETABS）

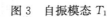

图 4　自振模态 T_2

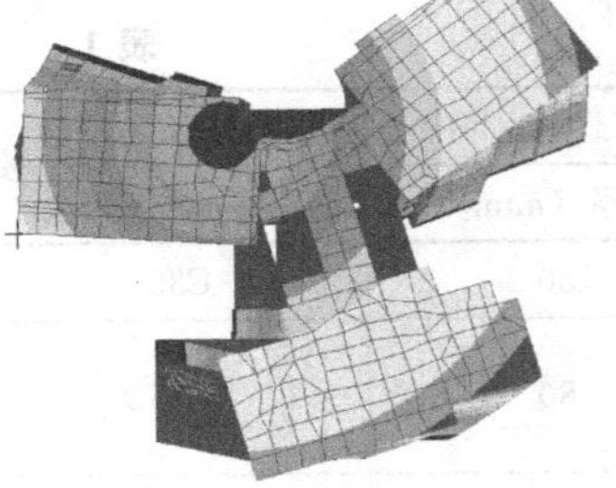

（a）自振模态 T_3（MIDAS）

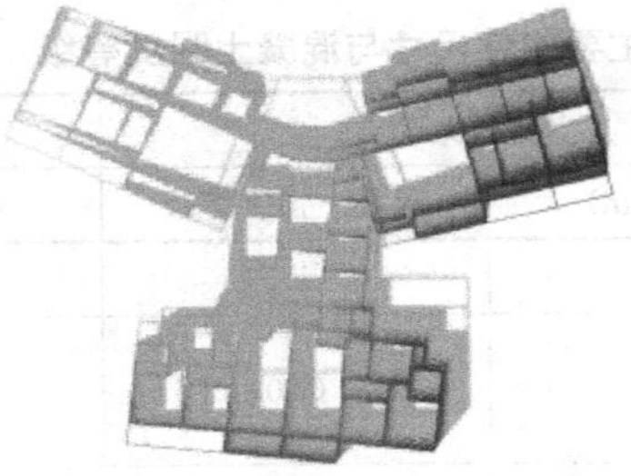

（b）自振模态 T_3（YJK）

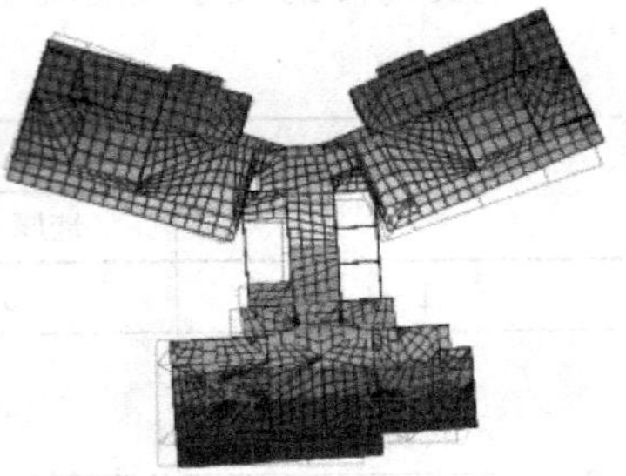

（c）自振模态 T_3（ETABS）

图 5　自振模态 T_3

从图 5 可直观地看出其振型存在明显的扭转耦联特征。

主要自振周期　　**表 2**

项次		T_1	T_2	T_3
MIDAS	周期（s）	3.73	3.05	2.91
YJK	周期（s）	3.79	3.09	2.98
ETABS	周期（s）	3.65	2.97	2.84

由表 2 可知，三个软件得出的主要自振周期较为接近。

1.3　结构形变

1.3.1　风荷载下的结构位移及位移角

外力加载方向及位移方向参考图 1 坐标系 1。在风荷载作用下的层间位移角见图 6。

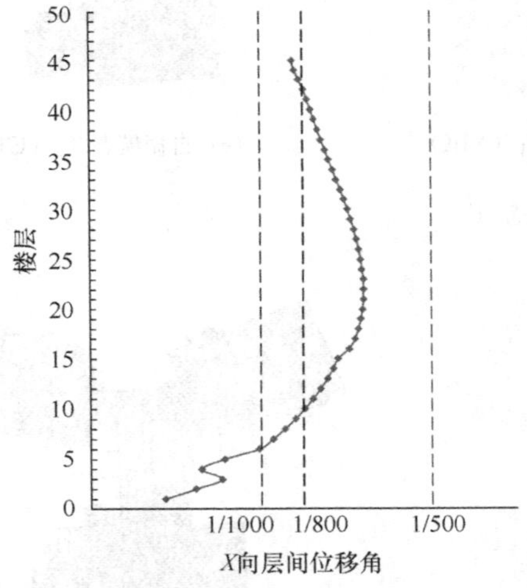

（a）X 向层间位移角

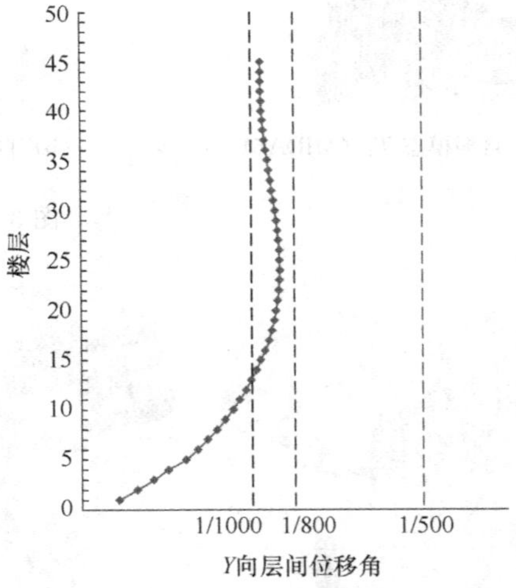

（b）Y 向层间位移角

图 6　风荷载作用下的层间位移角

在风荷载作用下的最大层位移和质心位移对比见图 7。

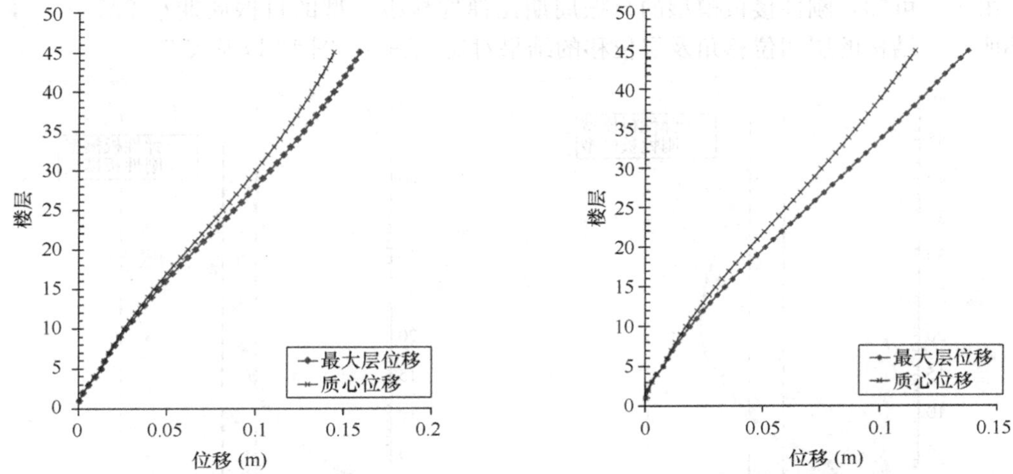

(a) X 向最大层位移和质心位移　　(b) Y 向最大层位移和质心位移

图 7　风荷载作用下的最大层位移和质心位移

最大层间位移角、顶层最大层位移、顶层质心位移见表 3。

层间位移角、顶层最大层位移与顶层质心位移　　**表 3**

项次	X 向风（WX）	Y 向风（WY）
最大层间位移角	1/624 （22 层）	1/858 （24 层）
顶层最大层位移（m）	0.159	0.137
顶层质心位移（m）	0.145	0.115
顶层最大层位移/顶层质心位移	110.05%	119.72%

顶层最大层位移以及最大层间位移角皆出现在结构平面的单肢的外端部位，由表 3 可知，由于存在扭转特性，此结构顶层的最大层位移明显大于质心位移。

1.3.2　刚性楼板假定对结构整体参数的影响

本研究中均使用弹性楼板进行计算分析，以下将对比刚性楼板和弹性楼板对结构整体参数的影响。外力加载方向及位移方向参考图 1 坐标系 1。两个模型的主要自振周期对比见表 4。

两个模型的主要自振周期　　**表 4**

弹性楼板模型	项次	T_1	T_2	T_3
	周期（s）	3.73	3.05	2.91
刚性楼板模型	项次	T_1	T_2	T_3
	周期（s）	3.64	2.99	2.79
刚性楼板模型周期/弹性楼板模型周期		97.59%	98.03%	95.88%

由表 4 可知，刚性楼板模型的自振周期比弹性楼板模型的自振周期小 2%～4%，差距不明显。结构的层间位移角及层位移的结果对比见图 8～图 10 以及表 5。

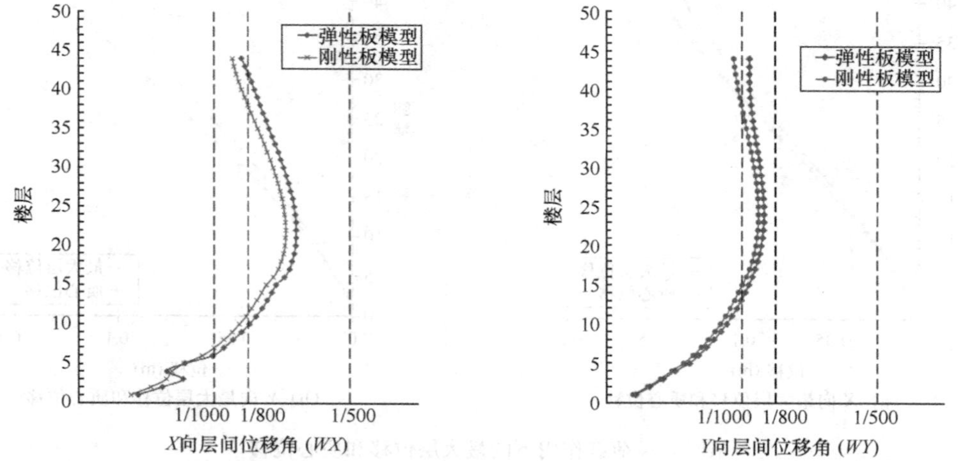

（a）X 向层间位移角　　（b）Y 向层间位移角

图 8　两个模型的层间位移角

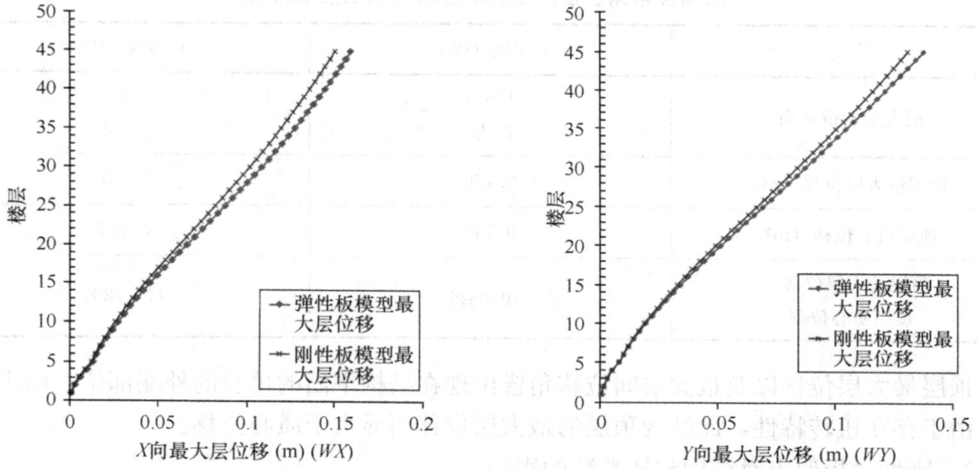

（a）X 向最大层位移　　（b）Y 向最大层位移

图 9　两个模型的最大层位移

两个模型的层间位移角与层位移　　表 5

X 向风（WX）			
项次	弹性板模型	刚性板模型	刚性板模型/弹性板模型
最大层间位移角	1/624（22 层）	1/655（22 层）	95.27%
顶层最大层位移（m）	0.159	0.150	94.47%
顶层质心位移（m）	0.145	0.136	93.85%

续表

Y 向风（WY）			
项次	弹性板模型	刚性板模型	刚性板模型/弹性板模型
最大层间位移角	1/858（24 层）	1/890（24 层）	96.40%
顶层最大层位移（m）	0.137	0.131	95.04%
顶层质心位移（m）	0.115	0.111	96.94%

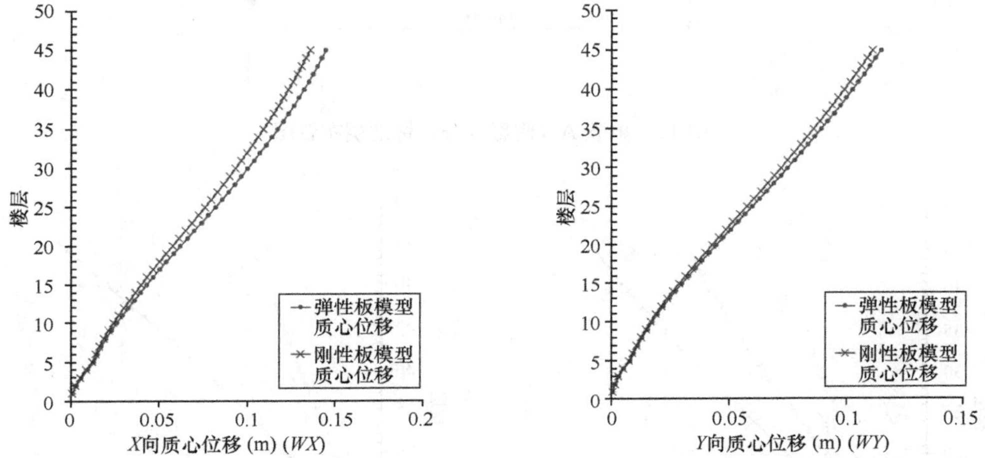

（a）X 向质心位移　（b）Y 向质心位移

图 10　两个模型的层质心位移

由上可知刚性楼板模型实际上增大了结构刚度，顶层最大层位移及最大层间位移角比弹性楼板模型小 5%左右。但当单肢长宽比不大时，其对结构总体指标影响不大。

2　单肢 A 的变形与刚度分析

针对本模型的单肢 A 进行研究。单肢 A 的平面布置见图 11。

将单肢 A 从整体结构分离独立计算，其主要自振周期及质量见表 6。

单肢 A 主要自振周期及质量　表 6

原模型	项次	T_1	T_2	T_3
	周期（s）	3.73	3.05	2.91
独立单肢 A 模型	项次	T_1	T_2	T_3
	周期（s）	6.08	4.64	3.18
独立单肢 A 模型/原模型		162.98%	151.99%	109.37%

独立单肢 A 模型的在风荷载作用下的最大层位移见图 12。

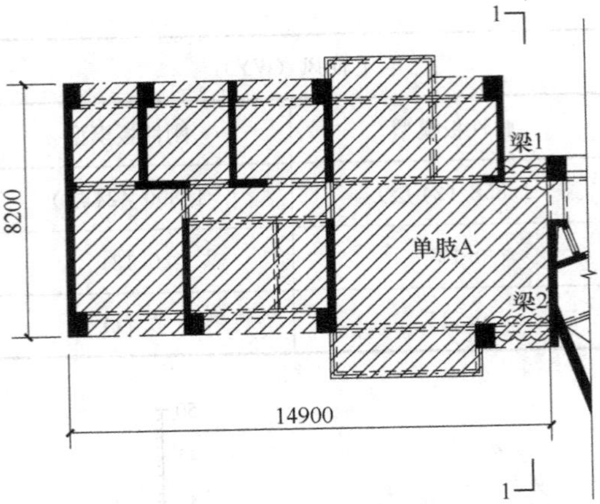

图 11　单肢 A（阴影部分）标准层布置图

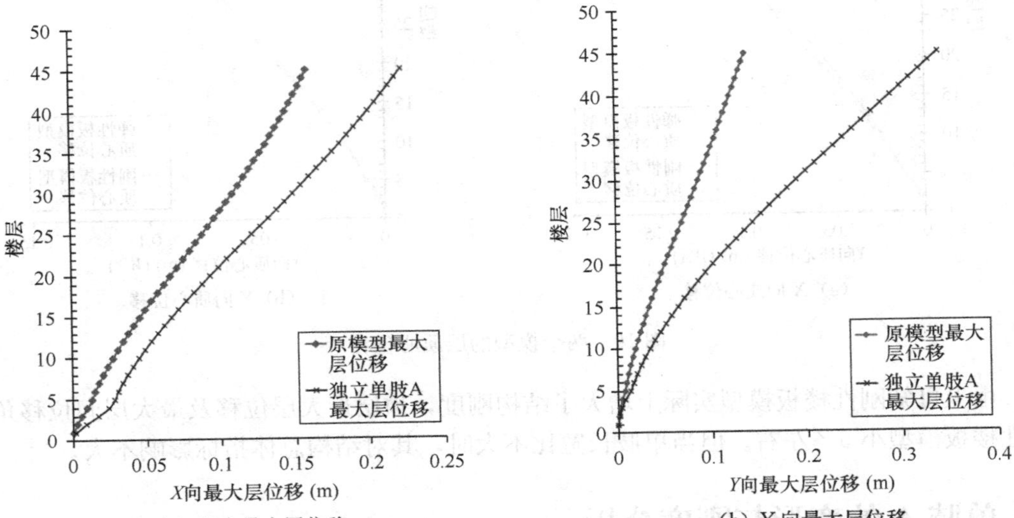

（a）X 向最大层位移　　　　（b）Y 向最大层位移

图 12　独立单肢 A 模型的最大层位移与原模型对比

单肢 A、B 高宽比为 18.2。由上可知，独立单肢 A 的第一、第二自振周期分别比整体结构长约 63%、52%，相应的最大层位移增大较多，可见独立单肢刚度很小，不能独立存在，需依靠结构的中心区整体连接与其他单肢共同作用才能成为整个结构有效的一个部分。这也决定了单肢内端与结构中心区连接部分面内受力不会太大。

3　单肢 A 的受力分析

3.1　风荷载作用下单肢 A 的 1-1 截面的受力情况

3.1.1　风荷载作用下 1-1 截面受力特性

为了模拟最不利情况，本节中的外力加载方向及内力方向参考图 1 坐标系 2。单肢 A

(图11阴影部分)在$+Y$风工况下的$+Y$向受力情况见表7。

单肢A在$+Y$风工况下的$+Y$向受力 表7

单肢A的Y向受力(kN)	
全部楼层1-1截面剪力合力	243.80
单肢A基底剪力	−2426.23
单肢A的$+Y$风工况外荷载	2181.74
代数和	−0.69≈0

由表7可知,针对独立单肢,其外力与基底剪力和全楼1-1截面剪力合力是平衡的,这也证明了模型的准确性。1-1截面沿高的层剪力分布见图13。

由图13可看出,在$+Y$风工况下,除转换层及以下层外,1-1截面的梁沿高$+Y$向剪力接近于0,大部分的剪力由楼板承担。剪力在顶层(45层)出现大值,向下迅速衰减,中部楼层的1-1截面剪力仅为最大值的10%~20%。在转换层附近则出现较大的剪力且与外荷载同向。单肢A结构顶层的1-1截面在此工况下的剪力仅为200kN左右,说明单肢A独立时刚度较低,1-1截面无需提供很大的约束剪力。$+Y$风工况下的1-1截面的面内弯矩见图14。

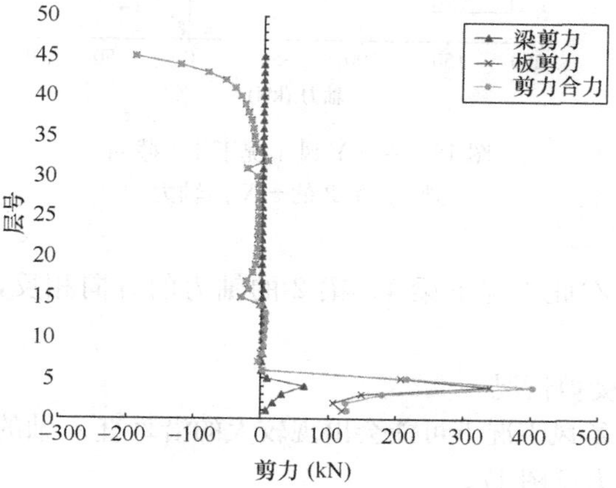

图13 1-1截面在$+Y$风工况下的$+Y$向剪力

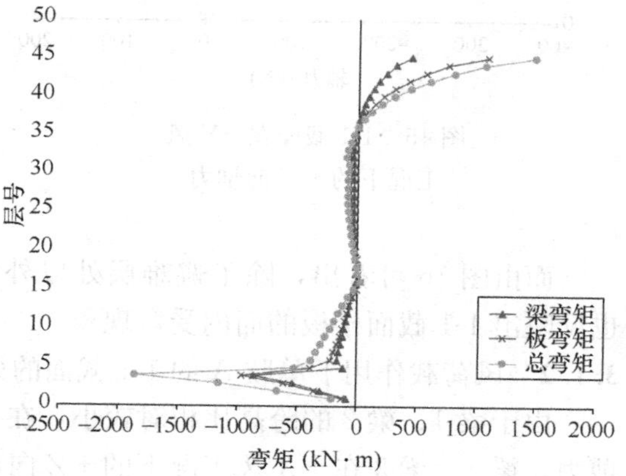

图14 1-1截面在$+Y$风工况下的面内弯矩

由上可知,$+Y$风工况下的1-1截面的面内弯矩基本是由梁板共同承担的。沿高变化规律与剪力相近。$+Y$风工况下的1-1截面的$+X$向轴力见图15。

由图15可知,$+Y$风工况下1-1截面的$+X$向轴力在顶部出现大值−329kN。对于中间层,板受到的轴力接近于0,而梁则是出现约为15kN的轴力。在第4层(转换层下一层)则再次出现较大值。以最不利的顶层为例,1-1截面的构件受轴向应力见表8,其中梁1、梁2定位见图11。

由上可知,在$+Y$风工况下,梁、板所受到的轴向应力都很小,远未达到混凝土的强度标准值。梁1、梁2轴力的沿高分布见图16。

+Y 风工况下顶层梁板轴向应力 表 8

顶层梁轴向应力				
项次	宽度（mm）	高度（mm）	轴向应力（N/mm²）	C30 混凝土 f_{tk}或 f_{ck}（N/mm²）
梁 1	200	650	−1.15	2.01
梁 2	200	400	0.20	20.1
顶层板轴向应力				
项次	宽度（mm）	长度（mm）	轴向应力（N/mm²）	C30 混凝土 f_{tk}或 f_{ck}（N/mm²）
板	150	7000	−0.20	2.01

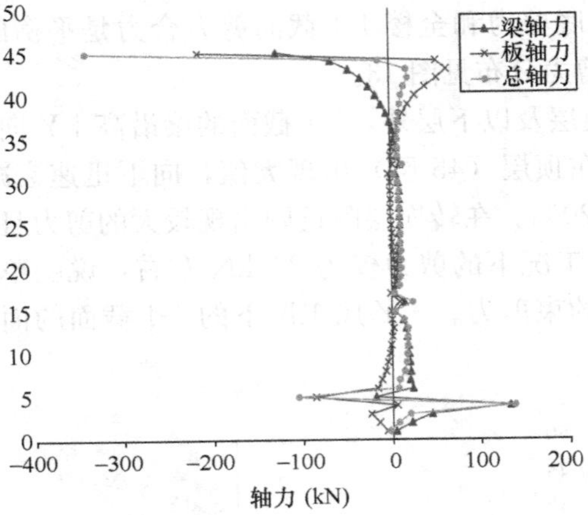

图 15　1-1 截面在+Y 风工况下的+X 向轴力

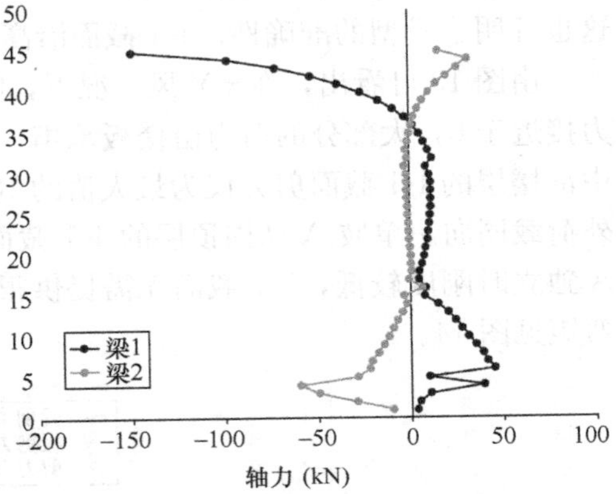

图 16　在+Y 风工况下 1-1 截面梁 1、梁 2 的+X 向轴力

而由图 16 可看出，除了避难层处以外，在此工况下梁 1、梁 2 的轴力的方向相反，也反映出 1-1 截面楼板的面内受弯现象。

3.1.2　风荷载作用下单肢 A 的 1-1 截面的梁受剪情况

由于梁 1、梁 2 的跨高比相对较小，在+X 风工况下可能会出现较大的沿垂直 Z 轴的剪力，梁 1、梁 2 在+X 风工况下的+Z 向剪力见图 17。

标准层出现的最大剪力数值见表 9。

在+X 风工况下 1-1 截面梁 1、梁 2 的+Z 向剪力（kN） 表 9

项次	层号	+X 风作用下的剪力	$0.15f_cbh_0$	剪力/$0.15f_cbh_0$
梁 1	16	191.12	405.41	47.14%
梁 2	15	275.23	405.41	67.89%

由上可知，梁 1、梁 2 的+Z 向剪力最大值分别出现在 15 层及 16（避难层）层处；+X 风单工况下的+Z 向剪力已分别达到 $0.15f_cbh_0$的 47.14%和 67.89%。设计时应充分给予关注。

3.2 地震作用下单肢 A 的 1-1 截面的受力情况

3.2.1 地震作用下 1-1 截面受力特性

外力加载方向及内力方向参考图 1 坐标系 2。+Y 小震工况下的+Y 向剪力见图 18。

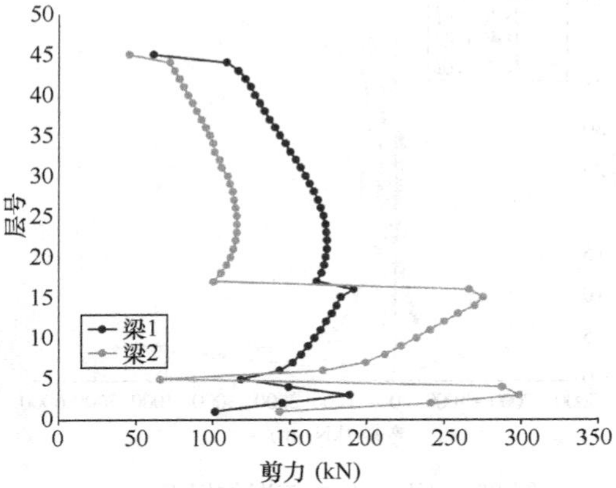

图 17 在+X 风工况下 1-1 截面梁 1、梁 2 的+Z 向剪力

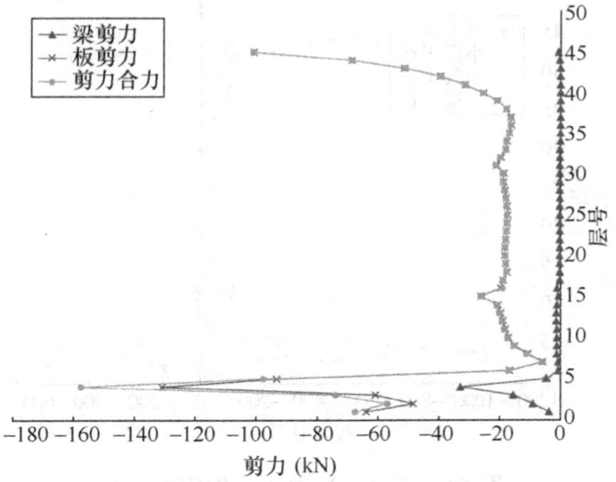

图 18 1-1 截面在+Y 小震工况下的+Y 向剪力

由图 18 可知，在+Y 小震工况下，楼板几乎承担了大部分的剪力，其沿高分布规律与风荷载作用下的基本一致。在转换层处出现了约 160kN 的剪力。1-1 截面在+Y 小震工况下的面内弯矩见图 19。

由上可知，1-1 截面在+Y 小震工况下的面内弯矩基本上是由梁板共同承担的，其沿高分布规律与风荷载作用下的基本一致。1-1 截面在+Y 小震工况下的+X 向轴力见图 20。

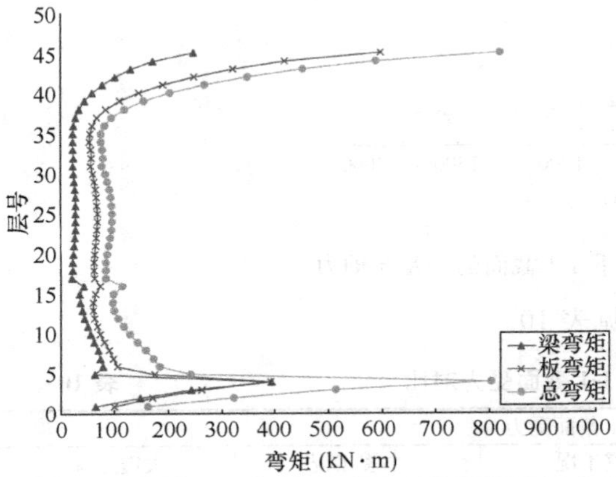

图 19 1-1 截面在+Y 小震工况下的面内弯矩

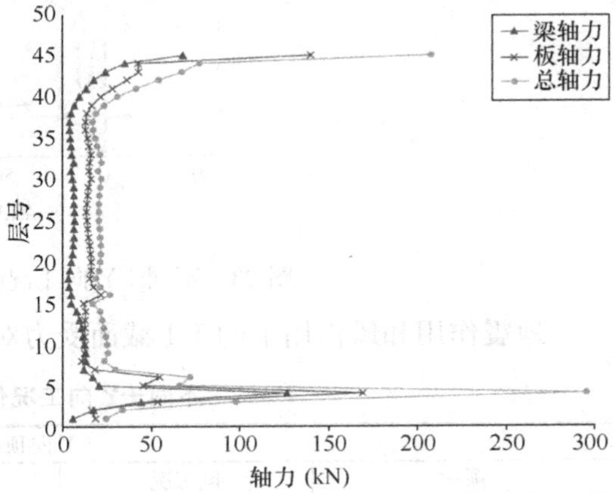

图 20 1-1 截面在+Y 小震工况下的+X 向轴力

由图 20 可知，1-1 截面在+Y 小震工况下的+X 向轴力，其沿高分布规律与风荷载作用下的基本一致。

3.2.2 地震作用下的 1-1 截面受力情况与风作用的比较

本节将对 1-1 截面在+Y 地震工况（小震、中震、大震）和+Y 风工况下的剪力、面内弯矩、轴向力进行比较，外力加载方向及内力方向参考图 1 的坐标系 2。四个工况的 +Y向剪力合力见图 21。

1-1 截面在不同工况作用下的面内弯矩见图 22。

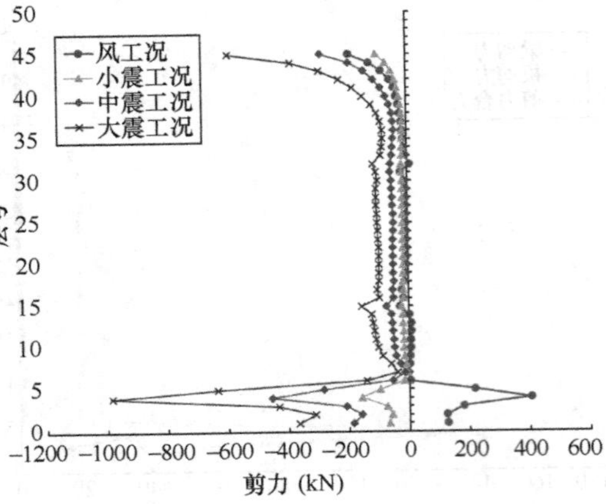

图 21　不同+Y 向工况作用下 1-1 截面+Y 向剪力合力

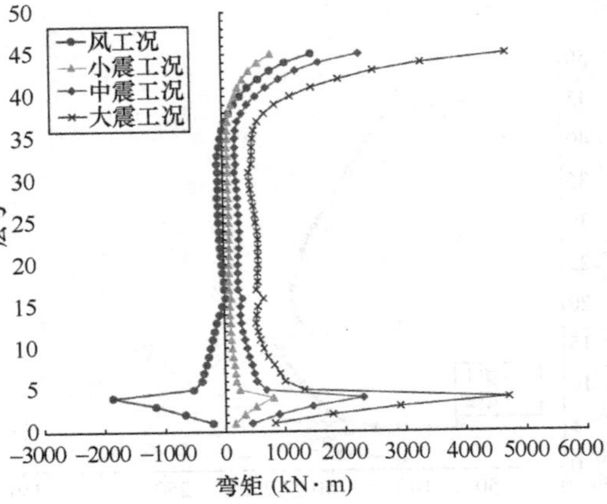

图 22　不同+Y 向工况作用下 1-1 截面的面内弯矩

1-1 截面在不同工况作用下的+X 向轴力见图 23。

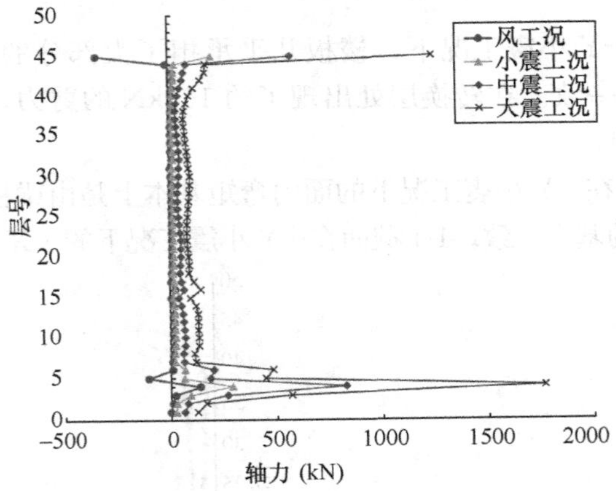

图 23　不同+Y 向工况作用下 1-1 截面的+X 向轴力

地震作用和风作用下的 1-1 截面受力对比见表 10。

不同+Y 向工况作用 1-1 截面受力对比　　**表 10**

+Y 向顶层 1-1 截面受力				
项次	风工况	小震工况	中震工况	大震工况
+Y 向剪力合力（kN）	−191.16	−100.98	−284.38	−590.4
面内弯矩（kN·m）	1485.2	820.77	2283.31	4721.39
+X 向轴力（kN）	−340.93	202.33	557.98	1242.22
+Y 向第 4 层 1-1 截面受力				
项次	风工况	小震工况	中震工况	大震工况
+Y 向剪力合力（kN）	402.81	−157.64	−455.92	−984.28
面内弯矩（kN·m）	−1862.16	803.35	2297.79	4701.66
+X 向轴力（kN）	137.78	288.91	825.97	1764.16

由上可知，地震作用下，1-1 截面内力沿高分布规律与风荷载作用下的基本一致。对于本工程案例，风荷载作用下对 1-1 截面产生的内力大小介于小震工况和中震工况之间。这表明在设计时需考虑中震、大震作用。

4 转换层对 1-1 截面内力的影响

4.1 无转换层模型概述

由上可知，1-1 截面在转换层出现了明显突变。将原模型的转换层及以下楼层用标准层代替，得到的新模型与原模型对比。两个模型的层高见表 11。

两个模型的层高对比 **表 11**

原模型			无转换层模型		
层号	底标高（m）	层高（m）	层号	底标高（m）	层高（m）
以上为标准层			以上为标准层		
9	25.1	3.1	6	25.1	3.1
8	22	3.1	5	19.1	6
7	18.9	3.1	4	13.9	5.2
6	15.8	3.1	3	8.85	5.05
5	12.7	3.1	2	3.75	5.1
4	9.6	3.1	1	0	3.75
3	6.5	3.1	—	—	—
2	3.4	3.1	—	—	—
1	0	3.4	—	—	—

无转换层模型与原模型的自振周期对比见表 12。

两个模型的主要自振周期 **表 12**

项次		T_1	T_2	T_3	总质量代表值（t）
原模型	周期（s）	3.73	3.05	2.91	38630
无转换层模型	周期（s）	3.99	3.22	3.06	37850
无转换层模型/原模型		106.97%	105.57%	105.15%	97.98%

由表 10 可知，无转换层模型质量有约 2%的轻微下降，周期有约 5%的轻微增长。

4.2 无转换层模型的 1-1 截面的受力情况与原模型的比较

加长单肢 A 模型与原模型的 1-1 截面的剪力合力、面内弯矩、轴向力对比见图 24～图 26。外力加载方向及内力方向参考图 1 坐标系 2。

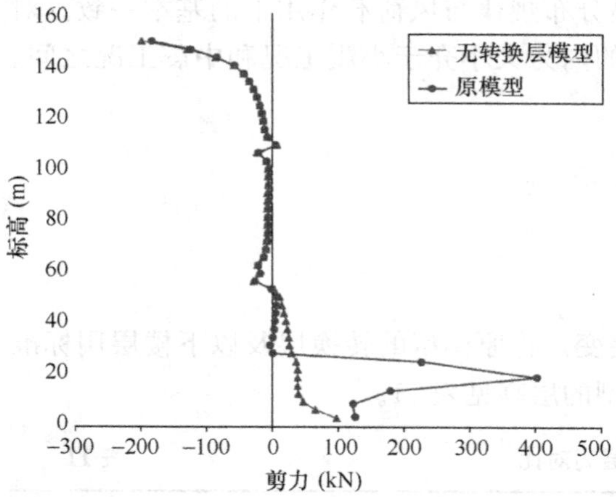

图 24 两个模型的 1-1 截面在+Y 风工况下的+Y 向剪力合力

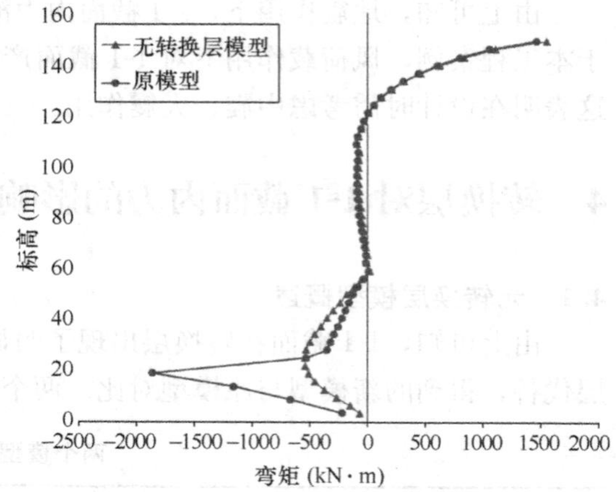

图 25 两个模型的 1-1 截面在+Y 风工况下的面内弯矩

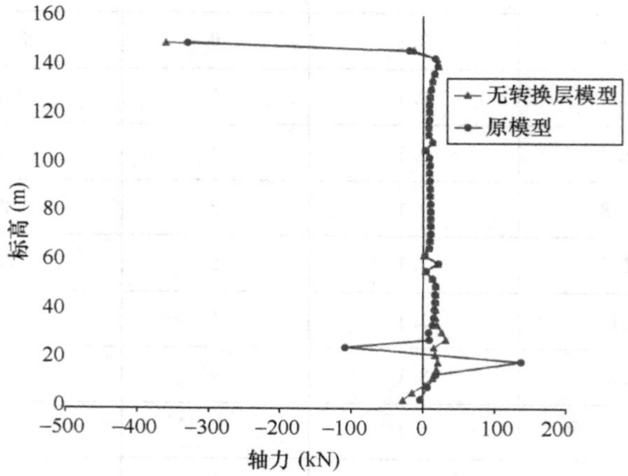

图 26 两个模型的 1-1 截面在+Y 风工况下的+X 向轴力

由图 26 可知，相比起原模型，无转换层模型的 1-1 截面的底层受力有明显减少，过渡也更为平滑，顶层受力稍有增大。与原模型的对比见表 13。

无转换层模型与原模型的顶层 1-1 截面受力对比 **表 13**

+Y 风工况下顶层 1-1 截面受力			
项次	原模型	无转换层模型	无转换层模型/原模型
+Y 向剪力合力（kN）	−191.16	−199.6	104.42%
面内弯矩（kN·m）	1485.2	1550.01	104.36%
+X 向轴力（kN）	−340.93	−359.66	105.49%

由表 13 可知，相比起原模型，无转换层模型的 1-1 截面的顶层剪力、面内弯矩、轴力增大幅度为 5%左右。构件的最大剪应力值依旧出现在顶层，转换层及以下的 1-1 截面

受力则有明显减小。

5 对中心区的分析

5.1 中心区概述

中心区标准层平面图见图 27。除第 5 层（转换层）楼板厚 180mm 外，其余楼层楼板厚度为 150mm。

由图 27 可知，中心区的长宽比约为 1.12，2-2 截面剖开了楼板以及三片剪力墙，分别为 W1、W2、W3。

5.2 风荷载作用下中心区的 2-2 截面的受力情况

5.2.1 风荷载作用下 2-2 截面受力特性

最不利工况为＋X 风工况，外力加载方向及内力方向参照图 27 的坐标系。以 2-2 截面为例，在＋X 风工况下 2-2 截面的＋X 向剪力见图 28。

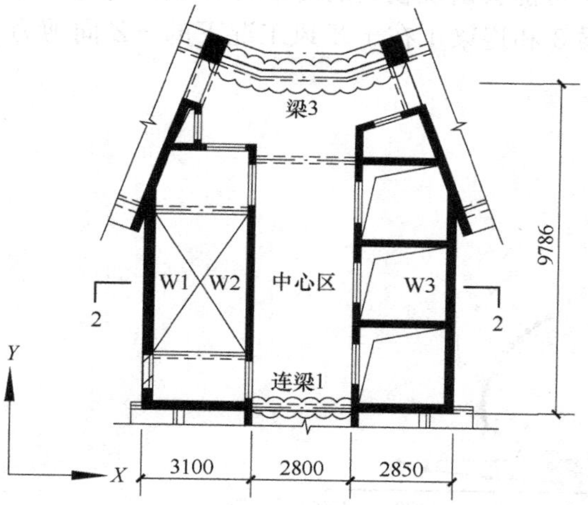

图 27　中心区标准层平面图

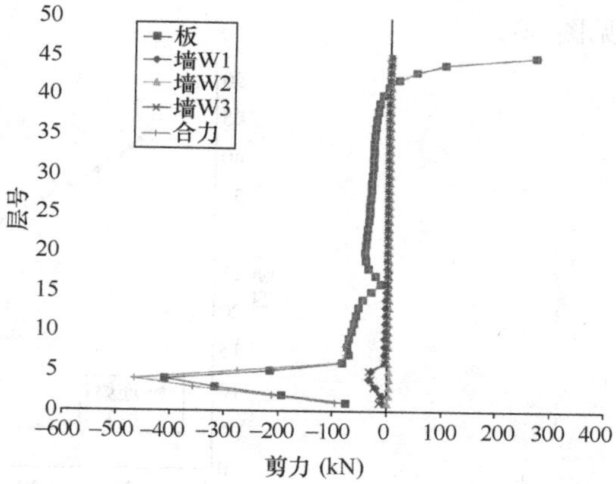

图 28　2-2 截面在＋X 风工况下的＋X 向剪力

由图 28 可知，在＋X 风工况下，2-2 截面的 X 向剪力几乎都被楼板承担，并在顶层和第 4 层（转换层下一层）出现大值。除了转换层及以下，W1～W3 三片面外剪力墙剪力接近于 0。楼板最大剪应力出现在顶层。2-2 截面在＋X 风工况下的绕垂直 Z 轴的弯矩见图 29。

由图 29 可知，剪力墙受到的面外弯矩相较小，剪力墙 W1、W3 仅在转换层以下出现明较大值，其余层都接近于 0。而处于中间的 W2 沿高的面外弯矩全部接近于 0。2-2 截面的剪力及弯矩见表 14。

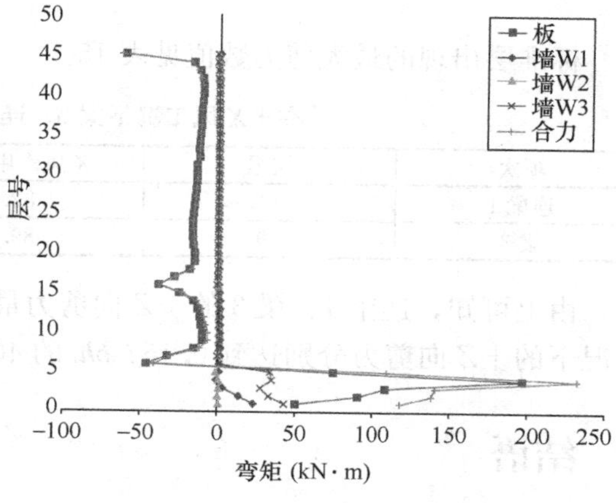

图 29　2-2 截面在＋X 风工况下的绕垂直 Z 轴的弯矩

2-2截面在+X风工况下的受力 **表14**

+X风作用下顶层2-2截面受力				
项次	楼板	墙W1	墙W2	墙W3
+X向剪力合力（kN）	268.58	2.08	−0.05	2.37
绕Z轴弯矩（kN·m）	−61.06	0.14	−1.16	−1.45
+X风作用下第4层（转换层下一层）2-2截面受力				
项次	楼板	墙W1	墙W2	墙W3
+X向剪力合力（kN）	−409.55	−32.25	3.92	−28.53
绕Z轴弯矩（kN·m）	197.17	−0.38	0.91	35.00

由上可知，对于中心区的2-2截面，在最不利工况+X风作用下，大部分外荷载由楼板承担。

5.2.2 风荷作用载下中心区的梁的竖向受剪情况

在+X风工况下，图27中的梁3和连梁1可能会出现较大的沿垂直Z轴的剪力，外力加载方向及内力方向参照图27的坐标系。梁3和连梁1在+X风工况下的+Z向剪力见图30。

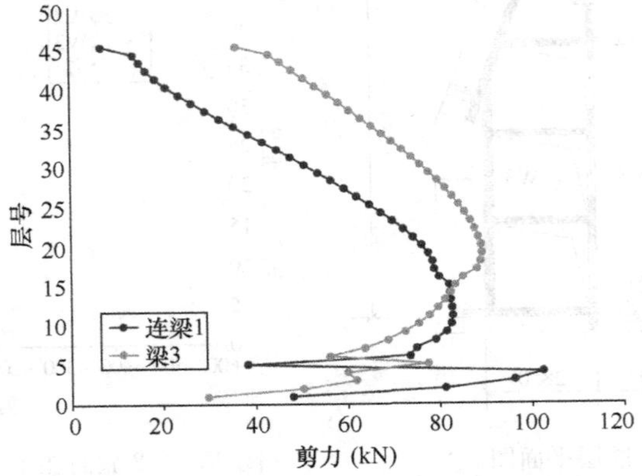

图30 连梁1、梁3在+X风工况下的+Z向剪力

标准层出现的最大剪力数值见表15。

在+X风工况下梁3、连梁1的+Z向剪力（kN） **表15**

项次	层号	+X风作用下的剪力	$0.15f_cbh_0$	剪力/$0.15f_cbh_0$
连梁1	11	82.78	205.9	40.20%
梁3	19	89.25	405.4	22.02%

由上可知，连梁1、梁3的+Z向剪力最大值分别出现在11层及19层处；+X风单工况下的+Z向剪力分别达到$0.15f_cbh_0$的40.20%和22.02%。设计时应充分给予关注。

6 结语

本文主要结论如下：

(1) 平面不规则高层结构位移最大点处于单肢外端，且超过顶层质心处位移较多，本工程案例的 Y 向顶层最大层位移比顶层质心位移大了约 20%，主要由于结构扭转效应引起。此特征会引起结构顶层的单肢外端的横风加速度比中心区的横风加速度更大。

(2) 单肢本身刚度较低，不能单独独立存在，因此单肢与中心区连接处剪力不会太大。

(3) 单肢顶部的剪力墙的面内剪力与外荷载同向，因此单肢与中心区连接处的面内剪力大于该楼层水平外力的总和。

(4) 单肢内端截面（1-1 截面）的面内剪力沿高分布特点为：顶层出现大值，向下迅速衰减，中部楼层受剪很小，转换层附近再次出现较大值且与外荷载同向，设计时应沿楼层分段验算其抗剪承载力。

(5) 地震作用下单肢内端截面（1-1 截面）的面内剪力沿高分布特点与风荷载作用下基本相同，但中震、大震工况作用下单肢内端截面受剪可能比风荷载工况大。验算抗剪承载力时，中震、大震作用应予考虑。

(6) 结构在无转换层时，单肢内端 1-1 截面并未出现明显的更不利受力楼层。顶层内力小幅增长，转换层附近楼层则减小较多。

(7) 单肢内端与中心连接处 1-1 截面梁的 $+Z$ 向剪力较大，设计时应对其刚度、承载力及延性要求给予关注。

(8) 中心区中间 2-2 截面的内力沿高分布特点与单肢内端 1-1 截面基本一致。设计时应沿楼层分段验算其抗剪承载力。

(9) 中心区中间 2-2 截面的剪力墙的水平向面外剪力非常小，设计时可忽略不计。

(10) 中心区中间外围的框架梁（梁 3）和连梁（连梁 1）的 $+Z$ 向剪力较大，设计时应对其刚度、承载力及延性要求给予关注。

(11) 转换层及附近楼层的楼板、剪力墙受力明显大于其他楼层，设计时应对其承载能力进行验算。

参考文献

[1] 高层建筑混凝土结构技术规程：JGJ 3－2010[S]. 北京：中国建筑工业出版社，2011.

[2] 建筑结构荷载规范：GB 50009－2012[S]. 北京：中国建筑工业出版社，2010.

27. 平面凹凸不规则高层结构设计的若干问题

王　森，魏　琏，罗嘉骏

【摘　要】对于平面布置凹凸不规则的高层结构，现行规范的相关规定较少，导致此类布置的结构设计时遇到较多困难。本文选用实际工程案例，讨论该形式的结构设计上存在的一些问题，给出设计建议供结构设计人员参考。

【关键词】平面凹凸不规则；受力特性；设计建议

The study on anti-lateral performance of high-rise buildings with irregular plane

Wei Lian, Luo Jiajun

Abstract: For the high-rise buildings with irregular plane, the relevant provisions of the current code lacks enough detail, resulting in more difficulties in the structural design of such plane layout. With actual engineering cases, this paper discusses some problems in the structural design of this form, and gives design suggestions for structural designers.

Keywords: the high-rise buildings with irregular plane; mechanic features; design suggestions

0　前言

平面凹凸不规则是当今常见的一种通风及采光良好的建筑平面布置形式。然而，现行规范的相关规定较少，导致此类结构设计时遇到较多困难。本文选用实际工程案例，讨论该形式结构设计上存在的一些问题，给出设计建议供结构设计人员参考。

1　工程案例结构概况

工程案例标准层平面简图见图 1。

上部为剪力墙结构，下部 5 层设有转换层，计算模型选取正负零为嵌固端，地面以上 45 层，结构高度 149.1m，首层层高 5.1m。本工程所在位置 50 年一遇的基本风压 w_0 为 0.7kN/m^2，地面粗糙度类别为 C 类。风荷载体型系数为 1.4。抗震设防烈度为 7 度，设计基本地震加速度为 0.1g，设计地震分组为第 1 组，场地类别为Ⅱ类。

结构由 A、B、C 三个单肢以及中心区（阴影部分）组成。单肢 A、单肢 B 与 X 轴夹角分别为 160°和 20°并沿中心线对称。结构高宽比为 149.1/28＝5.3。单肢 A、B 平面尺寸为 8.2m×14.9m，单肢 A、B 高宽比 149.1/8.2＝18.2，长宽比 14.9/8.2＝1.8，连接部位宽度 6.2m，板厚 0.15m。转换层层高 5.2m，平面简图见图 2。

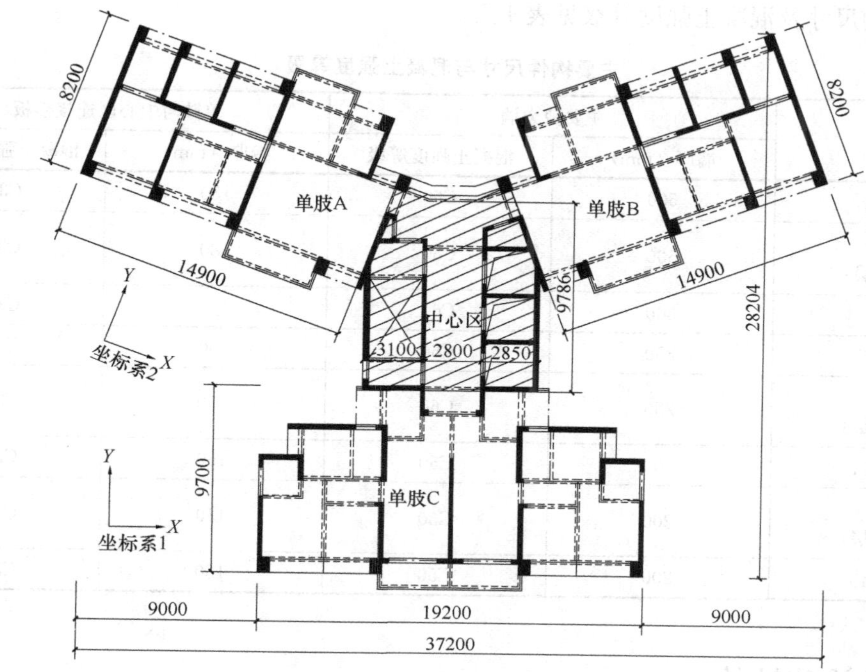

图 1　工程案例标准层平面简图

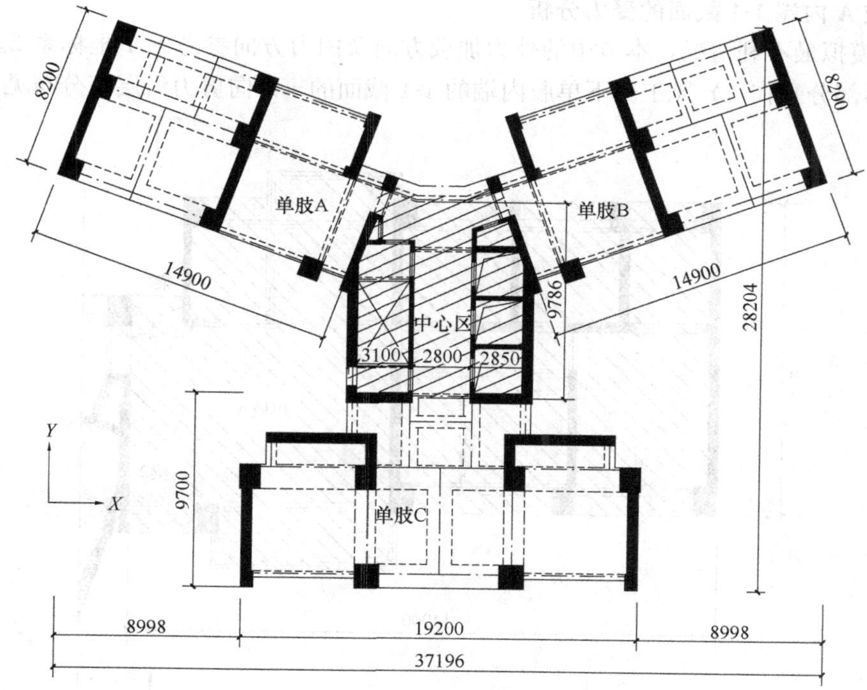

图 2　工程案例转换层平面简图

主要构件的尺寸及混凝土强度等级见表1。

主要构件尺寸与混凝土强度等级 表1

层号	主要剪力墙		单肢与中心区连接楼板	
	墙厚（mm）	混凝土强度等级	板厚（mm）	混凝土强度等级
1～4	500	C60	150	C30
5（转换层）	500	C60	180	C35
6	300	C60	150	C30
7～15	250	C60	150	C30
16（避难层）	250	C60	150	C30
17～31	200	C50	150	C30
32（避难层）	200	C50	150	C30
33～45	200	C50	150	C30

2 关于单肢结构

2.1 单肢A内端1-1截面的受力分析

为了模拟最不利情况，本节中的外力加载方向及内力方向参考图1坐标系2。单肢A（图3阴影部分）在$+Y$风工况下单肢内端的1-1截面的$+Y$向剪力沿层高分布见图4。

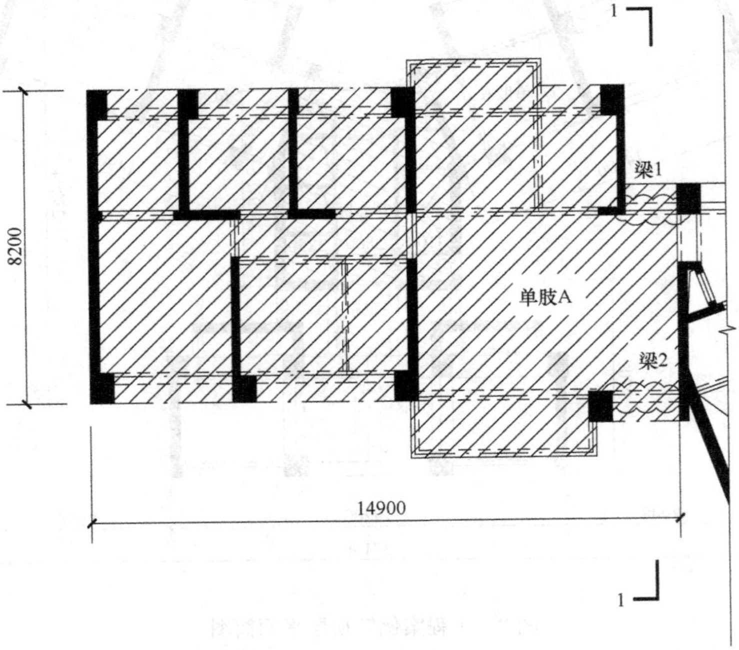

图3 单肢A（阴影部分）标准层布置图

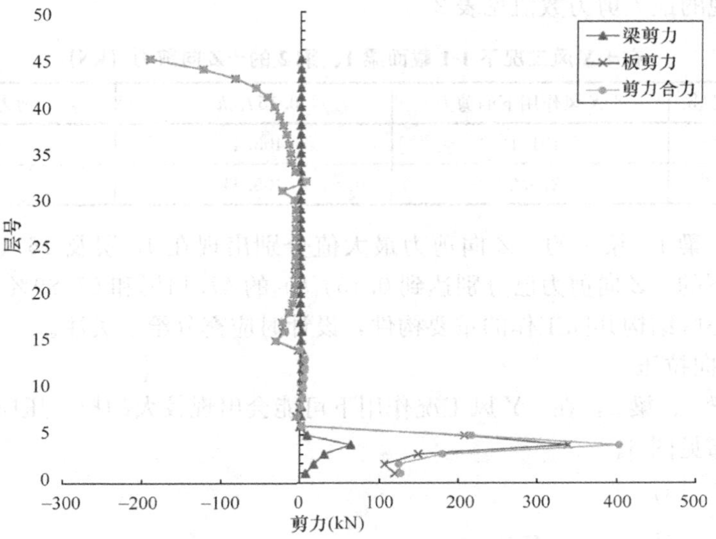

图 4　1-1 截面在+Y 风工况下的+Y 向剪力

计算结构表明，在+Y 风工况下，除转换层及以下层外，1-1 截面的+Y 向大部分的剪力由楼板承担。剪力在顶层（45 层）出现大值，向下迅速衰减。在转换层附近则出现较大的剪力且与外荷载同向。单肢 A 结构顶层的 1-1 截面在此工况下的剪力仅为 200kN 左右，说明单肢 A 独立时横向（Y 向）刚度较低，1-1 截面无需提供很大的约束剪力，即可将其变形推回协调中心区结构变形。

2.2　风荷载作用下单肢 A 的 1-1 截面的梁的受力

2.2.1　梁的竖向受剪

图 3 中的梁 1、梁 2 的跨高比相对较小，在+X 风工况作用下可能会出现较大的沿垂直 Z 轴的剪力，梁 1、梁 2 在+X 风工况下的+Z 向剪力见图 5。

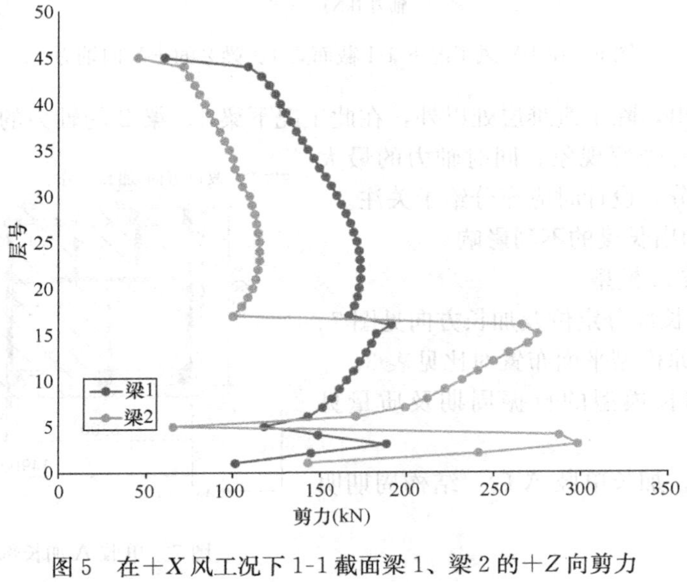

图 5　在+X 风工况下 1-1 截面梁 1、梁 2 的+Z 向剪力

标准层出现的最大剪力数值见表 2。

在$+X$风工况下 1-1 截面梁 1、梁 2 的$+Z$向剪力（kN）　　表 2

项次	层号	$+X$风作用下的剪力	$0.15f_cbh_0$	剪力/$0.15f_cbh_0$
梁 1	16	191.12	405.41	47.14%
梁 2	15	275.23	405.41	67.89%

由上可知，梁 1、梁 2 的$+Z$向剪力最大值分别出现在 15 层及 16（避难层）层处；$+X$风单工况下的$+Z$向剪力已分别达到$0.15f_cbh_0$的 47.14%和 67.89%。说明该处梁是连接单肢与中心区结构共同工作的重要构件，设计时应充分给予关注。

2.2.2 梁的轴向拉压

图 3 中的梁 1、梁 2，在$+Y$风工况作用下可能会出现较大的拉、压应力。梁 1、梁 2 轴力的沿高分布见图 6。

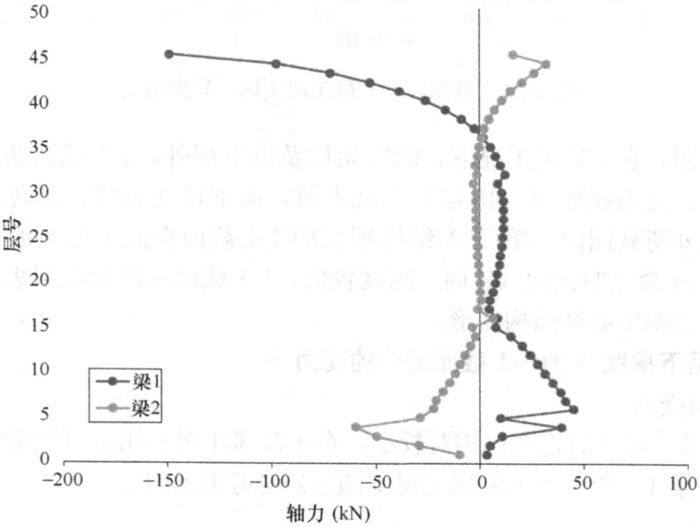

图 6 在$+Y$风工况下 1-1 截面梁 1、梁 2 的$+X$向轴力

由图 6 可看出，除了避难层处以外，在此工况下梁 1、梁 2 的轴力的方向相反，反映出 1-1 截面楼板的受弯现象。同时轴力的最大值出现在顶层部分，设计时应充分给予关注。

2.3 加长单肢伸出长度的不利影响

2.3.1 加长单肢 A 模型

单肢 A 的加长部分定位及加长方向见图 7。

对比模型与原模型平面布置对比见表 3。

原模型与加长模型的自振周期及质量见表 4。

由表 4 可知，加长单肢 A 后，结构周期明显增长。

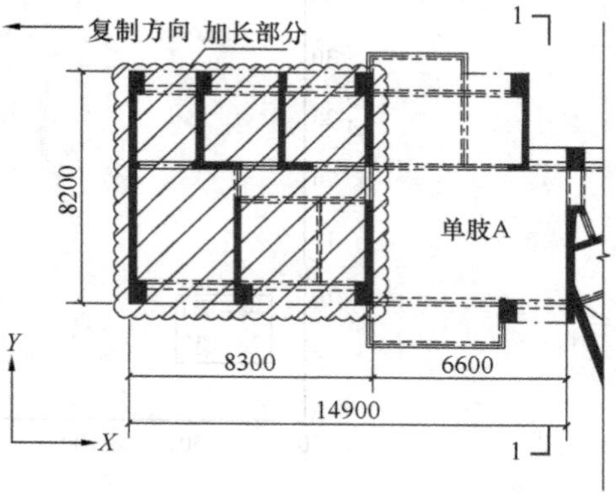

图 7 单肢 A 加长部分定位图

加长单肢模型与原模型对比 **表 3**

项次	单肢 A 尺寸		长宽比（与原模型比值）
	长（m）	宽（m）	
原模型	14.90	8.20	1.82
加长模型 A	22.95	8.20	2.80（153.85%）
加长模型 B	31.00	8.20	3.78（207.69%）

原模型与加长模型的自振周期及质量对比 **表 4**

原模型			
项次	T_1	T_2	T_3
周期（s）	3.73	3.05	2.91
加长模型 A			
项次	T_1	T_2	T_3
周期（s）	3.94	3.27	2.94
自振周期与原模型比值	105.76%	107.30%	101.18%
加长模型 B			
项次	T_1	T_2	T_3
周期（s）	4.30	3.24	2.94
自振周期与原模型比值	115.23%	106.38%	100.91%

2.3.2 加长单肢 A 对单肢 A 内端的 1-1 截面的受力影响

为了模拟最不利情况，本节中的外荷载及内力方向参照图 1 的坐标系 2。加长单肢 A 模型与原模型的 1-1 截面的剪力合力对比见图 8。

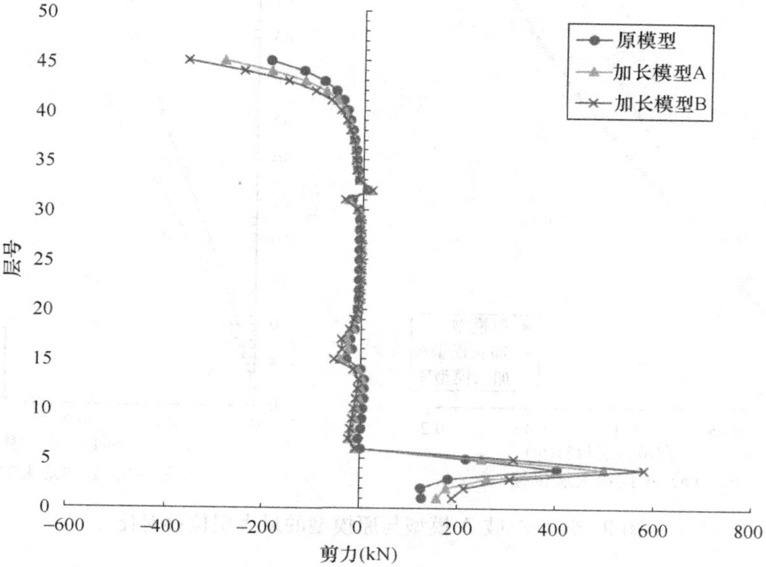

图 8 1-1 截面在$+Y$风工况下的$+Y$向剪力合力

由图 8 可知，原模型和两个加长单肢 A 模型的 1-1 截面剪力合力沿层高变化规律相近。剪力合力在 45 层（顶层）出现大值，向下迅速衰减，中部楼层的 1-1 截面剪力仅为顶层的 10%～20%。在转换层附近出现较大值且与外荷载同向。顶层和第 4 层的剪力合力数值见表 5。

加长单肢 A 模型与原模型的 1-1 截面剪力合力对比 **表 5**

+Y 风工况下顶层 1-1 截面剪力合力（kN）			
项次	原模型	加长模型 A	加长模型 B
+Y 向剪力	−191.16	−285.50	−359.19
与原模型比值	—	149.35%	187.90%
+Y 风工况下第 4 层 1-1 截面剪力合力（kN）			
+Y 向剪力	402.81	500.73	581.21
与原模型比值	—	124.31%	144.29%

对于顶层 1-1 截面的剪力合力，在对原模型的单肢 A 加长一跨后（加长模型 A），增长至原模型的 149.35%，加长两跨后（加长模型 B）则为原模型的 187.90%。对于第 4 层 1-1 截面的剪力合力，在对原模型的单肢 A 加长一跨后（加长模型 A），增长至原模型的 124.31%，加长两跨后（加长模型 B）则为原模型的 144.29%。由此可知，1-1 截面受到的剪力会随着单肢 A 的加长而明显增大。

2.3.3 加长单肢 A 模型与原模型位移的比较

为了模拟最不利情况，本节中的外荷载及内力方向参照图 1 的坐标系 2。加长单肢 A 模型与原模型的最大层位移对比见图 9。

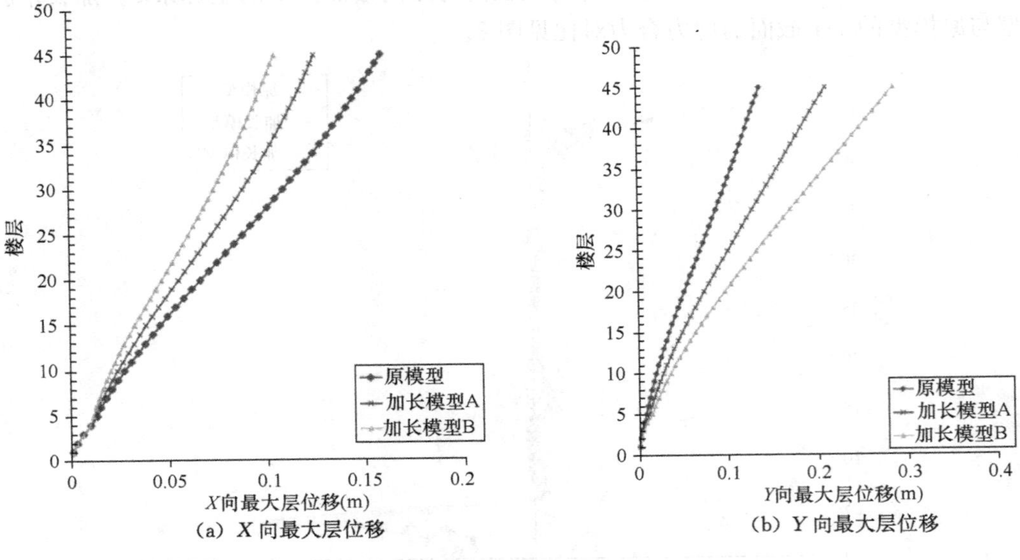

(a) X 向最大层位移　　(b) Y 向最大层位移

图 9　加长单肢 A 模型与原模型的最大层位移对比

加长单肢 A 模型与原模型顶点位移的对比见表 6。

加长单肢A模型与原模型的顶层位移对比 **表6**

X向风（WX）			
顶层X向位移	最大层位移（m）	质心位移（m）	最大层位移/质心位移
原模型	0.159	0.145	110.05%
加长模型A （与原模型比值）	0.125 （78.64%）	0.116 （80.30%）	107.77%
加长模型B （与原模型比值）	0.105 （65.99%）	0.092 （63.63%）	104.38%
Y向风（WY）			
顶层Y向位移	最大层位移（m）	质心位移（m）	最大层位移/质心位移
原模型	0.137	0.115	119.72%
加长模型A （与原模型比值）	0.210 （153.25%）	0.148 （128.69%）	142.56%
加长模型B （与原模型比值）	0.286 （208.51%）	0.184 （160.37%）	156.28%

对于加长模型A，Y向顶层最大层位移增加153.25%，其自身的最大层位移与质心位移的比值也增大了约23%，其扭转变形也更为明显。对于加长模型B，弱方向Y向顶层最大层位移增加208.51%，其自身的最大层位移与质心位移的比值也增大了约37%。由此可知，弱方向Y向的顶层最大层位移及最大层位移与质心位移的比值随着单肢A的加长而急剧增大，这对于结构顶层单肢外端的舒适度显然是不利的。此类结构按高规近似计算结构舒适度时，顶点横风加速度应适当增大。

2.4 单肢的剪力墙厚度对结构的影响

2.4.1 加厚单肢剪力墙模型

加厚剪力墙的定位见图10。

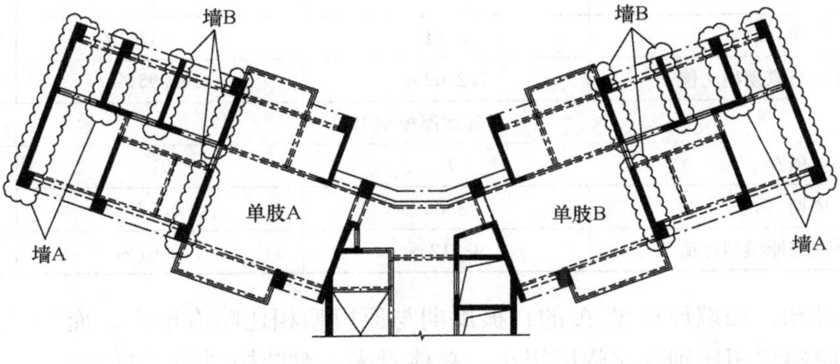

图10 单肢A、B墙定位示意图

对比模型与原模型平面布置对比见表7。

加厚单肢剪力墙模型与原模型对比　　表 7

加墙厚模型 A（仅加厚墙 A）		
项次	墙 A 厚度（mm）	
层号	原模型	加墙厚模型 A
1～4	500	500
5	500	500
6	300	500
7～15	250	500
16	250	500
17～45	200	500
加墙厚模型 B（仅加厚墙 B）		
项次	墙 B 厚度（mm）	
层号	原模型	加墙厚模型 A
1～4	500	500
5	500	500
6	300	500
7～15	250	500
16	250	500
17～45	200	500

对比模型增加了 6～45 层的墙厚，原模型与加长模型的自振周期及质量见表 8。

原模型与加墙厚模型的自振周期及质量对比　　表 8

原模型			
项次	T_1	T_2	T_3
周期（s）	3.73	3.05	2.91
加墙厚模型 A			
项次	T_1	T_2	T_3
周期（s）	3.81	3.11	2.97
自振周期与原模型比值	102.02%	101.95%	102.03%
加墙厚模型 B			
项次	T_1	T_2	T_3
周期（s）	3.66	3.07	2.93
自振周期与原模型比值	98.12%	100.67%	100.52%

由表 8 可知，加墙厚模型 A 的自振周期与原模型相比略有增大，而加墙厚模型 B 的自振周期与原模型相比则变化幅度很小，总体看来，对结构周期影响不大。

2.4.2 加厚单肢剪力墙对单肢 A 内端的 1-1 截面的受力影响

加厚剪力墙模型与原模型的 1-1 截面的剪力合力对比见图 11。

由图 11 可知，原模型和两个加墙厚模型的 1-1 截面剪力合力的沿高分布特征相近。

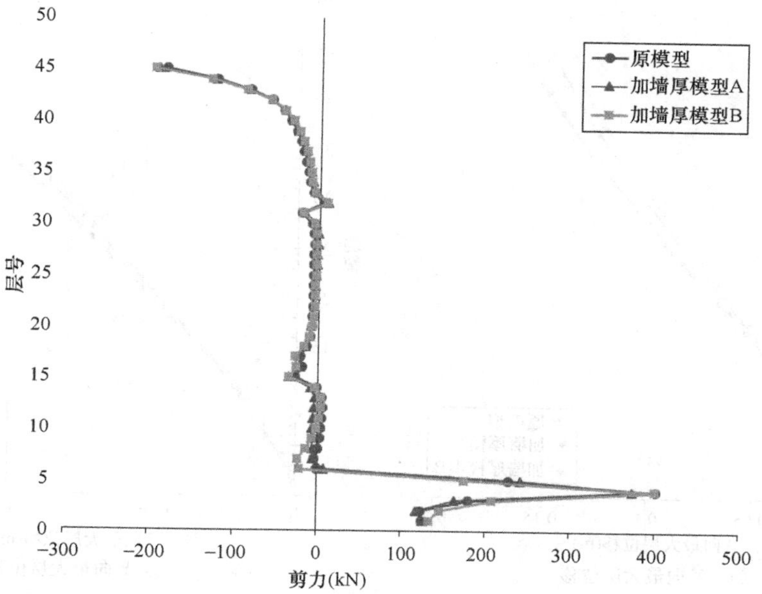

图 11　加墙厚模型与原模型 1-1 截面在＋Y 风工况下的＋Y 向剪力合力对比

剪力在 45 层（顶层）出现大值，向下迅速衰减。在转换层附近出现较大值且与外荷载同向。顶层和第 4 层的剪力数值见表 9。

加墙厚模型与原模型 1-1 截面剪力合力对比　　**表 9**

＋Y 风工况下顶层 1-1 截面剪力合力（kN）			
项次	原模型	加墙厚模型 A	加墙厚模型 B
＋Y 向剪力	−191.16	−192.79	−196.43
与原模型比值	—	100.85%	102.76%
＋Y 风工况下第 4 层 1-1 截面剪力合力（kN）			
项次	原模型	加墙厚模型 A	加墙厚模型 B
＋Y 向剪力	402.81	373.93	401.35
与原模型比值	—	92.83%	99.64%

对于顶层 1-1 截面的剪力合力，加墙厚模型 A、B 皆出现小幅增长。对于第 4 层 1-1 截面的剪力，加墙厚模型 A、B 皆略微小于原模型。综上，本节中的对比模型的 1-1 截面的剪力与原模型相比没有明显差别。

2.4.3　加墙厚模型与原模型位移的比较

为了模拟最不利情况，本节中的外荷载及内力方向参照图 1 的坐标系 2。加墙厚模型与原模型的最大层位移对比见图 12。

加墙厚模型与原模型顶点位移的对比见表 10。

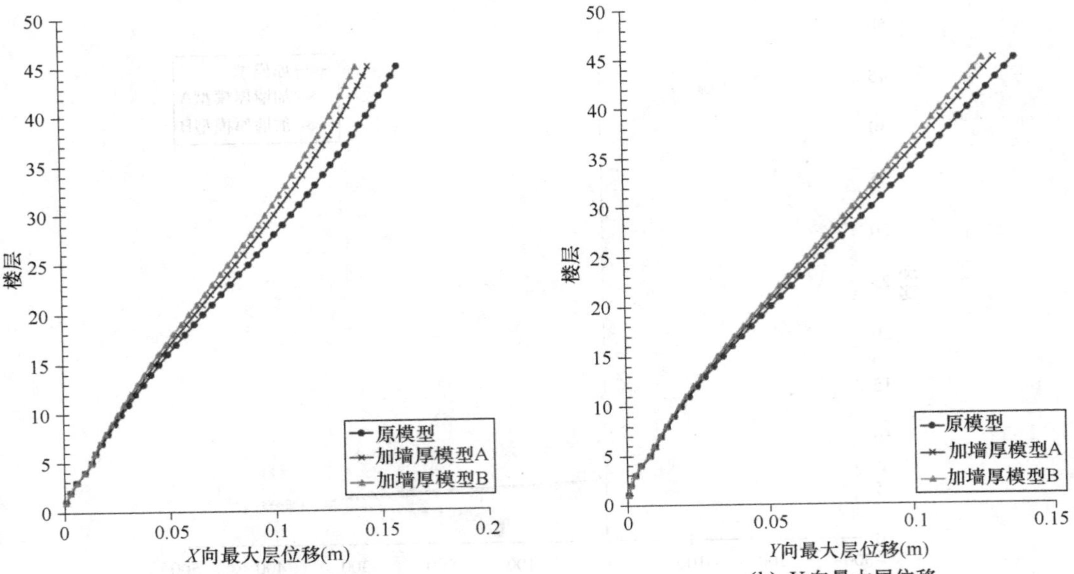

(a) X 向最大层位移　　(b) Y 向最大层位移

图 12　加墙厚模型与原模型的最大层位移对比

加墙厚模型与原模型的顶层位移对比　　表 10

+X 向风（WX）			
顶层 X 向位移	最大层位移（m）	质心位移（m）	最大层位移/质心位移
原模型	0.159	0.145	110.05%
加墙厚模型 A（与原模型比值）	0.146（91.72%）	0.134（92.37%）	108.88%
加墙厚模型 B（与原模型比值）	0.140（87.95%）	0.129（89.18%）	107.14%
+Y 向风（WY）			
顶层 Y 向位移	最大层位移（m）	质心位移（m）	最大层位移/质心位移
原模型	0.137	0.115	119.72%
加墙厚模型 A（与原模型比值）	0.130（95.03%）	0.111（96.55%）	117.25%
加墙厚模型 B（与原模型比值）	0.127（92.09%）	0.109（94.25%）	116.40%

由上可知，对比原模型，两个加墙厚模型的顶点位移、顶层最大层位移/质心位移比值皆略有减少。加墙厚模型 B 的减小幅度略微大于加墙厚模型 A。总体看来，加厚单肢的剪力墙对结构受力变形略有改善，但影响不大。

3 关于中心区结构

3.1 中心区的 2-2 截面的受力分析

工程案例中心区标准层平面图见图 13。除第 5 层（转换层）楼板厚 180mm 外，其余楼层楼板厚度为 150mm。

由图 13 可知，中心区的长宽比约为 1.12，中间的 2-2 截面剖开了三面剪力墙，分别为 W1、W2、W3。

最不利工况为 $+X$ 风工况，外力加载方向及内力方向参照图 13 的坐标系。以 2-2 截面为例，在 $+X$ 风工况下 2-2 截面的 $+X$ 向剪力见图 14。

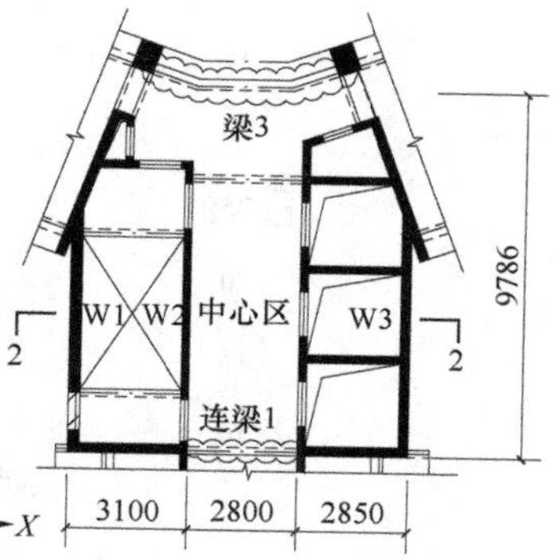

图 13 工程案例中心区标准层平面图

由图 14 可知，在 $+X$ 风工况下，2-2 截面的 $+X$ 向剪力几乎都被楼板承担，并在顶层和第 4 层（转换层下一层）出现大值。除了转换层及以下，W1～W3 三片面外剪力墙受剪接近于 0。楼板最大剪应力出现在顶层。2-2 截面在 $+X$ 风工况下的绕垂直 Z 轴的弯矩见图 15。

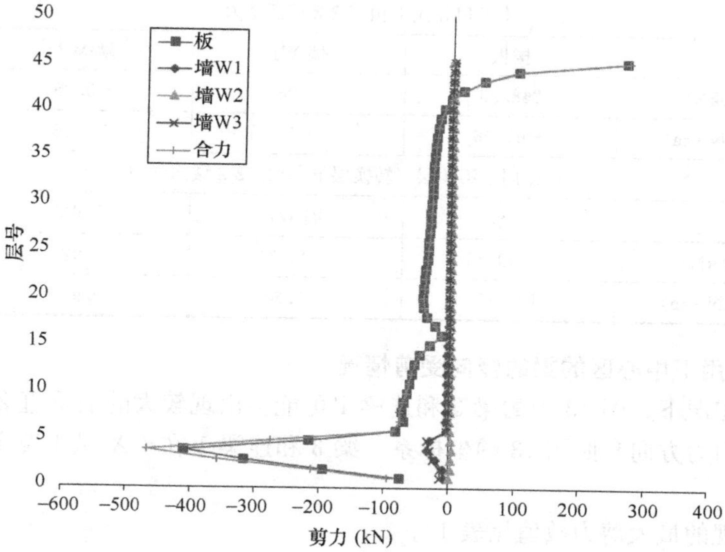

图 14 2-2 截面在 $+X$ 风工况下的 $+X$ 向剪力

由图 15 可知，2-2 截面的剪力墙受到的面外弯矩相较小，剪力墙 W1、W3 仅在转换层以下出现明显大值，其余层都接近于 0。而位于中间的剪力墙 W2 沿层高的面外剪力全部接近于 0。2-2 截面的剪力及弯矩的具体数值见表 11。

由上可知，对于中心区的 2-2 截面，在最不利工况 $+X$ 风作用下，楼板承受了大部分外力荷载。

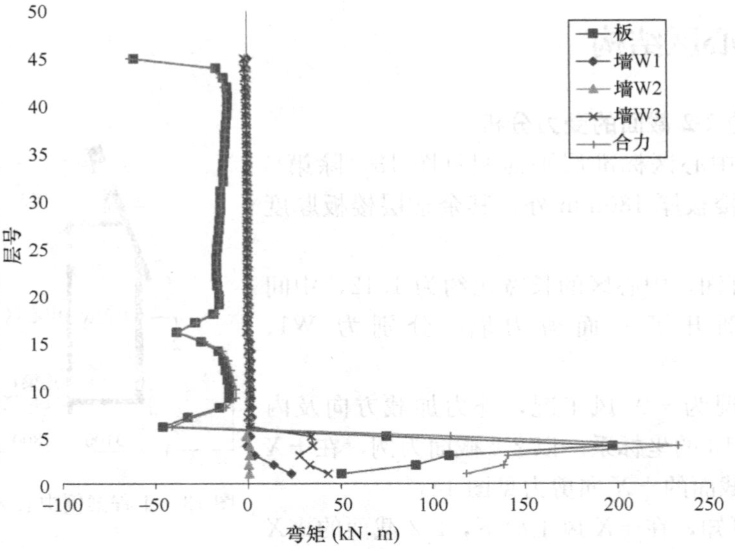

图 15　2-2 截面在＋X 风工况下的绕垂直 Z 轴的弯矩

2-2 截面在＋X 风工况下的受力　　表 11

＋X 风作用下顶层 2-2 截面受力				
项次	楼板	墙 W1	墙 W2	墙 W3
＋X 向剪力（kN）	268.58	2.08	−0.05	2.37
绕 Z 轴弯矩（kN・m）	−61.06	0.14	−1.16	−1.45
＋X 风作用下第 4 层（转换层下一层）2-2 截面受力				
项次	楼板	墙 W1	墙 W2	墙 W3
＋X 向剪力（kN）	−409.55	−32.25	3.92	−28.53
绕 Z 轴弯矩（kN・m）	197.17	−0.38	0.91	35.00

3.2　风荷载作用下中心区的梁的竖向受剪情况

在＋X 风工况下，图 13 中的梁 3 和连梁 1 可能会出现较大的沿垂直 Z 轴的剪力，外力加载方向及内力方向参照图 13 的坐标系。梁 3 和连梁 1 在＋X 风工况下的＋Z 向剪力见图 16。

标准层出现的最大剪力数值见表 12。

在＋X 风工况下梁 3、连梁 1 的＋Z 向剪力（kN）　　表 12

项次	层号	＋X 风作用下的剪力 (kN)	$0.15f_cbh_0$	剪力/$0.15f_cbh_0$
连梁 1	11	82.78	205.9	40.20%
梁 3	19	89.25	405.4	22.02%

由上可知，连梁 1、梁 3 的＋Z 向剪力最大值分别出现在 11 层及 19 层处；＋X 风单工况下的＋Z 向剪力分别达到 $0.15f_cbh_0$ 的 40.20%和 22.02%，设计时应充分给予关注。

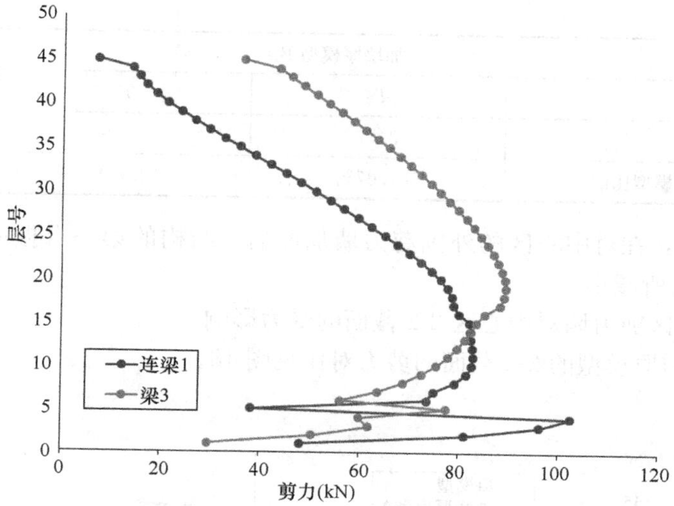

图 16　梁 3、连梁 1 在 $+X$ 风工况下的 $+Z$ 向剪力

3.3　中心区外围剪力墙对结构的影响

3.3.1　加厚中心区外围剪力墙模型

加厚剪力墙的定位图见图 17。

加墙厚模型与原模型的区别见表 13。

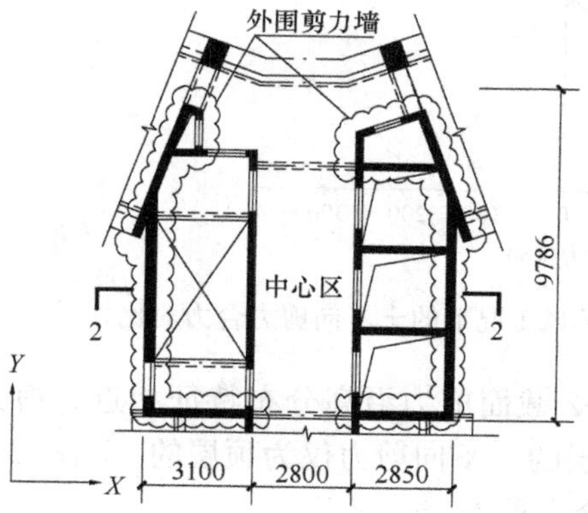

图 17　中心区外围剪力墙定位

墙加厚模型与原模型对比　表 13

项次	墙厚
原模型	保持原模型墙厚不变
加墙厚模型 A	中心区外围剪力墙厚度+300mm
加墙厚模型 B	中心区外围剪力墙厚度+600mm

原模型与加墙厚模型的自振周期对比见表 14。

原模型与加墙厚模型的自振周期对比　表 14

原模型			
项次	T_1	T_2	T_3
周期（s）	3.73	3.05	2.91
加墙厚模型 A			
项次	T_1	T_2	T_3
周期（s）	3.72	2.90	2.74
自振周期与原模型比值	99.73%	95.08%	94.16%

续表

加墙厚模型 B			
项次	T_1	T_2	T_3
周期（s）	3.77	2.89	2.63
自振周期与原模型比值	101.07%	94.75%	90.38%

由表 14 可知，在对中心区的外围剪力墙加厚后，结构的第一自振周期变化不明显，第 2、第 3 周期有所减小。

3.3.2 加厚中心区剪力墙对中心区 2-2 截面的受力影响

加墙厚模型与原模型的 2-2 截面的剪力对比见图 18。

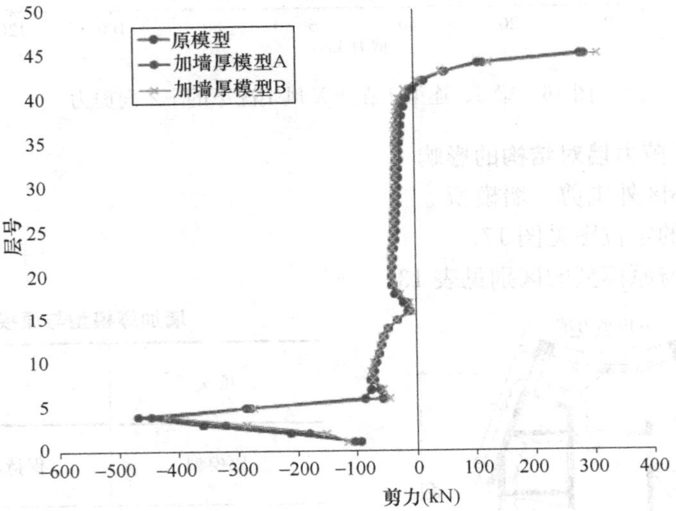

图 18 加墙厚模型与原模型的 2-2 截面在＋X 风工况下的＋X 向剪力合力对比

由图 18 可知，原模型和两个加墙厚模型的 2-2 截面剪力沿高分布特征相近。剪力在顶层（45 层）出现大值，向下迅速衰减，中间楼层的＋X 向剪力仅为顶层的 15%～20%。在转换层附近出现较大值。顶层和第 4 层的剪力合力见表 15。

加厚剪力墙模型与原模型的 2-2 截面受力对比 **表 15**

＋X 风工况下顶层 2-2 截面剪力合力（kN）			
项次	原模型	加墙厚模型 A	加墙厚模型 B
＋X 向剪力	279.17	285.43	309.66
与原模型比值	—	102.24%	110.92%
＋X 风工况下第 4 层 2-2 截面剪力合力（kN）			
项次	原模型	加墙厚模型 A	加墙厚模型 B
＋X 向剪力	−468.45	−446.9	−420.45
与原模型比值	—	95.40%	89.75%

对于顶层 2-2 截面的剪力，加墙厚模型 A、B 皆出现小幅增长。对于第 4 层 2-2 截面的剪力，加墙厚模型 A、B 皆略微小于原模型。

3.3.3 加墙厚模型与原模型位移的比较

加墙厚模型与原模型的最大层位移对比见图 19。

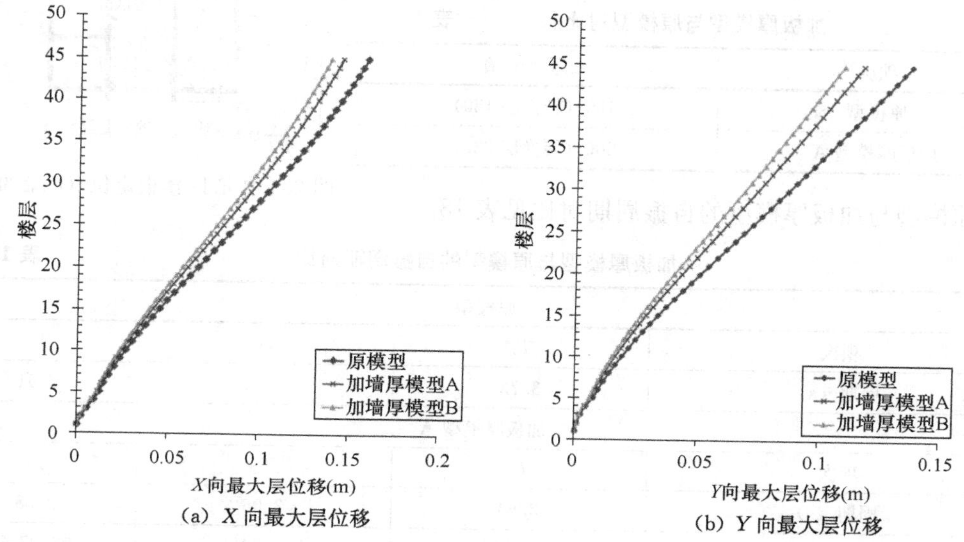

(a) X 向最大层位移　　(b) Y 向最大层位移

图 19　加墙厚模型与原模型的最大层位移对比

加墙厚模型与原模型顶层位移的对比见表 16。

加墙厚模型与原模型的顶层位移对比　　表 16

+X 向风（WX）			
顶层 X 向位移	最大层位移（m）	质心位移（m）	最大层位移/质心位移
原模型	0.159	0.145	110.05%
加墙厚模型 A（与原模型比值）	0.145（91.19%）	0.131（90.34%）	110.69%
加墙厚模型 B（与原模型比值）	0.138（86.79%）	0.125（86.21%）	110.40%
+Y 向风（WY）			
顶层 Y 向位移	最大层位移（m）	质心位移（m）	最大层位移/质心位移
原模型	0.137	0.115	119.13%
加墙厚模型 A（与原模型比值）	0.117（85.40%）	0.097（84.35%）	120.62%
加墙厚模型 B（与原模型比值）	0.109（79.56%）	0.091（79.13%）	119.78%

由上可知，对比原模型，加墙厚模型的 X、Y 向的顶层最大层位移、顶层质心位移皆有所减小，但是最大层位移/质心位移的比值却几乎没有变化。

3.4 中心区楼板的作用分析

3.4.1 加厚中心区楼板模型

加厚中心区楼板定位图见图 20。

加板厚模型与原模型的区别见表 17。

加板厚模型与原模型对比 **表 17**

项次	板厚（mm）
原模型	150（转换层 180）
加板厚模型 A	300（转换层 330）

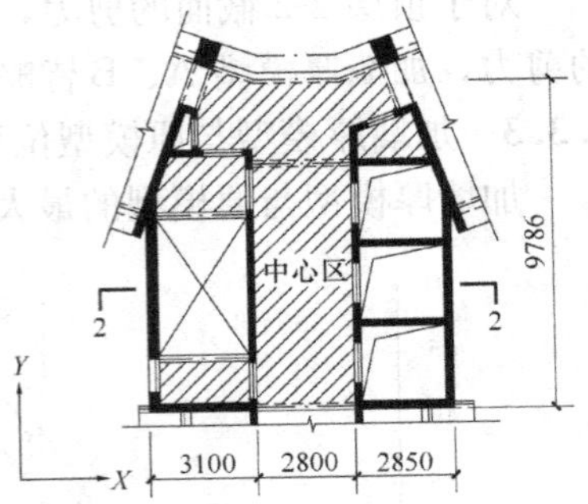

图 20 中心区楼板定位（阴影部分）

原模型与加板厚模型的自振周期对比见表 18。

加板厚模型与原模型的自振周期对比 **表 18**

原模型			
项次	T_1	T_2	T_3
周期（s）	3.73	3.05	2.91
加板厚模型 A			
项次	T_1	T_2	T_3
周期（s）	3.63	3.06	2.88
自振周期与原模型比值	97.32%	100.33%	98.97%

由表 18 可知，在加厚中心区的楼板后，第二周期变化不大，第一、第三周期分别减小约 3%、1%，结构质量增加约 2%。

3.4.2 加厚中心区楼板对中心区 2-2 截面的受力影响

加板厚模型 A 与原模型的 2-2 截面的剪力对比见图 21。

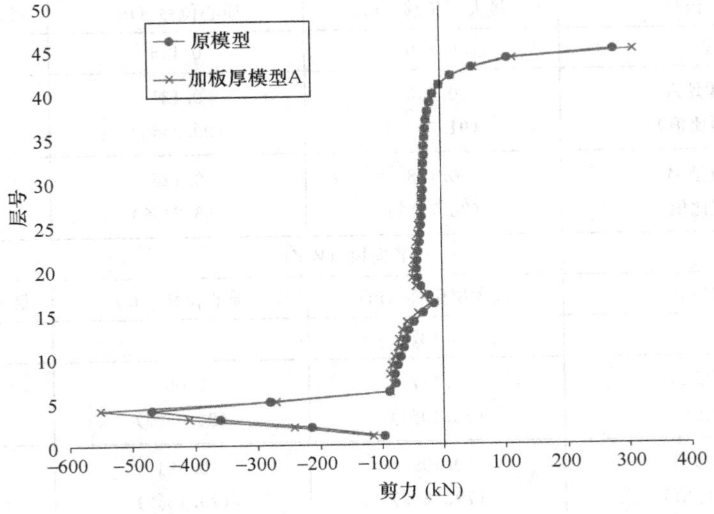

图 21 加板厚模型 A 与原模型的 2-2 截面在＋X 风工况下的＋X 向剪力合力对比

由图 21 可知，原模型和加板厚模型 A 的 2-2 截面剪力沿高分布特征相近。剪力在顶层（45 层）出现大值，向下迅速衰减。在转换层附近出现较大值且与外荷载同向。顶层和第 4 层的 2-2 截面剪力合力见表 19。

加板厚模型 A 与原模型的 2-2 截面剪力合力对比　　**表 19**

+X 风工况下顶层 2-2 截面剪力合力（kN）		
项次	原模型	加板厚模型 A
+X 向剪力	279.17	311.48
与原模型比值	—	111.57%
+X 风工况下第 4 层 2-2 截面剪力合力（kN）		
项次	原模型	加板厚模型 A
+X 向剪力	−468.45	−551.24
与原模型比值	—	117.67%

对比原模型，加板厚模型 A 的顶层、第 4 层的 +X 向 2-2 截面剪力合力分别出现了 11.57%、17.67% 的增长。加板厚模型 A 与原模型的 2-2 截面楼板剪应力对比见图 22。

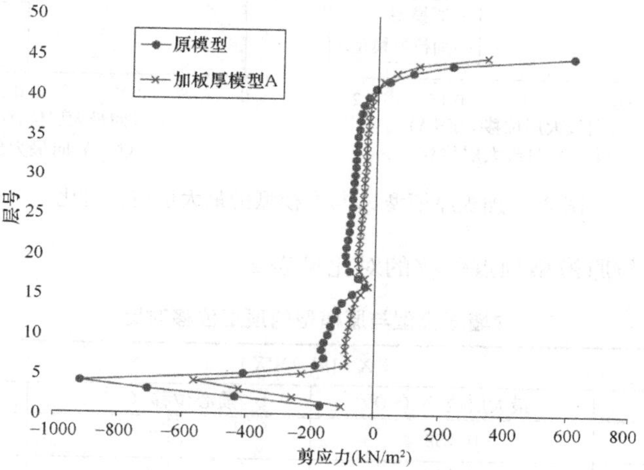

图 22　板加厚模型与原模型 2-2 截面的楼板在 +X 风工况下的 +X 向剪应力对比

顶层和第 4 层的楼板剪应力具体数值见表 20。

板加厚模型与原模型的 2-2 截面楼板剪应力对比　　**表 20**

+X 风工况下顶层 2-2 截面楼板剪应力（kN/m²）		
项次	原模型	加板厚模型 A
+X 向剪应力	610.36	340.76
与原模型比值	—	55.83%
+X 风工况下第 4 层 2-2 截面楼板剪应力（kN/m²）		
项次	原模型	加板厚模型 A
+X 向剪应力	−913.93	−561.02
与原模型比值	—	61.39%

由上可知，相比原模型，加板厚模型的 2-2 截面剪力合力有所增大，但其楼板的 +X

向的剪应力却有明显减小。＋X 风工况作用下顶层、第 4 层的＋X 向 2-2 截面楼板剪力分别为原模型的 55.83％、61.39％。可见加厚楼板对减小楼板面内剪应力是有效的。

3.4.3 加板厚模型与原模型位移的比较

加板厚模型 A 与原模型的层位移对比见图 23。

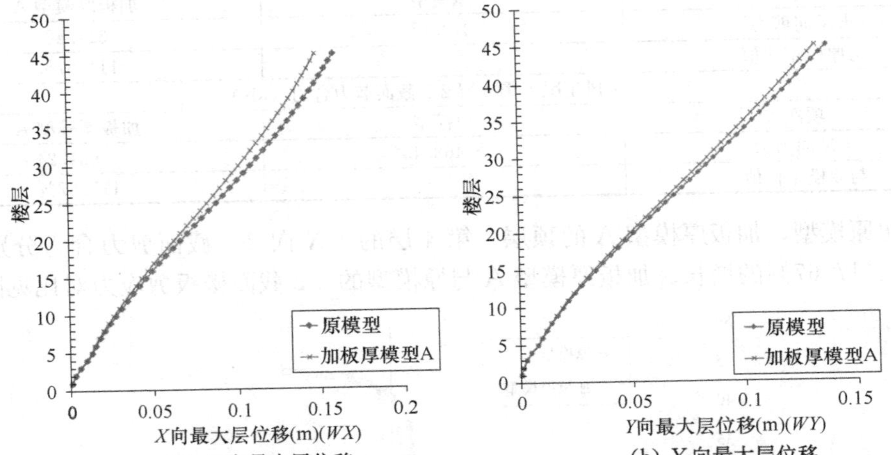

(a) X 向最大层位移　(b) Y 向最大层位移

图 23　加板厚模型 A 与原模型的最大层位移对比

加板厚模型 A 与原模型顶点位移的对比见表 21。

加墙厚模型与原模型的顶层位移对比　**表 21**

＋X 向风（WX）			
顶层 Y 向位移	最大层位移（m）	质心位移（m）	最大层位移/质心位移
原模型	0.159	0.145	109.66％
板加厚模型 A（与原模型比值）	0.148（93.08％）	0.136（93.79％）	108.82％
Y 向风（WY）			
顶层 Y 向位移	最大层位移（m）	质心位移（m）	最大层位移/质心位移
原模型	0.137	0.115	119.13％
板加厚模型 A（与原模型比值）	0.132（96.35％）	0.112（98.26％）	117.86％

由上可知，对比原模型，板加厚模型 A 的 X、Y 向的顶层最大层位移分别减小约 7％、3％。但是最大层位移/质心位移的比值却几乎没有变化。

4　单肢及中心区楼板应力分布

4.1　单肢 A 楼板的应力分布

对于单肢 A，由上不同的对比模型可知楼板的最大面内剪应力都出现在了顶层，为了模拟最不利情况，本节中的外荷载及内力方向参照图 1 的坐标系 2。单肢 A 顶层楼板在＋Y风工况作用下的 XY 平面剪应力云图见图 24。

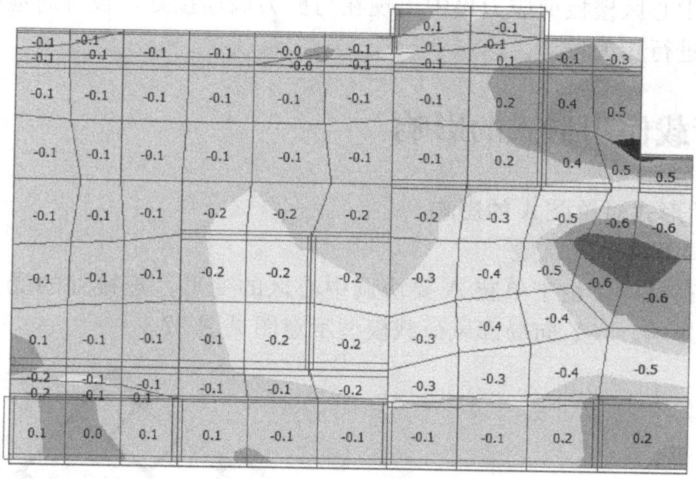

图 24　+*Y* 风工况作用下顶层单肢 A 顶层楼板 *XY* 平面内的板单元节点平均剪应力值云图（MPa）

由上可知，在+*Y* 风工况作用下单肢 A 楼板的面内剪应力在单肢 A 内端（1-1 截面）附近出现最大值，剪应力集中出现在了柱、剪力墙开洞边缘处，设计时应结合不同荷载工况以及规范要求进行相关设计。

4.2　中心区楼板的应力分布

对于中心区，由上不同的对比模型可知楼板的最大面内剪应力都出现在顶层，外荷载及内力方向参照图 1 的坐标系 1。中心区楼板在+*X*、+*Y* 风工况作用下的 *XY* 平面剪应力云图见图 25、图 26。

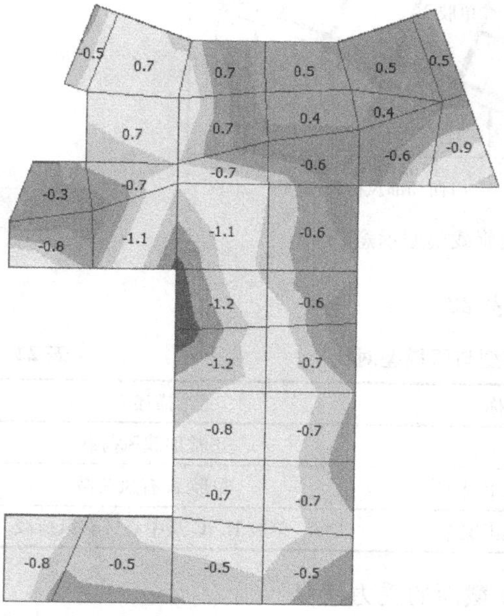

图 25　+*X* 风工况作用下中心区顶层楼板 *XY* 平面内的板单元节点平均剪应力值云图（MPa）

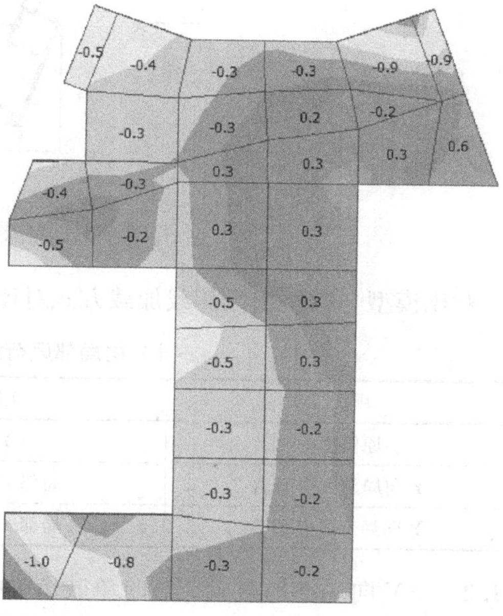

图 26　+*Y* 风工况作用下中心区顶层楼板 *XY* 平面内的板单元节点平均剪应力值云图（MPa）

由上可知，中心区楼板剪应力集中出现在与剪力墙连接处，设计时应结合不同荷载工况以及规范要求进行相关设计。

5 不同风荷载作用形式的影响

5.1 风荷载作用形式对单肢 A 的影响

5.1.1 +Y 向局部风荷载模型

仅局部有风荷载时，由于单肢 A 要协调中心区的变形，连接处的受力和顶点位移或会出现更不利的影响。+Y 向局部风荷载模型示意图见图 27。

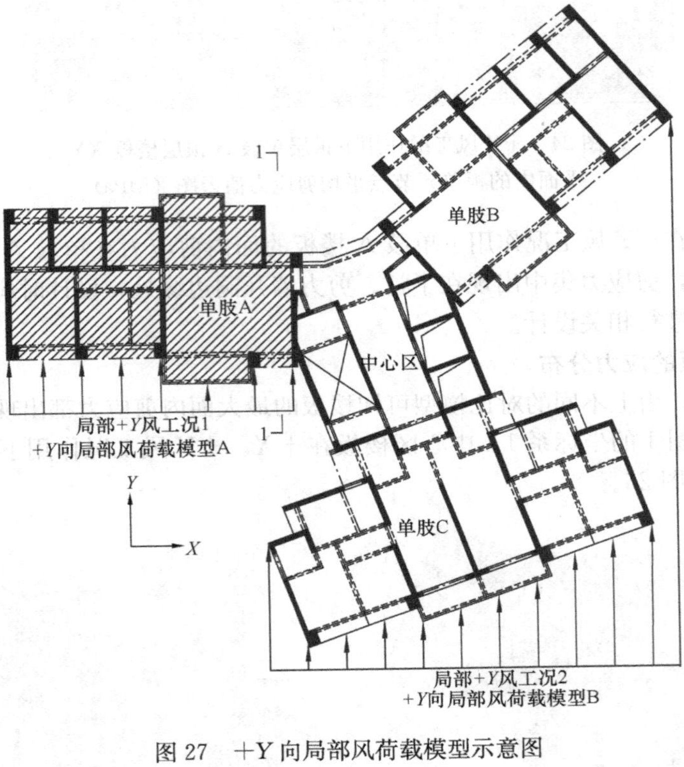

图 27 +Y 向局部风荷载模型示意图

对比模型与原模型风荷载加载方式对比见表 22。

+Y 向局部风荷载模型与原模型对比 表 22

项次	工况名称	描述
原模型	+Y 风工况	正常加载风荷载
+Y 向局部风模型 A	局部+Y 风工况 1	单肢 A 有风荷载
+Y 向局部风模型 B	局部+Y 风工况 2	单肢 B、C 及中心区有风荷载

5.1.2 +Y 向局部加载风荷载时单肢 A 的 1-1 截面的受力情况

为模拟最不利情况，本节中的外荷载及内力方向参照图 27 的坐标系。局部风荷载模型与原模型的 1-1 截面剪力合力对比见图 28。

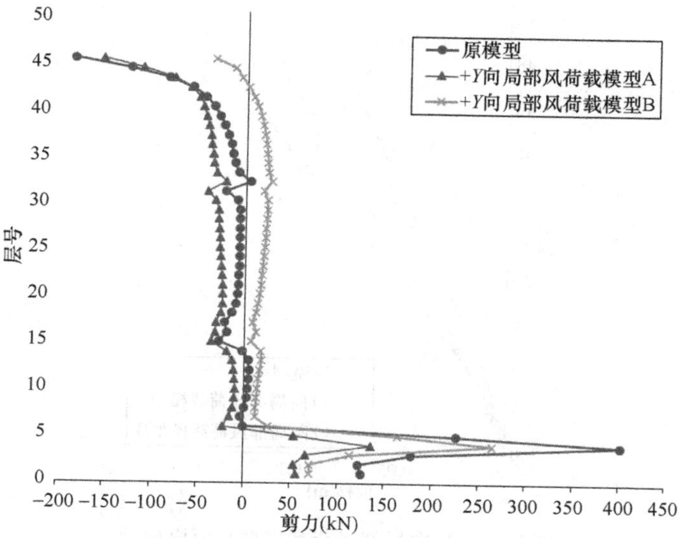

图 28　+Y 向局部风荷载模型与原模型 1-1 截面在+Y 风工况下的+Y 向剪力合力对比

由图 28 可知，原模型和+Y 向局部风荷载模型 A 的 1-1 截面剪力合力沿层高分布特征相近。剪力在 45 层（顶层）出现大值，向下迅速衰减。在转换层附近出现较大值且与外荷载同向。+Y 向局部风荷载模型 B 的 1-1 截面剪力在顶层则未出现明显大值。

比起原模型，+Y 向局部风荷载模型 A、B 在中间楼层的 1-1 截面剪力合力有所增大，但顶层及第 4 层的剪力合力小于原模型。顶层和第 4 层的剪力合力见表 23。

+Y 向局部风荷载模型与原模型的 1-1 截面剪力合力对比　　表 23

+Y 风工况下顶层 1-1 截面剪力合力（kN）			
项次	原模型	+Y 向局部风荷载模型 A	+Y 向局部风荷载模型 B
+Y 向剪力	−191.16	−152.97	−33.99
与原模型比值	—	80.02%	17.78%
+Y 风工况下第 4 层 1-1 截面剪力合力（kN）			
项次	原模型	+Y 向局部风荷载模型 A	+Y 向局部风荷载模型 B
+Y 向剪力	402.81	136.23	265.95
与原模型比值	—	33.82%	66.02%

由表 23 可知，对于顶层及第 4 层单肢 A 的 1-1 截面的剪力合力，两个局部风荷载模型皆未出现比原模型更大的值。

5.1.3　+Y 向局部风荷载模型的位移与原模型的比较

+Y 向局部风荷载模型与原模型在+Y 风工况下的+Y 向最大层位移对比见图 29。两个局部风荷载模型与原模型顶点位移的对比见表 24。

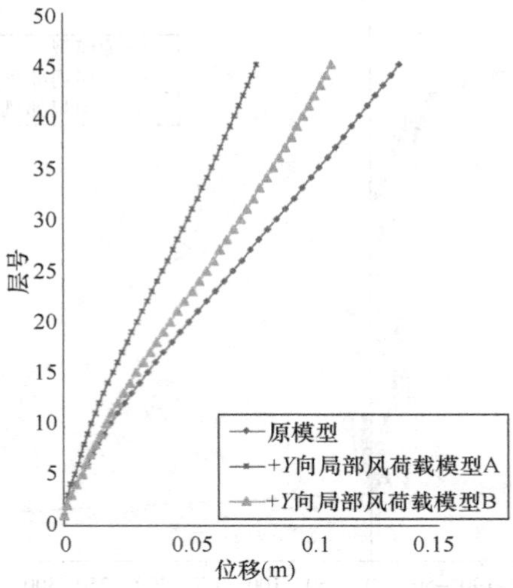

图 29　+Y 向局部风荷载模型与原模型的+Y 向最大层位移对比

+Y 向局部风荷载模型与原模型的顶层位移对比　　**表 24**

Y 向风（WY）			
顶层 Y 向位移	最大层位移（m）	质心位移（m）	最大层位移/质心位移
原模型	0.137	0.115	119.72%
+Y 向局部风荷载模型 A（与原模型比值）	0.077（56.20%）	0.029（25.22%）	265.52%
+Y 向局部风荷载模型 B（与原模型比值）	0.108（78.83%）	0.085（73.91%）	127.06%

由上可知，对比原模型，两个局部风荷载模型的顶点最大层位移皆有大幅减小；顶层最大层位移/质心位移比值皆有所增大。特别是+Y 向局部风荷载模型 A，其最大层位移/质心位移比值达到了 265.52%。

5.2　风荷载作用形式对中心区的影响

5.2.1　+X 向局部风荷载模型

仅局部有风荷载时，由于中心区要协调单肢的变形，中心区的受力和顶点位移或会出现更不利的影响。+X 向局部风荷载模型示意图见图 30。

对比模型与原模型风荷载加载方式对比见表 25。

+X 向局部风荷载模型与原模型对比　　**表 25**

项次	工况名称	描述
原模型	+X 风工况	正常加载风荷载
+X 向局部风模型 A	局部+X 风工况 1	单肢 C 及部分中心区有风荷载
+X 向局部风模型 B	局部+X 风工况 2	单肢 A、B 及部分中心区有风荷载

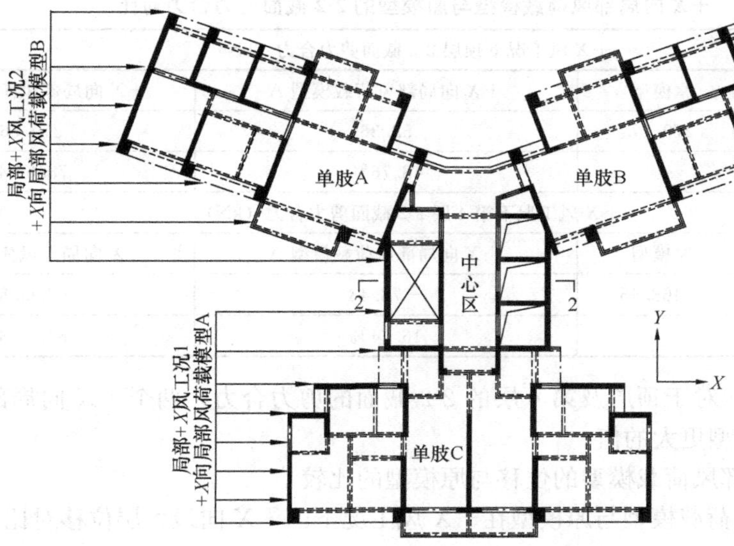

图 30　+X 向局部风荷载模型示意图

5.2.2　+X 向局部风荷载模型中心区的 2-2 截面的受力情况

为模拟最不利情况，本节中的外荷载及内力方向参照图 30 的坐标系。局部风荷载模型与原模型的 2-2 截面剪力合力对比见图 31。

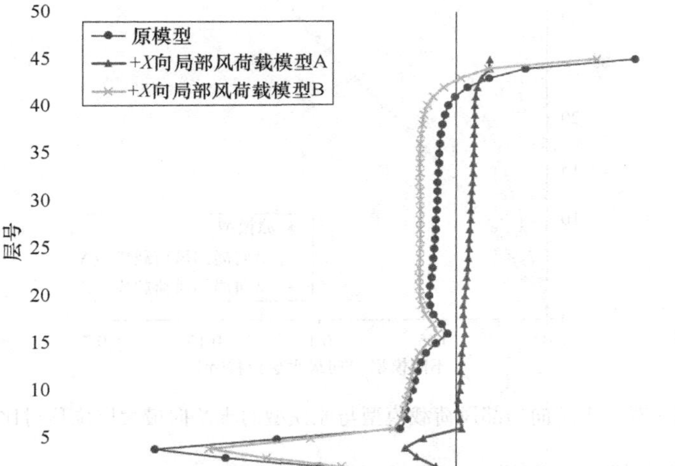

图 31　+X 向局部风荷载模型与原模型 2-2 截面在+X 风工况下的+X 向剪力合力对比

由图 31 可知，原模型和+X 向局部风荷载模型 B 的 2-2 截面剪力合力沿层高分布特征相近。与原模型相比，+X 向局部风荷载模型 A 的 2-2 截面剪力合力明显小于原模型；+X 向局部风荷载模型 B 在中间楼层的 2-2 截面剪力合力有所增大，但顶层及第 4 层的剪力合力小于原模型。顶层和第 4 层的剪力合力见表 26。

+X向局部风荷载模型与原模型的2-2截面剪力合力对比 **表26**

+X风工况下顶层2-2截面剪力合力（kN）			
项次	原模型	+X向局部风荷载模型A	+X向局部风荷载模型B
+X向剪力	279.17	52.36	219.66
与原模型比值	—	18.76%	78.68%
+X风工况下第4层2-2截面剪力合力（kN）			
项次	原模型	+X向局部风荷载模型A	+X向局部风荷载模型B
+X向剪力	−468.45	−78.43	−393.84
与原模型比值	—	16.74%	84.07%

由表26可知，对于顶层及第4层的2-2截面的剪力合力，两个+X向局部风荷载模型皆未出现比原模型更大的值。

5.2.3 +X向局部风荷载模型的位移与原模型的比较

+X向局部风荷载模型与原模型在+X风工况下的+X向最大层位移对比见图32。

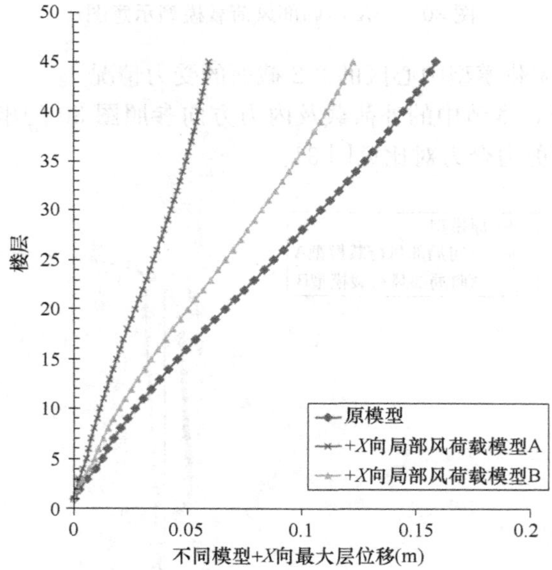

图32 +X向局部风荷载模型与原模型的+X向最大层位移对比

两个局部风荷载模型与原模型顶点位移的对比见表27。

+X向局部风荷载模型与原模型的顶层位移对比 **表27**

X向风（WX）			
顶层X向位移	最大层位移（m）	质心位移（m）	最大层位移/质心位移
原模型	0.159	0.145	119.72%
+X向局部风荷载模型A （与原模型比值）	0.060 （37.74%）	0.042 （28.97%）	142.86%
+X向局部风荷载模型B （与原模型比值）	0.123 （77.36%）	0.098 （67.59%）	127.06%

由上可知，对比原模型，两个局部风荷载模型的顶点最大层位移皆有大幅减小；顶层最大层位移/质心位移比值皆有所增大。特别是局部风荷载模型 A，其最大层位移/质心位移比值达到了 142.86%。

6 结构风振舒适度

实际工程结果表明，现行的横风振舒适度近似计算方法存在一定缺陷。

对于平面布置凹凸不规则结构，一些软件在计算时将其平面等效成矩形截面并将每层视为单质点进行计算，在某些情况下或会低估不规则平面的外端点横风向加速度。

对于矩形截面的横风向风力的修正，削角、凹角的修正尺寸 b 如图 33 所示。现行标准中仅给出了 $0.05 \leqslant b/B \leqslant 0.2$ 时的修正系数取值，而平面布置不规则结构的 b/B 可能会超过 0.2。同时，对于某些平面布置不规则结构，修正系数对横风向风力过度折减会导致其计算结果偏小。

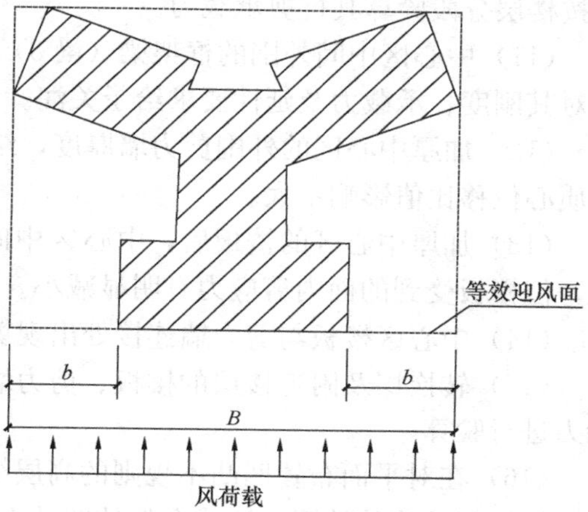

图 33 横风向风振等效风荷载示意图

7 结语

对于此类结构的单肢部分，本文主要结论如下：

(1) 单肢内端截面（1-1 截面）的面内剪力沿高分布特点为：顶层出现大值，向下迅速衰减，中部楼层受剪很小，转换层附近再次出现较大值且与外荷载同向，设计时应沿楼层分段验算其抗剪承载力。

(2) 单肢内端与中心区连接处 1-1 截面梁的 $+Z$ 向剪力较大，作为使单肢与中心区共同工作的板块，设计时应对其刚度、承载力及延性要求给予关注。

(3) 除避难层外，单肢内端与中心区连接处 1-1 截面梁的轴向力方向相反，这反映出 1-1 截面楼板的受弯现象，同时梁的轴向力在结构顶部出现最大值，设计时应采取相应的构造措施，如设置腰筋等。

(4) 单肢 A 的长宽比的增大会对结构位移产生明显不利影响。顶点位移、最大层位移与质心位移的比值、单肢内端截面的剪力随着单肢 A 的长宽比出现几乎线性的增长。对结构单肢外端顶层的舒适度也颇为不利。

(5) 局部加载风荷载时，顶层及第 4 层并未出现大于原模型的控制剪力，但是在中间楼层出现了比原模型大的面内剪力，同时最大层位移/质心位移比值皆有所增大，设计时需考虑包络，这也说明考虑风荷载的不利作用情况是有必要的。

(6) 加厚单肢 A 的剪力墙厚度，对结构的位移、最大层位移/质心位移比值略有改善，但影响不大。

(7) 对于单肢 A，楼板的最大面内剪应力都出现在顶层，剪应力集中出现在单肢内端与中心区连接处的柱、剪力墙开洞边缘处。

(8) 转换层及附近楼层的楼板、剪力墙受力明显大于其他楼层，设计时应对其承载能力进行分别验算。

(9) 在风荷载作用下，中心区中间的截面（2-2 截面）大部分剪力由楼板承担，剪力墙受到的面外剪力很小，可以忽略不计。

(10) 中心区中间的截面（2-2 截面）的面内剪力沿高分布特点为：顶层出现大值，向下迅速衰减，中部楼层受剪很小，转换层附近再次出现较大值且与外荷载同向，设计时应按楼层分段验算其抗剪承载力。

(11) 中心区中间外围的框架梁（梁 3）和连梁（连梁 1）的 $+Z$ 向剪力较大，设计时应对其刚度、承载力及延性要求给予关注。

(12) 加厚中心区的外围剪力墙厚度，结构的最大层位移略有减小，但对最大层位移/层质心位移比值影响不大。

(13) 加厚中心区的楼板后，中心区中间的截面（2-2 截面）的面内剪力合力有所增大，但楼板受到的面内剪应力有明显减小。

(14) 中心区楼板与剪力墙连接处出现剪应力集中，设计时应重点验算。

(15) 转换层及附近楼层的楼板、剪力墙受力明显大于其他楼层，设计时应对其承载能力进行验算。

(16) 在对平面布置凹凸不规则的高层结构进行舒适度验算时，现行标准及计算软件对于风振舒适度的计算方法或会低估凹凸不规则平面的外端点横风向加速度。当此类结构高度较高，单肢长宽比也较大时，应采用风洞试验求出其舒适度。

参考文献

[1] 高层建筑混凝土结构技术规程：JGJ 3-2010[S]. 北京：中国建筑工业出版社，2011.

[2] 建筑结构荷载规范：GB 50009-2012[S]. 北京：中国建筑工业出版社，2010.

专题五

结构设计案例

28. 安信金融大厦结构设计若干问题研究

孙仁范，吴忽保，王彦清，魏　琏

【摘　要】 安信金融大厦为超 B 级高度的复杂高层建筑，采用现浇钢筋混凝土框架（带柱转换)-两端边筒结构体系，两端的筒体平面尺度和竖向布置不对称，抗侧刚度明显不均匀；主要柱网均设置了 19.6m 跨度的托柱转换桁架；较多楼层设置了大面积的楼板开洞，属于特别不规则建筑。基于性能的抗震设计方法，结合项目具体的超限情况，深入研究结构在竖向荷载、地震、风荷载作用下的受力性能，对结构可能的薄弱环节或部位进行重点分析，采取了设置伸臂桁架、跨层支撑、型钢混凝土构件、提高转换层楼板和剪力墙的配筋率等加强措施，保证了结构安全。

【关键词】 安信金融大厦；框架-两端边筒结构；转换桁架；楼板不连续

Study on several problems in structural design of Anxin Financial Building

Sun Renfan, Wu Hubao, Wang Yanqing, Wei Lian

Abstract: Anxin Financial Building is a complex high-rise building that exceeds B-level height requirement of the code. It adopts cast-in-situ reinforced concrete frame-two side tubes structural system and the plane dimensions and vertical layouts of the two tubes at two sides are asymmetrical, and the lateral resistant stiffness is obviously not well-distributed. The 19.6m-span transfer trusses to support columns are set in all main column grids. Large slab openings are adopted in many floors. In conclusion, the building is a highly irregular structure. Combining with specific out-of-code conditions of the project, performance-based seismic design method was used to study the mechanical performances of the building in depth under vertical load, earthquake and wind load actions. The possible weak parts or members of the structure were also analyzed emphatically. Several reliable reinforcement measures were proposed to ensure the structure safety, such as setting the cantilever truss, cross-layer brace, steel reinforced concrete components, and increasing the reinforcement ratio of transfer slab and shear wall.

Keywords: Anxin Financial Building; frame-two side tubes structure; transfer truss; slab discontinuousness

1　工程概况

安信金融大厦位于深圳市福田中心区、新洲路与福华一路交汇处东南角。建筑地下 5 层，地下 5 层～ 地下 1 层层高分别为 4.0m、4.6m、3.6m、3.6m、6.6m；地上 39 层，下部商业楼层和避难层层高为 5.1m，标准层高度为 4.5m；建筑高度为 181.8m。总建筑面积为 9.7 万 m^2。建筑功能为金融办公及配套商业。标准层平面形状为长矩形，外轮廓尺寸为 55.85m×40m。角部区域设置有 4 层裙房。建筑效果及结构三维模型见图 1、图 2。

2 结构体系与特点

本工程上部结构主要有三个特点：1）剪力墙筒体位于建筑平面的两端，且筒体平面尺寸不同（图 3），对结构刚度的贡献有差异，较弱的西侧筒体在 20 层以上的剪力墙数量减少较多，属剪力墙不连续（图 4）。2）由于建筑使用要求，较多框架柱不落地，故设置了 4 榀跨度 19.6m 的托柱转换桁架（图 5、图 6）。3）30 个楼层设置有较大面积的中庭，开洞面积接近 30%，属于明显的楼板不连续（图 3、图 7）。转换桁架所在的楼层兼有楼板大开洞，导致这些楼层的楼盖受力更复杂。

图 1 建筑效果图

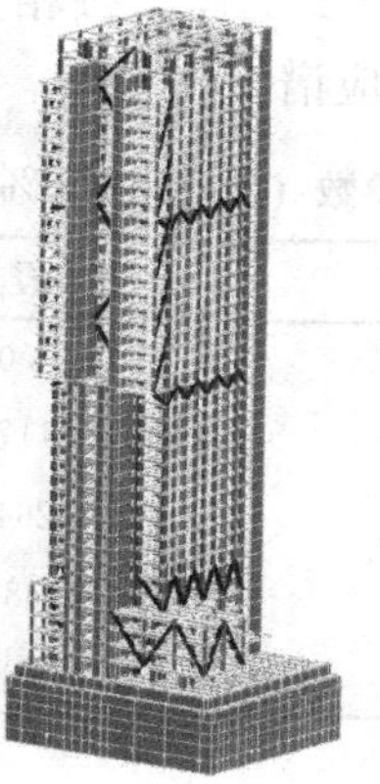

图 2 结构模型三维图

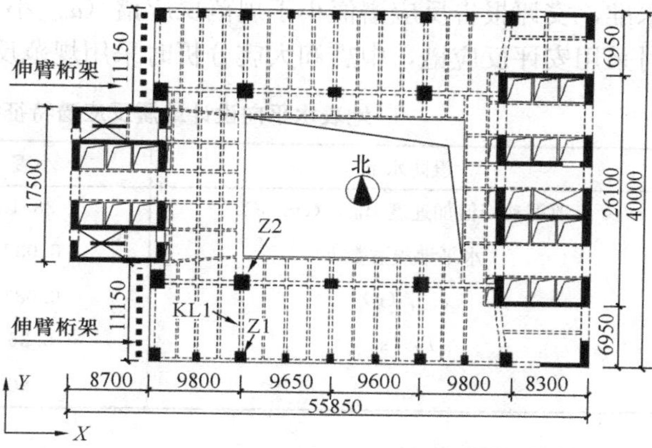

图 3 标准层平面及伸臂桁架位置

图 4 西侧核心筒 20 层以上立面

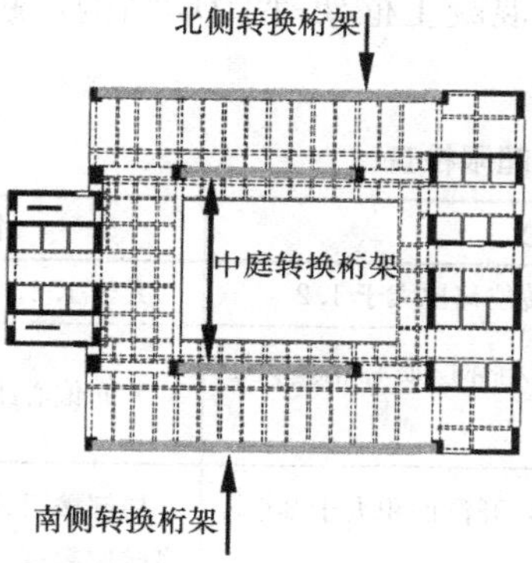

图 5 转换桁架平面

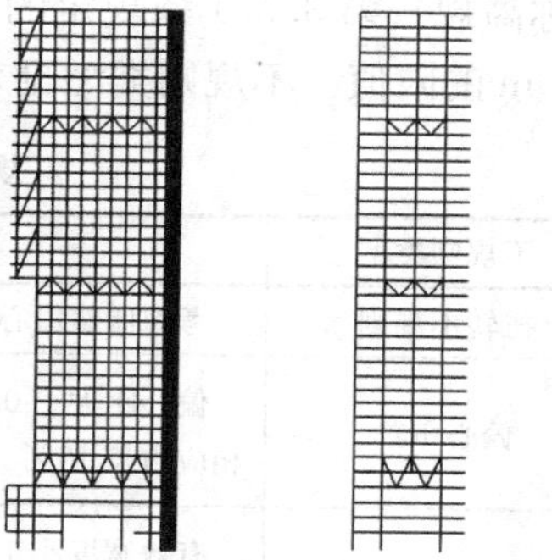

（a）南、北侧形式① （b）中庭形式①

图 6 转换桁架立面

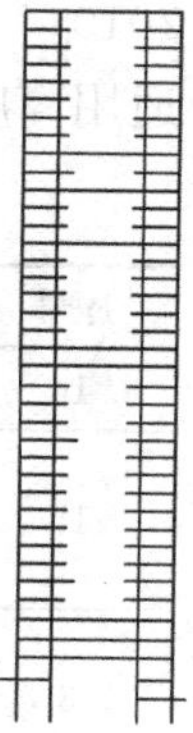

图7 中庭竖向剖面

本工程属于特别不规则建筑。综合建筑使用功能要求和结构承重需求及抗风、抗震特点，确定了现浇钢筋混凝土框架（带柱转换）-两端边筒的结构体系，基础形式为柱下单独桩承台＋核心筒墙下桩筏，桩型为大直径人工挖孔桩。桩端持力层为微风化或中风化花岗岩。

3 水平作用及结构超限概述

3.1 风荷载

本工程平面形状及立面基本规则，周边的地形地貌、环境简单，与周边建筑有一定距离，可按规范的基本体型计算风效应。验算变形时采用基本风压 $w_0=0.75\text{kN/m}^2$，承载力设计时按基本风压的 1.1 倍取值；地面粗糙度类别为 C 类；风荷载体型系数取 1.4。

3.2 地震作用

安评报告给出的地震作用的主要计算参数见表 1，场地地震基本烈度为 7 度。在小震和中震水准，安评报告反应谱值大于规范反应谱（α_{max}分别大于 8.75%、14.8%）；大震水准，安评报告反应谱值小于规范反应谱（α_{max}小于 2.8%）。按相关规定，小震分析设计时采用安评反应谱，中震和大震分析时采用规范反应谱。

地表水平向设计地震反应谱特征参数（阻尼比取 5%） 表 1

设防水准	小震	中震	大震
地震动峰值加速度 A_{max}（cm/s^2）	38.1	115.0	212.0
水平地震系数 k	0.039	0.117	0.216
α_{max}（g）	0.087	0.264	0.486
T_g（s）	0.36	0.38	0.40
$\gamma_{0.05}$	0.90	0.90	0.90

3.3 结构超限类型

结构采用现浇钢筋混凝土框架（带柱转换）-两端边筒结构体系，现行的结构设计规范中无明确规定；房屋高度为 181.8m，参照《高层建筑混凝土结构技术规程》JGJ 3－2010[1]（简称高规）第 3.3.1 条规定的钢筋混凝土框架-剪力墙结构，超过其 B 级的最大适用高度 140m 的限值。不规则类型见表 2。

规则性超限检查 表 2

序号	不规则类型	含义	本工程情况
1a	扭转不规则	考虑偶然偏心的扭转位移比大于 1.2	大于 1.2，小于 1.4
1b	偏心布置	偏心距大于 0.15 或相邻层质心相差大于相应边长 15%	X 向偏心距大于 0.15
3	楼板不连续	有效宽度小于 50%，开洞面积大于 30%，错层大于梁高	局部楼层开洞面积大于 30%，较多楼层超过 20%
5	构件间断	上下墙、柱、支撑不连续，含加强层、连体类	部分柱不连续
4	高位转换	框支转换构件位置：7 度超过 5 层，8 度超过 3 层	框架柱在 5～6 层用桁架转换，在 19 层、31 层有辅助转换桁架

按照现行标准对抗震性能设计的要求及借鉴业内学者的补充建议[2]，确定本结构抗震性能目标为C级，主要构件在不同烈度下的抗震性能要求如下：1）转换桁架、转换梁为中震弹性，剪力墙、框架柱为中震抗弯不屈服（抗剪弹性），连梁、框架梁为中震少量抗弯屈服（抗剪不屈服）；2）大震作用下转换桁架为轴向不屈服，底部剪力墙抗剪不屈服（允许出现轻微抗弯屈服），其他部位剪力墙不屈服；柱底部为抗剪弹性（抗弯不屈服），其他部位柱为抗剪不屈服。

4 “框架-两端边筒”的结构体系

在已有的工程实例中，部分长矩形平面的建筑采用了框架-双筒结构；但如本工程的筒体在建筑端部布置的案例少见，且两个筒体抗侧刚度差别较大（图 3），此种布置在水平荷载作用下，将带来如下问题：

（1）沿结构主轴 Y 向，两端筒体顶部位移差别稍大，结构扭转效应略明显。采取以下措施进行解决：1）适当增加西侧筒体剪力墙厚度（Y 向剪力墙厚度通高采用 900mm）及连梁高度（1500mm）；减弱东侧筒体刚度（Y 向墙厚从底部至顶部由 900mm 渐变为 500mm，连梁高 900mm）；2）西侧边框架与筒体间在下部商业楼层、避难层设置伸臂桁架（图 8）。采取上述措施后，在 Y 向风荷载作用下，西侧筒体顶部水平位移减少了 10%，与东侧筒体顶部的位移差减少了 50%，改善了在建筑两端布置筒体的抗侧刚度的不对称性。

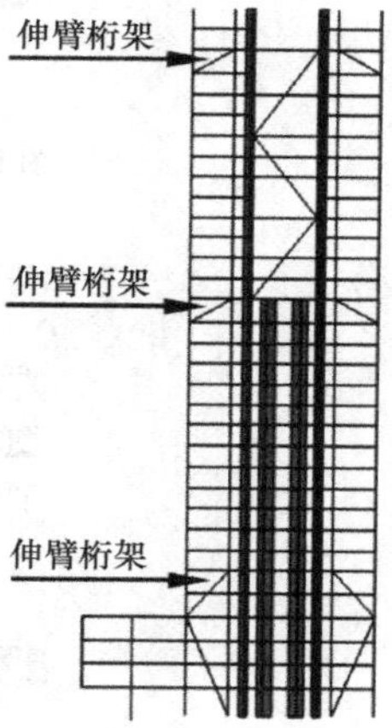

图 8　伸臂桁架立面

（2）西侧筒体剪力墙不连续。西侧核心筒在 90.6m 标高（20 层）以上，取消了较多的墙肢（图 4），造成 Y 向抗侧刚度的明显减弱。通过比较分析发现，在剪力墙不连续的区域设置跨层支撑可明显提高筒体高区的侧移刚度、减小西侧筒体与东侧筒体的顶点位移差。斜撑拟采用 Q345 材质的焊接方钢管，当其截面宽度在 800mm 以上时，提高支撑的轴向刚度对减小位移的效果已不明显。最终采用的斜撑截面尺寸为：下部 3 根为□1000×600×80×80，中部 1 根为□800×600×70×70，顶部 1 根□600×600×50×50。

20 层以上大部分楼层西侧的楼板不连续，只有该桁架连接南北侧的楼板。该桁架对于保证结构的整体性至关重要，确定桁架的斜杆、水平杆及弦杆（即水平连接梁、相邻的墙柱）的抗震性能目标为大震弹性。构件加强措施：跨四层的支撑为空心方钢管，两侧的墙肢及框架柱、水平横梁、连梁为型钢混凝土组合截面；使斜撑与两侧竖向构件形成整体。

斜杆跨越四层，仅在中点附近有水平横梁作为有限刚度的侧向支撑点；按实际边界条件对斜杆作屈曲分析，取得了其真实的计算长度系数为 0.15，验证了按跨中有一个侧向支撑点的方法设计是安全的。

（3）两端筒体、中部框架部分的刚度与变形特点不同，需通过楼板来协调这三部分体系共同受力。研究发现，由于框架的总体侧移刚度小于筒体，典型楼层的筒体可减小框架部分的变形，楼板在其中起到协调作用，其应力分布特点与变形相关。以 ETABS 软件计

算得出的结构在 X 向、Y 向地震作用下的截面平均拉应力、压应力分布（图 9、图 10）为例说明：1）X 向地震作用下，中部框架对西侧筒体有牵拉的趋势，西侧筒体东侧区域楼板受拉；对东侧筒体有挤压的趋势，东侧筒体西侧区域楼板受压；2）Y 向地震作用下，中部框架对西侧筒体、东侧筒体均有向北侧牵拉或挤压的趋势，筒体角部北侧区域楼板受拉，筒体角部南侧区域楼板受压；北侧框架区域楼板呈现 X 向整体受拉，南侧框架区域楼板呈现 X 向整体受压。

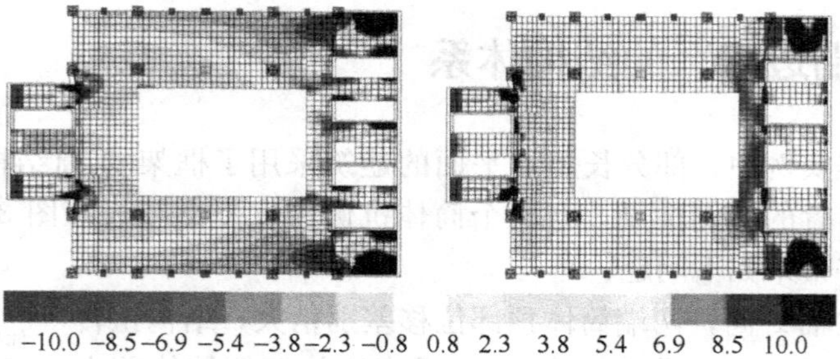

(a) *S*11　　(b) *S*22

图 9　X 向地震作用下的截面平均拉应力、压应力分布（MPa）

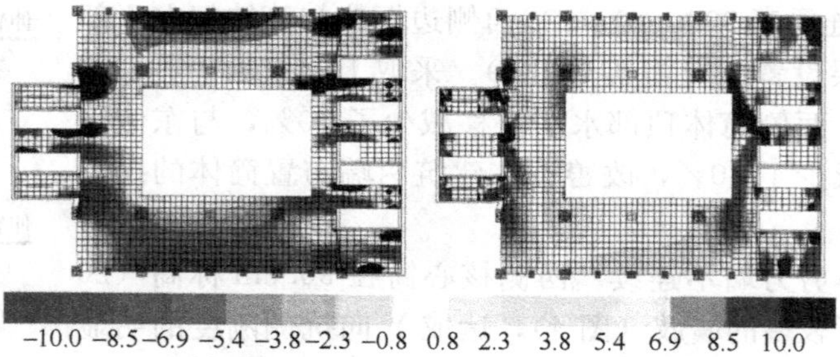

(a) *S*11　　(b) *S*22

图 10　Y 向地震作用下的截面平均拉应力、压应力分布（MPa）

5　转换桁架

由于建筑使用功能的需要，上部纵向柱网尺寸为 4.8m、9.6m，在 4 层及以下增大为 19.6m，上部 4 根轴网上共 12 根柱被转换。综合考虑建筑使用及结构受力，采用跨越 5～6 层的沿 X 向布置的桁架转换结构承托上部框柱。

5.1　桁架道数及位置

结合避难层位置，可设置转换桁架的楼层有三处，5～6 层、19 层、31 层，选择了 4 种桁架位置组合方案作比较：1 道转换、2 道转换（5 层＋19 层及 5 层＋31 层两种组合）、3 道转换。

从三个方面来考察转换层位置的影响：1）从总体指标来看，桁架的设置位置对结构 X 向自振周期及层间位移角的影响在 15％以内，对 Y 向的影响小于 3％，地震作用下结构底部剪力的变化均小于 5％。2）桁架杆件以轴向拉压为主，其轴力有以下特点：3道转换方案5～6层桁架与19层+31层的桁架、上部标准层梁承托的上部结构重量三者之比为1∶0.54∶0.60。1道转换方案5～6层的桁架轴力比3道转换方案的增加约15%，但被承托的上部标准层梁剪力绝对值之和增加了72%。综合来看，各层梁与桁架协调工作，共同承托被转换区域的竖向荷载（图11）；各方案标准层梁分担的被转换结构重量的占比在28%～48.3%之间，梁分担的比例较高；设置3道桁架可明显减小上部梁内力。3）根据转换层的框架剪力、层间位移角的变化，评估其对刚度、构件内力突变的影响。

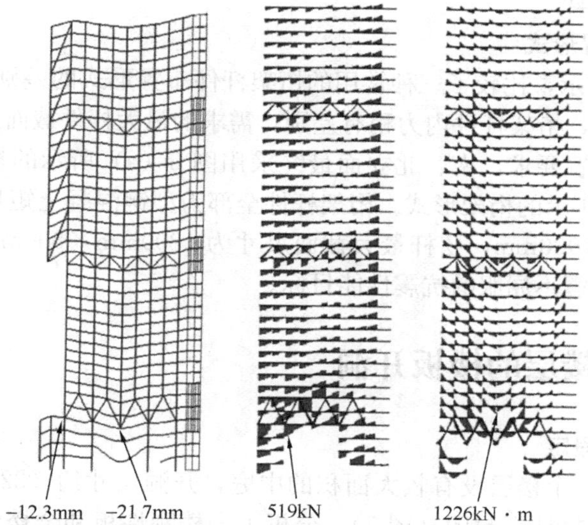

（a）竖向变形图　（b）剪力图　（c）弯矩图

图11　$D+0.5L$ 作用下的结构竖向变形与内力简图

参照高规第10.2.5条或《高层建筑混凝土结构技术规程》DBJ 15-92-2013[3]（简称广东省高规）第11.2.5条的规定，托柱转换层位置可适当提高或不受限制；本工程适用此规定，并作补充研究。引用高规中控制转换层附近内力和变形突变的概念，从转换层及相邻层的被转换框架的剪力、层间位移角的变化幅度两个方面[4]来考察转换层设置高度的影响。

X向小震作用下，各方案的转换层相邻上层及下层与转换层的框架柱剪力比值（简称剪力比）、层间位移角比值相近：1）不计入桁架斜腹杆内力时，转换层框架剪力均小于相邻层，4层、7层与6层的剪力比在3.07～3.83范围内，18层、20层与19层的剪力比在1.41～1.46范围内，30层、32层与31层的剪力比在1.61～1.88范围内。2）计入桁架斜腹杆内力时，转换层框架剪力均大于相邻层，4层、7层与6层的剪力比在0.33～0.40范围内，18层、20层与19层的剪力比在0.38～0.39范围内，30层、32层与31层的剪力比在0.34～0.38范围内。3）4层、7层与6层的位移角比在1.26～1.39范围内，18层、20层与19层的位移角比在1.19～1.25范围内，30层、32层与31层的位移角比在1.19～1.30范围内。

用SATWE、YJK-A软件按高规附录E.0.3方法计算的5～6层转换层与相邻上部结构的剪弯刚度比γ_{e2}为1.09～1.63，满足规范不小于0.8的要求。高规附录E.0.2方法计算的侧向刚度比为 1.11～1.54，满足规范不小于 0.6 的要求。综合来看，桁架布置楼层的组合方式、高位转换对剪力比、层间位移角比无明显不利影响。转换层引起的内力、变形突变在允许范围内。

根据上述研究成果，由于桁架跨度较大，且上部承托 33 层楼层，竖向荷载较大，如只采用一道桁架，结构安全冗余度稍低，假如桁架重要杆件出现偶然破坏，导致结构局部或整体倒塌的风险较大；且桁架杆件尺寸较大，桁架受力及竖向变形偏大，导致上部楼层框架梁内力很大，不宜采用；考虑多道转换桁架传力及受力较为有利，在 5～6、19、31 层共设置 3 道转换桁架。

5.2 桁架构件的布置形式

如图 6、图 12 所示，比较了三种常用的桁架杆件布置形式的差别。各桁架布置形式，结构整体的特性相近，桁架杆件内力稍有差别，需求的最大杆件截面尺寸相近。综合建筑美观、设备管线的布置要求，南、北立面最终采用图 6（a）所示的桁架形式，中庭两侧最终采用图 12（c）所示的桁架形式。桁架杆件全部为型钢混凝土矩形截面，斜腹杆最大截面尺寸为 900mm×900mm，弦杆最大截面尺寸为 1200mm×800mm；经验算，桁架杆件满足中震弹性、大震不屈服的抗震性能目标。

6 大面积、多楼层的楼板开洞

6.1 楼板刚度计算假定

本工程地上有 30 个楼层设有较大面积的中庭，开洞尺寸约（22～28）m×16m，9 个楼层的中庭设置有连接楼板封闭（图 7）。分析了全楼刚性板和全楼弹性板刚度的两种模型，塔楼 X 向的自振周期、水平力作用下的位移、构件内力均差别较大。故采用全楼弹性板来作分析设计。

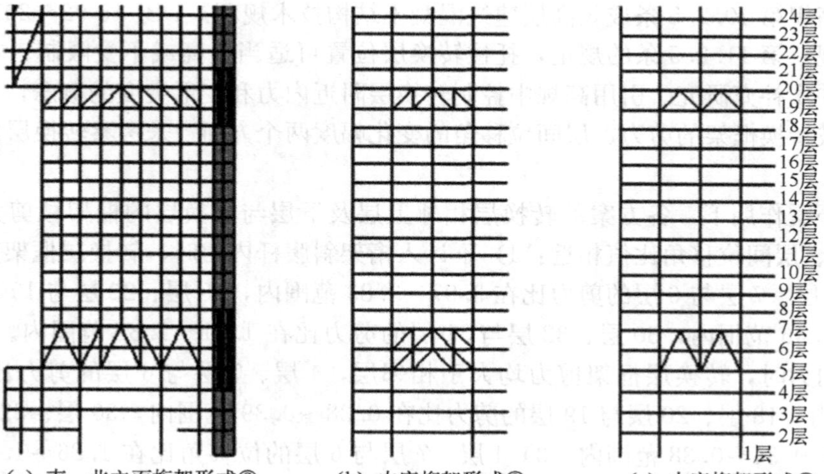

（a）南、北立面桁架形式② （b）中庭桁架形式② （c）中庭桁架形式③

图 12 桁架形式比较

6.2 楼板抗风、抗震性能目标

本工程桁架转换层的楼面，在水平或竖向荷载作用下，楼板会承受较大的面内力；多数标准层设有较大面积的中庭，属楼板局部不连续；东侧筒体的剪力墙边缘楼板设有较多数量的设备井，对于楼板的整体性有一定影响。故结合实际情况，确定楼板的性能目标如下：1）竖向荷载作用下，转换层楼板的抗拉、抗剪承载能力的性能目标为弹性；2）小震及风荷载作用下，楼板绝大部分区域的主拉应力值 σ_{max} 不超过混凝土抗拉强度标准值 f_{tk}；3）大震作用下，在楼板的薄弱部位（切面），抗拉、抗剪承载能力的性能目标达到不屈服。

主要使用 MIDAS/Gen 软件分析上述部位的楼板应力，使用 ETABS、PERFORM-3D 软件印证比较，其应力值略小于 MIDAS/Gen；振型分解反应谱方法和弹性时程分析的应力基本一致，说明结果可信。

6.3 楼板主要应力结果及应对措施

（1）竖向荷载作用下楼板的应力分析

竖向荷载作用下引起的楼板应力主要为 X 向正应力（图 13），集中在转换桁架区域，桁架下弦层以受拉为主，上弦层以受压为主；拉应力值（中面应力）大部分小于 3MPa，桁架边缘应力集中位置最大值为 4MPa；压应力（中面应力）小于 5MPa。另外，楼板还要承受本层楼盖的自重、附加永久荷载及使用活荷载，此部分主要表现为楼板的局部弯曲应力和内力，可按常规的静力方法计算和设计。

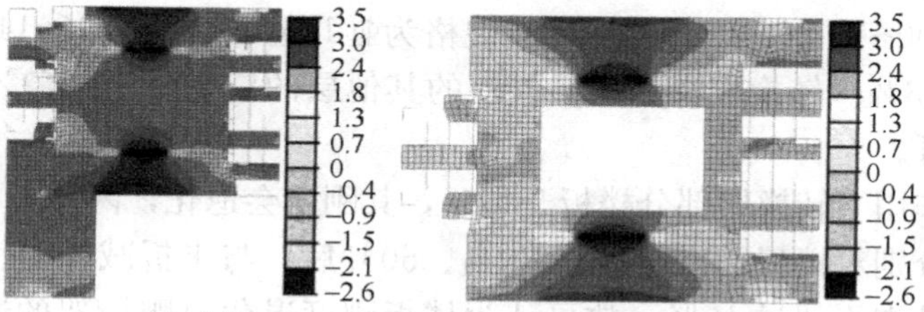

(a) 5 层　　(b) 19 层

图 13　典型楼层在竖向荷载下的 X 向正应力分布（MPa）

应对措施：桁架下弦层楼板在局部应力集中区域附加设置沿桁架方向的双层钢筋带。按抗拉弹性设计的钢筋规格为⌀10@200～⌀18@160，准永久荷载组合作用下的裂缝宽度＜0.2mm。

（2）风荷载和小震作用下楼板的应力分析

楼板绝大部分区域的主应力值 σ_{max} 小于 f_{tk}，满足抗裂要求。桁架转换层及相邻层筒体的角部、中庭角部、转换桁架弦杆边缘和标准层筒体的角部位置及筒体剪力墙之间的窄板带等区域的楼板应力最大值略大于 f_{tk}；局部应力集中区域的 σ_{max} 平均值不超过 5MPa（单元面积占比约 5%）。可认为楼板整体上满足防裂要求。可通过适当加大转换楼层及标准层薄弱部位的楼板厚度、设置局部加强钢筋等措施来提高抗裂性能。

（3）大震作用下楼板的应力分析

采用大震规范谱按振型分解反应谱的等效弹性分析方法，降低连梁抗弯刚度和增加结构等效阻尼比等计算参数，来近似考虑结构整体的刚度退化。重点考察桁架转换层及相邻层的薄弱部位在大震作用下的应力分布情况，见图 14，结果表明：较多薄弱部位的楼板应力超过了 f_{tk}，特别是转换层部分区域超过了 10MPa，楼板会局部开裂。X 向地震作用下，转换层桁架附近有较大的剪应力，约为 2～6MPa。标准层筒体之外的框架部分楼板应力值均不大，说明中庭设置 9 层连接楼板后，减小了其他层开设大面积中庭的不利影响，对保证结构整体性有较大帮助。

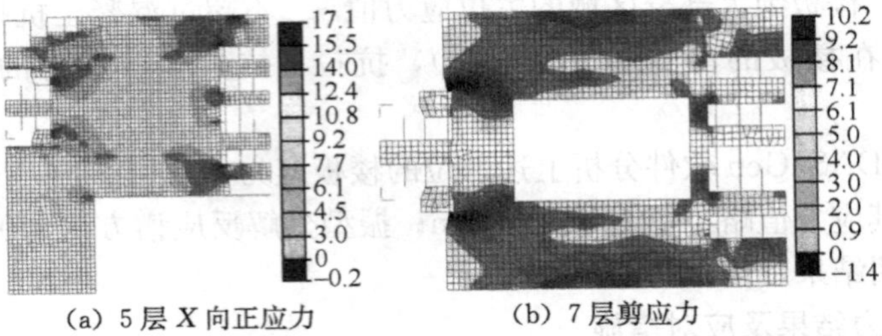

(a) 5 层 X 向正应力　　(b) 7 层剪应力

图 14　典型楼层在 X 向大震作用下的应力分布（MPa）

应对措施：1）标准层的筒体内部窄板带厚度为 110～120mm，转换层楼板厚度以 200～250mm 为主。2）选取典型层楼板的薄弱部位，如东西侧筒体边缘的设备洞口及中庭边缘，验算截面承载力，分区域对楼板应力积分，得出拉力和剪力，由楼板内钢筋承受全部拉力、剪力，配置足够的钢筋使其满足“不屈服”的要求。

转换层筒体角部等区域楼板应力很大，计算需要的钢材面积略多。计算所需的抗拉钢筋规格为Φ 12@200～Φ 20@90，抗剪钢筋规格为Φ 12@200～Φ 16@140，全截面纵筋配筋率约为 0.5%～3%。转换层及相邻层以外的其他层的应力集中现象不明显，适当提高楼板的配筋率即可。

考虑到大震作用下转换层部分楼板开裂后，其刚度会退化，内力不再增加。为评估其对结构的影响，分别对楼板刚度折减至 80%、50%后，与未折减的模型比较，腰桁架各杆件的轴力变化基本不超过 10%；故可认为楼板刚度退化对腰桁架的影响不大。设计时加强转换层桁架杆件及周边构件配筋后，可适当减小楼板加强钢筋的规格。

（4）转换层梁内力

计算结果表明，转换层桁架附近及筒体边缘部位的梁有较大拉力，在桁架梁的两侧设置一些 X 向的次梁共同传递梁板拉应力，如图 15（a）粗线所示。

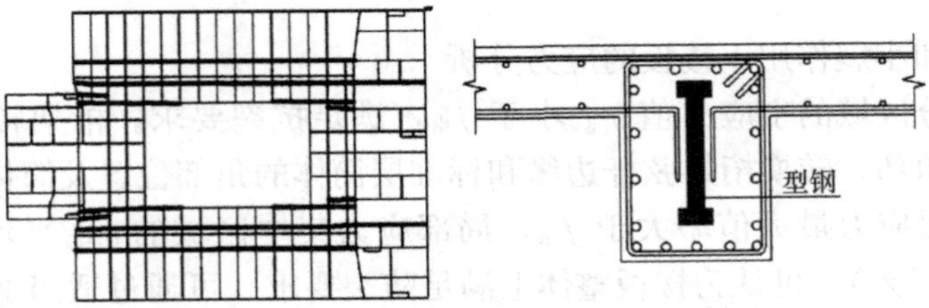

(a) 平面　　(b) 剖面

图 15　转换层 X 向加强梁布置图

这些次梁按大震拉压不屈服设计，受力最不利梁段的轴力包络值为 6361kN，拟采用型钢梁，截面尺寸为 400mm×600mm，见图 15（b）；梁内配置型钢并适当提高纵筋配筋率；钢骨最大含钢率为7.5%，在轴力较小的梁段，适当减小钢板尺寸或取消。其他普通钢筋混凝土梁在大震作用下的最大拉应力小于4MPa，加大梁通长钢筋的配筋率至大于1%即可解决。

7 结构整体计算及其他分析

7.1 风荷载及小震作用下的整体计算

经过前述各项结构或构件选型、可行性论证后，优化和确定了最终的结构布置。采用SATWE、MIDAS/Gen、YJK-A、ETABS等软件建模分析和比较，结果相近。风荷载及小震作用的取值见第3节。

结构整体计算结果见表3，可以看出各项指标均满足规范要求。结构前三阶自振周期振型见图16，可以看出，前三阶振型均为较典型的平动或扭转振型，平扭耦连效应较小。从层间位移角曲线（图17）可以看出，转换层附近有突变，设计时应加强这些楼层的角部竖向构件抗震构造。

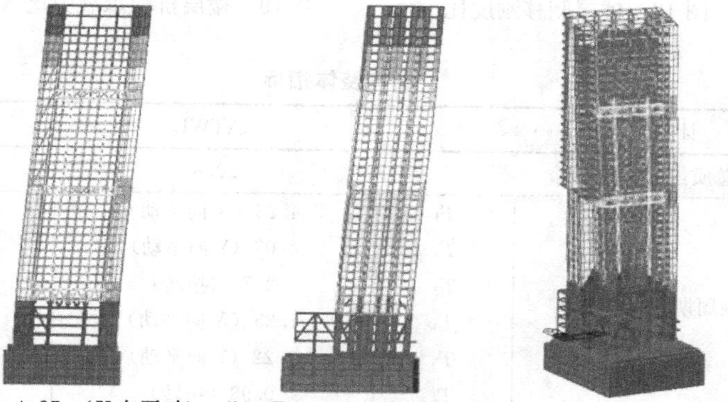

(a) $T_1=4.27s$（X向平动） (b) $T_2=3.87s$（Y向平动） (c) $T_1=2.63s$（扭转）

图16 结构主要振型（MIDAS/Gen）

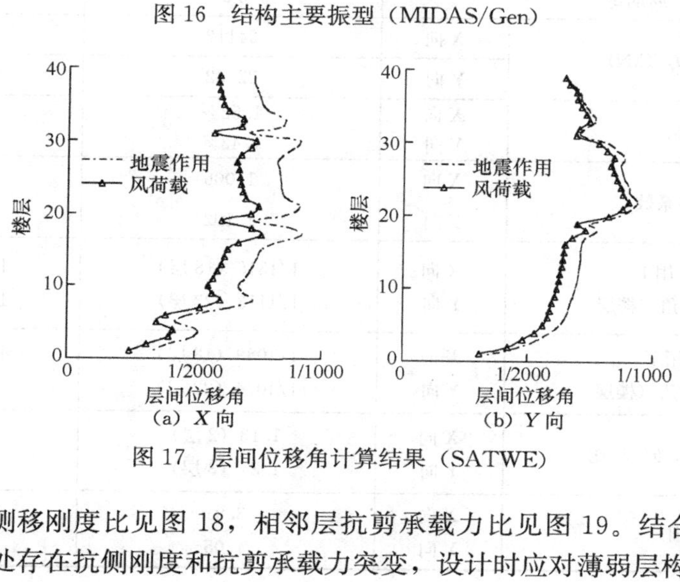

(a) X向 (b) Y向

图17 层间位移角计算结果（SATWE）

结构相邻层侧移刚度比见图18，相邻层抗剪承载力比见图19。结合高规要求判断，本工程在转换层处存在抗侧刚度和抗剪承载力突变，设计时应对薄弱层构件的地震内力放大至1.25倍；实际上由于转换层比相邻层增加了多榀桁架，桁架刚度大、承载力高，转换层类似于刚性夹层，其相关构件的抗震性能目标较高，可认为地震时不允许转换层首先破坏；建议判断这两项规则性指标时不计入转换层，得出转换层相邻下层与上层的相应比值（表4）均大于规范限值。综上认为不存在刚度及承载力突变。

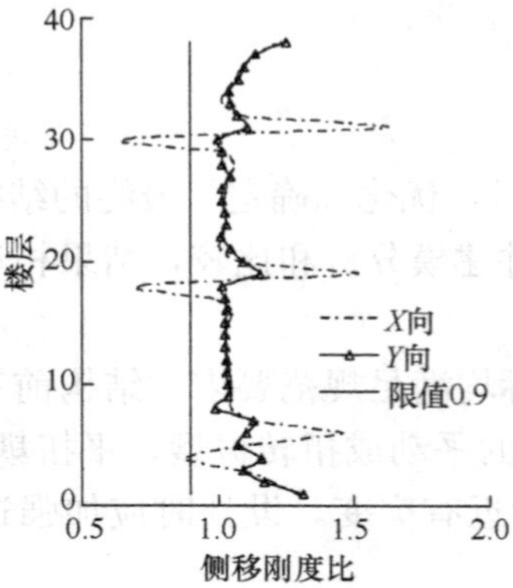

图18　楼层侧移刚度比

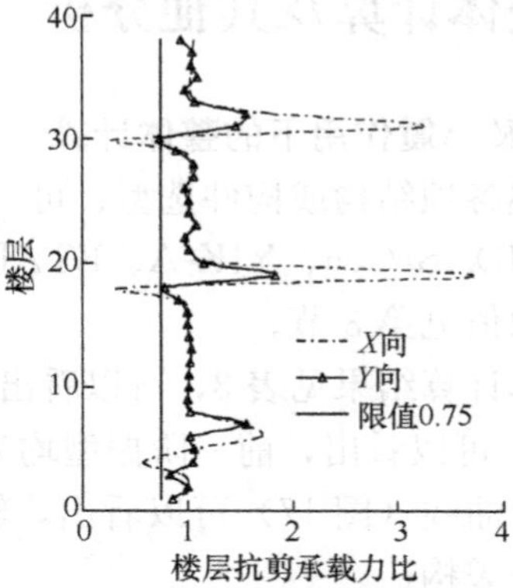

图19　楼层抗剪承载力比（SATWE）

结构整体指标　　**表3**

计算程序		SATWE	MIDAS/Gen
总质量（×10⁴t）		20.8	21.0
结构自振周期（s）	T_1	4.23（X向平动）	4.27（X向平动）
	T_2	4.07（Y向平动）	3.87（Y向平动）
	T_3	2.71（扭转）	2.63（扭转）
	T_4	1.25（X向平动）	1.25（X向平动）
	T_5	1.22（Y向平动）	1.18（Y向平动）
	T_6	0.93（扭转）	0.91（扭转）
周期比		0.64	0.62
首层地震剪力（kN）	X向	24112	22901
	Y向	22662	23005
剪重比	X向	1.52%	1.44%
	Y向	1.43%	1.44%
剪力调整系数	X向	1.006	1.055
	Y向	1.102	1.130
风荷载作用下最大层间位移角（楼层）	X向	1/1316（18层）	1/1425（17层）
	Y向	1/1113（23层）	1/1239（23层）
地震作用下最大层间位移角（楼层）	X向	1/1089（18层）	1/1121（17层）
	Y向	1/1074（22层）	1/1420（25层）
地震作用下扭转位移比	X向	1.13（2层）	—
	Y向	1.34（3层）	—
刚重比	X向	3.91	4.08
	Y向	4.05	4.51

转换层相邻下层/上层的侧向刚度比、抗剪承载力比 表 4

楼层	侧向刚度比		抗剪承载力比	
	X 向	Y 向	X 向	Y 向
4 层/7 层	1.46	1.37	0.97	1.13
18 层/20 层	1.09	1.17	1.39	1.43
30 层/32 层	1.09	1.11	1.06	1.07

由表 5 可知，第 1 道转换层与上部楼层的等效侧向刚度比 γ_{e2} 满足高规附录 E.0.3 不小于 0.8 的要求。

5～6 层转换层的等效侧向刚度比 γ_{e2} 表 5

软件	SATWE		YJK-A	
方向	X 向	Y 向	X 向	Y 向
等效侧向刚度比 γ_{e2}	1.09	1.11	1.63	1.23

根据 X 向与 Y 向地震作用规定水平力下的框架柱倾覆力矩比（图 20）可知，结构首层框架柱倾覆力矩比均小于 50%，属典型的框架-剪力墙结构体系范畴。多数楼层框架柱地震剪力与首层框架柱地震剪力的比值（图 21）介于 8%～20%之间，比值合适；转换层附近的框架柱、剪力墙内力剧烈变化，剪力交换明显，设计中加强其抗震构造以提高延性。

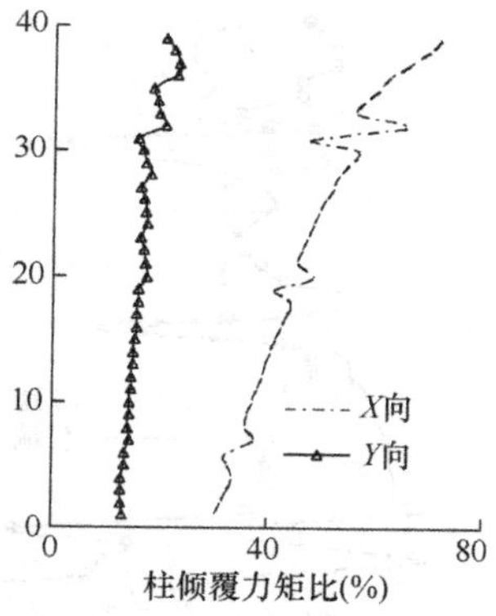

图 20 地震下柱倾覆力矩比

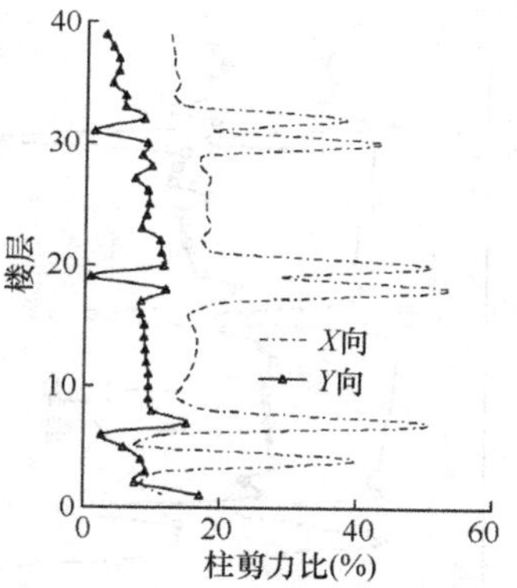

图 21 柱地震剪力比（SATWE）

7.2 施工顺序加载及混凝土收缩徐变

本工程有两个特点：一是有 4 榀大跨度的跨层转换桁架；二是有较多的跨层抗侧力伸臂斜撑（图 8)。计算分析竖向荷载作用下的效应时，采用一次加载或逐层形成刚度及加载的方式均会有一定的误差。根据结构受力特点，结合实际施工经验，从简化计算角度出发，采用了每次施加 1～5 层的施工顺序。西侧的伸臂斜撑在结构封顶后安装，在施工期考虑 50 年一遇的风荷载验算无抗侧支撑的剩余结构承载力，均满足要求。施工图设计时可根据最终的分层或分部位施工顺序作精确分析。

本工程各柱轴力差别较大，在竖向荷载作用下出现不均匀压缩，与这些柱相连的框架梁因协调柱变形而承受较大的竖向剪力和弯矩。按《公路钢筋混凝土及预应力混凝土桥涵设计规范》JTG D62－2004考虑混凝土收缩与徐变影响分析轴向压缩，按7d建造一层，21d拆模进行施工模拟，考虑非荷载效应至封顶后第10年。

以图3所示的两根落地框架柱（Z1，Z2）和相连的框架梁（KL1）为例，图22左侧两根曲线为只考虑弹性变形的压缩量，两柱变形差稍大；图23（a）为在竖向弹性荷载作用下梁两端弯矩，最大值相差约200kN·m。按柱压缩量的差别情况，加大中庭转换柱的截面尺寸和含钢量，考虑收缩徐变效应后，从12层以上两柱间变形逐渐减小至基本相同，见图22右侧两根曲线；梁两端弯矩差值也减小为50～100kN·m，见图23（b），框架梁内力减小明显。

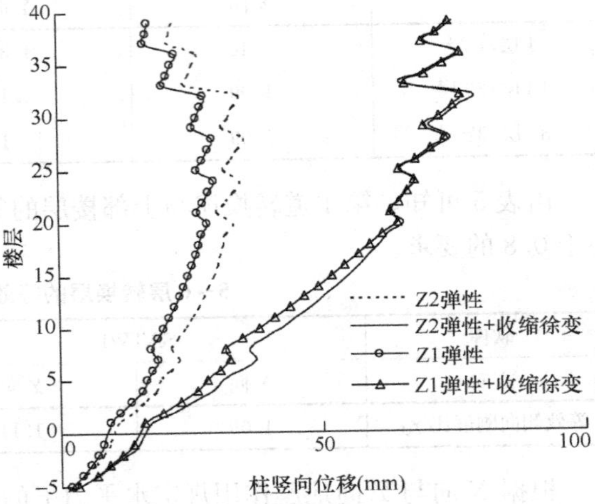

图22 柱弹性压缩量和考虑徐变收缩的压缩量比较

另外，对各榀转换桁架，适当减小桁架边柱的截面尺寸和钢骨含量，增大其轴压比水平。考虑收缩徐变效应后，5～6层转换桁架关键杆件的内力均呈减小趋势，有利于保证转换构件安全。

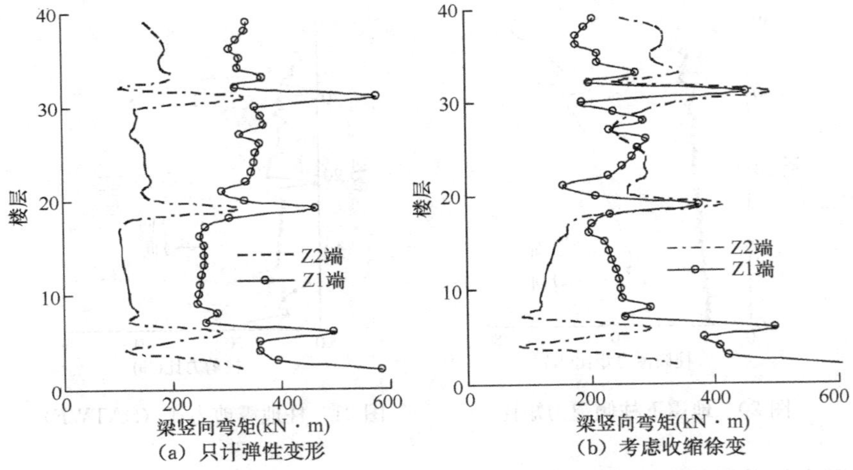

图23 弹性变形和考虑收缩徐变的KL1端部弯矩

7.3 筒体剪力墙的抗拉验算

经复核，中震作用下，没有墙体受拉。以大震等效弹性方法按抗拉不屈服计算时，18层及以上有个别楼层存在墙体受拉情况，其平均拉应力均小于f_{tk}；17层及以下各层均有部分墙肢受拉，整截面拉应力为0.2～10.7MPa；对拉应力超过f_{tk}的剪力墙提高其竖向钢筋配筋率和配置型钢，总含钢率＜5%。墙体受拉时，其抗剪、抗滑移承载力验算结果如下：按大震等效弹性方法计算时，对于计算总含钢率≤2%的墙肢，提高竖向钢筋配筋率；计算总含钢率超过2%的墙肢，考虑墙体竖向钢筋和型钢暗柱共同抗剪；按此原则计算的墙肢全截面总含钢率为 0.6%～5.0%。实际设计的墙体型钢和竖向配筋取上述两项验算结果的较大值。

8 罕遇地震分析

采用 PERFORM-3D 软件选择 1 组拟合规范的人工波和 2 组天然波（Imperial Valley 地震的 Calipatria Fire 站点、Nilang Fire 站点记录，简称天然波 1、天然波 2）进行了罕遇地震作用下的结构动力弹塑性时程分析。三条地震波有效持续时间均为 30s，按三向输入地震加速度，水平主方向峰值加速度均调整为 220gal，各向的加速度比值为水平主向：水平次向：竖向＝1：0.85：0.65。

大震作用下结构整体指标计算结果见表 6。层间位移角包络曲线见图 24。三条地震波计算的最大层间位移角包络值为：X 向 1/185，Y 向 1/229，均小于广东省高规的限值 1/125，满足大震不倒塌的基本要求。

大震作用下结构整体指标 **表 6**

地震波	顶点位移（mm）		最大层间位移角	
	X 向	Y 向	X 向	Y 向
天然波 1	521	668	1/227	**1/229**
天然波 2	383	740	**1/185**	1/313
人工波	448	685	1/219	1/265

由图 24 可知，三条波的分析结果基本一致，下面以天然波 1 为例说明。采用墙抗压变形系数 μ_{wp}（混凝土最大压应变与混凝土峰值应力对应的应变的比值）查看其压弯、拉弯性能，由图 25 墙 μ_{wp} 分布图可知，地下 4 层～地上 1 层墙 μ_{wp} 小于 0.75，2～12 层和 17～22 层（第 2 道桁架附近楼层）墙 μ_{wp} 小于 0.5，其他楼层的墙 μ_{wp} 小于 0.25；混凝土压应力均小于 f_{ck}。各片墙的钢筋未出现受拉屈服，计算得出的墙转角均不超过 IO 水平，综合来看，墙的性能属轻微损坏。

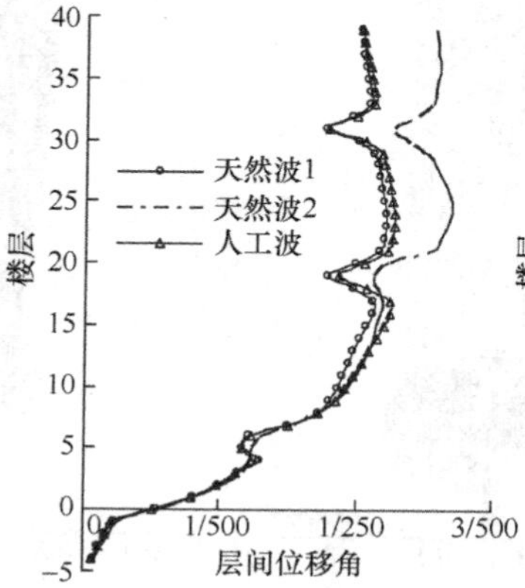

（a）X 向

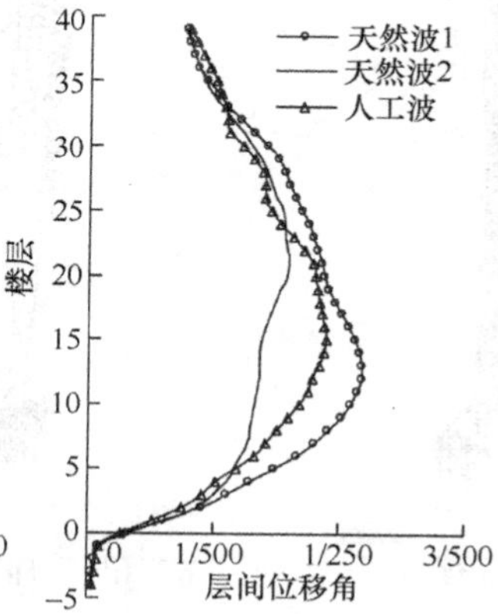

（b）Y 向

图 24 大震下结构层间位移角曲线

以截面抗剪限制条件对应的应力下的剪切应变为基准，采用抗剪变形系数 μ_{wv}（混凝土最大剪切应变与截面限制剪切应变的比值）的形式查看其抗剪性能，由图 26 墙 μ_{wv} 分布图可知，大部分楼层的墙 μ_{wv} 小于 0.5，第 3 道转换桁架附近楼层墙 μ_{wv} 较大，略小于 0.75；所有的墙满足受剪截面限制条件。

由柱及转换层桁架的压弯、拉弯屈服状态分布（图 27）可以看出，转换层相邻层部分柱达到 IO 状态，其余柱和桁架、斜撑均未屈服。由柱及转换层桁架的抗剪变形系数分布（图 28）可知，柱及转换层桁架全部满足受剪截面限制条件。

由梁的抗弯屈服状态分布（图 29）可知，大部分梁屈服，达到 IO，LS 水平的梁的数量约为 70%，27%；没有超过 CP 水平的梁；塑性铰在各个楼层分布较为均匀。由梁的抗剪变形系数分布（图 30）可知，梁全部满足受剪截面限制条件。

综上所述，结构位移和构件性能全部满足要求。

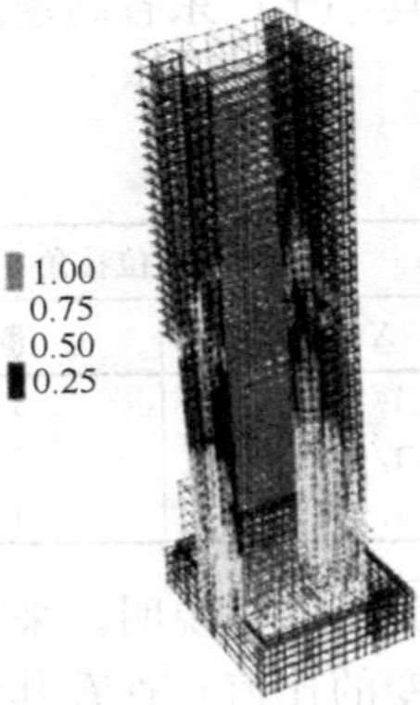

图 25　墙抗压变形系数 μ_{wp}

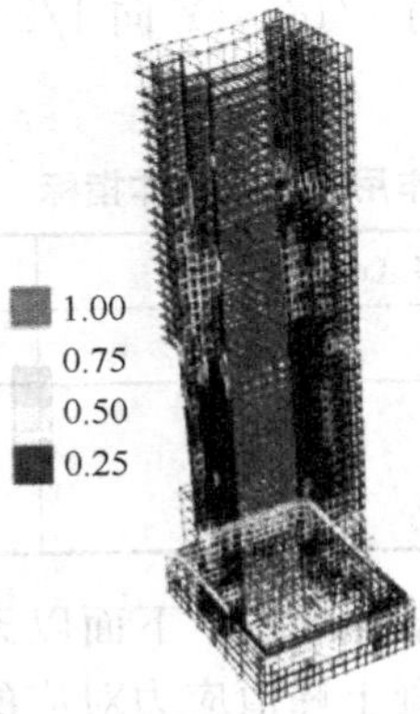

图 26　墙抗剪变形系数 μ_{wv}

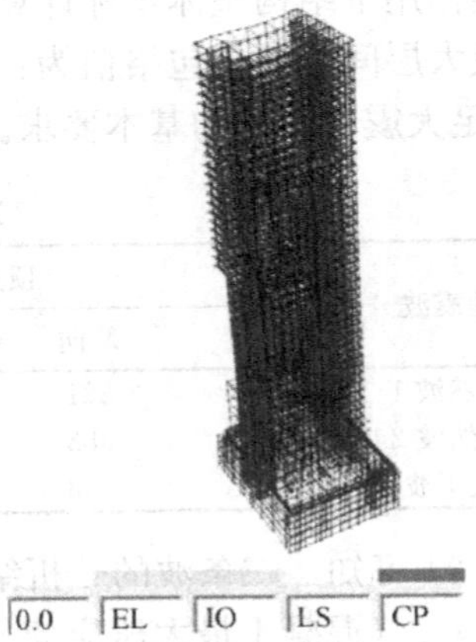

图 27　柱、桁架 *PMM* 屈服状态

图 28　柱、桁架抗剪变形系数

图 29　梁抗弯屈服状态

图 30　梁抗剪变形系数

9 结论

安信金融大厦结构体系复杂，超限项较多，给结构设计带来了较大挑战。设计团队进行了大量的分析比较，解决了诸多技术难点，得出以下结论：

（1）调整各筒体的抗侧刚度及在较弱的筒体与框架间增设伸臂桁架，可以减轻不对等刚度双筒体的扭转。

（2）在剪力墙明显减少的楼层，设置墙、柱间跨层支撑，有利于减轻抗侧刚度的突变及保持结构整体性。

（3）设置多道转换桁架共同承托不落地框架柱，受力较为合理；超高位托柱桁架式转换对结构的不利影响可控。

（4）多楼层、大面积的楼板开洞时，全楼采用弹性板的分析方法能较合理地计算其不利影响。桁架转换层楼板存在明显的应力集中；加强相关部位的楼板及梁的配筋构造后，可达到预定的结构抗震性能目标。

致谢：本工程建筑方案由香港许李严建筑师事务所有限公司完成，我公司承担结构专业的方案选型、初步设计和结构抗震设防超限审查文件编制工作，并顺利通过超限审查。在工程设计过程中，王森博士、蔡军副总工程师、刘跃伟博士给予了大力帮助和指导，匡文珑、周旻旸、曾庆立等同志协助做了很多分析工作，在此致以衷心的感谢！

参考文献

[1] 高层建筑混凝土结构技术规程：JGJ 3－2010[S]. 北京：中国建筑工业出版社，2011.

[2] 王森，孙仁范，韦承基，等. 建筑结构抗震性能设计方法研讨[J]. 建筑结构，2014，44(6)：18-22.

[3] 高层建筑混凝土结构技术规程：DBJ 15-92－2013[S]. 北京：中国建筑工业出版社，2013.

[4] 徐培福，傅学怡，王翠坤，等. 复杂高层建筑结构设计[M]. 北京：中国建筑工业出版社，2005.

本文原载于《建筑结构》2017 年第 47 卷第 3 期

29. 深圳华侨城大厦结构设计若干问题探讨

魏　琏，刘维亚，王　森，刘跃伟，关颖翩，唐海军

【摘　要】深圳华侨城大厦属体型复杂的超限高层建筑，采用带斜撑的框架-核心筒结构体系。针对结构设计的若干特点进行介绍，包括型钢分离、偏置的型钢混凝土巨柱设计方法，周边柱、斜撑和腰桁架之间竖向荷载传递路径的选择，楼板在恒载作用下较大的拉应力的释放方法，节点构造，大震和特大震作用下弹塑性时程分析等。分析表明，该结构能够满足预定的性能目标。

【关键词】楼板拉应力；斜撑；腰桁架；型钢混凝土；型钢分离

Discussion on problems of OCT (Shenzhen) Tower structural design

Wei Lian, Liu Weiya, Wang Sen, Liu Yuewei, Guan Yingpian, Tang Haijun

Abstract: OCT (Shenzhen) Tower is an out-of-code high-rise building with complicated shape, which adopts braced frame-corewall structural system. Some structural design characteristics were introduced including the design method of huge steel reinforced concrete columns with separated and eccentric placed profile steel, the vertical load transmit road selection between perimeter columns, braces and belt trusses, the large tensional stress release method of slab under dead loads, the joint construction and elastic-plastic time-history analysis under the rare earthquake and especially rare earthquake. The analyses show that the structure can fulfil expected seismic performance targets.

Keywords: tensional stress of slab; brace; belt truss; steel reinforced concrete; separated profile steel

1　工程概况

深圳华侨城大厦［图 1（a）］总建筑面积约 202983m^2。该建筑设有 5 层地下室，地下深约 21.05m，主要功能为停车库。塔楼地面以上 59 层，屋顶高度 277.4m，屋顶以上构架最高处高约 301m。地上功能主要为办公，底部及顶部设有部分商业，中部设有若干避难层。如图 1（b）和图 1（c）所示，东西侧建筑边缘倾斜并有转折，东侧由底层至 30 层向外倾斜约 13°，而 30 层至顶层向内倾斜约 13°，西侧与东侧类似，倾斜约 8°。如图 2 所示，建筑平面呈不规则的六边形。建筑平面东西向最宽处位于 30 层，约 90m，南北向最宽处约 53m（位于 26 层）。核心筒位于平面中部，也呈不规则的六边形，上下垂直，东西向最宽处约 42m，南北向最宽处约 27m。因建筑功能要求，在平面角部布置 6 根巨柱，东西侧 4 根巨柱随建筑边缘而倾斜，南北侧巨柱从下至上垂直。除巨柱外，沿建筑外立面布

置周边柱，建筑要求周边柱截面尽量小。该建筑巨柱倾斜并有转折，平面不规则，两方向抗侧能力差别大。外框架中不同类型构件之间的传力复杂。总之，本工程属结构体型复杂的超限高层建筑。

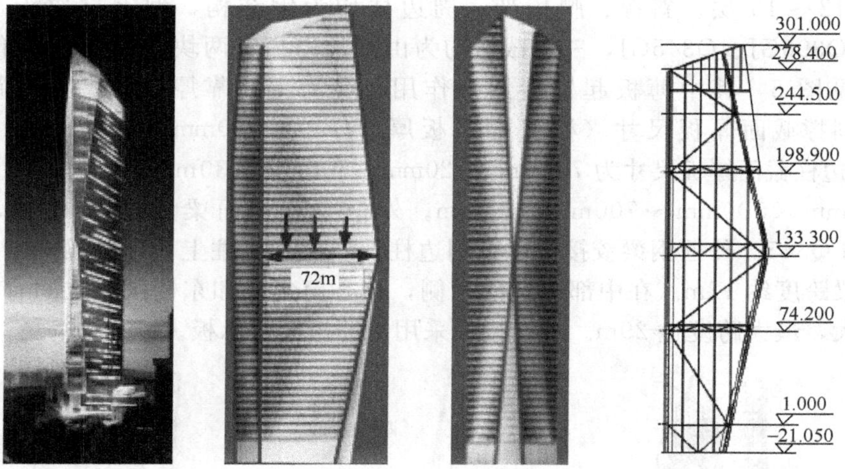

(a) 效果图　(b) 南立面轮廓　(c) 东立面轮廓　(d) 南立面构件及标高

图 1　建筑效果及立面图

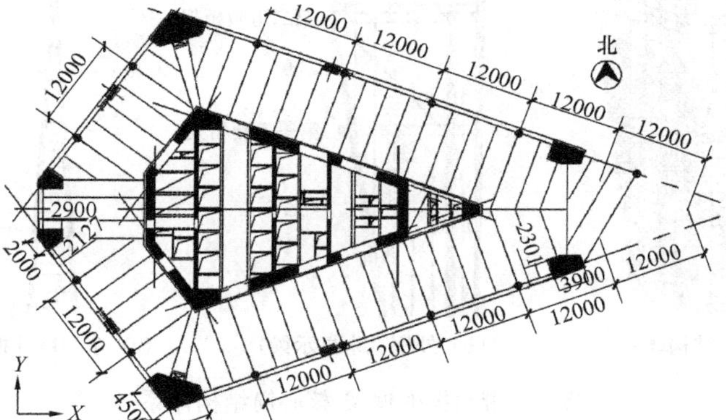

图 2　典型平面图

2　结构体系与特点

2.1　结构体系

本工程受力体系属于带斜撑的框架-核心筒结构，如图 3 所示。核心筒位于平面中部，采用钢筋混凝土材料，混凝土强度等级为 C60～C50；外墙厚 1500～600mm，内墙厚500～350mm。外框架采用斜撑巨柱框架。共有 6 根巨柱位于建筑平面角部。巨柱为型钢混凝土，混凝土强度等级为 C70～C50，内置型钢材质为 Q345GJ。巨柱截面如

图 4 所示，截面为多边形，型钢偏置，南北侧巨柱内置分离的双型钢。单根巨柱截面面积最大达 23.4m^2（底部巨柱尺寸见图 2）。周边柱截面较小，柱距 12m。立面设置了不同方向的巨型斜撑。在巨柱、斜撑转折的楼层设置了高、中、低 3 道腰桁架，腰桁架间隔 12～15 层。斜撑、腰桁架、周边柱均为钢结构，型钢材质为 Q460GJ、Q420GJ、Q390GJ、Q345GJ，三者截面均为由两块厚板和两块薄板组成的箱形截面，截面形式见图 5，其中薄板起构造连接作用，受力主要靠厚板，厚板净距统一为 350mm。斜撑截面厚板尺寸（板宽 $D\times$ 板厚 T_f）为 1600mm×120mm～1000mm×90mm。周边柱截面厚板尺寸为 750mm×120mm～500mm×30mm。腰桁架截面厚板尺寸为 1000mm×100mm～700mm×30mm。外框梁和楼面梁为 H 型钢梁，材质为 Q345GJ 和 Q345。外框钢梁铰接支承在周边柱及斜撑、巨柱上；楼面梁两端铰接，大部分楼面梁跨度约 12m。在中部楼层的东侧，核心筒角点和东侧巨柱之间有一根楼面梁跨度较大，最大跨度达 29m。各层楼板采用钢筋桁架楼承板。

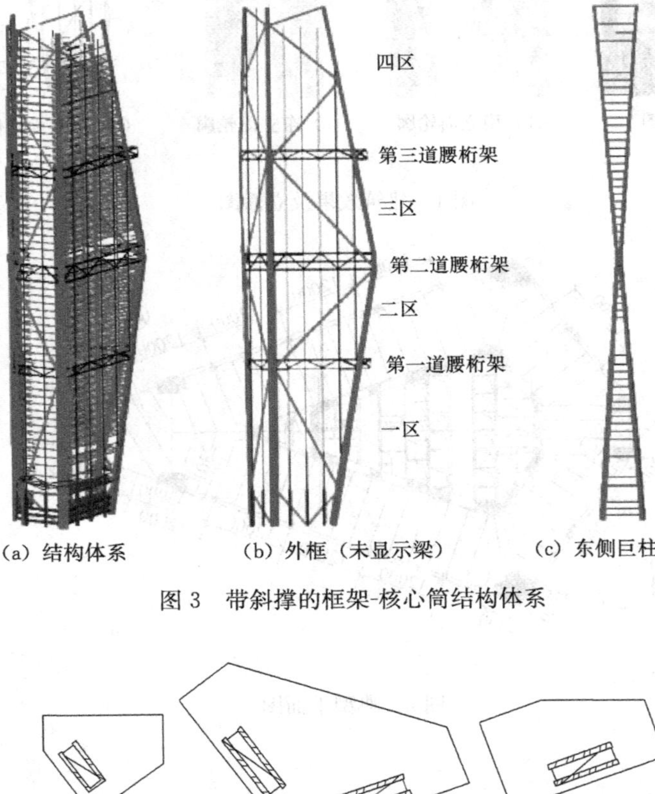

(a) 结构体系　(b) 外框（未显示梁）　(c) 东侧巨柱框架

图 3　带斜撑的框架-核心筒结构体系

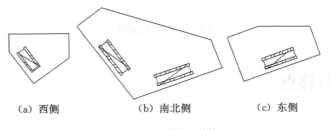

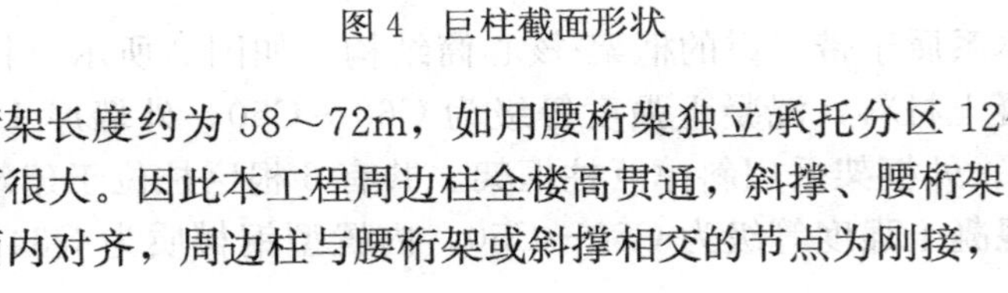
(a) 西侧　(b) 南北侧　(c) 东侧

图 4　巨柱截面形状

由于东侧腰桁架长度约为 58～72m，如用腰桁架独立承托分区 12～15 层的周边柱，则腰桁架所需截面很大。因此本工程周边柱全楼高贯通，斜撑、腰桁架、外框梁和巨柱内的型钢在同一平面内对齐，周边柱与腰桁架或斜撑相交的节点为刚接，可相互传力。混凝土核心筒和型钢混凝土巨柱为主要的承担竖向荷载的构件，另外周边柱及斜撑也承担部分竖向荷载。周边柱与斜撑相交时，通过斜撑将部分竖向荷载转移至巨柱上。腰桁架分担少量的周边柱的内力。由于东西侧巨柱和斜撑的倾斜、转折，腰桁架层楼面结构会受到较大的水平力。

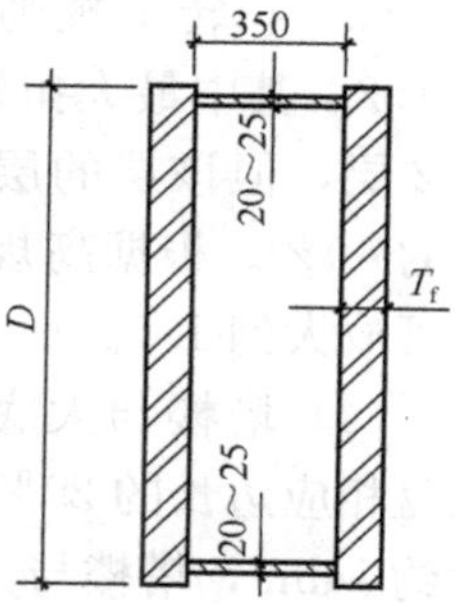

图 5　箱形截面形式

抗侧力构件包括钢筋混凝土核心筒和周边带斜撑巨柱框架，通过楼板协调各抗侧力构件，使其共同抗侧。承载力、刚度很大的巨柱位于结构边缘，有利于抵抗倾覆力矩。斜撑、腰桁架与巨柱构成三角形抗侧桁架。建筑东西向较宽，南北向宽度相对较小，且宽度不一，影响结构南北向的抗侧能力。东西侧分别有两根倾斜巨柱，在中部楼层相交，合并成一根。东西侧钢梁刚接于两个巨柱，形成X形框架，见图 3(c)。

2.2　抗震等级

本工程抗震设防烈度为 7 度（0.10g），抗震措施按 8 度，抗震等级如表 1 所示。

2.3　超限情况

根据《高层建筑混凝土结构技术规程》JGJ 3－2010[1]（简称高规），本结构超限内容如下：

（1）高度超限：本建筑的塔楼地面以上至结构屋面高度为 277.4m，Y 向最大宽度为 53.31m，等效宽度（质心处宽度）约 24m，高宽比约 12。高度和高宽比均超过了高规的限值。

塔楼抗震等级　　**表 1**

构件类型	范围	抗震等级
剪力墙	嵌固层以上，底部加强区	特一级
	加强层（14、28、41 层）及相邻层	特一级
	嵌固层以上，普通区域	一级
	嵌固层以下一层	同上层
	嵌固层以下二层及以下	逐层降低
巨柱	17 层及以下	特一级
	加强层及相邻层	特一级
	17 层以上	一级
斜撑	全楼	一级
腰桁架	全楼	一级
周边柱	全楼	一级
钢梁	全楼	一级

（2）楼板不连续：2 层、29 层、31 层和顶部楼面开大洞，典型的楼板开洞情况如图 6 所示。

（3）扭转不规则：底部扭转位移比大于1.2。其中最大扭转位移比为1.567，位于2层，但该层的层间位移角小于高规限值的40%。根据高规，该层扭转位移比限值可放大到1.6。

（4）塔楼与大底盘的质心偏心距大于底盘相应边长的20%，其中地下室X向长度约143m，塔楼与大底盘的质心X向偏心距约40m。

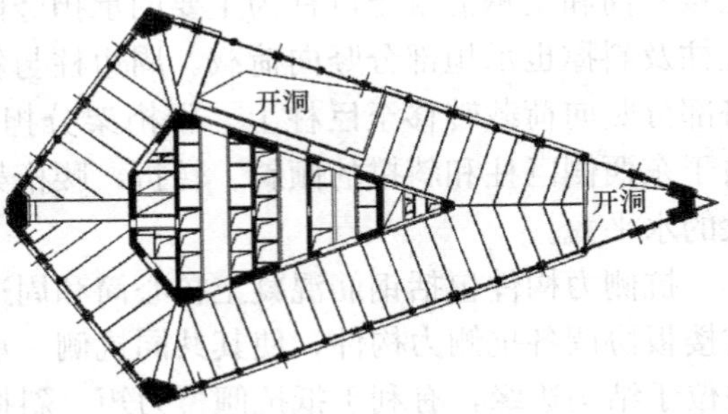

图6　29层楼板开洞示意图

2.4 抗震性能目标

根据结构受力特点设定结构抗震设防性能目标为C级，构件抗震性能目标如表2所示。

构件抗震性能目标　　表2

构件类型		小震	中震	大震
底部加强区剪力墙	压弯	弹性*	不屈服	部分抗弯屈服，塑性铰<LS
	抗剪	弹性*	弹性	不屈服
巨柱	压弯	弹性*	弹性	部分抗弯屈服，塑性铰<IO
	抗剪	弹性*	弹性	不屈服
腰桁架	压弯	弹性*	弹性	部分抗弯屈服，塑性铰<IO
	抗剪	弹性*	弹性	不屈服
斜撑	压弯	弹性*	弹性	部分屈服，塑性铰<IO
	抗剪	弹性*	弹性	不屈服
节点	不先于构件破坏			
普通剪力墙	压弯	弹性*	不屈服	允许抗弯屈服，塑性铰IO
	抗剪	弹性*	不屈服	不屈服
连梁	压弯	弹性*	部分屈服	部分抗弯屈服，塑性铰<CP
	抗剪	弹性*	不屈服	不屈服
刚接外框梁	压弯	弹性*	部分屈服	部分抗弯屈服，塑性铰<CP
	抗剪	弹性*	不屈服	不屈服
周边柱	压弯	弹性*	不屈服	部分抗弯屈服，塑性铰<CP
	抗剪	弹性*	不屈服	不屈服
楼板	面内拉压	弹性*	弹性	局部屈服
	面内抗剪	弹性*	弹性	不屈服
层间位移角		<1/500		<1/100

注：“弹性*”与“弹性”含义不同，详见高规。

3　设计要点

3.1　巨柱剪力的控制

本工程南北侧巨柱截面为多边形，型钢偏置，双型钢分离［图 7（b）］，含型钢率约 4%～6%。试验表明，在抗弯屈服之前，分离式型钢的受力性能与连接式型钢接近，抗弯承载力也接近[2,3]。双型钢分离对柱截面的剪应力分布的均匀性有不利的影响，需合理控制巨柱截面剪应力分布的不均匀性，避免分离式型钢布置的不利作用，并需注意降低巨柱的延性需求。利用 MIDAS/Gen 软件进行有限元计算，分析巨柱截面剪应力分布特点。按实际巨柱尺寸和材料建立实体有限元模型。为对比分析，同时建立了纯混凝土截面和连接式型钢混凝土截面见图 7。底端固定，柱顶施加水平力。考虑不同受力方向，水平力方向与 X 轴的夹角为 0°～360°，间隔为 30°，共计算 12 次。图 8 给出无型钢的混凝土截面、分离式型钢混凝土截面和连接式型钢混凝土截面的剪应力分布，结果为不同方向剪应力的包络结果。三种截面相比，分离式型钢使型钢之间的混凝土剪应力增大约 15%，而连接式型钢的腹板承担了剪力，使混凝土剪应力减小。

（a）纯混凝土　（b）分离式型钢混凝土　（c）连接式型钢混凝土

图 7　巨柱截面示意（白色部分为型钢）

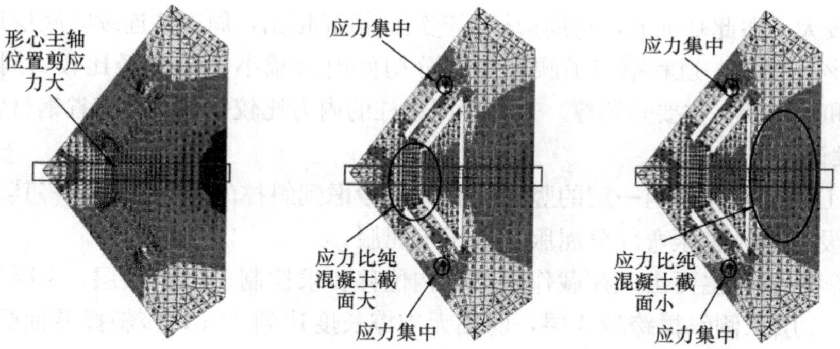

（a）纯混凝土　（b）分离式型钢混凝土　（c）连接式型钢混凝土

图 8　截面剪应力分布

有型钢时，由于型钢和混凝土材料不同，靠近型钢角部混凝土剪应力较大，但只局限于很小的区域。连接式型钢混凝土截面在型钢端部也有应力集中区，与分离式型钢混凝土截面相比略改善。可见，分离式型钢混凝土截面的剪应力分布的不均匀性比普通混凝土截面更严重。为保证巨柱不发生剪切破坏，应对截面剪压比进行比现有规范[1,4]更严格的控制。柱内设连接式型钢后，截面的剪应力分布不均匀性较分离式略改善，但考虑到设置连接板，施工复杂、用钢量增大，本工程采用分离式型钢混凝土柱。根据截面剪应力分布情况，巨柱剪压比限值取为 0.13～0.22。

3.2 巨柱偏心模拟

巨柱内的型钢与斜撑、腰桁架等在同一平面内对齐，因此巨柱内型钢相对于巨柱是偏置的。框架梁、斜撑的力直接作用于巨柱内偏置的型钢上，对巨柱造成偏心作用。巨柱截面沿高度分段变化，巨柱外侧对齐，变截面处上下柱形心之间有错位、偏心。

分析模型中巨型柱、框架梁和斜撑建立在其形心位置，通过刚性杆连接巨柱与外框梁和斜撑，通过刚性杆连接变截面处的柱，见图 9。巨柱简化为矩形混凝土截面，通过截面刚度、重量修正使其与实际截面在刚度、重量上相等。

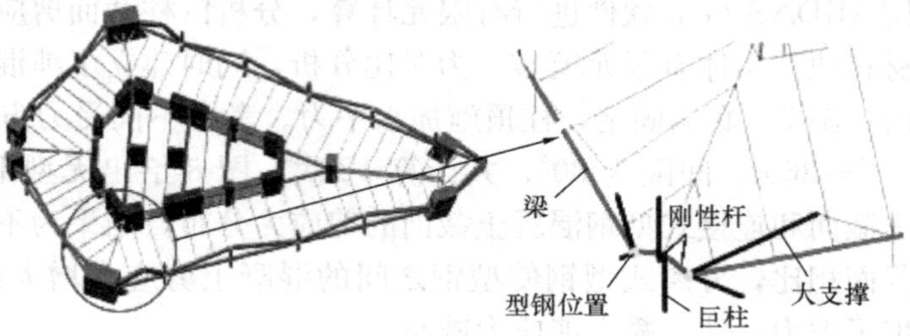

图 9　巨柱偏心的模拟

3.3 周边柱方案

周边柱全高近 280m，而建筑要求标准层周边柱截面轮廓尺寸小于 500mm。可见周边柱截面较小，难以独立承担全部楼层负荷面积内的竖向荷载。若用腰桁架承担本区约 12～15 层的荷载，因腰桁架跨度达 58～72m，部分腰桁架构件板厚需要在 100mm 以上，个别需达 150mm 以上。不便于钢材选择、构件制作与现场施工。若用腰桁架和斜撑共同承担本区约 12～15 层的荷载，由于斜撑刚度较大，斜撑承担较多竖向荷载，恒载下斜撑轴力较大，腰桁架截面也较大。在此基础上，与周边柱不连续的情况相比，周边柱连续时底层周边柱的轴力仅增加 14%，而第一道和第三道腰桁架部分构件内力减小 70%。经比较，周边柱连续，同时用斜撑和腰桁架（主要是斜撑）来分担周边柱的内力比较合理，也节省钢材。

3.4 斜撑设计

由于本工程中斜撑承担一定的竖向荷载，并考虑到斜撑的重要作用，将其大震下的抗震性能目标设定为大震压弯部分屈服、轴压不屈服。

大部分斜撑截面主要由风荷载作用下结构位移要求控制。由于 2 层、3 层局部没有楼板，造成 1～3 层东侧斜撑跨越 3 层，弱轴无支撑长度达到 21m，该斜撑截面受稳定控制，且控制工况为大震。底部斜撑截面首先根据大震弹性反应谱内力预估，再考虑结构损伤后受力降低，对大震弹性反应谱结果进行折减，进一步校核、调整截面。初步设定该斜撑钢材采用 Q420GJ，截面尺寸为 1600×120（板宽×板厚）。验算结果见表 3。小震下的控制工况为风荷载工况组合 $1.2DL+0.7\times1.4LL+1.4WX$（$DL$ 为恒载，LL 为活载，WX 为 X 向风荷载），轴力为 68364kN，组合应力比为 0.906。大震弹性反应谱计算得到的组合轴力为 112502kN。根据弹塑性时程结果，大震弹塑性时程的斜撑轴力约为大震弹性时程的 85%。因此对大震弹性反应谱计算的轴力乘以折减系数 0.85，则大震验算得到的组合轴力为 100554kN，轴向应力比 1.08，不满足要求。经调整，斜撑钢材采用 Q460GJ，截面尺寸取 1700×120 时，轴向应力比为 0.985，截面尺寸取 1600×130 时，轴向应力比为

0.992，均可满足要求。

底部东侧斜撑验算 **表 3**

工况	截面尺寸（mm）	钢材	轴力（kN）	应力比
风荷载	1600×120	Q420GJ	68364	0.906
大震（弹性反应谱）	1600×120	Q420GJ	112502	1.210
大震（折减）	1600×120	Q420GJ	100554	1.080
大震（折减）	1700×120	Q460GJ	102409	0.985
大震（折减）	1600×130	Q460GJ	102984	0.992

3.5 楼板设计

由于东西侧巨柱和斜撑的倾斜、转折，腰桁架层楼板会受到较大的水平力。拟定了“放”“抗”结合的方法，即对第一、二道腰桁架及相邻几层楼板受拉应力较大的部位，采用局部后浇做法以释放其在自重下的楼板拉应力。对与斜撑交汇处局部应力集中部位，采用加强配筋以抵抗局部拉应力。

以第二道腰桁架下弦所在楼层为例，楼板随结构同步施工时，恒载下较大面积楼板应力达 4～6MPa，如图 10 所示。楼板局部后浇后，恒载作用下，除小范围应力集中外，绝大部分最大主应力小于 1MPa，如图 11 所示。说明对本工程而言适当后浇的方法是合理可行的，而且很有效。

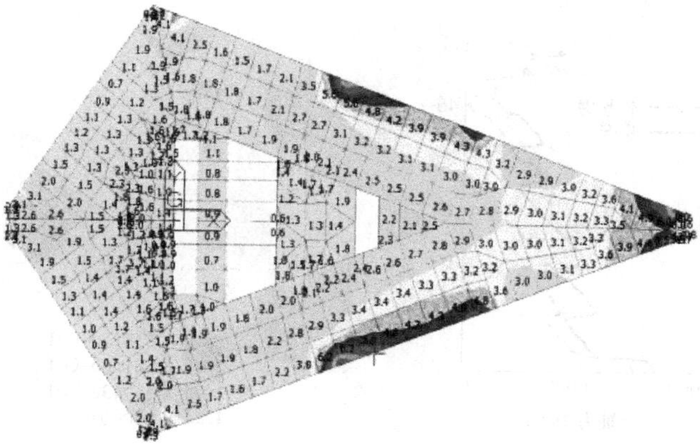

图 10　同步施工时恒载下楼板最大主应力（MPa）

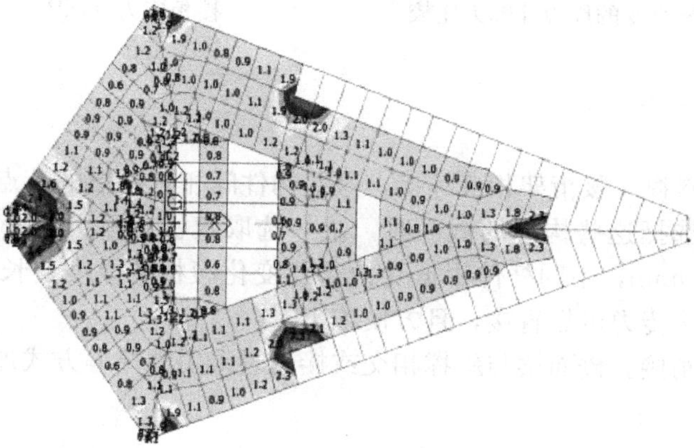

注：空白区域为后浇区域。

图 11　局部后浇时恒载下楼板最大主应力（MPa）

3.6 施工模拟和收缩徐变计算

周边柱连接在斜撑上，斜撑相当于斜置的梁，承托周边柱。但斜撑施工过程中承担竖向荷载的作用不如施工完成后强。斜撑、腰桁架、周边柱的设计内力取一次加载和施工加载的包络值。另外尚需考虑巨柱的混凝土收缩徐变对斜撑、周边柱和腰桁架的影响。因为周边柱为钢柱，巨柱为型钢混凝土柱，由于混凝土徐变的影响，巨柱将有一定程度的卸载，斜撑、周边柱和腰桁架的受力可能增大。

考虑施工过程和混凝土收缩徐变，计算得结构施工完成 6 年后的构件内力（图 12）。计算发现，是否考虑收缩徐变，底部和顶部周边柱内力改变不大，但考虑徐变时，中部周边柱内力增大较多。在常规设计的基础上，工况基本组合中，周边柱恒载下内力取考虑施工过程和混凝土收缩徐变的、结构施工完成 6 年后的内力，验算其承载力，得周边柱轴向应力比小于 0.85，组合应力比小于 0.93，承载力满足要求。斜撑内力的改变与周边柱类似，经验算承载力满足要求。

楼板局部后浇仅释放了部分重力荷载，巨柱与核心筒墙混凝土的徐变，将导致周边柱与斜撑等构件内产生应力，因而于楼板内也将产生水平应力。仅考虑巨柱、核心筒等构件的收缩徐变引起的楼板应力，施工完成 6 年后，应力相对较大的腰桁架层东、西侧角部楼板应力小于 0.3MPa，见图 13，由此可知收缩徐变对楼板应力影响不大。

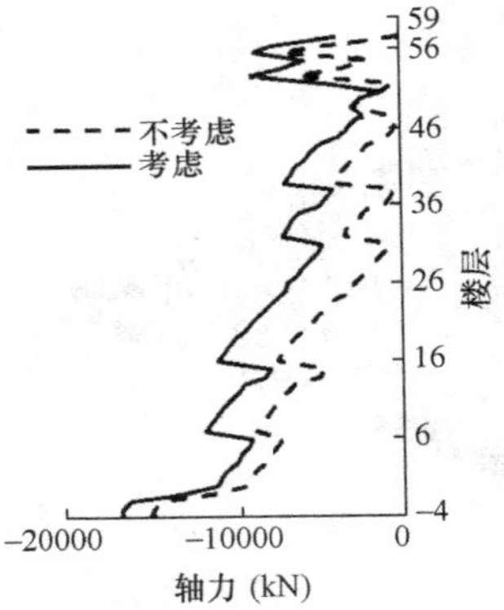

图 12 是否考虑施工过程和收缩徐变的周边柱轴力比较

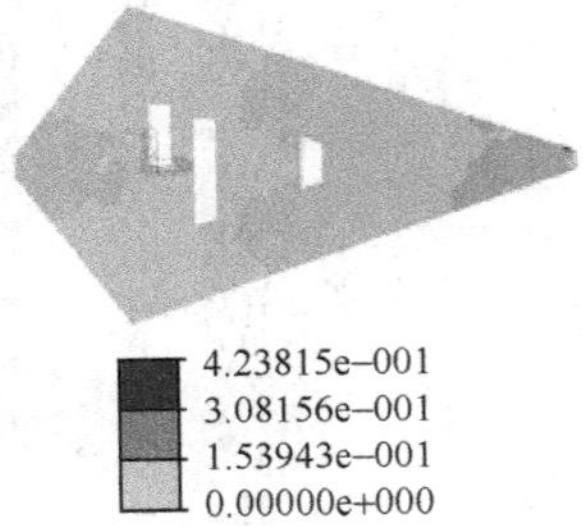

图 13 收缩徐变引起的楼板应力（MPa）

3.7 节点构造

本工程巨柱、斜撑、腰桁架相互连接，这些构件间相互连接的节点对保证结构可靠传力非常重要。因此选择这些构件的截面时，统一选取腹板（厚板）净距离相等的箱形截面，腹板净距为 350mm，不同杆件根据受力需要变化腹板的厚度、长度和材质等。这样使得各构件间的连接传力可靠直接，且方便施工。

斜撑与周边柱刚接。楼面梁与斜撑相交或接近时采用隅撑等方式加强其连接，以防止斜撑失稳。

4 主要设计结果

4.1 周期及振型

采用 MIDAS/Gen、ETABS、YJK 软件分别进行结构分析，确保分析结果可靠。计算结果表明 3 个软件的计算结果接近，$DL+0.5LL$ 作用下结构总质量为 253848t，主要周期和振型分别见表 4 和图 14。第 1 阶振型为 Y 向平动，周期 5.68s；第 2 阶振型为 X 向平动，周期 4.95s；第 3 阶振型为扭转，周期 2.77s。周期比为 0.49。

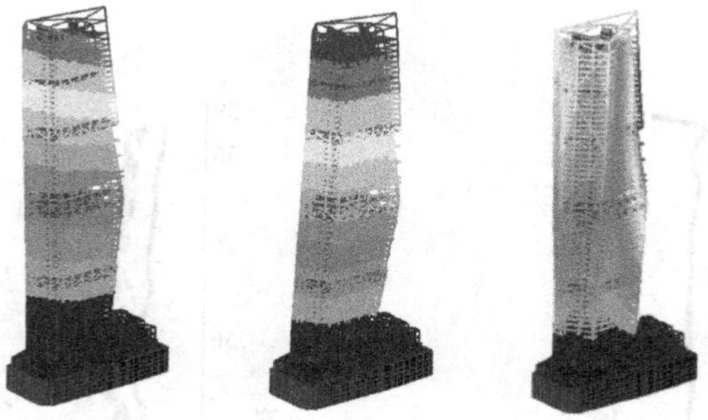

第 1 阶　　(b) 第 2 阶　　(c) 第 3 阶

图 14　结构前 3 阶振型

结构前 6 阶周期　　**表 4**

软件	MIDAS/Gen	ETABS	YJK	备注
T_1(s)	5.68	5.47	5.91	Y 向平动
T_2(s)	4.95	4.79	5.03	X 向平动
T_3(s)	2.77	2.72	2.75	扭转
T_4(s)	1.54	1.81	1.55	—
T_5(s)	1.26	1.40	1.24	—
T_6(s)	1.01	1.20	1.00	—
T_3/T_1	0.49	0.50	0.46	—

4.2 基底剪力

风荷载和小震作用下结构的基底剪力见表 5。风荷载作用大于小震作用。剪重比仅在 Y 向小震作用下 1～5 层小于高规限值 0.012，为 0.011，应按高规要求调整 Y 向地震反应。X、Y 两个方向核心筒底部承担的地震倾覆力矩小于总倾覆力矩的 60%，见图 15，根据广东省《高层建筑混凝土结构技术规程》DBJ 15-92-2013[5]（简称广东省高规）第 9.1.6 条的规定，核心筒剪力墙的轴压比限值可取 0.60。

基底剪力　　**表 5**

软件		MIDAS/GEN		ETABS		YJK	
		X 向	Y 向	X 向	Y 向	X 向	Y 向
小震	基底剪力（MN）	30	28	31	30	32	30
	基底剪重比	1.2%	1.1%	1.2%	1.2%	1.2%	1.1%
	总倾覆力矩（MN·m）	5024	4437	5250	4574		

续表

软件		MIDAS/GEN		ETABS		YJK	
		X 向	Y 向	X 向	Y 向	X 向	Y 向
风荷载	基底剪力（MN）	45	67	47	75	43	64
	总倾覆力矩（MN·m）	7740	11258	8009	12988	7531	10875

4.3 层间位移角

风荷载和小震作用下结构的层间位移角见表 6 和图 16。小震和 X 向风荷载作用下层间位移角均小于 1/1000，Y 向风荷载作用下最大层间位移角为 1/510。结果均满足广东省高规的要求。

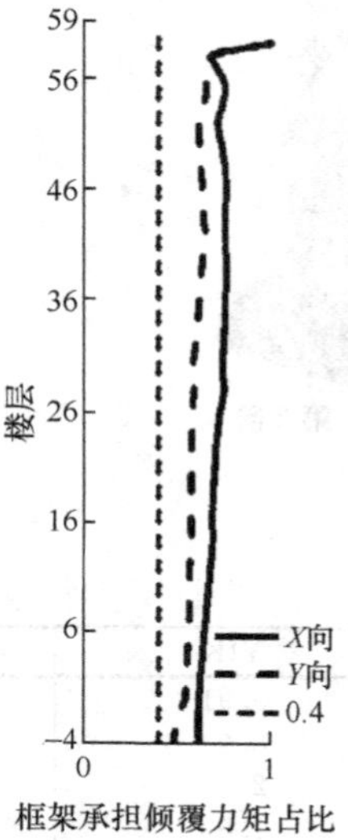

图 15 框架承担倾覆力矩占比

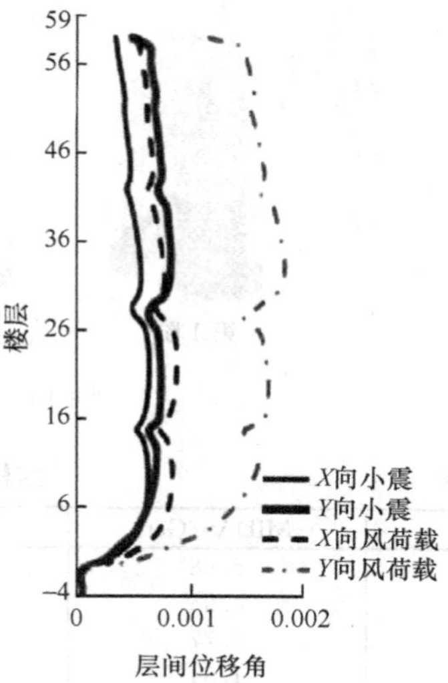

图 16 结构的层间位移角

4.4 刚重比

X、Y 向刚重比分别为 3.14、2.26，满足高规的整体稳定验算，Y 向需考虑重力二阶效应。

层间位移角 **表 6**

软件		MIDAS/Gen		ETABS	
		X 向	Y 向	X 向	Y 向
风荷载	层间位移角	1/1364	1/513	1/1288	1/510
	位置	10 层	33 层	10 层	34 层
小震	层间位移角	1/1517	1/1251	1/1581	1/1250
	位置	24 层	52 层	25 层	45 层

4.5 轴压比和剪压比

巨柱轴压比基本小于 0.5，见图 17。巨柱相对剪压比见图 18（相对剪压比为剪压比与剪压比限值之比），可见相对剪压比均小于 1，剪压比满足要求。腰桁架相邻层巨柱的剪压比较大，其他层剪压比较小。墙轴压比均小于 0.6，见图 19。结果均满足广东省高规的要求。

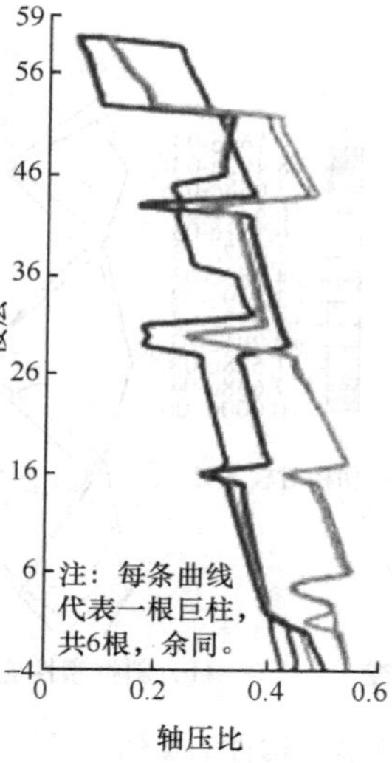

图 17　巨柱的轴压比

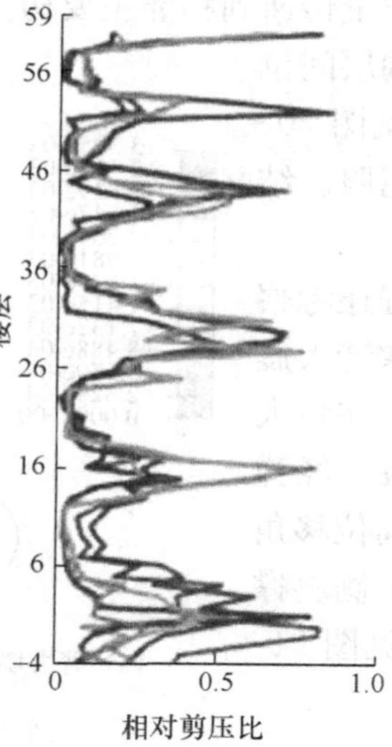

图 18　巨柱的相对剪压比

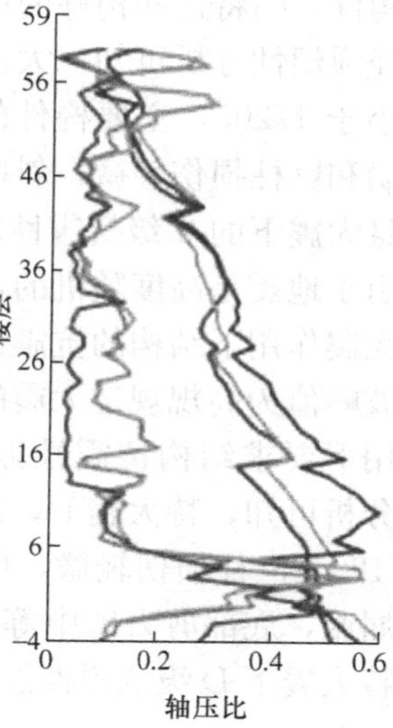

图 19　墙的轴压比沿楼层分布

5　大震作用下的弹塑性动力时程分析

结构在大震作用下的弹塑性动力时程分析采用软件 ABAQUS 6.11。ABAQUS 模型及自定义程序由深圳市力鹏建筑结构技术有限公司基于 ABAQUS 开发的接口程序完成。梁、柱、斜撑等构件采用 B32 单元，剪力墙和楼板采用 S4R 单元。

弹塑性分析模型包含了全部的抗侧力构件，其弹性性质、荷载、质量与弹性模型一致。部分次要构件如次梁等按弹性计算或不包含在计算模型内。若计算模型内不包含上述

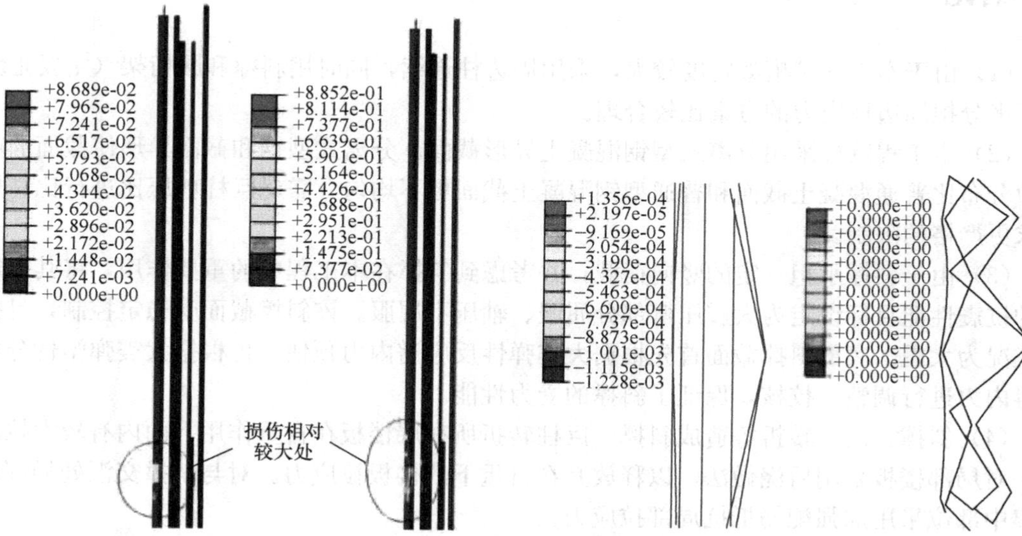

(a) 剪力墙受压损伤　(b) 剪力墙受拉损伤　(c) 巨柱混凝土最大压应变　(d) 斜撑的塑性应变

图 20　大震下主要构件的损伤

次要构件，则将这些构件的荷载和质量传递到相邻主要构件上。

经弹塑性分析可知，大震下结构层间位移角小于 1/205，主要构件的损伤见图 20。剪力墙和巨柱损伤轻微，斜撑没有屈服。结构满足大震下的 C 级抗震性能目标。

由于地震是高度随机的，本工程还考察了特大震作用下结构的抗震性能。取特大震地震波峰值为高规规定大震的 2 倍。在特大震作用下要求结构抗震性能为 D 级。经弹塑性分析可知，特大震下，最大层间位移角为 1/129，巨柱损伤轻微，中下部东侧斜撑出现屈服，底部剪力墙中等损伤，见图 21。满足特大震下 D 级抗震性能要求。

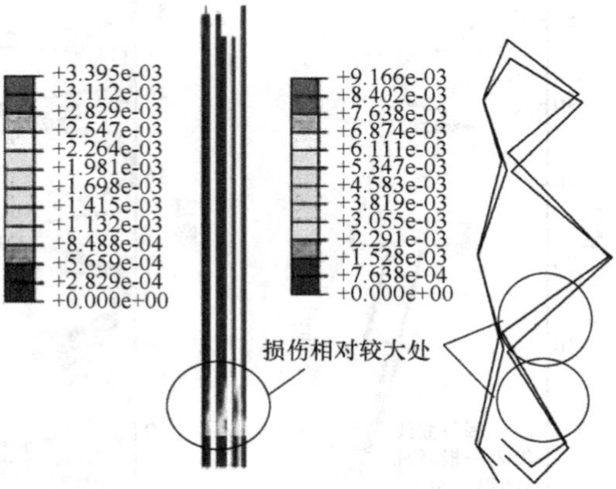

（a）剪力墙塑性应变　　（b）斜撑塑性应变

图 21　特大震下构件的损伤

6　超限审查意见要点

经超限审查，审查专家认为本结构设计基本合理、安全。审查专家强调本工程巨柱形式特殊，巨柱与斜撑、腰桁架组成空间体系，应注意巨柱交叉处和腰桁架层复杂节点的可靠性。

本工程加强了巨柱交叉处和腰桁架层巨柱内型钢的连接，使环绕腰桁架外框的钢构件围合、贯通。采用实体有限元进行了复杂节点受力分析，分析表明节点满足受力要求。

7　结论

（1）由于本工程腰桁架跨度较大，采用周边柱连续，同时用斜撑和腰桁架（主要是斜撑）来分担周边柱内力的方案比较合理。

（2）本工程巨柱采用分离式型钢混凝土异形截面。分离式型钢和截面异形使截面的剪应力分布比普通混凝土截面和普通型钢混凝土截面更不均匀，需对巨柱剪压比进行比高规要求更严格的限制。

（3）由于斜撑承担一定的竖向荷载，并考虑到斜撑在本工程中的重要作用，将其大震下的抗震性能目标设定为大震压弯部分屈服、轴压不屈服。该斜撑截面受稳定控制，且控制工况为大震。底部斜撑截面首先根据大震弹性反应谱内力预估，再根据大震弹塑性分析所得内力进行调整、校核，保证了斜撑的受力性能。

（4）斜撑、巨柱转折等造成斜撑、巨柱转折所在层楼板在自重作用下面内有较大拉应力。对局部楼板采用后浇做法，以释放其在自重下的楼板拉应力。对与斜撑交汇处局部应力集中部位采用加强配筋抵抗局部拉应力。

（5）大震下结构损伤较小。剪力墙和巨柱损伤轻微，斜撑没有屈服。特大震下底部剪力墙中等损伤，巨柱损伤轻微，中下部东侧斜撑出现屈服。结构抗震性能满足要求。

通过分析，该结构能够满足预定的性能目标。

致谢：在本工程的设计过程中，孙仁范教授、李彦锋、杨仁孟、李远、曾庆立和陈兆荣等工程师均做了大量工作，在此表示感谢。

参考文献

[1] 高层建筑混凝土结构技术规程：JGJ 3-2010[S]. 北京：中国建筑工业出版社，2011.

[2] 曾广吉. 配置强格构式型钢混凝土柱抗震性能试验研究及模拟分析[D]. 重庆：重庆大学，2013.

[3] 何伟明，刘鹏，钟聪明，等. 高层建筑与组合构件的发展[C]//第六届海峡两岸及香港钢及组合结构技术研讨会. 2010.

[4] 型钢混凝土组合结构技术规程：GB 138-2001[S]. 北京：中国建筑工业出版社，2001.

[5] 高层建筑混凝土结构技术规程：DBJ 15-92-2013[S]. 北京：中国建筑工业出版社，2013.

本文原载于《建筑结构》2015 年第 45 卷第 20 期

30. 深圳前海国际金融中心无梁空芯大板超高层建筑结构设计

王　森，魏　琏，李彦锋

【摘　要】深圳前海国际金融中心是国内首次在超高层建筑中采用无梁空芯大板楼盖的建筑，结构采用带加强层的型钢混凝土（SRC）巨柱框架-核心筒形式。进行了结构方案选型及基础设计，详细介绍了结构体系组成、结构布置及采取的加强措施；进行了小、中、大震及风荷载作用下的计算分析，结果表明，结构能满足预定的性能目标要求；最后着重介绍了无梁空芯板模拟、结构加强层方案选择和复杂节点分析设计等内容。

【关键词】深圳前海国际金融中心；超高层建筑；结构设计；无梁空芯大板；巨柱结构

Design of super high-rise building structure of hollow large slab without beam in Shenzhen Qianhai International Financial Center

WANG Sen, WEI Lian, LI Yanfeng

Abstract: Shenzhen Qianhai International Financial Center is the first building to adopt hollow large slab floors without beam in super high-rise buildings in China. The structure form is the steel reinforced concrete (SRC) huge column frame core tube with reinforced floors. The structural scheme selection and foundation design were carried out. The structure system composition, structure layout and strengthening measures were introduced in detail. The calculation and analysis under the action of frequent earthquakes, occasional earthquakes, rare earthquakes and wind load were carried out, and the results show that the structure can meet the predetermined performance requirements. Finally, the simulation of hollow slab without beam, the selection of structural strengthening layer scheme and the analysis and design of complex joints were mainly introduced.

Keywords: Shenzhen Qianhai International Financial Center; super high-rise building; structural design; hollow large slab without beam; huge column structure

1　工程概况

深圳前海国际金融中心项目是由深圳市前海景兴物业管理有限公司在南山区前海桂湾片区开发的超高层办公楼，项目地块总用地面积约为 51416m^2，规划总建筑面积约为 477000m^2。本文介绍的塔楼为其中 02 地块的 T1 塔楼，其地面以上 54 层，屋面高度 249.03m，屋面以上幕墙高度 11.7m，项目建筑效果图见图 1。项目设有 4 层地下室，地面以上主要为办公区，沿高度设置 4 个避难层，地下室主要为停车库及部分商业区，地下 3、4 层设有人防区。

图 1　建筑效果图

结构设计使用年限为 50 年，建筑安全等级为二级，地基基础设计等级为甲级。抗震设防烈度为 7 度，基本地震加速度为 0.10g，场地类别为Ⅱ类，设计地震分组为第一组，场地特征周期 T_g＝0.35s，抗震设防分类标准为丙类。基本风压 w_0＝0.75kN/m^2（50 年一遇）及 0.45kN/m^2（10 年一遇），地面粗糙度类别为 A 类[1]。

2　结构方案选型

本工程方案设计阶段，根据建筑方案对塔楼的结构选型进行了详细的对比分析。设计时考虑过钢结构、钢筋混凝土结构方案，考虑过巨柱、巨柱＋小柱方案，以及普通楼盖和无梁空芯大板方案等，各方案的优缺点见表 1。

表中从建筑立面、建筑室内净高、结构效率、结构造价、施工进度、使用维护等方面进行了对比分析。业主及建筑方案单位一致认为不设置小柱的混凝土无梁楼板方案最能满足该项目的要求。现浇空芯楼盖在超高层中应用不多，2008 年笔者团队曾在深圳市政协大厦 15 层以上的楼盖中按空芯楼盖设计并实际实施完成。多结构方案比较后选定的混凝土无梁楼板方案对结构设计提出了挑战，本文将对该项目的结构设计进行详细论述。

结构方案对比 **表 1**

结构方案		梁高（m）	含钢量	优点	缺点
混凝土结构	巨柱＋小柱（需加环桁架）	边框 0.8 内部 0.7	最低	有环桁架，结构抗侧效率较差，较为节省	巨柱中间及角部有小柱，避难层立面有斜杆
	巨柱＋大跨梁	边框 1.2 内部 0.7	较高	无环桁架及小柱，视野开阔，室内空间使用灵活	边框梁较高，需结合建筑立面处理
	巨柱＋大跨梁＋无梁楼盖＋伸臂桁架	边框 1.2 板厚 0.4	最高	视野开阔，室内空间使用灵活，厚板结构美观，节约层高	边框梁较高，需结合建筑立面处理，大板结构造价略高
钢结构	巨柱＋小柱（需加环桁架）＋伸臂	边框 0.65 内部 0.5	较低	结构重量轻，施工速度快，一般较混凝土结构快2～3天/层	钢构件需要防火防腐处理，造价高，如增加小柱会影响建筑视野
	巨柱＋伸臂	边框 0.85 内部 0.5	中		

3 基础设计

本工程地下室底板板底的相对标高为－20.3m，大部分底板厚度 0.9m，地下室底板位置大部分为黏土粗砂层，局部为中砂层，地下室底板距离中风化混合花岗岩层深度约为 11.6～27.8m，距离微风化花岗岩层深度约为 15.2～31.1m。根据岩土工程勘察报告，中、微风化花岗岩承载力高，力学性质稳定，是良好的天然基础持力层以及桩基础的桩端持力层。由于地下室埋深较深，且地下水水位较高，抗浮水位建议取建筑地坪±0.00标高以下 1.50m，经计算裙楼部分和塔楼局部地下室底板下需进行抗浮处理，考虑采用抗拔桩进行抗浮。

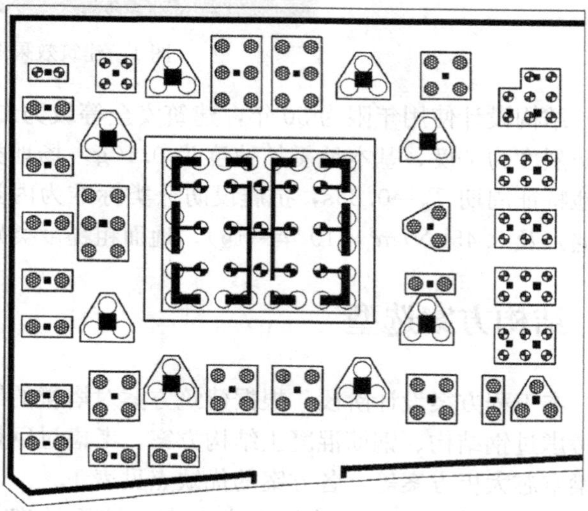

○ 抗压桩 直径：2500mm　◐ 抗压桩 直径：2000mm
◍ 抗压兼抗拔桩 直径：2000mm　◍ 抗压兼抗拔桩 直径：1500mm

图 2　基础及底板布置图

经综合分析，本工程采用核心筒下桩筏和巨柱下承台＋防水板的基础形式，桩型采用大直径钻（冲）孔灌注桩。塔楼墙柱以微风化混合花岗岩为基础持力层，塔楼范围外墙柱的基础持力层为中风化混合花岗岩，基础及底板布置图见图 2。

4 结构体系及布置

本工程塔楼标准层平面长、宽均为 46.8m，结构高宽比约 5.5；核心筒外围长约 24.5m，宽约 21m，高宽比 11.8，沿高度连续贯通。建筑首层层高 19.5m，标准层层高 4.5m，避难层（设备层）层高 5.1m。结构主要由混凝土核心筒、型钢混凝土巨柱、边框梁、空芯楼板及伸臂桁架等构成。

4.1 巨柱

标准层平面布置图见图 3，沿建筑四周每边布置有 2 根巨柱，共 8 根巨柱，型钢混凝土巨柱沿竖向呈内“八”字形倾斜，柱轴线距离由底层 26.6m 减小至顶层约 22.6m，巨柱间不设小柱，边框梁跨度大。巨柱位于平面各角部，有利于提供抗侧刚度、抵抗倾覆力矩，同时为建筑使用提供了开阔的视野。

由于各巨柱荷载差异不大，同一楼层的巨柱截面相同。巨柱截面沿高度按避难层分段变化，底部为正方形截面，上部楼层变为矩形截面。因建筑立面要求，柱截面尺寸变化时，柱外侧及另一方向的柱中线保持对齐，因此变截面处上下柱形心之间在一个方向有偏心，最大偏心距 150mm，计算分析时按各层巨柱的实际位置建模，考虑上下层间巨柱偏心的影响。巨柱截面从底部 2300×2300 逐渐减小至顶部 1400×1600，巨柱截面沿高度的变化见图 4，混凝土强度等级为 C60～C35，其内置型钢牌号为 Q345GJB、Q345B。

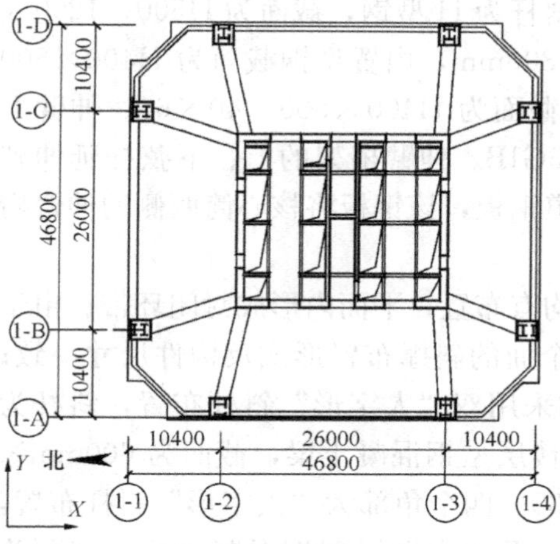

图 3 标准层布置示意图

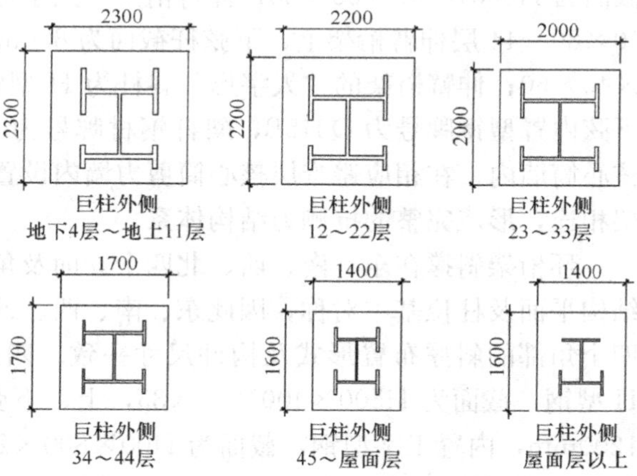

图 4 巨柱截面形式

巨柱内设置型钢时综合考虑巨柱截面沿高度的变化、柱型钢含钢率、型钢中心与巨柱中心、巨柱与外框大跨型钢梁的连接、巨柱型钢与加强层桁架的连接等因素。外框梁的位置确定了柱内一侧型钢的定位不变，另一侧的型钢布置尽量使型钢的形心和混凝土柱的形心重合。出屋面后的屋架梁位变化，柱内型钢位置也作相应调整。巨柱内的型钢含钢率约为 4%～7%。

数量较多的型钢梁直接连接在巨柱内的型钢上，便于节点连接、制作和施工。环桁架、伸臂桁架等的力也直接传递到巨柱内型钢上。

巨柱在各层有截面较大的边框梁相连，同时在 22 层、44 层分别和环桁架及伸臂桁架相连。框架梁、环桁架斜杆、伸臂斜杆与型钢柱内的型钢相连，其力对巨柱形成偏心作用。

4.2 核心筒

核心筒混凝土强度等级为C60～C35，其内置型钢牌号为Q345GJB、Q345B。混凝土核心筒位于平面中央，外筒沿高度连续贯通，外围墙厚由底部1200mm逐渐减薄至顶部500mm；核心筒内部墙厚400mm、470mm，沿高度方向厚度不变，在上部楼层取消部分墙体。根据建筑功能需要在剪力墙上布置门洞及设备洞口，电梯厅位置典型连梁高度980mm，空调机房位置设置双连梁，方便设备管道穿出核心筒而不影响建筑净高。底部部分墙肢内埋置型钢柱，既能分担混凝土轴力，减薄混凝土墙厚，又能提高墙体的抗弯及抗剪承载力。减薄墙厚可以增加建筑使用面积，提高建筑使用率。

4.3 伸臂桁架及环桁架

为了协调核心筒与巨型框架的变形，使巨柱与核心筒一起抵抗水平地震与风荷载作用，提高结构的整体刚度；同时由于巨柱间框架梁的跨高比达22，梁刚度较弱，需要通过周边环桁架与巨柱组成巨型框架，共同抵抗侧向荷载，增加结构抗侧刚度和抗扭刚度，同时可以为巨柱提供较强的水平约束。设计时沿高在22层、44层设置2道伸臂桁架及环桁架的结构加强层。

由于结构平面基本对称，每道伸臂桁架的8组斜杆布置形式和截面尺寸相同。其中22层伸臂桁架上、下弦杆为楼层的型钢混凝土梁，截面为800mm×800mm，内置H型钢截面为H500×500×50×80；伸臂桁架“人字形”斜杆为H型钢，截面为H500×1200×50×80。44层伸臂桁架上、下弦杆截面为600mm×800mm，内置型钢截面为H400×500×40×60；伸臂桁架的“人字形”斜杆为H型钢，截面为H400×800×40×60。伸臂上下弦内置型钢牌号为Q345B，斜杆钢材牌号为Q345GJB。伸臂桁架的上、下弦杆延伸到核心筒墙内，在相应避难层核心筒剪力墙内设置两道钢板，该钢板将核心筒两侧的伸臂桁架相连，形成完整的抗侧力结构体系。

环桁架斜撑在东、南、西、北四个立面及角部均有布置，平面内形成封闭环带。由于结构平面及柱位基本对称，因此东、南、西、北四个面的斜撑布置形式及构件尺寸一致；四个角部的斜撑布置形式及构件尺寸一致。四面均采用双“人字形”斜杆布置，斜杆为H型钢，截面为H500×400×25×35，上、下弦为楼层型钢混凝土梁，截面为600mm×1200mm，内置工字型钢，截面为I400×800×25×35。四个角部为“人字形”斜杆布置，斜杆为H型钢，截面为H500×500×25×50，上、下弦为楼层型钢混凝土梁，截面为800mm×800mm，内置工字型钢，截面为I500×500×25×50。上下弦型钢内置型钢牌号为Q345B，斜杆钢材牌号为Q345GJB。

桁架斜杆和弦杆的腹板宽度一致，翼缘厚度也相同，可以直接对接，传力直接，便于节点连接。

4.4 边框梁

巨柱跨度约22.6～26.6m，为取得最好的建筑空间效果，巨柱间不设置重力小柱。巨柱间梁采用截面宽度为0.6m，高度为1.20m、1.15m的型钢混凝土梁，混凝土强度等级同该层楼板。采用型钢混凝土梁可以增加结构刚度、提高承载力、减小结构高度，方便与混凝土楼盖和型钢混凝土巨柱连接，能很好地满足建筑使用功能和结构需要，同时方便施工，节约造价。角部悬挑部分跨度较小，采用混凝土梁以节约工程造价。

4.5 楼盖

标准层办公区域楼板采用无梁空芯楼板，既能提供较高的建筑使用空间，又能减轻结构自重。地上 2 层楼面、普通避难层顶面楼板、屋面及加强层上下弦杆所在楼面均采用梁板体系，增加结构整体性。同时加强层上下弦杆所在楼面楼板加厚，以抵抗楼面内产生的拉压力和剪力。

4.6 结构体系

本工程塔楼的核心筒、巨柱对抗竖向荷载和抗侧均起着非常重要的作用；环桁架和伸臂桁架及其相关楼盖结构协调核心筒和巨柱变形，增加整体刚度，提高巨柱的抗侧效率，对整体抗侧体系也起着十分重要的作用。

对照规范及相关资料对不同结构的定义及受力特点，本工程结构体系为带加强层的巨柱框架-钢筋混凝土核心筒结构，其主要特点为：1）主要受力体系属于巨柱框架-核心筒结构受力体系；2）核心筒位于平面中部，采用钢筋混凝土（底部局部设置型钢）；3）外框架采用巨柱框架，巨柱框架由八根巨柱及大跨度边框梁组成，均采用钢骨混凝土构件；4）沿高度设置两道包含伸臂桁架和环桁架的加强层，协调巨柱、核心筒的变形，提高结构的抗侧能力。

5 结构超限情况及性能化设计目标

5.1 结构超限内容

本结构有高度超限、平面不规则、竖向不规则、承载力突变、局部穿层柱等 5 项超限内容，需要进行工程结构抗震设防专项审查。

5.2 结构构件抗震性能目标

根据规范要求，结构构件在小、中、大震下的性能目标见表 2。

5.3 结构主要加强措施

（1）传力路径简单直接。竖向荷载通过梁、板直接传递给巨柱、核心筒，再传递至基础，传力路径简单。水平荷载由核心筒、巨柱框架承担，加强层协调核心筒及巨柱的变形，提高抗侧效率。

（2）建立多道抗震防线。由巨柱、核心筒、环桁架及伸臂桁架组成的结构体系通过楼板协同工作可提供多道抗震防线共同抵御地震作用。

（3）提高关键构件的安全储备。底部加强区核心筒、巨柱、伸臂桁架及环桁架均按特一级设计，增加构件体系安全储备。

（4）节点传力直接。采用等宽截面型钢，使构件之间的连接简单合理。

（5）采用空芯楼板。为减轻结构自重，减小地震作用，普通办公区采用无梁空芯楼板，板厚 400mm。

（6）增强核心筒延性的措施。底部加强区剪力墙、加强层剪力墙和加强层相邻层剪力墙的抗震等级取特一级，提高墙体配筋率。部分核心筒剪力墙设置型钢，提高构件抗震承载力。部分连梁内设置型钢以保证强剪弱弯。在较厚墙体中布置多层钢筋，以使墙截面中剪应力均匀分布且减少混凝土的收缩裂缝。增加加强层楼层及其上下层剪力墙的配筋。

结构构件的抗震性能目标 **表 2**

构件类型			受力	小震	中震	大震
关键构件	底部加强区剪力墙		抗弯	弹性*	不屈服	部分抗弯屈服，弯曲塑性铰＜LS
			抗剪	弹性*	弹性	不屈服
	巨柱		抗弯	弹性*	弹性	部分抗弯屈服，弯曲塑性铰＜IO
			抗剪	弹性*	弹性	不屈服
	环桁架		抗弯	弹性*	弹性	部分抗弯屈服，弯曲塑性铰＜IO
			抗剪	弹性*	弹性	不屈服
	伸臂		抗拉、抗压	弹性*	弹性	轻微屈服
			抗剪	弹性*	弹性	不屈服
	节点		不先于构件破坏			
一般构件	剪力墙非加强区		抗弯	弹性*	不屈服	允许抗弯屈服，弯曲塑性铰 IO
			抗剪	弹性*	不屈服	不屈服
	连梁		抗弯 抗剪	弹性* 弹性*	部分抗弯屈服，弯曲塑性铰＜IO 不屈服	部分抗弯屈服，弯曲塑性铰＜CP 不屈服
	框架梁		抗弯 抗剪	弹性* 弹性*	允许部分抗弯屈服，弯曲塑性铰＜IO 不屈服	部分抗弯屈服，弯曲塑性铰＜CP 不屈服
	楼板	加强层上下弦杆所在楼面	面内拉压	弹性*	弹性	局部屈服
			面内抗剪	弹性*	弹性	不屈服
		普通楼层（含暗梁）	面内抗弯	弹性*	不屈服	局部屈服
			面内抗剪	弹性*	弹性	不屈服
层间位移角				＜1/500	—	＜1/100

注：根据《高层建筑混凝土结构技术规程》JGJ 3－2010[2]（简称高规）的规定，中震弹性设计中的地震作用不需要考虑与抗震等级有关的增大系数；而小震弹性设计中的地震作用需要考虑与抗震等级有关的增大系数，因此为了区分与中震下弹性的不同含义，小震下的结构弹性用"弹性*"表示。

（7）增强巨柱延性的措施。降低巨柱剪压比限值，严格控制巨柱的剪力。降低巨柱轴压比限值，严格控制巨柱的轴力。底部加强区巨柱的抗震等级取特一级，提高巨柱的配筋率。对于剪跨比小于 2 的柱采用箍筋全高加密；采用合理的构造措施，并按高规第 3.10.2 条的规定提高体积配箍率。增加环桁架楼层及其上下层的巨柱的配筋。

（8）针对伸臂桁架、环桁架的措施。按中震弹性，大震轴向轻微屈服、抗剪不屈服设计。

（9）针对楼盖的措施。对加强层上下层楼板采用梁板体系，板厚适当加厚，对楼板面内应力进行精细分析，并根据计算结果加强楼板配筋构造。对普通办公层的无梁空芯楼盖，根据芯模布置方式建立实体有限元模型，精细化分析楼板内力，严格控制竖向荷载作用下楼板的挠度及裂缝。楼板钢筋的锚固长度按抗震等级为一级时受拉钢筋的锚固长度进行控制，在受力较大的核心筒剪力墙及巨柱周边增加实心范围，减小空芯模尺寸，提高相应范围楼板的抗剪、抗冲切能力。同时在该范围内增加纵向钢筋配置，确保支座处截面的抗弯承载力满足要求。控制边框梁的竖向变形，增加其抗扭转能力，加强巨柱与核心筒角部间暗梁的配筋构造。

(10) 针对节点的措施。尽量保证节点传力板件对中、传力直接、施工易操作。保证强节点、弱构件设计，采用有限元分析校核。

6 结构主要分析结果

6.1 主要分析内容及采用软件

结构设计时进行了小、中、大震分析和若干专项分析，具体内容及分析软件见表 3。

主要分析内容和采用的软件 表 3

分析内容	软件
小震分析	MIDAS/Gen，YJK，START
中震分析	MIDAS/Gen，YJK
大震弹塑性分析	PERFORM-3D
楼板应力分析	MIDAS/Gen，FEA
施工模拟分析	MIDAS/Gen
舒适度分析	MIDAS/Gen
节点分析	ANSYS
抗连续倒塌分析	MIDAS/Gen
稳定分析	MIDAS/Gen

6.2 主要计算结果

表 4 列出采用三个软件计算得到的结构主要计算结果（篇幅有限，只列出部分结果）。

主要计算结果 表 4

计算程序		MIDAS/Gen	YJK	START
楼板刚度假定		刚性楼盖	刚性楼盖	弹性楼板
周期折减系数		0.85	0.85	0.85
总重量（万 t）		27.05	26.32	26.69
地面以上重量（万 t）		22.1	21.87	22.04
计算振型数		39	42	39
结构自振周期（s）	T_1	6.53（X 向平动）	6.47（X 向平动）	6.93（X 向平动）
	T_2	6.00（Y 向平动）	6.05（Y 向平动）	6.64（Y 向平动）
	T_3	4.68（扭转）	4.80（扭转）	4.95（扭转）
周期比		$T_3/T_1=0.72$	$T_3/T_1=0.74$	$T_3/T_1=0.71$
振型质量参与系数	X 向	99.88%	91.59%	98.95%
	Y 向	99.88%	93.11%	97.66%
首层地震力（kN）	X 向	21561（调整系数 1.229）	22498（调整系数 1.263）	20980（调整系数 1.229）
	Y 向	24041（调整系数 1.103）	25219（调整系数 1.127）	22495（调整系数 1.118）

续表

计算程序			MIDAS/G_{en}	YJK	START
首层地震倾覆力矩（kN·m）		X 向 Y 向	— —	3450906 3611710	3490652 3680262
最大层间位移角（所在楼层）	风荷载	X 向 Y 向	1/561（36 层） 1/679（35 层）	1/538（36 层） 1/619（35 层）	1/556（36 层） 1/642（33 层）
	地震	X 向 Y 向	1/861（37 层） 1/1051（35 层）	1/658（37 层） 1/887（35 层）	1/843（37 层） 1/976（37 层）
地震偶然偏心扭转位移比		X 向 Y 向	1.12 1.17	1.22 1.39	1.18 1.16
稳定性（刚重比）		X 向 Y 向	— —	1.704 2.07	1.75 2.62

6.3 结构楼层侧向刚度验算

按高规对楼层抗侧刚度的定义进行的各楼层侧向刚度及侧向刚度比验算结果见图 5。从结果可以看出，由于加强层的侧向刚度较大，所以在加强层的相邻下一层 X 与 Y 向存在抗侧刚度突变，但结构首层层高虽达 19.5m，并不存在刚度突变。

实际上当底层层高明显增大时，规范算法高估了该层层高增大后的楼层侧向刚度，利用文献[3]推荐的算法，补充分析本工程的楼层侧向刚度，X 向与 Y 向楼层侧向刚度比计算结果见图 6。

从图 6 可以看出，除了在加强层有刚度突变外，按该方法计算得出的底部楼层侧向刚度比较小，本工程设计考虑按薄弱层对该层进行地震剪力放大。

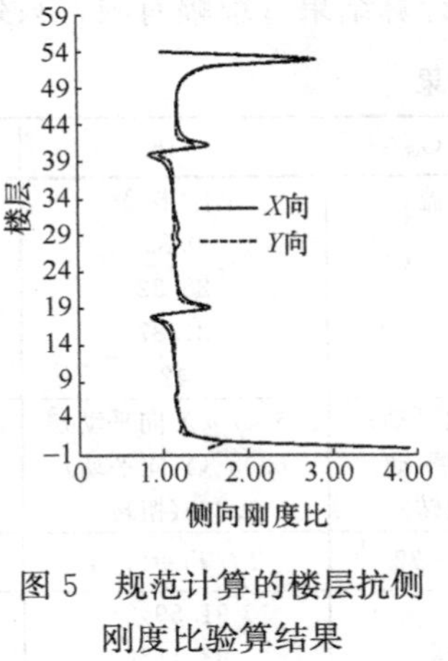

图 5 规范计算的楼层抗侧刚度比验算结果

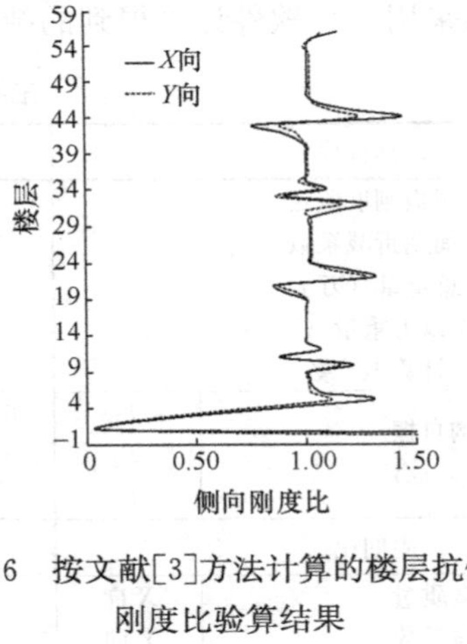

图 6 按文献[3]方法计算的楼层抗侧刚度比验算结果

6.4 大震分析主要结果

根据结构抗震性能目标要求[4,5]，结构构件在大震下的性能目标细化见表 5。

对结构输入 3 组地震波，进行罕遇地震作用下非线性时程分析，结果如下。

6.4.1 结构整体抗震性能

位移：结构楼层质心处的最大层间弹塑性位移角为：X 向 1/117（第 31 层）；Y 向 1/

154（第 31 层），均满足小于规范限值 1/100 的要求[6]。

罕遇地震作用下结构整体及构件的抗震性能目标　　表 5

构件		控制项次	对应的性能水准	备注
底部加强部位	核心筒剪力墙	受剪 受弯	不屈服 轻微屈服（塑性转角 IO）	《高规》第 6.2.8、6.2.9、7.2.11 条 塑性转角范围 0.003～0.006rad
	巨柱	受剪 受弯	不屈服 轻微屈服（塑性转角 IO）	《混凝土规范》第 6.3.12 条 塑性转角范围 0.003～0.006rad
非底部加强部位	核心筒剪力墙	受剪 受弯	受剪截面控制 部分屈服（塑性转角 LS）	《高规》第 6.2.6 条 塑性转角范围 0.006～0.009rad
	巨柱	受剪 受弯	受剪截面控制 部分受弯屈服（塑性转角 LS）	《高规》第 7.2.7 条 塑性转角范围 0.005～0.010rad
	伸臂桁架	受拉 受压	轻微屈服（塑性变形 IO） 轻微屈服（塑性变形 IO）	$7\Delta_T$ $5\Delta_c$
耗能构件	连梁、框架梁	受剪 受弯	受剪截面控制 部分受弯屈服(塑性转角 CP)	《高规》第 6.2.6、7.2.22 条 塑性转角范围 0.020～0.025rad
空芯楼盖体系	空芯楼板	受拉 受压 受剪	钢筋不屈服 混凝土不屈服 不屈服	拉应力小于 f_{yk} 压应力小于 f_{ck} 满足抗剪承载力要求
	暗梁	受弯 受剪	轻度屈服（塑性转角 IO） 不屈服	塑性转角范围 0.005～0.01rad 满足抗剪承载力要求

注：1.《混凝土规范》指《混凝土结构设计规范》GB 50010－2010[7]；

2. Δ_T、Δ_c 分别为伸臂杆件轴向抗拉、抗压极限承载力与杆件轴向刚度之比；

3. f_{yk}、f_{ck}分别为钢筋抗拉强度标准值、混凝土的抗压强度标准值。

楼层剪力和倾覆力矩：3 组地震波作用下的楼层剪力和楼层倾覆力矩分布较为接近。

整体耗能水平：在罕遇地震作用下结构非弹性耗能明显，非弹性耗能约占地震总输入能量的 30％；主要非弹性耗能构件为连梁和暗梁，连梁消耗约 50％，框架梁消耗约 40％，剪力墙消耗约 3％，伸臂桁架消耗约 7％，其他构件几乎不产生非弹性耗能，从能量角度说明该结构的宏观损坏程度高于“中度损坏”。

6.4.2 构件性能水准

暗梁和框架梁：暗梁受弯处于“轻微损坏”OP 水准，损坏轻微，满足预期性能水准；2.61％的框架梁达到“轻度损坏”IO 水准，仅有 0.35％的框架梁达到了“中度损坏”LS 水准。塑性变形较大的框架梁集中在核心筒内部。

连梁：大部分连梁达到“轻度损坏”IO 水准，部分连梁达到“中度损坏”LS 水准，个别连梁达到了“比较严重损坏”CP 水准。连梁受弯达到预期性能目标要求。

巨柱：巨柱受弯达到“无损坏”状态。

伸臂桁架和环带桁架：斜撑受压和受拉均处于“轻度损坏”IO 水准。

剪力墙：大部分剪力墙受弯处于“轻微损坏”OP 水准，局部一片墙体达到了“轻度损坏”IO 水准，高于预期目标“部分中度损坏”。

楼板：普通楼层的受拉应力较小，加强层上部楼层较多楼板拉应力较大，楼板均满足预期受拉性能要求。

7　若干关键问题

7.1　空芯楼盖的合理模拟

本工程楼板采用无梁楼板，为减轻楼板自重采用空芯楼板。项目建设过程中楼盖拆模后的情况见图 7。图 8 为典型楼层的空芯板芯模布置示意图。

图 7　楼盖拆模后的效果图

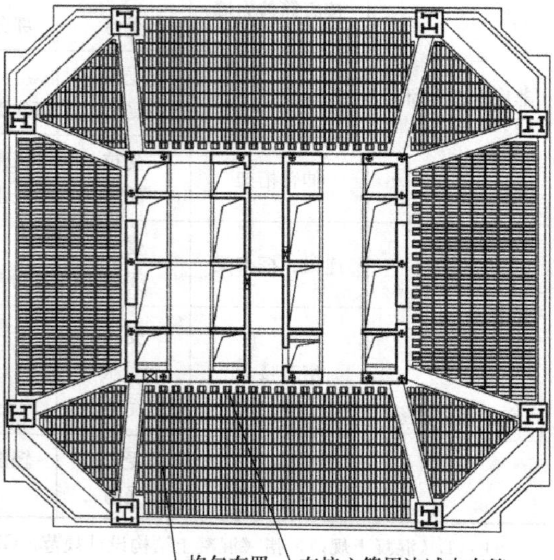

图 8　典型楼层空芯板芯模布置示意图

计算分析时如采用与实际空芯板断面构造完全一致的实体单元模型，其计算精度高，但建模复杂，计算量巨大，如整个塔楼的空芯楼盖均采用实体单元建模，现有计算软件无法实现。为了寻找合适可行的计算分析方法，在方案设计阶段采用真实空芯板和近似等效实心板两种模型，分析其受力特点和不同模型间的异同，以找到简化计算且满足设计精度的等效方法供实际设计使用。为此采用分析软件 MIDAS/Gen 和 FEA，分别建立空芯板模型及等效实心板模型。

在 FEA 空芯板的模型中，核心筒内楼板、核心筒墙体及连梁、边缘悬挑板采用板单元模拟，核心筒内梁构件采用杆单元模拟。楼层空芯板模型示意见图 9。

对比分析结果表明：

（1）两个模型周期结果误差在 10%以内。水平荷载作用下两模型的变形结果接近。水平荷载及竖向荷载作用下两个模型的墙柱内力结果接近。

（2）竖向荷载作用下两个模型的板弯矩及剪力结果接近。水平荷载作用下空芯板模型的板弯矩值大较多，不能忽略。

（3）整体分析及除空芯楼盖以外的其余构件进行设计时采用等效实心板模型能够满足

工程设计的精度要求；进行空芯楼板设计时需要采用空芯双层板模型。详细的空芯板模拟分析详见文献［8］。

7.2 加强层方案的选择

为了合理确定加强层结构方案，在方案设计阶段对加强层设置与否以及加强层的道数、位置等进行了比较分析[9]。分析结果表明：

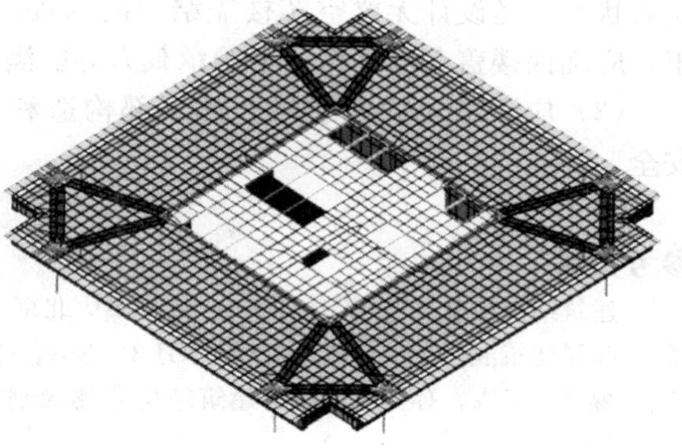

图 9 典型楼层空芯板模型示意图

（1）设置加强层可以增加结构整体抗侧刚度，不设加强层时结构在风荷载作用下的最大层间位移角大于 1/500，不满足规范要求[10]。

（2）与仅设置伸臂桁架相比，仅设置环桁架对结构抗侧刚度影响相对较小，但可以增大柱的轴力，且对结构整体抗扭刚度有较大提高。

（3）设置伸臂桁架对协调核心筒和巨柱变形，增加巨柱的抗侧效率有很大帮助，可增大水平荷载作用下的柱轴力，减小核心筒轴力，但伸臂层剪力墙的剪力有较大突变，连梁内力略有减小。

（4）本工程标准层普通办公区域采用无梁空芯楼板，典型楼板厚度为 400mm，这与普通超高层结构中楼板相比较厚，其在结构整体抗侧体系中起到一定作用，设置加强层可大大减小楼板在抗侧能力中的贡献，更好地保证楼板在中、大震，甚至更高烈度地震作用下的性能，提高结构安全储备，有利于形成抗震多道防线。

7.3 节点设计

节点是整体结构功能得以实现的基本保证，本工程关键节点主要为：伸臂桁架、环形桁架交于巨柱的节点；双向伸臂桁架交于核心筒角部的节点。

节点分析和设计的基本原则及目标是：1）在大震下节点连接型钢保持弹性，混凝土局部轻微损伤；2）节点构造处理应满足传力合理、平顺的要求。

选用 ANSYS 软件进行节点弹塑性分析。建模时混凝土部分采用 8 节点六面体单元 Solid 65 模拟，混凝土考虑钢筋弥散作用。型钢部分采用 4 节点壳单元 Shell 43 模拟，每个节点 6 个自由度，单元边长取 200mm。

按照实际尺寸建立节点区三维有限元模型，取大震作用下的最不利荷载值，结合圣维南原理简化边界条件。有限元分析结果可知，两个节点的钢板件基本处于弹性状态，节点应力水平低于杆件应力水平，且承载力还有富余。型钢混凝土构件中的混凝土不会压坏，抗剪满足要求，局部应力集中处需加强配筋。

8 结论

（1）首次在 250m 超高层建筑中采用巨柱大跨的无梁空芯楼盖，扩展了空芯楼盖的应用范围。这对超高层建筑楼盖结构，以至结构方案选型提供了一种新的选项。

（2）合理选用空芯楼板的计算模型，真实模拟楼板在竖向和水平荷载作用下的变形和受力状态，是设计无梁空芯楼盖结构的前提。水平荷载作用下，空芯楼盖局部有较大弯矩，应确保楼盖在水平作用下的承载力等能满足要求。

（3）应注意无梁空芯楼盖的局部构造和钢筋锚固等，确保楼盖结构和整个结构的安全。

参考文献

[1] 建筑结构荷载规范：GB 50009－2012[S]. 北京：中国建筑工业出版社，2012.

[2] 高层建筑混凝土结构技术规程：JGJ 3－2010[S]. 北京：中国建筑工业出版社，2011.

[3] 魏琏，王森，孙仁范. 高层建筑结构层侧向刚度计算方法的研究[J]. 建筑结构，2014，44(6)：4-9.

[4] 王森，魏琏，孙仁范，等. 动力弹塑性分析在建筑抗震设计中应用的若干问题[J]. 建筑结构，2014，44(6)：14-17.

[5] 王森，孙仁范，韦承基，等. 建筑结构抗震性能方法研讨[J]. 建筑结构，2014，44(6)：18-22.

[6] 建筑抗震设计规范：GB 50009－2011[S]. 北京：中国建筑工业出版社，2011.

[7] 混凝土结构设计规范：GB 50010－2010[S]. 北京：中国建筑工业出版社，2010.

[8] 孙仁范，许璇，魏琏. 高层框筒结构空心板楼盖有限元模拟及受力分析[J]. 建筑结构，2019，49(9)：7-12，76.

[9] 魏琏，林旭新，王森. 超高层建筑伸臂加强层结构设计的若干问题[J]. 建筑结构，2019，49(6)：1-8.

[10] 魏琏，王森. 论高层建筑结构层间位移角限值的控制[J]. 建筑结构，2006，36(S1)：49-55.

本文原载于《建筑结构》2020年第50卷第21期

31. 深圳恒裕后海金融中心 B、C 塔超大高宽比超高层建筑结构设计

王　森，魏　琏，刘冠伟，许　璇，曾庆立，林旭新

【摘　要】 深圳恒裕后海金融中心 B、C 塔楼结构高宽比达 11，核心筒高宽比达 35，为沿海地区高宽比超大的超高层建筑。抗风设计时确定不同方向取用不同地面粗糙度类别，根据建筑功能要求在住宅类建筑中选择受力合理的框架-核心筒结构，并在不同避难层设置伸臂桁架加强层或黏滞阻尼器，以提高结构的抗侧刚度或附加阻尼，确定采用后注浆工艺的旋挖成孔灌注桩筏基础，论证了风荷载作用下结构楼层位移角限值放松后结构构件承载力及抗震安全性满足要求，同时对设置阻尼器、加强层方案及高型钢率框架柱进行了分析论证。

【关键词】 超高层建筑；结构设计；层间位移角；黏滞阻尼器；加强层

1　工程概况

恒裕后海金融中心项目地处深圳市南山区后海滨路与海德一路交叉路口东南侧，总用地面积约 15136m²，总建筑面积约 40.8 万 m²。地面以下 5 层，深约 26.2m；地面以上有 4 栋塔楼及 3 层商业裙房，A 栋高约 301.2m，D 栋高约 28.8m，本文论述的 B、C 塔楼高度分别为 246.85m、243.25m，各栋塔楼的位置见图 1。整个项目的渲染图见图 2。

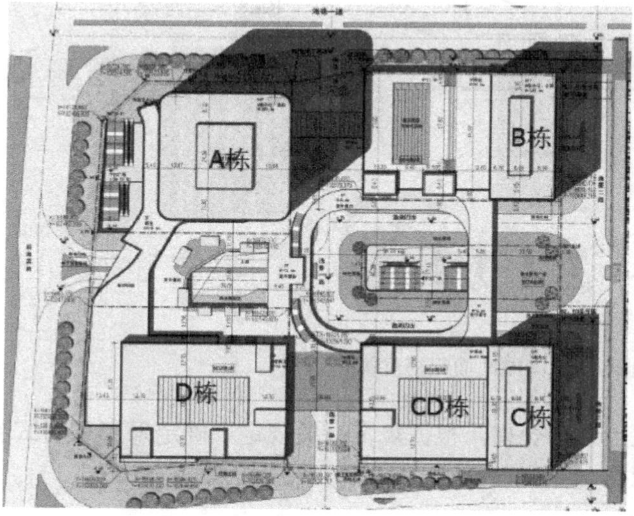

图 1　各塔楼位置示意图

图 2　立面效果图

B 塔楼地上 61 层，屋面高度 246.85m，屋面以上幕墙高度 9m，标准层平面长 47m、宽 23m，最大高宽比约 10.7。首层层高 6.6m，15 层以下为办公楼，标准层层高 4.5m，15 层以上为公寓，标准层层高为 3.6m，避难层（设备层）层高 5.1m。C 塔楼地上 52 层，屋面高度 243.25m，屋面以上幕墙高度 9m，塔楼标准层平面长 47m、宽 23m，最大高宽比约 10.57。首层层高 6.6m，标准层为公寓，层高 4.5m，避难层（设备层）层高 5.1m。B、C 塔楼的平面尺寸和布置相同，结构高度接近。以下以 B 塔楼为代表进行论述。

结构设计使用年限为 50 年，建筑安全等级为二级，地基基础设计等级为甲级。抗震设防烈度为 7 度，基本地震加速度为 0.10g，场地类别为Ⅱ类，设计地震分组为第一组，T_g =0.35s，抗震设防分类标准为丙类。基本风压 w_0 = 0.75kN/m^2（50 年一遇）及 0.45kN/ m^2（10 年一遇）[1]。

本项目为高宽比较大的近海超高层建筑群，建筑物周边不同方向的场地环境及建筑物情况有较大差别，为了更准确确定建筑物不同方向的设计风荷载，应根据《建筑结构荷载规范》GB 50009－2012（简称荷载规范）的有关规定合理确定不同方向的地面粗糙度类别。风洞试验单位根据远场地面粗糙度分析，确定 10°～110°采用荷载规范中规定的 B 类地貌风剖面，其余角度采用 C 类地貌风剖面，见图 3。

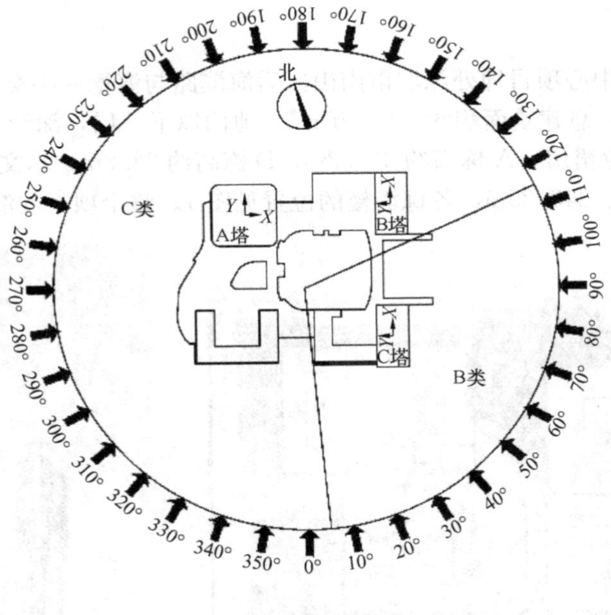

图 3　场地不同方向的地面粗糙度类别

结构设计时为使建筑结构设计更加经济合理，根据规范有关规定，确定采用风洞试验结果作为本工程结构设计的风荷载依据。

2 结构方案选型

对于居住类超高层建筑，一般选用剪力墙结构，但由于剪力墙限制户型灵活性，且户型内或户型间的墙体较厚，对建筑品质有一定影响，同时考虑到裙房商业及地下室车库使用需要大空间，上部剪力墙需要在裙房进行转换，因此结构方案选择在办公建筑中较多采用的框架-核心筒结构。结构设计时根据建筑平面，在平面中部的电梯、楼梯间及设备间设置剪力墙，形成围合的钢筋混凝土核心筒；根据建筑柱网及柱截面大小的需要，在下部楼层框架内设置一定型钢；在避难层根据结构需要设置加强层等。

3 基础设计

本工程地下室底板的相对标高为－26.5m，而场地基岩埋藏很深，地勘报告根据粗粒花岗岩的风化程度及裂隙发育程度的差异将其分为全风化层、强风化上层、强风化中层、强风化下层、中风化层（带）及微风化层（带），但即便是强分化下层的层顶标高也在－82.75～－139.93m 之间，因此即使以强分化下层作为桩基础的桩端持力层，桩长至少为 50 余米，最长超 110m。考虑到本工程为近 250m 高的超高层建筑，而土层的端阻和侧阻均相对较小，为了提高钻孔灌注桩的单桩承载力，减少沉渣引起的过大沉降，设计建议采取后注浆工艺以提高桩侧及桩端的阻力。经过分析及现场试验，选用直径 1.5m 的采用后注浆工艺的旋挖成孔灌注桩，有效桩长 65～70m，单桩的竖向承载力特征值为 30000～37000kN，塔楼范围设置厚 4m 的筏板，见图 4。

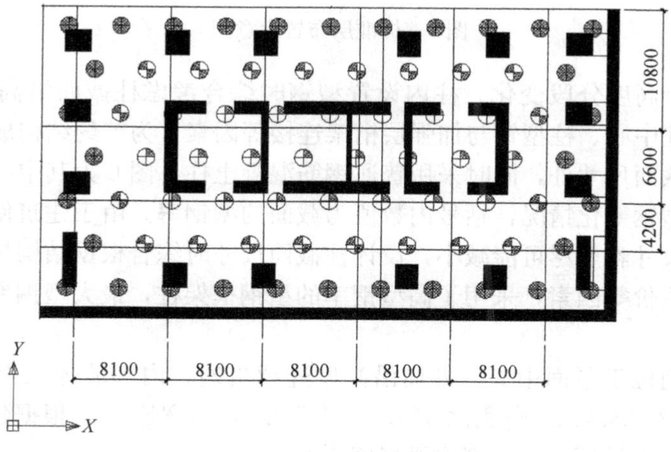

图 4 基础及底板布置图

4 结构体系及布置

本工程采用框架-核心筒结构，塔楼结构主要由竖向混凝土核心筒、型钢混凝土框架柱、边框梁、楼板、伸臂加强层及黏滞阻尼器等构成。

（1）框架柱

在标准层平面沿建筑周边共布置16根柱，柱位置及数量沿建筑高度不变。根据建筑平面布局需要，在东西两侧各布置6根框架柱（图5），除东侧角柱由于建筑使用功能需要柱截面高宽比较大、为长矩形截面外，其余10根柱均为正方形或高宽比接近1的矩形柱，由于建筑平面东西向的结构高宽比较大，结构设计时加大这16根柱的截面尺寸，以提高东西向结构的抗侧刚度和抗倾覆能力。另外在建筑南北侧沿边各布置2根框架柱，这4根柱对东西向的结构抗侧刚度贡献相对较小，且由于建筑使用功能需要，采用了截面尺寸相对较小的方柱。

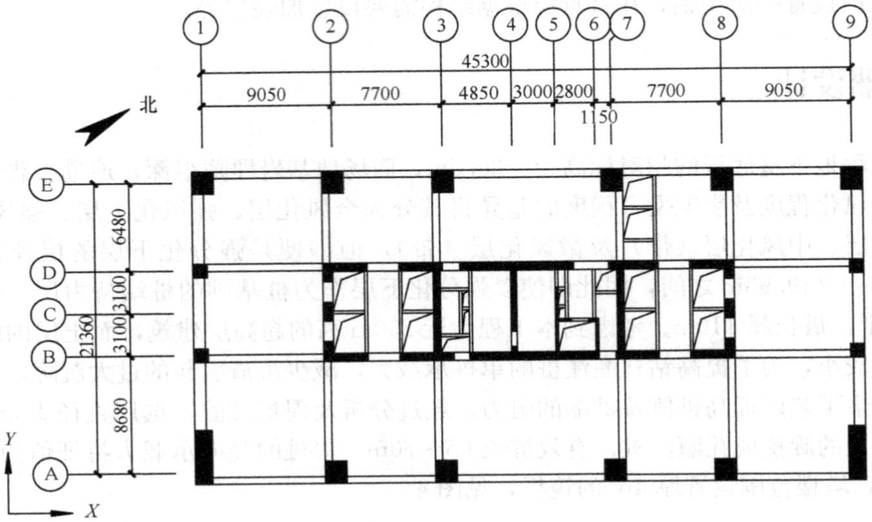

图5　标准层布置示意图

框架柱截面沿高度分段变化。柱内设置型钢时综合考虑柱截面沿高的变化、柱型钢率、型钢中心与柱中心、柱型钢与加强层桁架连接等因素。为节约结构成本，在建筑上部除了减小框架柱截面尺寸外，同时采用普通钢筋混凝土柱。图6为其中一框架柱沿高的柱截面尺寸和柱内型钢变化情况，括号内数值为截面的型钢率。由于建筑使用功能需要，标准层框架柱截面尺寸希望尽可能减小，设计柱截面尺寸时综合根据结构抗侧刚度、构件受力、施工及工程造价等因素，采用了高型钢率的型钢框架柱，最大型钢率约19%。

（2）核心筒

混凝土核心筒位于平面中央，外筒沿高度连续贯通，内部墙体在上部有减少，见图5。核心筒外围长约28.7m，高宽比8.5；宽约7.2m，高宽比35。根据建筑功能需要布置门洞及设备洞口，电梯厅位置典型连梁高度700mm。

核心筒内部墙厚400mm、500mm从底部到顶保持不变，外围墙厚由底部1000m逐渐减薄至顶部600mm。由于结构设置伸臂桁架的需要，在核心筒周边靠近外框柱的四角及水平墙肢处设置型钢，另外在底部其余部分墙肢内埋置型钢柱，既分担了混凝土的轴力，减小混凝土剪力墙的厚度，又能提高墙体抗弯及抗剪承载力。

（3）伸臂桁架及环桁架

建筑沿高在35.1m、71.7m、120m、164.7m、213m结构高度处设有5个避难层（层

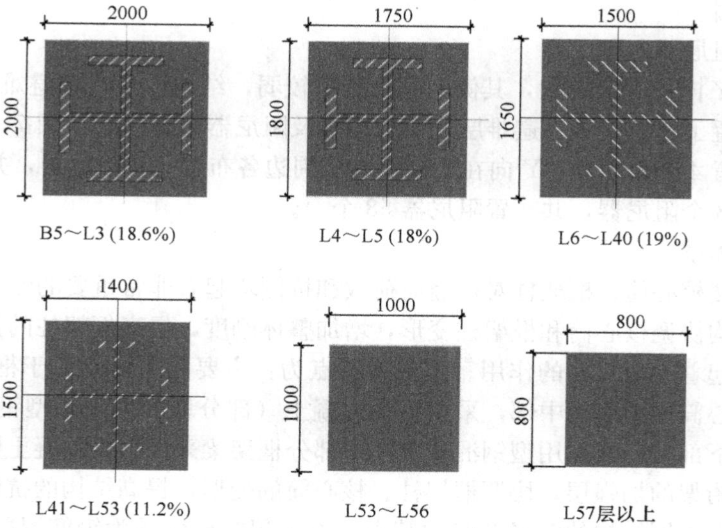

图 6　框架柱沿高截面形式

高均为 5.1m)，从低到高依次命名为"避难层 1～5 层"，结构在"避难层 2～5 层"设置四道伸臂桁架，每道伸臂桁架均由沿 Y 向（东西向）布置的 8 组桁架组成，均设置在框架柱与核心筒间，每道伸臂桁架的 8 组伸臂布置形式和截面尺寸相同，桁架布置形式见图 7。8 组伸臂桁架的上、下弦杆按相同截面延伸到核心筒墙内，传力直接，提高伸臂桁架的整体性，当剪力墙厚度不能满足上下弦杆伸入的构造要求时，在相应位置将剪力墙局部加厚。

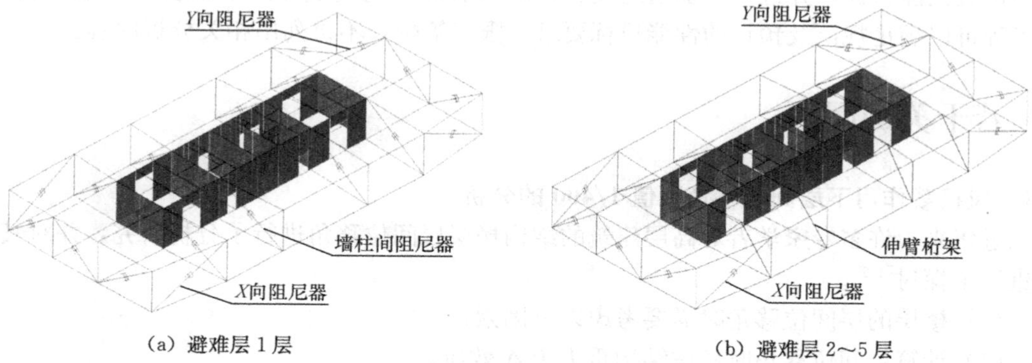

图 7　避难层伸臂桁架及阻尼器布置示意图

伸臂桁架斜杆截面为焊接矩形钢管型钢，长边竖向放置，采用 Q345GJB 钢材。伸臂桁架上、下弦杆均采用内置 H 型钢的钢骨混凝土梁，型钢翼缘竖向放置，材料为 Q345B，混凝土强度等级与楼面梁板相同。

（4）边框梁及楼盖

周边梁跨度约为 6～11.3m，内框梁跨度约为 7.4～9.75m，大部分楼层采用钢筋混凝土梁，仅在伸臂楼层内设置部分型钢混凝土梁。各楼层均采用普通钢筋混凝土梁板体系，且楼板无大开洞。

（5）黏滞阻尼器

由于结构 Y 向高宽比较大，其侧向刚度相对较弱，结构设计时在避难层 2～5 层的 Y 向中间 4 榀布置了伸臂桁架。避难层的伸臂桁架及阻尼器布置方式见图 7，X 向在 5 个避难层周边各布置 4 个阻尼器；Y 向在 5 个避难层周边各布置 6 个阻尼器，并在第 1 个避难层墙柱间布置 8 个阻尼器，共布置阻尼器 58 个[2]。

（6）结构体系

本工程塔楼核心筒、框架柱对抗竖向荷载和抗侧均起着非常重要的作用；伸臂桁架及其相关楼盖结构协调核心筒和框架柱变形，增加整体刚度，提高框架柱的抗侧效率，对整体抗侧体系也起着十分重要的作用。其主要特点为：主要受力体系属于框架-核心筒结构受力体系；核心筒位于平面中部，采用钢筋混凝土（部分墙肢内设置型钢）；采用混凝土梁柱框架，中下部外框架采用型钢混凝土柱，部分框架梁采用型钢混凝土梁；沿高度设置四道包含伸臂桁架的加强层，协调框架柱、核心筒的变形，提高结构的抗侧能力。对照规范及相关资料对不同结构的定义及受力特点，本工程结构体系为钢筋混凝土框架-核心筒结构[3]。

5　结构超限情况及性能化设计

本工程为带伸臂加强层的钢筋混凝土框架-核心筒结构，存在构件间断（伸臂加强层）、承载力突变（加强层与相邻楼层间）两项竖向不规则的超 B 级高度的超限高层建筑。设定整体结构的抗震性能目标为 C 级，根据不同类构件的重要程度设定了不同水准下的抗震性能目标，并进行了多遇地震、设防地震和罕遇地震作用下的验算，结果表明，本工程可以满足规范及预订的性能目标要求。限于篇幅，不再列出相关分析内容。

6　若干关键问题

6.1　风荷载作用下层间位移角限值 1/400 的分析

近年来，许多专家学者对高层建筑的结构楼层层间位移角进行了分析研究，并对其限值进行了探讨[4,5]。

计算楼层的层间位移角时需要考虑以下因素：

（1）计算层间位移角时考虑结构重力 P-Δ 效应。

（2）计算层间位移角时考虑地下室构件的影响。

（3）采用结构刚度折减系数时，限值规定宜增大；反之宜减小。

（4）保证填充墙、隔墙和幕墙等非结构构件完好的最大层间位移角一般约 1/200～1/300。

综合以上因素，当考虑地下室影响及构件刚度折减系数时各类高层建筑风荷载作用下的最大层间位移角限值可取 1/400。

本工程考虑结构二阶效应及按实际结构输入地下室模型计算得到风、多遇地震作用下的最大层间位移角计算结果如下（YJK 结果）：X 向风：1/1582，X 向多遇地震：1/

1280，Y向风：1/391，Y向多遇地震：1/709。如不考虑地下室影响，结构在风荷载作用下Y向的顶点位移角约为1/520，该值小于与深圳相邻的香港地区结构顶点位移角最大限值1/500。

高层建筑的层间位移角越大，结构的顶点加速度越大，对结构的舒适度不利。本工程为了减小风振下的结构顶点加速度，在结构避难层设置了若干黏滞阻尼器。结构设置黏滞阻尼器，不仅可以减小结构在风振作用下的结构加速度反应，同时由于黏滞阻尼器可以增加结构的阻尼比，即通过提供结构附加阻尼，实际上起到增加结构阻尼比的作用。分析结果表明，考虑结构黏滞阻尼器后，结构的楼层位移反应、层间位移角反应均会有所降低，分析表明，本工程设置阻尼器后Y向最大位移角可减小约7%。

为了进一步分析风荷载作用下位移角大小对结构构件承载力及抗震安全性的影响，以下就现方案与风荷载作用下位移角为1/500的结构方案进行分析研究。

根据本工程特点，选择位移角限值为1/500的结构方案（简称1/500方案，原方案简称1/400方案）时，考虑在现有结构方案基础上仅增加东西侧框架柱（除东侧的两根角柱外）的截面尺寸和其内设置的型钢尺寸，其余均相同。1/400与1/500两个方案中框架柱截面沿高变化情况见表1。

两个方案的柱截面对比（mm） **表1**

楼层	1/400方案	1/500方案
L1～L3	2000×2000（18.6%）	2200×2200（18.3%）
L4	1750×1800（17.9%）	1900×1900（20.9%）
L5～L40	1500×1650（18.6%）	1900×1900（20.9%）
L41～L53	1400×1500（11.2%）	1500×1800（16.6%）
L54～L56	1000×1000	不变
L57～屋顶	800×800	不变

注：括号内数字为柱内型钢率。

从两个方案在竖向构件层位移组成、构件承载力富余度及大震作用下结构抗震性的对比结果可以得出如下结论：

（1）超高层建筑中竖向构件的层间位移主要由结构整体弯曲产生的位移组成，在结构中上部计算层间位移角最大楼层位置处，两个结构方案竖向构件的受力层间位移量值基本接近，均很小。两个方案均可确保结构在风和多遇地震作用下的弹性受力状态。

（2）两个结构方案中主要的抗侧构件，框架柱、剪力墙、伸臂构件的承载力均有相当富余度，都满足构件承载力的要求。

（3）罕遇地震作用下的对比结果表明，两个方案的最大层间位移角值及构件损伤程度略有不同，但均满足规范要求，且有较大富余度。

（4）对本工程而言，风荷载作用下结构楼层最大层间位移角取1/400是合理可行的。

6.2 黏滞阻尼器的方案分析

本工程风洞试验结果表明，当结构阻尼比取0.02时，10年一遇风荷载作用下的顶点最大加速度为0.192m/s^2，不满足规范“不超过0.15m/s^2”的要求，即本工程在10年一遇风荷载作用下结构的顶点加速度大于高规的有关规定。同时风洞试验报告表明，当结构阻尼比取 0.03 时，10 年一遇风荷载作用下的顶点最大加速度为 0.150m/s^2，基本满足规范“不超过 0.150m/s^2”的要求；结构阻尼比取 0.035 时，10 年一遇风荷载作用下的顶点最大加速度为 0.137m/s^2，满足规范“不超过 0.15m/s^2”的要求。拟采用布置斜撑式连接的液体黏滞阻尼器增大结构阻尼比的方法来解决该问题。由于建筑使用需要，仅能在建筑避难层加设阻尼器，为此对不同避难层、不同位置设置阻尼器以及阻尼器参数变化等进行了对比分析，最终确定的阻尼器布置方案见图 7，全楼共设置了 58 个阻尼器。

计算结果表明，起控制作用的 Y 向顶点风振加速度，减振前为 0.192m/s^2，减振后为 0.136m/s^2，减振率 29.46%，减振后顶点风振加速度可以满足高规要求[2]。附加阻尼比可采用“对比法”进行估算。将无阻尼器时的结构阻尼比提高 1.5%，即使用 3.5%的阻尼比时，10 年一遇风荷载作用下的顶点最大风振加速度为 0.137m/s^2。在采用减振方案后，计算得出的顶点风振加速度为 0.136m/s^2，由此可求得阻尼器提供的附加阻尼比约为 1.5%。

6.3 加强层方案的选择

由于本工程 X 的高宽比较小，结构刚度较大，设计时不考虑在避难层内设置 X 向的伸臂桁架及边桁架[6]。为了合理确定加强层结构方案，在方案设计阶段对加强层设置与否以及加强层的道数、位置等进行了比较分析。分析结果表明：

（1）避难层 2、3、4、5 在 Y 向沿核心筒及外框柱间设置伸臂桁架加强层时，对结构抗侧刚度贡献较大。在避难层 1 的相应位置设置伸臂桁架加强层时，对结构抗侧刚度作用微小。

（2）避难层 2、3、4、5 在 Y 向平面端部设置的边榀桁架的作用不大，设计时不考虑设置。

（3）在第 2、3、4、5 避难层沿 Y 向设置 4 道、每道各 8 组的伸臂桁架基本满足风作用下最大层间位移角的要求。但设置伸臂桁架后，加强层及相邻层的核心筒剪力墙剪力值会出现明显的突变现象，设计时应采取措施予以加强。

6.4 高型钢率框架柱的分析与设计

《型钢混凝土组合结构技术规程》JGJ 138－2001[7]第 6.1.2 条规定，型钢混凝土框架柱受力型钢的含钢率不宜大于 15%。本项目由于高宽比超大，为了满足位移角要求，除布置伸臂桁架外，外框柱的刚度对位移角影响较大。同时为了满足建筑使用要求，外框柱的截面尺寸有一定限制，所以部分楼层东西两侧外框柱的含钢率较高，最高达 19%，超过 15%。

由于建筑理念的不断更新，新的建筑形式对结构形式造成了极大的挑战。高含钢率 SRC 柱具有承载力高、耗能性能好等优点，已经越来越多地应用于重大工程项目中，如 CCTV 新台址、国贸三期主楼、青岛万邦中心等工程均采用含钢率超过 15%的型钢混凝土柱作为底部承重结构。近 20 年来，国内外学者对高含钢率 SRC 柱的抗震性能进行了大量的试验研究，同时采用小尺寸试验、大比尺试验、实体有限元模拟等多种手段进行研究，分析高含钢率 SRC 柱在含钢率、轴压比等对其承载力性能、构件滞回性能、延性情况、耗能能力等的影响。

规程对高含钢率限制的主要考虑是由于钢骨与混凝土的粘结强度很小，钢骨含钢率太大，钢骨与外包混凝土不能有效地共同工作，外包混凝土的强度和变形能力不能得到发挥。针对这一问题，分析较大轴压应力状态下柱内型钢与混凝土交界面处的剪应力，结果显示除了底部、顶部应力集中外，大部分剪应力小于 1.9MPa，即型钢翼缘与混凝土交界面剪应力较小，布置栓钉后能保证不发生粘结滑移。设计时同时采取适当提高框架柱纵筋及箍筋的加强措施。

7 结论

（1）本工程结构高宽比达 11，核心筒高宽比达 35，为沿海地区高宽比超大的超高层建筑。根据建筑功能要求在住宅类建筑中采用框架-核心筒结构是一种合理的结构形式。

（2）抗风设计时根据场地周边环境在不同方向取用不同的地面粗糙度类别进行风荷载取值是合适的。

（3）风荷载作用下楼层最大层间位移角限值可适当放松，但应注意结构风振加速度是否满足舒适度要求。

参考文献

[1] 建筑结构荷载规范：GB 50009－2012[S]. 北京：中国建筑工业出版社，2012.

[2] 王森，陈永祁，马良喆，罗嘉骏，魏琏. 液体黏滞阻尼器在超高层建筑抗风设计中的应用研究[J]. 建筑结构，2020，50(10)：44-50.

[3] 高层建筑混凝土结构技术规程：JGJ 3－2010 [S]. 北京：中国建筑工业出版社，2010.

[4] 魏琏，王森. 论高层建筑结构层间位移角限值的控制[J]. 建筑结构，2006(S1)：49-55.

[5] 魏琏，王森. 钢筋混凝土高层建筑在风荷载作用下最大层间位移角限值的讨论与建议 [J]. 建筑结构，2020，50(3)：1-4.

[6] 魏琏，林旭新，王森. 超高层建筑伸臂加强层结构设计的若干问题[J]. 建筑结构，2019，49(6)：1-8.

[7] 型钢混凝土组合结构技术规程：JGJ 138－2001[S]. 北京：中国建筑工业出版社，2002.